新型药物递释系统的工程化策略及实践

主　编　张奇志　蒋新国

编　者（以姓氏笔画为序）

王方敏（上海药品审评核查中心）

卢　懿（复旦大学）

朱　颖（上海卡乐康包衣技术有限公司）

杨亚妮（药物制剂国家工程研究中心）

杨继荣（上海卡乐康包衣技术有限公司）

何　军（药物制剂国家工程研究中心）

张奇志（复旦大学）

陈　挺（上海智同医药科技有限公司）

陈庆华（上海医药工业研究院）

武炳贤（南京艾科曼信息技术有限公司）

林国钡（药物制剂国家工程研究中心）

罗华菲（药物制剂国家工程研究中心）

翁志洁（上海药品审评核查中心）

蒋新国（复旦大学）

潘　峰（上海市计划生育科学研究所）

人民卫生出版社

图书在版编目（CIP）数据

新型药物递释系统的工程化策略及实践 / 张奇志，
蒋新国主编 .—北京：人民卫生出版社，2019
ISBN 978−7−117−27999−4

Ⅰ.①新… Ⅱ.①张…②蒋… Ⅲ.①药物 − 传递 −
研究②药物 − 释放（生物学）− 研究 Ⅳ.① TQ460.1

中国版本图书馆 CIP 数据核字（2019）第 022924 号

人卫智网	**www.ipmph.com**	医学教育、学术、考试、健康，
		购书智慧智能综合服务平台
人卫官网	**www.pmph.com**	人卫官方资讯发布平台

新型药物递释系统的工程化策略及实践

主　　编：张奇志　蒋新国
出版发行：人民卫生出版社（中继线 010-59780011）
地　　址：北京市朝阳区潘家园南里 19 号
邮　　编：100021
E - mail：pmph @ pmph.com
购书热线：010-59787592　010-59787584　010-65264830
印　　刷：保定市中画美凯印刷有限公司
经　　销：新华书店
开　　本：787 × 1092　1/16　　印张：29　　插页：4
字　　数：706 千字
版　　次：2019 年 3 月第 1 版　2019 年 3 月第 1 版第 1 次印刷
标准书号：ISBN 978-7-117-27999-4
定　　价：89.00 元

打击盗版举报电话：010-59787491　E-mail：WQ @ pmph.com
（凡属印装质量问题请与本社市场营销中心联系退换）

前　言

　　随着科学技术的进步，特别是分子药剂学、分子生物学和细胞生物学、高分子材料学及系统工程学等学科的发展以及纳米技术等新技术的不断涌现，药物制剂研究已进入药物递释系统（drug delivery system，DDS）新时代。与传统药物制剂相比，新型药物递释系统可以更有效调控药物的释放，改善其体内分布，提高难溶性药物的溶解度，保证药物的体内外稳定，从而实现高效、低毒的临床目的。目前，新型药物递释系统已成为全球制药行业关注的热点，也是我国生物医药产业发展的主要方向之一，并将占据越来越重要的地位。为便于药物制剂专业的学生以及从事药物制剂研制和生产的技术人员了解新型药物递释系统的主要发展方向，掌握其工程化的基础理论知识及相应的策略，我们编写了《新型药物递释系统的工程化策略及实践》一书，以供广大药物制剂专业人员参考。

　　本书的内容分为八章：第一章介绍新型药物递释系统的优势和工程化的意义、主要发展方向及存在的挑战；第二章介绍药品的研发和注册申报，旨在让读者了解进行新型药物递释系统开发时，各研发过程相应的技术要求、注册申报的程序及所需准备的申报资料，同时也分析了制剂国际化存在的机遇、挑战及策略；第三章集中于难溶性药物的制剂开发策略，重点介绍几种最具产业化前景的新方法和新技术：微粉化、纳米结晶、固体分散体、环糊精包合物；第四章介绍口服缓控释给药系统，重点介绍目前口服缓控释制剂中几个主要类型：亲水凝胶骨架片、微丸（含微丸片剂）、渗透泵制剂、胃滞留给药系统以及结肠定位给药系统和脉冲释放给药系统；第五章和第六章介绍新型注射给药系统，第五章侧重于已有上市产品的新型静脉注射给药系统：脂肪乳、纳米乳、脂质体、聚合物胶束以及纳米粒注射剂；第六章侧重于皮下注射埋植系统：长效微球和原位成型给药系统；第七章介绍经皮给药系统，重点介绍透皮贴剂的设计、常用材料以及工业规模的制备；第八章重点介绍口腔黏膜给药系统和鼻腔黏膜给药系统中的常用剂型。

　　由于新型药物递释系统种类多，其设计要求和制备工艺各不相同，本书在编写时采用先对递释系统各种类型进行概述，再重点介绍几种最具产业化前景的递释系统，包括它的优缺点、上市产品情况、常用材料、制备工艺以及质量评价，并加入一定数量的实例，以利于读者对递释系统的设计、制备及评价有更深入的了解。目前关于药物递释系统的书籍主要集中于对其基础理论知识以及实验室制备的介绍，其工程化有关的书籍比较缺乏。因此，本书内容具有很高的新颖性和实用性，适用于医药院校药剂专业研究生的教学，同时也可作为从事药物制剂研制与生产的科技人员的参考书。希望本书对推动"高端制剂"在我国医药产业的发展尽一份力。

3

本书的编写得到了复旦大学药学院的大力支持。上海药品审评核查中心朱娟高级审评员以及厉程、陈超、王佳静、周一萌、陈莉莉、陈一飞、廖萍、朱嘉、高静、李帅、刘朋等同志参加了第二章内容的编写；药物制剂国家工程研究中心张成豪硕士参与了第七章的校对；复旦大学博士生吕永久、郭倩参与了本书图片的编辑，硕士生盛东昱参与了书稿的校正；本书封面渗透泵图片由卡乐康中国提供；在此一并致谢。

由于本书涉及的基础知识及技术领域非常广泛，而编者的水平有限，难免有疏漏、不妥和错误的地方，敬请广大读者批评指正。

编　者

2018 年 8 月

目　录

第一章

绪 论

一、新型药物递释系统的优势及工程化的意义

目前，作为原料的药物主要来源于化学合成、植物提取和生物技术制备。原料药通常不能直接用于临床，而必须根据疾病诊断、治疗或预防的需要制成适合于临床应用的给药形式，称为药物剂型（dosage forms），如片剂、胶囊剂、软膏剂、注射剂等。对于特定药物的具体剂型称为药物制剂（pharmaceutical preparations），如二甲双胍片、紫杉醇注射剂等。药剂学（pharmaceutics）就是研究药物剂型和制剂的基本理论、处方设计、制备工艺、质量控制和合理应用等内容的综合性应用技术科学。

对于原料药和药物制剂的临床地位不同时期有不同评估。早在 20 世纪 60 年代以前，药学界有这样的共识：药物的化学结构是决定其临床疗效和毒副作用的主要因素，药物制剂很难改变其临床状况。近年来随着科学的进步，尤其是新型药物递释系统（new drug delivery system，NDDS）的发展，这种观念逐渐被改变：我们可以不改变药物的化学结构，而仅仅通过新型药物递释系统的设计就能实现高效、低毒的临床目的。鉴于此，某些国家的药政部门如美国食品药品监督管理局（FDA）已经将新型药物递释系统等同于新的化学分子实体作为新药认定。

新型药物递释系统的设计成型涵盖了多学科的最新技术，其可以改变药物的体内动力学过程，有望提高药物的治疗效果、降低毒副作用、改善临床用药的顺应性。与化学合成新药相比，新型药物递释系统的研发具有诸多优势。目前，一个化学合成新药的研发周期约为 10 年，投入经费超过 10 亿美元；而新型药物递释系统的研发周期短（3~5 年）、投资少（小于 1 亿美元）。与传统药物制剂相比，其主要优势如下：①改善药物的体内分布，增加病灶部位的药物浓度，从而提高疗效、降低毒副作用；②有望实现定时、定位和缓慢释药，更利于满足临床的用药需求；③解决难溶性药物的溶解度，提高其生物利用度；④降低环境对药物的降解作用，提高药物稳定性。目前，新型药物递释系统已成为全球制药行业的关注热点，专门从事新型递释系统研发的公司已有数百家，以强生、默克为代表的跨国制药企业在此方面的年销售额已达数百亿美元。新型药物递释系统也是我国生物医药产业发展的主要方向之一，并将占据越来越重要的地位。我国已充分认识到其研究及产业化的重要性，在国家"重大新药创制"科技重大专项中专门列入了"新制剂与新释药系统技术平台""高端制剂、新型辅料品种及共性关键技术研发"，重点建设靶向递药系统、口服缓控释、速释递药系统、透皮给药系统、黏膜给药系统、载体给药系统、生物技术药物

给药系统和中药新型给药系统等技术平台，这将大大加速新型药物递释系统的工程化进程和临床应用。

二、新型药物递释系统的主要发展方向

近年来，新型药物递释系统发展迅速，归纳起来主要朝着速效、长效和高效的方向发展[1]。

（一）速效药物递释系统

常规药物制剂能够解决临床上的基本问题，但对于急性发作疾病的治疗效果并不十分理想，由此发展了速效药物递释系统。代表性的速效药物递释系统除舌下片外，近年来还发展了口腔崩解片和鼻腔喷雾剂等。

1. 口腔崩解片（orally disintegrating tablet） 无须用水送服，仅依靠口腔中的少许唾液即可迅速崩解，进而被胃肠道黏膜吸收，其主要优点之一是快速发挥疗效，因此适用于心绞痛、哮喘、偏头痛等的急性发作。此外，口腔崩解片不需以固态片剂吞咽，适于吞咽困难的患者、老人和儿童使用，顺应性良好。理想的口腔崩解片除需在口腔中快速崩散外（一般30秒内），还需具有较高的载药量和适宜的口感，这对于其制备提出了挑战，如片剂要有适宜强度、崩解要非常快，并能够遮掩药物本身的味道。为了满足这些要求，研究者开发了多种技术，如Orasolv、Durasolv、Wowtab、Flashtab、Zydis、Flashdose、Oraquick、Lyoc、Advatab、Frosta、Quick-Disc和Nanomelt等[2]。利用这些技术，目前国内外已有多种口腔崩解片上市，如氯氮平口腔崩解片、琥珀酸舒马普坦口腔速崩片、盐酸多奈哌齐口腔崩解片、盐酸坦洛新口腔速崩片等；据2016年统计，国家药品监督管理局也有30多项口腔崩解片新药受理，正在进行各期临床试验[3]。更值得一提的是口腔崩解片已被载入《中国药典》（2015年版）。

2. 鼻腔喷雾剂（nasal spray） 此处主要指通过鼻黏膜吸收发挥全身性治疗作用的给药系统。鼻腔的黏膜层较薄，黏膜下毛细血管和淋巴管丰富，吸收迅速；鼻黏膜吸收后直接入血，能够避免肝首过效应，从而提高某些药物的生物利用度。另一方面鼻腔具有鼻-脑通路，部分药物经鼻黏膜吸收后可通过嗅神经、三叉神经直接转运入脑，适用于脑部疾病的治疗[4-6]。吸毒是美国的重大社会问题[7]，纳洛酮作为阿片受体拮抗剂，长期用于逆转阿片类药物滥用导致的症状，具有明确的效果[8]。然而纳洛酮注射剂应用不便，并易引起继发性感染，难以满足突发急症尤其是非医疗部门的解毒应用。鉴于鼻腔喷雾剂起效迅速的优势，美国FDA于2015年11月通过快速通道，4个月内即批准纳洛酮鼻喷剂用于救治阿片类药物中毒，使其成为世界上第一个非注射的纳洛酮制剂。纳洛酮鼻喷剂给药后2.5分钟即可在血液中检出，20分钟后血药浓度达到峰值，与肌内注射的起效时间相近[9]。在急性偏头痛患者的临床研究中，相比安慰剂，佐米曲普坦鼻喷剂具有良好的耐受性，给药后2~5分钟即可在血液中检测到药物，15分钟后大部分患者的疼痛消失[10, 11]。然而，鼻腔喷雾剂的应用也一定程度上受到生理因素和剂型因素的影响，由于鼻纤毛的清除作用，药物在鼻腔的滞留时间仅为30分钟，一定程度上影响了药物吸收的完整性；而很多药物或辅料都存在不同程度的纤毛毒性；且鼻腔体积较小，因此鼻腔喷雾剂只适合于低剂量药物的使用[12]。

（二）长效药物递释系统

某些药物的生物半衰期短，血药浓度存在明显的峰谷现象。而制备长效药物递释系统可使药物缓慢、持续甚至智能化释放，能够延长药物的作用时间，保持血药浓度平稳，减少药物毒性并提高患者顺应性。目前应用的长效药物递释系统主要为缓控释给药系统等。

口服缓控释系统（oral controlled release drug delivery system，OCRDDS）能够缓慢甚至接近恒速释放药物，从而避免药物浓度波动、延长作用时间。目前口服缓控释系统的发展已经比较成熟，根据其释药机制可以分为骨架型缓控释制剂、膜控型缓控释制剂、渗透泵型缓控释制剂等。随着可生物降解聚合物在给药系统领域的应用，尤其是聚乳酸（polylactic acid，PLA）和聚乳酸-羟基乙酸共聚物［poly（lactic-co-glycolic acid），PLGA］等被 FDA 批准为注射级药用辅料后，缓控释注射给药系统得到了迅速发展。1970 年，PLA 首先作为麻醉药拮抗剂环唑辛长效注射剂的骨架材料；随后 PLA 和 PLGA 又相继用于抗肿瘤药物、甾体激素、麻醉药拮抗剂以及多肽蛋白类药物的缓控释注射剂，目前已经有 10 余个产品上市。缓控释制剂的主要优点是：①减少用药次数，提高患者顺应性；②血药浓度平稳，利于降低药物尤其是治疗窗窄的药物的毒副作用。其局限性主要表现为：①缓控释制剂是基于健康人群的平均药动学参数而设计，当其受疾病因素影响体内药动学特性发生改变时，不能灵活调节给药方案；②有时可能存在药物突释风险，由此出现较大副反应时往往无法立刻停止释药。

控释系统的释药规律及质量要求高于缓释系统，其除了能够控制药物近乎恒速释放外，还能按临床需要控制药物定时、定位释放。

某些疾病的发病呈明显的时间节律性，如心绞痛容易在凌晨发作。为满足这些疾病的用药需求而研发了脉冲释放给药系统（pulsatile drug delivery system，PDDS），在给药一定时间后（也就是人体需要用药的时候），能够单次或多次以脉冲的形式快速释药。脉冲释放给药系统主要依靠两种机制，其中应用较多的为溶蚀或膨胀爆破后释药[13]。该原理主要依靠制剂本身设定的程序，在口服后随着水分的接触，控制释药的脉冲塞不断膨胀或溶蚀，一定时间后涨破制剂外壳或冲开脉冲塞而释放药物。由于该脉冲释药技术在制剂学上易控，且易于生产，是脉冲释药系统的主要发展方向，尤其是产品研发领域关注的重点。

传统制剂在吸收部位释药后按其自身性质体内分布，其药效和毒副作用主要取决于药物的分布特性。为了降低药源性毒副作用并提高治疗效果，发展了病变组织定位释放给药系统（on-demand drug release system，ODRS），该系统在血液循环中不释药，而进入病变组织后才特异性释放药物，从而提高药物在病变部位的浓度，降低正常组织的游离药物浓度。病变部位定位释放一般依靠病变部位的特殊生理、病理特征，如多种病变组织的酶表达异常，肿瘤组织相较于正常组织具有谷胱甘肽含量增高、低 pH、高内压、缺氧、温度较高等病理特征。也可以通过外部给予的磁场或升温、光照、超声等方法使给药系统在病变部位释药。腙键是一种常用的 pH 敏感键，将抗肿瘤药物阿霉素通过腙键修饰在纳米载体表面，48 小时内其在肿瘤环境 pH（约 6.0）下的药物释放为 82.1%，显著高于生理 pH（7.4）的释药（21.9%），从而表现出更好的抗肿瘤效果和较低的心脏毒性[14]。又如热敏脂质体（thermosensitive liposomes）主要通过选择具有合适相变温度的磷脂使脂质体在低于相变温度时呈现固态，包载药物；高于相变温度时呈现液态或半固态，释放药物[15]。热敏脂质体常用于肿瘤的治疗，可在肿瘤局部加温（约40℃），高于热敏脂质体的相变温度，使其在肿瘤部位释药，发挥治疗作用。Celsion公司开发的阿霉素热敏脂质体ThermoDox，在40℃时5分钟内即可释药60%~70%，而在37℃时30分钟仅能释药约20%[16]。经过60天ThermoDox治疗后，85%的荷鳞状细胞癌皮下瘤小鼠的肿瘤完全消失，而普通脂质体仅能延缓肿瘤的生长[17]。Ⅱ期临床结果表明，ThermoDox联合放射热疗将患者的整体生存期从单独放射热疗的53.6个月延长到79个月。

口服结肠定位给药系统（oral colon specific drug delivery system，OCDDS）在上消化道不释药，而到达结肠部位后才开始释药，从而发挥结肠局部或全身治疗作用。结肠定位给药系统具有诸多优点：①避免药物，尤其是多肽蛋白药物被胃酸或胃肠道酶系统破坏，提高该类药物的生物利用度；②提高结肠局部的药物浓度，利于治疗结肠局部疾病，如Crohn's病、结肠炎和结肠癌等。

经皮给药系统（transdermal drug delivery system，TDDS）是指药物通过皮肤经由毛细血管吸收进入体循环起全身治疗作用的一类递释系统。经皮给药系统的优势之一是缓慢释药，既能维持较长时间的疗效，又可降低不良反应的发生。但该剂型也存在一定的局限性，皮肤是限制药物吸收程度和速度的屏障，大多数药物透过该屏障的速度都很小。目前已研发出多种新型的促进皮肤渗透的方法，如将离子型药物制备为渗透性更好的离子对复合物；采用微晶磨皮去除角质层；采用微针技术或无针高速注射技术直接透过角质层；采用纳米技术改善药物的皮肤渗透性[18]。通过设计合适的经皮给药系统可赋予其环境响应性的控释特性。如将微针系统头部的储药库设计为包含葡萄糖酶和胰岛素的小室，小室的外壳由缺氧环境敏感的透明质酸交联物构成[19]。当血液中葡萄糖浓度升高时，葡萄糖酶氧化葡萄糖并消耗氧，使得局部成为缺氧环境，导致透明质酸交联物被还原而去交联，从而释放胰岛素。当葡萄糖浓度降低时，葡萄糖酶需氧量下降，使局部含氧量上升，透明质酸被氧化而交联，从而抑制胰岛素释放。改变微针的材料还可赋予其他响应特性，如将微针填充具有光热转换能力的$LaB_6@SiO_2$纳米结构，并将药物储库用热敏材料制备，当红外线照射时$LaB_6@SiO_2$吸收光能并转变为热能，使得药物储库融化而释药[20]。

（三）高效药物递释系统

高效递药始终是药剂学工作者的追求。近年来随着纳米技术和生物材料的发展，作为高效药物递释系统的纳米药物越来越受到关注。所谓纳米药物系指粒径为1~1000nm的微小颗粒状药物。依纳米粒子中药物的存在形式可分为：①纳米晶体药物：将药物颗粒粉碎至纳米尺度，或者直接将其制为纳米结晶，然后制成混悬剂、片剂或胶囊剂等应用；②纳米载体药物：借助载体材料，将药物分散或包载于纳米载体中，形成纳米尺度的给药系统，如脂质体、纳米粒、胶束等。纳米药物的主要作用是：①解决药物的难溶性问题，提高药物的溶出度和生物利用度；②赋予药物递释系统靶向性，从而提高疗效，降低毒副作用；③对于包载生物大分子的纳米载体药物，其可保护该类药物减少环境降解，并可靶向递送至病灶部位，从而达到高效递药的目的。

1. 纳米晶体药 药物的难溶性问题是药剂学的一大挑战。据统计，目前临床应用的药物中约40%的药物溶解性很差，而研发中的活性分子更是约90%的水溶性很差[21]。按照生物药剂学分类系统（biopharmaceutical classification system，BCS），难溶性药物属于Ⅱ

或Ⅳ类。对于溶解性差、渗透性差的Ⅳ类药物，其溶出、吸收、入胞等都受到极大限制；即使对于渗透性较好的Ⅱ类药物，由于溶解度差，口服后在肠道的溶出较慢，生物利用度低，且易受食物的影响。而较差的溶解度又使药物难以制备为注射液。

将难溶性药物粉碎至纳米尺度制成纳米结晶，可以大幅提高药物的溶解度，增加分散比表面积，从而能够有效改善难溶性药物的溶出速率，提高生物利用度，并能有效降低食物对药物吸收的影响[22]；制备过程无须特殊的纳米材料，利于新药研发；且制备设备通用、简便，易于工业化大生产。将盐酸瑞伐拉赞制备为纳米结晶后，相比普通混悬液，其药时曲线下面积（AUC）提高45%，血浆最高浓度提高87%[23]。但是纳米结晶静脉注射可能引起一定程度的免疫反应，且纳米尺度的微粒其在体内、细胞内的转运以及毒性等都具有特殊性，因此需要对其作更深入系统的研究。

2. 纳米载体药物 多数药物需要分布至特定部位、组织、细胞、细胞器，或与特定靶点结合才能发挥药理作用。然而传统药物制剂经口服、静脉注射等方式给药、吸收入血后，其体内分布受药物自身性质的影响极大，难以专属性分布于特定靶部位。尤其是对于毒副作用较大的药物，如抗肿瘤药物、抗感染药物等，非选择性分布使其治疗窗窄，疗效差。纳米载体药物的主要作用是赋予其靶向性，所形成的靶向给药系统（targeting drug delivery system，TDDS）可改变药物的体内行为，依靠给药系统的性质，将药物递送至特定靶部位，从而达到增效、减毒的作用。同时，靶向给药系统还能提高药物透过组织屏障、跨细胞膜转运的能力，甚至提高药物在特定细胞器中的分布，从而有效增强药物的疗效。

一般而言，靶向策略可以分为被动靶向和主动靶向。被动靶向系指依靠靶部位的生理、病理特点以及纳米系统本身的性质，使纳米给药系统能够有效蓄积在靶部位；而主动靶向则是指依靠纳米系统表面的特定分子与靶部位的特定分子间、蛋白间的主动识别而结合，达到靶组织、靶细胞选择性浓集药物的目的。如肿瘤和炎症部位均具有渗透和滞留增强效应（enhanced permeability and retention effect，EPR），因此具有一定尺度（一般粒径为几百纳米之内）的纳米给药系统可被动分布并蓄积在肿瘤和炎症部位，从而提高该部位的药物浓度。由于被动靶向策略对给药系统的要求较低，因此得到广泛的研究和发展，并已有多种药物上市[24]，其中以脂质体为载体的纳米载体药物最多，如阿霉素脂质体、伊立替康脂质体等；此外尚有多种药物的白蛋白纳米粒在进行临床前及临床Ⅰ/Ⅱ期研究。

主动靶向给药系统的靶向效率更高，但其制备更为繁琐而难以规模化和产业化，故目前尚无主动靶向给药系统被批准上市，仅有4项新药处于各期临床试验阶段，如谷胱甘肽修饰的脂质体被用来主动靶向脑部，转铁蛋白修饰的脂质体被用于肿瘤靶向递药。

纳米载体药物除了赋予靶向性外，也能有效解决难溶性药物的溶解度问题。Genexol-PM为紫杉醇与聚乙二醇–聚乳酸（PEG-PLA）形成的纳米胶束，紫杉醇包载于胶束的疏水内核中，胶束外层的亲水性聚乙二醇则赋予纳米药物良好的水分散性。相较含有Cremophor EL的紫杉醇注射液，Genexol-PM的最大耐受剂量从175mg/m^{2}提高到390mg/m^2，同时副作用有一定程度降低[25]。白蛋白结合的纳米载体药物也能有效解决紫杉醇的溶解度问题。

目前，纳米载体药物面临的瓶颈问题主要是：①纳米材料的安全性问题：目前仅有少数纳米材料获准注射，极大限制了纳米载体药物的产业化和临床应用；②纳米载体药物的规模化生产问题：许多纳米载体药物的制备流程过于复杂而难以规模化生产，大生产的设备具有一定的专属性，这是其产业化必须克服的屏障。

3. 高效生物大分子药物递释系统 生物大分子药物包括多肽、蛋白质、抗体、疫苗与核酸等，多用于治疗肿瘤、艾滋病、心脑血管疾病、神经退行性疾病等疾病。生物大分子药物以其作用的高度专属性和多样性，在重大疾病治疗中发挥极其重要的作用，被全球公认为 21 世纪药物研发最具前景的高端领域之一。2014 年全球十大畅销药物中，生物大分子药物占 7 个，其全球年销售总额已超 600 亿美元。尽管生物大分子药物具有显著优势，但药效发挥的前提是给药系统能够将其高效递送至作用靶点，同时生物大分子药物的生物活性依赖于特定的三维结构、晶形等，其体内外稳定性极差，因此如何保持生物大分子药物的活性，并将其高效递送至靶细胞、靶细胞器是发挥药物作用的关键[26]。基于该领域的重要研究价值，国家自然基金委已经在"十三五"第一批重大项目中立项。

生物大分子药物递释系统（biomacromolecule drug delivery system，BDDS）的研究重点主要包括：①提高药物的体内外稳定性和生物利用度；②提高给药系统的靶向性。采用纳米载体包裹的方式能够在不影响生物大分子药物本身结构的同时避免其与周围环境中酶的接触，从而维持其活性并赋予其一定的靶向递释特性。如采用 PLGA 为材料制备的促黄体激素释放激素（LHPH）类似物、胰高血糖素样肽（GLPs）、人体生长激素（HGH）等蛋白多肽类药物的纳米载体药物已成功上市。而对于核酸类药物，目前的研究重点集中在以高分子聚合物为主的非病毒载体上[27]。

三、新型药物递释系统工程化的挑战与展望

目前，新型药物递释系统的实验室研究相对比较成熟，但要实现工程化和临床应用，更深入的基础研究和系统的应用研究还有待开展，尤其是纳米药物递释系统，其中存在诸多的理论挑战和瓶颈技术，概括起来主要有以下几方面问题：

1. 纳米载体药物体内药动学规律的特殊性问题[28] 普通制剂的药动学研究侧重于药物的吸收和血液中动力学参数的求算，对于动物体内的药动学也可考察药物的组织分布，研究对象为整体和组织器官水平。纳米载体药物的药动学研究除了关注上述问题外，更注重于靶组织的药物分布及其靶向效率评价、非靶组织的药物分布及其毒副作用预测，同时也应适当考察细胞摄取和胞内转运过程，研究对象深入至细胞水平和分子水平。

为了获得较好的药理效应，纳米载体药物进入靶细胞前应尽可能不解体、少释药，而进入靶细胞后必须有效地释放药物并维持较高的游离药物浓度。以阿霉素脂质体（如 Doxil）为例，Doxil 可显著提高肿瘤部位的阿霉素摄取，但其抗肿瘤效果仅有中等程度的提高，其中一个重要的原因就是 Doxil 在肿瘤部位的药物释放过于缓慢，游离阿霉素浓度并无显著性提高，致使肿瘤部位的生物利用度仅有 40%~50%[29]；而且 Doxil 一系列的副作用如手足综合征、黏膜炎等可能也与 Doxil 的释药缓慢有关[30]。因此，纳米载体药物在靶部位的高摄取并不一定意味着药物在靶部位（或靶细胞）具有高生物利

用度，给药系统在靶部位的药物释放速率在很大程度上影响着其在靶部位（或靶细胞）的生物利用度[31]。

如前所述，将给药系统设计成具有环境敏感特征，使其在靶部位特定环境（pH、光、热和酶）下释放药物，而在血液循环中尽可能不释药，则可有效提高药物在靶部位的生物利用度。已有大量研究采用 pH 敏感材料制备纳米载体药物，使其在低 pH 条件（pH 5.5 左右）具有良好的释药特征。但遗憾的是，病变部位（如肿瘤、炎症组织）的 pH 很少达到 6.5 以下，因此现有的 pH 敏感纳米载体药物仍然难以取得理想效果[32]。利用靶部位特异性高表达的酶，也可设计酶敏感的纳米载体药物[33]，但是其在实际应用中仍然存在很大的局限性，主要原因如：并非所有肿瘤部位均能表达足够的酶可以触发纳米载体的药物释放；患者肿瘤部位酶浓度的个体差异较大，致使药物释放存在个体差异。相对而言，热敏感的纳米载体药物具有良好的临床可行性。Needham D 将一种热敏感的磷脂材料二棕榈酸磷脂酰胆碱（dipalmitoyl phosphatidylcholine，DPPC）与单棕榈酰磷脂酰胆碱（MPPC）、聚乙二醇磷脂酰乙醇胺（DSPE-PEG2000）混合制备热敏型脂质体，其在 37℃生理体温下较为稳定，药物释放缓慢；而在 40℃肿瘤组织中（物理辅助升温，如射频、微波、超声波等）的药物释放迅速提高[34]。

2. 纳米载体药物的摄取及其与生物体的相互作用问题 纳米载体药物穿越生物屏障和细胞膜的机制不同于游离药物，如前述的具有被动靶向的 EPR 效应和主动靶向的受体介导或转运体介导的跨膜转运。进一步深入的入胞过程、入胞后的溶酶体逃逸机制及胞内分布等系统研究将有助于纳米载体药物的设计和优化。

3. 纳米材料及纳米载体药物的生物相容性和潜在毒性问题 如上所述，纳米载体药物体内动力学的特殊性使其组织分布有别于游离药物；纳米材料和纳米颗粒与人体器官、组织、细胞、分子间相互作用规律的特殊性产生了一系列新的生物效应，由此产生生物相容性问题及未知的或潜在的毒性（如非靶组织的毒副作用和免疫原性、遗传毒性等）。这些问题严重限制了纳米载体药物的研发和应用。

4. 纳米载体药物产业化的瓶颈技术问题 纳米载体药物的研发和产业化是一项多学科交叉、合作的系统工程，其与药物递释系统的制备技术和设备、新型药用辅料和给药装置、质量标准和检测仪器等环节的发展密不可分。

近年来，随着纳米载体药物的发展，相应的制备技术应运而生，如：白蛋白纳米注射剂的 Nab™ 制备技术（nanoparticles albumin-bound technology）等。新型制备技术的壁垒较高，很大程度上增加了纳米载体药物研发的难度；而某些制备技术需要相应的制造设备，往往就成为其工程化的瓶颈技术问题。曾有案例：采用传统的设备制备某一纳米载体药物，虽经均匀设计等方法系统研究，但是始终无法解决其成型问题；后改用一种新的设备、仍按原有的处方工艺制备，成型问题却迎刃而解，由此说明设备的重要性。

新型载体材料对纳米载体药物的成型有重要影响，而载体材料尤其是注射级材料的生物相容性及毒性问题更是至关重要。如氢化蓖麻油解决了紫杉醇的溶解度问题，成功制备了紫杉醇注射剂。但是，氢化蓖麻油具有很强的致敏性，使其临床应用和顺应性受到很大影响。采用人源性的白蛋白作为载体材料，制备成白蛋白结合型紫杉醇纳米注射剂，有效解决了紫杉醇的溶解度和氢化蓖麻油的致敏性问题，研发出一种新型的纳米载体药物。目前，除了人血白蛋白、磷脂及其衍生物、PEG、PLA、PLGA 等可供血管内使用外，其他高分子材料尚未能作为血管内注射用的药用辅料。因此，开展新型药用辅料的合成、表征、生物相容性和安全性研究，研发更多可供血管内注射用的纳米载体材料，成为纳米载体药物研发的热点和重点。此外，基于仿生学理念，以人体内源性物质作为纳米载体材料也成为研究热点之一。人体内的亚细胞结构属于纳米范畴，如红细胞、血小板、核糖体和内源性多肽等，具有良好的生物相容性，目前已有较多的实验室研究报道，有望发展为纳米给药系统的载体材料[35]。

合适的包装对于保证纳米载体药物的稳定、方便使用至关重要。目前生产上一般是将纳米载体药物制成冻干粉针，临用前再加氯化钠或葡萄糖注射液进行复溶和稀释，如白蛋白结合型紫杉醇纳米注射剂。如果能将药物粉针和注射用溶剂同时封装于粉液双室输液袋中，输液前，只需挤压包装袋的液体室，使其冲开虚焊缝，将两个腔室贯通并摇匀即可输液[36]，此包装大幅缩短了配药混合时间，减少了配液过程中可能的污染，使使用更便利和安全。另外，国外还研制了无针配药系统，能够实现冻干制剂在配制过程中药瓶之间简单、快捷的转移和混合。

完善的质量评价体系和先进的检测仪器（如粒度仪）能够严格控制药品质量，为纳米载体药物的临床疗效和安全性提供科学保障。

随着医学、药学、生物材料学等学科的发展，新型药物递释系统层出不穷，能够不断满足临床越来越高的用药需求。总体而言，新型药物递释系统的研发是基于优效原则，既与现有制剂相比具有明显的特色，也在用药顺应性和增效、减毒方面有较大的提高。相信在相关领域研究者的共同努力下，通过有效的跨学科合作，新型药物递释系统的研究和应用将会得到迅速发展。

（蒋新国）

参考文献

[1] 高会乐，蒋新国. 新型药物递释系统的研究进展. 药学学报，2017，2：181-188.

[2] Badgujar BP，Mundada AS.The technologies used for developing orally disintegrating tablets：a review.Acta Pharm，2011，61（2）：117-139.

[3] Hannan PA，Khan JA，Khan A，et al.Oral dispersible system：a new approach in drug delivery system.Indian J Pharm Sci，2016，78（1）：2-7.

[4] Badhan RK，Kaur M，Lungare S，et al.Improving brain drug targeting through exploitation of the nose-to-brain route：a physiological and pharmacokinetic perspective.Curr Drug Deliv，2014，11（4）：458-471.

[5] Mohanty C，Kundu P，Sahoo SK.Brain targeting of siRNA via intranasal pathway.Curr Pharm Des，2015，21（31）：4606-4613.

[6] Meredith ME，Salameh TS，Banks WA.Intranasal delivery of proteins and peptides in the treatment of neurodegenerative diseases.AAPS J，2015，17（4）：780-787.

[7] Volkow ND，Frieden TR，Hyde PS，et al.Medication-assisted therapies-tackling the opioid-overdose epidemic. N Engl J Med，2014，370（22）：2063-2066.

[8] Strang J，McDonald R，Alqurshi A，et al.Naloxone without the needle-systematic review of candidate routes for non-injectable naloxone for opioid overdose reversal.Drug Alcohol Depend，2016，163：16-23.

[9] Krieter P，Chiang N，Gyaw S，et al.Pharmacokinetic properties and human use characteristics of an FDA-

approved intranasal naloxone product for the treatment of opioid overdose.J Clin Pharmacol,2016,56(10): 1243-1253.

[10] Winner P,Farkas V,Štillová H,et al.Efficacy and tolerability of zolmitriptan nasal spray for the treatment of acute migraine in adolescents:results of a randomized,double-blind,multi-center,parallel-group study (TEENZ).Headache,2016,56(7):1107-1119.

[11] Tepper SJ,Chen S,Reidenbach F,et al.Intranasal zolmitriptan for the treatment of acute migraine.Headache, 2013,53 Suppl 2 :62-71.

[12] Wolff RK.Toxicology studies for inhaled and nasal delivery.Mol Pharm,2015,12(8):2688-2696.

[13] 王雄飞,王洁敏,孙奥琪,等.脉冲给药系统的释药机制及其剂型在药剂学的研究进展.中国新药杂志, 2016,25(6):664-667.

[14] Ruan S,Yuan M,Zhang L,et al.Tumor microenvironment sensitive doxorubicin delivery and release to glioma using angiopep-2 decorated gold nanoparticles.Biomaterials,2015,37 :425-435.

[15] 陈军.抗肿瘤热敏靶向脂质体的研究进展.药学学报,2011,46(5):502-506.

[16] May JP,Li SD.Hyperthermia-induced drug targeting.Expert Opin Drug Deliv,2013,10(4):511-527.

[17] Ponce AM,Vujaskovic Z,Yuan F,et al.,Hyperthermia mediated liposomal drug delivery.Int J Hyperthermia, 2006,22(3):205-213.

[18] Marwah H,Garg T,Goyal AK,et al.Permeation enhancer strategies in transdermal drug delivery.Drug Deliv, 2016,23(2):564-578.

[19] Yu J,Zhang Y,Ye Y,et al.Microneedle-array patches loaded with hypoxia-sensitive vesicles provide fast glucose-responsive insulin delivery.Proc Natl Acad Sci U S A,2015,112(27):8260-8265.

[20] Chen MC,Ling MH,Wang KW,et al.Near-infrared light-responsive composite microneedles for on-demand transdermal drug delivery.Biomacromolecules,2015,16(5):1598-1607.

[21] Loftsson T,Brewster ME.Pharmaceutical applications of cyclodextrins:basic science and product development. J Pharm Pharmacol,2010,62(11):1607-1621.

[22] Junyaprasert VB,Morakul B.Nanocrystals for enhancement of oral bioavailability of poorly water-soluble drugs.Asian J Pharm Sci,2015,10(1):13-23.

[23] Li W,Yang Y,Tian Y,et al.Preparation and in vitro/in vivo evaluation of revaprazan hydrochloride nanosuspension.Int J Pharm,2011,408(1-2):157-162.

[24] Weissig V,Pettinger TK,Murdock N.Nanopharmaceuticals(part 1):products on the market.Int J Nanomedicine,2014,9 :4357-4373.

[25] Kim TY,Kim DW,Chung JY,et al.Phase Ⅰ and pharmacokinetic study of Genexol-PM,a cremophor-free, polymeric micelle-formulated paclitaxel,in patients with advanced malignancies.Clin Cancer Res,2004,10 (11):3708-3716.

[26] Mitragotri S,Burke PA,Langer R.Overcoming the challenges in administering biopharmaceuticals:formulation and delivery strategies.Nat Rev Drug Discov,2014,13(9):655-672.

[27] Yin H,Kanasty RL,Eltoukhy AA,et al.Non-viral vectors for gene-based therapy.Nat Rev Genet,2014, 15(8):541-555.

[28] 蒋新国.现代药物动力学.北京:人民卫生出版社,2011 :317-343.

[29] Laginha KM,Verwoert S,Charrois GJ,et al.Determination of doxorubicin levels in whole tumor and tumor nuclei in murine breast cancer tumors.Clin Cancer Res,2005,11(19 Pt 1):6944-6949.

[30] Gordon KB,Tajuddin A,Guitart J,et al.Hand-foot syndrome associated with liposome-encapsulated doxorubicin therapy.Cancer,1995,75(8):2169-2173.

[31] Li SD,Huang L.Pharmacokinetics and biodistribution of nanoparticles.Mol Pharm,2008,5(4):496-504.

[32] Drummond DC,Zignani M,Leroux J.Current status of pH-sensitive liposomes in drug delivery.Prog Lipid Res,2000,39(5):409-460.

[33] Meers P.Enzyme-activated targeting of liposomes.Adv Drug Deliv Rev,2001,53(3):265-272.

[34] Needham D,Dewhirst MW.The development and testing of a new temperature-sensitive drug delivery system for the treatment of solid tumors.Adv Drug Deliv Rev,2001,53(3):285-305.

[35] 张志荣.基于纳米递药系统的创新药物制剂研究.药学进展,2016,40(4):241-242.

[36] 蒋煜,黄晓龙.粉液双室袋产品的质量控制风险分析及其设计.中国新药杂志,2016,25(7):733-738.

第二章

药品的研发和注册申报

第一节 药品的定义及分类

一、药品的定义

《中华人民共和国药品管理法》第一百条明确了药品的定义[1]：药品是指用于预防、治疗、诊断人的疾病，有目的地调节人的生理机能并规定有适应证或者功能主治、用法和用量的物质，包括中药材、中药饮片、中成药、化学原料药及其制剂、抗生素、生化药品、放射性药品、血清、疫苗、血液制品和诊断药品等。

不同国家、地区或组织对于药品的定义也有所不同。世界卫生组织（WHO）关于药品的定义为[2]：为治疗或预防人类疾病，或为了人类诊断，或为了修复、矫正或改变人类生理功能的物质或物质组合。美国联邦法规（CFR）第 21 篇《食品与药品》关于药品的定义[3]：药品是一种制成的剂型，例如包含一种药物物质的片剂、胶囊或溶液，通常但不是必须与一种或多种其他成分相联合；药物物质是一种为诊断、治愈、缓解、治疗或预防疾病提供药理活性或直接作用，或影响人体结构或任何功能的一种活性成分。欧盟第 2001/83/EC 号指令关于药品的定义[4]：（a）具有治疗或预防人体疾病特性的物质或物质的组合；（b）可用于或经人体服用，通过发挥药理、免疫或代谢作用来达到修复、矫正或改变生理功能，或进行医学诊断的物质或物质组合。综上所述，国际上关于药品定义的共性是用于预防、治疗、诊断人的疾病，可有目的地调节人的生理机能的物质，但是其他国家、地区或组织的定义中均有物质组合概念，我国关于药品定义未明确此项内容。

二、药品的质量特性

药品质量特性是指药品为满足预防、治疗、诊断人的疾病，有目的地调节人的生理机能要求的有关的固有特性。药品质量特性主要表现为以下 3 个方面[5]：

1. **安全性** 安全性（safety）是指按规定的适应证和用法、用量使用药品后，人体产生毒副作用的程度。大多数药品具有不同程度的毒副作用，因此，只有在衡量有效性大于毒副作用，或可解除、缓解毒副作用的情况下才使用某种药品。假如某物质对防治、诊断疾病有效，但是对人体有致畸、致癌、致突变等严重损害，甚至可能致死，则不能将该物质作为药品使用。

2. **有效性** 有效性（effectiveness）是指在规定的适应证、用法和用量的条件下，能满足预防、治疗、诊断人的疾病，有目的地调节人的生理机能的要求。有效性是药品的固有特性，但必须在一定前提条件下，即有一定的适应证和用法、用量。世界上不存在能治百病的药品。

3. 质量可控性　质量可控性（quality controllability）主要体现在药品质量的可预知性与重现性。按已建立的工艺技术制备的合格原料药及制剂应完全符合质量标准的要求。重现性系指质量的稳定性，即不同批次生产的药品均应达到质量标准的要求，不应有大的变异。质量可控性是决定药品有效性与安全性的重要保证。

<h3 style="text-align:center">三、药品的注册分类</h3>

（一）按照活性成分来源分类

根据不同的分类原则，药品有不同的分类方式。参照 2007 年版《药品注册管理办法》（局令第 28 号），药品按其活性成分的来源不同，可分为中药和天然药物、化学药品、生物制品[6]。

中药是指在我国传统医药理论指导下使用的药用物质及其制剂；天然药物是指在现代医药理论指导下使用的天然药用物质及其制剂。中药和天然药物按照注册分类又分为9 类。

生物制品分为治疗用生物制品和预防用生物制品，各有 15 类。

化学药品的注册分类按照 2007 年版《药品注册管理办法》分为 6 类，随着我国药品行业的发展，药品的分类也在不断的进步中。国家食品药品监督管理总局 2016 年 3 月 4日发布了《化学药品注册分类改革工作方案》（2016 年第 51 号），对化学药品注册分类类别进行了调整，将化学药品注册分类调整为 5 个类别。

（二）按照药品注册类型分类

按照 2007 年版《药品注册管理办法》，药品注册申请包括新药申请、仿制药申请、进口药品申请及其补充申请和再注册申请。

新药申请，是指未曾在中国境内上市销售的药品的注册申请。仿制药申请，是指生产国家药品监督管理局已批准上市的、已有国家标准的药品的注册申请。中药和天然药物注册分类 1~6 的品种为新药，注册分类 7、8 按新药申请程序申报，注册分类 9 为仿制药。生物制品均需按照新药申请的程序申报。

进口药品申请，是指境外生产的药品在中国境内上市销售的注册申请。补充申请，是指新药申请、仿制药申请或者进口药品申请经批准后，改变、增加或者取消原批准事项或者内容的注册申请。再注册申请，是指药品批准证明文件有效期满后申请人拟继续生产或者进口该药品的注册申请。

（三）按照化学药品的新注册分类[7]

随着我国药品行业的发展，药品的分类也在不断的进步中。2016 年出台的《化学药品注册分类改革工作方案》对化学药品的新药和仿制药进行了重新划分。从化学药品的注册新分类中，可以看出我国制药行业发展、认识水平的不断提高，也反映出国家宏观政策对于药品要求标准的提高。

新药（new drug）是指在中国境内、外均未上市的药品，包括创新药和改良型新药。创新药强调"创新性"，即应当具备"全球新"的物质结构；改良型新药强调"优效性"，即相较于被改良的药品，具备明显的临床优势。

仿制药（generic drug）是仿制已上市原研药品的药品，指具有与原研药品相同的活性成分、剂型、规格、适应证、给药途径和用法用量的原料药及其制剂。仿制药强调"一致性"，被仿制药品为原研药品，仿制药质量与疗效应当与原研药品一致。

目前最新的化学药品注册分类为5个类别：

1类：境内外均未上市的创新药。指含有新的结构明确的、具有药理作用的化合物，且具有临床价值的药品。依据注册分类，该类药品的注册申请类别为新药申请。

2类：境内外均未上市的改良型新药。指在已知活性成分的基础上，对其结构、剂型、处方工艺、给药途径、适应证等进行优化，且具有明显临床优势的药品。这类药品也是按照新药申请的程序申报。

3类：境内申请人仿制境外上市但境内未上市原研药品的药品。该类药品应与原研药品的质量和疗效一致。原研药品指境内外首个获准上市，且具有完整和充分的安全性、有效性数据作为上市依据的药品。依据注册分类，该类药品的注册申请类别为仿制药申请。

4类：境内申请人仿制已在境内上市原研药品的药品。该类药品应与原研药品的质量和疗效一致。这类药品也是按照仿制药申请的程序申报。

5类：境外上市的药品申请在境内上市。这类药品按照进口药品的程序申报。

本章以下内容主要围绕化学药品展开。

第二节　药品的研发过程和技术要求

一、创新药的研发

（一）国内外创新药研发概况

创新药是指在一定的医学理论和科学设想指导下，通过反复的设计、合成和药理、生理或生物筛选，创制出新型结构并具有生物活性的药物，也称为新化学实体（new chemical entities，NCEs）、新分子实体（new molecular entities，NMEs）或新活性物质（new active substances，NASs）。另外，从天然药物，如植物药、动物药或矿物药中提取、发酵提取有效成分和有效部位，也是当前创新药研发的热点。

创新药的研究开发（research and development，R&D）是一个漫长而复杂的过程，它包括了从药物的早期发现和筛选，从中确定候选药物（drug candidate），进行候选药物的临床前系统研究（包括：药学、药理学、毒理学研究等），再通过临床试验确证其安全性、有效性及用法用量，以及经过药品监督管理局审查获得药品上市许可的全过程。需要众多不同学科（生理学、生物化学、分子生物学、有机化学、药物化学、药理学、药剂学、工程学、基础及临床医学、统计学等）和专业领域研究人员的通力合作。

新药研发周期长，投入高，成功率低。一个创新药从研发到上市通常需要10~15年的时间，根据美国医药研究与制造商协会（PhRMA）的统计，平均5000~10 000种新化合物中只有250种能够进入临床前期，进而只有5种能够进入临床实验，最终也只有1种能够通过FDA审评阶段，并最终获得审批（研发流程见图2-1）。平均每个创新药的研发费用可达数十亿美元[8]。

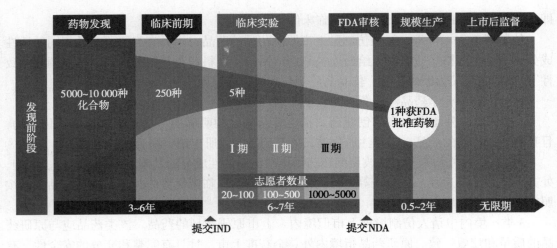

图2-1 新药研发流程

创新药的研发模式根据其创新程度的高低可分为："First in Class""Me-better""Me-too"三类[9]。

1. "First in Class"类创新药 即全新化合物，同时靶点也是新的，一般指同靶点药物中的第一个或第一梯队药物，其创新性最强，同时研发风险和失败率也最高，但研发成果往往能够填补临床用药的空白，具有极大的社会和商业价值。

2. "Me-better"类创新药 它是在不侵犯他人专利权的情况下，根据新上市或在研的"First in Class"类创新药的相关信息资料，通过对其分子结构的改造或修饰，寻找作用机制相同或相似，并在治疗作用或者安全性上具有某些优势的新药物实体。如在奥美拉唑基础上开发的兰索拉唑，在西咪替丁基础上研发的雷尼替丁等。"Me-better"类创新药目前也是国内外创新药研发的一个重要模式，通过"Me-better"的方式，往往可以找到"Best in Class"的创新药。

3. "Me-too"类创新药 是通过对已有药物的分子结构改造或修饰形成的新分子实体，但是在治疗作用和安全性等方面与"First in Class"类创新药相比并无任何优势。在"First in Class"类创新药还有很长的专利保护期，仿制药无法上市的情况下，能够快速突破专利限制、研发成本较低的"Me-too"类创新药具有一定的市场空间。

（二）创新药不同研发阶段的研究内容及技术要求

1. 药物的发现阶段 新药研究与开发的第一关键是新药发现，在确定了所针对的疾病类型或药物作用的受体、酶或靶点后，通过广筛或药物设计的方法，获得具有进一步研究价值的先导化合物（lead compound），并对先导化合物进行结构优化，使之成为可能开发成药物的候选药物，这一过程便称为药物的发现阶段。新药的发现大致可分为从天然产物中发现新药、从化工产品中发现新药和新药设计三个方面，而新药设计则是目前最常用的药物发现手段[10]。

（1）药物的设计和筛选：新药研发的第一步始于研究人体的生理和病理功能，生理学研究正常状态下人体各种生理功能和变化规律，生物化学研究生命过程的各种化学变化，分子生物学研究参与生命过程的各种分子的功能和相互作用，从而从分子、细胞、组织、器官到人体的不同层次了解人体在正常状态的运行规律。如发生病变，是哪些环节发生了异常；针对出现异常的器官、组织、靶点使用某种具有特定结构和性质的化合物或分子实体，将会如何改变分子、细胞的生理活动，纠正病变的原因和症状，从而发挥治疗作用。因此，作用机制研究是药物研发的基础，也为新药设计提供了依据。

如今，研究人员可利用计算机模拟靶点，高通量筛选成千上万种化合物，发现针对特殊靶点的化学结构，使有机和药物化学家有针对性地设计并合成成药性（drugability）和可开发性（developability）相对较高的新化合物或新分子实体。然后，进行化合物的药效筛选一般都是先在体外如酶、受体或者细胞水平进行，在此基础上再进一步进行特定模型动物（如小鼠、大鼠、兔、犬、猪、猴等）的体内实验，通过动物体内、外药效筛选可以获得具有确切药理活性的先导化合物。

（2）先导化合物的结构优化和候选药物的确定：在药物发现过程中，经常遇到先导化合物类药性差、药物动力学特性不佳、毒副作用大等问题，为了提高先导化合物的成药性，加速新药研发的进程，对先导化合物进行结构优化已经成为目前新药研发的关键环节。

对先导化合物进行结构优化，可以调节化合物的理化性质，改变水溶性和脂溶性；可以改善化合物的药物动力学特性，延长药物在体内的作用时间，增强代谢稳定性，提高生物利用度；可以减少 hERG（human ether-a-go-go related gene）抑制活性、降低心脏毒副作用，减少对肝肾等器官的毒副作用等[11]。

以先导化合物为基础进行必要的结构调整和修饰，进一步提高候选药物的活性、安全性和可开发性，精挑细选后确定进入临床前研究的最佳化合物（也称为"候选新药"），是新药研发项目中第一个重要的里程碑。

2. 候选药物的临床前研究阶段 临床前研究的主要目的，是初步确认药物的有效性以及其是否能够安全地用于人体临床试验。这就需要深入理解所选择的候选药物在动物中的药理学和毒理学行为，以及其他物理、化学等特性。这个阶段的研究内容包括系统的药学研究、药理毒理研究（也称为非临床研究）、拟定临床试验计划与方案三个方面。

（1）药学研究：药学研究一般包括原料药的工艺、结构确证、理化性质、质量研究、稳定性研究；制剂的处方工艺、质量研究和稳定性研究。

创新药药学研究的深度和广度是伴随药物的开发进程逐步推进的，不同阶段药学研究的目的不同。在早期开发阶段，安全性和有效性的信息不足，还不可能以保证产品的安全性和有效性为目的建立相应的质量控制要求。随着研究的推进，不断积累相关知识和信息，才能逐渐建立起安全性、有效性与产品特性及质量之间的关系，并结合拟定工业化生产的需要，逐步建立起完善的商业化质量控制体系。

对于临床前和申报Ⅰ期临床研究的药学研究，重点须关注与安全性相关的问题，包括杂质、稳定性、无菌制剂的生产条件和灭菌/除菌方法等。应注意说明临床试验拟用样品与动物药理毒理学实验中应用样品在原料药、制剂处方、制备工艺等方面是否存在差异，讨论这些差异对制剂安全性可能产生的影响（如对杂质谱、暴露量的影响等）。总之，要保证用于临床前动物实验、临床试验等所用药物的质量具有可比性。此外要说明原料和制剂的制备过程是否显示出任何潜在的人体风险信号，如有，应对这些潜在的危险信号进行分析，阐述监测计划[12]。

到了Ⅱ/Ⅲ期临床阶段，随着研究的深入，药学评价依然是关注与安全性相关的问题，包括持续更新的与安全性相关的问题，如杂质、稳定性等方面的数据，以及可能影响药物安全性的各类变更，例如导致杂质谱发生变化的原料药合成工艺变更、可能影响生物利用度的制剂处方工艺变更、无菌制剂灭菌方法的变更等。通常，变更多发生在Ⅱ期临床试验期间，注意评估变更前后产品质量的可衔接性，以及对药物安全性、有效性的影响[13]。

在新药上市许可申请（new drug application，NDA）阶段，药学研究和技术评价可参考国内及人用药物注册技术要求国际协调会（International Conference on Harmonization of Technical Requirements for Registration of Pharmaceuticals for Human Use，ICH）等已发布的相关技术指导原则，并根据研发过程中积累的试验数据来建立药品有效性、安全性与产品质量的关联，要注意临床前安全性批次、临床试验批次、商业批、稳定性批次产品质量的相关性。

（2）药理毒理研究：药理毒理研究一般包括药效学、药物动力学和毒理学研究3个方面。

药效学研究应包括已完成的用于提示药效的非临床实验结果，如体内外药理作用及其作用机制，以及次要药效学信息。

药物动力学研究应包括药物的吸收、分布、代谢及排泄（ADME）。

毒理学研究是研究药物在一定条件下，可能对机体造成的损害作用及其机制，一般需包括：单次和重复给药毒性、安全药理、遗传毒性、生殖毒性、致癌实验、依赖性实验等内容。毒理学研究需在符合《药物非临床研究质量管理规范》（GLP）条件的研究单位进行，通常至少应包括啮齿类和非啮齿类的动物，了解候选药物对不同种属动物影响的区别。毒理研究需要阐明靶器官的毒性反应、剂量相关性、毒性与体内药物暴露的关系，以及毒性的可逆性，这些信息有助于估算人体试验的安全起始剂量和剂量范围，选择监测临床不良反应的指标。毒理研究的结果通常对候选药物能否获批进入临床试验阶段起到决定性作用。

（3）拟定临床试验计划与方案：申请人在进行新药临床研究（investigational new drug，IND）申请时，需提交临床试验实施的计划与方案，Ⅰ期临床试验方案通常应包含下列信息：①研究背景，简述药物的适应证情况，简述药物已有的临床有效性及安全性资料（如有）；②试验目的；③预计参加的受试者数量；④纳入标准和排除标准描述；⑤给药计划描述，包括持续时间、剂量、剂量递增、给药方案，并叙述首剂量确定依据和方法；⑥检测指标、与受试者安全性至关重要的相关试验详细信息，如受试者必要的生命体征和血液生化监测；⑦方案概述还应该包括中止研究的判定原则即停用标准。

3. 临床试验　由于动物与人体生理上的各种区别，对动物有效、毒副作用小的药物对人体并不一定如此。只有经过不同阶段的临床试验，才能最终决定一种药物是否对某种疾病有效，对人体有何毒副作用。批准上市前临床试验一般分成三个不同阶段，分别称为Ⅰ、Ⅱ、Ⅲ期临床试验。

Ⅰ期临床的主要研究目的是观察人体对于新药的耐受程度和药物动力学，为制订给药方案提供依据。具体包括两个方面：一是对药物的安全性和其在人体的耐受性进行研究，考察药物副反应与药物剂量递增之间的关系，二是考察药物的人体药物动力学性质，包括药物在人体内的代谢途径研究以及代谢产物的鉴定。试验对象通常为健康志愿者，对于毒性较大的药物如抗肿瘤药则选择患者进行，最低病例数要求为20~30例。如未出现严重问题（如不可接受的毒副作用），就可进入Ⅱ期临床试验，大约 70% 的候选药物能成功地通过Ⅰ期临床试验阶段。

Ⅱ期临床试验是治疗作用的初步评价阶段，其目的是初步评价药物对目标适应证患者的治疗作用和安全性，也包括为Ⅲ期临床试验研究设计和给药剂量方案的确定提供依据。Ⅱ期最低病例数要求为 100 例。试验时间可持续几个月到数年，大约有 30% 左右的新药能成功通过这一阶段，然后进入Ⅲ期临床试验。

Ⅲ期临床试验是治疗作用的确证阶段，其目的是进一步验证药物对目标适应证患者的治疗作用和安全性，评价利益与风险关系，最终为药物注册申请的审查提供充分的依据。试验一般应为具有足够样本量的随机盲法对照试验，最低病例数要求为 300 例。约有 5%~20% 的新药可通过这一阶段。在完成Ⅲ期临床试验后，制药公司即可向药监部门提交上市申请，在美国，最后经 FDA 批准上市的新药仅占最初申请进入临床试验的新药总数的 10%~15%。

4. 上市后的Ⅳ期临床试验 Ⅳ期临床试验是在新药上市后开展的研究，其目的是考察在广泛使用条件下的药物疗效和不良反应，评价在普通或者特殊人群（如：儿童、孕妇和老人）中使用的获益与风险关系以及改进给药剂量等。Ⅳ期临床试验要求的最低病例数为 2000 例。如发现广泛使用后会产生前三期临床试验中未曾发现的严重副作用，该药物有可能被药监部门要求从市场上撤回。

（三）创新药的发展新趋势

随着医学前沿技术、分子生物学和生物信息与大数据科学的发展，药物的发展已经从基于疾病表型的药物治疗慢慢转变为基于靶标的药物治疗和基于分子分型的个性化药物治疗。生物技术的创新与发展使生物技术药物的研发成为新的关注点。精准医学和个性化药物开发、生物大数据利用研究、肿瘤免疫疗法、基因编辑技术、抗体偶联药物开发、癌症快速检测、再生医学与干细胞技术、3D 打印技术、转化医学模式和丙肝全基因型用药等将成为创新药的未来发展趋势。

1. 基于伴随诊断的精准治疗药物研发 传统的治疗方式通常是针对疾病表现出来的症状用药。患者个体之间存在差异，同一药物对所有患者不一定全部适用（one-size-fits-all）。平均来说，一个上市的药物仅对 50% 服用药物的患者有效[14]。另外，药物在消除病症的同时，也可能对正常组织产生毒副作用。用药不良反应已成为人类第 5 大死亡原因。

精准治疗药物是依据患者个体的特点，如遗传变异、基因表达图谱、蛋白标记物和代谢标记物来调整用药治疗方式。基于基因的和其他形式的分子筛选使精准治疗具有显著优势，包括针对患者的个体情况，选择最佳的药物治疗；使患者用药更安全、更有效、提高患者的顺应性；降低创新药在临床试验期间的时间、成本和失败的几率；挽回先前因临床试验失败被淘汰的药物等[15]。在 2014—2016 年间，美国 FDA 批准的新分子实体中，每 4 个批准的新药中有 1 个药物为精准治疗药物。如表 2-1 所示为美国 FDA 在 2016 年批准的精准治疗药物。

2. 肿瘤免疫疗法 肿瘤免疫疗法被 Science 杂志评为 2013 年度十大科学突破之首[17]。肿瘤免疫疗法与传统肿瘤治疗完全不同，它不是针对肿瘤本身，而是靶向免疫系统，使免疫系统被激活后对付肿瘤。目前癌症免疫治疗大致包括细胞疗法、治疗性抗体、免疫检查点疗法、癌症疫苗、免疫系统调节剂等。

表 2-1　美国 FDA 在 2016 年批准的精准治疗药物[16]

商品名	新分子实体	生产企业	适应证
Rubraca	rucaparib	Clovis Oncology，Inc.	既往接受过 2 种及以上化疗方案的晚期 BRCA 突变卵巢癌患者
Exondys 51	eteplirsen	Sarepta Therapeutics，Inc.	抗肌萎缩蛋白基因 51 外显子突变的杜氏肌营养不良症患者
Epclusa	sofosbuvir/velpatasvir	Gilead Sciences，Inc.	基因型 1-6 慢性丙肝患者
Tecentriq	atezolizumab	Genentech，Inc.（Roche）	晚期或转移性尿路上皮癌、转移性非小细胞肺癌
Venclexta	venetoclax	AbbVie，Inc.	17p 缺失以及既往至少接受过一种疗法的慢性淋巴细胞白血病
Zepatier	elbasvir/grazoprevir	Merck&Co.，Inc.	基因型 1 或 4 慢性丙型肝炎病毒成人感染者

嵌合抗原受体 T 细胞免疫疗法（chimeric antigen receptor T-cell immunotherapy，CAR-T）是抽取分离患者体内的免疫细胞，通过基因工程技术，将能特异性识别癌细胞的基因插入 T 细胞并扩大培养后，回输入人体内，使癌细胞的增长得到控制，甚至被完全清除。第一代 CAR-T 由识别肿瘤表面抗原的单链抗体和免疫受体酪氨酸活化基序组成。由于第一代 CAR-T 不能提供长时间的 T 细胞扩增信号和持续的体内抗肿瘤效应，第二、三代 CAR-T 引入了共刺激分子信号序列，旨在提高 T 细胞的增殖与存活时间，促进细胞因子的释放，提高 T 细胞的抗肿瘤活性。

免疫检查点疗法（immune checkpoint therapy）是一类通过调节 T 细胞活性来提高抗肿瘤免疫反应的治疗方法，它已成为临床上治疗肿瘤的重要方式之一。FDA 已批准三种免疫检查点药物，2011 年批准的特异性结合 T 细胞表面 CTLA-4 受体的抗体类药物伊匹单抗（ipilimumab，商品名为 Yervoy），2014 年批准的两种特异性结合 T 细胞表面 PD-1 受体的抗体类药物帕姆单抗（pembrolizumab，商品名为 Keytruda）与纳武单抗（nivolumab，商品名为 Opdivo），它们首先被批准用于治疗黑色素瘤。利用创新性的篮子临床试验（basket trial），即对肿瘤中某一特定的基因变异而非传统针对肿瘤类型的临床试验，这些药物已被批准用于同一靶点更多的适应证，例如肺癌、肾癌、膀胱癌、前列腺癌，淋巴瘤及其他肿瘤类型[18]。

3. 抗体偶联药物　近些年来，为精准地将药物运送到病灶部位、降低给药剂量和毒副作用，并提高患者的顺应性，靶向给药技术得到了发展，例如，利用病灶与正常组织的差异，通过抗体 - 抗原或配体 - 受体特异性结合、纳米粒子作为药物载体的靶向传递等，将小分子药物定点运送至目标部位发挥作用，靶向给药系统被称为"magicbullet"[19]。

抗体偶联药物（antibody-drug conjugates，ADC）是将小分子药物（一般是细胞毒性药物）通过连接子与靶向肿瘤细胞表面抗原的特异性抗体连接起来，从而让化疗药更精准地作用于肿瘤细胞。目前全球范围内已有 4 个 ADC 产品上市，2000 年 FDA 批准的吉妥珠单抗奥唑米星（gemtuzumab ozogamicin，商品名为 Mylotarg）是重组人类抗 CD33 单抗与卡奇霉素的偶合物，因临床疗效不明显且存在安全问题，2010 年 6 月 Mylotarg 退出美国市场，但在日本仍有销售。2017 年 9 月 FDA 批准 Mylotarg 重新上市，用于治疗成人新诊断出的 CD33 阳性急性骨髓性白血病、成人和 2 岁以上儿童复发或顽固的 CD33 阳性急性骨髓性白血病。2011 年和 2013 年相继批准的两个 ADC 药物：brentuximab vedotin（商品名为 Adcetris）是靶向 CD30 的单抗与单耳他汀 E（MMAE）的偶合物；trastuzumab emtansine（商品名为 Kadcyla）是由曲妥珠单抗和小分子微管抑制剂 DM1 偶联而成。2017 欧盟和 FDA 先后批准的 inotuzumab ozogamicin（商品名为 Besponsa）是由靶向 CD22 的单抗与卡奇霉素的偶联物[20]。

二、改良型新药的研发

（一）改良型新药的定义及分类

根据《化学药品注册分类改革工作方案》，改良型新药属于化学药品注册分类的第 2 类，是指在已知活性成分的基础上，对其结构、剂型、处方工艺、给药途径、适应证等进行优化，且具有明显临床优势的药品。改良型新药具体分为以下 4 类[7]：

1. 含有用拆分或者合成等方法制得的已知活性成分的光学异构体，或者对已知活性成分成酯，或者对已知活性成分成盐（包括含有氢键或配位键的盐），或者改变已知盐类活性成分的酸根、碱基或金属元素，或者形成其他非共价键衍生物（如络合物、螯合物或包合物），且具有明显临床优势的原料药及其制剂。

2. 含有已知活性成分的新剂型（包括新的给药系统）、新处方工艺、新给药途径，且具有明显临床优势的制剂。

3. 含有已知活性成分的新复方制剂，且具有明显临床优势。

4. 含有已知活性成分的新适应证的制剂。

（二）具有明显临床优势新制剂的研究策略

临床应用优势的评价原则是指研发的新剂型对患者用药带来的获益，具体为：

1. **通过技术创新改善临床安全性问题**　现有产品因药物理化特征或制剂特点而存在一些安全性问题，通过技术改造得以改善。例如：在抗肿瘤治疗中广泛应用的紫杉醇注射液，因为严重的过敏问题，需要在给药前做非常复杂的预处理，优化为紫杉醇脂质体或紫杉醇胶束制剂，可改善过敏的安全性问题。

2. **通过技术创新改善临床有效性问题**　同样是紫杉醇注射液，将其制成白蛋白纳米制剂后，可显著改善药物在体内的分布，扩大治疗肿瘤的范围和提高药物疗效。

3. **通过技术创新改善患者用药顺应性**　例如将每日需要服用三次的长期用药，通过创新技术制成每日给药二次或一次的缓控释制剂，提高患者服药顺应性，减少因漏服药导致的安全性和有效性问题，以及通过时辰药剂学的制剂创新，研制针对夜间发作的哮喘给予定时释药系统等。

4. **通过合理的剂型改造，改善特殊人群顺应性**　例如针对低龄儿童，在原成人用药片剂基础上，改为口服混悬剂，便于儿童安全和准确用药；针对拒绝服药的精神病患者，研制口崩片增加用药顺应性。

总之，药物研发的核心目的是为患者服务，因此，对于改变剂型但不改变给药途径的临床优势评价，关键点是针对患者在用药中亟待解决的临床问题，通过处方、工艺和制剂的改造，加以改善和解决，而不仅仅是多一种可选择的剂型。目前国内做1类新药的研究者毕竟还是少数，改良型新药将会是药品创新的一个重要途径，研究者可结合品种的实际特点研究有特色的制剂工艺和生产技术。高端制剂释放技术是这类新药研发的重要平台，包括脂质体释放、缓控式释放等。

<h3 style="text-align:center">三、仿制药的研发</h3>

根据《化学药品注册分类改革工作方案》，我国的仿制药是指与原研药品相同的活性成分、剂型、规格、适应证、给药途径和用法用量的原料药及其制剂。WHO将仿制药称为多来源药品，即治疗等效的可互换药品。治疗等效性是指两种药品具有药物替代性，或者药剂学等效、生物等效性好，疗效和安全性基本相同。

（一）国内外仿制药的研发现状

美国、欧盟、日本的化学仿制药研发体系和审评审批标准大体相同。以美国为例，其仿制药工业起步于1984年的Hatch-Waxman法案，根据该法案仿制药产品的注册申请企业只需要证明产品与参比制剂（通常为原研药品）药学等效和生物等效即可获批上市，无需与创新药一样提交完整的药理毒理研究和临床试验研究资料。美国的仿制药工业在三十余年中取得了快速发展，2014年美国市场上88%的处方药是仿制药。在美国，常规口服固体制剂、注射剂的仿制药研究开发已相当成熟，研发上的主要挑战是复杂API、纳米材料、微球、药械复合产品等使用复杂的、创新的原料药、辅料、包材的制剂产品，以及鼻用制剂、吸入制剂、透皮吸收制剂、植入制剂等采用特殊给药途径的产品。而其中难点在于证明以上仿制制剂与原研药品生物等效的试验方法和评价标准。

我国制药工业一直以仿制药为主，2017年我国总体仿制药市场规模达到5000亿元左右，占总药品消费市场的约40%。然而在我国现有的18.9万个药品批文中，95%是仿制药批文。特殊历史时期，为满足药物可及性，我国对于仿制药的定义和分类与欧、美、日等国家和地区差异较大，长期被定义为"已批准上市的已有国家标准的药品"，在2007年版的《药品注册管理办法》中用"被仿制药"概念代替了"参比制剂"概念，并规定进行仿制药开发时，"已有多家企业生产的品种，应当参照有关技术指导原则选择被仿制药进行对照研究"，未按照与原研一致的标准上市。2016年出台的《化学药品注册分类改革工作方案》使我国的仿制药的定义与国际通行的概念接轨，随后在全国范围内开展的仿制药质量与疗效一致性评价，旨在对已上市的仿制药按照国际通行的新的分类和要求进行再评价，目前口服固体制剂已进入申报审评阶段，注射剂相关工作也已开展。

（二）仿制药的研发内容及技术要求

仿制药的研发是一项系统工程，包括从选题立项、处方工艺研究、中试放大，到生物等效临床试验、注册报批，再到市场销售的全过程。仿制药的活性成分、剂型、规格和给药途径等必须与原研药/参比制剂（RLD）一致，而片形、尺寸、刻字、辅料、释放机理、杂质谱、包装、有效期、说明书等可以不一致。仿制药需达到与原研药药学等效、生物学等效和工艺稳定的要求。

1. 参比制剂的选择 仿制药的参比制剂是指用于仿制药注册申报或一致性评价的对照药品，通常为原研药品。原研药品是指境内外首个获准上市，且具有完整和充分的安全性、有效性数据作为上市依据的药品[21]。在原研企业停止生产的情况下，可选择美国、日本或欧盟获准上市并获得参比制剂地位的药品[22]。

国家药品监督管理局在官网上公布的参比制剂目录中收录的品种规格可直接选择作为参比制剂。《中国上市药品目录集》也正在建立和补充完善中，其他品种的参比制剂也将逐步予以明确。对研究中参比制剂尚未明确的品种，在美国具有参比制剂（RLD/RS）地位的品种信息可在美国 FDA 网站上查询[23]；在日本具有参比制剂（standard product）地位的药品也可在日本橙皮书网站上查询[24]；欧盟上市仿制药参比制剂相关信息可在 EMA、HMA 或各国监管机构的网站上查询。

参比制剂是仿制药的标杆，因此，反向工程做得越详细，仿制药的等效性就越容易达到。

2. 处方前研究 处方前研究中原料药的理化性质、固态性质、粉体性质，可能会影响药物的溶解性、稳定性、流动性、可压性及体内溶出和吸收，尤其是对难溶性的、原料药占比高的产品。原料药性质有时是决定性影响因素，因此对原料药要进行充分表征，尽可能与原研药接近。

3. 以质量一致性为目标的处方工艺开发 以参比制剂为对照开展主要药学指标的对比研究（包括处方、质量标准等），在处方对比研究过程中，药物晶型、光学异构体、成盐情况、有关物质、辅料、制备工艺、制药设备等均会影响仿制药的质量，最终影响临床疗效。

对于口服固体制剂，将药品的体外溶出曲线的比较作为仿制药和参比制剂质量一致性评价的主要评价指标，需要筛选有区分力的溶出条件，能区分原料药粒径、崩解剂、黏合剂和硬度在一定范围内变化时的溶出变化，从而使药学上尽可能与参比制剂一致，提高生物等效概率。对于注射剂，由于不存在药物吸收问题，重点关注安全性指标，将主要通过完善质量标准来进行评价；对于其他制剂，将结合剂型特点，设定合理的评价方法和标准。

体外溶出曲线研究是评价口服固体仿制药和参比制剂质量一致性的重要内容，虽然溶出曲线相似并不意味着两者就生物等效，但充分有效的溶出度研究能显著降低生物等效性研究失败的风险，并提高产品在上市后更广泛人群中等效的概率。在没有体内外相关的溶出度方法和限度标准用于处方工艺研究时，一般通过多种溶出条件下参比制剂的溶出曲线初步了解溶出特征，选择合适的溶出度方法，可有效用于处方工艺开发，区分出仿制药和参比制剂的质量差异，为后续开展生物等效性研究打下良好的基础，合适的溶出度方法也可以用于日常监管，确保产品质量长期的一致性。

开展仿制药质量一致性评价工作，最重要的是提升质量意识，在固体制剂开发中严格把好质量关，想方设法提高制剂的技术水平。特别是对于 5 大类制剂：难溶性药物制剂、缓控释制剂、肠溶制剂、pH 依赖型制剂、治疗窗狭窄药物制剂，皆需精湛的制剂工艺与科学的处方研究才能在各类人群体内具有良好的生物利用度。

4. 中试放大 原辅料采购和放行、GMP 生产场地的确定、放大设备的匹配性、中试放大工艺参数的确认、分析方法的验证等均是中试放大的重要研究内容，中试放大是研发产品向生产阶段过渡的重要环节。用于注册批的 3 批中试样品，一般应连续生产，且工艺参数等不应该有太大的差异。

5. 生物等效性研究 生物等效性（bioequivalence，BE）的定义为在相似的试验条件下单次或多次给予相同剂量的试验药物后，受试制剂中药物的吸收速度和吸收程度与参比制剂的差异在可接受范围内。

生物等效性研究可证明受试药品与参比药品以同样的速度和程度被人体吸收。两个药学等效的药品制剂，只有在生物等效试验中被确认为生物等效时，这两种药品方可被认定在临床上的疗效是一致的。

通常所说的人体生物等效性试验，是指采用药物动力学研究方法进行的有关生物等效性的人体试验[21]。

（1）试验方案设计：根据药物特点，可选用两制剂、单次给药、交叉试验设计；两制剂、单次给药、平行试验设计；重复试验设计。对于一般药物，推荐选用第 1 种试验设计，纳入健康志愿者参与研究，每位受试者依照随机顺序接受受试制剂和参比制剂。

（2）受试者选择：受试者的年龄一般应不小于 18 周岁，且涵盖一般人群的特征，包括年龄、性别等。特定药物的生物等效性试验，对受试者亦可有相应的特定要求。

（3）餐后生物等效性研究：食物与药物同服，可能影响药物的生物利用度，因此通常需进行餐后生物等效性研究来评价进食对受试制剂和参比制剂生物利用度影响的差异。但如果参比制剂说明书中明确说明该药物仅可空腹服用（饭前 1 小时或饭后 2 小时服用）时，则可不进行餐后生物等效性研究。

（4）试验样品分析：每个试验样品分析批，应包括空白样品、零浓度样品、至少 6 个浓度水平的校正标样、至少 3 个浓度水平质控样品，以及待分析的试验样品。关于试验样品分析方法验证，试验样品分析批的接受标准、校正范围、重新分析和报告值的选择、色谱积分，及试验样品再分析的相关要求可参见 2015 年版《中国药典》四部的"9012 生物样品定量分析方法验证指导原则"[25]。

（5）评价指标：用于评价生物等效性的药动学参数包括：

吸收速度：推荐采用实测药物峰浓度 C_{max} 评价吸收速度。药物浓度达峰时间 t_{max} 也是评价吸收速度的主要指标。

吸收程度 / 总暴露量：对于单次给药研究，建议采用如下两个参数评价吸收程度：①从 0 时到最后一个浓度可准确测定的样品采集时间 t 的药物浓度 – 时间曲线下面积（AUC_{0-t}）；②从 0 时到无限时间（∞）的药物浓度 – 时间曲线下面积（$AUC_{0-\infty}$）

数据统计分析的具体要求及生物等效的接受标准为：建议提供 AUC_{0-t}、$AUC_{0-\infty}$、C_{max} 几何均值、算术均值、几何均值比值及其 90% 置信区间（CI）等。一般情况下，上述参数几何均值比值的 90% 置信区间数值应不低于 80.00%，且不超过 125.00%。对于窄治疗窗药物，应根据药物的特性适当缩小 90% 置信区间范围。

第三节　药品注册申报程序与资料要求

一、注册类型及申报资料要求

由于药品的特殊属性，其上市流通与使用必须受到严格的监管，以保证其安全、有效、质量可控。对药品上市前的主要控制即是药品的注册申请及对申请事项的审评审批。

药品注册，是指国家药品监督管理局根据药品注册申请人的申请，依照法定程序，对拟上市销售药品的安全性、有效性、质量可控性等进行审查，并决定是否同意其申请的审批过程。注册申请过程中的关键步骤是申请人向监管方报送申报资料，监管方对资料真实性、科学性进行评估。其中监管方审评的对象与基础均是申报资料中所体现的药品性质。因此申报资料对于药品注册极为关键。

（一）药品注册类型

按照药品的生命周期，药品注册类型可分为：药品临床试验申请、药品生产申请、药品补充申请、药品再注册申请。

1. **药品临床试验申请**　药品临床试验是指任何在人体（患者或健康志愿者）进行药物的系统性研究，以证实或揭示试验药物的作用、不良反应和（或）试验药物的吸收、分布、代谢和排泄，目的是确定试验药物的疗效与安全性。药物的临床试验必须经过国家药品监督管理局批准。

通过药物发现阶段筛选出的候选药物完成必要的临床前药学、药理学、毒理学研究后，可申请进行临床试验。不同国家对临床研究申请的批准模式略有不同：FDA采用备案审评的模式，在30日内对申请人提交的资料和临床试验方案进行技术审评，未提出"临床暂缓"的，申请人便可按照拟定的临床试验方案开展临床研究；在国内，根据《药品管理法》的规定，国家药品监督管理局对于IND申请采取审评审批的模式，申请人需获得国家药品监督管理局的批准后才能开展临床试验。随着国家药品监督管理局药品审评审批制度改革的不断深化，2018年7月起开始采用与国际接轨的60日临床默示许可的审批模式。

申请人在药物临床试验实施前，应当提交申报资料，将已确定的临床试验方案等资料报送监管部门。药物临床试验批准后，申请人开始开展临床试验。临床试验完成后，申请人应当向国家药品监督管理局提交临床试验总结报告、统计分析报告以及数据库。

2. **药品生产申请**　申请人完成药物临床试验后，应当向药品监督管理部门报送申请生产的申报资料。国家药品监督管理局依据综合意见（包括技术审评意见、样品检验结果和样品生产现场检查报告等），做出审批决定。符合规定的，发给新药证书，申请人已持有《药品生产许可证》并具备生产条件的，同时发给药品批准文号。

3. **药品补充申请**　补充申请，是指新药申请、仿制药申请或者进口药品申请获得批准后，改变、增加或者取消原批准事项或者内容的注册申请。根据申请变更事项的不同，可以分为国家局审批的补充申请、省局审批国家局备案或国家局直接备案的补充申请以及省局备案的补充申请。

4. **药品再注册申请**　再注册，是指药品批准证明文件有效期满后申请人拟继续生产或者进口该药品的注册申请。

补充申请和再注册申请都属于药品上市后的注册申请。

（二）申报资料要求

为保证审评审批事项的全面公正、标准统一，申报资料的整理、格式、内容均有严格的规定。根据申请事项及药品注册分类的不同，风险控制点不同，对申报资料的要求也有所差异。

药品的申报资料大体分为综述资料、药学资料、非临床研究资料、临床试验资料。根据不同的注册分类及申请事项，对各类资料的具体要求各不相同。

其中综述资料应包括药品名称、证明性文件、立题目的与依据、自评估报告、上市许可人信息、原研药品信息、药品说明书及起草说明与相关参考文献、包装与标签设计样稿。

药学研究是药物研发的重要组成部分，药学资料是对药物安全性、有效性、质量可控性评价的基础。药学研究工作包括原料药的制备工艺研究、结构确证研究，制剂的剂型、处方和制备工艺研究、质量研究和质量标准的制订、稳定性研究以及直接接触药品的包装材料或容器的选择研究等几个部分。药学研究资料正是上述研究工作的相关数据资料。

非临床研究资料中主要包括了药效学、非临床药物动力学、毒理学等实验资料及文献资料。

临床试验资料包括试验计划与方案、研究者手册、知情同意书样稿、伦理委员会批准件、科学委员会审查报告、临床试验报告及数据库电子文件、数据管理报告、统计分析报告等。

（三）CTD 与 eCTD

为了规范国际上各个地区的注册申请文件、促进各注册机构之间的注册资料互换，ICH 提出了通用技术文件（Common Technical Document，CTD）的概念，并于 2003 年首先在欧洲实行。CTD 是国际公认的文件编写格式，共由五个模块组成，模块 1（行政信息和法规信息）是地区特异性的；模块 2（概述）、3（质量部分）、4（非临床研究报告）和 5（临床研究报告）在各个地区是统一的。

电子通用技术文件（Electronic Common Technical Doucument，eCTD）即电子化的 CTD 注册申报方式。根据 ICH 官方文档对 eCTD 的描述，eCTD 在本质上是药品注册申请者把电子化的药品注册信息传递给药品监管机构的规范。相对于传统的纸质递交，eCTD 电子递交无疑更便捷、更环保。对于新药申请者来说，可以实现资料在多个市场的传递交流；对药品审评者来说，eCTD 资料的审阅、管理、传输以及归档也十分便捷，同时也有利于各个国家和地区的药监部门的审评意见交流。

我国从 2010 年 5 月开始对 CTD 格式征求业界意见，国家食品药品监督管理局于 2010 年 9 月正式发布了《关于按 CTD 格式撰写化学药品注册申报资料有关事项的通知》，要求化学药注册申报资料采用 CTD 格式。今后还将会逐步实施 eCTD 格式申报。必须要关注的是，无论申报资料格式如何变迁，申报资料的真实性、完整性永远都是对其的首要要求，正如《药品注册管理办法》第十三条规定："申请人应提供充分可靠的研究数据，证明药品的安全性、有效性和质量可控性，并对全部资料的真实性负责"。

二、注册申报流程

药品注册申请包括新药申请、仿制药申请和进口药品注册申请及其补充申请和再注册申请，其相应的注册申报流程有所不同[6, 26]。

新药注册申报流程如图 2-2 所示。申请人向国家药品监督管理局提交新药申请，经形式审查符合规定的，药品审评中心（CDE）进行技术审评，根据药品技术审评中的需求由食品药品审核查验中心（CFDI）组织实施现场核查，最终由 CDE 综合审评，符合要求的同意开展临床试验。完成临床试验后申请人提交生产申请，经形式审查、现场核查符合要求的 CDE 进行技术审评，符合要求的由国家药品监督管理局下发新药证书。

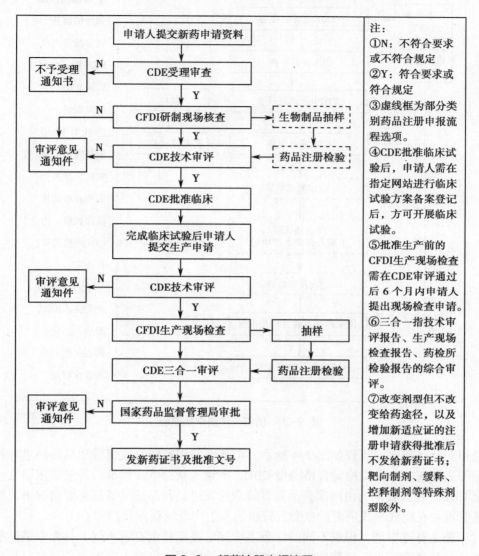

图2-2 新药注册申报流程

　　仿制药注册申报流程如图 2-3 所示。申请人向国家药品监督管理局提交仿制药申请，经形式审查、立卷审查、现场核查符合要求，再经 CDE 审评，符合要求的 CDE 批准临床，完成临床试验后申请人提交生产申请，符合要求的由国家药品监督管理局发药品批准文号。口服固体制剂的仿制药需在申报前完成 BE 试验，申报时递交 BE 临床研究资料；化学 3 类仿制药完成 BE 研究后，是否仍需要开展其他临床试验，由 CDE 经技术审评决定；化学 4 类仿制药完成 BE 试验后，通常不再要求进一步的临床研究。

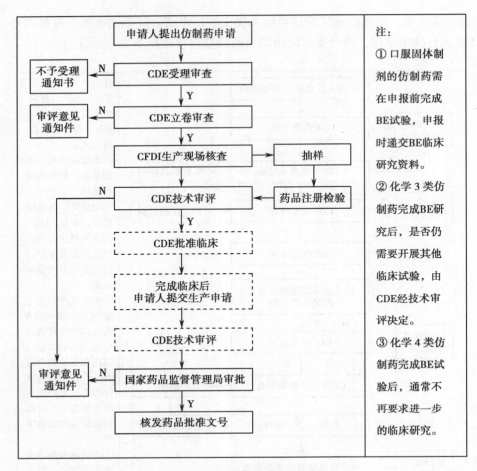

图 2-3 仿制药注册申报流程

进口药品注册申报流程如图 2-4 所示。申请人向国家药品监督管理局提出进口药品申请，经形式审查、中检院检验合格的报 CDE，申请人获得临床批准后开展临床研究，完成后再报 CDE，符合要求的由国家药品监督管理局发进口药品注册证。必要情况下，国家药品监督管理局在完成形式审查后也会进行研制和生产现场核查及抽样。

对于药品补充申请，根据不同的注册事项其申报流程也有所不同。补充申请注册事项分三类，一是国家药品监督管理局审批的补充申请事项，申请人向国家药品监督管理局提出申请，经形式审查，部分申请还需进行现场核查，再经 CDE 审评后报国家药品监督管理局审批。二是省级药监部门批准国家药品监督管理局备案或国家药品监督管理局直接备案的进口药品补充申请，申请人向省级药监部门提出申请，经形式审查，部分申请还需进行现场核查，经省级药监部门审评符合要求的省级药监部门审批，并报国家药品监督管理局备案。部分补充申请直接报国家药品监督管理局备案。三是省级药监部门备案的补充申请，申请人直接在省级药监部门备案。

国家核发的药品批准文号、《进口药品注册证》或者《医药产品注册证》的有效期为5 年。有效期届满，需要继续生产或者进口的申请人应当在有效期届满前 6 个月申请再注册。药品再注册申请由药品批准文号的持有者向省级药监部门提出；进口药品的再注册申

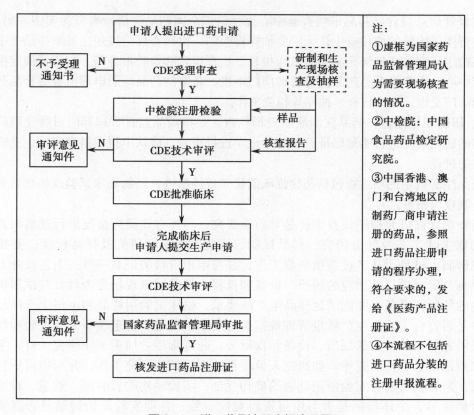

图2-4 进口药品注册申报流程图

请由申请人向国家药品监督管理局提出，符合规定的，予以再注册。

三、注册现场核查

药品注册现场核查是药品注册申报过程中的一个重要环节。《药品注册管理办法》第十六条规定："药品注册过程中，药品监督管理部门应当对非临床研究、临床试验进行现场核查、有因核查，以及批准上市前的生产现场检查，以确认申报资料的真实性、准确性和完整性"。国食药监注〔2008〕255号文发布了《药品注册现场核查管理规定》，明确了药品注册现场核查的程序、要点及判定原则[27]。

从核查内容和申报阶段来分，药品注册现场核查分为研制现场核查和生产现场检查。从核查触发原因来分，药品注册现场核查分为常规和有因。有因核查主要是指针对下列情形进行的现场核查：药品审评过程中发现的问题；药品注册相关的举报问题；药品监督管理部门认为需进行核查的其他情形。

根据2017年11月13日总局发布的关于调整药品注册受理工作的公告（2017年第134号），由国家食品药品监督管理总局审评审批、备案的注册申请均由国家食品药品监督管理总局受理，包括新药临床试验申请、新药生产（含新药证书）申请、仿制药申请，国家食品药品监督管理总局审批的补充申请等由国家食品药品监督管理总局集中受理。国家食品药品监督管理总局新受理的药品注册申请，根据药品技术审评中的需求，由国家食品药品监督管理总局食品药品审核查验中心统一组织全国药品注册检查资源实施现场核查。需要进行注册检验的或核查中认为需要抽样检验的，由检查部门按规定抽取样品送中国食品药品检定研究院或省级药品检验机构检验。核查报告和检验报告等，按相关规定报送总局药审中心。由省级食品药品监督管理部门审批、备案的药品注册申请由省级食品药品监督管理部门受理，安排核查、抽样等相关工作。

1. **研制现场核查**　药品注册研制现场核查，是指药品监督管理部门对所受理药品注册申请的研制情况进行实地确证，对原始记录进行审查，确认申报资料真实性、准确性和完整性的过程。

药品注册研制现场核查包括药物临床前研究现场核查、药物临床试验现场核查和申报生产研制现场核查。

药物临床前研究现场核查主要是对药学研究、药理毒理研究情况进行现场核查。药学方面需关注工艺及处方研究、样品试制、质量、稳定性研究及样品检验、委托研究等。如研制人员是否从事过该项研制工作，并与申报资料的记载一致；工艺及处方研究是否具有与研究项目相适应的场所、设备和仪器；样品试制现场是否具有与试制该样品相适应的场所、设备，并能满足样品生产的要求，临床试验用样品和申报生产样品的生产条件是否符合《药品生产质量管理规范》的要求；质量、稳定性研究及检验现场是否具有与研究项目相适应的场所、设备和仪器等。药理毒理方面需关注研究条件、实验动物、原始记录、委托研究等。如研究人员是否从事过该项研究工作，并与申报资料的记载一致；是否具有购置实验所用动物的确切凭证；实验动物购置时间、数量、种系、等级、合格证号、个体特征是否与申报资料对应一致；各项实验原始记录是否真实、准确、完整，是否与申报资料一致；其他部门或单位进行的研究、试制、检测等工作，是否有委托证明材料等。

药物临床试验现场核查主要是对临床试验情况进行现场核查。必要时，可对临床试验用药物制备条件及情况进行现场核查，对临床试验用药物进行抽查检验。临床试验方面需关注临床试验条件、临床试验记录、委托研究等。如临床试验单位及相关专业是否具备承担药物临床试验的资格，是否具有《药物临床试验批件》及伦理委员会批件；试验人员是否从事过该项研究工作，其承担的相应工作、研究时间是否与原始记录和申报资料的记载一致；知情同意书是否由受试者或其法定代理人签署；试验用药品的批号是否与质量检验报告、临床试验总结报告、申报资料对应一致；病例报告表与原始资料（如：原始病历、实验室检查、影像学检查、ECG、Holter、胃镜、肠镜等检查的原始记录等）以及申报资料是否对应一致；原始资料中的临床检查数据是否能够溯源；临床试验过程中是否对发生的严重不良事件、合并用药情况进行记录，是否与临床总结报告一致等。

申报生产研制现场核查主要是对申报生产注册申请的样品试制情况进行现场核查。若申报生产时药学、药理毒理等研究与申报临床相比发生变化，应对变化内容进行现场核查。

根据《药品注册管理办法》，申请新药临床试验的药品属于生物制品的，注册现场核查时需抽取 3 个生产批号的检验用样品，并向药品检验所发出注册检验通知。申请人完成药物临床试验后，申请新药生产。药品监督管理部门对临床试验情况及有关原始资料进行现场核查，除生物制品外的其他药品，需抽取 3 批样品，向药品检验所发出标准复核的通知。

抽样时应注意核对样品批号，被抽批号的样品数量应足够。

2. 生产现场检查 药品注册生产现场检查，是指药品监督管理部门对所受理药品注册申请批准上市前的样品批量生产过程等进行实地检查，确认其是否与核定的或申报的生产工艺相符合的过程。药品注册生产现场检查要点包括：机构和人员是否正确履行职责，各级人员是否具有履行其职责的实际能力，是否进行过相关培训；厂房与设施、设备是否满足样品批量生产要求；原辅料和包装材料是否具有相关管理制度并遵照执行；样品生产工艺规程是否与核定的处方、工艺以及批记录的内容一致，是否进行工艺验证、清洁验证；质量控制实验室是否满足要求等。

四、技术审评的一般要求

药品注册是药品监督管理局针对药品上市前审评、上市许可及上市后评价建立的一套管理系统，以保证上市药品全生命周期的安全性、有效性和质量等方面既定的标准[28]。国家药品监督管理部门通过发布技术指导原则确立药品研发和上市的基本质量要求和技术水准，实现技术审评。1990 年，欧洲、美国、日本的药品监管机构和制药工业协会成立了"人用药品注册技术要求国际协调会（简称 ICH）"，通过协商对话的方式达到药监部门和工业界关于药品注册技术审评共识的目的。ICH 针对质量（quality，Q）、安全性（safty，S）、有效性（efficacy，E）及综合类（multidisciplinary，M）4 个系列发布了近 80 个技术指导原则，目前已演变为药品注册的全球标准。2017 年 6 月 19 日，国家食品药品监督管理总局正式加入 ICH，这标志着中国医药行业、药品监管部门将逐步转化和实施国际最高标准和指导。

药品审评是一个复杂又严肃的过程，由于各国制定的标准和技术要求不同，药品企业在不同的国家或地区进行新药申报的试验流程和时间各异，因此需要花费重复的资源和成本。以中国实际情况为例，CDE 作为技术审评机构，目前对创新药、改良型新药和仿制药的技术审评也渐成体系，但一些具体要求上仍有提升和完善的空间。

按照药品的研究内容和目的，药品审评可以分为药学部分、非临床药物评价部分和临床评价部分，根据药品注册申报的不同阶段（临床、生产），这三部分技术审评的侧重点均有不同。

1. 创新药 中国是仿制药大国，我国的药品审评起步于仿制药，因此 2012 年前对创新药药学的审评技术要求，均体现了仿制药药学审评的思路。2012 年后，CDE 开始对创新药申报临床阶段的药学技术要求进行调整，使其与创新药研发的渐进性相适应[12]。

（1）明确在创新药开发过程中，药学研究的深度及广度取决于药品所处的临床研究阶段、受试者的数量和研发周期、药品结构和作用机制的特性、给药途径、潜在风险。因此往往创新药申报 Ⅰ 期临床试验时，CDE 审评主要侧重于其安全性的考虑，将非临床安全性评价、临床评价作为核心的评价内容。

（2）建立药学滚动提交机制，一方面及时发现潜在的安全风险并保证整个研发过程中药学数据的完整性、衔接性，另一方面也为创新药研发过程中关键决策点的变更机制奠定研究基础。

（3）建立沟通交流机制，由于 Ⅲ 期临床样品在支持药品上市申请中的关键作用，一般在此阶段，企业可与审评机构共同讨论临床药品的生产要求及后续的研究计划。

非临床评价主要考察其有效性和安全性，有效性实验主要评价药效学实验的实验设计和实验方法的合理性和科学性，综合药物的药效学和药动学研究结果、动物实验结果与人体之间的相关性，以及相关的文献资料，分析药物可能的作用机制；评价现有研究结果是否支持药物拟用的临床适应证。安全性主要评价毒理学研究的实验设计和实验方法的合理性和科学性；结合各项毒理学研究和药动学研究的结果，推测药物的毒性靶器官或靶组织，以及毒性反应的性质、程度和可逆性，评价动物毒性反应和人体之间的相关性；确定动物重复给药的无毒性反应剂量（NOAEL）及其与药效学剂量或临床拟用剂量的比值，估计安全范围；说明目前药物对所申请的适应证是否具有潜在的临床治疗作用，药物可能存在的有效性和安全性方面的担忧；判断药物是否可以进入临床研究（包括不同阶段的临床研究）；提出下一步药理毒理研究或临床研究中需重点关注的问题。

创新药物申报生产阶段，技术审评一般要求认为与仿制药的要求类似。

2. **改良型创新药**　申报临床阶段药学要求同创新药的药学要求，非临床部分需根据不同的产品进行审评，临床评价主要侧重于评价申请产品临床优势的达到。申报生产阶段技术审评一般要求与仿制药要求类似。

3. **仿制药**　仿制药注册申请应根据其被仿品种的一致性和可控性进行综合评价。CDE 已发布了多条相关指导原则，药学评价的一般要求为企业需了解已上市药品安全性、质量控制的特点，有效地利用已有的研究基础，实现桥接，同时为保证仿制药的可溯源性和一致性，仿制药的研究往往需要考虑与原研产品的药学等效和生物学等效。仿制药注册申请的技术审评完成后，质量标准、生产工艺、包装标签、说明书等事宜的管理与新药上市注册申请程序类似。

与创新药不同之处，仿制药应根据品种的工艺、处方、包材辅料等进行全面质量研究，按国家标准与已上市的药品进行质量对比，杂质、稳定性内容均需不得低于原研药指标。仿制药一般无须进行全面的非临床研究、临床试验验证其有效性和安全性，但应进行适当的验证性研究证实产品的安全性不低于已上市药品，临床疗效与已上市产品相当。

第四节　中国药企的国际化注册

一、制剂国际化的机遇和挑战

中国是医药产业大国但非强国，在全球医药产业链中长期扮演着原料药供应商的角色。随着原料药环保压力不断增大，利润空间将越来越小，转型成为摆在原料药企业面前的现实问题。《医药工业"十二五"发展规划》中提出要加快医药生产与国际接轨，推动有条件的企业"走出去"，带动医药产业转型升级。制剂国际化已成为当前我国医药产业政策的重要导向之一，我国医药产业的出口开始逐步由原料药转向制剂，越来越多的中国制药企业开始通过输出制剂产品加入国际竞争的行列。

恒瑞医药是国内制药企业成功转型的代表，它的国际化走的是国际高端仿制路线，定位欧美高端市场。恒瑞是国内第一个注射剂车间通过 FDA 认证的企业，目前已经有来曲唑片、环磷酰胺注射剂、奥沙利铂注射剂、伊立替康注射剂在欧美、日本上市，实现出口大幅增长，并在过去几年申报了 70 多个仿制药产品，未来将进入重磅仿制药批量上市期。作为国内创新药的领跑者，恒瑞在创新药国际化方面也在不断探索。自 2014 年以来，恒瑞已经有抗肿瘤药环咪德吉、降糖药呋格列泛等多个创新药获得临床批件，并通过引进海外先进技术和项目补充公司肿瘤免疫产品线，增强恒瑞医药在抗肿瘤领域的竞争力[29]。

随着中医药理念逐渐被世界各国所接受，我国中医药在国际上的认可度逐步提高，尤其是屠呦呦教授凭借青蒿素研究成果获得诺贝尔医学奖后，中医药引起了全世界越来越多的关注。2004 年 FDA 发布的《植物药申报临床研究指南》为中药进入临床试验进而以治疗药物身份进入美国市场提供了途径，越来越多的中成药获得 FDA 的批准进行临床试验。目前有多个中成药在Ⅱ期和Ⅲ期临床试验阶段，如上海黄海制药的扶正化瘀片于 2006 年通过 FDA 审批，免Ⅰ期临床、直接进入抗慢性丙型肝炎肝纤维化Ⅱ期临床研究，目前已经完成Ⅱ期临床[30]。康缘药业的桂枝茯苓胶囊已顺利完成Ⅱ期临床，已进入Ⅲ期临床阶段[31]。2016 年国务院发布了《中医药发展战略规划纲要（2016–2030 年）》，鼓励中医药企业走出去，加快打造中医药的知名国际品牌。但是中医药走向世界仍面临不少实际难题，如大多数中药制剂缺乏明确的有效成分，缺乏被国际公认和接受的质量控制标准和规范的检测方法，生产工艺落后，无法达到药品的稳定性和均一性，都成为制约中药国际化的瓶颈。因此建立现代中药开发研究方法体系和完善中药复方制剂工艺质量控制是促进我国中医药国际化的关键[32]。

中国制药行业的制剂国际化道路仍然漫长，这主要体现在：国内大多数企业的出口产品结构仍以低端产品为主，同质化现象严重，即使获得国际认证仍旧无法获得订单或者订单极不稳定。另外，部分企业虽有注册产品，但品种少、规格不全，无法满足分销商对品种数量和供应能力的要求。企业唯有先提升自身的研发实力，开发出符合市场需求的产品组合，佐以相应的渠道布局，才有资格参与国际竞争，改变我国药物制剂出口的现状[33]。

二、制剂国际化的探索及策略

我国目前正在推进药品审评审批制度的改革，与国际通行的药品注册和监管模式接轨，推动我国药品制剂的国际化进程。我国对药品实行注册与生产许可"捆绑"式管理，仅允许取得药品批准文号的药品生产企业生产药品，而欧洲、美国、日本等制药发达国家实行药品上市许可持有人（MAH）制度，科研人员、研发机构和药品生产企业均可以成为药品批准文件的持有人，持有人可以自行生产药品或者委托其他生产企业生产药品[34]。目前我国开展的 MAH 试点工作对于鼓励药品创新、推动制剂的国际化具有重要意义。

国内药品制剂出口至欧美发达国家主要有两种模式：一种是作为欧美药品持证商的代加工厂，另一种是自主进行产品的国际注册后成为该产品的持证商/生产商。委托加工模式中，国内企业按照委托方注册的生产工艺进行相关研究后（如工艺验证、稳定性研究），由持证商向药品监督管理部门提出变更生产场地的上市后变更申请，批准后即可。委托生产对企业的产能有一定要求，但利润不高。优点是在合作过程中委托方会帮助国内企业提高 GMP 管理水平和技术水平。

随着国内制药企业创新研发能力的不断增强、国际化经验的不断积累，越来越多的企业开始尝试自主国际注册。国际注册首先需要了解欧美等国家的注册要求，2017 年 6 月国家食品药品监督管理总局正式成为 ICH 成员，国内制药企业按照国际通用的技术要求开展新药研发，产品可以实现国内外同步注册，极大节省了药品研发上市的时间和成本[35]。

在仿制药的国际注册中，产品的选择非常重要。如普通口服剂型片剂、胶囊剂更容易通过 FDA 及欧盟的现场检查，但市场竞争激烈，还需要做生物等效性试验，适合产能大、销售渠道多的企业。新剂型如缓释制剂可以通过"505（b）（2）"快速上市，如华海药业的拉莫三嗪缓释片被 FDA 批准时是同类产品的第三家，成功地在美国市场占据了一席之地。注射剂市场较小、竞争较少，不需要做生物等效性试验，但 GMP 的要求高、成本高，产品的风险也高。同时，生产质量体系的建设和维护也是一个长期的过程，国内企业要随时准备应对 FDA、欧盟上市批准前的 GMP 检查和批准后定期的 GMP 检查[37]。我国目前正在开展的仿制药一致性评价鼓励制剂企业进行"双报"：在中国境内用同一条生产线生产上市并在欧盟、美国或日本获准上市的药品，经审核批准视为通过一致性评价；国内药品生产企业已经在欧盟、美国、日本获准上市的仿制药，批准上市后视为通过一致性评价[37]。

国内企业通过国际注册取得药品上市许可后（MA），可以根据自身情况和市场竞争情况选择合适的商业模式，如自行生产或委托生产、通过合作伙伴或代理商进行销售或者转让许可。制剂国际化的核心就是利用和整合资源，包括整合全球的产品、技术、渠道、资本各方面的资源，加速企业的发展。随着国内制药企业在研发创新能力、自主申报能力及 GMP 管理水平的不断提高，可以通过资本运作实现中国制药企业国际化的终极目标，建立集研发、注册、生产、销售为一体的国际化企业，与世界一流的国际化制药公司竞争[36]。

（王方敏　翁志洁）

参考文献

［1］国家食品药品监督管理总局.中华人民共和国药品管理法.2015.

［2］World Health Organization.Glossary Essential Medicines and Health Products：Prequalification of medicines：Glossary［EB/OL］.［2017-11-15］.https://extranet.who.int/prequal/content/glossary

［3］National Archives and Records Administration's Office of the Federal Register(OFR)and the Government Publishing Office.Electronic Code of Federal Regulations.Title 21：Food and Drugs.Part 314-applications for FDA approval to market a new drug.Subpart A-General Provisions：§ 314.3 Definitions［EB/OL］.(2016-10-06)［2017-11-15］.https://www.ecfr.gov/cgi-bin/text-idx？SID=93e3ae8f7c6c29868b8cf9ecf90cb168&mc=true&node=se21.5.314_13&rgn=div8

［4］European Commission.Directive 2001/83/ec of the European Parliament and of the Council of 6 November 2001 on the Community code relating to medicinal products for human use［EB/OL］.(2012-11-16)［2017-11-15］.https://ec.europa.eu/health/sites/health/files/files/eudralex/vol-1/dir_2001_83_consol_2012/dir_2001_83_ cons_2012_en.pdf

［5］国家食品药品监督管理总局执业药师资格认证中心.药事管理与法规.7版.北京:中国医药科技出版社,2017:12-13.

［6］国家食品药品监督管理局.药品注册管理办法(局令第28号).2007.

［7］国家食品药品监督管理总局.总局关于发布化学药品注册分类改革工作方案的公告(2016年第51号).2016.

［8］张佳博,徐佳熹.我国创新药研发模式与价值评估(Ⅰ).药学进展,2016,40(11):835-847.

［9］王茜,陆叶营,严庞科,等.中国新药研发模式转变的探讨.药学进展,2013,37(10):488-492.

［10］周伟澄.高等药物化学选论.北京:化学工业出版社,2006:1.

［11］王江,柳红.先导化合物结构优化策略(一)——改变代谢途径提高代谢稳定性.药学学报,2013,48(10),1521-1531.

［12］国家食品药品监督管理总局.总局关于发布新药Ⅰ期临床试验申请技术指南的通告(2018年第16号).2018.

［13］康建磊,王亚敏.创新药药学研究的特点及技术考虑.药物评价研究,2016,9(4):664-667.

［14］Spear BB,Heath-Chiozzi M,Huff J.Clinical application of pharmacogenetics.Trends Mol Med,2001,7(5):201-204.

［15］Abrahams E,Silver M.The case for personalized medicine.J Diabetes Sci Technol,2009,3(4):680-684.

［16］The U.S.Food and Drug Administration.Personalized Medicine at FDA:2016 Progress Report.［R/OL］.(2017-1-18)［2017-11-20］.http://www.personalizedmedicinecoalition.org/Userfiles/PMC-Corporate/file/PM-at-FDA.pdf

［17］Couzin-Frankel J.Cancer immunotherapy.Science,2013,342(6165):1432-1433.

［18］Sharma P,Allison JP.The future of immune checkpoint therapy.Science,2015,348(6230):56-61.

［19］Polakis P.Antibody drug conjugates for cancer therapy.Pharmacol Rev,2016,68:3-19.

［20］Evans JB,Syed BA.Next-generation antibodies.Nat Rev Drug Discov,2014,13(6):413-414.

［21］国家食品药品监督管理总局.总局关于发布普通口服固体制剂参比制剂选择和确定等3个技术指导原则的通告(2016年第61号).2016.

［22］国家食品药品监督管理总局.总局关于仿制药质量和疗效一致性评价工作有关事项的公告(2017年第100号).2017.

［23］The U.S.Food and Drug Administration.Orange Book:Approved Drug Products with Therapeutic Equivalence Evaluations［DB/OL］.［2017-11-20］.https://www.accessdata.fda.gov/scripts/cder/ob/default.cfm

［24］JP-orangebook［DB/OL］.［2017-11-20］.http://www.jp-orangebook.gr.jp/index.html

［25］国家药典委员会.中华人民共和国药典四部(2015年版).北京:中国医药科技出版社,2015:363-368.

［26］国家食品药品监督管理总局.国家食品药品监督管理总局关于调整部分药品行政审批事项审批程序的决定(局令第31号).2017.

［27］国家食品药品监督管理总局.关于印发药品注册现场核查管理规定的通知(国食药监注［2008］255号).2008.

［28］陈震.我国化学药品注册药品研究技术要求的发展.中国新药杂志,2014(1),23:20-24.

［29］郭晓丹.制剂出口转型现实骨感,几家领军企业成绩如何?医药经济报,2016-02-03.

［30］中医杂志.扶正化瘀片成功完成美国食品药品管理局(FDA)Ⅱ期临床试验.中医杂志,2013,23:1995.

［31］尹玉宝.桂枝茯苓胶囊通过FDA二期临床试验对中医药科学化以及现代化的启示.中医药导报,2016,22(21):11-12.

［32］朱萍.世界格局倒逼中药全产业链国际化迫在眉睫.21世纪经济报道,2016-03-08.

［33］医药观察家.制剂国际化路径求索.医药观察家,2014-04-15.

［34］国家食品药品监督管理总局.《药品上市许可持有人制度试点方案》政策解读.2016.

[35] 卢杉 . CFDA 加入 ICH:接轨国际最高标准,加快创新药进入中国 . 21 世纪经济报道, 2017.

[36] 沈亚平 . 制剂国际化的策略与路径 . 医药经济报, 2015.

[37] 国家食品药品监督管理总局 . 总局关于落实《国务院办公厅关于开展仿制药质量和疗效一致性评价的意见》有关事项的公告(2016 年第 106 号). 2016.

第三章

难溶性药物的制剂开发策略

第一节 概 述

一、药物溶解度和溶出的概念

（一）溶解度的定义

溶解是指一种或一种以上的物质（溶质）以分子或离子状态分散在另一种物质（溶剂）中形成均匀分散体系的过程，由溶解过程所形成的分散体系称之为溶液[1]。

物质的溶解过程是溶质和溶剂的分子或离子相互作用的过程。在该过程中相互作用的力主要是范德华力、氢键和偶极力。如果溶质与溶剂分子间的引力大于溶质分子之间的引力，则溶质分子从溶质晶格上脱离，继而发生扩散，最终溶解。如果溶质的分子或离子在溶剂中不断运动，其中部分分子或离子，当接触到溶质固体表面时又被吸引回到固体表面上来，这个相反的过程叫做结晶。当这两种速度相等即达到平衡状态时，溶液的浓度维持恒定而不再改变，这时的溶液称为饱和溶液。在一定温度和压力下，该饱和溶液的浓度称为某溶质在某溶剂中的溶解度。

化合物的溶解度包括特性溶解度和平衡溶解度。

特性溶解度（intrinsic solubility）是指化合物不含任何杂质，在溶剂中不发生解离或缔合，也不发生相互作用所形成的饱和溶液的浓度，是化合物的重要物理参数之一。特性溶解度的测定是根据相溶原理来确定的。在测定数份不同程度过饱和溶液的情况下，将配制好的溶液恒温持续振荡达到溶解平衡，离心或过滤后，取出上清液并适当稀释，测定药物在饱和溶液中的浓度。以测得的药物溶液浓度为纵坐标，药物质量－溶剂体积的比率为横坐标作图，直线外推到比率为零处即得药物的特性溶解度（S_o）。图 3-1 中直线 a 发生正偏差，表明在该溶液中药物发生解离，或者杂质成分及溶剂分子与药物相互作用形成溶解度更高的复合物等，所以各饱和溶液的浓度高于特性溶解度；而直线 c 发生负偏差，则表明发生了抑制药物溶解的同离子效应，各饱和溶液的浓度低于特性溶解度。将 a、c 两条直线外推至与纵轴相交，交点所示溶解度即为特性溶解度。

平衡溶解度（equilibrium solubility）或称表观溶解度（apparent solubility）是指化合物在溶液中的形式和浓度不再随时间而变化的浓度。其测定常采用经典的平衡法。将过量被测药物在某温度下，在一定溶剂中密封恒温（25℃或37℃）搅拌一定时间（24 小时、48小时或更长）直至达到平衡，静置后微孔滤膜过滤或高速离心，取澄清溶液测定药物含量，即作为该条件下药物的平衡溶解度。根据溶剂系统的不同，同一化合物的平衡溶解度数值有较大的差别，例如在水中的溶解度，在缓冲体系中的溶解度，以及在非水溶媒中的溶解度等。在未指定条件下，化合物的溶解度通常指化合物在水中的平衡溶解度。

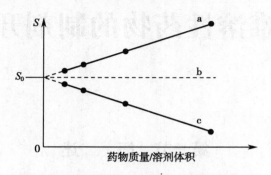

图 3-1　特性溶解度（S_0）测定示意图
a. 有解离、复合物形成或杂质增溶等；b. 纯物质，无相互作用；c. 同离子效应抑制溶解

现有药物中有许多为难溶性化合物。另据统计，大约有 40% 高通量筛选鉴定的候选药物也由于溶解度低的原因无法进入制剂研究阶段被淘汰。较低的溶解度往往使得药物或候选药物口服后吸收差、生物利用度低，并且成为制约其应用的关键因素之一。表 3-1 是《中国药典》2015 年版对固体药物或液体药物溶解性质的描述，难溶性药物一般指溶解度 <0.1mg/ml 药物，即表中极微溶解和几乎不溶或不溶的药物。但需注意，《中国药典》中的难溶性药物是通过其平衡溶解度界定的，这与 Amidon 等建立的生物药剂学分类系统（BCS）中难溶性药物的界定略有不同，后者中难溶性药物是通过最高剂量单位的药物能否溶解于 250ml 水来界定，如果能溶解则称为易溶性药物，反之则为难溶性药物。若无特别说明，难溶性药物多指 BCS 系统中的 Ⅱ 类和 Ⅳ 类药物。

表 3-1　药物溶解程度分类

极易溶	系指溶质 1g（ml）能在溶剂不到 1ml 中溶解
易溶	系指溶质 1g（ml）能在溶剂 1~ 不到 10ml 中溶解
溶解	系指溶质 1g（ml）能在溶剂 10~ 不到 30ml 中溶解
略溶	系指溶质 1g（ml）能在溶剂 30~ 不到 100ml 中溶解
微溶	系指溶质 1g（ml）能在溶剂 100~ 不到 1000ml 中溶解
极微溶解	系指溶质 1g（ml）能在溶剂 1000~ 不到 10 000ml 中溶解
几乎不溶或不溶	系指溶质 1g（ml）能在溶剂 10 000ml 中不能完全溶解

（二）溶出的定义

1. 溶出的定义及溶出速率方程　溶出（dissolution）是指药物从固体进入溶液的过程。固体药物进入机体后，必须成为溶液才可被机体吸收。以片剂为例，普通片剂口服后遇胃肠液，首先会发生崩解，产生碎片或颗粒，或产生粉末的凝聚体，然后碎片和颗粒进一步崩解，凝聚体脱凝聚分散成细小的药物粒子。其中的药物逐渐溶解在胃肠液中，并通过肠道上皮细胞膜吸收进入血液循环，产生药效。一般颗粒越细，表面积越大，溶出越快。

　　药物的溶出包括溶出的速度和程度两方面的含义。药物的溶出速度是指单位时间药物溶解的量，溶出程度则指在一定时间内药物溶解的总量。溶出过程包括两个连续的阶段，首先是溶质分子从固体表面溶解，形成饱和层，然后在扩散作用下经过扩散层，再在对流作用下进入溶液（图 3-2）。

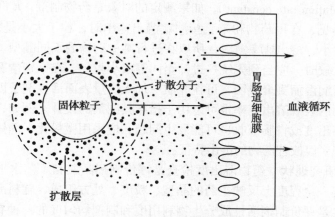

图 3-2　药物溶出原理示意图

　　1897 年，Noyes 和 Whitney 就研究了物质的溶出过程并提出了溶出速率方程，即用以描述药物制剂溶出的经典方程（式 3-1）。

$$\frac{dC}{dt} = \frac{DA(C_s - C)}{Vh} = KA(C_s - C)$$
　　　　式 3-1

　　式中，dC/dt 为溶出速率；V 为溶出介质的体积；$K=D/(Vh)$，为溶出速度常数；A 为固体药物与液体介质接触的表面积；C_s 为药物在溶出介质中的溶解度；C 为 t 时间溶出介质中的药物浓度。由此公式可知，溶出速率与固体药物颗粒的表面积（A）、扩散系数（D）、浓度差成正比，而与扩散层厚度（h）及溶出介质的体积（V）成反比。

　　溶出速率主要用特性溶出速率和表观溶出速率表示。

　　2. 特性溶出速率　从 Noyes-Whitney 方程可以看出，如果体系中药物的表面积保持不变，在漏槽条件下，溶出介质中的药物浓度 C 与 C_s 相比可忽略不计，则式 3-1 可写成 $dC/dt=KAC_s$，K 为特性溶出速率常数，单位为 $mg/(min \cdot cm^2)$。所以，特性溶出速率（intrinsic dissolution rate）可以定义为固体药物在单位时间内从单位表面积溶出的量。一般而言，当固体药物的特性溶出速率 $>1mg/(min \cdot cm^2)$ 时（pH1~8，37℃，转速 50r/min），该药物的口服固体制剂可以不规定药物的溶出度限度标准，即此时药物的溶出过程不成为吸收的限速过程；但如果固体药物的特性溶出速率 $<0.1mg/(min \cdot cm^2)$ 时，就要考虑对其口服固体制剂规定一个溶出度限度标准，以保证药物的体内吸收。对于特性溶出速率介于两者之间的药物，则需要参考其他辅助资料决定。

　　特性溶出速率是药物固有的物理特性，虽然对它的测定方法有多种，但利用法定的溶出度测定仪即可完成实验，重要的是如何保证恒定的溶出表面积。一种简单的方法是使用油压机和相应的压片模具，在大约 10t 的压力下，将 200mg 左右药物粉末直接压制成直径约 13mm、释放面积约为 1.33cm^2 的药片。模具可以用含 5% 硬脂酸的三氯甲烷溶液润滑。压缩过程和松弛过程宜缓慢，以使药片的孔隙率为零并具有完好的片形。药片密封在石蜡或其他水不溶的聚合物中，仅暴露出释药面，仔细除去释药面附着的石蜡或硬脂酸，注意保证溶出介质仅与释药面接触而不应渗入药片内部和周围，然后按溶出度常规测定方法操作。

3. 表观溶出速率　如果将药物粉末直接进行溶出度测定，在假定溶出符合漏槽条件并忽略溶出过程中药物的表面积变化时，测得的溶出速率常数则称为表观溶出速率常数（K，apparent dissolution rate constant）。如果测定的对象是药物制剂，K 即为该制剂的表观溶出速率。显而易见，在用药物粉末直接测定溶出速率时，粒子大小是重要的影响因素。一般而言，粒子愈小，溶出速率愈大，所以在进行某一药物的不同晶型、不同盐基或异构体等的溶出速率比较时，应当预先统一过筛至同等大小粒径。在个别情况下，药物粒子可能不被溶出介质所润湿而凝聚成团，可在介质中加入少量表面活性剂予以克服。与特性溶出速率一样，药物的表观溶出速率也可以用于指导其制剂的设计。例如，当表观溶出速率很小时，制剂的溶出度或胃肠吸收也可能发生问题，应采用微粉化、固体分散体、共研等方法进行适宜处理，以改善药物的溶出特征。

4. 溶出度的研究现状　药物溶出度检查是评价制剂品质和工艺水平的一种简单、有效的手段，可以在一定程度上反映主药的晶型、粒度、处方组成、辅料品种和性质、生产工艺等的差异，也是评价制剂活性成分生物利用度和制剂均匀度的一种有效标准，能有效区分同一种药物生物利用度的差异，因此，目前许多固体制剂如片剂、胶囊剂等已将溶出度测定作为常规质控方法，是药品质量控制必检项目之一。过去认为只有难溶性药物才有溶出度的问题，但近年来研究证明，易溶性药物也会因制剂的配方和工艺不同而导致药物溶出度有很大差异，从而影响药物的生物利用度和疗效。在各国药典中规定测定溶出度的制剂有相当数量是易溶性药物。

国外药典从 20 世纪 70 年代就收载溶出度检查法。我国从 1985 年版《中国药典》正式收载化学药的溶出度检查，至 2015 年版《中国药典》收载的溶出度检查法有转篮法、桨法、小杯法，以及用于透皮贴剂释放度测定的桨碟法和转筒法。国外药典还收载有流通池法、往复筒法等溶出测定方法。近年来，各国药典中进行溶出度检查的品种呈上升趋势，我国 2015 年版药典中溶出度测定品种已达 670 多种。溶出度的应用不仅是药物制剂质量控制的手段，在作为药品检验和标准制定的常规方法外，还广泛用于生产中质量控制、临床疗效考察及比较、药品的稳定性以及新药研究如处方筛选、工艺改进等。

二、影响药物溶出的因素

根据 Noyes–Whitney 方程，可以直观地分析各个溶出参数对药物溶出的影响。

（一）药物的溶解度

药物的溶解度是影响溶出的最重要因素。药物的溶解度决定于药物的化学结构，也与药物粉末的固态性质有关。

1. 多晶型　同一化学结构的药物，由于结晶条件不同，可能得到数种晶格排列不同的晶型，这种现象称为多晶型（polymorphism）。晶型不同，导致晶格能不同，药物的熔点、溶解度及溶出速度等也不同。一般稳定型的结晶熵值最小、熔点高、溶解度小、溶出速度慢；无定型结晶溶解时不必克服晶格能，所以溶解度和溶出速度较结晶型大。例如，新生霉素在酸性水溶液中形成无定型，其溶解度比结晶型大 10 倍，溶出速度也快[2]。但无定型在贮存过程中甚至在体内都有可能转化成稳定型；亚稳定型介于上述两者之间，其熔点较低，具有较高的溶解度和溶出速度。亚稳定型可以逐渐转变为稳定型，但这种转变速度比较缓慢，在常温下较稳定，有利于制剂的制备。

自从发现氯霉素棕榈酸酯因晶型的溶出差异而造成活性不同，人们对大量药物的多晶型溶出速度进行了测定和比较，现已证实许多药物的晶型与疗效有关，如磺胺类、甾体化合物、巴比妥类、利福平、吲哚美辛、甲苯磺丁脲、氯磺丙脲、甲氧氯普胺、甲苯咪唑等。因此，对于不同晶型之间溶出速度差异很大的药物，正确选择晶型具有重要意义，同时在制剂的制备和贮存过程中，需要特别注意晶型转换和亚稳定型的稳定化问题。

2. 溶剂化物 药物结晶过程中，溶剂分子进入晶格使结晶型改变，形成药物的溶剂化物。如溶剂为水，即为水合物。溶剂化物与非溶剂化物的熔点、溶解度和溶出速度等物理性质不同，这是由于结晶结构的改变影响晶格能所致。在多数情况下，溶解度和溶出速度按水合物 < 无水物 < 有机溶剂化物的顺序增加。例如，琥珀酸磺胺嘧啶水合物的溶解度为 100μg/ml，无水物溶解度为 390μg/ml，戊醇溶剂化物溶解度为 800μg/ml。又如氨苄西林比水合氨苄西林的溶解度大，30℃时的溶解度分别为 12mg/ml 和 8mg/ml，口服 250mg 氨苄西林与三水合氨苄西林混悬液后，前者的血药浓度较高。故在原料药生产时，将药物制成无水物，有利于药物的溶出和吸收。

3. 粒子大小 对于可溶性药物，粒子大小对溶解度影响不大，而对于难溶性药物，粒子半径大于 2μm 时粒径对溶解度无影响，但粒子大小在 0.1~100nm 时，根据 Ostwald–Freundlich 方程（式 3–2）溶解度随粒径减小而增加。

$$\ln\frac{S_小}{S_大}=\frac{2\sigma M}{\rho RT}\left(\frac{1}{r_小}-\frac{1}{r_大}\right) \qquad 式3-2$$

式中，$S_小$、$S_大$ 分别是半径 $r_小$、$r_大$ 的药物溶解度；σ 为固 – 液两相间的界面张力；ρ 为药物的密度；M 为分子量；R 为气体常数；T 为绝对温度。

（二）溶出的有效表面积

由溶出速率方程可知，药物颗粒与液体介质接触的表面积越大，溶出越快。而药物的表面积与粒径大小成反比，见式 3–3。

$$S=\frac{6}{d}\cdot\frac{W}{D} \qquad 式3-3$$

式中，d 为药物粉末颗粒的平均直径，D 为药物密度，W 为药物重量。对于相同重量的固体药物，其粒径越小，表面积越大；对于相同体积的固体药物，其孔隙率越高，表面积越大；对于疏水的颗粒状或粉末状药物，如果在溶出介质中结聚，则减少其表面积，需要加入润湿剂以改善固体粒子的分散性。

（三）溶出介质的体积

溶出介质体积增加，药物在溶出介质中的浓度降低，可增大浓度差，使溶出速度增加。一般药物在体内溶出后，往往可快速吸收入血，因此其在吸收部位的浓度常可忽略不计。为了能较好模拟体内情况，应尽可能减少介质中药物浓度，提高浓度梯度（C_s-C），使之符合漏槽条件。对于一些难溶性药物，不可能无限制地增加溶出介质的体积来达到该要求，所以有时需要在介质中加入少量表面活性剂来提高药物的溶解度，常用的有十二烷基硫酸钠和聚山梨酯 80。

（四）扩散系数

药物在溶出介质中的扩散系数（D）越大，溶出速度越快。在温度一定时，扩散系数大小受溶出介质的黏度和药物分子大小的影响（Stokes-Einstein 方程），见式 3-4

$$D = \frac{kT}{6\pi\eta r}$$　　　　　　式 3-4

式中，D 为药物的扩散系数，r 为药物分子的半径，η 为介质的黏度，T 和 k 分别为温度和波尔兹曼常数。

由式 3-4 可知，扩散系数 D 和黏度 η 成反比。升高温度可以增加药物的溶解度，也可使介质黏度降低，药物分子的扩散增强，加快溶出。通常使用的溶出温度为 37℃，对于皮肤用药的制剂，可以在 32℃ 下操作。

（五）扩散层厚度

扩散层的厚度（h）愈大，溶出速度愈慢。扩散层的厚度与搅拌速度有关，搅拌速度快，可有效减少扩散层厚度，加快扩散层中药物与溶出介质本体之间的对流，提高溶出速度。《中国药典》规定的搅拌速度一般为 50r/min、75r/min、100r/min，根据不同的溶出方法进行选择。过快的转速易产生漩涡、气泡，反而不利于溶出，也不符合胃肠道实际蠕动的情况。

（六）影响药物溶出的剂型因素

原料药物都需要加工成一定制剂后使用，因此，大量影响制剂处方和工艺的因素都会影响药物从制剂中的溶出。这些因素包括制剂中各种辅料的性质和用量，制备技术及过程参数，甚至制剂的包装贮存条件等。例如研究发现在氯霉素片中加入填充剂乳糖时，随乳糖加入量增加，氯霉素的溶出显著加快（图 3-3）。将尼莫地平与羟丙基 $-\beta-$ 环糊精形成包合物，再分散于卡波姆凝胶基质中制得尼莫地平鼻用凝胶剂，其溶出 50% 所需时间（t_{50}）为 17 分钟，而不含羟丙基 $-\beta-$ 环糊精的凝胶 t_{50} 达 76 分钟[3]。有关制剂处方及工艺参数对溶出的影响将在后续章节中进一步介绍。

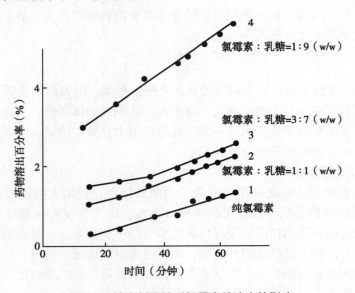

图 3-3　填充剂乳糖对氯霉素片溶出的影响

第二节 增加药物溶出的方法

目前提高难溶性药物溶出的方法主要是从增加药物的溶解度和增大固体药物与液体介质接触的表面积两方面着手。

一、增加药物的溶解度

增加药物溶解度的方法较多，有化学方法和制剂学的方法。

（一）制成可溶性盐

难溶性弱酸和弱碱性药物，可制成盐而增加其溶解度。这是一种简单、有效、常用的方法。对于弱酸性药物常加碱或有机胺与之成盐，如氢氧化钠、碳酸钠、碳酸氢钠、氢氧化铵等；对于弱碱性药物则常用无机酸或有机酸等与之成盐，如盐酸、硫酸、磷酸、硝酸、枸橼酸、酒石酸、醋酸等。如磺胺嘧啶在水中溶解度为 1：1700，而磺胺嘧啶钠则为 1：2.5；甲苯磺丁脲形成钠盐后，在 0.1mol/L 盐酸溶液中溶出速率比原形药物大 5000 倍，在 pH 7.2 缓冲液中比原形药物大 275 倍。患者口服后 1 小时血糖即降低 40%，而原药口服后要 5 小时血糖才降低 20%[4]，表明药物的溶出快慢直接影响到其体内疗效的发挥。同一药物的不同盐有不同的溶解度，应注意增加溶解度的同时，药物稳定性、刺激性、毒性、疗效等的相应变化。如阿司匹林制成钙盐在水中溶解度增大，且比钠盐稳定。

（二）制备水溶性前体药物

难溶性药物可通过成酯或进行分子结构修饰制备亲水性强的前体药物，显著提高其溶解度。前体药物在体内经过酶解或水解等作用转化为原药而发挥疗效。例如维生素 B_2 水中溶解度为 1：3000 以上，引入—PO_3HNa 形成维生素 B_2 磷酸酯钠溶解度增加 300 倍。又如采用不同分子量的聚乙二醇（PEG）对黄芩素的羧基和酚羟基进行修饰，制备 15 种黄芩素前药，水溶性实验结果表明，溶解度增加最大的前体药物，其在水中的溶解度达 783.9mg/ml，相比原药提高了 39 000 倍[5]。但需注意并非所有化合物都适合制备水溶性好的前体药物，且合成的前体药物需进行生物安全性和有效性评价。

（三）制备药物共晶

药物共晶（cocrystals）是药物分子与其他生理上可接受的酸、碱、盐、非离子化合物分子以氢键、$\pi-\pi$ 堆积作用、范德华力或其他非共价键相连而结合在同一晶格中形成的一种新晶型[6]。药物共晶的形成不会改变药物本身的活性，但能有效改善其理化性质，显著提高难溶性药物的溶出速度，增加生物利用度。Smith 等将咖啡因（CAF）与槲皮素（QUE）分别制备了 QUE-CAF-MeOH 和 QUE-CAF 两种共晶，其在室温下 50% 乙醇溶液中的溶解度分别是 QUE 原料药的 8 倍和 14 倍，大鼠灌胃给药后生物利用度约为 QUE 原料药的 10 倍[7]。Sanphui 等分别用间苯二酚和邻苯三酚与姜黄素在加入乙醇作为辅助溶剂的条件下混合研磨，得到了姜黄素–间苯二酚和姜黄素–邻苯三酚共晶体。采用这两种共晶所制备的片剂在 37℃、40% 乙醇溶液中的累积溶出百分率分别比普通姜黄素片高 12 倍和 5 倍[8]。共晶技术研发的难点在于工业化生产中难以得到高纯度的共晶物，有文献利用喷雾干燥从溶剂中制备药物共晶物[9]，此法有较大的发展前景。目前共晶技术在医药领域应用还较少。

（四）制备包合物

包合物（inclusion compounds）指药物分子被包嵌于另一种物质分子空穴结构内而形成的具有独特形式的复合物。包合物的形成取决于药物和包合材料两者的极性和立体结构，包合过程是一个物理过程而非化学键合。药物被包合后，其物理性质发生改变，如增加药物溶解度、溶出速度进而提高口服生物利用度等。

最初研究制备的包合物多以 β- 环糊精（β-CD）为包合材料，其空洞适中，适宜药物包合。但 β-CD 水中溶解度较低，其形成的包合物最大溶解度也仅为 1.85%，因此限制了其在药剂学中的应用。近年来通过对 β-CD 分子结构进行修饰，将甲基、乙基、羟丙基、羟乙基、糖基等基团与 β-CD 分子的羟基发生烷基化反应，破坏了 β-CD 分子内氢键的形成，使其理化性质特别是水溶性发生了显著改变。如二甲基 -β-CD（DM-β-CD）和 2- 羟丙基 -β-CD（2-HP-β-CD）在水中的溶解度都显著高于 β-CD（25℃时分别为 570g/L 和 750g/L），是难溶性药物的理想包合材料。有研究者制备了反式阿魏酸的 HP-β-CD 包合物，溶解度实验结果表明，与原药相比，包合物在水中的溶解度增大了 15 倍，且包合物能够明显减少阿魏酸在水中的见光分解，增加了药物的稳定性[10]。将姜黄素分别与 β-CD、γ-CD、HP-β-CD 和 M-β-CD（甲基 -β-CD）制成包合物，溶解度实验结果表明，姜黄素 HP-β-CD 包合物和姜黄素 M-β-CD 包合物的溶解度与原药相比分别增加了 190 倍和 202 倍。三者在 12 小时累积溶出百分率分别为 97.82%、68.75% 和 16.12%，表明制成包合物后姜黄素的体外溶出速率显著加快[11]。目前利用环糊精包合物来增加难溶性药物溶解度的研究报道非常多，并且已经在药物制剂产品中得到广泛应用。详细见本章第三节。

（五）纳米给药技术

1. 制成纳米乳　纳米乳（nanoemulsion）是油 - 水借助于表面活性剂（乳化剂）和助乳化剂自发形成的、透明的、各向同性的微多相体系。其液滴在 10~100nm，在流变学上显示牛顿流体性质，为热力学稳定体系。O/W 型纳米乳是水难溶性药物的良好载体，它对药物的增溶既有表面活性剂的作用，也有内核油相的作用。有研究者以钙通道拮抗剂为模型药物，比较纳米乳、油溶液和胶束对这几种药物的增溶能力，结果发现纳米乳的增溶作用显著强于其他两种（表3-2）[12]。纳米乳可以同时包容不同脂溶性的药物，提高不稳定药物的稳定性。由于其粒径小且均匀，提高药物分散度，纳米乳作为药用载体应用具有较大的潜力和广阔的前景。

表 3-2　油、胶束和纳米乳对二氢吡啶类药物增溶能力的比较[12]

药物	溶解度（mg/ml）		
	油	胶束	纳米乳
尼莫地平	8.27 ± 0.13	2.14 ± 0.07	23.2 ± 0.35
非洛地平	11.17 ± 0.23	2.55 ± 0.03	123.2 ± 0.21
硝苯地平	3.86 ± 0.10	0.70 ± 0.05	18.7 ± 0.08
尼群地平	8.05 ± 0.18	1.67 ± 0.03	30.3 ± 0.15

2. 制备聚合物胶束 聚合物胶束（polymer micelles）是指一类由两亲性聚合物组成，当两亲性聚合物的浓度超过临界胶束浓度后自发形成的热力学稳定体系。目前研究较多的两亲性聚合物是聚乙二醇与聚酯类［如聚乳酸（PLA）、聚乳酸-羟基乙酸共聚物（PLGA）、聚己内酯（PCL）等］形成的嵌段共聚物。聚合物胶束具有较低的临界胶束浓度，增溶能力强。例如韩国 Samyang 公司以 PEG-PLA 为载体材料，研制了载紫杉醇的聚合物胶束（Genexol-PM，已被批准在韩国上市），避免了普通注射液中因以聚氧乙烯蓖麻油（Cremophor EL）为增溶剂而产生的严重过敏性反应[13]。有研究者以 N-辛基-N-三甲基壳聚糖（OTMCS）为材料，制备了载 10-羟基喜树碱的聚合物胶束。10-羟基喜树碱在水中溶解度仅为 2ng/ml，而在 OTMCS 胶束中溶解度增加至 1.9mg/ml；此外，OTMCS 胶束还能调节 10-羟基喜树碱的体外释放，改善药物的药动学性质和内酯环的体内稳定性[14]。

其他增加难溶性药物溶解度的方法有加入表面活性剂增溶，使用潜溶剂和助溶剂等。具体可参考药剂学相关教材[2]，在此不再赘述。

二、增大药物与液体介质接触的表面积

（一）药物微粉化

根据 Noyes-Whitney 方程，药物的溶出速度与物料的比表面积有关，粒径的降低可以增加比表面积，进而增加药物与溶出介质的有效接触面积，促进溶出。采用微粉化技术降低粒径是提高难溶性药物溶出度行之有效的方法。如苯巴比妥的粒径由 0.42~0.71mm 减少到 0.07~0.15mm 时，药物的溶出显著提高（图 3-4）[1]。将格列本脲（20~80μm）微粉化成粒径 1~5μm 的粒子，2.5 分钟体外溶出即达 95%。降血脂药非诺贝特溶解度低、渗透性高，属于生物药剂学分类系统（BCS）中的 II 类药物，溶出是其体内吸收的限速步骤。Lipanthyl 微粉化制剂（法国 Laboratories Fournier 公司生产）是将非诺贝特与少量表面活性剂的混合物通过气流粉碎机粉碎得到，平均粒径约 6~7μm；而未经处理的非诺贝特晶体，粒径通常在 10~150μm。微粉化以及表面活性剂的加入，有效提高了非诺贝特的溶出度，含量为 200mg 的 Lipanthyl 与 300mg 普通制剂生物等效。后该公司进一步将微粉化技术与微粉包衣技术（micro-coat）结合制备非诺贝特的微粉包衣片，将微粉化药物均匀包裹于亲水性辅料聚乙烯吡咯烷酮（PVP）外，改善原先微粉化原料在辅料中的随机分散状态，进一步提高了制剂的溶出度，10 分钟内药物溶出百分率是单纯微粉化制剂的 1.7 倍，其生物利用度也提高了 25%。由于微粉化在工业上容易实现，因此是目前最常用的提高难溶性药物溶出速率的方法，关于微粉化的技术详见本章第三节。

（二）制成纳米结晶

纳米结晶（nanocrystals），即粒径在数十至数百纳米的纯药物晶体，为了防止晶体间的聚集，也可以加入适宜表面活性剂或聚合物作为稳定剂，或者对药物晶体进行表面修饰（如 PEG 化）。纳米结晶可以混悬在溶液中，称为纳米混悬剂（nanosuspensions）。相对于普通的药物晶体，纳米结晶显著降低了药物的粒径，可以明显增加比表面积，进而大幅提高药物的溶出度，有利于改善难溶性药物的口服生物利用度。有研究者推测，将 100μm 的药物晶体粉碎成 200nm 的纳米结晶，其总表面积可提高约 5000 倍[15]。使用羟丙甲纤维素（HPMC）作稳定剂制备地奥司明纳米结晶，其在 15 分钟溶出即达 100%，而原料药在 15 分钟时只溶出 51.5%[16]。目前已有 10 余种药物的纳米结晶产品上市，纳米结晶技术已

成为改善 BCS Ⅱ类药物溶出和提高生物利用度的最为有效和最容易产业化的纳米技术。详细见本章第三节。

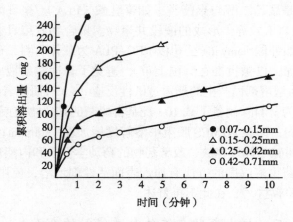

图 3-4 粒径对苯巴比妥溶出的影响

（三）制备固体分散体

固体分散体（solid dispersion）是将药物高度分散于固体载体中，形成的一种以固体形式存在的分散体系。由于载体的抑晶作用，药物在固体分散体中以微晶态、无定形态、胶体态甚至于分子状态分散，大大增加了溶出表面积，同时药物的可润湿性增加，药物在接触胃肠液后，溶出速率加快，生物利用度提高。有研究者以 PVP 为载体材料，采用溶剂法制备水飞蓟素固体分散体，体外溶出结果显示，水飞蓟素原药或物理混合物 1 小时累积溶出百分率约为 15% 和 23%，而水飞蓟素固体分散体（药物 –PVP 1∶4 及以上）10 分钟累积溶出百分率即达 80% 以上[17]。将 Soluplus（聚乙烯己内酰胺 – 聚乙酸乙烯酯 – 聚乙二醇接枝共聚物）和非诺贝特混合制备固体分散体（形成固态溶液），1 小时内累积溶出百分率达到 90% 以上。大鼠体内药动学研究结果表明，固体分散体的药物浓度 – 时间曲线下面积（AUC）较原药增大了约 3 倍（图 3-5），证明制备固体分散体能够显著提高非诺贝特的生物利用度。固体分散技术在促进难溶性药物溶出方面具有较高的实用价值和学术意义，但也存在一定的局限性，如载药量较低、老化等问题。详见本章第三节。

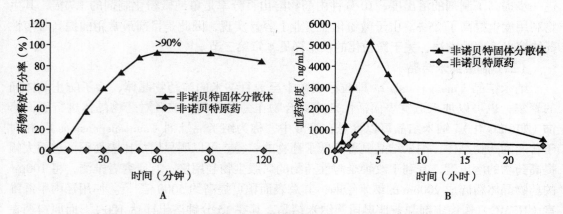

图 3-5 非诺贝特固体分散体体外释放曲线（A）及体内血药浓度曲线（B）

第三节 难溶性药物制剂制备新方法
及其产业化前景

本章第二节介绍了各种促进药物溶出的方法及其基本原理，本节着重介绍微粉化、纳米结晶、固体分散体等制剂制备的新方法和新工艺，以及产业化前景；对于环糊精包合物，着重介绍几种环糊精衍生物。

一、微 粉 化

制药工业中常采用的药物微粉化技术，主要分为两种：①机械研磨，即通过球磨机、流能磨或气流粉碎机等提供的机械力降低药物颗粒粒径；②基于溶液的沉积过程，即通过重结晶、喷雾干燥等方法使药物从溶液中沉淀析出，并控制药物颗粒的大小。随着球磨机、流能磨或气流粉碎机等仪器的普及，机械研磨成为制药工业中最常用的微粉化方法，其主要优势在于工艺过程较为简单，很多原料药制备后常直接采用机械研磨进行微粉化处理，进一步用于制剂的制备。但是，机械研磨的缺点也不容忽视：机械研磨过程中药物损失较为严重；长期研磨过程中，研磨介质脱落可能造成对药物的污染；研磨过程产热严重，热敏性药物易于分解，导致药物有效成分损失。另外，由于产热严重，大部分机械研磨为间歇批处理过程，批次间药物质量无法精确控制。更为严重的是，粒径降低增加了表面自由能，粒子有自发凝聚的趋势，简单的剪切和气蚀力很难有效地避免其凝聚，因此，要想通过机械研磨将药物颗粒减小到 1μm 以下是很困难的。基于溶液的沉积过程获得药物微细粒子，其制备条件相对温和，且一些具备潜在应用价值的新的制备方法和技术也不断被开发出来，比如超临界流体微粉化制备技术和低温冷冻喷淋技术。下面着重对这两种新方法进行介绍。

（一）超临界流体微粉化制备技术

超临界流体（supercritical fluid，SCF）拥有许多一般溶剂所不具备的特性，其兼具气体的扩散性和液体的增溶能力。而温度或压力的细微改变，可以显著改变 SCF 的性质，如密度、溶剂化能力、黏度、介电常数、扩散系数等。因此，可以通过温度或压力来连续调节 SCF 的性质，用于药物微粉化的制备，并且避免或减少有机溶剂的使用，有利于环境和劳动保护。由于易于达到临界点（31℃，73.8bar），CO_2 是最为常用的 SCF。根据药物在 SCF 中的溶解情况，超临界流体微粉化制备技术又可分为超临界溶液快速膨胀（rapid expansion of a supercritical solution，RESS）技术和超临界流体抗溶剂（supercritical anti-solvent，SAS）技术。

1. 超临界溶液快速膨胀技术 RESS 技术最早于 1984 年问世。其制备原理是：先将药物溶解在 SCF 中，再将溶解有药物的 SCF 直接喷雾于低压或环境空气中，SCF 迅速膨胀到低压、低温的气体状态，对药物的溶解度急剧下降，使得药物迅速成核和生长成为微粒而沉积。所生成微粒的性质可通过压力、温度、喷嘴口径大小以及流体喷出速度等来调节。RESS 仪器组成及制备过程如图 3-6 所示[18]。制备装置由萃取室和沉积室组成。制备过程中，净化的气态 CO_2 在 CO_2 罐中液态化，并通过高压泵加压到所需压力，进一步通过热交换仪预热后形成 SCF，并被泵入萃取室（事先预热到萃取温度），将药物溶解。随后，溶解药物的 SCF 通过喷头喷入沉积室（常压），SCF 迅速膨胀，药物沉淀析出，并通过与沉积室相连的旋风分离器收集。

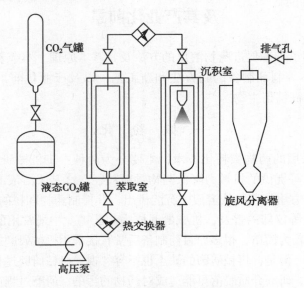

图 3-6 RESS 仪器组成及制备过程

除了在气体中快速膨胀，RESS 制备过程也可以在溶液中实现，被称为超临界流体快速膨胀溶液接收（rapid expansion of a supercritical solution into a liquid solvent，RESOLV）技术。由于以液体为快速膨胀的介质，药物颗粒的生长相对于 RESS 在空气中的膨胀受到了更多的抑制；并且在液态接收液中常加入 PVP 和聚山梨酯 80 作为稳定剂，可以在生成的药物颗粒表面提供空间位阻作用以阻碍颗粒的长大或聚合。因此，以 RESOLV 技术制备的药物颗粒往往比 RESS 过程小一个数量级。

例 3-1 微粉化双氢青蒿素

采用 RESS 工艺制备微粉化双氢青蒿素的基本过程为[19]：将 1g 双氢青蒿素置于萃取室中，以 40ml/min 导入超临界 CO_2，平衡 3 小时，使药物溶解后，将双氢青蒿素-超临界 CO_2 溶液通过预热的喷头喷雾于沉积室中，收集药物颗粒，即得。通过调整不同的工艺参数，可以得到不同粒径的双氢青蒿素微粒（表 3-3）。

表 3-3 不同工艺制得微粉化双氢青蒿素的粒径

序号	萃取室压力（mPa）	预膨胀压力（mPa）	萃取-预膨胀温度（℃）	喷头温度（℃）	收集距离（cm）	喷嘴直径（mm）	粒径（μm）
1	18	11	32-32	30	30	0.33	1.2
2	18	15	60-60	30	30	0.33	0.9
3	26	10	60-60	30	30	0.33	1.1
4	26	10	60-60	60	30	0.33	1.1

续表

序号	萃取室压力（mPa）	预膨胀压力（mPa）	萃取－预膨胀温度（℃）	喷头温度（℃）	收集距离（cm）	喷嘴直径（mm）	粒径（μm）
5	26	10	60–60	60	14	0.33	1.0
6	26	15	40–40	30	30	0.33	1.0
7	26	17	50–50	30	30	0.33	1.6
8	26	19	60–60	30	30	0.33	1.7
9	26	19	60–60	30	30	0.23	0.8
10	26	19	60–60	40	30	0.33	2.4
11	26	19	60–60	60	30	0.33	0.9

制剂注解：双氢青蒿素为青蒿素的衍生物，对耐药的原生动物寄生虫和恶性疟原虫有强大且快速的杀灭作用。但其溶解度差（0.168mg/ml，30℃），口服生物利用度低，降低双氢青蒿素的粒径，有利于其溶出和吸收。但是，采用传统的机械研磨方法却不易获得微米级或亚微米级双氢青蒿素。通过调整 RESS 过程参数，可以获得粒径约 1~2μm 的微粉化双氢青蒿素。这是因为 RESS 技术可影响药物成核和晶体生长两个过程，进而改变产物的粒径。

采用 RESS 技术制备微粉化双氢青蒿素，其粒径大小受萃取温度和压力、预膨胀温度和压力、喷头温度及喷嘴直径、收集距离等因素的影响。如表 3-3 所示，在萃取温度 60℃时，萃取压力从 18MPa 增加到 26MPa，双氢青蒿素粒径略增加（序号 2~5）。这是因为在低压力（18MPa）下，双氢青蒿素具有更大的过饱和度，成核速度更快，能同时生成更多的晶核，消耗掉更多的药物分子，进而各个晶核生长有限，粒径更小。

双氢青蒿素的粒径随着预膨胀温度和压力的升高而增加（序号 6~8），这是因为预膨胀温度增加导致过饱和度降低，成核速度降低，粒径变大。但是，这并不是一个绝对的规律，与药物的性质以及药物与溶剂间相互作用有关。萘、水杨酸、苯甲酸、二氯环戊二烯钛等物质的 RESS 处理符合这个规律，布洛芬则与之相反，而预膨胀温度对于阿司匹林的粒径则几乎无影响。

喷嘴直径越小，双氢青蒿素粒径越小（序号 8~9）。这可能是因为小喷嘴得到的雾滴粒径较小，进而最终颗粒粒径也较小。

在固定萃取压力（26MPa）和萃取温度（60℃）条件下，当预膨胀压力为 19MPa 时，喷头温度升高，双氢青蒿素颗粒粒径呈现先略增加后降低趋势，总趋势以降低为主（序号 8，10，11）。这一结果表明粒径受到预膨胀温度与喷头温度差值的影响。当两者差异大时，药物可能在膨胀前即开始成核，最终形成较大的颗粒。但喷头温度的影响还与预膨胀压力等有关系。

较短的收集距离可略降低双氢青蒿素颗粒粒径（序号 4~5）。可能是因为收集距离短，药物颗粒的生长时间也较短，因此，粒径较小。

2. 超临界流体抗溶剂技术 由于CO_2超临界流体的增溶能力有限，对于不能溶解的药物，则可以采用SAS技术实现微粉化。此时，SCF作为反溶剂使用，与药物溶液混合后，使药物沉淀析出。因此，SCF必须要能和药物溶液混溶才能发挥作用。此法SCF气化可以将药物溶剂直接带走，溶剂的残留量比传统方法得到的要少得多，大大提高了药物颗粒／结晶的纯度。通过调整溶剂／反溶剂类型及比例、药物浓度、混合程度、压力、温度以及喷嘴直径等因素，可以控制药物颗粒的尺寸或晶型。根据SCF与药物溶剂的导入方式不同，SAS技术又可分为气体抗溶剂（gas antisolvent，GAS）和气溶胶溶剂萃取系统（aerosol solvent extraction system，ASES）两种方法。

（1）气体抗溶剂法：GAS方法是将SCF导入到药物的有机溶剂中，SCF与有机溶剂互溶时，溶剂会发生膨胀，药物因为在有机溶液中的溶解度降低而沉析。图3-7为GAS设备原理图[20]，以超临界CO_2作为反溶剂为例，在已溶解药物的有机溶液中加入超临界CO_2使其膨胀，造成有机溶剂溶解能力降低，形成过饱和溶液，药物随之析出。在这个过程中，超临界CO_2将大部分有机溶剂清除，残留溶剂可进一步用超临界CO_2清洗生成的药物颗粒以除去。通过调整温度、压力和流速等参数，尚可控制药物颗粒的粒度分布。GAS法优势为：①相对于其他类型超临界流体微粉化方法，GAS法制备的药物颗粒粒径较小，大小分布更为均匀；②与传统的液态反溶剂相比，SCF作为反溶剂能形成很大的过饱和度，而且，SCF的可调性为控制粒径分布提供了可能，其后处理过程也大大简化。

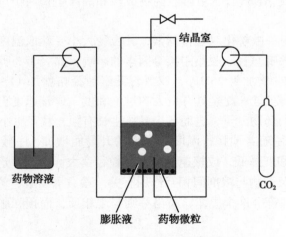

图 3-7 GAS 设备原理图

例3-2 微粉化丙酸倍氯米松

采用GAS工艺制备微粉化丙酸倍氯米松的基本过程为[21]：将丙酸倍氯米松溶于一定有机溶剂中，使在制备温度与压力下形成饱和溶液，并置于结晶室中搅拌，当结晶室温度、压力稳定后，以一定速度导入超临界流体CO_2，直至在1000psi下液体体积膨胀达到900%，停止超临界流体CO_2的供给，继续搅拌1小时使药物结晶析出。随后，以恒速导入超临界流体CO_2持续冲洗膨胀液至少5小时；最终，结晶室减压除去所有流体混合物，收集样品，即得。CO_2导入速度、丙酸倍氯米松实际浓度、温度、搅拌速度以及有机溶剂类型对产品粒径的影响如表 3-4 所示。

表 3-4 不同工艺参数制得微粉化丙酸倍氯米松粒径

序号	CO$_2$ 导入速度（ml/min）	浓度比（%）*	温度（℃）	搅拌速度（rpm）	有机溶剂	粒径（μm）
1	1	100	25	1000	丙酮	20.6
2	50	100	25	1000	丙酮	10.2
3	75	100	25	1000	丙酮	6.2
4	100	100	25	1000	丙酮	4.9
5	50	5	25	1000	丙酮	3.1
6	50	25	25	1000	丙酮	4.1
7	50	75	25	1000	丙酮	8.3
8	50	100	32.5	1000	丙酮	13.9
9	50	100	40	1000	丙酮	32.8
10	50	100	52.5	1000	丙酮	41.5
11	50	100	25	500	丙酮	12.3
12	50	100	25	2000	丙酮	6.5
13	50	100	25	3000	丙酮	3.1
14	100	100	25	3000	丙酮	1.8
15	50	100	25	1000	甲醇	43.9

注："*"丙酸倍氯米松实际浓度相对于饱和浓度的比值

可见，CO$_2$ 导入速度对丙酸倍氯米松的粒径及分布有较大影响，随着导入速度的增加，粒径降低（序号 1~4）。这是因为，超临界 CO$_2$ 作为反溶剂，其导入速度越快，产生的过饱和度越大，成核速度越快，有利于同时产生更多的晶核，得到小而均匀的颗粒。

制备温度升高，所得丙酸倍氯米松颗粒的粒径增大（序号 8~10）。主要原因在于：升温可以提高药物在溶剂中的溶解度，致使溶液中有更多药物分子可用于晶核的生长，从而增加了颗粒的粒径。

丙酸倍氯米松浓度比的增加，最终颗粒的粒径增加，且粒径跨度增大（序号 5~7）。这是因为在高浓度比时，颗粒更易沉淀析出，在膨胀早期即成核，因此有更多的生长时间，粒径更大。

搅拌速度的提高有利于颗粒粒径的降低，也利于降低颗粒的粒径分布（序号 11~13）。

因为，高搅拌速度可以降低溶剂混合的时间，更快获得一个均匀的过饱和溶液，促进药物快速析出，得到小而均匀的颗粒。另外，高搅拌速度也增加了药物颗粒间的碰撞，减少了颗粒间的聚集。

（2）气溶胶溶剂萃取系统法：ASES 工艺中，通过雾化喷嘴将药物溶液直接喷入 SCF 中，SCF 溶解雾滴时伴随着体积大量膨胀，使得液体溶解能力降低，导致混合溶液过饱和度急剧上升，药物析出，形成小而均匀的颗粒。图 3-8 为 ASES 设备原理图[20]，先将 SCF 通过高压泵泵至高压容器中，一旦系统达到稳定状态，再将含活性物质的溶液通过喷嘴喷入到高压容器内。泵送溶液的压力需大于高压容器的操作压力以获得小液滴。流体混合物（SCF 和溶剂）离开高压容器并流向气 - 液分离减压罐，在收集足够量的颗粒之后，停止液体溶液的输送，并且继续向容器中通入纯 SCF 以除去颗粒中残留溶剂。需要注意的是：当采用 ASES 方法进行低极性药物的微粉化时，药物可能被萃取到溶剂改性的 SCF 中，从而导致药物损失。

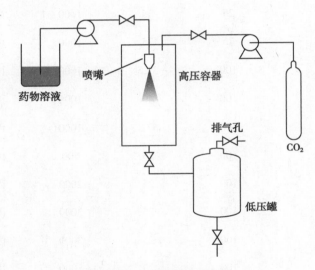

图 3-8　ASES 设备原理图

（3）超临界流体增强溶液分散技术：超临界流体增强溶液分散技术（solution enhanced dispersion by supercritical fluids，SEDS）是继 GAS 和 ASES 之后发展起来的一种新的基于超临界流体制备微纳米粒子的技术。与 GAS、ASES 技术相比，SEDS 技术传质更充分，更有利于溶质的微细化，该技术是对 SAS 技术的进一步发展。该技术最先是英国 Bradford 大学研究小组开发的，他们在原有 SAS 技术基础上，针对喷射溶液的喷嘴进行了设计改进，通过增加 SCF 和溶液的混合程度而增加传质速率，可获得更小的液滴。其基本原理是：将包含溶质的有机溶液和超临界 CO_2 流体引流入一个双通道同轴喷嘴中，并使两者在喷嘴出口处混合均匀，然后通过喷嘴喷入到盛有超临界 CO_2 的高压釜内。超临界流体的湍流加速了两者的混合，同时超临界反溶剂较高的线速度为喷出的溶液提供了动能，分散液快速从喷嘴出口喷射而出，将溶液分散成非常细小的液滴，便于形成小尺寸的颗粒。SEDS 设备原理图和喷嘴示意图如图 3-9 所示[22, 23]。

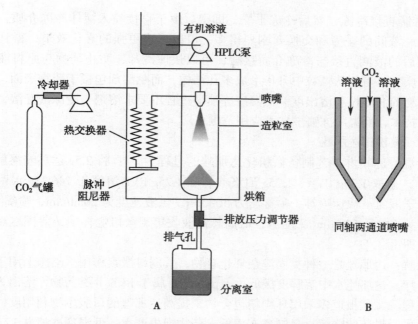

图 3-9 SEDS 设备原理图（A）及同轴两通道喷嘴示意图（B）

（二）低温冷冻喷淋技术

低温冷冻喷淋技术是将药物的溶液（水/有机溶剂或纯有机溶剂）直接在低温介质中喷雾，使得雾滴冷冻，再经冷冻干燥后得到微粉化药物颗粒。传统的低温冷冻喷淋是在气相中进行，即将原料液喷雾于冷沸腾的冷冻剂（卤化碳冷冻剂或液氮等）上方，雾滴在下行过程中遇到气相冷冻剂逐渐固化，进入液相冷冻剂时进一步被冷冻，最后通过冷冻干燥得到药物微粉化颗粒。由于药物雾滴的固化是逐步完成的，其在穿行过程中不断聚集、固化，因此，得到的药物颗粒的粒径较大，粒径分布较宽。为了克服这一缺点，Williams 等对低温冷冻喷淋技术的工艺过程进行了改进（图 3-10）[24]，将原料［药物、赋形剂和（或）表面活性剂］溶液或乳液在高压下直接喷入低温压缩液体中（如 CO_2、乙烷、丙烷、液氮、

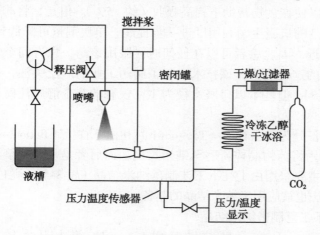

图 3-10 改进的低温冷冻喷淋技术设备

51

液氮等），雾滴直接冷冻，然后冷冻干燥，即得。由于直接喷入液体冷冻介质，相对于气体介质，液－液间的碰撞和交换要剧烈得多，可以形成更强的雾化效果，得到较小的雾滴。而雾化后的液滴直接与冷冻介质接触，可以快速冷却，防止药物与原料液体系相分离。冷冻干燥时，溶剂从颗粒中升华形成多孔结构，而赋型剂包覆于药物表面，可显著提高难溶性药物的润湿性和溶出度。低温冷冻喷淋过程不要求溶剂与冷冻液互溶，因此，相对于非溶剂技术，低温冷冻喷淋技术应用范围更广。

例 3-3　微粉化达那唑

采用低温冷冻喷淋工艺制备微粉化达那唑的过程为[25]：将 2.5g 达那唑溶解于 372.5g 四氢呋喃中，另取 1.25g PVA、1.25g 泊洛沙姆和 1.25g PVP 溶解于 746.25g 水中，两溶剂混合均匀后于液氮下快速喷雾，喷雾压力 5000psi，供液速度为 20ml/min，喷嘴为 15cm 长的 PEEK 喷头（内径 63.5μm）。随后，低温悬浮液收集于敞口烧杯中，待挥尽液氮，立即冷冻干燥，即得。

制剂注解：达那唑是一种类固醇杂环化合物，具弱雄激素作用，临床上用于子宫内膜异位症的治疗。达那唑水中溶解度极低（<1μg/ml），属于 BCS II 类药物，溶出为其口服吸收的限速过程。文献报道多采用环糊精包合物来提高达那唑的口服生物利用度，但制备需高温，可造成原料药的降解，且制备产率低，药物损失严重。低温冷冻喷淋工艺避免了高热对药物的影响，也省去了水分干燥等后处理过程（终产品中溶剂残留为 50ppm）。制得的药物颗粒为多孔结构，显著提高了比表面积，达到 5.7m^2/g，而机械研磨法制备的微粉化达那唑比表面积仅为 0.5m^2/g。PVA、泊洛沙姆和 PVP 可以吸附于达那唑微粉表面，防止颗粒间的聚集。因此，低温冷冻喷淋工艺制备的微粉化达那唑具有更快的溶出速率，5 分钟即溶出完全，而相应原料药 5 分钟仅溶出约 55%。

二、纳 米 结 晶

虽然通过微粉化技术可以显著提高难溶性药物的口服生物利用度，但因药物粒径尚处于微米级，如能进一步降至纳米尺度，相应制剂的溶出度和生物利用度有望进一步提高。以非诺贝特制剂为例，即使是前述具有超级生物利用度的非诺贝特微粉包衣片，也必须与食物同服，以便在食物帮助下提高吸收（约 35%）。但是，将非诺贝特原料制备成纳米结晶后，其制剂的口服生物利用度进一步提高，单次剂量可降低到 48mg，且空腹或餐后服用吸收率相近，因此患者可以在任何时候服用该药，患者间个体差异也进一步缩小。由于纳米结晶的这些优势，该技术引起了制药工业的广泛关注，目前已有十余种产品上市销售（表 3-5），但基本以口服途径为主，仅有的几个静脉注射制剂仍处于临床研究阶段。

纳米结晶的制备分为由上往下（Top-down）和由下往上（Bottom-up）两种方法。前者通过机械力的作用将药物晶体研磨至纳米尺度，而后者是从药物溶液中生长结晶的方法。目前，工业上主要采用由上往下工艺制备纳米结晶（表 3-5），尤以介质研磨法为主，近年来，高压乳匀法也被应用于纳米结晶的制备。

（一）由上往下工艺制备纳米结晶

1. 介质研磨法　介质研磨技术是由 Liversidge 等人开发的。这种专利技术（NanoCrystals）最早属于 NanoSystems 公司，后来转让到 Elan 公司。此方法提供了一种纳米结晶的通用制备技术，不受药物溶解度的限制，因此，80% 以上的商业化产品均采用该制备工艺（表 3-5）。

表 3-5 上市以及处于临床研究的纳米结晶制剂

商品名	药物	公司	制备工艺	给药途径	状态
Gris-Peg	灰黄霉素	Novartis	由下往上，共沉淀	口服	1982 年上市
Verelan PM	维拉帕米	Schwarz Pharma	由上往下，介质研磨	口服	1998 年上市
Rapamune	西罗莫司	Wyeth	由上往下，介质研磨	口服	2000 年上市
Focalin XR	盐酸右哌甲酯	Novartis	由上往下，介质研磨	口服	2001 年上市
Avinza	硫酸吗啡	King Pharm	由上往下，介质研磨	口服	2002 年上市
Ritalin LA	盐酸哌甲酯	Novartis	由上往下，介质研磨	口服	2002 年上市
Herbesser	地尔硫䓬	Mitsubishi Tanabe Pharma	由上往下，介质研磨	口服	2002 年上市
Zanaflex	盐酸替扎尼定	Acorda	由上往下，介质研磨	口服	2002 年上市
Emend	阿瑞吡坦	Merck	由上往下，介质研磨	口服	2003 年上市
Tricor	非诺贝特	Abbott	由上往下，介质研磨	口服	2004 年上市
Cesamet	大麻隆	Lilly	由下往上，共沉淀	口服	2005 年上市
Megace ES	醋酸甲地孕酮	Par Pharma	由上往下，介质研磨	口服	2005 年上市
Triglide	非诺贝特	Skye Pharma	由上往下，高压均质	口服	2005 年上市
Naprelan	萘普生钠	Wyeth	由上往下，介质研磨	口服	2006 年上市
Theodur	茶碱	Mitsubishi Tanabe Pharma	由上往下，介质研磨	口服	2008 年上市
Invega Sustenna	棕榈酸帕利哌酮	Janssen	由上往下，介质研磨	肌内注射	2009 年上市
Panzem	2- 甲氧雌二醇	EntreMed	由上往下，介质研磨	口服	Ⅱ期临床
Semapimod	塞马莫德	Ferring	由上往下，介质研磨	静脉注射	Ⅱ期临床
Theralux	thymectacin	Celmed BioSciences	由上往下，介质研磨	静脉注射	Ⅱ期临床
Nucryst	银	Nucryst Pharmaceuticals	由上往下，磁控溅射	口服	Ⅱ期临床

介质研磨机由研磨腔、循环腔、电机和研磨介质等组成（图 3-11）[26]。在制备时，先将药物晶体、水和稳定剂组成的粗浆倒入研磨室，启动电机转动研磨腔，利用药物和研磨介质之间撞击产生的高能量和剪切力将大的药物晶体破碎成纳米结晶。由于研磨过程产热严重，可以根据物料量采取批处理模式（间断模式）或循环模式（连续模式）来制备。一般而言，大规模生产往往采用循环模式连续进行，通过筛网将研磨介质留在研磨腔中，而物料则在循环腔与研磨腔中循环流动，进一步通过冷却剂控制物料的温度。

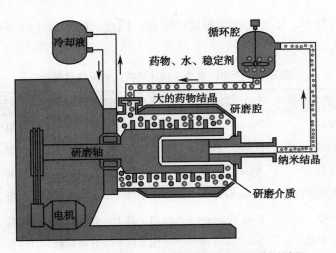

图 3-11　介质研磨机的结构和介质研磨的典型过程

　　介质研磨技术最大的优点是通用性。由于药物粉末在研磨过程中是以混悬液的形式存在的，因此该技术适用于在水和有机溶剂中溶解性都不好的药物。目前认为，几乎所有的药物活性成分（API）都可以用介质研磨技术进行处理[27]。此外，从实验室小批量研究到工业化大生产的设备均有商业供应，使得介质研磨技术易于放大，而且，该技术所需的药量可低至 10mg，对于药物研发的初期阶段进行 API 筛选十分有利，而过程参数也可以线性放大。

　　介质研磨技术的主要缺点是终产品可能受到脱落的研磨介质污染。因此，研磨设备，特别是研磨介质，需要采用高耐磨损的材料，通常采用二氧化锆。随着高交联聚苯乙烯包衣的研磨介质的引入，研磨技术获得了更广泛的应用。由于包衣介质的弹性形变，终产品中残留单体的量可以减少到不超过 0.005%（m/m），产品甚至可以达到静脉注射的质量标准。

　　根据药物的性质、研磨介质和粒径减小的程度不同，该技术所需要的研磨时间也不同。但是仅仅通过延长研磨时间并不会进一步缩小纳米结晶的粒径。因此，优化过程参数，包括药量、研磨介质的数量和尺寸、研磨速度和温度，对获得优化的产品十分重要。一般而言，研磨室中药物的量在 2%~30%（m/V）范围内，而研磨介质占粗浆的 10%~50%（m/V）；研磨介质的尺寸通常设置在 0.5~1.0mm；可以通过采用低研磨速度（80~90rpm）进行长时间研磨（1~5 天）或高研磨速度（1800~4800rpm）短时间研磨（30~60 分钟）来获得纳米结晶。研磨过程中的温度也需严格控制，以减少有关物质的量，并降低 Ostwald 熟化效应引起的产品粒径分布问题。

例 3-4　达那唑纳米结晶

　　达那唑纳米结晶的制备采用了介质研磨的方法[28]：将 1000g 微粉化达那唑和 300g PVP K15 置于 3 加仑的研磨罐中，加入 3700ml 高纯水及 6100ml 无铅玻璃珠（0.85~1.18mm）作为研磨介质。研磨腔以 39.5rpm 的转速旋转 5 天后，将药物泥浆与研磨介质分离，经检测，其数均粒径为 134.9nm，重均粒径为 222.2nm，硅含量（研磨介质污染）为 36ppm，铅含量小于 5ppm，而达那唑晶型未发生改变。

　　制剂注解：如例 3-3 所述，溶出是影响达那唑口服生物利用度的主要因素。按照上述工艺制备达那唑纳米结晶后，研究者将其与微粉化达那唑（平均粒径 10μm，气流粉碎制备）进行对比，考察两种制剂在犬体内的生物利用度。结果纳米结晶制剂的绝对生物利用度达到 82.3% ± 10.1%，而微粉化制剂只有 5.1% ± 1.9%，表明进一步降低达那唑的粒径可以显著改善其溶出，大幅提高其口服生物利用度。

2. 高压乳匀法 高压乳匀法的主要原理是通过高压，迫使药物混悬液迅速穿过一个非常狭窄的匀质通道，从而通过空化作用、高剪切力和碰撞等造成药物颗粒的破裂。根据所用的仪器，可进一步将高压乳匀法分为三大类别：微射流技术（IDD-P）、水中活塞－间隙式均质（DissoCubes）和非水介质活塞－间隙式均质（Nanopure）。

SkyePharma 公司应用微射流技术来生产非诺贝特纳米结晶（Triglide）。微射流技术基于微射流原理，它通过在特殊设计的匀化室中颗粒的正面碰撞来减小颗粒的粒径。匀化室可以设计成不同形状（图 3-12），Z- 型匀化室多次改变了混悬液的流动方向，导致粒子相互碰撞和剪切；而 Y- 型匀化室，混悬液分为两部分流动然后正面碰撞。尽管在微射流技术中，可使用高达 1700bar 的压力，但仍需要多次（50~100 次）匀质才能获得理想的粒径和粒径分布。

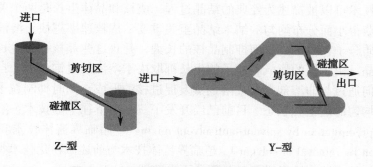

图 3-12 Z- 型和 Y- 型微射流匀化室结构

Müller 等发展了水中活塞－间隙式均质技术，该技术最初由 DDS（Drug Delivery Services）GmbH 所拥有，但是在 1999 年被转让到 SkyePharma 公司。活塞－间隙式均质机由高压活塞泵、冲击阀、阀座和冲击环所组成（图 3-13）。活塞迫使药物在高达 4000bar 的压力（通常是 1500~2000bar）下通过一个很小的间隙。间隙的大小为 5~25μm，可以根据混悬液的黏度和所施加的压力来调节阀座和冲击阀之间的间隙。冲击环保护阀门外壳不受药物流动的影响。在通过间隙的过程中，混悬液的高速流动导致液体动态压力的增加，而静态压力降低至水的沸点以下，形成气泡。当混悬液离开间隙时，这些气泡立即破裂，产生空化作用，引起高功率的冲击波破碎粒子；粒子间的碰撞、高剪切力和湍流等也有助于减小粒径。

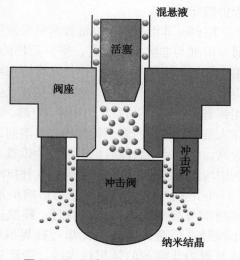

图 3-13 活塞－间隙式均质机结构

非水介质活塞－间隙式均质技术由 PharmaSol GmbH 研发，现在被 Abbott 公司所拥有。该技术也使用了活塞－间隙式均质机，但是是在低温、低蒸汽压下对分散介质进行处理。因此，可以忽略间隙的空化作用，主要通过高剪切力、粒子碰撞和湍流来破坏药物颗粒。由于该技术中使用非水介质，可以避免药物水解。此外，最终得到的药物纳米结晶是悬浮于油、PEG 或熔融的 PEG 中，可以直接填充到软胶囊中供使用。

和介质研磨法类似，高压乳匀法最大的优点是它适用于在水和有机溶剂中溶解度都不好的药物。高压均质机有不同的容量，从 25ml 到几千升不等。因此，高压乳匀技术也很容易实现放大。但是，需提前对药物粉末进行微粉化处理，并使微粉化药物混悬均匀，以防止其堵塞均质机间隙。

为了得到理想的粒径，需要对高压乳匀技术中的匀化压力和循环次数进行优化。一般匀化压力越大，循环次数越多，所得到颗粒的粒径就越小。然而，增加压力和（或）循环次数并不能无限地减小粒径。当药物颗粒随着颗粒间聚集体的减小而变得更均匀时，需要施加指数倍的能量才能进一步破碎药物晶体。

（二）由下往上工艺制备纳米结晶

由下往上技术可以被描述为经典的结晶过程，成核和晶体生长是两个关键步骤，尤其是成核过程对获得小而分布均匀的纳米结晶至关重要。成核速率越快，溶液中形成的核越多，消耗的溶质分子就越多，从而抑制晶核的长大，并且这些晶核一起生长，易得到小而均匀的纳米结晶。由于核的形成和粒子的生长都取决于溶液的过饱和度，自下而上技术的发展集中于如何通过与非溶剂混合或溶剂蒸发促进核的形成，同时抑制粒子的生长，来达到一个快速且均匀的过饱和状态。目前已经开发了三种由下往上的技术：溶剂－非溶剂混合沉淀技术（precipitation by solvent–antisolvent mixing）、超临界流体技术和去溶剂沉淀技术（precipitation by removal of solvent）。超临界流体技术与前述微粉化技术类似，但需控制条件使药物颗粒粒径达到纳米尺度，此部分不再赘述。

一般来说，与由上往下工艺相比，由下往上技术耗能低，也无介质脱落污染问题，能更好地控制粒径分布和粒子形态，并能产生晶型完整度好的纳米结晶。但是，控制结晶过程仍然充满挑战。

溶剂－非溶剂混合沉淀技术是最常用的由下往上技术，其基本原理与重结晶一致，即通过溶剂与非溶剂的混合，得到药物的过饱和溶液，使之结晶析出。虽然该过程较为简单，但如何控制晶体粒径，使之维持在纳米尺度，仍然存在一些问题，因此，该技术尚未得到工业化推广。另外，纳米结晶技术主要针对难溶性药物，为了制备药物溶液，往往会用到有机溶剂，如乙醇、丙酮、甲醇、异丙醇、N-甲基吡咯烷酮等。考虑到对环境和操作人员的保护，乙醇是优选的有机溶剂，此时，通常使用水作为非溶剂。由于乙醇的沸点较高，终产品中去除有机溶剂较为困难，可能存在溶剂残留的问题。此外，在水和有机溶剂中均不溶的药物也不适合采用这种技术。

非溶剂与溶剂的体积比是影响纳米结晶粒径和粒径分布的一个重要因素。一般当非溶剂与溶剂的体积比增加时，药液过饱和度也随之增加，成核速率加快，有利于减小粒径。但是，当体积比超过临界值时，成核动力学的平衡并不能进一步降低粒径。这是因为非溶剂的体积过大时，会产生均匀混合的问题，在不同的混合区域成核有快慢，先生成的晶核长得更大，因此需要采用在临界值附近的非溶剂与溶剂的最佳体积比时来制备纳米结晶。

　　温度会影响溶解性差的药物的过饱和度，也可能影响纳米结晶的粒径和粒径分布。例如，在相同的溶液条件下，紫杉醇在 40℃ 时的溶解度是在 5℃ 时溶解度的 4~6 倍。然而，如果考虑到溶液的组成，紫杉醇在 40℃ 时的最大溶解度可能是其在 5℃ 时最小溶解度的数万倍。因此，非溶剂温度的下降会显著降低药物的平衡溶解度，并大大地增加过饱和能力，从而减小粒径且能获得一个较窄的粒径分布。但是，和体积类似，必须合理地控制混合过程来达到合适的热传递。

　　混合方法是控制纳米结晶粒径及其分布的最重要因素之一，主要涉及混合过程中的微观混合（micro-mixing）和介观混合（meso-mixing）过程。所谓介观混合是指介于宏观混合与微观混合之间的一种混合状态，是一个以宏观尺寸为基础的大涡流转化成小涡流的过程。微观混合是流体混合的最后阶段，指由微小尺度的湍流流动将流体破碎成微团，并借分子扩散使之达到分子尺度均匀的过程，一般由流体微元的黏性变形和分子扩散两部分组成。高微观混合速率促进了核的形成，但高介观混合速率可能在湍流边缘形成局部过饱和的现象。因此，微观混合和介观混合之间的平衡对获得均匀的粒径十分重要。诱导时间是另一个需要考虑的因素。诱导时间是指从最初的过饱和溶液到形成新的结晶相所需的时间。若微观混合时间比诱导时间短，则溶液中的成核时间近乎一致。为了提高混合效率，降低微观混合时间，需要设计高效的混合设备，比如射流撞击器（confined impinging jet processor）、多入口涡流混合器（multiple inlet vortex mixers）、高重力可控沉淀器（high-gravity controlled precipitator）等。下面对几种混合仪器进行简单介绍。

　　1. 射流撞击器　射流撞击是在封闭的射流撞击反应器中进行，将两种运动相反的液流（药物溶液和非溶剂）在混合室中通过撞击混合，混合可在数十毫秒内完成（图 3-14）[29]，因此，成核之前就能迅速形成均匀的高过饱和溶液，最终得到小而分布均匀的纳米结晶。由于两种液体以相反的方向喷射、撞击，两者需要有同等的动量以防止混合的不平衡。因此，精确控制两种射流的速度对于实现良好的结晶至关重要。另外，为了保持两种射流的动量尽量相等，不能随意调整药物溶液和非溶剂的体积比。即射流速度和药物浓度是影响射流撞击过程中粒径的最重要因素。

　　此外，射流撞击器的几何尺寸对粒径控制也很关键，包括射流入口的角度（10°、25°、50°、160°）和出口通道的直径（0.1、0.5、1.0mm）等（图 3-15 A 和 B）[30]。入口的角度影响混合效率，入口角度小（例如 10° 和 25°），不能引起两种射流的强烈碰撞，只能让它们相遇并向下流到出口，从而只能轻微减小粒径。但出口通道直径越小，在出口通道中形成的剪切率越高，可导致粒径减小。此外，也可在射流撞击处设置超声波，以提高混合效率（图 3-15 C）[31]。

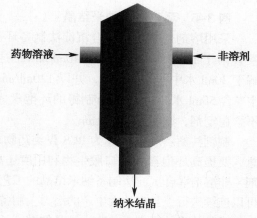

药物溶液 →　　← 非溶剂

纳米结晶

图 3-14　射流撞击反应器示意图

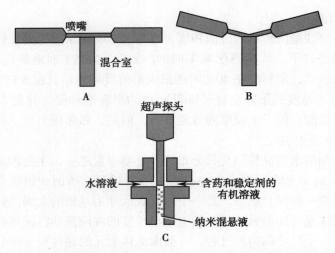

图 3-15 T- 和 Y- 型射流撞击器构造（A，B）及撞击处引入超声波促进混合构造（C）

除了微通道型反应器，也可以采用数毫米的环形通道的设计（图 3-16）[32]。同样，撞击的角度、动量比，以及两种通道的厚度会影响混合效率从而影响粒径。

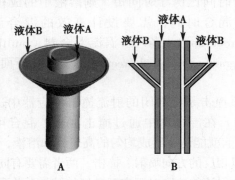

图 3-16 环形通道设计的射流撞击器
（A）三维示意图；（B）横截面结构

例 3-5 环孢素 A 纳米结晶

采用溶剂 - 非溶剂混合沉淀法制备环孢素 A 纳米结晶的基本过程为[33]：将 0.7g 环孢素 A 溶于 10ml 乙醇中，并以 40ml/min 的速度泵出；另将 0.3g 磷脂和 1.5g 一水合右旋糖溶解于 30ml 水中作为非溶剂，并以 120ml/min 泵出；两者经射流撞击后，混悬液收集于烧杯中（含 50ml 水），即得。所制得的环孢素 A 纳米结晶的平均粒径为 294nm，但若非溶剂中不含稳定剂，则粒径为 541nm。

制剂注解：环孢素 A 为 BCS Ⅳ类药物，制备纳米结晶制剂，能够改善其溶出，但需注意，要提高环孢素 A 的口服生物利用度还需解决其渗透性差的问题。本例主要用于阐释溶剂 - 非溶剂混合沉淀法制备纳米结晶的工艺过程。该过程操作较为简单，虽然批量不大，但可以连续进行，具有放大生产的潜力。制备中，磷脂和一水合右旋糖作为稳定剂，可以吸附在生成的纳米结晶表面，防止结晶的继续长大，同时也可以防止结晶的聚集，起到稳定和控制粒径的作用。若制备时不添加稳定剂，则得到的纳米结晶粒径较大，达 541nm。

2. 多入口涡流混合器 多入口涡流混合器是对射流撞击器的改进，也可实现射流撞击过程。多入口涡流混合器含有多个入口，各射流以切线方式射入，并在仪器中心混合（图 3-17）[34, 35]。其入口数量灵活可变，可以为二入口，也可为四入口，但四入口设计比两个入口具有更好的混合效果。另外，与射流撞击器不同的是，四入口设计的涡流混合器允许各流体以不等的动量混合。因此，药物溶液和非溶剂的体积比可以通过改变单个流体的速度来进行灵活的调整。

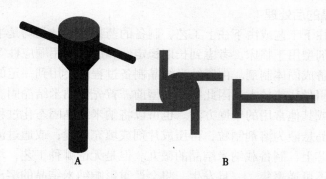

图 3-17 两入口（A）和四入口（B）设计的多入口漩涡混合器结构

3. 高重力可控沉淀器 高重力可控沉淀器由超重力旋转床、液体分配器和电机组成（图 3-18）[36]。超重力旋转床是其关键部件，内径和外径分别为 50mm 和 150mm。旋转器由马达驱动，速度范围可达 0~2800rpm。药物溶液和非溶剂各自被引入到超重力旋转床的中心，并且被每个分配器喷洒到旋转器的边缘。这两种液体通过重力在超重力旋转床中扩散并在高剪切力下分裂成细小的液滴。在这个过程中，两种液体之间的微观混合迅速完成，有利于形成小而均匀的纳米结晶。最后，产物在离心力作用下径向流出，便于收集。

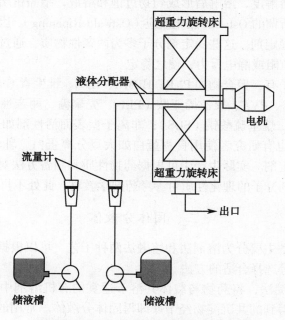

图 3-18 高重力可控沉淀器结构示意图

高重力可控沉淀技术因其巨大的产量,最初用于制备纳米尺寸的无机粒子。最近,这项技术也被用于制备有机药物如头孢呋辛酯、达那唑、硫酸沙丁胺醇等的纳米结晶,纳米结晶甚至可以在不使用任何稳定剂的情况下获得,其生产规模可扩大到40吨/年。除了溶剂-非溶剂的物理沉淀方式外,高重力可控沉淀技术也可实现化学沉淀,例如基于苯甲酸钠和盐酸的化学反应,利用高重力可控沉淀技术制备了苯甲酸纳米结晶,且在20~25Hz频率下,随着超重力旋转床的旋转频率增加,粒径减小。

(三)纳米结晶的后处理

无论采用由上往下工艺或由下往上工艺,制备的药物纳米结晶均是半成品,需要后处理才能制成适宜的剂型用于临床。考虑到长期稳定性和患者使用顺应性等问题,常将药物纳米结晶进一步制备成固体制剂。由于纳米结晶制备过程均会用到一定的溶剂,尤其是由下往上工艺,溶剂用量往往较大,因此制剂成型前需首先使纳米结晶固态化。多采用冷冻干燥、喷雾干燥,或其他常用的干燥方法。也可以将纳米结晶固态化过程和制剂成型结合起来,即以纳米结晶悬液为溶剂制粒,再压成片剂或填充胶囊;或通过流化床将纳米结晶悬液喷雾于空白丸芯上,制备载纳米结晶的微丸。但是无论哪种工艺,均需防止纳米结晶在固态化过程中的不可逆聚集,一旦发生,将会严重影响纳米结晶的溶出行为。因此,在固态化处理前,往往需在纳米结晶悬液中加入足量分散剂。常用的纳米结晶稳定剂可作为分散剂使用,也可以添加冻干保护剂,如蔗糖、葡萄糖、甘露糖、氨基酸、白蛋白等,达到这一目的。这些分散剂以填充溶剂除去后纳米结晶间空隙,并作为连续的固态基质,阻碍结晶聚集。实际生产中,可通过优化分散剂的种类和用量,以及固态化过程参数,来防止颗粒间聚集,或形成可逆的聚集体,遇水后能再分散,展现出纳米结晶原有的性质。

(四)纳米结晶的稳定剂

纳米结晶粒径细小,具有较大的表面自由能,有自发聚集的倾向。另外,小粒径纳米结晶具有较大的表观溶解度,溶解后形成药物过饱和溶液,结晶析出附着于大微粒上,使得结晶长大,这也是所谓的Ostwald熟化效应(Ostwald Ripening)。因此,纳米结晶的制备往往需要加入合适的稳定剂。这些稳定剂分子多为两亲性物质,通过其疏水端吸附在纳米结晶表面,提供空间位阻或静电斥力,使之稳定。

常用的稳定剂分子有:聚合物如PVP、HPMC、HPC、维生素E聚乙二醇1000琥珀酸酯(TPGS 1000)、PEG、PVA、聚乙烯亚胺(PEI)、壳聚糖、两亲性氨基酸共聚物等;离子型表面活性剂如十二烷基硫酸钠(SDS);非离子型表面活性剂如聚山梨酯80、泊洛沙姆等。此外,近年来也有研究者使用食物蛋白如大豆分离蛋白、乳清蛋白、β-乳球蛋白等作为纳米结晶的稳定剂。实际生产中可根据药物性质和制备方法对稳定剂的种类和用量进行筛选。上述稳定剂分子的理化性质可参考药剂学教材,此处不再详述。

三、固体分散体

固体分散体的制备主要分为溶剂法和熔融法两种工艺,可以根据载体材料及药物的性质、熔点及溶解性能等选择合适的方法。

溶剂法也称共沉淀法,将药物与载体共溶于适宜的有机溶剂中,蒸去溶剂使药物和载体材料同时析出,得到的共沉淀物经干燥即得固体分散体。常用的有机溶剂有乙醇、丙酮、三氯甲烷等;常用的载体材料有PVP、HPMC等。但需注意的是改变使用的有机溶剂可能改变药物在固体分散体中的分散度，进而影响溶出。溶剂法的优点在于可避免高热，适用于热不稳定药物，及对热不稳定的载体材料（如 PVP、半乳糖、甘露糖、胆酸等）。但由于大量有机溶剂的使用，成本高，且较难除尽，有机溶剂残留对人体有一定危害，还可能引起药物重结晶而降低其分散度。实验室往往采取旋转蒸发仪除去有机溶剂，工业上则可以采用喷雾干燥、冷冻干燥、流化床或超临界流体法等除去溶剂。

熔融法是将药物与载体材料加热至熔融，混匀，剧烈搅拌下迅速冷却固化，也可将熔融物倾倒在预先冷却的不锈钢板上，使骤冷成固体。本法的关键在于迅速冷却，以达到高过饱和状态，迅速形成晶核而不长大。为了缩短药物受热时间，可以将粉碎的药物加入熔融的载体材料中混匀并溶解；也可将药物用少量溶剂溶解后加入熔融的载体材料中混匀，这种方法称为溶剂 – 熔融法。熔融法操作简单、经济，适用于对热稳定的药物，以及低熔点或不溶于有机溶剂的载体材料，如 PEG、PVP/VA、泊洛沙姆、甘露醇等。其优点在于不使用有机溶剂，但不能用于对热敏感的药物。工业上往往通过热熔挤出的方式以熔融法制备固体分散体。

喷雾干燥及热熔挤出法的快速发展加快了固体分散体在难溶性药物制剂中的工业化应用。表 3-6 为目前已上市的以固体分散体为中间体的品种及其对应的制备方法，通过制备固体分散体，提高了表中所列活性成分的生物利用度，使之在体内可以维持理想的治疗浓度，产生良好临床作用。除了提高临床效果外，这些产品也给制造商带来了可观的知识产权和巨大的经济利益。

表 3-6 已上市固体分散体制剂

活性药物成分	商品名	载体	生产商	工艺	批准日期
伊曲康唑	Sporanox	HPMC	Janssen	喷雾干燥	1992
他克莫司	Prograf	HPMC	Astellas Pharma	喷雾干燥	1994
曲格列酮	Rezulin	PVP	Pfizer	热熔挤出	1997
依维莫司	Certican	HPMC	Novartis	真空干燥	2003
洛匹那韦 / 利托那韦	Kaletra	PVP/VA	Abbot	热熔挤出	2005
尼莫地平	Nimotop	PEG	Bayer	热熔挤出	2006
非诺贝特	Fenoglide	PEG/Poloxamer	Santarus	热熔吸附	2007
依曲韦林	Intelence	HPMC	Janssen	喷雾干燥	2008
依维莫司	Zotress	HPMC	Novartis	喷雾干燥	2010
利托那韦	Norvir	PVP/VA	Abbot	热熔挤出	2010
维拉帕米（缓释）	Isoptin SRE	HPC/HPMC	Abbot	热熔挤出	1982
替拉瑞韦	Incevik	HPMCAS	Vertex	喷雾干燥	2011
维拉非尼	Zelboraf	HPMCAS	Roche	共沉淀	2011
艾伐卡托	Kalydeco	HPMCAS	Vertex	喷雾干燥	2012
泊沙康唑	Noxafil	HPMCAS	Merck	热熔挤出	2013

(一）喷雾干燥工艺制备固体分散体

喷雾干燥是常用的除溶剂方法，利用喷雾器将料液喷到分散层热气流中形成雾滴，使料液所含水分快速蒸发的一种干燥方法。其特点是：溶剂容易蒸发、干燥时间短、材质较松脆、制品质量好。实际生产中，可以利用溶剂法的原理，通过喷雾干燥除溶剂技术来制备固体分散体。

利用喷雾干燥工艺来制备固体分散体包括多个过程，如图3-19所示[37]。首先，利用供液泵将储液槽中药物与载体的混合溶液通过喷嘴喷入干燥室，使得液滴雾化，干燥室中热气流（多为热空气）使雾滴干燥，并将溶剂带走。雾滴在干燥室中停留时间与过程参数以及设备的尺寸有关，但基本上只停留数毫秒。而在干燥室转运过程中，雾滴与空气界面伴随能量-质量转移，进而形成干燥的颗粒，经由旋风分离器与气流分离，并落入收集器中。尾气经高效粒子空气过滤器过滤后排放。虽然喷雾干燥制备固体分散体操作较为简单，但喷雾头的设计、供液泵的型号、气流形式、收集装置等都可能影响最终产品的质量。

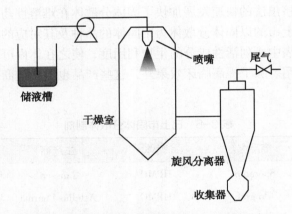

图3-19 喷雾干燥工艺制备固体分散体的过程

喷嘴的设计影响到雾滴的粗细，进而影响固体分散体颗粒的溶出。为了获得较细的雾滴，可以使用旋转式雾化喷头、双/多流体喷头或超声波喷头[38]。旋转式雾化喷头含一个高速旋转件中心，借助离心力可将料液向旋转件周边或孔中甩出，形成薄的液膜，并以很高的速度与周围的空气发生摩擦而分离雾化，最终形成中空锥形喷雾。当采用此种雾化喷头时，需注意干燥腔应该有足够的直径，否则物料易黏附于腔壁造成损失。双/多流体喷头含有多个流路，一部分用于料液的供给，一部分作为雾化气流的通路，通过气流将料液雾化喷出，雾化范围相对较窄。超声波喷头在喷头处含有一个压电转换器，可以通过高频电流信号产生振动能量，并通过钛喷嘴将振动运动转移并放大，使料液雾化。但是由于流量较小（<50ml/h），在制药工业中应用较少。

干燥气流形式也会影响干燥效果，进而影响固体分散体的质量。根据雾滴和干燥气流的接触方式可以分为：同向、逆向和混合模式（图3-20）[38]。制药工业中多采用同向模式进行固体分散体的制备。雾滴粒径及其分布决定了干燥腔的尺寸以获得足够的干燥时间。气流形式（湍流、层流）也会影响雾滴的干燥时间，进而影响到终产品的含湿量。对于固体分散体的制备，尤其需要控制干燥气流的温度和湿度，以保证批间产品质量一致。

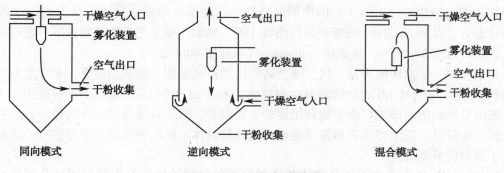

同向模式　　　　　　逆向模式　　　　　　混合模式

图 3-20　干燥气流模式

　　干燥后,可以直接从干燥腔底部收集固体分散体颗粒,但往往需要振动装置、机械刷和(或)压缩空气将颗粒从腔壁刮下来。但是,有实验曾发现不同部位的收集物,药物与载体的混合度是不同的。因此,在收集固体分散体颗粒时需要留心,以免混合不同相行为的颗粒。另外,使用机械刷时,其产生的应力有可能导致固体分散体的相变化。这些问题可以通过干燥腔锥形底部的设计得以避免,该设计有助于产物的流动。另外,由于固体分散体颗粒较细,干燥后必须由特殊设计的分离装置收集。袋式除尘器和旋风分离器是常用的分离装置。制药工业中应用的旋风分离器多采用逆流的固-气分离方式(图 3-21),气流以切向方式进入旋风分离器,并形成离心流,气流中固体分散体颗粒被离心力甩到旋风分离器器壁,并通过重力作用往下滑动,而气流到达旋风分离器底部后改变方向,从旋风分离器中轴以逆向方式往上流动,并从顶部出口排出,进而实现固-气分离。

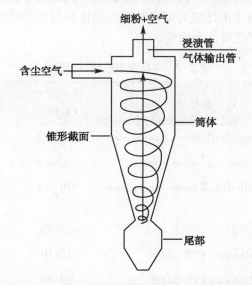

图 3-21　旋风分离器逆流的固-气分离方式

例 3-6　伊曲康唑固体分散体

　　采用溶剂法结合喷雾干燥工艺制备伊曲康唑固体分散体的基本过程为[39]:将 Kollicoat IR(聚乙烯醇 / 聚乙二醇接枝共聚物)置于水 / 乙醇(50/50,*V/V*)混合溶液中,加热至 50℃,搅拌使溶解;伊曲康唑置于二氯甲烷 / 乙醇(50/50,*V/V*)混合溶液中,水浴超声使溶解；两溶液以 50/50（*V/V*）的比例混合均匀，使混合溶液中总固含量为 5%（*m/V*）；搅拌状态下，以 Buchi B191 喷雾干燥仪喷雾干燥。喷雾干燥工艺参数设置如下：进口温度 80℃，出口温度 35~50℃，泵流速 6ml/min，气流速度 800L/h。

制剂注解：伊曲康唑为新一代三唑类高效广谱抗真菌药，其亲脂性强，水中溶解度具有 pH 依赖性，在 pH 1.0 的盐酸溶液中溶解度为 6μg/ml，中性 pH 条件下溶解度小于 1ng/ml。溶出是影响伊曲康唑口服生物利用度的主要因素，对于胃酸分泌减少的患者，药物的吸收进一步降低。按上述工艺制备伊曲康唑固体分散体，伊曲康唑以无定型存在，其溶出相对于原料药显著提高。

Kollicoat IR 是优良的固体分散体载体材料，主要用于热熔挤出制备固体分散体，将其用于溶剂法制备固体分散体可以拓宽 Kollicoat IR 的适用范围，但需要合适的溶剂溶解 Kollicoat IR 和难溶性药物。本制备工艺中，分别以水 / 乙醇（50/50，*V/V*）混合溶液和二氯甲烷 / 乙醇（50/50，*V/V*）混合溶液溶解 Kollicoat IR 和伊曲康唑，再将两种溶液混合后喷雾干燥。为了防止分层，两种溶液于喷雾干燥前混合，并保持搅拌状态。

（二）热熔挤出法制备固体分散体

热熔挤出（hot melt extrusion）属于一种热力学熔合过程，最初广泛应用于塑料和高分子加工工业。20 世纪 90 年代，这一技术被引入到制药工业中，并获得了快速的发展和应用。采用热熔挤出制备固体分散体，主要是利用了熔融法的原理，制备过程中将药物和载体在熔融状态下混合，以一定的压力、速度和形状挤出，迅速冷却，即得到固体分散体。热熔挤出技术的优点在于无需溶剂参与，工艺操作简单、连续化，生产效率较高，可以在线监测等，适合于工业化大生产。目前，从实验室小试到工业化规模的各型热熔挤出设备均有销售（表 3-7）。热熔挤出已成为国内外制备固体分散体的新型技术和先导技术，近几年来受到药学工作者的广泛关注和研究。

表 3-7　不同类型热熔挤出设备

公司	名称	生产能力（kg/h）	螺杆直径（mm）	挤出方式
Thermo Scientific	Pharma mini-HME Micro-compounder	0.01~0.2	可变直径	同向 / 逆向
	11mm Parallel twin-screw extruder	0.02~2.5	11mm	同向
	HAAKE MiniLab Ⅲ micro-compounder	0.01~0.2	可变直径	同向 / 逆向（圆锥形）
	EuroLab 16 XL	0.2~10	16	平行同向
	HAAKE Rheomex PTW 16 OS	0.2~10	16	平行同向
	HAAKE Rheomex PTW 24 OS	0.5~50	24	平行同向
	HAAKE Rheomex PTW 100 OS	0.2~5	可变直径	圆锥形逆向
	Pharma 16 HME	0.2~5	16	平行同向
	TSE 24 MC	0.2~50	24	平行同向

续表

公司	名称	生产能力 （kg/h）	螺杆直径 （mm）	挤出方式
Leistritz	Nano 16	0.2~0.8	16	同向
	ZSE 18 HP PH	0.5~7	18	同向
	ZSE 27 HP PH	2~60	27	同向
	ZSE 40 HP PH	20~180	40	同向
	ZSE 50 HP PH	60~300	50	同向
Gabler	DE 40	5~100	40	同向
	DE 100	80~800	100	同向
	DE 120	300~1000	120	同向
Coperion	ZSK18-70 Twin screw	—	18~70	同向
Brabender	Stand-alone TSE 20/40	—	20	同向

1. **热熔挤出仪** 热熔挤出仪由进料斗、筒体、螺杆、控制面板、扭矩传感器、加热/降温装置、形状模具以及后处理装置等部件构成（图3-22）[40]，其中进料斗型号及后处理装置需紧密结合物料特性、拟制备剂型以及处理速度等进行选择。也可以加入线上或内嵌近红外光谱、拉曼光谱等质控工具，以实时监测产品质量。一般热熔挤出工艺过程可以分为5个步骤：①加料；②熔融和塑化；③混合与传运；④挤出；⑤脱模及后处理。每一步骤均可能影响到终产品的质量。制备前，筒体的不同部位需预设特定的温度，再通过进料斗加入物料。需要注意的是，进料斗的角度应该时刻大于物料的休止角，以保证进料的顺利进行；相反，则物料易于在漏斗喉形成固体桥。采用强制进料装置则可直接把物料推至螺杆处，沿着筒体往前推动，进而被熔融、塑化、混合及压缩。混合在热熔挤出过程中具有较重要的作用，该过程可进一步分为分布混合（distributive mixing）与分散混合（dispersive mixing）。分布混合涉及药物含量的均匀度，而分散混合与物料粒径降低及分散程度有关。

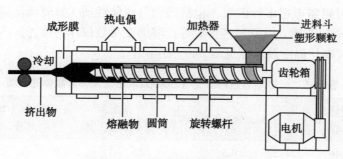

图3-22 热熔挤出仪结构组成

（1）螺杆：螺杆是热熔挤出机最重要的部分，根据其组成可以分为单螺杆挤出仪和双螺杆挤出仪两种。

单螺杆挤出仪只安置一根螺杆，一般分为 3 个区域：进料区（feeding zone）、压缩区（compression zone）和计量区（metering zone）[41]。各区域螺纹深度以及螺距并不相同，从进料区至计量区逐渐变浅，进而产生不同的压力。一般进料区域压力较低以利于进料以及药物与辅料的混合，因此，螺纹深度与螺距比其他区域大。另外，进料区的温度也较低。当物料推进到压缩区域，螺纹深度与螺距降低，以逐步增加压缩区域压力，此区域设定温度也高于进料区。压缩区可以保证物料高度的混合、熔融，并将熔融的物料推向计量区。计量区主要作用为稳定物料流并确保挤出物具有均匀的厚度、形状与尺寸。

相对于单螺杆挤出仪，双螺杆挤出仪更适合制药工业，其优势主要在于能够提供更为强烈的混合。双螺杆能够在筒体内创造可控的温度和压力环境以处理物料。一些更为先进的热熔挤出仪还在不同区域配置独立的温控单元与温度传感器，可以有效地将不同区域维持在预设温度。物料移动与筒体摩擦引起筒内压力升高，并最终促进物料弹出模孔。双螺杆可以根据需要的剪切程度与挤出速度设计不同的结构，一般可设计成同向旋转（co-rotating）与逆向旋转（counter-rotating）两种[42]。制药工业上主要使用同向旋转。

（2）后处理装置：通过热熔挤出技术可以制备不同的制剂，也有不同形状及尺寸的模具供选择。平模可用来制备膜剂或贴剂，圆模可用于制粒或滚圆，而环模则可用于医用管型材料的制备。一般挤出物脱模后，由于黏弹性复原以及筒内压力消失等因素，其体积会增大，这也被称为离模膨胀（die swelling）。熔融的药物 – 聚合物混合物也可以填充于注塑模具，并进一步制备传统的片剂、胶囊或临床所需的形状，以适应身体不同腔道的给药，例如义齿附着剂、阴道片或者耳部植入剂。

2. 载体材料　为了适应热熔挤出的生产，目前已经开发出一些专门用于难溶性药物增溶和热熔挤出的辅料，如 Kollidon VA64（聚维酮 – 聚醋酸乙烯酯嵌段共聚物，PVP-PVA）和 Soluplus（聚乙烯己内酰胺 – 聚醋酸乙烯酯 – 聚乙二醇接枝共聚物，PCL-PVA-PEG），两者的玻璃化温度分别为 103℃和 70℃，适合于不同熔点范围的难溶性药物制备固体分散体。表 3-8 为 Soluplus 与一些难溶性药物制成固体分散体的例子。

载体与药物相容性是热熔挤出技术应用的热点研究问题，与获得的固体分散体的分散状态及稳定性密切相关，目前较多的是利用药物与载体的溶解度参数相近原则选择载体。一般认为，当药物与载体材料的溶解度参数之差（$\Delta\delta$）不超过 $7MPa^{1/2}$ 时能以分子形式互溶，形成单相固态溶液型固体分散体，可最大程度地提高难溶性药物的表观溶解度[43]。但实际选择载体时则需考虑多种因素，包括药物与载体性质（如玻璃化温度、熔点、含水量）、附加剂（如增塑剂等）以及工艺参数等，溶解度参数仅作为参考。一些常用载体材料的溶解度参数、玻璃化温度及熔点见表 3-9 所示。

表 3-8　一些难溶性药物及与 Soluplus 形成固体分散体的性质

药物	分子量（g/mol）	熔点（℃）	log$P$	pK_a	溶解度（μg/ml，水）	溶解度（10%Soluplus 固体溶液，μg/ml，PBS）
达那唑	337.46	224~226	4.5	—	~1	730
非诺贝特	360.83	80.5	5.2	—	0.1	170
伊曲康唑	705.64	166.2	5.7	3.7	0.001	130

表 3-9　一些聚合物载体的溶解度参数、玻璃化温度及熔点

聚合物材料	溶解度参数 δ [MPa]$^{1/2}$	药物与聚合物混合的适宜 δ 范围	玻璃化转变温度 T_g（℃）	熔融起始温度（℃）
PEG300	21.6	14.6<δ<28.6	−55	57.8
PVA	31.0	24<δ<38	85	173
PVA-PEG 接枝共聚物	25.6	18.6<δ<32.6	—	209
PVP K12	21.3	14.3<δ<28.3	114	~290
PVP K30	21.6	14.6<δ<28.6	168	>300
PVAc	18.1	11<δ<25	32.7~35.9	70
Kollidon VA64	21.1	14.1<δ<28.1	103	—
Soluplus	19.4	—	70	—
Poloxamer 188	19.0	12<δ<26	−62	—

例 3-7　尼莫地平固体分散体

采用同向双螺杆热熔挤出仪制备尼莫地平固体分散体，其基本过程为[44]：将尼莫地平分别与 HPMC、Eudragit EPO 或 PVP/VA 混匀后，置于进料斗中；进料速度设置为 60rpm，螺杆转速设置为 40rpm；当以 HPMC 为载体材料时，挤出仪从进料斗至模孔的 5 个控温区分别预先加热至 100℃、140℃、170℃、170℃和 175℃，当以 Eudragit EPO 或 PVP/VA 为载体材料时，设置为 100℃、130℃、130℃、140℃和 145℃；挤出物室温冷却后，剪切磨粉碎，过 180μm 筛，即得。按照此工艺，分别制备了尼莫地平含量为 10%、30% 和 50% 的固体分散体。

制剂注解：尼莫地平是二氢吡啶类钙通道阻滞剂，用于血管性痴呆和偏头痛的预防。尼莫地平水中不溶，其制剂口服生物利用度低且不规律。三种聚合物均可通过热熔挤出制备尼莫地平固体分散体，但 Eudragit EPO 和 PVP/VA 与尼莫地平有更好的混合度。FT-IR 表明尼莫地平的仲胺基团可以与聚合物间发生氢键相互作用，X-射线衍射分析和 DSC 研究表明固体分散体中尼莫地平以无定型存在。三种固体分散体均可增加尼莫地平水中溶解度，显著提高其溶出。但 PVP/VA 和 HPMC 制备的固体分散体有更快的溶出速度，Eudragit EPO 制备的固体分散体溶出速度相对较慢，主要是受到载体材料在溶出介质中自身溶解的限制。

（三）固体分散体的老化及解决方法

固体分散体中药物主要以高能状态（分子、无定形态或微晶）存在，并不稳定，有结晶析出的趋势。因此，大部分固体分散体长期贮存后会出现硬度增加、结晶析出或粗化等现象，导致药物溶出度下降，最终影响药物的生物利用度，这就是固体分散体的老化现象[45]。虽然越来越多的新型聚合物材料被开发用于固体分散体的制备，新的制备工艺也不断问世，产业化也越来越成熟，但老化问题仍然困扰着固体分散体技术的大规模应用。

随着研究的不断深入，研究者发现固体分散体的老化是在热力学因素和动力学因素共同作用下，药物分子发生热运动并聚集的过程。热力学因素包括药物在载体材料中的饱和

度、固体分散体的玻璃化转变温度（T_g）以及药物和载体的相互作用等。动力学因素包括分子迁移率、相分离、成核和晶体生长等。

如果药物在固体分散体中的浓度小于其在载体中的溶解度，则固体分散体是稳定的，反之则不稳定，过饱和度越大，越容易析出结晶。因此，合理的处方设计是选择与药物相容性好的载体材料，可降低固体分散体的老化速率。如前所述，可采用 Hildebrard 溶解度参数法快速选择与药物相容性好的载体材料。例如，布洛芬与 PVP、泊洛沙姆 188 的溶解度参数差值分别为 $1.6MPa^{1/2}$ 和 $1.9MPa^{1/2}$，表明相容性好（差值 $<7.0MPa^{1/2}$），能够制备得到固体分散体；而布洛芬和麦芽糖、山梨醇和木糖醇的溶解度参数差值均 $>7.0MPa^{1/2}$，相容性差，均不能形成固体分散体。另外，也可以采用与其他材料联用的方法，如多种聚合物合用、加入表面活性剂或增塑剂，也能够在一定程度上改善固体分散体的物理稳定性。

当储存温度在固体分散体的 T_g 下时，药物分子的运动受限，组成分子的原子或基团仅在其平衡位置上振动；反之，则药物分子在更大范围内做更大的运动，药物结晶的趋势也相应增加。研究表明体系的 T_g 至少应高于贮存温度 50℃以上，才能保证固体分散体的稳定。因此，选择合适的聚合物，增加固体分散体的 T_g；或严格控制贮存和运输温度，均对抑制固体分散体的老化至关重要。另外，由于大部分固体分散体的载体材料具有较强的吸湿性，水分可以作为增塑剂而降低体系的 T_g，也可能与载体材料结合促进相分离。采用密封低温贮存或者包衣，均有利于抑制药物重结晶，保持固体分散体的物理稳定性。

药物和载体可能通过氢键发挥相互作用，相互作用强时，载体材料可以抑制相分离、药物晶核的形成及生长，因此，对于固体分散体的物理稳定性具有重要影响。例如，以 PVP 和聚丙烯酸（PAA）为载体材料均可以制备醋氨酚固体分散体，研究发现两种载体材料均提高了体系的 T_g，降低了体系的分子迁移率，在具有相似 T_g 的条件下，由于 PAA 和药物之间的作用大于 PVP 和药物之间的作用，PAA 体系具有更好的稳定性。

四、环糊精包合物

（一）环糊精及其衍生物

1. 发展简史　关于环糊精最早的记载由法国科学家 A.Villiers 于 1891 年发表，他从细菌消化淀粉的产物中分离得到 3g 晶体，具有类似纤维素的性质，可以抵抗酸的水解，因此，将其命名为"cellulosine"。现在普遍认为 A.Villiers 实际分离得到的是 α- 环糊精（α-CD）和 β- 环糊精（β-CD）的混合物，直到 1935 年研究者才首次发现了 γ- 环糊精（γ-CD），此后又经过了 14 年时间（从 1938–1952 年）这 3 种环糊精的化学结构才被阐明。环糊精的发展和推广应用离不开基因工程的发展。20 世纪 70 年代，利用基因工程生产出不同类型的环糊精糖基转移酶（cyclodextrin glycosyltransferases，CGTases），其可以特异性地水解淀粉生成高纯度的 α-CD、β-CD 或 γ-CD，使得环糊精的价格从 2000 美元 / 千克下降到 5 美元 / 千克。1976 年，日本批准了 α-CD 和 β-CD 作为食品添加剂使用，且第一个环糊精包合物药品前列腺素 E2/β-CD 舌下片由小野制药有限公司（Ono Pharmaceutical Co.）于日本上市销售。随后，环糊精及其衍生物在制药工业中得到了快速推广和应用，表 3–10 列出了目前上市的环糊精包合物产品。

表 3-10　目前上市的环糊精包合物产品

药物 / 环糊精	治疗作用	剂型	商品名
α–CD			
前列地尔	治疗勃起功能障碍	注射剂	Caverject Dual
β–CD			
西替利嗪	抗菌药	咀嚼片	Cetrizin
地塞米松	抗炎类固醇	软膏剂，片剂	Glymesason
烟碱	尼古丁替代产品	舌下片	Nicorette
尼美舒利	非甾体抗炎药	片剂	Nimedex
吡罗昔康	非甾体抗炎药	片剂，栓剂	Brexin
羟丙基 –β– 环糊精（HP–β–CD）			
吲哚美辛	非甾体抗炎药	滴眼剂	Indocid
伊曲康唑	杀真菌药	注射剂，溶液剂	Sporanox
丝裂霉素	抗癌药	注射剂（输液）	MitoExtra
磺丁基醚 –β– 环糊精（SBE–β–CD）			
阿立哌唑	抗精神病药	注射剂（肌内注射）	Abilify
伏立康唑	抗真菌药	注射剂	Vfend
甲磺酸齐拉西酮	抗精神病药	注射剂	Geodon
羟丙基 –β– 环糊精（HP–γ–CD）			
双氯芬酸钠	非甾体抗炎药	滴眼剂	Voltaren Ophtha
替肟锝［99mTc］	辅助诊断手段，心脏成像	注射剂	CardioTec

2. 环糊精及其代表性衍生物　由于相对较高的晶格能，α–CD、β–CD 和 γ–CD 的水溶性均远低于相应的线性糊精。而且，β–CD 易于形成分子间氢键，减少了其与周围水分子间氢键的形成，因此，β–CD 在 3 种环糊精中溶解度最低。为了提高环糊精的溶解度，大量水溶性环糊精衍生物被开发（图 3–23），如 β–CD 和 γ–CD 的 2- 羟丙基衍生物、磺丁基醚 –β– 环糊精以及支链（葡萄糖基 –、麦芽糖基 –）β– 环糊精等。研究发现，对于环糊精分子中任一羟基基团的取代，甚至用疏水的甲基基团取代，都能显著提高环糊精的溶解度。例如，β–CD 的溶解度随着甲基取代度的增加而提高，直到 2/3 的羟基都被甲基取代后，进一步增加甲基取代度，才会降低其溶解度。烷基衍生物增加环糊精溶解度的机理主要在于：取代过程中所采用的化学处理使得结晶态的 α–CD、β–CD 和 γ–CD 转变成异构体衍生物的无定型混合物。例如，2–HP–β–CD 是通过环氧丙烷处理 β–CD 的碱性水溶液而得到，随机取代获得的异构体数量极其庞大，约有 130 000 种可能，而 2- 羟丙基取代引入一个光学中心，使得异构体的数量更为庞大。但是，β–CD 分子上的 C–2、C–3、C–6 位 3 个羟基基团取代活性略有差异，取代反应并不是完全随机的，也与反应介质的碱性有关。这也能够解释从不同供应

商处或不同批次获得的同一环糊精衍生物具有不同的包合能力。完全取代的衍生物比部分取代衍生物的水溶性要低，这可能与接近完全取代时异构体数量降低有关。环糊精衍生物形成水溶性包合物的能力也与取代度有关，因此，环糊精衍生物的取代度往往通过其增溶能力来优化。例如，2–HP–β–CD 的取代度为 0.65，随机甲基取代 β–CD 的取代度为 1.8。文献中报道了超过 1500 种环糊精衍生物，但由于毒性评价花费巨大，仅有为数不多的环糊精衍生物可以作为药用辅料，表 3–11 是目前药典收载的环糊精及其衍生物品种。

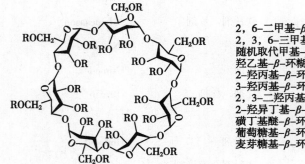

2，6-二甲基–β–环糊精（DM–β–CD）	–CH₃或–H
2，3，6-三甲基–β–环糊精（TM–β–CD）	–CH₃
随机取代甲基–β–环糊精（RM–β–CD）	–CH₃或–H
羟乙基–β–环糊精（HE–β–CD）	–CH₂CH₂OH或–H
2-羟丙基–β–环糊精（2–HP–β–CD）	–CH₂CHOHCH₃或–H
3-羟丙基–β–环糊精（3–HP–β–CD）	–CH₂CH₂CH₂OH或–H
2，3-二羟丙基–β–环糊精（DHP–β–CD）	–CH₂CHOHCH₃或–H
2-羟异丁基–β–环糊精（HIB–β–CD）	–CH₂C（CH₃）₂OH或–H
磺丁基醚–β–环糊精（SBE–β–CD）	–(CH₂)₄SO₃Na或–H
葡萄糖基–β–环糊精（Glu–β–CD）	–glucosyl或–H
麦芽糖基–β–环糊精（Mal–β–CD）	–maltosyl或–H

图 3-23 β– 环糊精及不同衍生物的结构

表 3-11 不同类型环糊精分子性质及药典收载情况

环糊精	平均取代度（每个葡萄糖单位）	分子量（Da）	溶解度（mg/ml）	药典收载		
				欧洲	美国	日本
α–CD	—	972	145	√	—	√
β–CD	—	1135	18.5	√	√	√
2–HP–β–CD	0.65	1400	>600	√	√	—
RM–β–CD	1.8	1312	>500	—	—	—
SBE–β–CD	0.9	2163	>500	—	√	—
γ–CD	—	1297	232	进行中	√	√
2–HP–γ–CD	0.6	1576	>500	—	—	—

（1）羟丙基–β– 环糊精：HP–β–CD 是 β–CD 的羟烷基化衍生物，由于反应条件不同，羟丙基（–CH₂CHOHCH₃）取代的位置不同，可生成 2–HP–β–CD、3–HP–β–CD、2，3–DHP–β–CD、2，6–DHP–β–CD、2，3，6–THP–β–CD 等同系物。通过控制反应条件可得到以某一取代物为主的产物。例如，β–CD 与环氧丙烷在弱碱性条件下反应，由于葡萄糖残基中 C–2 位羟基酸性最强，最易被活化，取代反应以 2 位为主。目前被批准在药品中使用的是 2–HP–β–CD，其为白色或类白色结晶粉末，吸湿性强，极易溶于水，在常温下，在水中溶解度 >50%；易溶于甲醇、乙醇，几乎不溶于丙酮、三氯甲烷。

2–HP–β–CD 对难溶性药物的增溶能力强，适合对不同性质药物的包合，可用于口服、注射、鼻腔、眼用、经皮等多种给药途径。其口服不吸收，注射给药后基本上全部经肾小球滤过，随尿液排出，体内无蓄积。但质量分数达 0.5% 时会产生溶血作用，质量分数越高，溶血作用越强，这可能与细胞膜上的某些成分溶解脱离并导致细胞膜破裂有关。口服 2-HP-β-CD 的最大用量为 40%，静脉注射或滴注为 0.4%。用于静注的 2-HP-β-CD 还应严格控制其中 β-CD 的残留量，因 β-CD 水溶性低，长期给药可能在肾脏蓄积，造成肾毒性。《中国药典》规定不得超过 0.5%。

2-HP-β-CD 作为增溶剂用于注射给药的一个上市产品——伊曲康唑注射液（Sporanox），每 1ml 注射液含 10mg 伊曲康唑，以 400mg 2-HP-β-CD 为包合物载体，以每次注射伊曲康唑 200mg 计算，相当于有 8g 2-HP-β-CD 进入体内，按每日 2 次最大用量计，每日的人用剂量为 16g（远低于 0.5% 的限量）。目前国内也有如丁苯酞、蒿甲醚等药物的包合物注射剂的研制。

（2）磺丁基醚-β-环糊精：SBE-β-CD（商品名 Captisol）是 20 世纪 90 年代由美国 Cydex 公司开发成功的高水溶性 β-CD 衍生物。SBE-β-CD 是由 1，4-丁烷磺内酯与 β-CD 葡萄糖单元的 2，3，6 位碳上羟基发生取代反应所得，为阴离子化合物，常用其钠盐。常见的 SBE-β-CD 是取代度为 4 的 SBE$_4$-β-CD（相对分子质量为 1704）和 7 的 SBE$_7$-β-CD（相当分子质量为 2241）。SBE-β-CD 为白色或类白色无定型粉末，在 100ml 水中溶解度 >50g，30% 水溶液的 pH 为 5.4~6.8。

研究发现，SBE-β-CD 静注后，以原形快速经尿排泄，这可能与其分子结构中有极性很大的磺酸基团有关，导致重吸收少。其清除率接近肾小球滤过率，与血浆蛋白的结合率也很低，因此对肾脏毒性很小。而且，SBE-β-CD 的溶血能力也低于 β-CD 和 2-HP-β-CD，是目前安全性最好的一种环糊精衍生物，可用于静脉注射给药。

许多难溶性药物的 SBE-β-CD 包合物已有研究报道，均具有较好的增溶作用，并可改善一些药物的稳定性和刺激性。由于 SBE-β-CD 具有负电荷支链，当药物带正电荷时，两者结合能力强，形成的包合物稳定常数更大。辉瑞公司已成功开发以 SBE-β-CD 为包合材料的抗精神病药物齐拉西酮注射剂并在美国、瑞典上市。

（二）环糊精包合物的制备

环糊精包合物的制备方法常用的有饱和水溶液法、研磨法、超声法、冷冻干燥法和喷雾干燥法。研磨法主要借助机械的力量，将药物或药物的有机溶剂与环糊精的适量溶液混合，充分研磨至糊状，低温干燥后用适宜有机溶剂洗掉未包封药物，干燥，即得。采用的机械可以为胶体磨或球磨机。该法操作简单，但效率低，且包合率重现性差。饱和水溶液法的基本思路是：先配制环糊精的饱和水溶液，加入药物，对于水不溶性药物，可先溶于少量有机溶剂，再加入到 β-CD 的饱和水溶液中，搅拌直至形成包合物，再采用适当的方法使包合物沉淀析出，如加入有机溶剂或降温的方法，得到的固体包合物过滤、洗涤、干燥即得。其他几种包合物制备方法与饱和水溶液法类似，主要在包合物析出步骤有差异。超声法是采用超声来代替饱和溶液法中的搅拌方式，并使沉淀物完全析出；冷冻干燥法和喷雾干燥法则是利用冷冻干燥和喷雾干燥的原理除掉溶剂，得到固体包合物。不同的包合方法各有特征。一般实验室研究，多采用饱和水溶液法和研磨法；超声法节约时间，收率高；冷冻干燥法适于遇热不稳定的药物，由于整个制备过程都可以控制在无菌条件下，因而该法尤适于制备注射用包合物；喷雾干燥法适宜于工业化生产（详见固体分散体部分），但要求药物对热稳定。

　　与微粉化和固体分散体类似，上述方法制得的包合物为中间体，尚需进一步加工成不同的制剂方能供临床使用。为了简化后处理步骤，有研究者采用饱和水溶液法制备包合物溶液后，通过流化床丸芯上药技术将其直接喷于空白丸芯表面，然后将载药小丸直接装胶囊[46-48]。下面以美洛昔康环糊精小丸的制备为例[48]，说明具体的工艺流程。

例3-8　美洛昔康环糊精小丸

　　制备方法：将 β-CD 溶解在 80℃水中，制备饱和溶液，美洛昔康溶解在 60% 乙醇溶液中（NaOH 调节 pH 至 11.0）。搅拌状态下，将美洛昔康溶液缓缓倒入环糊精溶液中（β-CD 与美洛昔康摩尔比为 1∶1），搅拌下逐渐降温至 40℃，加入 PVP K30（占 β-CD 和美洛昔康总重的 1/3）使溶解。混合溶液（乙醇浓度为 20%，V/V）通过流化床喷嘴喷雾于流化的空白丸芯上，实现除溶剂和小丸上样。流化床参数设置如下：进风温度 40℃；出口温度 35℃；气流速度 98m³/h；供料速度 1.0ml/min；雾化压力 1.4~1.5bar；喷嘴直径 0.5mm。完成上样后，载药丸芯继续在流化床中干燥 15 分钟，所得包合物小丸直接填充胶囊。

　　制剂注解：美洛昔康属于非甾体抗炎药，临床上用于各种关节炎的治疗。美洛昔康的溶解度具有 pH 依赖性，在酸中基本不溶，口服给药后胃中溶出受到限制。制备成包合物后，美洛昔康以无定型存在，其溶出显著提高，在 15 分钟即溶出完全，而原料药在 45 分钟仅溶出不到 20%。

　　采用饱和水溶液法结合流化床技术来制备环糊精包合物，前提条件是药物溶液与环糊精溶液混合后，不应析出沉淀。由于 β-CD 在水中溶解度低（18.5mg/ml，20℃），因此，将 β-CD 溶解在 80℃热水中，以提高制备效率。美洛昔康预先溶解在少量 60% 乙醇溶液中，注意乙醇溶液的用量不能大，否则与 β-CD 水溶液混合时，可能造成 β-CD 的析出。由于美洛昔康在碱性溶液中溶解度好，故用 NaOH 调整 pH 至 11.0，可进一步减少美洛昔康溶液的用量。另外，β-CD 在碱性溶液中溶解度也较好（混合溶液 pH 约为 10.8），因此，当混合溶液温度降至 40℃时，β-CD 和美洛昔康均能保持溶解状态。PVP K30 作为黏合剂，丸芯上药时使包合物溶液能附着于空白丸芯上。

五、结　语

　　随着新分子实体开发的不断深入，新药的分子结构越来越复杂，溶解性也越来越差。据统计，全球在售药物有 40% 是难溶性药物，而在研药物却高达 90%。因此，增加难溶性药物的溶出不仅有利于提高现有药物的疗效，也有利于拓宽备选化合物范围。虽然固体分散体、环糊精包合物等经典的促进难溶性药物溶出的方法已经得到了一定的临床应用，但也仅局限于部分品种，有待于新的辅料和工业化生产工艺的进一步突破，才能得到全面推广和应用。相对而言，纳米结晶技术虽然面世时间较短，却有后来居上的势头，已经上市了 10 余种药物制剂，并在临床上获得了较好的效果。但是也应看到，目前上市品种绝大部分是采用介质研磨工艺制备，生产效率较低，还存在介质脱落的潜在风险。大力发展适合于工业化大规模生产的从下往上工艺，将有利于纳米结晶制剂的进一步发展，并拓宽其给药途径。随着药剂学领域新技术、新材料、新设备的发展，相信在不久的将来会有更多实用性强、工业化难度低的改善难溶性药物溶出的新技术面世。

（卢懿、张奇志）

参考文献

［1］平其能,屠锡德,张钧寿,等.药剂学.4 版.北京:人民卫生出版社,2013:21-44.

［2］王建新,杨帆.药剂学.2 版.北京:人民卫生出版社,2015:67-67.

［3］张奇志.尼莫地平鼻腔给药的脑内递药特性研究.上海:复旦大学,2003.

［4］朱家壁.现代生物药剂学.北京:人民卫生出版社,2011:35-38.

［5］Lu J,Cheng C,Zhao X,et al.PEG-scutellarin prodrugs:synthesis,water solubility and protective effect on cerebral ischemia/reperfusion injury.Eur J Med Chem.2010,45(5):1731-1738.

［6］弋东旭,洪鸣凰,徐军,等.药物共晶研究进展及应用.中国抗生素杂志,2011,36(8):561-565.

［7］Smith AJ,Kavuru P,Wojtas L,et al.Cocrystals of quercetin with improved solubility and oral bioavailability.Mol Pharm.2011,8(5):1867-1876.

［8］Sanphui P,Goud NR,Khandavilli UBR,et al.Fast dissolving curcumin cocrystals.Cryst Growth Des,2011,11(9):4135-4145.

［9］Alhalaweh A,Velaga SP.Formation of cocrystals from stoichiometric solutions of incongruently saturating systems by spray drying.Cryst Growth Des,2010,10(8):3302-3305.

［10］Wang J,Cao Y,Sun B,et al.Characterisation of inclusion complex of trans-ferulic acid and hydroxypropyl-β-cyclodextrin.Food chem,2011,124(3):1069-1075.

［11］Yadav VR,Suresh S,Devi K,et al.Effect of cyclodextrin complexation of curcumin on its solubility and antiangiogenic and anti-inflammatory activity in rat colitis model.AAPS PharmSciTech,2009,10(3):752-762.

［12］姚静,周建平,杨宇欣,等.微乳对难溶性药物增溶机理的研究.中国药科大学学报,2004,35(6):495-498.

［13］Lee KS,Chung HC,Im SA,et al.Multicenter phase Ⅱ trial of Genexol-PM,a Cremophor-free,polymeric micelle formulation of paclitaxel,in patients with metastatic breast cancer.Breast Cancer Res Treat,2008,108(2):241-250.

［14］Zhang C,Ding Y,Yu LL,et al.Polymeric micelle systems of hydroxycamptothecin based on amphiphilic N-alkyl-N-trimethyl chitosan derivatives.Colloids Surf B Biointerfaces,2007,55(2):192-199.

［15］Müller RH,Gohla S,Keck CM.State of the art of nanocrystals-special features,production,nanotoxicology aspects and intracellular delivery.Eur J Pharm Biopharm,2011,78(1):1-9.

［16］Freag MS,Elnaggar YS,Abdallah OY.Development of novel polymer-stabilized diosmin nanosuspensions:in vitro appraisal and ex vivo permeation.Int J Pharm,2013,454(1):462-471.

［17］Sun N,Wei X,Wu B,et al.Enhanced dissolution of silymarin/polyvinylpyrrolidone solid dispersion pellets prepared by a one-step fluid-bed coating technique.Powd Technol,2008,182(1):72-80.

［18］Yu H,Zhao X,Zu Y,et al.Preparation and characterization of micronized artemisinin via a Rapid Expansion of Supercritical Solutions (RESS)Method.Int J Mol Sci,2012,13(4):5060-5073.

［19］Chingunpitak J,Puttipipatkhachorn S,Tozuka Y,et al.Micronization of dihydroartemisinin by rapid expansion of supercritical solutions.Drug Dev Ind Pharm,2008,34(6):609-617.

［20］Jung J,Perrut M.Particle design using supercritical fluids:literature and patent survey.J Supercrit Fluids,2001,20(3):179-219.

［21］Bakhbakhi Y,Charpentier PA,Rohani S.Experimental study of the GAS process for producing microparticles of beclomethasone-17,21-dipropionate suitable for pulmonary delivery.Int J Pharm,2006,309(1-2):71-80.

［22］Yang G,Zhao Y,Zhang Y,et al.Enhanced oral bioavailability of silymarin using liposomes containing a bile salt:preparation by supercritical fluid technology and evaluation in vitro and in vivo.Int J Nanomedicine,

2015,10 :6633-6644.

［23］ Yang G,Zhao Y,Feng N,et al.Improved dissolution and bioavailability of silymarin delivered by a solid dispersion prepared using supercritical fluids.Asian J Pharm Sci,2015,10(3):194-202.

［24］ Williams RO,Johnston KP,Young TJ,et al.Process for production of nanoparticles and microparticles by spray freezing into liquid:US,6862890.2005-03-08.

［25］ Rogers TL,Nelsen AC,Sarkari M,et al.Enhanced aqueous dissolution of a poorly water soluble drug by novel particle engineering technology:spray-freezing into liquid with atmospheric freeze-drying.Pharm Res,2003, 20(3):485-493.

［26］ Merisko-Liversidge E,Liversidge GG,Cooper ER.Nanosizing:a formulation approach for poorly-water-soluble compounds.Eur J Pharm Sci,2003,18(2):113-120.

［27］ Cooper ER.Nanoparticles:A personal experience for formulating poorly water soluble drugs.J Control Release, 2010,141(3):300-302.

［28］ Liversidge GG,Cundy KC,Bishop JF,et al.Surface modified drug nanoparticles:US,5145684.1992-09-08.

［29］ Lince F,Bolognesi S,Marchisio DL,et al.Preparation of poly(MePEGCA-co-HDCA)nanoparticles with confined impinging jets reactor:experimental and modeling study.J Pharm Sci,2011,100(6):2391-2405.

［30］ Metzger L,Kind M.On the transient flow characteristics in Confined Impinging Jet Mixers-CFD simulation and experimental validation.Chem Eng Sci,2015,133 :91-105.

［31］ Beck C,Dalvi SV,Dave RN.Controlled liquid antisolvent precipitation using a rapid mixing device.Chem Eng Sci,2010,65(21):5669-5675.

［32］ Liu Z,Cheng Y,Jin Y.Fast liquid jet mixing in millimeter channels with various multislits Designs.Ind Eng Chem Res,2008,47(23):9744-9753.

［33］ Chiou H,Chan HK,Prud'homme RK,et al.Evaluation on the use of confined liquid impinging jets for the synthesis of nanodrug particles.Drug Dev Ind Pharm,2008,34(1):59-64.

［34］ Lindenberg C,Schöell J,Vicum L,et al.Experimental characterization and multi-scale modeling of mixing in static mixers.Chem Eng Sci,2008,63(16):4135-4149.

［35］ Liu Y,Cheng C,Liu Y,et al.Mixing in a multi-inlet vortex mixer(MIVM)for flash nano-precipitation. Chem Eng Sci,2008,63(11):2829-2842.

［36］ Hu T,Wang J,Shen Z,et al.Engineering of drug nanoparticles by HGCP for pharmaceutical applications. Particuology,2008,6(4):239-251.

［37］ Singh A,Van den Mooter G.Spray drying formulation of amorphous solid dispersions.Adv Drug Deliv Rev, 2016,100 :27-50.

［38］ Cal K,Sollohub K.Spray drying technique. I:Hardware and process parameters.J Pharm Sci,2010,99(2): 575-586.

［39］ Janssens S,Anné M,Rombaut P,et al.Spray drying from complex solvent systems broadens the applicability of Kollicoat IR as a carrier in the formulation of solid dispersions.Eur J Pharm Sci,2009,37(3):241-248.

［40］ Douroumis D.Hot-melt Extrusion:Pharmaceutical Applications.Hoboken:John Wiley & Sons,Ltd.,2012.

［41］ Thiry J,Krier F,Evrard B.A review of pharmaceutical extrusion:critical process parameters and scaling-up. Int J Pharm,2015,479(1):227-240.

［42］ Patil H,Tiwari RV,Repka MA.Hot-Melt Extrusion:from theory to application in pharmaceutical formulation. AAPS PharmSciTech,2016,17(1):20-42.

［43］ Djuris J,Nikolakakis I,Ibric S,et al.Preparation of carbamazepine-Soluplus® solid dispersions by hot-melt extrusion,and prediction of drug-polymer miscibility by thermodynamic model fitting.Eur J Pharm Biopharm, 2013,84(1):228-237.

［44］ Zheng X,Yang R,Tang X,et al.Part I:characterization of solid dispersions of nimodipine prepared by hot-melt extrusion.Drug Dev Ind Pharm,2007,33(7):791-802.

［45］刘旭,温新国,缪旭,等.固体分散体物理稳定性影响因素及抗老化研究进展.中国现代应用药学, 2011,28(8):710-717.

［46］Chen Z,Lu Y,Qi J,et al.Enhanced dissolution,stability and physicochemical characterization of ATRA/2-hydroxypropyl-β-cyclodextrin inclusion complex pellets prepared by fluid-bed coating technique.Pharm Dev Technol,2013,18(1):130-136.

［47］Zhang X,Wu D,Lai J,et al.Piroxicam/2-hydroxypropyl-beta-cyclodextrin inclusion complex prepared by a new fluid-bed coating technique.J Pharm Sci,2009,98(2):665-675.

［48］Lu Y,Zhang X,Lai J,et al.Physical characterization of meloxicam-β-cyclodextrin inclusion complex pellets prepared by a fluid-bed coating method.Particuology,2009,7(1):1-8.

第四章
口服缓释与控释给药系统

第一节 概　述

常规药物制剂已经在临床应用了很长时间，它们在疾病治疗上所起的作用是不容置疑的。但常规制剂不论是经过口服或者注射途径给药，一般都需要每日一次或几次，其缺点是使用不便，而且血药浓度波动很大，即常称的"峰谷"现象。这类制剂在血药浓度峰值附近时，除疗效外，可能产生不良反应；而在低谷浓度时，由于达不到有效浓度，未能起到较好的治疗效果。

随着科技的进步，人类生活质量的提高，临床治疗对药物制剂提出了更高要求，从20世纪70年代起，医药科技工作者在缓控释制剂的研究开发上做出巨大努力，使药物制剂逐渐往精确、定位、可控释药和安全高效等方向发展，已取得了可喜的成果。这其中以口服缓控释制剂的研究最多、发展最快，备受学术界和制药企业的关注，目前国内外已上市的该类制剂品种达数百种，并以每年9%以上的速率增长。

一、概念及特点

《中国药典》（2015年版）对缓控释制剂的定义为[1]：

缓释制剂（sustained-release preparations）系指在规定释放介质中，按要求缓慢地非恒速释放药物，其与相应的普通制剂比较，给药频率比普通制剂减少一半或给药频率比普通制剂有所减少，且能显著增加患者顺应性的制剂。缓释制剂药物的释放多数情况下符合一级或Higuchi动力学方程。

控释制剂（controlled-release preparations）系指在规定释放介质中，按要求缓慢地恒速释放药物，其与相应的普通制剂比较，给药频率比普通制剂减少一半或给药频率比普通制剂有所减少，血药浓度比缓释制剂更加平稳，且能显著增加患者顺应性的制剂。控释制剂中药物的释放一般符合零级动力学方程，其特点是释药速度仅受制剂本身设计的控制，而不受外界条件如pH、酶、胃肠蠕动等因素的影响。另外，广义地讲，控释制剂还包括控制药物释放部位（如胃滞留制剂、结肠定位给药系统等）和释放时间（如脉冲给药系统）的制剂。

口服缓控释制剂与普通口服制剂相比具有以下优点：①使用方便，对$t_{1/2}$短或需频繁给药的药物，可以减少服药次数，大大提高了患者的顺应性，特别适于一些慢性疾病的治疗；②释药徐缓，使血药浓度平稳，"峰谷"波动小，有利于降低药物的毒副作用

（图 4-1）；③某些缓控释制剂可以按要求定时、定位释放药物，更加适合一些疾病的治疗；④可以减少用药的总剂量，而发挥药物最佳的治疗效果。

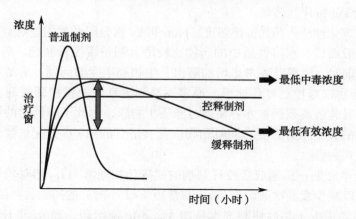

图 4-1 普通制剂、缓释制剂和控释制剂的时间 – 血浆药物浓度曲线的比较

然而，口服缓控释制剂也具有其局限性：①在临床应用中，对给药剂量和剂量范围调节的灵活性较差，如果遇到某些特殊情况（如出现较大副反应），往往不能立刻停止治疗；②药物的释放速度可能难以完全符合设计要求，甚至可能出现药物突释和跳跃释放的风险；③缓控释制剂往往是基于健康人群的平均动力学参数而设计，当药物受疾病状态影响体内药动学特性有所改变时，不能灵活调节给药方案；④缓控释制剂生产工艺较为复杂，成本较高。

二、口服缓控释制剂的药物选择及设计要求

（一）缓控释制剂的药物选择[2]

1. 根据临床应用选择药物　不是所有药物都适合制备成缓控释制剂，并非所有疾病都需要缓控释制剂的治疗，药物应与临床疾病治疗的需要相结合，进而决定缓控释制剂的设计与开发。制备缓控释制剂的首选药物通常是抗心律失常药、抗心绞痛药、抗高血压药、抗哮喘药、抗精神失常药、解热镇痛药和抗溃疡药等治疗慢性疾病而非急症的药物。

中枢性镇痛药考虑到其可能导致的成瘾性，一般不建议开发成缓控释制剂。但是从减少患者痛苦，方便用药的角度出发，吗啡、可待因、羟考酮等麻醉药物也已开发成缓控释制剂。

抗生素类药在制成缓控释制剂时要加以区分，一般来说，时间依赖型抗生素（如磺胺类、β- 内酰胺类、部分大环内酯类）可以制成缓控释制剂，如头孢氨苄缓释胶囊、克拉霉素缓释片等均已上市；而浓度依赖型抗生素（氟喹诺酮类）制成缓控释制剂易导致细菌耐药性的产生，一般不考虑，除非满足以下条件：AUC/MIC >125；C_{max}/MIC >10；MIC 值不宜过大，峰浓度尽量在防"突变浓度（MPC）"之上，如目前已上市的盐酸环丙沙星缓释片等。

2. 根据药物的理化性质以及药理学、药动学特性选择药物

（1）药物的剂量：对口服给药系统的剂量大小有一个上限，一般认为 0.5~1g 是普通

制剂单次给药的最大剂量，这同样适用于口服缓控释给药系统。由于缓控释制剂的给药剂量比普通制剂大，单次给药剂量过大的药物一般不宜设计成缓控释剂型，有时可采用一次服用多片的方法降低每片含药量。

（2）药物的理化性质：药物的溶解度、pKa 和油/水分配系数均是剂型设计时必须充分考虑的因素。一般而言，水溶性适中的药物比较适合制备缓控释制剂，溶解度 <0.01mg/ml 的药物在设计制剂时，常需首先考虑增加溶出及生物利用度的问题。溶解度与胃肠道生理 pH 关系密切的药物很难控制释药速率，通常不易制成良好的缓控释制剂。大多数药物为弱酸或弱碱，只有非解离型药物才容易通过脂质生物膜，因此了解药物的解离常数 pKa 和胃肠道吸收环境的关系很有必要。同时药物应具有适宜的油/水分配系数，以利于释放的药物在胃肠道中顺利吸收。

（3）药物的半衰期：拟制成缓控释制剂的候选药物通常为 $t_{1/2}$ 相对较短的药物，制成缓控释制剂后可以减少服药次数。但是 $t_{1/2}$ 非常短（<1 小时）的药物，要维持其缓释作用，单位给药剂量必需很大，必然使制剂本身增大，不方便给药。而 $t_{1/2}$ 很长（>24 小时）的药物，由于其本身在体内的药效就可以维持较长时间，制成缓控释制剂的必要性不大，但有例外，如卡马西平、非洛地平等为了减轻副作用，也开发了其缓控释制剂。通常 $t_{1/2}$ 在 2~8 小时的药物较为理想。

（4）药物的稳定性：药物口服后会受到胃肠道酸碱水解、酶促降解以及细菌分解的影响，吸收后一些药物还有明显的肝首过效应。对于在胃肠道中稳定性较差的药物，需选择适宜的处方和制剂工艺增加药物的稳定性，如采用抗酸辅料、加入酶抑制剂、微囊化等，否则不考虑制成缓控释制剂。肝首过效应强的药物，由于在胃肠道缓慢释放及吸收可能导致其在肝脏中的代谢增加，致使生物利用度降低，因此，一般不考虑制成缓控释制剂。但有时为了临床使用的需要，一些首过作用强的药物如普萘洛尔、美托洛尔、拉贝洛尔、普罗帕酮、维拉帕米等为减少血药浓度波动而降低毒副作用，也被制成了缓释制剂。

（5）药物的吸收部位及吸收速度：了解药物的吸收部位对口服缓控释制剂的设计非常重要。药物最好在整个消化道中都有吸收，口服吸收不完全或吸收无规律的药物，如季铵盐类药物、铁盐类药物以及地高辛等制成理想的缓控释制剂比较困难。对于在胃肠道中有"特定吸收部位"的药物通常可考虑制成胃肠道滞留型制剂，以延长药物的吸收时间。制备缓控释制剂的目的是控制药物的释放速度，从而控制药物的吸收速度，因此释药速度必须比吸收速度慢或与其相当，对于本身吸收速度非常低的药物，吸收成为影响药物生物利用度的限速步骤，此时没有必要制成缓控释制剂。

（6）药物的安全性和治疗指数：在缓控释制剂的设计中，应充分考虑候选药物的局部刺激性与治疗指数（therapy index，TI）等性质。安全性差、治疗窗窄的药物，如洋地黄毒苷，不宜制成缓控释制剂。一般 TI 在 2~3 的药物较适宜，TI 太小的药物选用需慎重。

（二）缓控释制剂的设计要求[3]

1. 生物利用度 口服缓控释制剂应与普通制剂具有生物等效性，一般其生物利用度应在普通制剂的 80%~120% 的范围内。若药物吸收部位主要在胃与小肠，宜设计成每 12 小时服用一次的制剂，若药物在结肠也有一定的吸收，则可考虑设计成每 24 小时服用一次的制剂。缓控释制剂的释药速率对于保证其生物利用度非常重要。大多数缓控释制剂在胃与肠道吸收部位的运行时间约为 8~12 小时，则释药 $t_{1/2}$ 最好应为 3~4 小时，这样在

8~12 小时吸收时间内，约 80%~95% 的剂量可被吸收利用。有些制剂若释放太慢，药物尚未释放完全，制剂已离开吸收部位，势必造成生物利用度降低。

2. 峰谷浓度比值 缓控释制剂稳态时峰浓度与谷浓度之比（C_{max}/C_{min}）应小于普通制剂，根据此项要求，一般 $t_{1/2}$ 短、TI 窄的药物，可设计为每 12 小时服用 1 次；而 $t_{1/2}$ 长、TI 宽的药物则宜设计为 24 小时服用 1 次。释药符合零级过程的制剂，如渗透泵制剂，其峰谷浓度比显著低于普通制剂，因此其血药浓度相对更加平稳。

3. 药物剂量的设计 缓控释制剂剂量的设计通常采用两种方法。一种是经验法，即依据普通制剂的用法和剂量，进行缓控释制剂的剂量设定。例如，某药物普通制剂每日给药 3 次，每次 20~40mg，则每日的总剂量为 60~120mg。若制成每日服用 2 次的缓释制剂，则每次给药剂量为 30~60mg；若制成每日 1 次的缓释制剂，则每次给药剂量为 60~120mg。这是根据经验考虑，该法设计的剂量不准确，若欲获得理想的血药浓度 – 时间曲线，也可采用另一种方法，即药物动力学参数方法，根据需要的血药浓度和给药间隔进行计算，确定给药剂量，但该法涉及的因素较多。

第二节　口服缓控释制剂的类型

口服缓控释制剂的主要类型有骨架型缓控释制剂、膜控型缓控释制剂、渗透泵型缓控释制剂、离子交换型缓控释制剂。此外，广义的缓控释制剂还包含定时与定位释药制剂。

一、骨架型缓控释制剂

药物与一种或多种惰性骨架材料及其他辅料混合，通过制剂工艺制得的固体制剂，称为骨架制剂，包含片剂、颗粒剂、微丸、微球等剂型。此类制剂释药时，由于药物均匀分散在聚合物或脂溶性材料组成的骨架结构中，从而有效避免了与体液接触后的迅速溶解和释放，达到减缓和调节药物释放速度的目的。骨架型缓释制剂是缓控释制剂的重要组成，因具有开发周期短，生产工艺相对简单，易于规模化生产，释药性能好，服用方便等特点，一直为制药行业所重视，也是最早开发成功的缓控释制剂。

骨架制剂按骨架材料性质主要分为：亲水凝胶骨架型、不溶性骨架型、溶蚀骨架型等。

（一）亲水凝胶骨架片

亲水凝胶骨架片是由药物与亲水性高分子聚合物或天然胶类材料制成的骨架型缓释片剂。此类片剂在水或消化液中，骨架发生水化，形成凝胶起屏障作用，控制药物的释放。亲水凝胶骨架片可作为可溶性药物和难溶性药物的载体，是目前口服缓控释制剂的主要类型之一，约占上市缓释品种的 60%~70%。其所用骨架材料、释药机制、制备工艺等详见本章第三节。

（二）不溶性骨架片

不溶性骨架片是由药物与水不溶性高分子聚合物组成的骨架材料制成的骨架型缓释片剂。常用的骨架材料主要有乙基纤维素（EC）、聚甲基丙烯酸甲酯（PMMA）、乙烯 – 醋酸乙烯共聚物（EVA）等。为了调节释药速率，处方中除骨架材料外，也可加入电解质，如氯化钠、氯化钾、硫酸钠等；糖类，如乳糖、蔗糖、甘露醇等；亲水凝胶，如羟丙甲纤维素（HPMC）、羧甲纤维素钠（CMC-Na）等释放速度调节剂。

口服这类骨架片后，胃肠液渗入骨架间隙，药物溶解并通过错综复杂的极细孔径的通道，缓缓地向外扩散而释放，在整个释放过程中，骨架形状几乎没有改变，最后随大便排出。药物宜水溶性，难溶性药物或剂量大的药物自骨架内释放速率很慢或释放不完全，不宜制成此类缓释片。

不溶性骨架片的制备通常采用湿法制粒压片、干法制粒压片以及粉末直接压片等方法进行制备。

（三）溶蚀性骨架片

溶蚀性骨架片又称蜡质骨架片，是由药物与水不溶、但在体温状态下可逐渐溶蚀的蜡质材料制成的骨架型缓释片剂。常用的蜡质材料主要有天然蜡质（如巴西棕榈蜡、蜂蜡、鲸蜡）、脂肪醇（如硬脂醇、鲸蜡醇）、脂肪酸（如硬脂酸）和脂肪酸酯（如单硬脂酸甘油酯、氢化蓖麻油、聚乙二醇单硬脂酸酯、蔗糖酯、甘油三酯）等。

溶蚀性骨架片的骨架材料疏水性较强，使消化液难以迅速浸润和溶解药物，药物随制剂中固体脂肪和蜡质的逐渐溶蚀、降解而逐步释放。其释药过程与聚合物的降解方式以及药物在聚合物中的扩散行为有关。

溶蚀性骨架片的制备除可采用传统的湿法制粒压片、干法制粒压片外，常用的还有熔融法、溶剂蒸发法和热熔挤出法：①熔融法：将药物与辅料直接加入熔融的蜡质中，温度控制在略高于蜡质熔点，熔融的物料铺开冷凝、固化、粉碎、过筛，将制得的颗粒压片即得；②溶剂蒸发法：先将药物、辅料与一定量溶剂制成溶液或分散体系，将其加入熔融的蜡质材料中，蒸发除去溶剂，干燥混合制成团块，再颗粒化，进一步压片即得；③热熔挤出法：将药物、辅料及蜡质材料加入可逐段控温的旋转螺杆挤出系统中，在螺杆推进下物料前移，并逐步软化、熔融、混合、挤出，切割成颗粒，压片即得。此法物料混合均匀，不使用有机溶剂，多种单元操作一体化进行，但不适合热敏感性药物。

（四）多层、压制包衣和环形骨架片[4]

1. 多层骨架片　多层骨架片由含药片芯及一层或多层阻滞层组成。阻滞层为释药调节层，通过减少药物释放表面积以及限制溶剂的渗透速度，延缓溶出介质对片芯的作用，达到控释目的。比较多见的为三层骨架片，如图4-2所示，此制剂上下两层均为屏障层，中间为主药层，边缘裸露在外，屏障层可为亲水材料或疏水材料，具体可根据药物性质及释药要求来选择。

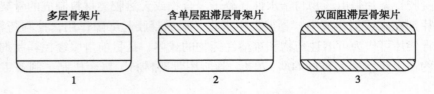

图 4-2　多层骨架片示意图

在多层骨架片中，药物的释放速度由释药表面积和药物扩散距离两个因素决定：起初阻滞层辅料（常为胶类，如瓜尔胶）的溶胀或溶蚀速度慢，一段时间内阻止了水的渗入，使片芯中药物从侧面释放，控制了片芯药物的释放表面积，但药物释放扩散距离短，使药物释放接近恒速。此后，虽然药物扩散距离增长，但随着溶出介质完全渗透溶胀层或溶蚀层，药物可向四周扩散释放。因此，多层骨架片可使药物呈零级释放。

多层骨架片制备时，可先将含药层和阻滞层分别制颗粒，然后将部分阻滞层颗粒平铺于冲模底部，用上冲轻微压实，加入含药层颗粒略压实，最后加入剩下的阻滞层颗粒，压制得三层片。

2. 压制包衣骨架片 与多层骨架片不同，压制包衣骨架片是通过包衣材料形成的屏障层来延迟药物释放。包衣材料为亲水性材料或者溶蚀性材料，亲水性材料在水性介质中逐渐增强的水合作用、溶解与溶蚀作用，阻止了药物的释放；而溶蚀性贮库系统的时滞取决于所采用的聚合物的理化性质以及包衣层厚度。图 4-3 为压制包衣骨架片的释药示意图。

压制包衣骨架片的制备方法是首先制备包衣颗粒和片芯颗粒，再压制片芯，然后取约一半量的包衣颗粒于冲模中，加入片芯，再加入剩余包衣颗粒，压片即得。例如，Tariji 等研制了西维美林包芯片，以高黏度 HPMC 为包衣阻滞层，可避免药物在胃部释放，达到时间依赖型结肠递药。

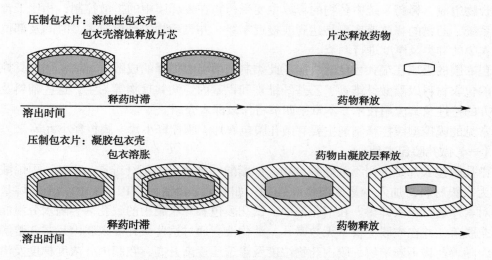

图 4-3 压制包衣骨架片释药过程示意图

3. 环形骨架片 环形骨架片的制备工艺是将亲水性聚合物（如聚氧乙烯，HPMC）或疏水性聚合物（如乙基纤维素）与主药（易溶或难溶）及其他辅料混合，选用特殊的环形冲模直接压片即可。此类片剂中有孔洞存在，能增加释药表面积。Cheng 等以茶碱及盐酸地尔硫䓬为模型药物，比较了单孔、两孔及三孔的骨架片的释放度，结果表明随着孔径、孔数的增加，维持零级释放的时间得以延长。Yu 等研究了一种新的环形多层片，能使对乙酰氨基酚释放延迟并呈线性，其结构如图 4-4 所示，该环形骨架片的顶层和底层用含乙基纤维素的材料包衣，中间层由对乙酰氨基酚、HPMC E100、乙基纤维素、PVP K_{30} 和胶态二氧化硅按照重量比 $60：20：10：9.5：0.5$ 组成。药物释放只发生在中心和外边缘圆柱面上，随着药物的溶出，片剂外表面积减小但内表面积增加，这使得骨架片在单位时间内溶出面积保持相对恒定，最终使药物达到恒速释放。

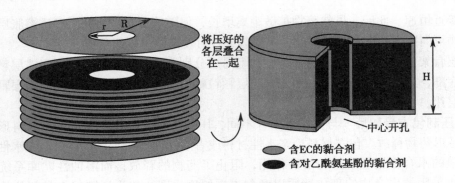

将压好的各层叠合在一起

中心开孔

含EC的黏合剂
含对乙酰氨基酚的黏合剂

图 4-4 环形骨架片结构示意图

二、膜控型缓控释制剂

膜控型缓控释制剂是指以包衣材料对制剂进行包衣，通过衣膜来调节或控制药物的释放行为，以达到定速、定时或定位释药目的的缓释或控释给药系统。衣膜材料主要由高分子聚合物组成，释药系统中药物的释放主要受药物在控释膜中的扩散控制，相比于骨架型释药系统，药物的释放速率更易达到或接近零级，并且药物的释放速率、时间及部位可通过包衣膜的种类及厚度进行调节。

包衣膜的组成在很大程度上决定了此类制剂缓释和控释的成败。目前常用的具控释膜功能的包衣材料以醋酸纤维素、乙基纤维素和甲基丙烯酸共聚物等为主，这些辅料及其有关处方的特性及其应用技术，本章第四节将作较深入介绍。

常见的膜控型缓控释制剂主要有微孔膜包衣片、膜控释小片、膜控释小丸等。

（一）微孔膜包衣片

微孔膜包衣片是采用不溶性聚合物，如醋酸纤维素、乙基纤维素、EVA、丙烯酸树脂等作为衣膜材料，加入少量水溶性致孔剂，如 PEG、PVA、PVP、HPMC、十二烷基硫酸钠等对素片进行包衣即得。在消化液中，微孔膜包衣片衣膜中的致孔剂会随水分浸润发生溶解或脱落，并在衣膜上留下无数微孔，消化液会通过这些微孔渗入膜内片芯并溶解药物成分，随着药物不断溶解，膜内药物浓度及渗透压逐渐升高，在膜内外浓度梯度及渗透压差驱动下，药物通过膜上微孔扩散并释放至膜外。只要膜内药物浓度能维持饱和且膜外能保持漏槽状态，药物将以恒速或近恒速状态释放。在体内，包衣膜不会被胃肠道降解或破坏，最终将通过肠道排出体外。

（二）膜控释小片

膜控释小片是将药物与辅料按常规方法制粒，压制成直径约 3mm 的小片，用缓释膜材料包衣后装入硬胶囊使用。每粒胶囊可装入释药速度不同的膜控释小片几片至 20 片不等，其释药速度可通过使用不同的缓释膜材料或控制衣膜厚度调节。相比于包衣颗粒剂、包衣小丸，将药物制成小片后包衣，生产工艺更为简便，制得的包衣小片的形状、大小更加均匀一致，也更有利于质量控制。膜控释小片在体外、体内均能体现出恒定的释药速率，是一种较理想的口服控释剂型。

（三）膜控释小丸

膜控释小丸是将载药丸芯（直径 1~2.5mm）以控释膜包衣制得的制剂，主要装入硬胶囊使用，现在也有微丸片剂。根据临床治疗目的不同，药用微丸主要有以下类型：①缓控释微丸；②定位释放微丸，如：胃溶、肠溶微丸，后者包括在不同肠段释放的微丸，如肠道脉冲和结肠释放的微丸；③速释微丸等。关于微丸的特性、制备工艺以及成功上市的产品详见本章第四节。

三、渗透泵型控释制剂

渗透泵型控释制剂是一种口服控释给药系统，主要以片剂形式应用。渗透泵片是将药物、具有高渗透压的助渗剂、推动剂以及其他辅料压制成固体片芯，并在片芯外包一层半渗透性的聚合物衣膜，用激光在包衣层上打一个或多个小孔而成。其释药是以渗透压作为驱动力，几乎不受药物化学性质和胃肠道蠕动、pH、摄食及胃排空时间等生理因素的影响，在体内可实现零级释药。目前国内外已有许多渗透泵片产品上市，如硝苯地平控释片、维拉帕米控释片、氢吗啡酮控释片、格列吡嗪控释片、硫酸沙丁胺醇控释片等。

渗透泵片的类型主要有单室渗透泵片和多室渗透泵片。

（一）单室渗透泵片

一般由三部分组成：含药物和助渗剂的片芯，具有一定强度和韧性的半透性衣膜，以及膜上大小适宜的释药孔。实际上，单室渗透泵片是一个小孔的包衣片，相比于其他结构的渗透泵制剂，单室渗透泵片的结构及工艺更为简单，也更适合于工业生产，其不足之处在于一般仅适合水溶性药物（溶解度 50~300mg/ml）。

（二）多室渗透泵片

也称推拉型渗透泵片，多室渗透泵制剂的片芯常为双层片，分为含药层和推动层。含药层由药物和助渗剂组成，推动层由遇水可膨胀的高分子聚合物和助渗剂组成。制备片芯时，需采用特殊的压片机压制双层片，再以半透性衣膜材料对片芯进行包衣。为保证药物能安全有效的释放，多室渗透泵片的衣膜厚度要高于单室渗透泵片。包衣后，还需识别片剂的正反面，以确定含药层方向，并在含药层上进行激光打孔。此类渗透泵多适用于难溶性药物渗透泵制剂的制备，释药过程中由推动层膨胀产生推动力，将药物混悬液推出释药孔。

关于渗透泵制剂的结构、处方组成、制备工艺及释药机制可参见本章第五节。

四、离子交换型缓控释制剂

离子交换树脂是可以再生、反复使用，不溶于一般的酸、碱溶液及有机溶剂的高分子聚合物，其具有网状立体结构，含有与离子结合的活性基团且能与溶液中其他离子物质进行交换或吸附。自 1956 年首次提出离子交换树脂作为药物载体用于延缓药物释放以来，利用离子交换原理来缓慢释放药物的制剂研究兴趣颇浓，自 20 世纪来已有几个上市产品。

第一代口服药物树脂控释系统是将药物与离子交换树脂制成药物树脂复合物，然后装入胶囊，混悬于液体中或者在骨架材料中压成片剂。该系统虽比普通制剂释药缓慢，但释药速度仍偏快。进一步研究人员开发了第二代口服药物树脂控释系统，即 Pennkinetic 系统。其是将药物树脂用浸渍剂 PEG4000 和甘油处理，阻止了树脂在水性介质中的膨胀，然后树脂微粒外用合适的阻滞剂材料（常用水不溶但可渗透的聚合物，如乙基纤维素）包衣，再将包衣的药物树脂复合物混悬于适当介质中，构成膜与树脂双重控制的缓控释混悬剂，代表产品有上海医药工业研究院研制的右美沙芬缓释混悬剂。

与其他给药系统相比，Pennkinetic 系统的特点是药物释放不依赖于胃肠道内的 pH、酶活性、温度以及胃肠液的体积。另外，由于胃肠液中的离子种类及其强度维持相对恒定，因此药物在体内可以恒定速率释放；制剂中含有大量的药树脂微囊，服用时可消除胃排空的影响，延长药物释放时间；药物和离子交换树脂形成药物树脂可阻滞药物在胃肠道内的水解，从而提高药物的稳定性；形成的药物树脂还可掩盖药物的不良异味，增加制剂的可口性；能制成稳定性良好的液体控释制剂，供儿童及有吞咽困难的老年人服用。当然，Pennkinetic 系统也有其不足之处，其仅适合可解离的药物，结合药量受树脂交换容量限制，以及长期口服可能产生胃肠道正常离子交换后带来的生理环境紊乱等。

五、定时与定位释药制剂

定时释药制剂系指根据时辰药理学原理，按照生物时间节律特点，口服给药后定时定量脉冲释放有效剂量的制剂。定位释药制剂系指口服给药后能将药物选择性输送到胃肠道某一特定部位，控制药物释放部位的制剂。根据药物释放部位的不同分为胃内滞留制剂、肠溶制剂和结肠定位制剂等。

（一）胃内滞留制剂

胃内滞留制剂是一类能延长药物在胃内的滞留时间，增加药物在胃或十二指肠的吸收程度，降低毒副作用，稳定血药浓度，减少服药次数，提高临床疗效的新型制剂。

大多数口服药物主要在小肠（十二指肠至回肠远端）吸收，药物通过此处后，在结肠部位将被逐渐增多的细菌分解，在该部位只有极少量药物和代谢物吸收。因此，在小肠中上部释放的药物量越大，药物被吸收的也越多；在该部位滞留时间越长，吸收时间也越长。普通的缓控释制剂虽能很好控制药物从系统中的释放，但是大多数药物由于在胃肠道滞留时间较短，尤其是一些在小肠上部吸收的药物，药物还未从制剂中充分释放出来，就已经通过了吸收部位。如维生素 B_2 主要在十二指肠吸收，"吸收窗"窄且具有饱和性，已释放的药物很快通过十二指肠，吸收量很小。如将其制成胃内滞留制剂，则有利于提高维生素 B_2 的生物利用度。适合采用胃内滞留剂型的药物主要有：①在肠道 pH 环境中溶解度很差的药物，应用该制剂可以延长其胃排空时间，提高生物利用度；②在肠道内不稳定的药物或在胃、小肠上部有专属性治疗作用的药物，如雷尼替丁、呋喃唑酮、硫酸庆大霉素等；③在酸性条件下稳定且易溶解吸收的药物，如美托洛尔、诺氟沙星等；④在胃或小肠上部有特定吸收的药物，如沙丁胺醇、呋塞米、维生素 B_2、多巴胺等。

目前，根据胃内滞留剂型的体内作用机制将其分为漂浮型、生物黏附型、膨胀型胃滞留给药系统以及几种机制结合的胃滞留给药系统，如漂浮／生物黏附型、漂浮／膨胀型、漂浮／黏附／膨胀型胃滞留系统等。详情参见本章第六节。

（二）肠溶制剂

肠溶制剂属于迟释制剂的一种，系指药物制剂通过肠溶材料包裹后在规定的酸性介质中不释放或几乎不释放药物，而在要求的时间内，于 pH 6.8 磷酸盐缓冲液中大部分或全部释放药物的制剂。以下四类药物适于制成肠溶制剂：①在胃中不稳定的药物，如红霉素、青霉素 V 等；②有刺激胃黏膜和引起恶心呕吐等副作用的药物，如阿司匹林和其他非甾体抗炎药；③适合开发为延时释放剂型的药物，释放可延后 3~4 小时；④在肠内特定部位吸收的药物。肠溶制剂的质量关键首先在于肠溶包衣材料的选择。

（三）结肠定位制剂

口服结肠定位给药系统是指采用适宜的药物制剂手段和药物传递技术，使药物口服后避免在胃和小肠释放药物，待转运至回盲肠或结肠部位以速释（脉冲）、缓释或控释方式释药，以发挥局部或全身治疗作用的一种给药系统。结肠定位给药系统是一种利用靶向定位技术治疗结肠等部位疾病的有效手段。将一些蛋白多肽类药物制成结肠定位给药系统，可使其在结肠内释药并吸收进入血液循环，避免了胃与小肠中的消化酶对药物的破坏，此法比注射给药更为方便。

结肠介于盲肠和直肠之间，分为升结肠、横结肠、降结肠和乙状结肠 4 个部分，临床上认为，升结肠的吸收作用最好，是口服结肠给药最好的吸收部位，而乙状结肠是多种疾病的易发区，一般也是口服结肠定位给药的靶向部位。近年来，随着科学技术的发展，人们逐步认识到结肠在药物吸收与局部治疗方面有一定优势。与胃和小肠的生理环境比较，结肠中物质转运缓慢，药物的吸收可以通过其在结肠中较长时间（20~30 小时）滞留来完成；结肠黏膜的派伊尔氏节（Peyer's patches）可使药物或制剂聚集，并以完整的结构进入淋巴组织；结肠内细菌含量在胃肠道各段中最高，它们产生的酶以及结肠内存在的内源性酶可以对一些高分子载体材料进行生物降解，从而使药物达到结肠定位释药的目的。

目前，研究开发的结肠定位释药系统主要是根据结肠的生理特点来设计，涉及的类型有酶依赖型、pH 依赖型、时间依赖型、压力控制型以及联合型结肠定位释药系统。详细见本章第七节。

（四）脉冲释药系统

随着时辰生物学、时辰药理学、时辰药物治疗学研究的深入，发现人的机体、组织、细胞对药物的敏感性具有周期节律差异。如皮质激素类、抗哮喘、心血管、抗风湿等药物作用往往受昼夜节律的影响。80% 的哮喘患者在夜间发作，故希望药物在就寝时服用而在夜间起效。人的血压在一天 24 小时中有两个峰值（10：00 及 18：00）和两个谷值（3：00及 14：00），因此抗高血压药物不需要维持 24 小时恒定血药浓度。基于此特征，新型的脉冲式药物释放系统应运而生。

这种制剂能够根据人体的生物节律变化特点，按照生理和治疗的需要而定时定量释放药物，属于智能给药系统的一个类别，近年来受到国内外研究者和许多制药公司的普遍重视。脉冲释放给药系统常在一个给药系统内含有一个以上不同释药速度的单元制剂，它们可以在需要的治疗时间内，以不同速度先后脉冲释放出内含的药物，达到持续治疗作用。本章第七节将作概要介绍。

第三节　亲水凝胶骨架片

一、概　述

亲水凝胶骨架片（hydrophilic gel-matrix tablets）是应用亲水性聚合物为骨架材料制成的药物制剂，口服后，骨架片遇体液发生水化作用形成凝胶，阻滞了药物从骨架内部向外部的释放；同时凝胶也阻滞了水分进入到骨架片芯的速度，从而使药物缓慢释放。

亲水凝胶骨架片可作为可溶性药物和难溶性药物的载体，是目前口服缓控释制剂的主要类型之一，约占上市缓释品种的60%~70%。亲水凝胶骨架片中药物的释放机制与药物性质有关，亲水性聚合物遇水后形成凝胶，水溶性药物的释放速度主要取决于药物通过凝胶层的扩散速度；而水中溶解度小的药物，释放速度主要由凝胶层的溶蚀速度所决定；更多情况是扩散和溶蚀共同对药物的释放产生作用。不管哪种释放机制，凝胶最后可以完全溶解，药物全部释放。

亲水凝胶骨架片的"流行"主要是基于临床、技术和商业的特征，它的主要优势在于开发和生产都比较简单，可以采用常规的片剂设备生产。同时亲水凝胶骨架片可使用的辅料种类多、缓释性能稳定且重现性好、质量安全可靠，这些特点也是其得以广泛应用的原因。

目前，亲水凝胶骨架片主要应用于心血管药物、降血糖药物、呼吸系统药物和解热镇痛药物等，目前上市部分产品见表4-1。

表4-1 目前上市部分亲水凝胶骨架片

药物	商品名	适应证	生产厂商
盐酸二甲双胍缓释片	Glucophage XR	降血糖	Merk/BMS
盐酸二甲双胍缓释片	Glumetza	降血糖	Santarus
硝苯地平缓释片	Adalat CR	降血压	Bayer
非洛地平缓释片	Plendil	降血压	AstraZeneca
格列齐特缓释片	Diamicron	降血糖	Servier
盐酸曲美他嗪缓释片	Vasorel MR	心绞痛	Servier
吲达帕胺缓释片	Natrilix	降血压	Servier
克拉霉素缓释片	Febzin XL	抗生素	Actavis
盐酸文拉法辛缓释片	Sunveniz XL	抗抑郁	Ranbaxy
盐酸坦洛新缓释片	Omnic Ocas	前列腺增生引起的排尿障碍	Astellas
盐酸维拉帕米缓释片	TARKA	心血管药物	AbbVie
盐酸安非他酮缓释片	Zyban	抗抑郁	GSK

二、亲水凝胶骨架片常用骨架材料

亲水凝胶骨架片常用的聚合物材料主要包括：①纤维素类衍生物：如甲基纤维素、羟丙纤维素、羟丙甲纤维素、羟乙纤维素、羧甲纤维素钠等；②聚氧乙烯；③丙烯酸树脂及乙烯基聚合物：如卡波姆、聚乙烯醇等；④天然胶类：如海藻酸盐、黄原胶、西黄蓍胶等；⑤多糖类：如甲壳素、壳聚糖等。

1. 羟丙甲纤维素 羟丙甲纤维素（hydroxypropyl methyl cellulose，HPMC）是亲水凝胶骨架片中应用最广泛的骨架材料，药典中称为hypromellose。纤维素聚合物骨架是一种天然糖类，含有基本的重复的葡萄糖残基结构。而 HPMC 是一种半合成材料，是天然纤维素葡萄糖单元上的羟基一部分被甲氧基（—OCH₃）取代，另一部分被羟丙氧基（—OCH₂CHOHCH₃）取代得到的产物，其化学结构如图 4-5 所示。

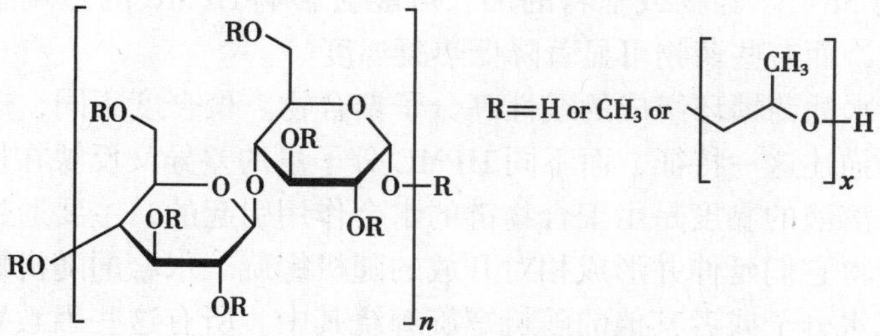

图 4-5　羟丙甲纤维素的化学结构式

HPMC 为白色或类白色纤维状或颗粒状粉末，无臭。在无水乙醇、乙醚或丙酮中几乎不溶；在冷水中溶胀成澄清或微浑浊的胶体溶液。HPMC 的分子量范围为 10 000~1 500 000，其分子结构中甲氧基和羟丙氧基取代程度的不同会影响到 HPMC 产品的性质，如产品的有机溶解度、水溶液的热凝温度等；不同取代度的 HPMC 形成的凝胶强度也有区别，这是因为羟丙氧基取代相对具有亲水性，有助于增加 HPMC 的水合速率，而甲氧基取代具有疏水性，不能促进 HPMC 的水合速率。HPMC 骨架中羟丙氧基取代的比例越高，其水合速率越快。2015 年版《中国药典》中根据甲氧基与羟丙氧基取代程度的不同将 HPMC 分为四种类型，即 1828、2208、2906、2910 型。按干燥品计算，各类型甲氧基与羟丙氧基的含量应符合表 4-2 要求。

表 4-2　不同 HPMC 取代类型中甲氧基与羟丙氧基含量

取代类型	甲氧基	羟丙氧基
1828	16.5%~20.0%	23.0%~32.0%
2208	19.0%~24.0%	4.0%~12.0%
2906	27.0%~30.0%	4.0%~7.5%
2910	27.0%~30.0%	7.0%~12.0%

美国陶氏化学公司（DOW Chemical）将上表中对应的不同类型的 HPMC 分别命名为 J（1828）、K（2208）、F（2906）和 E（2910）型。其中 K 型和 E 型 HPMC 接触水后可以快速形成凝胶骨架（K 型形成凝胶屏障的速率比 E 型稍快），对药物有很好的阻滞作用，是亲水凝胶骨架片剂中最常应用的类型，而 J 型和 F 型很少作为制备亲水凝胶骨架片的材料。

在亲水凝胶骨架中，取代基对 HPMC 的性质有着重要的影响。检验取代基差异的一个有效方法就是热凝现象。当加热 HPMC 水溶液时，每种产品在各自特定的温度发生凝胶化。这些凝胶化作用是可逆的，即加热时凝胶化，冷却时又发生液化。HPMC 的热凝现象是由于分子之间的疏水相互作用产生的。在低温溶液中，分子是水合的，除了简单缠结外，没有聚合物 - 聚合物的相互作用。随着温度升高，分子逐渐失去结晶水（黏度降低），最后当聚合物脱去足够多（但不是全部）水时，聚合物 – 聚合物间发生交联，整个体系趋于无限大的多网状结构（黏度骤然增加）。每种类型 HPMC 的热凝温度各不相同，取决于连接到脱水葡萄糖环上的取代基性质和数量。K 型的 2% 水溶液的凝胶温度约为 70℃，E 型的凝胶温度约为 56℃。药物或辅料的加入可能会影响 HPMC 的热凝温度，有些药物可显著提高热凝温度，而有些药物可显著降低热凝温度[5]。

　　HPMC 是由脱水葡萄糖环组成的线性高分子聚合物。聚合度不同，产品的性质存在差别，可用分子量来描述这一特征，而不同 HPMC 分子量的差异又反映在标准浓度水溶液的黏度上。聚合物水溶液的黏度是由聚合物链的水合作用引起的，主要通过众多醚键上氧原子形成的氢键，使得它们延伸并形成相对开放的随机螺旋。水合的随机螺旋与另一水分子通过氢键连接，把水分子或者其他的随机螺旋缠绕其中。所有这些因素导致了有效粒度的增大和流动阻力的增加。在讨论控制释放时，黏度经常用于代替聚合物的分子量，聚合物黏度与分子量的关系见表 4-3。HPMC 有不同黏度（分子量）范围的药用规格商品，其中黏度为 50mPa·s 以下的通常用于包衣，黏度大于或等于 50mPa·s 的产品用于缓控释制剂。具体规格参见表 4-4。

表 4-3　HPMC 黏度范围与分子量之间的关系

黏度标号（mPa·s）*	2% 水溶液黏度范围（mPa·s）	分子量范围
5	4~6	18 000~22 000
25	20~30	48 000~60 000
50	40~60	65 000~80 000
100	80~120	85 000~100 000
400（4C）	350~550	120 000~150 000
1500（15C）	1200~1800	170 000~230 000
4000（4M）	3500~5500	300 000~500 000

注："*" 加 E、F、K 或 J 前缀代表不同类型

表 4-4　药用规格的 HPMC

产品规格*	等级	黏度（mPa·s）	主要用途
Methocel E3 Premium	药用级	3	黏合剂、成膜材料
Methocel E5 Premium	药用级	5	黏合剂、增稠剂、成膜材料
Methocel E6 Premium	药用级	6	黏合剂、增稠剂、成膜材料
Methocel E15LV Premium	药用级	15	黏合剂、增稠剂、成膜材料
Methocel E50LV Premium	药用级	50	黏合增稠剂、成膜材料、缓释阻滞剂
Methocel K100LV Premium	药用级	100	缓释阻滞剂、凝胶剂、生物黏附材料
Methocel K100LV CR Premium	药用级	100	缓释阻滞剂、凝胶剂、生物黏附材料

续表

产品规格*	等级	黏度（mPa·s）	主要用途
Methocel E4M CR Premium	药用控释级	4000	缓释阻滞剂、凝胶剂、生物黏附材料
Methocel K4M Premium	药用级	4000	缓释阻滞剂、凝胶剂、生物黏附材料
Methocel K4M CR Premium	药用控释级	4000	缓释阻滞剂、凝胶剂、生物黏附材料
Methocel E10M CR Premium	药用控释级	10 000	缓释阻滞剂、凝胶剂、生物黏附材料
Methocel K15M Premium	药用级	15 000	缓释阻滞剂、凝胶剂
Methocel K15MCR Premium	药用控释级	15 000	缓释阻滞剂、凝胶剂
Methocel K100M Premium	药用级	100 000	缓释阻滞剂、凝胶剂
Methocel K100M CR Premium	药用控释级	100 000	缓释阻滞剂、凝胶剂
Methocel K200M Premium	药用级	200 000	缓释阻滞剂、凝胶剂
Methocel K200M CR Premium	药用控释级	200 000	缓释阻滞剂、凝胶剂

注："*"Methocel 为美国陶氏化学公司生产的 HPMC 的商品名

2. 聚氧乙烯　聚氧乙烯是聚醚的一种，又称聚环氧乙烷（polyethylene oxide，PEO）。结构式为$[CH_2-CH_2-O]_n$，是由环氧乙烷开环聚合得到的不同聚合度的聚合物；有一定的极性并具有热塑性。分子量低于 10 万的称为聚乙二醇，分子量高于 10 万的称为聚氧乙烯。虽然聚氧乙烯和聚乙二醇结构相同，但两者的生产方式存在差异。聚氧乙烯的生产是采用专属的催化剂以环氧乙烷为原料直接聚合而成，通过控制剪切条件，将聚氧乙烯生成不同分子量大小的产品；而聚乙二醇的生产是以水、乙二醇和乙醇为原料，采用氢氧化钠为催化剂聚合而成。

聚氧乙烯是非离子型水溶性聚合物，为可自由流动的白色至类白色粉末，安全、无毒性，熔点范围为 63~67℃。聚氧乙烯可完全溶于冷水和热水，但当其水溶液接近水的沸点时，聚合物就会沉淀出来，溶解度随温度的变化存在一个温度上限，即浊点。浊点高低与它的浓度、相对分子量、盐浓度和 pH 有关。聚氧乙烯溶于水时，溶解速度很慢，其粉末容易被水润湿，相对分子量高的聚氧乙烯可以形成水凝胶。聚氧乙烯分子量范围大，其水合与溶胀不受 pH 影响，具有良好的可压缩性和润滑性。

聚氧乙烯在药剂学中有着广泛的应用，其中最重要的应用是在渗透泵片中作为推动剂。另外，聚氧乙烯也可以作为亲水凝胶骨架片的材料，如美国上市的 Glumetza（Santarus公司生产的盐酸二甲双胍缓释片）、Omnic Ocas（安斯泰来公司生产的盐酸坦洛新缓释片）、Nucynta ER（强生公司生产的盐酸他喷他多缓释片）等均是以聚氧乙烯作为骨架材料。需要注意的是：对于亲水凝胶骨架片，首选的辅料是 HPMC，但是当 HPMC 不能达到满意的缓释效果或者需要规避专利的时候，可以考虑选择聚氧乙烯。目前应用的聚氧乙烯主要是陶氏化学公司的 Polyox，有不同的分子量规格。具体的规格见表 4-5。

表 4-5　药用规格的聚氧乙烯

Polyox NF 级别	平均分子量	黏度范围（cP，25℃）		
		5% 水溶液	2% 水溶液	1% 水溶液
WSR N-10 NF	100 000	30~50		
WSR N-80 NF	200 000	55~90		
WSR N-750 NF	300 000	600~1200		
WSR 205 NF	600 000	4500~8800		
WSR-1105 NF	900 000	8800~17 600		
WSR N-12K NF	1 000 000		400~800	
WSR N-60K NF	2 000 000		2000~4000	
WSR-301 NF	4 000 000			1650~5500
WSR Coagulant NF	5 000 000			5500~7500
WSR-303 NF	7 000 000			7500~10 000

3. 海藻酸钠　海藻酸钠（sodium alginate，SA），结构通式为（$C_5H_7O_4COONa$）$_n$。它是一种天然多糖，具有药物制剂辅料所需的稳定性、溶解性、黏性和安全性。1881 年，英国化学家 E.C.Stanford 首先对褐色海藻中的海藻酸盐提取物进行科学研究，发现该褐藻酸的提取物具有浓缩溶液、形成凝胶和成膜的能力。此后，海藻酸钠逐渐被开发成药用辅料。

海藻酸钠是由 β-D-甘露糖醛酸（M 单元）和 α-L-古洛糖醛酸（G 单元）依靠 β-1，4-糖苷键连接并由不同比例的 GM、MM 和 GG 片段组成的共聚物。不同来源的海藻酸钠这两种单元结构的比例不同。海藻酸钠为白色或淡黄色粉末，无臭、无味，具有吸湿性，在水中慢慢溶解形成黏性凝胶。海藻酸钠对溶液的 pH 及溶液中的离子强度敏感，特别是钙离子，当海藻酸钠与钙离子接触后会形成水不溶性的海藻酸钙凝胶，使药物的释放性质发生变化。

海藻酸钠是天然的聚合物，它的性质随海藻的质量而发生变化，目前国内上市的药品中使用海藻酸钠最多的是硝苯地平缓释片（规格 20mg）。

三、亲水凝胶骨架片的典型处方及制备方法

（一）亲水凝胶骨架片的典型处方

用于亲水凝胶骨架片的聚合物要求必须迅速水化，形成起隔离作用的凝胶层，使得水分渗透入片芯的速度变慢，从而阻止药物的快速释放，发挥缓控释作用。典型的亲水凝胶骨架片处方见表 4-6。从表中可以看出，HPMC 是处方中控制药物释放速率的聚合物，通常建议其在处方中的用量为 30% 左右（聚氧乙烯的推荐用量为 20%），这样可以使制得的亲水凝胶骨架片其释药行为批间重现性好，受其他因素影响小。除去主药和骨架材料外，处方中通常需加助流剂和润滑剂，以提高粉末或颗粒在压片过程中的流动性，避免和冲模的粘连。这两种组分的用量一般在 0.5% 左右，必要时可根据具体处方进行优化。此外，处方中还需加入填充剂如微晶纤维素、乳糖等，有些处方可根据需要加入增溶剂、缓冲剂、抗氧剂或者薄膜包衣材料等，以提高制剂的性能。

表4-6 亲水凝胶骨架片的典型处方

成分	用量	作用
活性成分	按规格	主药
羟丙甲纤维素	≥ 30%	释放速率控制聚合物
微晶纤维素/乳糖/淀粉	去除活性成分及其他组成后的余量	填充剂
微粉硅胶	0.5%	助流剂
硬脂酸镁	0.5%	润滑剂

（二）亲水凝胶骨架片的制备方法

亲水凝胶骨架片的制备与传统片剂制备方法相近，通常采用湿法制粒压片、干法制粒压片以及粉末直接压片等方法进行制备，但由于处方中含有骨架材料，因此，制备过程与普通片剂略有区别。

1. **湿法制粒压片** 将药物和聚合物粉末及其他辅料先行混合，然后以适当的润湿剂或黏合剂制软材，挤压过筛制得湿颗粒，经干燥、整粒后，加入润滑剂压片。常用的润湿剂主要有水、醇或一定比例的水与醇混合物。为了防止骨架材料吸水后迅速膨胀，黏度增大，产生结块现象，难以过筛，常采用60%~95% 乙醇溶液作润湿剂；如果要采用水制粒，建议使用流化床工艺或装有喷枪系统的高剪切湿法制粒设备。常用的黏合剂有一定浓度的HPMC 水溶液，有时也选用一定浓度的乙基纤维素、丙烯酸树脂醇液等。由于骨架材料本身黏度较大，多数情况下只需用润湿剂制粒，无须另加黏合剂。

2. **干法制粒压片** 将药物与聚合物及其他辅料混合后，先压成大片或片状物，再经粉碎制成一定粒度颗粒，整粒后加入助流剂压片。该法不加入液体，主要靠压缩力的作用使粒子间产生结合力，适用于热敏性、遇水易分解的药物。

3. **粉末直接压片** 将药物与聚合物及其他辅料混合后直接压片。该法避开了制粒过程，具有省时节能、工艺简单的优点，特别适用于对湿热不稳定的药物。但该法对物料有较高要求，通常要选择流动性好的直压型辅料，如喷雾干燥乳糖或颗粒乳糖、大颗粒规格的微晶纤维素 PH102 等。目前直压型的 HPMC 材料也有生产。

（三）影响药物释放的处方及工艺因素

影响药物释放的处方因素主要包括聚合物性质、主药的性质以及填充剂性质；其中聚合物对释放的影响与其取代类型、黏度、用量以及粒径等有关。工艺因素包括制备方法、片剂大小和形状以及压片压力等。

1. **聚合物取代类型对药物释放的影响** 与其他纤维素衍生物相比，HPMC 能形成强的、紧密的凝胶层，因此，采用 HPMC 为骨架材料，药物释放要比同样用量的甲基纤维素、羟乙纤维素或羧甲纤维素维持时间更长。在同样黏度的情况下，K 型（2208）的缓释效果优于 E 型（2910）和 F 型（2906），K 型是最常用于骨架片的化学取代类型。将茶碱（26.7%）、喷雾干燥乳糖（47.8%）、纤维素聚合物（25%）及硬脂酸镁（0.5%）混合后，采用直接压片法制成亲水凝胶骨架片，各处方片剂的硬度相同，考察不同化学取代类型的纤维素聚合物对药物释放的影响。结果如图4-6所示，当聚合物用量相同，黏度均为4000mPa·s时，含 K 型 HPMC 的片剂得到最缓慢的释放曲线，E 型的次之。而甲基纤维素 A4M 以及 HPMC

F4M 虽然黏度与 K4M 一样，但很明显不能快速形成凝胶以控制茶碱的释放。与 HPMC 相比，羟乙纤维素的释放曲线表明该聚合物水合或产生有效凝胶结构的速率较慢[6]。

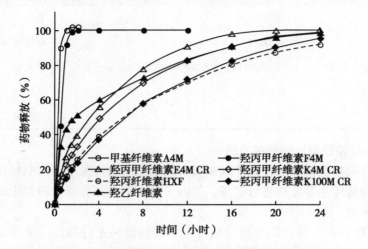

图 4-6　HPMC 的化学取代类型对药物释放的影响

2. 聚合物黏度对药物释放的影响　聚合物的黏度与分子量相关，通常认为，当 HPMC 的分子量较高时，随着聚合物黏度的增加，药物释放速率变慢[6]。图 4-7 中以 5% 茶碱作为模型药物，20% 的不同黏度的 K 型 HPMC 作为速率控制聚合物，74.5% 乳糖为填充剂，0.5% 硬脂酸镁为润滑剂。释放结果表明，随着聚合物黏度的增加，药物的释放速率降低。其中含低黏度 K3LV 的片剂在 60 分钟内就释放完全，含黏度较大的 K100LV、K4M、K15M 的片剂随 HPMC 黏度增加，药物的释放速率下降；当 HPMC 的黏度进一步增高（由 K15M → K100M），片剂的释放速率没有变化。Franz 等人的研究也得出相似的结论，随着 HPMC 黏度的增加，药物释放速率降低[7]。不同药物的骨架片受 HPMC 黏度影响的程度因药物不同而存在差异。对于大多数药物，以低黏度 K100LV 制备的骨架片与含有高黏度 K15M 的骨架片，通常在药物释放上会有显著差异，但也有例外，如 Salomen 等报道，当以氯化钾为模型药物时，其从含 K100LV 的亲水凝胶骨架片剂中的释放与含有 K15M 的骨架片剂的释放没有明显差异。

3. 聚合物用量对药物释放的影响　骨架片中聚合物用量必须足够多才能形成均一的阻滞层，从而阻止药物迅速释放到溶出介质中去。如果聚合物用量太低，就无法形成完整的凝胶层而缓释效果差。由于含有 HPMC 的亲水凝胶骨架片剂吸收水分并膨胀，最外层的水合层中的聚合物含量随时间而递减，当其浓度达到大分子缠结拆散或表面溶蚀的临界浓度时，聚合物链就会从骨架上断开并扩散到本体溶液中[8]。以模型药物盐酸普萘洛尔为例，由图 4-8 可见随着 HPMC K4M 的用量递增，药物释放变缓，这是由于达到片剂表面缠结拆散浓度所需时间较长，从而减缓了表面溶蚀。减慢药物释放速率有一个浓度阈值，达到阈值后再进一步增加聚合物用量对药物释放速率的影响就不大。这是因为药物释放并不仅仅是由聚合物溶蚀引起，还与药物通过水合聚合物层的扩散有关。值得注意的是，增加片剂中聚合物的用量，可以降低药物、辅料或生产工艺对药物释放的影响（见下文 QbD 研究部分）。通常推荐在缓释处方中至少使用 30% 的聚合物，能够获得药物释放稳健的亲水凝胶骨架片及合适的释药速度。

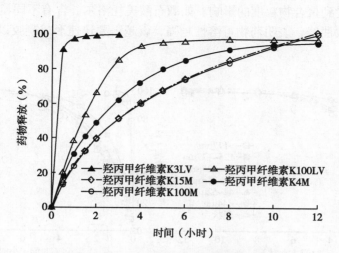

图 4-7 HPMC 的黏度对茶碱释放的影响

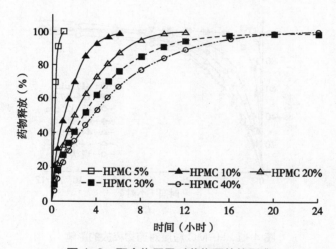

图 4-8 聚合物用量对药物释放的影响

4. 聚合物粒度对药物释放的影响 聚合物的粒度能显著影响亲水凝胶骨架的聚合性能。较小粒度的 HPMC 比粒度较大的颗粒具有更大的表面积，而表面积越大，聚合物与水的接触越好，进而增加全部聚合物水合和凝胶化的总体速率，这使得保护性凝胶层可以有效形成，对亲水凝胶骨架片的性能起到非常关键的作用。Alderman 发现，含有 HPMC 粗颗粒（200~300μm）的亲水凝胶骨架不能形成有效凝胶层以阻止维生素 B_2 的突释。Mitchell 等的研究表明，盐酸普萘洛尔从含有 HPMC K15M 的亲水凝胶骨架中的释放速率通常随聚合物粒度的减小而降低。但他们也观察到，当处方中 HPMC 用量增加时，药物释放与粒度的相关性降低[9]。为了说明聚合物粒度对药物释放速率的影响，研究人员分别以微溶的药物茶碱、可溶性药物盐酸异丙嗪以及易溶性药物酒石酸美托洛尔作为模型药物，考察不同粒度筛分的 HPMC K4M（用量 20%）对这 3 种药物释放的影响（见图 4-9）。结果在 3 个例子中，由粗颗粒（大于 177μm）制成的片剂崩解并导致药物快速释放；而含有小粒度聚合物颗粒的骨架片释药缓慢。另外，从不同模型药物的释放结果可以看出，药物的溶解性越大，其释放越易受到聚合物粒度的影响。如酒石酸美托洛尔，含有不同粒度 HPMC 的骨架片具有不同的释放曲线，表明药物可溶性越强，就越需要快速形成凝胶以有效控制药物的释放。

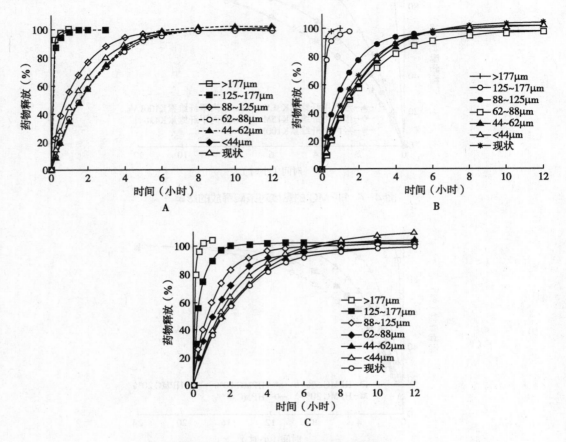

图 4-9　HPMC 粒度对药物释放的影响
A. 茶碱；B. 盐酸异丙嗪；C. 酒石酸美托洛尔

5. 药物的溶解度对释放的影响　在缓释骨架片中，需根据药物的溶解度选择聚合物和填充剂，通常水溶性药物多采用高黏度的聚合物和水不溶性的填充剂，以减缓药物的释放；而对于难溶性药物，则采用低黏度聚合物和水溶性填充剂。一般溶解度较高的药物释放也较快，因为它们的扩散驱动力最高。另外，药物剂量也是一个重要的因素，对于高溶解度的药物，当剂量比其在骨架中的溶解度更高时，由于溶出限制，溶蚀释放组分会比较多。Tahara 等采用几种溶解度不同的药物来研究药物溶解度对其释放的影响[10]，发现可溶性药物的平均溶出速率与水的渗入速率接近。随着药物溶解度的减小，溶蚀对药物释放的贡献有所增加。对于溶解度较低的药物，减缓药物释放最有效的方式是控制溶蚀，而中等或较高溶解度的药物，控制药物释放的最有效方式是控制介质的渗入速度。与 Tahara 等的结果不同，Ranga Rao 等研究了 23 种药物，发现存在许多反常现象。该研究者认为，除了溶解度、分子量和分子大小之外，还有其他因素控制着药物从纤维素骨架上的释放，包括药物－聚合物相互作用、溶剂渗透、溶蚀、药物对溶蚀的影响，以及聚合物对药物的增溶作用等[11]。

　　6. 填充剂对药物释放的影响　　填充剂对药物释放的影响取决于药物及填充剂的性质、聚合物用量，以及亲水凝胶骨架片中填充剂的用量。图 4-10 显示了填充剂对药物阿普唑仑释放的影响。使用可溶性填充剂乳糖和蔗糖得到一组相似的释放曲线，而使用不溶性填充剂磷酸氢钙、硫酸钙得到另一组释放曲线，且释放速率较前者显著变慢。将磷酸氢钙与乳糖等量配合作为填充剂，其释放曲线与仅以乳糖作填充剂的释放曲线基本没有差异。可以理解为增加可溶性填充剂会增加骨架片的孔隙度，结果使扩散和溶蚀的速度加快，即使可溶性填充剂的用量很小也会产生影响。除了上述填充剂的影响之外，Ford 等考察了不同用量的喷雾干燥乳糖和磷酸钙，以及药物与聚合物不同配比对盐酸异丙嗪释放的影响。Ford 认为，当填充剂用量少时，其溶解度对药物释放速率影响很小或没有影响；但是若药物剂量相对较大，HPMC 含量相对较低，填充剂的含量相对较高时，填充剂溶解度的差异对药物释放的影响就会变得明显。在 Sung 等的研究中，对于阿地唑仑（溶解度大于 50mg/ml）的释放，HPMC/ 喷雾干燥乳糖的比率是一个重要的变量[12]。当 HPMC/ 喷雾干燥乳糖的比率在 80∶17 和 65∶32 之间，阿地唑仑的释放速率没有区别，但是当比率进一步减小时，药物释放显著加快。

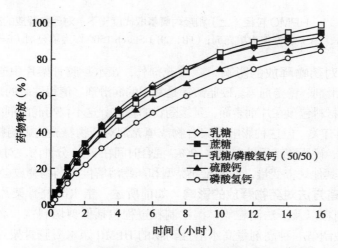

图 4-10　水溶性及不溶性填充剂对阿普唑仑释放的影响

　　另有研究发现亲水凝胶骨架片中加入预胶化淀粉（Starch 1500）作填充剂，可以增加释放的重现性。研究者分别采用 Starch 1500 和乳糖作为填充剂，以不同羟丙氧基取代度和不同粒径规格的 HPMC 作骨架材料，比较对氢氯噻嗪释放的影响，结果如图 4-11 所示。在含乳糖的低黏度 HPMC 骨架片中，不同羟丙氧基取代度和粒径的 HPMC 都会显著影响药物的释放，相似因子 $f_2 < 50$；而含 Starch 1500 的低黏度 HPMC 骨架片中，药物的释放不受粒径的影响，相似因子 $f_2 > 50$，且中、高羟丙氧基取代度的 HPMC 所制片剂，释放相似。所以，Starch 1500 能够最小化不同 HPMC 特性对药物释放的影响，研究表明，Starch 1500 替代乳糖后，不同性质 HPMC 对释药的影响即被克服，从而得到释放重现性好的亲水凝胶骨架片。

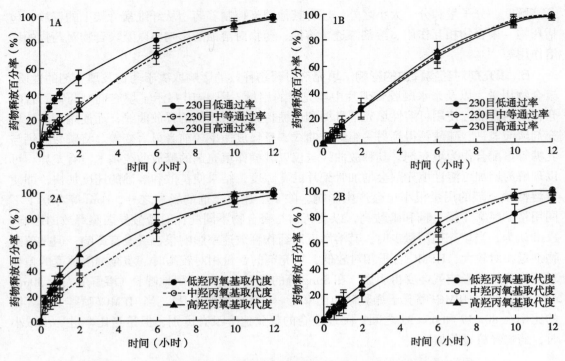

图 4-11　HPMC 粒径（上）和羟丙氧基取代度（下）对药物释放的影响
（1A，2A）乳糖作为填充剂；（1B，2B）Starch 1500 作为填充剂（$n=6$）

7. 其他辅料对药物释放的影响　除填充剂外，亲水凝胶骨架片中通常还含有其他辅料，如助流剂、润滑剂、稳定剂等。硬脂酸镁是常用的润滑剂。值得注意的是润滑剂过量可能会导致这种疏水性材料包覆在片剂表面，延缓药物的释放。这不仅与润滑剂的用量有关，也与润滑剂的混合时间有关。但这种影响与聚合物或填充剂对药物释放的影响相比要小得多。如Sheskey 等研究发现，硬脂酸镁用量在 0.2%~2%，混合时间在 2~30 分钟内，对药物释放速率只产生微弱的影响。而其他处方变量，如填充剂类型和药物溶解度对药物释放会产生较大的影响。

8. 片剂的制备方法对药物释放的影响　如前所述，亲水凝胶骨架片的制备方法包括直接压片、湿法制粒以及干法制粒等；湿法制粒过程包括低剪切制粒、高剪切制粒和流化床制粒。研究者在制备一种高剂量高水溶性药物的 HPMC 亲水凝胶骨架片时，比较了低剪切和高剪切制粒以及直接压片法对药物释放的影响，结果发现，药物释放不受片剂生产方法（湿法制粒或直接压片）或湿法制粒时含水量的影响；使用低剪切和高剪切制粒都可以得到硬度较好和脆碎度较低的片剂。滚轮压制是干法制粒的一种方法，它能生产大量的细颗粒，并能很好地控制最终颗粒的堆密度和流动性能[13]。干法制粒为难以采用湿法制粒的处方提供了一种可供选择的通过制粒提高流动性的方法。如图 4-12 所示，干法制粒设备的变量对茶碱亲水凝胶骨架片的物理性质或药物释放的影响很小。事实上，三种制备方法（直接压片、干法制粒、高剪切制粒）所得片剂药物释放相似，干法制粒片剂的 $T_{80\%}$ 值（80% 药物从骨架片中释放出来所需要的时间）相比高剪切制粒，更接近于直接压片法所得骨架片的 $T_{80\%}$ 值。尽管该案例中制备方法对药物释放没有影响，但每种处方都有其特殊性，需要通过实验来确定每种工艺对不同处方中药物释放的影响。

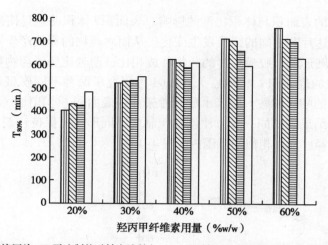

图 4-12　制备方法和 HPMC 用量对茶碱亲水凝胶骨架片 $T_{80\%}$ 的影响

9. 压片力对药物释放的影响　压片时通常需使用一定大小的压片力才能得到有理想硬度的片剂。对于骨架片而言，不同的压片力会影响骨架的孔隙率和曲率，因此会对靠孔道释放药物的缓释片剂产生一定的影响。在较小的压片力下，骨架片剂的孔隙较多，吸水速率和溶蚀速率较快，药物释放也变快。而压片力较大时，骨架片较致密，孔隙减少，使骨架吸水速率和溶蚀速率下降，药物的释放变慢。有报道采用茶碱和氯苯那敏为模型药物，分别使用 Starch 1500、微晶纤维素和乳糖为填充剂，按相同用量制备成亲水凝胶骨架片。分别测量三种不同压片力条件下，药物释放 50% 的时间。结果（表 4-7）表明在低压片力条件下（4kN），药物释放 50% 的时间最短，当压片力大于 10kN 时，药物释放 50% 的时间比低压片力条件下有明显延长，当继续增加压片力时，药物释放时间变化不显著。

表 4-7　压片力对 50% 药物释放时间的影响

药物	填充剂	50% 药物释放时间（min）		
		4kN	10kN	14kN
茶碱	Starch 1500	290	470	470
茶碱	微晶纤维素	230	340	360
茶碱	乳糖	190	200	230
氯苯那敏	Starch 1500	215	380	420
氯苯那敏	微晶纤维素	185	280	300
氯苯那敏	乳糖	95	160	175

10. 片剂大小和片形对药物释放影响　药物从亲水凝胶骨架片中的释放会受片剂大小和片形的影响。相同比例的药物和辅料的处方当压制成形状相同但不同片重大小的片剂时，随着片重的增加，药物释放速率减慢，这是因为片重增加，体积变大，水分从表面到达片芯中间的路径变长，导致片芯中 HPMC 凝胶骨架的水化及溶蚀速率变慢，从而使整个药物的释放变缓。处方组成及片重相同但形状不同的片剂之间，HPMC 凝胶骨架的水化及

溶蚀受不同形状片剂的表面积与体积比例的影响。表面积／体积的差异使凝胶骨架与水接触的表面积以及水到达片芯中间的路径发生变化，从而对药物的释放产生影响。例如，同一片重、同一配方的圆形片与胶囊形片的药物释放相比，前者比后者药物释放更慢，这是因为胶囊形片有更大的表面积／体积比[14]。Patel 等研究了两种不同模型药物（水溶性的二甲双胍和水不溶性的吲达帕胺）的亲水凝胶骨架片在表面积／体积比一致或不一致条件下药物的释放情况。结果表明同一处方比例在压制成不同形状但保持片剂表面积／体积不变的情况下，药物的释放都在相似的范围内（图 4-13）。

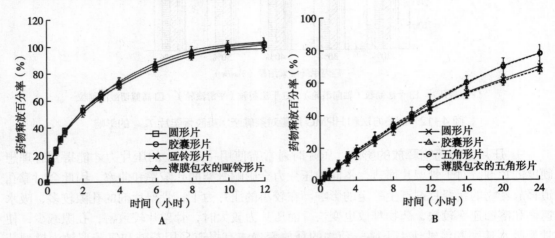

图 4-13 具有相同表面积／体积的片剂的释药曲线
A. 盐酸二甲双胍；B. 吲达帕胺

11. 薄膜包衣对药物释放的影响 通常使用胃溶型薄膜包衣对亲水凝胶骨架片的药物释放没有影响。Hue Vuong 等以盐酸二甲双胍为模型药物制备含 HPMC 的亲水凝胶骨架片，并分别使用含低黏度 HPMC、聚乙烯醇以及丙烯酸树脂的水性胃溶型包衣材料对片剂进行包衣。结果（图 4-14）胃溶型薄膜包衣材料中不同成膜聚合物对亲水凝胶骨架片中药物释放没有影响。

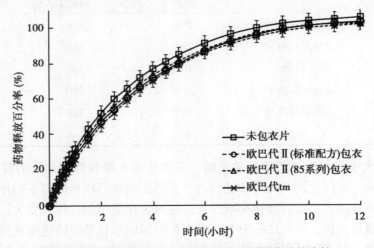

图 4-14 未包衣片和不同薄膜包衣片释放曲线的比较

四、亲水凝胶骨架片的体外释放机制

（一）亲水凝胶骨架片的体外释药过程

亲水凝胶骨架片的体外释放过程大致可分为三个阶段（图4-15）：①亲水凝胶骨架片遇消化液表面润湿形成凝胶层，表面药物向消化液中扩散；②凝胶层继续水化，骨架溶胀，凝胶层增厚延缓药物释放；③片剂骨架溶蚀，水分向片芯渗透至骨架完全溶蚀，药物释放。对于易溶性药物，药物的释放主要是通过凝胶层的扩散来实现，而对于难溶性药物，药物的释放主要是通过凝胶层的溶蚀实现。

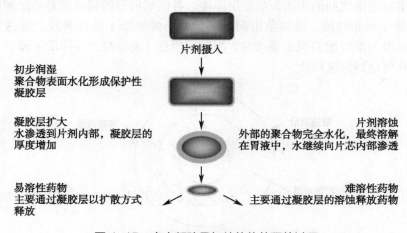

图4-15 亲水凝胶骨架片的体外释放过程

1. 亲水凝胶骨架的相转变过程 亲水凝胶骨架片的释药行为与亲水凝胶骨架的相转变、凝胶层形成、结构区域及其前沿移动密切相关[15]。亲水凝胶骨架和水性介质接触时，系统的相转变温度（T_g）降低，聚合物由玻璃态向橡胶态转变，聚合物链的移动能力增强，促进了水的转运使药物溶解。同时伴有溶胀过程，即亲水性分子链由最初的缠绕状态转变为首尾距离和回转半径不断增大的溶剂化状态，骨架体积明显增大，骨架玻璃态与橡胶态边界也愈加明显。在分子水平上，这一现象可引发药物的对流转运，增强释药的连续性，表现为非 Fick 扩散。

2. 凝胶层屏障 凝胶层是亲水性屏障，可限制水分向内部渗透及药物向外部扩散释放，其强度和黏度决定了骨架的缓释性能。凝胶层性质主要取决于橡胶态聚合物的化学结构、浓度及黏度。凝胶层在释药初期强度较高，随凝胶层不断水化，当其中蓄积足够水分时，聚合物分子链开始解聚、溶解。随着药物的释放、水分的渗入，凝胶层结构及厚度不断变化，而凝胶层厚度的变化是阐明亲水凝胶骨架片释药机制的关键。凝胶流变学研究表明，聚合物链开始解聚时的聚合物浓度是与凝胶流变学特性突变时的聚合物浓度相对应，且凝胶溶蚀速率与凝胶流变学行为有较好的相关性，这证明聚合物 - 聚合物及聚合物 - 介质间的相互作用是凝胶层结构及其溶蚀的决定因素。

凝胶层的形成速度决定了骨架的最初控释效果，与药物突释现象密切相关。亲水凝胶骨架片与水性介质接触后，表层药物首先释放。如骨架材料不能迅速形成凝胶层，溶剂分子就能渗入深层玻璃态区域，使药物溶解和骨架降解，从而引起药物，尤其是水溶性药物的突释。董志超等认为骨架片中 HPMC 的用量在 30% 以上时才能有效阻滞卡托普利和硫酸沙丁胺醇的突释作用。因为 HPMC 用量较少时不能快速在片剂表面形成连续的凝胶层，会使骨架片局部迅速水化崩解，造成突释。另外也可将不同亲水性的聚合物混合使用，来调节凝胶层的形成速度和溶胀过程，以减小骨架片的突释。

3. 区域前沿的移动 区域前沿是指溶胀骨架中物理特性突变的位置，即凝胶层结构中各区域的前沿。随时间和亲水凝胶骨架相转变的行进，各区域前沿边界越来越明显，以 HPMC 骨架片为例，图 4-16 从外到内依次为溶蚀前沿（骨架溶胀 – 溶蚀转变前沿）、扩散前沿（固态药物 – 液态药物转变前沿）和溶胀前沿（聚合物玻璃态 – 橡胶态相转变前沿），溶蚀前沿与溶胀前沿之间的距离为凝胶层厚度。各区域前沿的移动随释药过程的变化而变化，当骨架处于溶胀阶段，溶蚀前沿向外移动；当骨架处于溶蚀阶段，溶蚀前沿向内移动，当溶胀前沿与溶蚀前沿同步移动时，凝胶层厚度（表层凝胶层厚度 + 浸润层厚度）保持不变，药物可达到恒速释放。

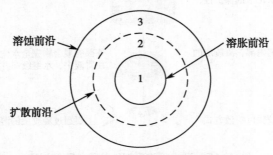

1–玻璃态区；2–浸润层；3–表层凝胶层

图 4-16　亲水凝胶骨架片径向溶胀截面示意图

（二）亲水凝胶骨架片的释药动力学

早在 20 世纪 60 年代，Higuchi 提出了 Higuchi 方程，即基于 Fick 扩散定律基础上得出的药物累积释放百分率与释放时间的平方根成线性关系。该理论为定量描述药物释放度的理论研究奠定了基础，多年来一直为设计缓控释给药系统的研究所应用。Higuchi 方程所代表的释药动力学以药物前期释放快速，后期释放减慢为特征，代表典型的扩散控制型释放模式。

亲水凝胶骨架片遇水性介质，片剂表面药物很快溶解，然后片剂与水性介质交界处的胶体由于水合作用而呈凝胶状，在片剂周围形成一道稠厚的凝胶屏障，内部药物缓慢扩散至表面层而溶于介质中。当骨架中固体药物尚未溶解于骨架内介质中时，药物的释放量可用修改的 Higuchi 方程表示（式 4-1）：

$$Q = \frac{D_e}{\gamma}\left[\left(\frac{2C}{V} - \varepsilon C_s\right)t\right]^{1/2}$$

式 4-1

式中，Q 为时间 t 时单位面积的药物释放量（g/cm^2），D_e 为药物扩散系数（cm^2/s），ε 为基质的孔隙率，C_s 为药物的溶解度，C 为固体制剂中的药物浓度（g/cm^2），γ 为基质中微细孔道的扭曲系数，V 为水合骨架的有效容积。

若骨架中药物能完全溶解于水化凝胶层，则药物的释放量可用简化式 4-2 表示：

$$Q = \frac{2C_0}{V}\left(\frac{D_e \pi t}{\gamma}\right)^{1/2}$$
式 4-2

式中，C_0 为骨架中药物溶液的浓度，π 为渗透压。

以上公式基于以下的假设：①药物释放时保持伪稳态；②存在过量的溶质；③理想的漏槽状态；④药物颗粒比骨架小得多；⑤药物扩散系数为常数，药物与骨架材料没有相互作用。假设方程右边除 t 外都保持恒定，则上式可简化为式 4-3：

$$Q = kt^{1/2}$$
式 4-3

式中，k 为常数，即药物的释放量与 $t^{1/2}$ 成正比。这就是一定条件下简化的 Higuchi 方程。

Higuchi 方程可以很好地描述扩散控制型的释放模式，如透皮系统和易溶于水的药物制成的骨架系统。但该理论无法对更多的药物释放机制进行判断。

到了 20 世纪 80 年代，Peppas 在大量实验基础上总结了著名的 Ritger-Peppas 方程（式 4-4），以研究药物从骨架制剂中的释放机制并描述其体外释药动力学。

$$W = kt^n$$
式 4-4

将式 4-4 经对数转化可得式 4-5：

$$\ln W = n \ln t + \ln k$$
式 4-5

式中，W 为药物在某一时刻 t 的累积释放分数（以 % 表示）；k 为释放常数，该常数随不同药物、不同处方以及不同释放条件而变化，其大小是表征释放速率快慢的重要参数；n 为释放参数，是 Ritger-Peppas 方程中表征释放机制的特征参数，该参数与制剂骨架的形状有关，对于圆柱型制剂（如片剂）而言，当 $0.45<n<0.89$ 时，药物释放机制为非 Fick 扩散（即药物扩散和骨架溶蚀协同作用），当 $n=0.66$ 时，可以认为这两种机制作用相当；当 $n<0.45$ 时，为 Fick 扩散；当 $n>0.89$ 时，为骨架溶蚀机制。

要注意的是，由式 4-5 得到的 n 值是将药物的释放过程描述成某一种释放机制。但事实上亲水凝胶骨架材料的水化及凝胶层的形成是一个时间过程，因而亲水凝胶骨架片在不同的时间段很可能具有不同的药物释放机制，但其释药过程均符合上述动力学方程。

五、关于亲水凝胶骨架片 QbD 的初步研究

美国 FDA 对仿制药申请中关于 QbD（Quality by Design，质量源于设计）的要求从 2013 年 1 月执行，即从 2013 年 1 月开始，仿制药申请中如果没有 QbD 研究内容，FDA 将不再受理。QbD 对于药物开发来讲是一个系统的方法，意味着通过药物处方、工艺的设计和开发从而确保产品的质量。所以，需要确定关键物料属性和关键工艺参数与目标产品关键质量属性之间的关系[16]。

正常生产的聚合物质量都符合标准范围的规定，但有时可能接近标准限度的上限或下限。对于亲水凝胶骨架片，除了药物自身和工艺条件外，控制药物释放速率的高分子聚合物其材料性质在标准范围内波动也有可能对药物释放产生影响。例如，Deng H 等采用 QbD 的原则研究了 HPMC 的物理特性对于片剂特性以及药物释放的影响（图 4-17）。以普萘洛尔作为模型药物，Methocel K15M 作为药物释放速率控制聚合物，结果表明，羟丙氧基的取代度和黏度的波动对于片剂中药物的释放特性没有明显影响，但 HPMC 的用量对释药影响较大。HPMC 用量多的处方片剂释药更稳定，而 HPMC 用量低的处方药物释放随

HPMC 黏度及羟丙氧基取代度的变化有轻微的波动。当 HPMC 粒度发生比较大的波动时，含较大粒径 HPMC 的骨架片药物释放较快，f_2 相似因子为 46。研究发现，亲水凝胶骨架片中，当聚合物用量高于 30% 时，药物释放几乎不受聚合物黏度、羟丙氧基取代度以及粒径变化的影响；而在聚合物用量为 15% 时，药物释放会受到聚合物粒度变化的影响。这也是为什么含 HPMC 的亲水凝胶骨架片通常推荐使用 30% 用量的主要原因。

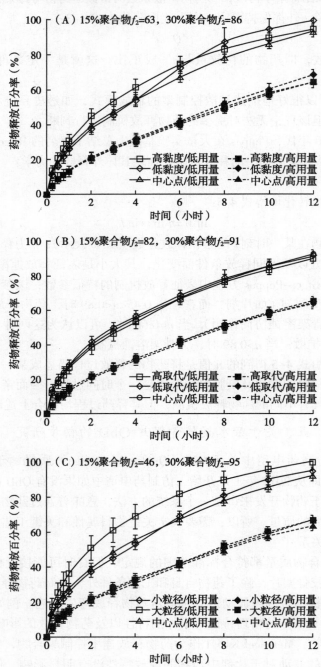

图 4-17　聚合物黏度（A）、羟丙氧基取代度（B）及粒径（C）对盐酸普萘洛尔释放的影响

六、亲水凝胶骨架片研发实例

例4-1 直接压片法制备非洛地平缓释骨架片

【处方】
非洛地平	12.5g	乳糖	297.5g
HPMC K100LV CR	370g	微粉硅胶	2.5g
硬脂酸镁	2.5g		

【制法】取处方量的非洛地平、微粉硅胶以及150g喷雾干燥乳糖混合5分钟；混合物过500μm筛（35目），然后加入370g HPMC K100LV CR和147.5g喷雾干燥乳糖，继续混合5分钟。最后加入硬脂酸镁混合1分钟。压制成每片重200mg的圆形片。

【制剂注解】由于非洛地平为难溶性药物，这里采用了低黏度的HPMC作为骨架材料，乳糖为水溶性的填充剂，通常用于难溶性药物的配方中。微粉硅胶和硬脂酸镁为助流剂和润滑剂。

例4-2 湿法制粒工艺制备氨茶碱缓释骨架片

【处方】
氨茶碱	100g	微晶纤维素	122g
HPMC K4M CR	75g	80%乙醇	适量
微粉硅胶	1.5g	硬脂酸镁	1.5g

【制法】称取处方量的氨茶碱、HPMC K4M CR和微晶纤维素（50μm粒径），混合均匀，然后加入80%乙醇溶液制软材，过20目筛得湿颗粒，置60℃真空干燥箱中干燥1小时。取出，干颗粒过20目筛整粒后，加入微粉硅胶混合均匀，最后加入硬脂酸镁混合1分钟，压制成每片重300mg的椭圆形片。

【制剂注解】氨茶碱易溶于水，这里选择黏度较高的K4M作为释放的控制材料，同时选择不溶性的微晶纤维素作为填充剂。由于氨茶碱剂量较大，本身的流动性和可压性并不好，所以采用了湿法制粒的工艺。

例4-3 使用聚氧乙烯制备盐酸二甲双胍缓释骨架片

【处方】
盐酸二甲双胍	500g	微晶纤维素	190g
POLYOX WSR-301	300g	微粉硅胶	5g
硬脂酸镁	5g		

【制法】称取处方量的盐酸二甲双胍、聚氧乙烯POLYOX WSR-301（400万分子量）、微晶纤维素和微粉硅胶混合均匀。最后加入硬脂酸镁混合1分钟，直接压制成每片重1000mg的胶囊形片。

【制剂注解】盐酸二甲双胍极易溶于水，上市产品采用的是HPMC作为骨架材料，这里给出了一个使用Polyox的配方案例，用的是高黏度规格。同时在配方中加入了水不溶性的填充剂微晶纤维素。

例4-4 采用亲水凝胶骨架以及上药包衣的方式制备双相释放（速释加缓释）的酒石酸唑吡坦缓释片

【处方】①片芯：
酒石酸唑吡坦	8.5g	HPMC K100LV CR	68g
乳糖	91g	微晶纤维素	30g
微粉硅胶	1g	硬脂酸镁	1g

②薄膜包衣层：

酒石酸唑吡坦	4.08g	十二烷基硫酸钠	0.06g
欧巴代Ⅱ型 85G29119	1.25g	纯化水	95g

③有色包衣层：

欧巴代Ⅱ型 85G50517	4.1g	纯化水、色素	适量

【制法】①片芯制备：称取处方量的酒石酸唑吡坦、HPMC K100LV CR、喷雾干燥乳糖、微晶纤维素和微粉硅胶混合均匀。最后加入硬脂酸镁混合1分钟，直接压制成每片重200mg的圆形片。②另取欧巴代Ⅱ型薄膜包衣材料85G29119 1.25g、十二烷基硫酸钠0.06g、酒石酸唑吡坦4.08g（多备料2%以弥补包衣期间的损失）分散于95g水中，制备包衣液进行上药包衣。③另取欧巴代Ⅱ型薄膜包衣材料85G50517 4.1g，加水配制成固含量18%的包衣液进行有色包衣。

【制剂注解】首先采用了一个低黏度规格的HPMC制备亲水凝胶骨架片，外面薄膜包衣层中加入药物形成一个速释剂量。在实际过程中，需要考虑缓释和速释部分的剂量比例。在包衣层加入十二烷基硫酸钠有助于前期得到较快的释药。

第四节　药用微丸的制备和包衣技术

一、概　述

微丸（亦称小丸，pellets）是一种直径小于2.5mm，一般在0.5~1.5mm之间的球状或类球状的固体药物制剂。

微丸制剂最早起源于中药丸剂，如六神丸、牛黄消炎丸等均具有微丸的基本特性。中药丸剂在传统中医治疗中起了重要的作用，但在起效时间、体内吸收以及工艺和质控等方面存在的问题仍需要改进和提高。

国外微丸最早开发的时间是在20世纪50年代，Smith Kline采用糖衣锅滚制-包衣技术，成功开发了第一个硫酸苯丙胺缓释微丸制剂，商品名Spansule。随后许多微丸产品相继上市：缓控释胶囊剂如Theo-24（缓释茶碱）和康泰克等；肠溶胶囊剂如红霉素、奥美拉唑、阿司匹林、双氯芬酸钠等；此外，还有一些普通复方制剂，如复方氨基酸胶囊等，也逐步采用微丸制剂的技术制备。

由于微丸的特性和用药后在体内的药动学特点，近二十年来该制剂在工业药剂学领域受到充分重视，特别是作为缓控释制剂的应用越来越多。

（一）微丸的特点

微丸的特点主要体现在以下两个方面：

1. 工艺学

（1）粒径均匀，具有良好的外形，流动性好，质地坚实，可以避免贮藏或运输过程产品的破裂和脆碎等问题。

（2）表面圆整，易于包衣及控制衣层厚度，从而达到均匀释药目的。

（3）解决了某些复方药物制剂配伍中的稳定性问题。

（4）将不同释药速率的多种微丸混合，可以方便调节药物的理想释药速度；也可以包上不同类型衣层，制成临床治疗需要的制剂，如速释、定位释放或缓控释制剂等。

2. 药效学

（1）微丸受胃排空速率影响小，药物吸收速率比较均匀。

（2）微丸是剂量高度分散型的药物制剂，对胃肠局部的刺激性较小，剂量间血药浓度重现性好，个体间差异也小。

（3）微丸表面积大，与胃肠道黏膜有广泛的接触面，与片剂等固体制剂相比，有较好的吸收百分率，生物利用度亦高，而且安全性也好。

（二）微丸的类型和相关剂型

1. 微丸类型　根据临床治疗目的不同，药用微丸主要有以下类型：①缓控释微丸；②定位释放微丸，如：胃溶、肠溶微丸，后者包括不同肠段如小肠或结肠释放的微丸；③速释微丸。

2. 微丸相关剂型　微丸一般不直接口服，常与载体组成不同剂型，主要有以下两种：①胶囊剂，即将微丸定量装填于硬胶囊内，是目前最常见的相关剂型。由于装入胶囊内使用，国内药政部门仍将制品称为胶囊剂，如胶囊内装的是缓释微丸，称缓释胶囊剂；如装的是肠溶微丸，则称肠溶胶囊等。②片剂，系将不同释药速率的微丸与辅料混匀后压制成片。微丸片剂更易于剂量分割做成儿童用药或更易调节剂量用于临床治疗，取得更加准确的剂量和均匀的释药速率。此外，也有将微丸与其他辅料或食品添加剂混匀后，制成类似颗粒剂或营养添加剂等类型的口服剂型。

二、微丸的制备工艺及其设备

从工业药剂学角度来看，微丸的制备方法主要有以下六类：滚动制丸法、流化床法、高剪切制丸法、挤出滚圆法、热熔挤出法和喷雾干燥/喷雾冻凝法等，它们的适用范围如表4-8所示。

表4-8　采用不同方法制备微丸的主要设备及其工艺适用性

方法	滚动制丸法	流化床法			高剪切制丸法	挤出滚圆法	热熔挤出法	喷雾干燥/冻凝法
主要设备	糖衣锅	顶喷型	底喷型	切线喷型	滚动造粒包衣机	挤出机/滚圆机	热熔挤出机	喷雾干燥机
工艺适用性	制丸、包衣	制粒、熔融微粒	微丸（粒）上药、包衣	制粒（丸）上药、包衣	制粒、熔融制粒	制粒（丸）	制粒（丸）	制粒（丸）

传统工业制剂生产中多采用滚动制丸法（也称糖衣锅制丸工艺）制备微丸，尽管设备投资低，技术熟练工人也能制备出质量好的产品，但由于生产耗时长，可控性和收率较低以及劳动保护等问题，目前已基本不采用了。随着机械、自控等技术的不断发展，目前微丸生产制备主要采用表中后五种工艺，其中流化床法、挤出滚圆法和近年出现的热熔挤出法因具有操作简单、批时短、产品质量和重现性良好，且易于达到GMP要求等优点，尤其受到研究者和制药企业的青睐。本部分拟就流化床、挤出滚圆以及热熔挤出制丸设备及其工艺作重点介绍。

(一)流化床装置介绍及应用特点[17]

流化床是规模化生产药用微丸最重要的设备。根据喷嘴位置不同,流化床设备可分为顶喷型、底喷型和切线喷型三种类型。随着二十年应用经验的不断积累,流化床装置目前已设计成一机多功能型式,即只需通过更换物料槽和扩展室,其他主体设备不变,便可实现顶喷、底喷或切线喷的任何一种功能,以满足生产的需要。德国格拉特(Glatt)公司的GPCG系列即是这类流化床设备的典型。

GPCG流化床系统由以下几部分组成:空气输送系统、机身和鼓风机等。空气输送系统由过滤器、加热器、加湿器及除湿器等部件组成。空气经输送系统处理后进入机身;机身由进风管道、工艺主件及过滤室等组件组成,这些组件都固定在两边的支撑柱上。空气经进风管进入机身,通过料槽下的筛板(也称空气分配板),均匀分配气流量。机身上部为空气过滤室,两个过滤袋分别装在分隔的密闭过滤室内,空气经过滤室离开机身。气流量的调节是通过装在鼓风机上部的出风风门调节。空气经过滤器送出机外,这种双过滤室系统保证物料持续的流化状态,因为其中一个过滤袋在清除吸附粉末时,另一个过滤袋可以通过所有的流化空气。一个密闭的出风风门阻止气体的流动,使粉末重新回到物料槽中。

流化床机身结构由物料槽、扩展室和喷液系统等组成(图4-18)。在三种类型的流化床中,顶喷型主要用于制粒,底喷型用于包衣,而切线喷型主要用于制备微丸。三种类型设计上的区别主要在物料槽和扩展室上,物料槽是包衣过程物料较密集的区域和主要的包衣区域,扩展室是主要的干燥区域。

图4-18 流化床机身构造

1. 顶喷型流化床装置 顶喷型流化床装置由一个锥形物料槽及扩展室组成,见图4-19及文末彩图。气流推动物料槽内物料向上运动,进入扩展室,由于扩展室直径比料槽室直径大,这样气流流速就没有料槽室流化那么剧烈,当物料自重克服了气流自下而上的推力后,物料下落,回到料槽中。在整个生产过程中,物料在料槽及扩展室内上下运动,但流化状态是不规则的。

顶喷型流化床装置最常用于湿法制粒,液体经喷嘴雾化后直接使流化的粉末表面润湿,成为颗粒。扩展室内一般有多个喷嘴安装口,喷嘴的高度可以调节。为了保证制粒粒度的均匀性,喷枪的喷液范围要符合物料流化的最大范围。同时,当湿颗粒均匀悬浮于系统中时,颗粒表面与热空气可充分接触,达到最佳的热交换,所以,顶喷型流化床亦可作为颗粒干燥的高效装置。因在同一台设备内能完成混合、制粒、干燥过程,国内称顶喷法工艺为一步制粒工艺。

顶喷型流化床装置也用于某些特殊物料(颗粒、微丸)的包衣,如掩饰药物不良味道,防止药物潮解、氧化等。近年有不少采用该工艺进行热熔融包衣的报道。用于药物包衣时,进料管道、贮罐必须有夹层保温,系统中流化空气应作冷却处理。在包衣过程中,应使喷枪位置调节到使喷出液能喷到包衣物料最密集区,这样使包衣液滴与被包颗粒间距离最小，以便液滴在颗粒表面能很好地铺展，形成均匀的薄膜。

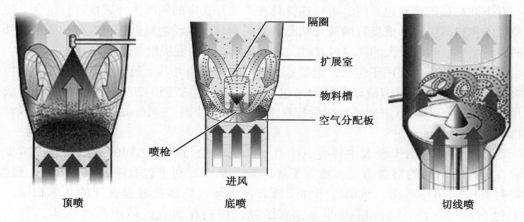

图 4-19 顶喷、底喷、切线喷型流化床示意图

目前国内已有质量良好规格不同的顶喷型流化床，容量从 30L 到 420L（如 FL-5 型至 FL-120 型）不等；也有防爆型装置，容量从 150L 到 420L（如 FL-30B 至 FL-120B）不等，厂家可根据生产批量进行选择。

2. **底喷型流化床装置** 底喷型流化床也称 Wurster 系统，系由 Dale Wurster 教授首先研制成功，该设备是包衣技术的一次重要突破。最早研制该设备是希望用于片剂包衣，后来发现对颗粒型物料包衣的实用性更强，特别对微丸的发展起了十分重要的促进作用。随着技术的不断进步，目前已经可以对小至 50μm 的粉末进行包衣。

这类装置的构造，物料槽底部是一个空气分配板，其中开有许多圆形小孔让气流通过，物料槽中央有一个隔圈，隔圈直径通常是空气分配板直径的 1/2，隔圈内部对应部分的空气分配板开孔率比较高，而隔圈外部和物料槽壁之间的部分空气分配板开孔率比较低（图 4-20）。这就使进风气流经过空气分配板后在隔圈内外形成不同的气流强度，隔圈内由于开孔率较高，物料受空气推动从下往上运动，到扩展室以后由于流化床锥形结构作用，气流线速度减少，物料受自身重力作用又回落至物料槽内，但是不会回落到隔圈内气流强度较大的部分，而是回落到隔圈的外部。隔圈外部气流量较小，使物料接近于失重的

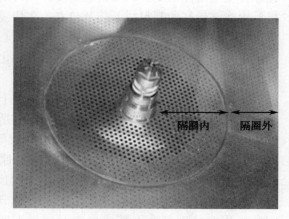

图 4-20 流化床的空气分配底盘

悬浮状态。隔圈底部开口和空气分配板间有一定间距，由于隔圈内外气流差异产生负压作用又可以使物料通过这个间距重新回至隔圈内，从而形成隔圈快速、有规律的物料循环运动。

喷枪就安装在隔圈内部空气分配板的中央，因此隔圈内部主要是包衣区域，隔圈外部

则主要是干燥区域，见图4-19。

对不同粒径的物料包衣时，可以选择具有不同开孔率的隔圈内外底板进行组合，使不同粒径的物料都可以形成良好的流化状态。原则上对小粒径物料进行包衣时，采用低开孔率的底板组合，对粒径大的物料包衣时，采用高开孔率的底板组合。

底喷型流化床主要用于包衣，包括：①微丸包衣包括丸芯上药，胃溶、肠溶和缓控释包衣、水分散体或有机溶液以及热熔融包衣；②粉末包衣（50~200μm）用于口崩片或分散片掩盖苦味，提高稳定性或制成缓控释混悬剂；③片剂（3~10mm）的包衣；④颗粒或药物结晶包衣。

底喷型流化床用于包衣主要有三个优点：①喷枪与物料之间的距离缩短，减少包衣液在到达物料前的溶媒蒸发和喷雾干燥现象，从而有利于包衣液成膜厚度的一致性；②物料有序的循环运动，运动方向和喷液方向相同，物体接触包衣液的几率相同，有利于包衣的均匀性；③隔圈内部为包衣区域，物料在包衣区域内高度密集，包衣损失少。

随着应用经验的积累及技术的进展，近年来已开发了高速Wurster系统，采用新型的高速喷枪和新型的喷枪夹套设计，使喷液速率比普通的Wurster系统提高了3~4倍，其形成极细的雾化液滴足以对小于100μm的粉末包衣。

3. 切线喷型流化床装置 切线喷型流化床（也称侧喷）装置是由一个圆柱形物料槽和一个扩展室组成（图4-19），转盘位于物料槽底部。静止时转盘边缘紧贴料槽壁，开机后，可提升转盘，使转盘和料槽之间产生不同距离的间隙。这样，在不改变进风气体速度的情况下，就可以调节进入料槽的气体量。这个关键的特性保证了在直接制丸或上药（layering）时，干燥速率保持在较低水平；而在制粒或包衣时，要求快速蒸发溶媒，这时在保持空气流速恒定下调节转盘高度，就可以明显增加气流量。这种灵活性可保证在同一机器内能够较好的制粒、上药及包衣。在切线喷型装置中，物料流化状态接近螺旋状，这是三个力共同作用的结果：转盘旋转产生离心力，使物料放射状的向料槽方向运动；通过间隙进入的气流推动物料向上运动，形成流化；物料自重又克服气体的推力，重新落入转盘之中。

液体或粉末状固体可经安装在料槽侧壁上的雾化喷嘴进入。喷液方向与物料运动方向相同，呈切线状喷入。切线喷型流化床工艺适用于制丸（包括制备丸芯，如糖粉－淀粉丸芯或微晶纤维素丸芯），丸芯上药和微丸包衣等。

国内北京长征天民高科技有限公司（原航天部第十五所）自20世纪80年代起即开始生产类似的设备，如BZJ360型和BZJ1000型，国内已有不少企业采用该设备于科研研发或生产。但该设备转盘高度无法调节，气体仅能从一固定尺寸的缝隙进入流化室，操作时特别是在上药或包衣时气量不够是尚待改正的问题。由于流化量不够，易导致颗粒上药或包衣时的粘连、成品收率偏低等现象，这在聚合物水分散体包衣时尤其明显。

上述三类流化设备及其工艺特点、应用范围及优缺点比较见表4-9。

表 4-9　三类流化床装置及工艺特点比较[18]

装置类型	应用范围	特点	缺点
顶喷型流化床（top spray）	制粒，干颗粒的肠溶和热熔融包衣	适于大批量生产，喷嘴和零部件易装拆	应用范围较窄，不适于微丸缓控释包衣
底喷型流化床（bottom spray）	微丸肠溶、缓控释包衣以及粉末包衣等；适于有机相或聚合物水分散体包衣	适于中等批量生产，衣层均匀，重现性好，批操作时间短，收率高	操作时，不易调节喷头位置
切线喷型流化床（tangential spray）	制丸，上药和微丸肠溶和有机相缓控释包衣	药物粉末可直接对丸芯涂层上药，易装拆，运转时喷头位置可调节，设备体积小	空气流化效率不及底喷型流化床，用于聚合物水分散体包衣速度宜慢，设备机械能耗较大

（二）流化床制备微丸的方法

药用微丸的制备方法主要包括两个步骤：载药和包衣。

载药是将药物微粉直接涂敷在圆形的芯粒外表（也称丸芯上药法）或者采用不同技术将药物与辅料混匀后直接制成圆形微丸（直接成丸法）。目前规模化生产最重要的丸芯上药方法是流化床法；直接成丸法主要包括挤出滚圆法和热熔挤出法等。此外还有其他类型的制备方法，如喷雾干燥／冻凝法、高剪切混合制粒法、多孔离心法和滴制法等。

包衣系在载药微丸外表均匀喷涂一定厚度的聚合物膜材，制成不同用途及不同释药模式的微丸。

本部分介绍采用流化床法进行丸芯上药制备微丸。

丸芯（nonpareils）对载药微丸的制备至关重要，只有符合质量要求的丸芯，才能制备出质量良好的载药微丸和衣膜。丸芯质量有以下要求：①粒径分布均匀且有规定的上下限；②表面圆整光滑；③脆碎度低；④堆密度大；⑤具水溶性或可润湿性；⑥微生物限度符合规定等。

丸芯有不同种类，主要有糖粉－淀粉丸芯和微晶纤维素丸芯。前者是指一定重量比例的蔗糖粉末和淀粉在黏合剂作用下滚制而成的圆形模粒；后者被认为是制备某些药物如降糖类药物或与糖接触导致不稳定药物的丸芯替代品。

目前，国内缓控释微丸最成功的产品新康泰克和芬必得，第一步骤都是采用流化床丸芯上药工艺，上述产品原生产企业（中美史克）丸芯的来源系由国外进口。近年来，国内一些新兴辅料企业如杭州高成生物营养技术有限公司，已成功采用航天部自动制粒包衣机制备了国产的蔗糖－淀粉丸芯，并已取得 CFDA 药用辅料的生产许可证。丸芯产品的成功规模化生产，显然对我国药用微丸制剂水平的提高有着重要的推动意义。

流化床制备微丸最常用的工艺是丸芯上药法。所谓丸芯上药即是药物以适当的方式包裹在丸芯外表面形成载药微丸的过程。根据药物剂量、溶解度和稳定性等性质，上药方法可分为溶液上药法、混悬液上药法和粉末上药法三种。

1. **溶液上药法**　溶液上药法是将药物制成水溶液或有机溶液，根据药物溶液的黏性加入适量（5%~20%）黏合剂如 HPMC、HPC 或 PVP 等，通过流化床底喷装置喷液包裹在空白丸芯上，干燥后形成载药微丸。为缩短生产周期，溶液中药物浓度通常要尽可能高，一般大于 25%；对于低剂量药物，为保证含量的均匀性则不能配制太高的浓度。介质通常采用水，对水不溶性药物可以考虑采用混悬液上药，只有疏水性较强、难以配制成稳定混悬液的药物才考虑有机溶液上药。如果药物溶液黏性较强，不易干燥则可考虑加入滑石粉等抗黏剂。除滑石粉外，抗黏剂品种还有硬脂酸镁、微粉硅胶等。有些情况下，药物在溶液干燥后易析出形成不规则的结晶，这样的微丸很难包衣成膜，这时应在溶液处方中添加适量结晶抑制剂，以抑制结晶的形成，例如加入 PVP 可有效抑制 5- 单硝酸异山梨酯形成针状结晶。

溶液上药工艺通常可以制备表面光洁、脆碎度低的载药微丸，而且药物层非常致密，这样的表面很适合进一步功能包衣。

2. 混悬液上药法　混悬液上药工艺是将药物微粉化后配制成稳定的混悬液，通过流化床底喷装置喷液至空白丸芯形成载药微丸。这种工艺适用于水不溶性药物的上药。

根据工艺需要，加入 HPMC、PVP 等黏合剂，用量通常为药物重量的 10%~30%。需要强调的是，混悬液中药物粒径要尽可能小，一般不超过丸芯大小的 1/50，建议药物微粉化至粒径小于 10μm。以红霉素碱为例进行混悬液上药，实验结果表明，以普通药物粉末上药，微丸表面粗糙不平，药物结晶很易脱落；用气流粉碎至粒径小于 10μm 以下的粉末，光洁度明显改善，上药率提高，脆碎度下降，含药层致密，批间质量重现性良好。所以，药物粒径是混悬液上药工艺中一个重要的质量影响因素。

溶液上药或混悬液上药工艺通常都采用流化床底喷装置进行，工艺主要应注意两方面问题：①要保证隔圈内部物料的密集状态，以减少上药过程中喷液损失。注意物料批量不能太小，同时隔圈高度和进风风量也要优化调节。要保证干燥效率和喷液速率平衡：既要避免因干燥效率过低而产生的物料粘连，又要避免干燥效率过高而产生的喷雾干燥损失。②溶液或混悬液上药工艺主要适合中小剂量药物，大剂量药物（200mg 以上）则采用粉末上药法更为合适。

3. 粉末上药法　粉末上药工艺适合以下几种类型药物：①大剂量药物，采用溶液或混悬液上药方法生产周期太长，而用粉末上药法可以大大缩短工艺时间；②药物在水或有机溶媒中不稳定，如奥美拉唑就是用此工艺上药的典型例子；③有时需制备低密度的载药微丸，以达到加快药物溶出的目的。

粉末上药工艺采用流化床切线喷装置，操作时用聚合物溶液为黏合剂润湿丸芯表面，然后将粉末均匀地包裹在丸芯表面，形成载药微丸。制备时通过一个可调速的转盘，使物料保持螺旋离心运动，喷枪埋在物料当中，药物粉末通过一个粉末装置加料槽，经其中螺杆旋转均匀送至旋转的料槽中，喷枪喷出的黏合剂润湿丸芯和药粉包裹丸芯同步进行。

粉末上药工艺要注意以下几点：①药物需要微粉化，最好小于 10μm。②为保证恒定的加粉速度，药物粉末必须具有良好的流动性，必要时可加助流剂。③药物必须有一定亲水性，否则无法润湿，也难以黏结在丸芯上。如果药物疏水性较强，可考虑加入亲水性辅料如糖粉以提高上药率。④协调供粉速率和黏合剂喷液速率的比例，通常控制在 2 : 1~3 : 1 范围内。⑤药物层致密性较低，上药完成后采用隔离层包衣以降低微丸脆碎度，避免包衣过程中含药层脱落。

上述三种上药法的相关设备、工艺特点见表4-10。

表4-10 三种上药工艺的特点及操作关键[18]

方法	推荐设备	工艺特点	操作关键
溶液上药法	底喷型/切线喷型流化床	药物直接喷涂于丸芯外表面，含量均匀，工艺简单；可加或不加黏合剂；适合中小剂量药物上药；可在同一设备内上药、干燥	进风温度、风量和喷液速度应协调，以免干燥效率过高或过低；注意批量，隔圈和底板间距离，保证隔圈内物料处于密集状态
混悬液上药法	底喷型/切线喷型流化床	上药效率高，批时短；工艺稳定，操作简单；可在同一设备内上药、干燥	药物应微粉化；上药过程料液应不停搅拌，以免沉淀，建议加入黏合剂
粉末上药法	切线喷型流化床	生产效率高，批时短，适用于剂量大的药物上药，适用于不同溶解度的药物上药；可在同一设备内上药、干燥	供粉速度和黏合剂喷速比例应协调；药物必需微粉化；控制供粉速度、转盘速度和流化风量

（三）挤出－滚圆法制备微丸[18]

挤出－滚圆法（extrusion-spheronization）是由 Nakahara 于 1964 年发明，随后日本 Fuji-Denki Kogyo 公司开发了商品名为 Marumerizer 的设备，1970 年，Confine 和 Hadley 将其推广至制药工业。这种微丸制备方法具有高效省时、载药量高、质量重现性好和易形成规模化生产等特点。

挤出－滚圆法制备的载药微丸，可根据需求包不同类型的衣膜或直接装入硬胶囊使用，也可加入其他辅料压成片剂使用。因此，挤出－滚圆法在国内外制药领域已成为一项重要的成丸技术，不少上市的药用微丸即由该法制备而成。为此，本部分将详细介绍挤出－滚圆法制备缓/控释微丸的技术、设备原理以及影响微丸成形和质量的有关因素等内容。

1. 挤出－滚圆法工艺原理及其影响因素

（1）设备工艺原理及其影响质量的有关因素：挤出－滚圆法主要分以下五个操作步骤：①干粉混合；②软材制备；③挤压过程；④滚圆成丸；⑤干燥。前四步骤产物的形态见图4-21。

1）干粉混合：也称干混，是药物和辅料在干燥状态下混合使之均匀的过程。干混的均匀性对制成微丸质量有很大关系。如果均匀性差，对水溶性药物或辅料而言，制得软材后，药物可能成为黏合剂的组分，留在过湿区和湿料中起作用，这将导致软

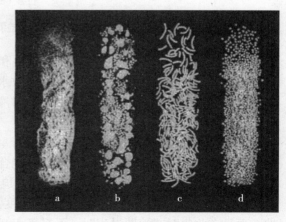

图4-21 挤出－滚圆法的四个步骤产物示意图
（a）干混粉末；（b）软材；
（c）挤出物；（d）滚圆微丸

材中湿度不均现象，经挤出－滚圆后，除影响微丸中药物均匀性外，还使丸形变差，粒径分布范围变宽，不同程度地影响微丸质量。干混的设备和片剂制粒前的物料混合器相同，此处不作赘述。

2）软材制备：其目的是使湿料具有良好的塑性。与片剂制备软材步骤相比，用于挤出－滚圆工艺制备软材的液体用量较多，液体在软材中均匀度要求高，混合所需时间更长。软材制备一般用水为黏合剂，有时也采用水／乙醇混合液为黏合剂。软材的湿度是挤出－滚圆工艺十分重要的参数。湿度应该落在一定范围之内才能使软材有良好的塑性，微丸质量才能提高。低于该湿度范围，滚圆时会生成大量的细粉；超过该湿度范围时，软材过湿，使颗粒中水分渗透出来，在滚圆时产生聚集成团现象。国外用柱塞型挤压装置（ram extruder）和转矩电流计（torgue rheometer）检测软材经筛孔时的变形能力或流动特性[19, 20]。

软材流动经过筛孔产生力的模式可分为三个阶段：压紧阶段、稳态流动阶段和强制流动阶段。压紧阶段是物料在较轻压力下的压紧过程，良好的工艺处方制备的软材在最小压力下可达到最大的密度，这时压力增加的斜率接近90°。稳定流动阶段必须有恒定的压力维持软材流动，低稳态压力表明挤压过程软材过湿；高稳态压力表明挤出物产生粗糙不平现象。强制流动阶段要使软材保持流动必须增加的压力，往往是软材可塑性不够时出现的现象。图4-22为软材经柱塞型挤出器挤出三个阶段压力－位移图。

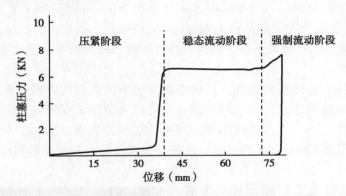

图4-22　用柱塞型挤出器检测软材三个阶段压力－位移图

必须注意，采用高速混和器如高剪切混和器或高剪切螺杆混和器／挤出器制备软材时，可能使所制得的软材温度升高。高温除导致水分蒸发，使软材可塑性减小外，还会增加药物或辅料在液体中的溶解度，从而改变软材液体的含量，给以后制备的微丸质量带来一定影响。

制软材的设备与片剂制粒设备相同，行星式混和器、竖式或卧式高剪切混和器、桨式混和器、连续式混和器和高剪切－双螺杆混合／挤压器等都可以采用。

3）挤出过程：挤出是软材在压缩下被迫通过一定孔径模板筛孔形成圆柱形颗粒的过程。挤出物在自身重量作用下可以断成长度几乎相等的颗粒。挤出物必须有足够的可塑性，而且在收集时或滚圆过程时，不至于相互粘连。

根据物料传送形式差别，挤压装置可分为以下三种类型：①依靠螺杆传送软材的挤出器；②依靠物料自重传送软材的挤出器；③依靠活塞传送物料的柱塞型挤出器，见图 4-23。依靠螺杆传送挤出器又分为：①转轴型（axial）或终端筛板型；②圆顶（dome）筛板型；③径向（radial）筛板型等。其中，圆顶筛板型挤出器产率较转轴型挤出器要高，径向筛板型挤出器内的软材是垂直于传送方向挤出，与转轴型或圆顶筛板型挤出器相比，筛板厚度较薄，开孔较多，出料效率较大，是目前国外医药工业中最常用的挤出装置。螺杆传送挤出器有单螺杆和双螺杆之分，双螺杆挤出器有较大产率，但用单螺杆挤出器挤出的产品有较高的密度。依靠物料自重传送挤出器也可分为：①圆筒滚动（cylinder roll）型；②齿轮滚动（gear roll）型；③径向滚动（radial roll）型等。还有一类即是依靠活塞传送物料的柱塞型挤出器（ram），其主要作为研究物料物理性质检测的工具。

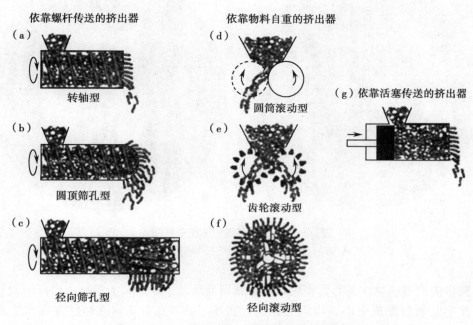

图 4-23 挤出－滚圆法中挤出装置的类型[21]

影响挤出物质量的有关因素如下：①筛板厚度/孔径比值：Baert 等研究了挤出装置筛板厚度（L）和筛孔半径（R）比值对成丸质量的影响。从 L/R 比值由 1.8~4.0 所制得的挤出物质量分析表明，L/R 比值越小，挤出物越可能呈粗糙和蓬松状态。L/R=4 时制备的挤出物光滑且黏性很好，原因与筛板越厚产生的挤出物密度越大有关。②挤出速度：挤出产率由挤出速度控制。从产品成本看，挤出速度越快越好。但研究表明，挤出速度影响产品质量。挤出速度越快，使挤出物表面变得粗糙不平，容易使挤出物在滚圆阶段产生较多细粉，而且粒径分布范围变得较宽。为了改善这种现象，Mesiha 等研究在软材中加入高 HLB 值的表面活性剂可以一定程度改善挤出物表面的粗糙现象。③挤出温度：挤出阶段温度的升高，对热敏感性药物会有不利影响。通常，转轴型挤出器挤出温度升高现象较明显，圆顶筛板型挤出器由于筛板较薄，筛孔较多，产热现象不明显。挤出温度升高，也会使软材含水量发生变化，出现初始挤出物和以后挤出物湿度不同现象，使滚圆后微丸质量有所区别。这种情况在使用 Avicel PH101（微晶纤维素中最常用于挤出－滚圆法制备微丸的骨架

113

材料）处方中最常见。为此，有研究者在近筛板处装上温度探头检测挤出时的软材温度，也有研究者在螺杆挤出器套筒外装上夹套，后者具备两种功能：一种用于通冷水冷却软材，使其稳定在一定温度范围之内；还可以通入水或油加热软材（如脂 – 蜡混和物）使其熔融，产生必要的塑性便于挤出。

4）滚圆成丸：滚圆成丸装置是由固定的筒壁和可调速的转动底盘组成类似于碗碟状的设备。底盘呈凹凸状态，有两种形式，即方格形底盘和自中心辐射形底盘，见图4-24。

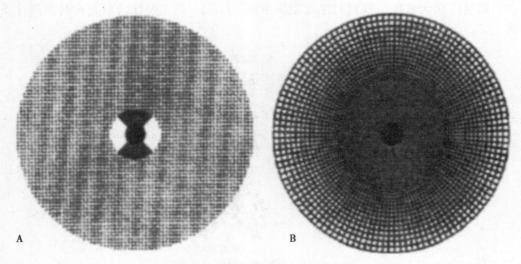

A   B

图4-24　滚圆装置的底盘形状图
A.方格槽形底盘；B.自中心辐射槽形底盘

滚圆步骤中挤出物在离心力作用下沿着圆周运动，不断地爬上筒壁，再落回旋转的底盘上，挤出物被打断成更小、均匀的近圆形实体。后者在盘底快速运动并在摩擦力作用下，逐渐滚成圆整、比重较大致密性好的微丸，见图4-25。如果转盘旋转而软材成团块不能转动，表明软材一开始就太湿或者挤出或滚圆过程，液体从颗粒内迁移至表面所致。

图4-26表明滚圆成丸的过程，滚圆过程可以根据粒子形状区别成几个不同的阶段，由此显示两种滚圆成丸机理[22]。

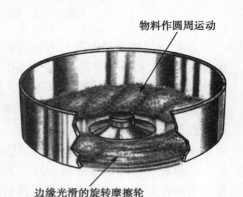

物料作圆周运动

边缘光滑的旋转摩擦轮

图4-25　操作中的滚圆装置图[20]

图4-26（1）表明滚圆时，在形成边缘圆整的圆柱体后，圆柱体发生弯曲、扭转，随后圆柱体断裂成两个部分，两者都具有一个圆而平的面，由于离心力和摩擦力的作用，上述平面凹陷，然后边缘包叠在一起滚成球形。

图4-26（2）表明滚圆成丸过程是由起始的短圆柱状粒子，在摩擦板上旋转滚动逐渐滚成无棱角的边缘为圆形的圆柱体，进而滚成哑铃形、椭圆形，直至成为完全的球形。

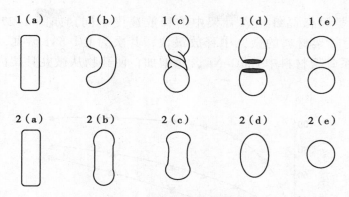

图 4-26 滚圆过程两种成丸机理

影响微丸质量的滚圆工艺因素如下：①滚圆速度：滚圆速度影响微丸的粒径。小粒径微丸量增加与起始滚圆阶段较多的碎丸量有关。相反，减少细粉量，增加较大粒子数量同时增加转速，往往可以使微丸平均粒径增加。滚圆速度变化对微丸硬度、孔隙率、堆密度、脆碎度、滚动速度和表面结构都将产生影响[22]。实验表明，滚圆有最佳速度，才能得到所需密度的微丸，转速太慢，微丸密度低；转速太高，微丸容易聚集。②滚圆时间：采用微晶纤维素混合物为骨架材料的微丸，延长滚圆时间，一般可以使微丸粒径增大，粒径分布范围变窄，圆整度提高，改变微丸的堆密度和某种粒径范围微粒的产量。③物料负载量：一般滚圆机中物料负载量较少时，特定粒径范围微丸的产率随着滚圆速度的增加而减少；但在较高负载量时，此种规格的微丸产率则随着时间延长而增加。Hasznos 等研究表明滚圆机中物料负载量增加导致微丸平均粒径增大。另有研究表明物料负载量增加可以使制得的微丸堆密度增加，也有增加负载量可以增加微丸硬度、圆整度下降的报道，但据称对主要粒径范围的微丸收率影响不大。

5）干燥：微丸干燥一般采用静态干燥或动态干燥装置进行。它们各有优劣，区别在于液体蒸发速度。前者一般用盘式干燥器，干燥速度较慢；后者一般用流化床干燥，这种方法除了较高的气流流化，还有较高的干燥温度，所以干燥效率较高。两种类型的装置都可用于对挤出－滚圆微丸的干燥。干燥工艺可以根据微丸使用目的加以选择。盘式干燥器可能使内载药物迁移至微丸表面，导致重结晶现象的产生。这种现象可能使微丸药物溶出度增加，也可能给下一步包衣操作带来问题。流化床干燥有较高的干燥效率，可以减少药物迁移现象的发生，但用流化床干燥的脆碎度一般比盘式干燥的微丸高。

（2）处方因素对微丸质量的影响

1）微丸骨架材料：挤出－滚圆法制备微丸，最主要的骨架材料是微晶纤维素，国外最常用于本工艺的微晶纤维素规格是 Avicel PH101，微晶纤维素可以与不同量的 CMC-Na 组成混合物，以增加载药小丸骨架材料的黏性和微丸本身结构的强度。Avicel RC581 和 Avicel CL-611 即是两个微晶纤维素与 CMC-Na 不同比例混合物的市售商品。制备低载药量微丸时，一般采用 Avicel PH101 为骨架材料；制备中等载药量（约 50%）的微丸，可用 Avicel RC581 或 Avicel CL-611；如制备高载药量微丸时，Avicel CL-611 则是骨架材料较好的选择[21]。

药物从不同类型微晶纤维素骨架中的释放速度不同，如图 4-27 所示，茶碱从 Avicel PH-101 为骨架材料的微丸中释放最快，其次为 RC-581 微丸，最慢的是 CL-611 微丸。原因系骨架材料中 CMC-Na 含量增加，使药物从微丸骨架内向外扩散阻力增大所致。

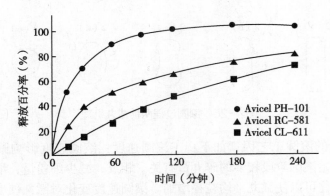

图 4-27　茶碱（50%）从不同类型微晶纤维素微丸中的释放模式

以微晶纤维素为骨架材料制备微丸，除可掺入 CMC-Na 外，还可加入其他黏合剂，如卡波姆、低黏度 HPC、HPMC、PVP 和预胶化淀粉等，这些黏合剂的加入可以改善微丸质量。如微晶纤维素中加入 HPC 或 HPMC，微丸在溶出实验过程中能保持完整的形态；加入预胶化淀粉、PVP 和 CMC-Na，溶出实验中微丸则易崩解。

2）软材黏合剂：水是最常用的微晶纤维素骨架材料的黏合剂。为降低一些药物在软材中的黏性，有时也加入乙醇；两种液体比例变化能明显影响微丸的物理性质。Millili 等研究表明单用乙醇无法制成微丸，但是 95% 乙醇则可能成丸，增加水含量可使微丸密度增加，但其孔隙率、脆碎度、溶解度和可压性降低。用 95% 乙醇制软材得到的微丸孔隙率为 54%，而用水制软材得到的微丸孔隙率仅为 14%；用水制粒所得微丸十分难压成片，而用 95% 乙醇制粒得到的微丸较易压成片。

3）其他辅料的影响：有些辅料如乳糖对软材挤出有明显影响。Harrison 等采用柱塞机实验表明，乳糖加入，软材挤出未能得到稳态流动。比较单用微晶纤维素、微晶纤维素与乳糖混合物、100% 乳糖为骨架材料对挤压压力的影响，实验表明后者骨架材料湿度稍有变化，就会引起挤压压力的明显改变；而单用微晶纤维素为骨架材料，即使湿度明显变化，其挤压压力基本不变。

Baert 等研究微晶纤维素和其他辅料混合物对挤出过程的影响，发现采用不溶性辅料如磷酸二钙，挤出所需压力随加入量增加而上升；采用可溶性辅料，如乳糖，则挤出压力随着乳糖加入量增加而下降，但到一定水平时，挤出压力不再减少而开始上升。这是由于起始阶段乳糖的增溶作用使软材中液体体积增加，一旦乳糖在液体中溶解度达到饱和，析出的乳糖使挤出压力增加，由于不同规格乳糖溶解度的差别，软材中含 α- 乳糖达 10% 时挤出压力开始升高，而对 β- 乳糖而言，含量要为 20% 时才出现相同现象。

4）药物含量及溶解性的影响：微丸药物含量及溶解性对其释药速率有较大影响。图 4-28A 为不同量药物在 CL-611 微丸中的释放速率，含药量越高释放速度越快。图 4-28B

是含量为 10% 氯苯那敏、硫酸奎尼丁、茶碱和氢氯噻嗪的 Avicel PH-101 微丸释药速率曲线。实验表明，药物水溶性越大，释药速度也越快。Lustig-Gustafssom 等采用不同溶解度的药物和微晶纤维素混合，经挤出，研究其所需适宜的加水量，发现水含量随药物溶解度的自然对数值成线性减少。

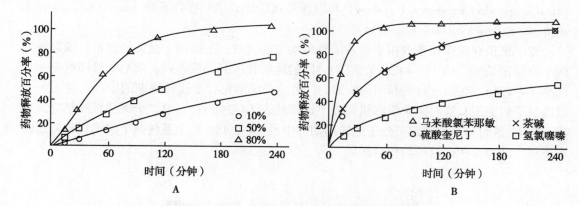

图 4-28　药物含量及溶解性对微丸释药的影响
（A）药物含量对 Avicel CL611 微丸释药的影响；（B）药物水溶性对 PH101 微丸释药的影响

5）表面活性剂对微丸干燥过程药物迁移及形态的影响：Chien 等研究表面活性剂对微丸干燥过程中药物迁移及形态影响发现，某些表面活性剂如十二烷基硫酸钠可以减少微丸干燥过程中液体的表面张力，从而使药物不易迁移到微丸表面，Mesila 等发现加入十二烷基硫酸钠和聚山梨酯 80 可以使挤出小丸具有十分光滑的表面。而加入硬酯酸镁，挤出的微丸表面则很粗糙。

2. 挤出 - 滚圆工艺的规模化生产　在挤出 - 滚圆工艺规模化生产的五个步骤中，主要讨论挤出和滚圆两个步骤，其他步骤已是常规生产内容，此处不再介绍。

（1）挤出装置及工艺：挤出装置包括实验开发、中试和生产规模的设备，主要区别在于批量不同，规模化生产装置必须考虑以下问题：

1）操作时间延长对软材湿度的影响：由于挤出是连续过程，随着操作时间的延长，设备温度必然比单批量装置操作温度要高，这样势必会增加软材中水分的蒸发速度，所以，必须考虑增加软材液体量或者控制水分蒸发量。控制水分蒸发速度的合理方法，可以在挤出筒外加冷却夹套来解决。

2）水溶性物料的影响：物料如果是水溶性组分，大生产时软材的处方必须变动，因为在温度升高时，较多水溶性组分会增加软材的湿度，这将导致微丸粒径分布范围变宽，建议生产前先作几批批量预实验以检验物料对工艺的适应性。

（2）滚圆过程：滚圆过程是挤出 - 滚圆工艺规模化生产应重点注意的问题，滚圆是半自动过程，一般是一批接一批操作。以下两点应注意：

1）滚圆过程升温的影响：滚圆机重复运转热量会逐渐增加，导致转盘黏附物料现象不断增多，或者一些物料溶解度增加，使滚动过程微丸粒径有变大的趋势。这种升温现象可利用增加转盘和器壁缝隙空气量得以部分改善。

2）增加滚圆机物料装量对微丸质量的影响：目前实验室滚圆装置挤出物装量一般为

1kg/ 批，实验室放大、中试和试产规模量约 4~6kg/ 批，4~6 倍放大量对制备出的微丸质量有明显影响。

挤出 / 滚圆两个工艺过程中，挤出是连续操作过程，滚圆是批操作过程。为了适应生产运转，已开发出两个系统可以使挤出物连续运送到滚圆机中：双滚圆机穿梭操作系统（twin spheronizer in sequence system）和双滚圆机阶梯式串联操作系统（two spheronizers in sequence to form a cascade system）。

双滚圆机穿梭操作系统用于制备圆整和均匀的微粒，主要用于微丸的制备。该系统中两个滚圆机是并行的（图 4-29a），它们之间的运转程序有先后差别。第一个滚圆机先一步卸料（4-29b），在第一台装料时（4-29c），第二个滚圆机处于运转周期的中段；待第一个滚圆机进料完成，这时两个滚圆机都处于运转状态（4-29d）；当第二个滚圆机卸料完成后（4-29e），这时第一个滚圆机处于运转周期的中段（4-29f）。整个系统两个滚圆机轮流出料和进料，就像穿梭往返的动作一样。

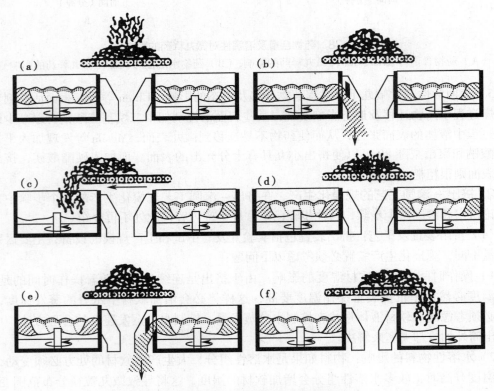

图 4-29 双滚圆机穿梭操作系统示意图

双滚圆机阶梯式串联操作系统采用多个滚圆机阶梯式串联，设计成后一个滚圆机盘面比前一滚圆机出料口稍低一些，产物连续不断从挤出装置或前一个滚圆机送入，产物体积增加时，一部分微丸即被卸出，驻留时间取决于进料速率。串联的滚圆机数量由所需产量决定。这个系统主要用于对外形和粒径要求不十分高的颗粒生产，如用于压片的颗粒制备，见图 4-30。

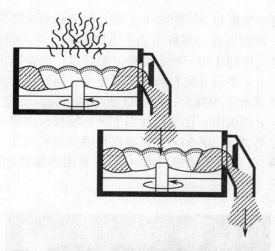

图 4-30 双滚圆机阶梯式串联操作系统示意图

（四）热熔挤出法制备微丸

热熔挤出法（hot melt extrusion technique）是将药物、聚合物和其他功能性辅料粉末，在加热熔融状态下混匀后，由旋转螺杆推动，通过一定孔径的筛孔挤出。挤出物在室温中迅速固化，然后被切割、粉碎成颗粒，制成小丸、片剂或膜剂等多种药物剂型。采用不同性质的辅料可以制成速释或缓释制剂，以满足临床上的治疗需要。

自 19 世纪中期开始用于塑料工业以来，热熔挤出法已经成为塑料和橡胶工业中最常用的工艺之一，主要用于制备塑料袋、软管和薄膜等。20 世纪 70 年代，Speisen 首次把热熔挤出法引入到药物制剂领域，随着各种新辅料和制药设备的发展，近三十年来引起越来越多药学工作者的关注，相关专利逐年上升的趋势就可说明这个工艺的应用价值，本部分主要介绍其在制备微丸方面的应用。

1. **热熔挤出法的设备原理、工艺过程及特点**[23, 24] 热熔挤出装置由料斗、筒身、螺杆、马达、带有不同形状筛孔的模板和加热/冷却等部件构成，见图 4-31。

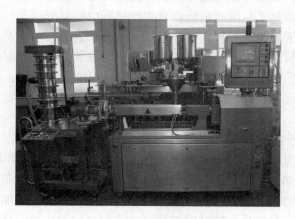

图 4-31 热熔挤出实验室装置

整个装置分为进料区、熔融区、挤压成型区三个部分（见第三章图 3-22）。热熔融工艺开始前，筒体不同部位预热至一定温度，聚合物或蜡质骨架材料、药物及其他辅料粉末由料斗送入筒体，在旋转着的螺杆推动下不断前移，在一定的区段熔融或软化后，物料在剪切元件和混合元件的作用下均匀混合，最后以一定的压力、速度和形状从机头模孔挤出。在这一过程中，多组分物料粒径不断减小，同时彼此发生空间位置的对称交换和渗透，最终达到分子水平的混合，由入口处的多相状态转变为出口处的单相状态。进一步将挤出物料置于滚圆机中，在加热状态下进行滚圆，即得微丸。一般而言，熔融区的温度设定于聚合物 T_g 之上 30~60℃，以确保熔融的物料在压力作用下容易通过终端模板挤出，并且挤出物在室温下迅速冷却成形。采用热熔挤出法制备的微丸形态见图 4-32。

图 4-32 热熔挤出法所制微丸的电镜照片

热熔挤出法和挤出滚圆法的不同之处在于，挤出滚圆法依靠黏合剂以保证物料的可塑性，而热熔挤出法是依靠热量来保证物料的可塑性。

热熔挤出法的特点：①该法集多种单元操作于一体，操作步骤简单，工艺便捷，节省空间，总成本较低；②由于熔融聚合物具有良好的黏合能力，整个工艺过程无须水或其他溶剂，从而减少或避免了对湿敏感药物在生产过程中的降解问题；③熔融物料在强力搅拌下，药物均匀分散于载体骨架材料中，保证了产品的含量均匀性及重现性；④采用不同性质的辅料作为骨架材料，可以制得不同释放速率的制剂，如速释制剂或缓释制剂；⑤所得微丸的硬度高、稳定性好、不易受 pH 和环境水分等因素的影响；⑥值得注意的是，热熔挤出法是在较高温度下进行，所使用的各种辅料及药物必须对热稳定，以避免遇热降解现象。

2. 用于热熔挤出法的辅料 采用热熔挤出法制备微丸，除药物外，还需多种功能性辅料，大致可分为作为载体的骨架材料、释药速度调节剂、增塑剂和填充剂等。

（1）骨架材料：热熔挤出物中药物均匀分散于聚合物或低熔点蜡质骨架材料中，所用的骨架材料必须与药物有良好的相容性、热塑性和较低的熔点，在加热到一定温度时能软化、熔融。熔融载体本身应具有恰当的黏度，一方面有助于物料的挤出，还可以减少药物在挤出过程的降解。国外报道的热熔骨架材料及其 T_g 见表 4-11。

表4-11　热熔挤出法常用的骨架材料

化学名	商品名	T_g（℃）
羟丙甲纤维素	Methocel	175
聚乙烯吡咯烷酮	Kollidon	168
醋酸纤维素	—	165
聚甲基丙烯酸 – 甲基丙烯酸酯 – 甲基丙烯酸 7：3：1	Eudragit S	160
羟丙甲纤维素邻苯二酸酯		137
乙基纤维素	Ethocel	133
羟丙纤维素	Klucel	130
醋酸丁酯纤维素	CAB381–0.5	125
仲胺环氧树脂	CIBA HI	80~100
氨甲基丙烯酸共聚物	Eudragit RS/RL	64
甲基丙烯酸二甲氨乙酯 – 甲基丙烯酸酯共聚物	Eudragit E	50
甲基丙烯酸酯 – 二甲基丙烯酸酯 – 甲基丙烯酸共聚物 7：3：1	Eudragi 4135F	48
聚醋酸乙烯	Sentryplus	35~40
聚乙二醇	Carbowax	–20
聚环氧乙烷	Polyox WSR	–50

（2）增塑剂：热熔挤出工艺在较高温度下进行，增塑剂的应用，可降低聚合物的玻璃转化温度及其熔融后的黏度，从而减少药物和聚合物的降解，有利于热熔挤出工艺的顺利进行并提高最终产品的物理和机械性能[24]。热熔挤出工艺中常用的增塑剂和其他普通制剂中使用的增塑剂大致相似，主要有柠檬酸三乙酯、低分子量的 PEG、泊洛沙姆 407 等，见表4–12。

表4-12　热熔融挤压法常用的增塑剂

增塑剂类型	具体名称
柠檬酸酯类	柠檬酸三乙酯、柠檬酸三丁酯、乙酰柠檬酸三乙酯、乙酰柠檬酸三丁酯
脂肪酸酯类	硬酯酸丁酯、单硬酯酸甘油酯
癸二酸酯类	癸二酸二丁酯
邻苯二甲酸酯类	邻苯二甲酸二乙酯、邻苯二甲酸二丁酯、邻苯二甲酸二辛酯
乙二醇类	聚乙二醇、丙二醇
其他	泊洛沙姆 407、甘油乙酸酯、矿物油、蓖麻油

（3）致孔剂和溶胀剂：热熔挤出物中药物的释放大多不完全，通常需加入部分致孔剂或溶胀剂以改善药物的释放[25]。挤出物中的致孔剂主要为水溶性聚合物如 PVA、PVP 和 PEG 等。某些肠溶材料如 Eudragit S100 等溶解后亦会提高制剂的孔隙率，从而提高药物的

释放速率。交联 PVP、低取代羟丙纤维素（L-HPC）等在本工艺中作为溶胀剂，可在水中迅速膨胀，从而促进药物的释放。

（4）其他：热熔挤出工艺中除上述辅料外，有时还需加入适量的其他辅料，如填充剂、润滑剂及抗氧剂等，这些辅料与普通制剂中所用的辅料相似，但要求较好的热稳定性及与药物的相容性。

3. 影响热熔挤出工艺及药物释放的主要因素

（1）热熔挤出装置的影响：挤出装置分为撞击式挤出和螺杆式挤出两种类型，后者又包括单螺杆和双螺杆两种，工业上常用螺杆式挤出装置。相对单螺杆挤出而言，双螺杆挤出的物料传递速度加快，物料的混合均匀性较好，产率更高。用高熔点的蜡质材料为骨架时，为避免骨架材料不能完全熔融，黏附在筒壁或堵塞挤出筛板等问题，双螺杆挤出明显优于单螺杆挤出。

（2）处方因素的影响

1）药物 / 载体比例的影响：药物 / 载体的比例不仅影响挤出工艺的顺利进行，并且对药物释放也有一定影响，当药物 / 载体的比例较高时，药物在载体中的分散均匀性受到影响，并且常伴有突释效应。如 De Brabander 等[26]的研究指出，布洛芬 /EC/HPMC 为 60：20：20 时，虽仍能成功挤出，但体外溶出实验发现有明显的突释现象，1 小时释药达到 40%；当布洛芬 /EC/HPMC 为 30：35：35 时，突释现象得到改善，1 小时内释药降至 20%。

以往的报道中多次提及用热熔挤出法制备高载药量制剂，如 Follonier 等[27]成功制备了载药量 30%~70% 的盐酸地尔硫䓬骨架缓释微丸；Breitkreutz 等[28]制备了载药量 75% 的对湿敏感药物苯甲酸钠颗粒，较干压法制得的颗粒而言，其圆整度更好、堆密度更高，更加有利于进一步包衣等操作。但也有学者得出不同的结论，Zhang 等[29]用热熔挤出法制备马来酸氯苯那敏骨架缓释片，药物量超过 20% 便难于挤出。

2）载体类型及规格的影响：Follonier 等[27]将不同聚合物和盐酸地尔硫䓬以重量比 1：1 混合，经热熔挤出制备 2mm×2mm 的微丸，实验表明，采用醋酸丁酯纤维素（CAB）和乙烯 - 乙烯基乙酸酯共聚物（EAVC）为骨架材料，药物释放远远慢于以乙基纤维素和 Eudragit RS 为骨架的微丸。研究发现 CAB 和 EVAC 骨架微丸的孔隙率不到 10%，表明骨架材料的孔隙率及其微孔结构对释药速度有着明显的影响。

同一类型的载体，不同的规格对释药速率也有较大的影响。一般而言，聚合物随分子量的增加，黏度增大，分子间作用力增强，聚合物溶解速率减慢，从而导致药物释放速度减慢。

3）释药速度调节剂对药物释放的影响：释药速度调节剂包括溶胀剂及不同类型的致孔剂。加入溶胀剂有助于增加制剂在介质或体液中的扩散表面积，增加药物释放速率，使释药完全。亲水性聚合物由于其水合能力及在水中溶解度的差异，导致不同聚合物作为致孔剂时，对药物的释药速度有一定的影响。某些阳离子聚合物，如 Eudragit S100，利用其在酸性环境中的胶凝作用，药物缓慢释放，随着 pH 的升高至近中性，聚合物开始溶解，骨架中的药物释放逐渐加快，从而达到理想的药物释放状态。

4）增塑剂的影响：增塑剂和载体分子间的相互作用，不仅降低了载体的玻璃化转变温度，避免高温操作下药物的降解，还可提高热熔挤出的可操作性。Brucec L 报道[30]增塑剂和载体预先充分混合不仅能进一步降低载体的玻璃转化温度，而且还有利于减小挤出物批间质量差异，提高产品的重现性。随着增塑剂用量增加，其溶解在体液或介质中的量增加，从而增加了挤出物的孔隙率及释药表面积，亦能改善药物的释放。例如，在含药量为20%的对乙酰氨基酚微丸中分别加入增塑剂单硬酯酸甘油酯或柠檬酸三乙酯，两者可明显加快对乙酰氨基酚的释放，这主要是由于增塑剂在微丸表面形成释药小孔所致[31]。另外有些增塑剂的加入还能增加药物的润湿性，也使释药加快。

4. 热熔挤出法在微丸制备中的应用 Young 等[32]以丙烯酸树脂 Eudragit 4135F、微晶纤维素和 PEG8000 为辅料，采用单螺杆挤出机制备了载有茶碱的缓释微丸。在制备过程中发现，与流化床制丸法相比，采用热熔挤出法可得到缓释效果更好的微丸，其原因是高分子聚合物骨架由于热波动使得其自身周围形成的自由体积减小，导致茶碱释放减慢。不过需注意的是，该微丸释药速率较慢，进入体内后，其所载药物恐难以达到有效治疗浓度，为克服这一缺点，应适当提高该微丸制剂的载药量。

Schilling 等[33]在以茶碱为模型药物制备肠溶微丸前，先考察了丙烯酸树脂 Eudragit L100-55、Eudragit L100、Eudragit S100 和 Aqoat LF、Aqoat HF 等 5 种肠溶材料，以及枸橼酸三乙酯、对羟基苯甲酸甲酯、PEG8000、一水枸橼酸和枸橼酸乙酰基三丁酯等 5 种增塑剂对微丸性质的影响，最终选择丙烯酸树脂 Eudragit S100 为肠溶材料，枸橼酸三乙酯或对羟基苯甲酸甲酯为增塑剂，采用热熔挤出法成功制备了茶碱载药量为 30% 的肠溶微丸。选择 Eudragit S100 为肠溶材料的原因是，用其制备的茶碱肠溶微丸在胃中药物释放最少；未选用其他几种增塑剂的原因是，一水枸橼酸和枸橼酸乙酰基三丁酯不能很好地降低 Eudragit S100 的玻璃化转变温度，使热熔挤出温度过高，易导致药物发生重结晶，PEG8000 则会引起茶碱过快释放。

Miyagawa 等以双氯芬酸钠为模型药物，以巴西棕榈蜡为热熔载体研制了缓释微丸，并考察了 HPC、Eudragit L100 和 NaCl 等不同致孔剂对药物释放的影响。结果显示：加入质量分数为 8.3%~38.89% 的 HPC 时，制剂在水和 pH 6.8 的磷酸盐缓冲液中的释放速率均较未加致孔剂的缓释微丸显著提高；加入同等质量分数的 Eudragit L100 时，制剂在两种介质中的释放速率也均增加，且在 pH 6.8 缓冲液中释放速率的增加程度比在水中更显著；NaCl 对该微丸制剂中药物释放的改善效果则不明显。

需注意，用热熔挤出法制备的缓释骨架小丸，通常缓释效果不是非常理想，一般都要在挤出小丸表面再包一层缓释衣膜，由膜控协同骨架控释控制药物的释放。

目前，在美国、欧洲和亚洲已有多种采用热熔挤出技术研制的微丸制剂上市。但由于该工艺对设备及辅料的特殊要求，迄今为止，国内采用热熔挤出法制备微丸还局限于实验室研究，尚未大规模应用。相信随着研究的持续深入，新型设备及新辅料的推广和应用，该工艺定会给制剂领域带来新的用途。

三、微丸的包衣

目前，随着高分子科学的发展，各种性能的聚合物材料被应用于药剂学领域，新的包衣设备与技术也不断涌现，大大推进了制剂的研发速度。固体制剂包衣的目的除达到悦目、可口和改善药物稳定性外，更重要的是用于改善药物的生物药剂学性质以及弥补药物本身存在的理化性质缺陷，其中应用包衣成膜技术制备缓释和 / 或控释新剂型是一个重要的发展。下面对常用包衣材料及成膜技术在制剂特别是各种微丸中的应用进行介绍。

（一）包衣材料及处方组成

包衣材料不可能单独包衣形成具有一定通透性和机械性能的衣膜，聚合物必须加入其他辅料配成溶液或制成液体分散体后使用。包衣溶液或分散液的处方一般含有以下基本组成：包衣成膜材料（一般指聚合物）、增塑剂和溶剂（或分散介质），有时尚需加致孔剂、着色剂、芳香剂、抗黏剂和避光剂等。

1. 胃溶型包衣材料及组成　胃溶型薄膜衣材料至今仍是制剂包衣材料的主体，其主要用途是用于改善包衣底物（片芯 / 微丸或微粒）的外观、掩味或改善其稳定性，但不能改变药物的释放速率和模式，表 4-13 为胃溶型薄膜衣的聚合物类型。广泛应用的水溶性成膜剂是纤维素的醚类，如 HPMC、MC、HPC、HEC 和 CMC-Na 等。有些纤维素类聚合物既可溶于有机溶媒又有一定水溶性，所以可用作水溶性包衣材料。速崩型薄膜衣包衣材料可选用水溶性聚合物，也可选用水溶性与水不溶性聚合物的混合物，两种聚合物混合应用，可以调整衣膜对水蒸气的渗透性，形成防潮性衣膜。

表 4-13　胃溶型薄膜衣中聚合物类型

类型	聚合物名称
纤维素类	羟丙甲纤维素（HPMC），羟丙纤维素（HPC），甲基羟乙纤维素（MHEC），羟乙纤维素（HEC），甲基纤维素（MC），乙基纤维素（EC），羧甲纤维素钠（CMC-Na）
乙烯基类	聚乙烯吡咯烷酮（PVP）
乙二醇类	聚乙二醇（PEG）
丙烯酸类	二甲氨乙基丙烯酸甲酯 – 甲基丙烯酸乙酯共聚物，丙烯酸乙酯 – 甲基丙烯酸共聚物

Eudragit E 是甲基丙烯酸丁酯、甲基丙烯酸二甲胺基乙酯和甲基丙烯酸甲酯（1∶2∶1）共聚物，常用作掩盖味道和气味的成膜剂，其在唾液中不溶解但能溶胀，只在胃的酸性环境中溶解。市售产品有 Eudragit E100、Eudragit EPO（后者为一种可配成溶液的微粉化产品）和 Eudragit E12.5 [是 12.5%Eudragit E 100 的异丙醇 / 丙酮（60∶40）溶液]。Eudragit E 溶解成 4%~10% 溶液使用，不需加增塑剂，但要加滑石粉或硬酯酸镁等润滑剂。

纤维素类中最常用作包衣材料的聚合物是 HPMC 和 HPC，这是因为 HPMC 膜有很好的抗张强度，而 HPC 膜有很好的塑性和黏附特性。美国 Colorcon 公司生产的欧巴代（Opadry），即是采用 HPMC 为主体成分，同时配以适当的增塑剂和着色剂（白色色素如二氧化钛和有色色素如氧化铁红和食用色素）而成。包衣液中纤维素类常用浓度为 6%~8%，为了防止纤维素类薄膜干燥后易碎，包衣液中需加入高达 20% 的增塑剂。

PVP 和 PEG 较少作为包衣处方中的聚合物材料，主要原因是 PVP 成膜较脆而且易吸潮，而 PEG 呈蜡状，也易吸潮，且熔点较低。制剂中一般采用低分子量 PEG 作膜材料的增塑剂。

2. 肠溶制剂的包衣材料及组成　常用的肠溶包衣聚合物主要有以下几类：邻苯二甲酸醋酸纤维素（CAP）、醋酸纤维素偏苯三甲酸酯（CAT）、邻苯二甲酸聚乙烯醇酯（PVAP）、邻苯二甲酸羟丙甲纤维素（HPMCP）、琥珀酸醋酸羟丙甲纤维素（HPMCAS）以及聚丙烯酸树脂等。

CAP 的有机溶液在水中乳化，再除去溶媒，形成胶乳。Aquateric（美国 FMC 公司产品）即是用此工艺制得的一种粉末状产品，使用时该固体粉末可以再分散于水中，用作肠溶衣。第一步将乳化剂如聚山梨酯 80 和增塑剂在水中溶解或乳化，搅拌下加入 CAP 粉末，于室温下搅拌 60~90 分钟，加入另外制备好的颜料与乙醇或异丙醇组成混悬液，使最后包衣液固体含量为 15%。为防止分散体粒子沉淀，在包衣过程中，必须持续搅拌。包衣液中至少应加入 25% 增塑剂，推荐使用的增塑剂有邻苯二甲酸二乙酯、丙二醇、三乙酸甘油酯和柠檬酸三乙酯。肠溶衣中加入 33%~43% 邻苯二甲酸二乙酯或丙二醇可以得到满意的衣膜。

其他肠溶材料包衣可参阅有关资料[34]。

3. 缓释制剂的包衣材料及组成　采用包衣技术是达到固体剂型缓释或控释的重要技术手段，因此包衣材料的选择和组成在很大程度上决定了制剂缓控释作用的成败。

（1）包衣聚合物：有关缓释包衣材料研究报道较多，但美国药典 USP40/NF35 收载的主要仍为三种，即甲基丙烯酸共聚物、醋酸纤维素和乙基纤维素。这三种包衣聚合物具有能经受住时间和气候规律变化考验的优点，所以近三十多年来受到工业药剂学领域的普遍重视。目前已在上述几种聚合物的基础上，成功开发了不同处方的包衣液，如混悬液和水分散体，其中水分散体（aqueous dispersion）是指以水为分散介质，聚合物以 10nm~1μm 的固态或半固态球形粒子形式分散在水中所组成的全水性包衣系统。外观多为乳白色液体，故通常也称为胶乳（latex）或伪胶乳（pseudolatex）。以下即重点介绍这三种材料在缓释包衣中的应用。

聚丙烯酸树脂（polyarylic resin）：一般将甲基丙烯酸共聚物和甲基丙烯酸酯共聚物统称为聚丙烯酸树脂。美国药典 USP40/NF35 版收载了三个聚丙烯酸树脂品种，欧洲药典 EP8.8 版中收载了四个聚丙烯酸树脂品种及其不同处方的包衣液。

由于化学结构及活性基团不同，本品具有不同溶解性能类型的产品，如胃溶型、肠溶型和胃肠不溶型。这些聚合物分子量均大于 100 000，均能包衣成膜。聚丙烯树脂结构式见图 4-33。

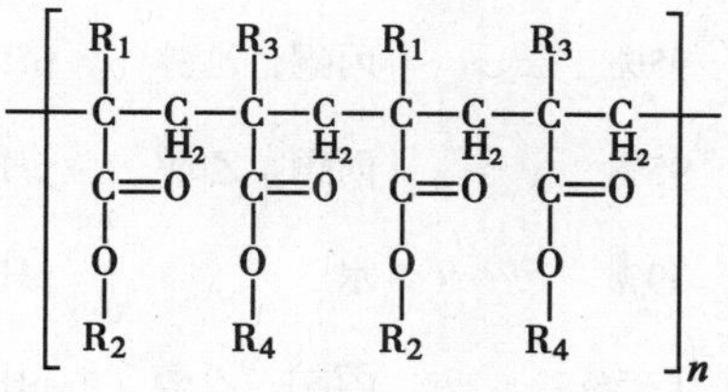

图 4-33　聚丙烯树脂结构式

Eudragit E：R_1，R_3=CH_3；R_2=$CH_2CH_2N(CH_3)_2$；R_4=CH_3，C_4H_9。化学名：甲基丙烯酸丁酯、甲基丙烯酸二甲胺基乙酯和甲基丙烯酸甲酯（1∶2∶1）聚合物。Eudragit E 主要

用作普通薄膜或隔离层衣料，它在 pH 低于 5 的胃酸中溶解。

Eudragit L 和 Eudragit S：R_1，$R_3=CH_3$；$R_2=H$；$R_4=CH_3$。Eudragit L 和 Eudragit S 化学名：甲基丙烯酸 / 甲基丙烯酸甲酯聚合物，比例分别为 1∶1 和 1∶2，两者常作为肠溶衣材料。Eudragit L100 和国产丙烯酸树脂 Ⅱ 型属同类型，在 pH>6 时溶解；Eudragit S100 和国产丙烯酸Ⅲ属同一类型，都在 pH>7 时溶解。Eudragit L30D–55 是含聚合物量 30% 的水分散体，形成的衣膜在 pH 5.5 以上时很易溶解。

Eudragit RL 和 Eudragit RS：$R_1=H$，CH_3；$R_2=CH_3$，C_2H_5；$R_3=CH_3$；$R_4=CH_2CH_2N$（CH_3）$_3^+ \cdot Cl^-$。Eudragit RL 和 RS 化学名为：丙烯酸乙酯 / 甲基丙烯酸甲酯 / 甲基丙烯酸氯化三甲胺基乙酯聚合物，比例分别为 1∶2∶0.2 和 1∶2∶0.1。前者为高渗透型阳离子聚合物，后者为低渗透型，两者常以适当配比混合使用，可以得到不同渗透性的缓释衣膜（常用其水分散体 Eudragit RL 30D 和 Eudragit RS 30D 进行包衣）。

Eudragit NE30D：R_1，$R_3=H$，CH_3；R_2，$R_4=CH_3$，C_2H_5。是丙烯酸乙酯 / 甲基丙烯酸甲酯聚合物（2∶1）与辅料的水分散体，固含量 25%。聚合物属于中等渗透性的非离子型聚合物，分子结构中不含活性基团，因此不受 pH 的影响，常作为不溶性药膜衣料用于缓控释制剂。

Eastacryl 30D，Kollicoat MAE 30D 和 Kollicoat MAE 30DP：R_1，$R_3=H$，CH_3；$R_2=H$；$R_4=CH_3$，C_2H_5。三者是甲基丙烯酸 / 丙烯酸乙酯共聚物的水分散体溶胶，可作固体制剂的肠溶包衣材料。

表 4–14 为聚丙烯酸树脂的商品名、特性及其应用概况[34]。

表 4-14　聚丙烯酸树脂商品的特性和使用概况

商品名和型号	形态	干聚合物含量	建议使用的溶剂或稀释剂	溶解度	用途
Eudragit（Evonik 公司）					
Eudragit E 12.5	有机溶液	12.5%	丙酮，乙醇	pH 5 胃液中溶解	薄膜衣
Eudragit E 100	颗粒	98%	丙酮，乙醇	pH 5 胃液中溶解	薄膜衣
Eudragit L 12.5P	有机溶液	12.5%	丙酮，乙醇	pH 6 肠液中溶解	肠溶衣
Eudragit L 12.5	有机溶液	12.5%	丙酮，乙醇	pH 6 肠液中溶解	肠溶衣
Eudragit L 100	粉末	95%	丙酮，乙醇	pH 6 肠液中溶解	肠溶衣
Eudragit L 100–55	粉末	95%	丙酮，乙醇	pH 5.5 肠液中溶解	肠溶衣
Eudragit L 30D–55	水分散体	30%	水	pH 5.5 肠液中溶解	肠溶衣
Eudragit S 12.5P	有机溶液	12.5%	丙酮，乙醇	pH 7 肠液中溶解	肠溶衣
Eudragit S 12.5	有机溶液	12.5%	丙酮，乙醇	pH 7 肠液中溶解	肠溶衣
Eudragit S 100	粉末	95%	丙酮，乙醇	pH 7 肠液中溶解	肠溶衣
Eudragit RL 12.5	有机溶液	12.5%	丙酮，乙醇	高渗透性	缓 / 控释衣

续表

商品名和型号	形态	干聚合物含量	建议使用的溶剂或稀释剂	溶解度	用途
Eudragit RL 100	颗粒	97%	丙酮，乙醇	高渗透性	缓/控释衣
Eudragit RL PO	粉末	97%	丙酮，乙醇	高渗透性	缓/控释衣
Eudragit RL 30D	水分散体	30%	水	高渗透性	缓/控释衣
Eudragit RS 12.5	有机溶液	12.5%	丙酮，乙醇	低渗透性	缓/控释衣
Eudragit RS 100	颗粒	97%	丙酮，乙醇	低渗透性	缓/控释衣
Eudragit RS PO	粉末	97%	丙酮，乙醇	低渗透性	缓/控释衣
Eudragit RS 30D	水分散体	30%	水	低渗透性	缓/控释衣
Eudragit NE 30D	水分散体	30% 或 40%	水	可溶性，可渗透	缓/控释衣片剂骨架
Eastacryl（Eastman 化学公司）					
Eastacryl 30D	水分散体	30%	水	pH 5.5 肠液中溶解	肠溶衣
Kollicoat（BASF Fine Chemicals）					
Kollicoat 30D	水分散体	30%	水	pH 5.5 肠液中溶解	肠溶衣
Kollicoat 30DP	水分散体	30%	水	pH 5.5 肠液中溶解	肠溶衣

注：上述聚合物建议使用增塑剂：邻苯二甲酸二乙酯、聚乙二醇、枸橼酸三乙酯、甘油三醋酸酯、丙二醇，增塑剂使用量大约 10%~25%（按干聚合物重计算）。Eudragit E 12.5，Eudragit E 100 和 Eudragit NE 30D 不需要加增塑剂

乙基纤维素（ethyl cellulose，EC）：EC 系纸浆或棉纤维经碱处理所得的碱性纤维，再经氯乙烷乙基化，葡萄糖苷元单元上的羟基部分或全部被乙氧基取代制得。羟基被取代的程度（取代度）为 2.25~2.60 个乙氧基，相当于乙氧基含量为 44.0%~51.0%。其分子式为 $[C_6H_7O_2(OH)_{3-X}(C_2H_5)_X]_n$，$X$ 约为 2.3~2.5。结构式见图 4-34。

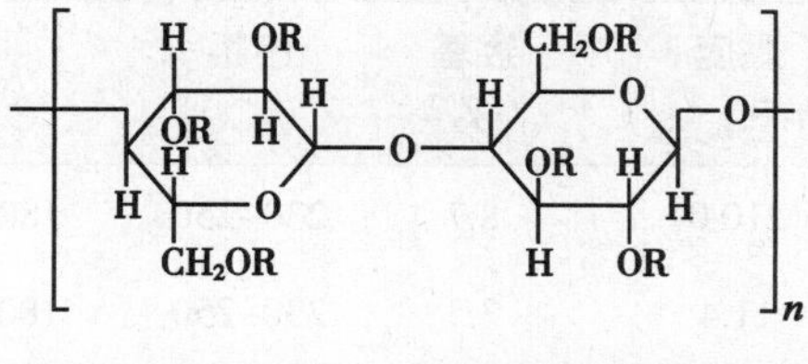

图 4-34 乙基纤维素和醋酸纤维素结构式

R=H 或 C₂H₅ 为乙基纤维素；R=H 或 CH₃CO– 为醋酸纤维素。

EC 的聚合度（n）决定其物理性质的区别。聚合度从小到大，则黏度也由低到高；此外，其抗拉强度、伸展度和柔软度均有差别。药用 EC 产品有 7mPa·s、10mPa·s、20mPa·s、45mPa·s 和 100mPa·s 等黏度规格。

EC 为白色易流动的颗粒或粉末，不溶于水、胃肠液、甘油或丙二醇，易溶于乙醇、丙酮、异丙醇、苯、三氯甲烷、二氯甲烷和四氯化碳等多数有机溶剂。EC 耐碱和盐溶液，但不耐酸，在阳光下易氧化降解。故宜贮藏于避光的密闭容器内。

EC 可用作固体颗粒黏合剂、缓释骨架材料，并广泛用作片剂和微丸等缓控释制剂的包衣材料。由于 EC 单独包衣时，形成的衣膜通透性较差，其通透性仅为醋酸纤维素的 1/10，所以往往与一些水溶性的成膜材料如 PEG、MC、HPC、HPMC 和渗透型丙烯酸树脂等混合使用，以获得有适宜释药性能的包衣膜，也可加入增塑剂，如加入 EC 重量 20% 的邻苯二甲酸二乙酯。

一般将 EC 制成水分散体形式使用，典型的两个水分散体商品是 Surelease 和 Aquacoat（表 4-15）。上述两个产品中，EC 以粒径 0.05~0.2μm 的胶态微粒悬浮在水介质中，外观是不透明的乳白色，聚合物含量可高达 30%，而且显示低黏度特性。

表 4-15 乙基纤维素水分散体品种 [35]

品名	组分	备注
Aquacoat	乙基纤维素（N type，10cps），5.0% 十六醇，2.7% 十二烷基硫酸钠，聚二氧甲基硅氧基	含固体量 30%（m/m），乙基纤维素微粒直径 0.1~0.3μm；应用时应添加增塑剂；本品已为 USP 收载
Surelease	乙基纤维素（20cps），精馏椰子油或 DBS，油酸，微粉硅胶，氨水	含固体量 25%（m/m），乙基纤维素微粒直径 0.2μm；应用时无须添加增塑剂。用前加纯水稀释至 8%~15%

注：Aquacoat（美国 FMC 公司产品）；Surelease（美国 Colorcon 公司产品）；DBS：葵二酸二丁酯

醋酸纤维素（cellulose acetate，CA）：CA 系用高纯度的纤维素在酸催化下与醋酸酐反应，经部分或全部的羟基乙酰化制得。因其分子链的长度不同，分子量也在一较大范围内变动，见表 4-16。

表 4-16 醋酸纤维素的类型及其物理特性

型号	乙酰基（%）	黏度（mPa·s）	羟基（%）	熔距（℃）	T_g ①（℃）	密度 ②（g/cm³）	M_{wn} ③
CA-320S	32.0	210.0	8.7	230~250	180	0.4	38,000
CA-398-3	39.8	11.4	3.5	230~250	180	0.4	30,000
CA-398-6	39.8	22.8	3.5	230~250	182	0.4	35,000
CA-398-10NF	39.8	38.0	3.5	230~250	185	0.4	40,000

续表

型号	乙酰基（%）	黏度（mPa·s）	羟基（%）	熔距（℃）	T_g[①]（℃）	密度[②]（g/cm³）	M_{wn}[③]
CA-398-30	39.7	114.0	3.5	230~250	189	0.4	50,000
CA-394-60S	39.5	228.0	4.0	240~260	186	—	60,000
CA-435-75	43.5	—	0.9	280~300	185	0.7	122,000

注：①玻璃化转变温度；②轻敲密度；③数均分子量（以聚苯乙烯等同物计）

CA 含乙酰基为 29.0%~44.8%（g/g），每个结构单元约有 1.5~3.0 个羟基被乙酰化；乙酰基含量下降，亲水性增加，水通透性增加。因分子中结合酸量不同，有一醋酸纤维素、二醋酸纤维素和三醋酸纤维素之分，结合酸的多少会影响形成包衣膜的性能。缓控释包衣材料多采用二醋酸纤维素，其分子式为 $+C_6H_7O_2(OCOCH_2)_x(O)_{x-3}+_n$，式中 n 为 200~300，X 为 2.28~2.49，平均分子量（Mav）为 50 000，结合酸为 53%~56%，为白色疏松的小粒、条状物或片状粉末，无毒，不溶于水、酸、碱溶液，溶于丙酮、氯仿、醋酸甲酯和二氧六环等有机溶媒。CA 的玻璃化温度为 170~190℃，熔点在 230~300℃范围内，粉末松密度为 0.4g/cm³。测定 10%CA 有机溶媒溶液的动力黏度，其值在 10~230mPa·s 之间；使用时可将不同平均黏度的 CA 混合起来使用。

CA 是渗透泵片和各种膜控型制剂的理想包衣材料，与 EC 膜相比，CA 膜更牢固和更坚韧，而且通透性更好。美国 FMC 公司成功开发了其水分散体品种（CA398-10）[36]。该产品固含量 29%（m/m），聚合物平均粒径 0.31μm，含 1.4% 的十二烷基硫酸钠作为乳化剂和稳定剂，三醋酸甘油酯和柠檬酸三乙酯是本品的理想增塑剂，用量为聚合物固含量的 120%~150%[37]。

其他：硅酮弹性体（即硅橡胶）是早已广泛应用的惰性医用高分子材料，在制剂上也用作埋植剂、透皮给药系统等的载体材料。美国 Dow Corning 公司新近成功开发了其水分散体作为一种缓释包衣新材料。本品聚合物固含量 50%，粒径 0.23~0.26μm，介质 pH 8.0。本品无须添加增塑剂，但单独包衣应用时形成的衣膜抗张强度较低，因此通常加入二氧化硅溶胶作为填充剂，改善衣膜的机械性能。硅酮弹性体形成的衣膜对亲水性和离子性药物不具有渗透性，因此包衣处方中通常加入聚乙二醇作为致孔剂。衣膜中硅酮弹性体与二氧化硅的比例、致孔剂用量是影响药物释放特性的重要因素。

（2）增塑剂：增塑剂的增塑机理是其为小分子化合物，能够插入聚合物分子链间，削弱链间的相互作用，增加链段柔性，从而降低聚合物的玻璃化转变温度或熔点。根据增塑剂的溶解性质，可将其分为水溶性和脂溶性两类。水溶性增塑剂主要是多元醇类化合物，脂溶性增塑剂主要是有机羧酸酯类化合物或油类。常规包衣处方中的增塑剂如丙二醇、甘油和聚乙二醇属于水溶性增塑剂，它们能与水溶性聚合物如 HPMC 等混合，亦可与醇溶性聚合物如 EC 混合。多元醇增塑剂稳定，不挥发，但这类增塑剂吸湿性一般都较强。有机羧酸酯类增塑剂，由于水不溶性，这些增塑剂主要用于有机溶媒可溶的聚合物材料如 EC 和一些肠溶性膜材料等。甘油三醋酸酯和柠檬酸酯由于与水有较强亲和力，往往用于水溶性包衣材料中。蓖麻油也有应用，只是与水和有机溶媒相溶性都较小。

选择增塑剂主要是根据增塑剂与聚合物的相容性，相容性反映了增塑剂与聚合物系统的可溶性和亲和性。对于水分散体包衣，选择增塑剂还需考虑增塑剂对聚合物最低成膜温度（MFT）的降低情况，具体可以参考有关文献[34]，表 4-17 为常用的增塑剂及其溶解性。

表 4-17 薄膜包衣常用增塑剂及其溶解性能[34]

增塑剂	水溶解度	溶解度参数	有机溶剂溶解度			适用的聚合物（用量 10%~20%）
			乙醇	丙酮	二氯甲烷	
邻苯二甲酸二乙酯（DEP）	1	20.6	M		M	纤维素酯*、PVP、纤维素醚
邻苯二甲酸二丁酯（DBP）	0.4	约20	M		M	PMMA 衍生物、纤维素酯*
乙酰基柠檬酸三乙酯（ATEC）	7.2	约21				PMMA 衍生物*、PVAPMMA 衍生物
柠檬酸三乙酯（TEC）	65	约20				纤维素酯、PVAP
甘油三乙酸酯（TA）	71	约22		M		PMMA 衍生物、纤维素酯、PVAP
甘油	+	–				纤维素酯、纤维素醚
蓖麻油	–	–			+	PMMA*
1，2-丙二醇	M	24~30	M	M		PMMA 衍生物、纤维素酯、纤维素醚
PEG6000	+	约19	+	+	+	PMMA 衍生物、纤维素酯、纤维素醚

注：*不适用于水性包衣体系；M：可相互混溶；+：溶解；PMMA：聚丙烯酸甲酯

增塑剂对缓释包衣的影响很明显。同一缓释包衣材料，所用增塑剂种类和用量不同，则包衣膜的性质差别很大。Hutching DE 采用乙基纤维素水分散体对盐酸普萘洛尔微丸包缓释衣，包衣处方中分别采用六种增塑剂：己二酸二丁酯（DBA），癸二酸二丁酯（DBS），丁二酸二甲酯（DMS），柠檬酸三乙酯（TEC），柠檬酸三丁酯（TBC）和乙酰基柠檬酸三乙酯（ATEC），实验考察 25%、30% 和 35% 三个增塑剂浓度，分别获得六个缓释包衣制剂，用稀盐酸为溶出介质，转速为 100rpm，转篮法进行释放实验，以微丸释放速率常数对增塑剂浓度作图，由图 4-35 可见，不同种类增塑剂对包衣膜释药性能影响明显不同；且 6 种增塑剂的用量不同，对包衣制剂释药性能的影响也不同，随着增塑剂浓度的增高，释药速率减慢[38]。

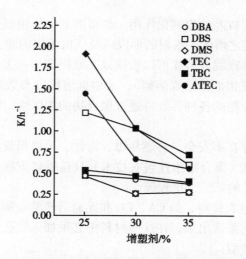

图4-35　增塑剂对盐酸普萘洛尔包衣微丸释药的影响

又如用 Eudragit RS30D 对沙丁胺醇微丸包衣，分别采用 8% 和 12.5% 柠檬酸三乙酯为增塑剂。扫描电镜观察表明，8% 的增塑剂浓度太低，包衣液形成的聚合物膜不连续；而增塑剂浓度提高到 12.5% 时，则能形成光滑、连续和缓释的包衣膜。若改用水溶性好的 PEG200 和 PEG300 为增塑剂，则制成的缓释沙丁胺醇微丸释药速率加快。一般认为水溶性增塑剂在浓度较低时起增塑作用，而在较高浓度时尚起致孔剂作用。经验上增塑剂的常用浓度相当于聚合物重量的 15%~30%，但对特定的包衣液或分散液中的最适用量，则必须经过细致的实验才能确定。

（3）溶媒：包衣材料的溶媒选择十分重要。溶媒或分散介质的主要作用是将包衣材料溶解或分散后均匀地传送到剂型表面，使其形成均一光滑的薄膜。薄膜衣材的溶媒传统上大多为有机溶媒，如作为 CAP、EC 或聚丙烯酸树脂等的溶媒；也有用水为溶媒，如作为 HPMC、CMC 或者 MC 等水溶液聚合物的溶媒。常用的包衣材料溶媒类型见表4-18。

表4-18　常用的薄膜衣材料的溶媒类型

类型	溶媒名称
水	—
醇类	甲醇，乙醇，异丙醇等
酯类	醋酸乙酯，乳酸乙酯等
酮类	丙酮
氯化烃类	二氯甲烷，三氯甲烷

由于多种溶媒蒸发潜热不同，包衣时蒸发速度也不同；聚合物在不同溶媒中溶胀及链伸长程度不同，会直接影响膜的质量如释药速度、机械性质和外观等。溶媒性质还与包衣工艺、效率、环境污染及成本都有直接关系，所以对包衣材料溶媒的选择是件慎重的事。

一种良好的溶剂应该使成膜材料既有最大的溶解性，又有最小黏性。换言之，薄膜包衣操作性良好的溶媒应有较差的溶剂化作用。如果溶剂化作用很强，溶剂与聚合物分子间产生很强的作用，黏度随之增大，衣膜的形成以及残留溶媒的除去将变得越困难。

适用于聚合物的溶媒或混合溶媒可以根据以下原则选择：①根据经验；②按照相似相溶原则（即相似的溶质被相似的溶媒溶解）；③根据溶解度参数定量计算；④根据分子间作用力定性评估等。聚合物的各种参数可通过聚合物的溶胀性、特性黏度以及其他性质的比例测定。

由于采用有机溶媒存在不安全，易燃易爆、毒性、价格昂贵且回收困难等问题，近年来以水为介质的包衣方法（聚合物水性包衣技术）日益受到重视和广泛的研究应用，且发展迅速，被誉为包衣工艺的第三个里程碑。

（4）致孔剂：缓释包衣材料，如 CA、EC 和无通透性的硅酮弹性体等制成膜时，药物往往无法从丸芯或片芯内渗透出来，在这些材料中必须加入致孔剂，以增加包衣膜的通透性。致孔剂主要有两种类型：

1）水溶性物质：如 PEG 类、PVP、糖类（如乳糖，蔗糖）和盐类等；也可用水溶性聚合物如低黏度的 HPMC 和 HPC；甚至有时可考虑用部分药物加入包衣液中作致孔剂，同时这部分药物又起速释作用。

图 4-36 为采用不同分子量的 PEG 和甘油三醋酸酯（triacetin）作为 CA 包衣材料的致孔剂对 CA 膜水渗透性的影响。从实验结果可见，两种致孔剂所成膜的水渗透性系数在低浓度时都较低，随着浓度的升高，即 PEG 类浓度 ≥ 5%，triacetin ≥ 10% 时，两者所成的膜水渗透系数迅速提高。

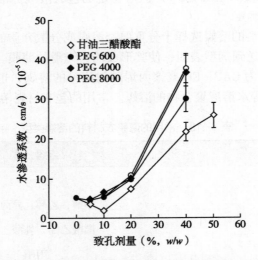

图 4-36　致孔剂对醋酸纤维素水渗透性的作用

HPMC 作为包衣膜致孔剂，其用量会极大影响释药速率。如分别用 2%、5% 和 10% 的 HPMC 对伪麻黄碱小丸包衣，可得到不同释药速率的微丸。随着衣膜中 HPMC 含量增加，释药速度加快，其原因与包衣膜中水溶性成分增大，溶解时形成的微孔增多，加速水向丸芯的渗透有关。

2）不溶性的固体成分：如滑石粉、硬脂酸镁、二氧化硅、钛白粉等添加到包衣液处方中，也可起到致孔作用，同时还起抗黏作用。含致孔剂的缓释包衣与水或消化液接触时，包衣膜上的不溶性固体成分脱落，使膜形成微孔或海绵状态，从而增加介质和药物的通透性。

（5）抗黏剂：包衣操作时，特别是有机溶媒包衣液对微粒包衣时，往往容易粘连成块，不仅使包衣操作困难、耗时，还影响成品外观、收率以及缓释效果。在包衣液中加入约 1%~3% 的抗黏剂如滑石粉、硬脂酸镁、二氧化硅、高岭土等，可明显改善产品质量。

此外，根据需要有时还需加入着色剂、消泡剂或稳定剂等。如 EC 水分散液中加入表面活性剂十二烷基硫酸钠为稳定剂，消泡剂最常用的是聚二甲基硅氧烷。

包衣液中所含固体添加剂对衣膜结构会产生一定影响。多数情况下，固体成分会使衣膜的杨氏模量增加，玻璃化转变温度上升，致使衣膜内应力上升，弹性下降，衣膜变硬，从而导致衣膜破裂和脱皮等现象。

（二）包衣成膜原理

包衣工艺一般是将聚合物溶于有机溶媒制成溶液或制成水分散体（胶乳或伪胶乳），采用适当方法涂布在制剂表面形成包衣膜，从而达到特定设计和释药模式的目的。图 4-37 为薄膜衣层形成过程。采用喷雾包衣工艺时，喷出的包衣液很快雾化，并形成微小的液滴均匀湿润在底物（片芯或微丸）表面，然后扩散蔓延，相互结合成薄膜。

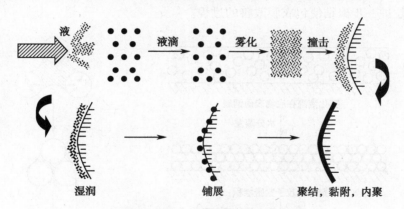

图 4-37 薄膜衣层形成过程

1. 聚合物有机溶液包衣成膜原理 衣膜形成是个复杂的过程，聚合物从有机溶媒中成膜和从水分散体中成膜机制是不同的。

用聚合物有机溶液包衣时，开始时有机溶媒蒸发，覆盖在底物上的聚合物溶液浓度增加，黏度升高并在某些点上胶凝，使原来在溶剂中伸展的聚合物链段不流动，并发生卷曲，相互间紧密相接，发生交叉或相互缠绕覆盖。随着残留溶媒进一步蒸发，稠厚的胶凝状聚合物溶液则形成立体结构，成为三维定向结构的干胶，即一层连续的包衣薄膜。

2. 水分散体包衣的优点及成膜原理

（1）聚合物水分散体包衣的特点：聚合物水性包衣技术（aqueous polymer coating technique）是国外自 20 世纪 70 年代初开始研究并迅速发展起来的一套薄膜包衣新技术，其中水分散体是目前水性包衣方法的主要应用形式，适用于各种缓释和肠溶聚合物。水分散体包衣具有以下特点：①固含量高、黏度低，有利于包衣操作和缩短包衣时间；②水是分散介质，而不是溶媒，因此与水溶液包衣方法相比，所需的包衣干燥热能相对较低；③与有机溶液包衣方法相比，包衣过程中衣液的喷雾干燥损失较少，包衣率较高；④包衣过程不易产生静电现象；⑤完全解决了传统包衣工艺中的环境污染和劳动保护等问题。因此，水分散体包衣已成为制剂包衣工艺的一个重要发展方向，有着相当广阔的应用前景。目前在国外已逐步开始推广普及，用于缓控释、肠溶等新产品的开发和原有品种的工艺改进。国内亦有单位开始着手各种缓释、肠溶水性包衣材料的研制与应用，这一包衣新工艺的产业化应用必将产生广泛的社会效益和经济效益。

　　（2）水分散体包衣成膜的原理：水分散体包衣成膜过程包括三个步骤：①包衣液雾化液滴在底物表面沉降并铺展；②水分蒸发，聚合物粒子在底物表面紧密堆积；③聚合物粒子变形、融合，相邻粒子间聚合物分子链交叉扩散，形成连续的衣膜（图 4-38）。采用水分散体包衣，当水分蒸发时，聚合物胶粒浓集，沉积在底物上。胶粒因运动越靠越近，并紧密堆积起来，此时聚合物质点形成不连续膜，在质点之间空隙中还含有一些液体。随后，环绕在胶粒外的水膜缩小，从而产生高的毛细管力和表面张力，驱使胶粒更紧密的聚在一起，变形并相互合并，当胶粒间的界面消失，则聚合形成连续而均匀的包衣膜。对一般薄膜而言，水分散体包衣过程只需经历前两步即可，但对缓释包衣则必须完成第三步才能获得具有缓释或控释的包衣膜。第三个步骤又称硫化（curing），也称膜的"愈合"。它是聚合物颗粒进一步聚结使包衣膜改善的过程。

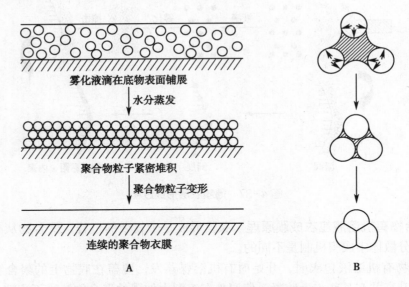

图 4-38　聚合物水分散体包衣成膜原理
A. 水分散体的包衣成膜过程；B. 聚合物粒子的融合

　　在水分散体包衣系统中，聚合物粒子之间存在着较强的静电排斥作用，因此包衣过程中需要有一定的作用力才可驱动粒子间相互聚集，并最终变形融合而成膜。目前普遍认为有两种作用力机制：①聚合物和水的界面张力；②水分蒸发期间，在水的表面张力作用下，聚合物粒子之间产生的毛细管压力。后者在水分散体包衣成膜中发挥更为重要的作用。根据 Laplace 方程，毛细管压力（P）与聚合物粒径（r）之间存在密切的关系：$P =$

2σ/r，其中 σ 为水的表面张力（30~70dyn/cm）。可见聚合物粒子越小，产生的毛细管作用力越大，有利于促进粒子间的变形融合作用。一般认为聚合物粒径小于 5μm 时均可达到良好的成膜目的。

水分散体的包衣成膜情况还与聚合物粒子的软化程度有密切关系。为了形成良好的衣膜，通常包衣操作温度应高于水分散体 MFT 10~20℃。MFT 是指水分散体在加热干燥条件下形成连续性衣膜的最低温度。MFT 与聚合物的 T_g 之间有一定相关性，但对于水分散体而言，聚合物粒子受到系统内多种成分的增塑作用，例如水本身可能就具有一定的增塑效果，因此单纯考察聚合物本身的 T_g 不能准确预测包衣成膜情况。MFT 能综合系统内各因素的影响，因此是预测水分散体包衣成膜情况的重要参数。

多数聚合物水分散体的 MFT 较高，难以单独包衣成膜。因此通常需要加入一定量的增塑剂以软化聚合物粒子，降低系统 MFT，以利于其包衣成膜作用。也可将 MFT 较低的水分散体材料（如 Eudragit NE30D，MFT 为 5℃）与 MFT 较高的水分散体混合应用，以利用后者的包衣成膜作用。表 4-19 为几种丙烯酸树脂水分散体的 MFT。

水分散体包衣操作结束后，聚合物粒子往往还未完全融合，即包衣膜的硫化尚不完全，在聚合物和空气的界面张力作用下，制剂存放过程中可能发生衣膜的进一步融合现象（further gradual coalescence，FGC），形成更加致密完整的衣膜[39]。FGC 需较长时间才可完成，因此通常采用包衣后热处理过程以加速包衣膜的硫化[40]。目前多采用烘箱干燥的热处理方式，也有报道认为在流化床中进行热处理是一种高效、省时的热处理方式。热处理温度至少应高于聚合物水分散体的 MFT 10℃。

表 4-19　丙烯酸树脂水分散体（Eudragit）的最低成膜温度（MFT，℃）

增塑剂		NE30D	L30D	RL30D	RS30D	L100	S100
TEC	0%	5	27	40~50	40~50	>85	>95
TEC	10%		<0	11	20	54	52
TEC	20%		<0	<10	5	49	48
TEC	30%					37	41
TEC	40%					18	19
TEC	50%					8	10

注：TEC，柠檬酸三乙酯；Eudragit L100、S100 为喷雾干燥的肠溶包衣材料，包衣前在水中分散后进行水混悬液包衣

（三）微丸流化床包衣及影响包衣过程的工艺因素

1. 微丸包衣　微丸制好后（或丸芯上药完成后）通常会采用水溶性聚合物如 HPC 等作为包衣材料对上药的微丸包衣，称隔离层包衣；这样可以避免药物在进一步包衣过程中产生药物迁移，也可以降低载药微丸的脆碎度。一般在隔离层包衣结束后要测定微丸中药物的含量，并清洗流化床设备，避免设备中残留的游离药物粉末进入功能包衣膜。

功能包衣可改变微丸释药模式的过程，达到缓控释、肠溶或脉冲释放的目的。衣膜质量和厚度直接影响微丸的释药行为。

微丸功能包衣后，根据需要还可以进行外层包衣着色，除悦目外，也可避免储存过程中可能产生的粘连现象。所以，从微丸结构上看，包衣微丸通常具有含药丸芯（如采用丸芯上药法制备，则包括空白丸芯和药物层）、隔离包衣层、功能包衣层和外层包衣等多层结构，见图 4-39。

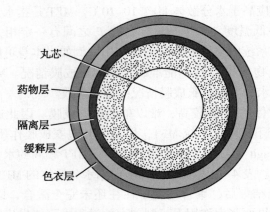

图 4-39　流化床制备的包衣微丸结构

2. 影响微丸包衣过程的工艺因素　微丸制备后，根据需要常要进一步进行薄膜包衣，达到缓释和控释目的，通常衣膜厚度是 10~20μm。除衣膜厚度外，衣膜致密性也是影响药物释放的重要因素。所以，仅考虑包衣增量是不够的，通过优化包衣工艺达到良好的衣膜质量也是非常重要的。以下为根据流化床工艺经验总结的一些微丸包衣过程主要的影响因素。

（1）平衡干燥效率和喷液效率的关系：包衣工艺的参数很多，可以将其归纳为干燥效率和喷液效率两大种。优化流化床包衣工艺参数，一般在充分了解物料和包衣处方性质的基础上，寻找干燥效率和喷液效率的平衡，以达到一个最适合包衣成膜的物料温度。

干燥效率主要包含三个方面：进风风量、进风温度和进风相对湿度。湿度常用露点（dewpoint）表示，进风风量有两个作用：一是产生良好的物料流化状态，二是传递热量产生热交换。所以，风量改变会影响干燥效率，从而影响包衣质量，批与批之间要保持风量的一致。

干燥效率和喷液效率之间的平衡可以通过物料温度进行监控。多数情况下，水性包衣工艺控制物料温度在 30~40℃之间，对水分散体包衣，物料温度通常要高于水分散体 MFT 10~15℃，才能保证达到良好的成膜效果。

（2）包衣区域：对于底喷型流化床，隔圈内部是主要的包衣区域。应该尽量减少包衣液滴从喷枪到达物料（有时亦称底物）表面的距离，这样可以使包衣液在到达物料表面时基本保持原有的特性，即浓度和黏度没有明显的增加，这是保持良好的铺展成膜的前提。

（3）物料的流化状态：微丸的流化状态是由空气分配底板的开孔率大小、进风风量和隔圈高度决定的。有些包衣材料因对温度较敏感，容易产生黏结，因此微丸应保持较高的流化状态，隔圈外部分最好能见到沸腾鼓泡现象。可以用提高风量、升高隔圈高度或选择开孔率较高的空气分配板来实现。

（4）物料的比表面积：对处方研究而言，首先考虑的问题是什么样的包衣增重和衣膜厚度可以达到理想的药物释放模式。在相同的包衣增重下，衣膜厚度取决于物料的比表面积，而且首先取决于物料的粒径。通常情况下衣膜厚度在 10~20μm 之间。表 4-20 为形成 10μm 厚度的衣膜，不同粒径微丸所需要的包衣增重的对应数值。从表中数值可见，粒径越小，比表面积越大，达到相同衣膜厚度所需的包衣增重越大。举例说，直径 1.00mm 的微丸，每克表面积为 4610mm^2，包衣增重为 4.7g；而直径 0.25mm 的微丸，每克比表面积可达 18490mm^2，包衣增重则达 20g，后者为前者包衣量的 4.26 倍。包衣液通常浓度为 10%~20%，需要的包衣增重越大，就意味着包衣液用量和工艺时间大大增加，因此在符合质量指标的前提下，建议应该尽量采用粒径大的微丸，这样可以节省包衣材料，缩短工艺时间。目前工业药剂学上微丸粒径大多在 0.75~1.0mm 左右。

表 4-20　不同粒径微粒形成 10μm 厚度衣膜所需的包衣增重

目数	直径（mm）	每克颗粒数	每克表面积（mm^2）	包衣后的直径	包衣增重（g）	物料中包衣所占比率（%）
5	4.00	23	1157	4.020	1.2	1.18
10	2.00	183	2312	2.020	2.4	2.34
18	1.00	1468	4610	1.020	4.7	4.49
35	0.50	11 764	9235	0.520	9.6	8.75
60	0.25	94 340	18 490	0.270	20	16.70
120	0.13	751 880	36 917	0.145	43.3	30.20
200	0.07	3664 000	63 004	0.094	82.3	45.10
325	0.04	17 543 860	107 018	0.064	163.5	62.00

（5）物料的物理性质：除上述微丸比表面积外，包衣过程还与微丸的粒径分布、圆整度、孔隙率和脆碎度等性质有关。微丸的粒径分布越集中，圆整度较好（致密而无棱角），批间产品密度相差不大，这些都对包衣过程有利。如果微丸表面有较多孔隙，一部分包衣液会用于填补孔隙，则衣膜厚度会变得难以预测。另一因素是微丸的脆碎度，脆碎度过高，必将影响衣膜质量，因为破碎的药物层碎片可能会在包衣过程中进入衣膜，从而影响衣膜的渗透性。目前还未有一种微丸脆碎度标准测定方法，建议可在流化床包衣条件下，不喷包衣液，让微丸流化 10~15 分钟，筛分细粉，如细粉明显增多，说明微丸脆碎度不好，一般不希望超过 1%。如果脆碎度不理想，可考虑采用包隔离层方法解决。

对于水溶性较好的药物进行水性包衣，要注意避免药物在包衣过程中迁移进入衣膜。解决的方法是包衣初始阶段减慢喷液速率，并且提高进风温度和物料温度，直至形成一定厚度的保护衣膜（大致增量 1%~2%），进一步包衣可以提高喷液速率，降低进风温度直至包衣结束。

（6）流化床包衣工艺的生产放大问题：流化床包衣工艺放大至中试或大生产是否成

功，小试工艺完善与否非常关键。物料的问题如脆碎度会变得突出。另外，如果药物释放曲线对包衣工艺条件的变化十分敏感，在大生产时也会变得更加突出。鉴于此，小试过程的处方及工艺一定要进行系统研究。下面以一个具体的实例进行说明。

例 4-5 马来酸氯苯那敏缓释微丸

【处方】①丸芯上药 20/25 目丸芯；

药物溶液（微丸重量的 3.5%）

氯苯那敏	23.5%
HPMC	5.0%（m/m）
微粉化滑石粉	6.2%
水	65.3%

②包衣液 1　10%（m/m）HPMC 水溶液，增重 1%

③包衣液 2　Surelease（稀释至 15%），增重 10%

④包衣液 3　10%（m/m）HPMC 水溶液，增重 1%

【制法】取 20~25 目的空白丸芯于流化床中，经底喷装置喷药物溶液包裹在丸芯上，干燥后形成载药微丸；然后马上包隔离衣，微丸出料，筛分少量黏结的微丸并测定其含量。重新投料进流化床并采用 Surelease 包衣，缓释包衣结束后，适当降低进风温度以避免 Surelease 缓释衣膜受热粘连。然后进行外层包衣，全部结束后在流化床中继续流化干燥5 分钟。表 4-21 为 Colorcon 公司采用优化工艺开发 3kg 批量的氯苯那敏缓释微丸的工艺参数。

表 4-21　氯苯那敏缓释微丸优化的工艺参数

工艺参数	工艺条件
批量（kg）	3.0
空气分布板型号	C 型
喷枪	1.0mm 喷嘴（970 型）
空气流化体积（m³/h）	83~107
进口温度（℃）	64~67
出口温度（℃）	40~45
物料温度（℃）	41~47
喷枪气压（bar）	1.5
Surelease 固含量（%，m/m）	15.0
喷雾速率（g/min）	25~28

图 4-40 为上述优化工艺制备的氯苯那敏缓释微丸的体外释放曲线。考察微丸包衣后是否进行热处理对其释药的影响，由图可见，硫化与否对载药微丸的释药模式无明显影响。分析其原因，Surelease 是采用相转变法制备，增塑剂能均匀分布在乙基纤维素熔融相中，发挥良好的增塑效果，包衣液处方中含有油酸铵，依靠铵离子的正电性排斥作用使聚合物粒子保持分散状态，油酸又能进一步增加增塑效果，因此，包衣过程中，在水分蒸发产生的毛细管压力作用下，塑化的聚合物粒子易于相互融合成膜。

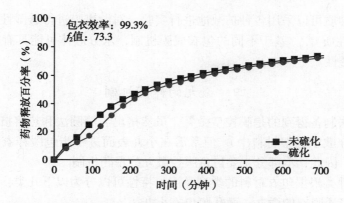

图 4-40 不同硫化工艺对氯苯那敏缓释微丸释药速率的影响

（四）包衣膜物理性质的评价方法

膜控型缓释包衣制剂的释药特性主要取决于衣膜的性质，如渗透性和机械强度等。因此通过对衣膜进行物理性质的评价，是合理设计包衣处方、预测制剂释药特性和稳定性的有效方法。目前一般采用聚合物的游离膜进行衣膜性质的研究。游离膜的制备方法主要有浇铸法（cast）和喷雾法（spray）两种，Obara 等[41]认为喷雾法制备的游离膜均匀性和重现性较好，更适合于聚合物水分散体游离膜的制备和评价。

包衣制剂中衣膜出现裂纹、老化等现象，及制剂后处理（如包衣小丸压片）、包装、运输过程中衣膜性质的改变均与衣膜的机械强度不足有关。目前通常采用拉伸实验（tensile test）或击穿实验（puncture test）进行衣膜机械性质的研究，通过测定衣膜的抗张强度、拉伸率、弹性模量及击穿强度等参数，考察包衣处方因素（聚合物、增塑剂、固体添加剂等）、工艺条件（包衣温度、热处理等）及储存条件（温度、湿度）等对聚合物包衣膜机械性质的影响。

衣膜的机械强度首先取决于聚合物的种类。Bodmier 等[42]对乙基纤维素和丙烯酸树脂水分散体制备的衣膜强度进行比较，发现前者脆性相对较大，击穿强度和拉伸率均较低，这与其较高的分子链间氢键结合力有关。而 Eudragit NE30D 则形成弹性良好的衣膜，拉伸率可达 600%。衣膜的机械性质与聚合物的分子量之间也存在密切关系，通常分子量增加可提高衣膜的抗张强度，降低包衣成膜中裂纹的发生率。

增塑剂的种类和用量也是影响衣膜机械强度的重要因素。增塑剂可削弱聚合物分子间作用力，提高衣膜对抗内应力的性能，减少包衣膜中裂纹的发生率。环境湿度与多数增塑剂可产生协同作用，降低聚合物的玻璃化转变温度。Eudragit L30D 制备的衣膜在干燥状态下脆性较大，而润湿后衣膜的弹性和塑性则明显改善，说明水分对聚合物有较好的增塑作用。增塑剂的稳定性也是处方设计中应考虑的重要因素，有些增塑剂如油酸、三醋酸甘油酯等，在衣膜储存条件下易降解或逸失，而亲水性增塑剂在衣膜润湿状态下则可能扩散进入水中，影响衣膜的机械强度和渗透性质。

有些情况下衣膜中裂纹的发生率不仅与衣膜的抗张强度有关，而且与弹性模量有关。Rowe 发现抗张强度与弹性模量的比值更能反映衣膜在制剂（微丸、片剂）中的性质，比值较小时包衣制剂产生衣膜缺陷的几率增大。Surelease 制备的衣膜在 50℃的干燥温度下抗张强度与弹性模量的比值最大，因此认为在此热处理温度下衣膜不易产生机械性缺陷。

衣膜的渗透性质可以采用各种扩散池进行实验，对游离膜进行透湿性的研究也可间接反映衣膜的渗透性质[43]。基于不同的包衣成膜机制，水分散体可能具有较溶液型包衣方法更低的衣膜渗透性。

四、微丸的释药机制

采用流化床法制备得到的是膜控型微丸，虽然挤出－滚圆法和热熔挤出法制得的是骨架型微丸（药物分散于骨架材料中），但常需在小丸表面进一步包缓释衣膜，才能达到较理想的缓释效果。因此，本部分主要讨论膜控微丸的释药机制。

膜控微丸的种类根据包衣材料的类型及溶出特性可以分为以下几类：包亲水薄膜衣的微丸，包不溶性半透膜衣的微丸，微孔膜包衣小丸。

由于构成膜控微丸的丸芯、包衣膜组成的不同以及所用包衣溶剂的不同，药物自膜控微丸内的释放可能为多种释药机制，或几种释药机制综合的结果，归纳起来有以下几种。

1. 药物通过包衣膜的溶解/扩散 此释药机制假设包衣膜是一连续均匀的相，增塑剂和其他添加剂均匀分布在此相中。包衣膜上交联的聚合物间有分子大小的孔隙，药物分子经溶解、分配过程进入并经这些孔隙扩散通过包衣膜连续相。增塑剂或其他添加剂必须首先润湿孔隙，药物分子才能扩散通过，添加剂也会改变聚合物分子链间的大小。此种包衣微丸的药物释放速率可用式4-6表达：

$$\frac{\mathrm{d}M}{\mathrm{d}t} = \frac{P_\mathrm{m}}{h}(C_\mathrm{s} - C_\mathrm{b}) = \frac{DKE}{\tau\beta h}(C_\mathrm{s} - C_\mathrm{b}) \qquad \text{式 4-6}$$

式中，P_m 为包衣膜的渗透系数，C_s 为膜内药物浓度，C_b 为总体溶液中的药物浓度（膜外），h 为膜厚度，D 为药物扩散系数，K 为药物在聚合物与水之间的分配系数，E 为孔道的体积分数，τ 为曲率因子，β 为链的静止因素。

2. 通过水性孔道的扩散 包衣膜不是均相和连续的膜，例如添加致孔剂的微孔包衣膜，聚合物的胶乳粒子因包衣操作条件的影响凝结成不完整的膜等，当包衣小丸与水性介质接触时，致孔剂部分溶解或脱落，形成水溶液填充的微孔，有些可能就是包衣时形成的微孔，甚至裂隙，溶解的药物通过这些水性孔道扩散出来。式4-6中的 P_m 可用 P_p 替代（式4-7）：

$$P_\mathrm{p} = \frac{D_\mathrm{p}E_\mathrm{p}}{\tau_\mathrm{p}}K_\mathrm{p} \qquad \text{式 4-7}$$

式中，P_p 为药物通过水性孔道的渗透系数，K_p 为1，因为药物在水性通道和总体水溶液中不存在分配，τ_p 为水通道的曲率，E_p 为水通道的体积分数。

包衣微丸的释药规律往往不只受一种释药机制的控制，最常见的是通过聚合物连续相的溶解/扩散和通过水性通道扩散共同起作用，两者往往平行进行。假设两种释药机制相互独立，则包衣微丸的释药速率的表示见式4-8与式4-9：

$$P_\mathrm{a} = P_\mathrm{m} + P_\mathrm{p} = \frac{DE}{\tau\beta}K + \frac{D_\mathrm{p}E_\mathrm{p}}{\tau_\mathrm{p}} \qquad \text{式 4-8}$$

$$\frac{\mathrm{d}M}{\mathrm{d}t} = \frac{P_\mathrm{a}}{h}(C_\mathrm{s} - C_\mathrm{b}) \qquad \text{式 4-9}$$

式中，P_a 为药物穿透包衣膜的总渗透系数。

3. 由渗透压驱动的释放 膜控包衣微丸,丸芯若由高渗物质组成,则微丸在释放介质中时,膜内外所产生的渗透压差对释药的作用也是不容忽视的。实验证明由高渗物质组成的包衣微丸的释药行为是伴有渗透作用的控制扩散。其释药速率的表示见式4-10:

$$\frac{dM}{dt} = \frac{[\alpha\Delta\pi + (P_m + P_p)]}{h}(C_s - C_b)$$ 式4-10

式中,$\Delta\pi$ 为膜两侧的渗透压差,α 为渗透动力系数。

五、微丸的质量评价

1. 粒度及其分布 微丸的大小可用多种参数表示:粒度分布、平均直径、几何平均径、平均粒宽和平均粒长等来表达。目前生产上或研发中检查粒径最常用的方法是筛析法。如将一定量的微丸,在往复振荡器中用直径20cm的标准筛筛分一定时间,收集并称量通过一系列筛目之间的微丸重量,即可绘制微丸的粒度分布图。也有采用计算机辅助成像分析法确定粒度分布的方法报道。

2. 脆碎度 微丸的脆碎度关系到产品质量如贮藏或制剂流通过程的质量稳定性。脆碎度检测方法因仪器不同有不同规定,如可采用实验型流化床装置,检测样品在流化条件下经一定时间产生细粉占微丸重量的百分率;也可采用脆碎度仪检测,如取10粒微丸,加25粒直径为7mm的玻璃珠一起置脆碎度仪中旋转10分钟,然后将物料置孔隙为250μm的筛中,于振动筛中振摇5分钟,收集并称量通过筛的细粉量,计算细粉占微丸的重量百分率。

3. 圆整度 微丸的圆整度是反映其成球形的好坏,会直接影响膜在丸面沉积的均匀度,故可影响膜控微丸的包衣质量,进而影响其释药特性。微丸要求大小和形状均一、表面平滑、圆整。

测定微丸圆整度的方法有:①微丸休止角,如将一定量(例如50g)微丸,在指定高度从具有1.25cm小孔的漏斗中落到一硬的平面后,测量微丸的堆积高度(H)和堆积半径(r),$\tan\varphi = H/r$,φ 即休止角,φ 越小,表明微丸的流动性越好。休止角间接反映微丸圆整度的好坏。②微丸的平面临界稳定性(One-Plane-Critical-Stability,OPCS),即将一定量微丸置一平板上,将平板一侧抬起,测量微丸开始滚动前,倾斜平面与水平面所成的角度,该角度越小,表明微丸圆整度越好。③测定微丸长径 d_{max} 和短径 d_{min} 的比,$AR = d_{max}/d_{min}$,该比值越接近1,表明微丸圆整度越好,一般认为 $AR \leq 1.2$,圆整度是可被认可的。④测定形状因子,利用计算机辅助成像分析法获得微丸的二维投影形象,计算机软件可依据需要自动测算该影像的形状因子 e_R,只有光滑球体的投影 $e_R = 1$,一般 e_R 均 ≤ 1,故测得的微丸形状因子越接近1,圆整度越佳。一般认为,微丸 e_R 的限度要求 ≥ 0.6。

4. 堆密度 取100g微丸缓缓通过一玻璃漏斗倾倒于一量筒内,测出微丸的松容积,即可计算出微丸的堆密度。

5. 含水量 传统的制剂水分含量均采用卡尔-费斯(Karl Fischer)方法测定,也可用红外天平检测,将微丸于100℃快速加热至恒重,失重与微丸原重量比值的百分率即为水分含量。该方法方便、省时,适用作为制剂产品或中间体水分检测手段。

6. 释放度实验 微丸释药模式是评价其质量的重要指标。微丸的配方、衣膜材料及厚度、载药量、硬度等都与药物的释放速率有关。

7. 孔隙率 微丸的孔隙会导致溶解药物的毛细管作用，从而影响药物释放速率，也影响包衣时膜材的沉积，可以用扫描电镜作定性分析，并用水银孔度计作定量检测。

8. 残留溶剂 包衣操作不当时，包衣液的溶媒会残留在衣膜中，甚至渗入载药丸芯中难以除去。各国药典对制剂有机溶媒残留量都有严格要求，残留有机溶媒的测定通常可用气相色谱仪检测。

其他项目必须符合药典固体制剂通则的质量要求。

六、微丸片剂制备技术

口服缓控释给药系统根据剂量存在方式的不同，分为单单元型剂型（single unit dosage forms）和多单元型剂型（multiple unit dosage forms，MUDS）两种类型[44]。尽管两者的总体释药行为相似，但多单元型剂型属于剂量分散型制剂，改善了单单元型给药系统的一些缺点而更具优势：①由于一个剂量的药物分散在多个微型隔室中，口服后在胃肠道内分布均匀，且与胃肠道黏膜的接触面积增大，因而提高了药物的生物利用度，降低了药物的有效剂量和副作用，而且可以减小或消除某些药物对胃肠道的刺激性；②系统内每个亚单元的粒径较小，其吸收一般不受胃排空速率的影响，因此该系统体内吸收的个体差异性小，吸收动力学重现性好，在胃肠道内的转运相对恒定；③其释药行为是组成一个剂量的多个亚单元释药行为的总和，若个别亚单元制备工艺上有缺陷，不致于对整个制剂的释药行为产生严重影响，因此药物释放动力学可以得到较准确的预测且重现性好；④可将几种不同释药模式的亚单元组合成多单元系统以获得理想的释药速率，达到理想的疗效。

多单元型给药系统中研究较多的分散单元包括微丸、微片、微球、包衣颗粒和包衣粉末等，采用骨架技术、薄膜包衣技术和离子交换树脂技术等缓控释制剂技术将多单元系统中的亚单元制备成具有一定释放规律的微型隔室系统，再将多个亚单元组合起来达到理想的释放行为。在目前的缓控释制剂领域中，微丸因为释药稳定、生物利用度高、局部刺激性小等优点而得到业内普遍重视。包衣微丸作为口服多单元给药系统中理想的亚单元，可以灌装硬胶囊，也可以与合适的填充剂混合压制成片剂，称为微丸型片剂，其结构如图 4-41 所示。

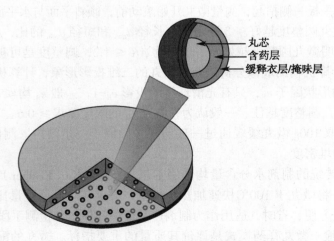

丸芯
含药层
缓释衣层/掩味层

图 4-41　由聚合物包衣微丸制备的 MUDS

患者口服后，微丸型片剂能在胃肠道内迅速崩解成离散的单一微丸，发挥微丸固有的临床优势。其最突出的优点是可根据临床需要分割给药剂量，且分割后仍能保持原来的缓控释特征，为临床用药提供了更加灵活的剂量方案，特别是对于治疗指数较小、剂量需要及时调整的药物，具有重大意义。与胶囊剂相比，微丸型片剂无需灌装胶囊，革除了昂贵的微丸灌装设备，减少装量差异；因其工艺技术上的特殊性，从而能够降低被仿制的风险；相同体积下，片剂通常能比胶囊载有更大剂量的药物，且能减少吞咽时的困难，或者制成小剂量片剂，适用于不同年龄的儿科用药，所以说这类制剂比胶囊剂具有更好的患者顺应性。此外，片剂规模化生产效率高，在制剂稳定性、储存或运输方面也存在较大的优势[45]。

由于微丸压片工艺具有一定的技术难度，掌握该技术的厂家较少，至今国内外上市的微丸型片剂产品只有少数几种，包括酒石酸美托洛尔缓释多单元片剂（商品名：Betaloc ZOK，阿斯利康）、埃索美拉唑镁肠溶片（商品名：Nexium，阿斯利康）、兰索拉唑口腔崩解片（商品名：Prevacid SoluTab TM，武田）、雷贝拉唑钠肠溶片（商品名：Aciphex）等（表4-22）。这类制剂工艺国内药业目前仍处于实验室研究阶段。

表 4-22　国内外已上市的微丸片剂

活性成分	商品名	上药方式	包衣材料	适应证	生产厂家
琥珀酸美托洛尔缓释片	Betaloc ZOK	离心制丸	乙基纤维素	降压	阿斯利康
奥美拉唑镁片	Losec MUPS	离心制丸	甲基丙烯酸-丙烯酸乙酯共聚物	治疗胃溃疡	阿斯利康
埃索美拉唑镁肠溶片	Nexium	离心制丸	甲基丙烯酸共聚物（C型）	治疗胃溃疡	阿斯利康
兰索拉唑口崩片	Prevacid	离心制丸	甲基丙烯酸共聚物	治疗胃溃疡	武田
兰索拉唑/阿司匹林片	Takelda	离心制丸	甲基丙烯酸共聚物，丙烯酸乙酯和甲基丙烯酸甲酯共聚物	治疗胃溃疡，减轻血栓风险	武田
雷贝拉唑钠肠溶片	Aciphex	离心制丸	乙基纤维素	治疗胃溃疡	卫材药业
琥珀酸索利那新口崩片	Vesicare OD	流化床丸芯上药	甲基丙烯酸共聚物（B型），丙烯酸乙酯和甲基丙烯酸甲酯共聚物	治疗膀胱过动症	阿斯特拉
盐酸坦索罗辛口崩片	Harnal	离心制丸	甲基丙烯酸共聚物	治疗排尿障碍	阿斯特拉
阿莫西林缓释片	Moxatag	挤出滚圆载药	甲基丙烯酸共聚物，醋酸羟丙甲纤维素琥珀酸酯	治疗扁桃体炎和咽炎	Middle Brook

（一）微丸压片工艺的要点

理想的缓控释包衣微丸型片剂应当不会在压片过程中融合凝结成不崩解的骨架，而能在口服之后于胃肠液中快速崩解成为独立的微丸，且微丸释药特性没有或者很少受到压片工艺过程的影响而仍然保持其缓控释特性。微丸可以变形，但不能破裂，因此包衣衣膜的弹性需足够承受压片中微丸形变的压力。微丸压片工艺最大的难点在于压片过程易对微丸衣膜造成破坏，从而改变制剂的释药速率。另外，微丸压片过程中易发生分层，造成片重和药物含量均匀性不好。因此要成功制备膜控型微丸片剂，所用微丸的材料和粒径、缓释微丸包衣衣膜的柔韧性和压片时填充剂的性能都是需要解决的关键性问题。

1. 微丸的包衣材料　膜控型微丸的包衣衣膜是评价压片之后微丸释药性质最关键的参数。微丸的包衣性能决定着最终剂型的理想程度。合适的衣膜应该具有适宜的弹性系数和抗张强度，可以承受来自压片时微丸形变的压力而不破裂，保持其完整性，而且释药性质基本不受压片过程的影响。因此在微丸压片过程中，首先应对所选用的包衣材料进行各种物理性能的考察，如渗透性、延展性等，以便使优选的聚合物衣膜适合微丸压片的工艺要求。理论上，当衣膜的延展系数（断裂伸长率）超过 75% 时，即可进行压片[45]。

上海医药工业研究院李然然在研究微丸压片新工艺中[46]，以盐酸青藤碱（SM）为模型药物，用底喷式流化床制备载药量为 60%（m/m）、粒径 380μm（40 目）的载药丸芯，并采用两种缓释水分散体分别对其包衣，比较两种包衣材料的特点以及对微丸压片工艺的可行性[47]。其工艺要点如下：①包衣材料 1 为聚丙烯酸树脂水分散体——Eudragit NE30D，其属于中等渗透性的非离子型聚合物，分子结构中各条高分子链之间的作用力（如氢键）较弱，因而柔韧性非常好，延展性可高达 365%，包衣时不需要加入增塑剂。该材料在国外是微丸压片工艺中微丸包衣的常规材料。②包衣材料 2 为聚醋酸乙烯酯水分散体——Kollicoat SR30D，其为 BASF 公司的新型包衣材料，材料中含 30% 聚醋酸乙烯酯，另含 2.7% 的聚维酮和 0.3% 的十二烷基硫酸钠作为稳定剂。聚醋酸乙烯酯的结构见图 4-42。

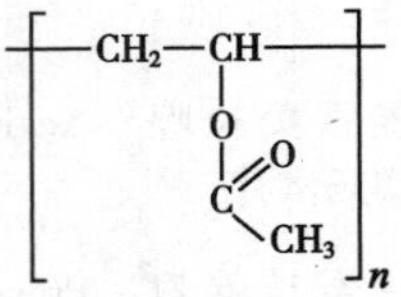

图 4-42　聚醋酸乙烯酯聚合物结构图

将载药丸芯（药物含量为 62%）分别用上述两种水分散体包衣，包衣增重均为 15%。实验表明，随着两种包衣膜厚度的增加，药物的释放速率逐渐减慢（图 4-43）。

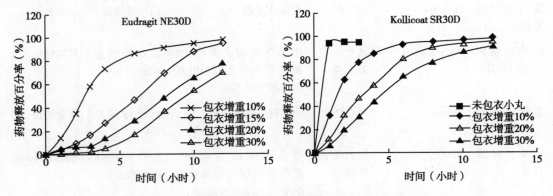

图 4-43　不同包衣增重对盐酸青藤碱缓释微丸释放行为的影响（n=3）

（1）有关两种水分散体处方中是否需加增塑剂：根据文献报道，Eudragit NE30D 作为一种已预增塑化的包衣液，不需要外加增塑剂即具有优良的成膜性能及可压性。Kollicoat SR30D 因未预加增塑剂，本身脆性较大，所以用于微丸压片工艺时需要根据具体情况，外加一定量的增塑剂，以增强其衣膜的柔韧性和可压性。游离衣膜延展性考察结果表明，柠檬酸三乙酯（TEC）能使聚醋酸乙烯酯具有较低的成膜温度，10% 的用量可使成膜温度降至 1℃，因此其衣膜的均一性与制备和干燥温度无关。含 TEC 的聚醋酸乙烯酯游离衣膜的延展性非常好。如图 4-44 及文末彩图所示，储存前后衣膜的塑性没有发生改变，且形成的衣膜塑性及稳定性良好，表明 TEC 为 Kollicoat SR30D 的优良增塑剂。

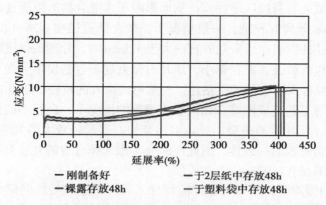

图 4-44 TEC 作为增塑剂时游离衣膜在不同条件下储存后的延展系数的变化

（2）有关两种水分散体包衣膜的硫化处理：微丸采用 Eudragit NE30D 为衣材包衣后，制剂需要进行热处理，使膜材孔隙大小达到稳定状态，即膜的"硫化"（或称"愈合"）。硫化必须在一定的温度和时间下进行，实验结果表明，不同的硫化条件，药物的释放速率有所差别，对 Eudragit NE30D 而言，必须在 40℃硫化超过 24 小时后，释药速率才能达到稳定水平。而对采用同样增重的 Kollicoat SR30D 包衣微丸，实验发现，处方用 TEC 作为分散体增塑剂，硫化与否，对微丸药物释放速率的影响不大（图 4-45），表明衣材具有自发"硫化"的特性。

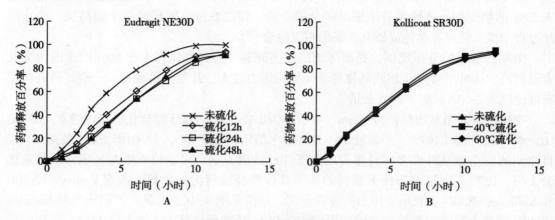

图 4-45 硫化时间与温度对包衣微丸释药的影响（n=3）
（A）40℃、不同硫化时间；（B）不同温度硫化

综上，Eudragit NE30D 为目前常用于制备微丸压片载药丸芯的包衣材料，从上述研究结果可知，Kollicoat SR30D 同样可用于微丸包衣，而且相比于前者有无需"硫化"过程的特点。因此，这两种聚合物作为微丸压片工艺中的包衣材料均具有各自的特点。

2. 丸芯 在微丸压片工艺中，丸芯的性质是影响微丸压片的重要因素。丸芯应有一定的可塑性，才能在压片时为自身提供一定的形变余地，这需要在丸芯的材料、粒径和结构上筛选优化。一般地，当丸芯在弹性和张力等方面具有和衣膜相似的性质时，微丸主要发生塑性变形而非破碎，此时压片对衣膜造成的损伤最小[48]。丸芯的粒径是另一个重要因素，它直接影响微丸自身的压缩性质，从而影响压片混合物的可压性以及压缩后药物的释放行为。Johansson 等研究发现，一般情况下，微丸的直径在 0.26~1.5mm 的范围内，片剂硬度不受丸芯直径的影响；当微丸的直径大于 1.5mm 时，片剂的硬度随微丸直径的增加而增大。对于缓释包衣微丸，粒径越小，压片时微丸越不容易发生形变和密度的增加，因而有利于压片，但粒径太小也易产生粘连。一般所选微丸的粒径小于 0.1mm 时会给微丸的挤出、上药和包衣等工艺造成困难。相同包衣增重的情况下，粒径小的微丸由于比表面积大，包衣膜会较薄，压片时易破裂，导致溶出变快。而粒径较大的丸芯，包衣膜则较厚，可保持压片前后溶出曲线的一致性，因此应综合考虑选择合适的丸芯粒径。一般用于压片的微丸丸芯粒径范围在 0.1~0.5mm 居多[49]。

3. 微丸压片的缓冲辅料 微丸压片需要加入各种无生理活性的赋形剂，以辅助片剂成形，并避免压力对膜控包衣微丸的破坏。理想的填充材料应能在微丸的压片过程中，有效避免微丸间的直接接触，并在压缩时起到缓冲垫的作用。在较低的压力下，辅料应能提高片剂的硬度，同时保证形成的片剂能够快速崩解，从而不影响药物的释放。用于微丸压片的填充剂除了具备上述的压缩特性外，还应能与膜控微丸混合均匀，具备良好的流动性，以避免压片过程中的分层现象，使药物含量均一性下降。因此建议使用粒径较大的辅料或加入不含药的空白微丸以起到稀释的作用。在众多的片剂填充剂中，微晶纤维素从可压性来看是一种比较理想的微丸压片填充剂[50]。例如，Pan 等制备了盐酸多西环素膜控微丸，将其与甘露醇混合，利用离心造粒法制备甘露醇包被的含药微丸颗粒，并以微晶纤维素为缓冲颗粒，将 2 种组分混合压片，压片前后溶出曲线一致[51]。理论上，至少需要加入 29% 的填充剂，才能填补压缩时剩余的空间，使之在微丸间形成一个隔离层，防止压片过程中微丸的相互粘连或微丸衣膜的相互融合[52]。

微丸和辅料的重量比例也是要考虑的工艺问题。当微丸比例大于 50% 时，因为微丸含量较高，压片时要产生相同的硬度所需要的压力过大，片剂不易成型。一般，微丸与填充剂比例为 2:3（*m/m*）时比较适合。

李然然等采用平均粒径为 90μm，堆密度为 0.42g/cm³ 的直压型硅化微晶纤维素（SMCC HD 90），经流化床顶喷工艺制粒（6%HPMC 水溶液为黏合剂），并采用筛分法收集 30~40 目之间的空白微晶纤维素颗粒作为微丸压片时的填充剂。固定包衣微丸与填充剂总量比为 2:3，比较不同压力条件下制备的片剂其体外释放行为的差异，考察 Eudragit NE30D 和 Kollicoat SR30D 衣膜承受压力的弹性范围，结果见图 4-46。可见，不同压力对 Eudragit NE30D 缓释衣膜的完整性有一定的影响（f_2>55）。片剂硬度从 5kg 增大到 15kg，药物的释放稍有加快；硬度为 15kg 时，后期的释放速率有所减慢，可能与硬度较大时微丸之间发生融合，片剂崩解不完全等原因有关。而 Kollicoat SR30D 包衣微丸所压片剂，药物的释放速率受压力的影响不显著，其体外释放曲线与初始微丸释放曲线的相似因子分别为 67.44、71.00 和 66.82。表明 Kollicoat SR30D 衣膜较 Eudragit NE30D 衣膜的弹性范围更大，可压性良好，在 5~15kg 的硬度区间内衣膜均无明显损坏。

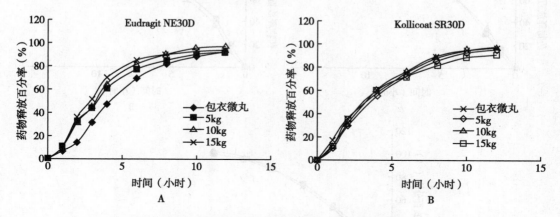

图 4-46　不同压片力对 Eudragit NE30D（A）和
Kollicoat SR30D（B）包衣微丸型缓释片释药的影响（$n=3$）

采用含 10%TEC，Kollicoat SR30D 包衣增重为 18% 的微丸，于 40℃ 和 60℃ 环境下硫化处理 12 小时后，与填充剂以 2 : 3 混匀直接压片，考察压片前后释药的变化情况，并与未经硫化处理的微丸压片前后的情况相比较，结果见图 4-47。硫化处理前后的微丸，其衣膜在压片过程中均不会被破坏，仍能保持良好的缓释特征。表明 Kollicoat SR30D 用于缓释微丸压片时，在包衣液中加入增塑剂 TEC 后，不作硫化处理也能得到完整致密且柔韧性和可压性良好的包衣微丸。

4. 微丸流化床包衣方式的选择　流化床是规模化生产药用微丸的重要设备。从前述表 4-9 可知，顶喷工艺不适用于微丸缓控释包衣；而底喷法适于微丸的上药和包衣，特别对要求微丸压片的丸芯而言，更显得重要。由于所选择的丸芯粒径较小（0.15~0.30mm），在包衣过程中微丸之间极易粘连，因此工艺要求控制流化风量和喷液速度，尽可能使粒径较小的微丸较少黏附在布袋收集管上。

（二）微丸片剂的质量控制

微丸片剂的质量控制，与一般片剂没有显著的差别，研究者可以参考药典的制剂通则，进行必要的项目质量检测。

对于微丸型缓释片，进行体内外相关性研究非常重要。一旦证实存在着这种相关关系，就可用体外释放实验来预测体内实验结果，为生产过程的质量控制建立简便、可靠的条件；同时，也可用于筛选处方，保证产品体内外性能的一致性。例如将两批同样工艺条件制备的盐酸青藤碱微丸片剂进行体内外释药研究，以体外累积释放百分率对体内释放速率进行线性回归，得相关系数 r 分别为 0.9950 和 0.9966（图 4-48），说明两批微丸片剂体内外相关性良好，可以根据体外释放实验结果预测其体内的药动学过程。

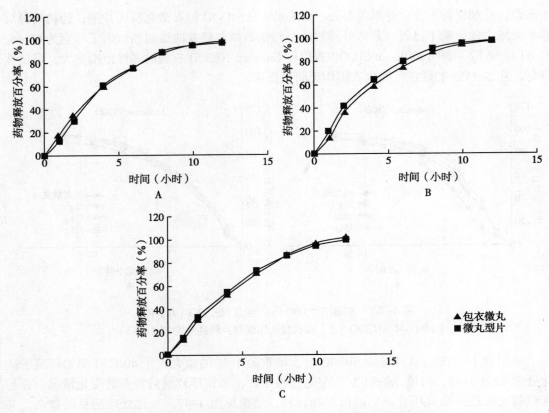

图 4-47　硫化处理对 Kollicoat SR30D 衣膜可压性的影响

A. 未硫化；B. 40℃硫化 12h；C. 60℃硫化 12h（ _n_ =3）

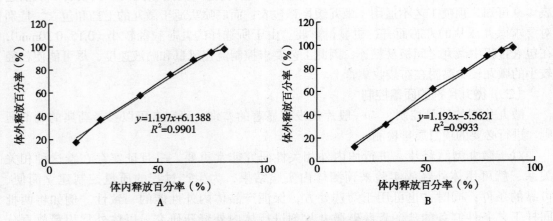

图 4-48　青藤碱微丸片剂体内外累积释放百分数相关关系图

A. 受试制剂 1；B. 受试制剂 2

第五节 渗透泵型控释制剂

一、概 述

渗透泵型控释制剂（osmotic controlled release oral delivery system，OROS）是以渗透压作为释药动力，以零级释药动力学为特征的一种释药系统，其主要以片剂的应用形式存在。渗透泵制剂的药物释放不受体内环境的 pH、胃肠蠕动和食物等因素的影响，可以在较长的时间内、匀速地释放出适量和可重现剂量的药物，是目前为止较为理想的口服药物控释系统。1955 年，Rose 和 Nelson 研制的第一个渗透泵装置成为渗透泵制剂的雏形。这一装置包括三个室，分别装载药物、盐和水。以后 Higuchi-Leeper 泵将其简化成为不含水室，可以通过从周围环境吸收水分而激活。20 世纪 70 年代，Theeuews 和 Higuchi 应用渗透压原理，开发出新一代、在很多方面优于当时已有药物传递系统的渗透泵制剂，极大简化了渗透泵制剂的结构，使其更加适合于工业化生产。这种渗透泵制剂由药物、氯化钠或高分子聚合物以及刚性、控制药物释放速度的外层包裹的半透膜组成，可以提供恒定的药物释放速率，防止血药浓度的突然升高或急剧降低。美国 Alza 公司是第一个应用渗透泵技术的公司，至今其 OROS™ 技术仍居世界前列。目前全球关于口服渗透泵制剂的专利已超过 240 个，其中核心专利已于 2002 年过期，上市产品共有十多个，见表 4-23。

表 4-23 已上市的渗透泵制剂

商品名	活性成分	类型	剂量（mg）	生产厂商
Acutrim	苯丙醇胺	初级渗透泵	75	Novartis
Efidac 24	氯苯那敏	初级渗透泵	4（速释） 12（缓释）	Novartis
Sudafed 24 Hour	伪麻黄碱	初级渗透泵	240	Warner-Lambert
Volmax	沙丁胺醇	初级渗透泵	4，8	Muro
Adalat CC& Procardia XL	硝苯地平	推拉式渗透泵	30，60，90	Bayer/Pfizer
Alpress LP	哌唑嗪	推拉式渗透泵	2.5，5	Pfizer
Cardura XL	多沙唑嗪	推拉式渗透泵	4，8	Pfizer
Covera HS	维拉帕米	推拉式渗透泵	180，240	Pfizer
Ditropan XL	盐酸奥昔布宁	推拉式渗透泵	5，10	Pfizer
Dynacirc CR	依拉地平	推拉式渗透泵	5，10	Novartis
Glucotrol XL	格列吡嗪	推拉式渗透泵	5，10	Pfizer
Jurnista	氢吗啡酮	推拉式渗透泵	4，8，16，32，64	Janssen-Cilag
Concerta	哌甲酯	三层渗透泵	18，27，36，54	McNeil/Janssen-Cilag
Invega	帕利哌酮	三层渗透泵	1.5，3，6，9	Janssen-Cilag

渗透泵型控释制剂主要以片剂的形式应用。渗透泵控释片具有如下优点：①药物以零级释药方式恒速释放，血药浓度平稳，副作用小，适合于治疗指数窄的药物；②可以维持12~24小时的释放，减少给药次数，提高患者的顺应性；③在整个胃肠道的释药具有非pH依赖性；④不受食物效应的影响。

二、渗透泵片的结构类型、处方组成及制备

（一）渗透泵片的结构类型

根据渗透泵片的结构可以将其分为两种类型。

1. 单室渗透泵 单室渗透泵也称为初级渗透泵（elementary osmotic pump，EOP），适合于水溶性药物。水溶性药物和助渗剂存在于同一室中，使用醋酸纤维素作为半透膜包衣，外层用激光打上一个或多个释药孔，其结构如图4-49所示。当片剂进入胃肠道，环境中的水分通过半透膜进入片芯内部，使片芯中的药物和助渗剂溶解，从而在片芯内部形成渗透压很高的饱和溶液，由此产生的压力推动药物溶液从释药孔释放出去，实现缓慢、恒速的药物释放。醋酸纤维素形成的半透膜为不可延展的、可维持片剂物理大小的膜结构。药物的释放符合零级释放，直至片芯中的固体消耗将尽，渗透压下降，随后药物的释放呈非零级过程，释放曲线呈下降的抛物线。

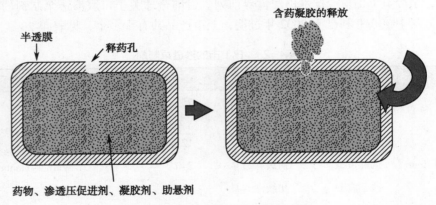

图4-49 初级渗透泵的结构[53]

初级渗透泵的药物释放符合公式4-11：

$$\frac{dM}{dt} = \frac{AL_p(\sigma\Delta\pi - \Delta\rho)C}{h}$$

式4-11

式中，A 为半透膜面积，h 为膜厚度，L_p 为机械渗透性，σ 为反射系数，$\Delta\pi$ 为渗透压差，$\Delta\rho$ 为流体静力压差，C 为分散液中药物浓度。

初级渗透泵的局限在于将水吸入片芯的动力来自于膜外部环境与饱和药物溶液之间的渗透压差，因此更适用于溶解度大的药物，水难溶性药物可能无法利用初级渗透泵产生足够的渗透压差而有效释放药物。

Fortamet是盐酸二甲双胍初级渗透泵片。其设计为一天一次给药，片剂外形和普通包衣片相似，但是片芯内部有助渗剂，外面包一层半透膜。然后分别在片剂的两侧用激光打

释药孔。水分进入半透膜，溶解药物并通过释药孔恒速释放药物。

2. 推拉型渗透泵 推拉型渗透泵也称为 Push-pull 系统。因为初级渗透泵仅适合于溶解度高的药物，对于水溶性差的药物，研究人员尝试将其与助渗剂混合使用，但未能取得理想的释药速率，推拉型渗透泵的开发很好地解决了这个问题。推拉型渗透泵包括含药层和推动层组成的双层片芯，外层使用醋酸纤维素半透膜包衣，在含药层一侧用激光打上释药孔（图 4-50）。当药片吸收水分后，含药层的高分子聚合物（POLYOX™ N-80 NF LEO）遇水溶解形成含有药物的混悬液；推动层的高分子聚合物（POLYOX™ Coagulant NF LEO）吸水后膨胀，将含有药物的混悬液推出释药孔，以达到缓慢、恒速释药的目的。这种改进使可溶性药物及不溶性药物都可以以推拉型渗透泵的形式恒速地释放药物。

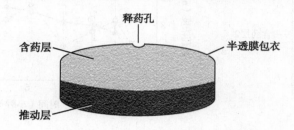

图 4-50 推拉型渗透泵结构

已上市的渗透泵产品中，大部分都是推拉型渗透泵。如辉瑞公司的 Procardia XL 就是难溶性药物硝苯地平的推拉型渗透泵制剂。其含药层由硝苯地平、HPMC 和低分子量聚氧乙烯组成；推动层由高分子量聚氧乙烯、氯化钠和氧化铁红组成。氯化钠的加入可以提高渗透压。和硝苯地平的普通速释制剂相比，渗透泵制剂可以减少服用次数，维持更加平稳的血药浓度，避免体内血药浓度出现峰谷变化（图 4-51）。

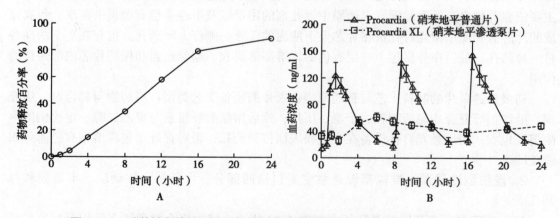

图 4-51 硝苯地平推拉型渗透泵的体外释药曲线（A）和药物动力学曲线（B）

除此之外，还有一些特殊类型的推拉型渗透泵。如 Concerta（哌甲酯渗透泵控释片，强生公司生产，用于儿童注意缺陷多动障碍的治疗）采用 Alza 公司 OROS 渗透泵缓释专利技术，外形与普通胶囊相似，但其内部结构复杂，共有三层构成：外层包裹速释型哌甲酯，剂量为一日剂量的 22%，服药后立即溶解释放，在 1~2 小时内达初始峰浓度，实现快速控制症状；中间层为半透膜，一旦哌甲酯衣层溶解，水分即可通过半透膜进入片芯；内层分 3 部分，由一个推动层和两层含药层构成，推动层吸收水分膨胀，将第一部分哌甲酯以精确、可控的速率从激光小孔平稳推出，提供上午所需的血药浓度；推动层继续膨胀，第二部分浓度更高的哌甲酯在下午被平稳推出，形成上升型的血药浓度，保证下午症状的良好控制，满足全天的治疗需要，减少血药浓度的波动（图 4-52）。

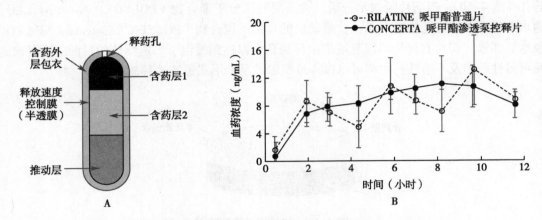

图 4-52　哌甲酯渗透泵控释片的设计（A）以及血药浓度曲线（B）

（二）渗透泵制剂的处方组成及制备

1. 初级渗透泵　初级渗透泵的结构和处方组成比较简单，包括片芯、半透膜和释药孔。其中，片芯处方中除了主药外还可加入氯化钠等产生更强渗透压的助渗剂。初级渗透泵的外层半透膜包衣选择醋酸纤维素作为刚性的成膜材料，包衣处方中加入较多的聚乙二醇作为致孔剂来调节膜的通透性，以便更好地吸收水分进入到片芯内部。药物的释放调节主要依靠药物自身的溶解度、半透膜中致孔剂的用量以及半透膜包衣增重来实现。包衣完成的片芯需要使用激光打孔机在片芯上下两面的任意一侧打上释药孔，也有在上下两面各打一释药孔。最后在外层包上一层有色的胃溶型薄膜衣，起到遮盖和保护片芯内部药物的作用。

初级渗透泵片的制备工艺与普通薄膜包衣片的制备工艺类似：将药物与黏合剂、填充剂、助渗剂等混合均匀后制粒、干燥、压片；然后用醋酸纤维素与聚乙二醇一定比例的丙酮溶液包衣；使用激光打孔设备在半透膜表面打释药孔，最后在外层包胃溶型有色薄膜衣遮盖即可。

2. 推拉型渗透泵　推拉型渗透泵主要包括四部分：含药层、推动层、半透膜和释药孔。

（1）含药层：含药层的典型处方如表 4-24 所示。其中聚合物载体多采用低黏度的高分子聚合物，如聚氧乙烯作为药物载体，水分进入片芯后，聚氧乙烯变为胶状从而使药物混悬在聚氧乙烯载体中，然后与药物一起均匀地从释药孔被推出。聚氧乙烯推荐使用的规格为 POLYOX WSR N80（20 万分子量）。

处方中可以使用黏合剂进行湿法制粒；也可以不使用黏合剂，因为 PEO 本身是有黏性的聚合物，可以起到黏合剂的作用。根据药物的难溶程度处方中可酌情加入增溶剂。更多情况下表面活性剂的加入只起到润湿作用，有助于水分的快速进入和聚合物的水化。

表 4-24　含药层的典型处方

成分	作用	用量范围
药物	活性成分	1%~30%
PEO	聚合物载体	70%~95%
HPMC 或 PVP	黏合剂	2%~5%
HPMC/HPMC-AS	增溶剂 / 润湿剂	2%~5%
硬脂酸镁	润滑剂	0.5%~1%

（2）推动层：推动层的典型处方如表 4-25 所示。其中聚氧乙烯多采用高分子量的规格（例如 POLYOX WSR 301（400 万分子量）、POLYOX WSR Coagulant（500 万分子量）、POLYOX WSR 303（700 万分子量）），其主要功能是吸水膨胀，为含药层的释放提供推动力。助渗剂种类很多，见表 4-26，其中氯化钠最常用，因为它易溶，不与其他成分反应，可通过半透膜提供很高的渗透压。助渗剂在渗透泵片剂不同层的使用以及用量的多少会影响整个渗透泵系统的性能。它溶解之后可以在半透膜内外产生渗透压差，增加水分进入片芯的速度，进一步增强推动层的推力。推动层中可加入少量的着色剂，如氧化铁红或其他颜色的色淀，用来区分含药层和推动层，使激光打孔机可以自动进行识别，以便准确地将孔打在含药层的一侧。

表 4-25　推动层的典型处方

成分	作用	用量范围
PEO	溶胀材料	50%~70%
氯化钠	助渗剂	30%~40%
色素（氧化铁红或色淀）	着色剂	0.2%
硬脂酸镁	润滑剂	0.5%~1%

表 4-26　常用的助渗剂

材料名称	渗透压（atm）
氯化钠	356
果糖	355
乳糖 + 蔗糖	250
氯化钾	245
乳糖 + 葡萄糖	225
葡萄糖 + 蔗糖	190
蔗糖	150

对于推拉型渗透泵，维持含药层和推动层的理想平衡状态非常重要。无论是推动层还是含药层过强都会导致药物释放的残留，如图4-53。如果研发过程中发现释放残留问题，可以在做释放测定过程中将片剂取出，侧面切开，观察是否有推动层与含药层推动不均衡的现象发生。目前上市产品中含药层中应用最多的聚合物是聚氧乙烯POLYOX WRS N80（20万分子量），而推动层中应用较多的是聚氧乙烯POLYOX WSR Coagulant（500万分子量）。

（A）	（B）	（C）
理想的推动形态	非理想的推动层"冲破"	非理想的推动层"绕过"

图4-53 推拉平衡的重要性

（3）半透膜：半透膜是渗透泵片的另一个重要组分，作为水扩散进入到片芯以及药物从释药孔释放的屏障。半透膜的处方如表4-27所示，主要成膜材料为醋酸纤维素398-10。醋酸纤维素本身有非常好的塑性，不需要添加增塑剂，聚乙二醇是以致孔剂的功能存在，用来调节水分进入片芯的速度；溶剂使用一定比例的丙酮和水。醋酸纤维素膜的包衣需要控制一定的厚度使之达到合适的机械强度，以此抵挡静水压的作用，避免渗透压增加引起衣膜破裂，药物产生突释。通常推荐膜厚度为50μm，增重范围为10%~20%。

表4-27 半透膜的典型处方

成分	用途	典型范围
醋酸纤维素	半透膜材料	5%~8%
聚乙二醇	致孔剂	1%~3%
水	溶剂	0%~10%
丙酮	溶剂	90%~100%

（4）释药孔：渗透泵中药物通过释药孔释放。推拉型渗透泵的释药孔要开在含药层的一侧，以使推动层将药物从释药孔推出。有研究者在相同半透膜包衣后的渗透泵片芯上，分别打不同大小的释药孔：0.5mm、1mm或用针手工打孔（0.4mm），并与未经打孔的片芯进行比较（图4-54），发现未打孔的片芯在很长一段时间内都没有药物释放，但当片芯中的渗透压累积到一定程度时，半透膜破裂，药物从含有聚氧乙烯的片芯中释放出来。而打有释药孔的片芯保持比较均匀的药物释放。此外，释药孔的大小在一定范围内对药物的释放没有显著影响。

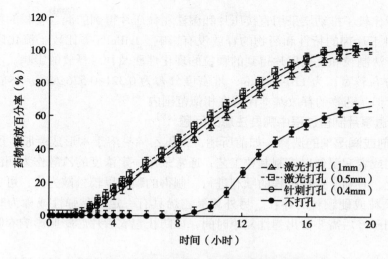

图 4-54 不同释药孔大小对药物释放的影响

（5）推拉型渗透泵片的制备：推拉型渗透泵片的制备工艺如图 4-55。推拉型渗透泵片的结构为双层或多层片，需要分别制备含药层颗粒、推动层颗粒、压制双层片、半透膜包衣、激光打孔、外层有色包衣和印字几个过程。含药层的制备通常采用湿法制粒，可以保证低剂量药物的含量均匀性；推动层通常首选直接压片方式，因为聚氧乙烯的粒度比较大，有非常好的流动性和可压性，使得直接压片成为可能。氯化钠使用时通常需要粉碎至 250μm 以下，以避免压片过程中与密度较轻的聚氧乙烯发生分层。

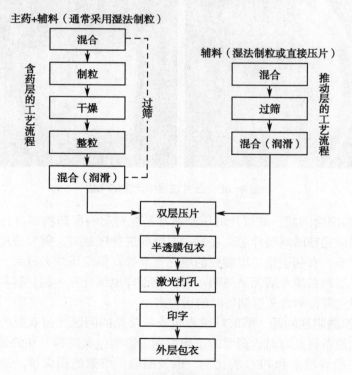

图 4-55 推拉型渗透泵的工艺示意图

有研究者比较了推动层采用直接压片和湿法制粒压片得到的混合物料的特性，表明不同压片方式对于片剂的特性和药物的释放没有影响。LaBella 等比较了流化床制粒、湿法混合制粒、干法制粒和直接压片得到的颗粒的理化性质及其对释放的影响。不同工艺过程得到的粒径分布较宽，为 120~377μm；堆密度分布为 0.321~0.526g/cm^3。尽管颗粒的性质差异比较大，但是药物的释放基本保持在相似范围内[54]。

（三）渗透泵片制备过程中需要注意的问题[55]

1. 黏合剂或润湿剂的选择 如前所述，聚氧乙烯易溶于水形成凝胶，所以需要选择合适的黏合剂或者润湿剂以控制制粒工艺，通常采用一定浓度的乙醇作为润湿剂，以减少聚合物的水化，有利于造粒过程的顺利进行。制得的颗粒以较松散为优，可通过醇浓度的调整减少死颗粒或硬颗粒的存在。另外聚氧乙烯具有一定的黏弹性或称为时间依赖性松弛，所以片剂压好后需要留出弹性复原时间，以防止包衣后片芯膨胀影响衣膜质量和药物释放。

2. 片剂的飞边问题 聚氧乙烯具有低熔点（约 68℃）性质，压片过程中比较容易出现飞边（图 4-56）。飞边在半透膜包衣时会影响衣膜厚度的均匀性和衣膜完整性，进而影响药物释放产生质量缺陷。减少飞边的措施包括：①降低压片力；②提高冲头和模圈之间的精密度，减少粉末进入到冲头和模圈间隙的可能性，如果冲头发生磨损，需要及时更换；③先压含药层，再压推动层；④采用双半径的模具设计。双半径的设计可以使片剂顶面与侧立面的过渡更加平滑，减少飞边的产生。

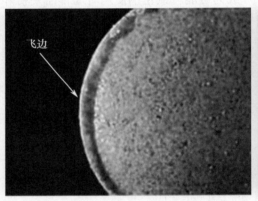
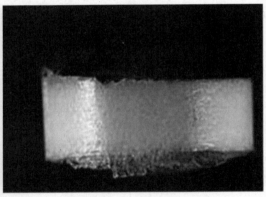

图 4-56 压片过程中产生的飞边

3. 双层片的接合问题 双层片的压制通常是先对第一层药物层进行压制，然后填充第二层颗粒压制成完整的双层片芯。在第一层颗粒进行压制时，需要使用一定大小的压力使之表面压至平整，有利于第二层颗粒的填充量准确。但是压片力过大，会使第一层颗粒结合紧密，第二层颗粒填充后无法与第一层颗粒很好地结合在一起，容易引起双层片芯从接合处分开，因此需控制含药层制备时的压力大小。

4. 包衣膜的透明性问题 醋酸纤维素包衣最常见的问题是包衣膜的透明性，因为它会直接影响激光设备打孔时对含药层的正确识别。影响包衣膜透明性的处方因素包括丙酮和水的比例、醋酸纤维素和 PEG 的比例，以及醋酸纤维素的固含量。通常，丙酮与水的比例越高，透明性越好；PEG 的比例越低，透明性越好；醋酸纤维素的固含量低，透明性好。影响衣膜透明性的工艺因素主要包括包衣枪到片床的距离、雾化压力以及包衣温度。通常，醋酸纤维素的包衣枪到片床的距离比普通速释包衣的距离短可以保证良好的透明性。关于包衣工艺对于包衣质量的影响，研究发现较低的雾化压力可得到较薄而致密的衣层，相应的会减慢药物的释放。过高的包衣温度会使溶剂挥发加快，从而使膜的透明度下降。包衣后的片芯还需要在一定温度条件下加热一段时间以除去衣膜中残留的丙酮溶剂。

5. 激光打孔 激光打释药孔时可以对激光发射的强度和激光柱的直径进行调整，以此调节释药孔的大小。同时要注意打孔的深度，不要过深，穿透半透膜即可，过深会使激光烧灼到片芯中的含药层，可能产生局部药物的降解。打孔后的片芯通常会使用有色胃溶型薄膜包衣材料进行包衣，以对片芯进行遮盖和对释药孔进行封闭，但通常仍可在渗透泵片表面观察到释药孔的痕迹。多数产品会在有色包衣后的片芯表面印字，以提升产品形象识别。

三、渗透泵制剂的研发实例

例 4-6 盐酸二甲双胍初级渗透泵片

【处方】①片芯

盐酸二甲双胍	500mg	主药
聚维酮 K90	36mg	黏合剂
十二烷基硫酸钠	25.8mg	表面活性剂
硬脂酸镁	2.8mg	润滑剂

②包隔离层

欧巴代 YS-1-7006	11.5mg	成膜材料

③半透膜

醋酸纤维素 398-10	21.5mg	包衣材料
三醋酸甘油酯	1.3mg	增塑剂
聚乙二醇 400	2.5mg	致孔剂

④彩色包衣

欧巴代有色衣	24mg	包衣材料

⑤打光

树蜡	0.4mg	助流
合计	625.8mg/ 片	

【制法】称取除硬脂酸镁以外的片芯组分，混合均匀，用水为润湿剂制粒，干燥，压片。使用欧巴代 YS-1-7006 包隔离层，将醋酸纤维素、三醋酸甘油酯、PEG400 溶于丙酮-水，进行半透膜包衣。于包好半透膜的片芯上下两侧各用激光打一释药孔。最外层使用欧巴代进行彩色遮盖包衣，打蜡以增加片剂的流动性，即得。

例 4-7 格列吡嗪推拉型渗透泵片

【处方】片芯组成

①药物层组分

格列吡嗪	5.6%	主药

POLYOX WSR N-80 NF	93.9%	稀释剂和助悬剂
硬脂酸镁	0.5%	润滑剂
合计（200mg）	100%	
②推动层组分		
POLYOX WSR Coagulant NF	64%	膨胀剂
氯化钠	35%	助渗剂
氧化铁红	0.5%	着色剂
硬脂酸镁	0.5%	润滑剂
合计（130mg）	100%	

【制法】按处方准备材料。除硬脂酸镁外，将药物层和推动层的成分分别加入高剪切制粒机中干混3分钟，然后喷入乙醇/水（85:15，m/m）的混合溶液制粒，药物层的加液速度为30g/min，推动层的加液速度为20g/min；推动层加液速度较慢是因为这一层中聚氧乙烯 Coagulant 的黏度比较大。搅拌桨和切刀的速度分别为150r/min和2000r/min。湿颗粒放入真空干燥箱中，于40℃干燥16小时达到最初的含水量，约为0.5%（m/m），然后使用装有20目筛的 Comil 整粒机整粒，最后加入硬脂酸镁，用混合机再混合1分钟。双层片使用旋转式压片机压制，使用标准圆弧冲模（9.5mm），目标片重为330mg（药物层：推动层约为2:1，m/m）。药物层的填充压力约为0.7kN（9.8MPa），双层片的主压力为7kN（98MPa）。片芯进而使用含有醋酸纤维素和聚乙二醇3350（9:1，m/m）的欧巴代CA（卡乐康，美国）全配方的醋酸纤维素渗透泵包衣系统包衣，溶剂为丙酮和水，固含量为7%，包衣增重分别为8%、10%、12%（m/m）。包衣过程在 Hi-Coater LDCS 包衣机内完成，包衣温度为28℃。包衣后的片剂在40℃真空干燥箱中干燥24小时，去除残留的溶剂和水分。释药孔采用激光打孔机将孔打在药物层的一侧。

为了研究不同分子量的聚合物对药物释放的影响，分别将不同级别的聚氧乙烯加入到上述含药层和推动层的处方中（表4-28），聚氧乙烯的总量保持不变。

表4-28　不同聚氧乙烯规格黏度的变化

聚氧乙烯规格	大约分子量（Da）	25℃时的黏度（cP）
POLYOX WSR N-80 NF	200 000	55~90（5%溶液）
POLYOX WSR N-750 NF	300 000	600~1200（5%溶液）
POLYOX WSR 301 NF	4 000 000	1650~5500（1%溶液）
POLYOX WSR Coagulant NF	5 000 000	5500~7500（1%溶液）
POLYOX WSR 303 NF	7 000 000	7500~10 000（1%溶液）

结果显示，含药层使用不同黏度级别的聚氧乙烯（N-80或N-750）以及推动层中聚氧乙烯（POLYOX WSR 301、POLYOX WSR Coagulant 或 POLYOX WSR 303）的变化不会影响片芯的物理特征（硬度约为98N）。这与文献报道聚氧乙烯的可压性不受聚合物分子量的影响一致。推动层中聚氧乙烯黏度变化不会影响药物从渗透泵中的释放

（$f_2>74$），但是含药层中使用高黏度级别的聚氧乙烯（N-750）会产生更长的时滞（图4-57）。

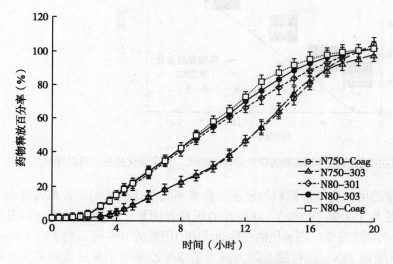

渗透泵片组成	f_2值
N80-Coag	对照
N80-301	75.1
N80-303	74.8
N750-Coag	33.1
N750-303	32.6

图 4-57　聚氧乙烯的规格对药物释放的影响

分别使用不同增重的半透膜包衣，可以看到格列吡嗪渗透泵片中的药物释放随半透膜包衣增重（厚度）的增加而变慢（图4-58）。

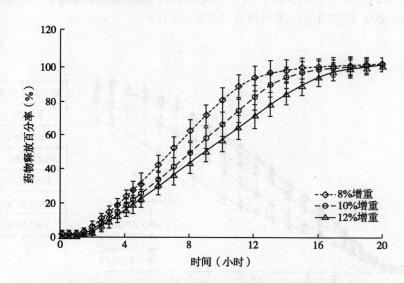

图 4-58　不同半透膜包衣增重对格列吡嗪渗透泵片释放的影响（$n=6$）

图 4-59 及文末彩图显示半透膜包衣增重 12% 的格列吡嗪渗透泵片，其释放及片重随时间的变化（包括介质摄入和药物/辅料的损失）情况。结果表明在最初 2 小时水合之后渗透泵片增重大约 16%，此后 14 小时释放过程中片重保持稳定。最初 2 小时的时滞用以激活渗透泵系统，之后药物从片剂中以恒定的速率"泵出"。

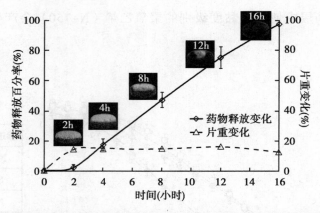

图 4-59 12% 包衣增重的格列吡嗪渗透泵片的释放曲线、片重变化曲线及释药图片

推动层中氯化钠用量的增加会增加颗粒的密度。含有不同氯化钠量的颗粒都表现出非常好的流动性（卡尔指数为 13.0%~18.8%）。双层片的压片表明氯化钠用量的增加以及聚氧乙烯用量的减少会使片剂硬度降低，当氯化钠在推动层中的用量从 10% 提高到 75%（m/m）时，片剂硬度从 123N 下降到 75N。这可能是因为减少了聚氧乙烯的用量从而降低了片剂的机械强度。图 4-60 显示当推动层中氯化钠的用量变化范围在 0%~35% 时，药物的释放曲线是相似的（$f_2 \geqslant 56$）。然而在渗透泵片剂中缺少氯化钠的时候，药物释放不完全，线性程度较差。更高的氯化钠用量（50% 和 75%）会导致不完全的药物释放，可能是因为推动层中聚氧乙烯的用量太低的缘故。这一研究结果表明格列吡嗪渗透泵片的推动层中氯化钠用量在 10%~35% 的范围内，药物释放是不敏感的。

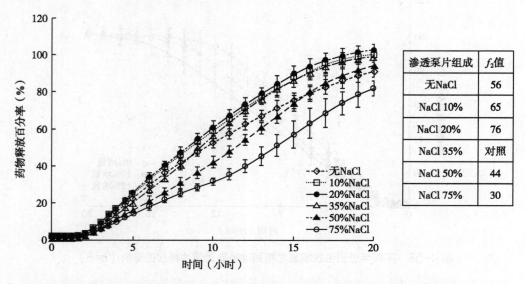

渗透泵片组成	f_2值
无NaCl	56
NaCl 10%	65
NaCl 20%	76
NaCl 35%	对照
NaCl 50%	44
NaCl 75%	30

图 4-60 推动层含有不同量 NaCl 的格列吡嗪渗透泵片的释药曲线（包衣增重 12%）

在含药层中加入氯化钠可使颗粒的可压性指数增加（22.0%~23.5%），与没有氯化钠的参照处方相比有更好的粉末流动性。不管氯化钠在含药层或是推动层，片剂的机械强度（硬度、脆碎度和片重差异）相似。含药层含有氯化钠（图 4-61）和不含氯化钠的参照处

方相比可以减少时滞，增加释药速率（f_2<49），这是因为在含药层中加入氯化钠同时减小了聚氧乙烯 N-80 的用量，导致了水更快地进入并且药物层的黏度变得更低。图 4-61 还表明当含药层中氯化钠的量在 11.4%~22.8%（m/m）之间变化时，渗透泵片药物的释放度相似（f_2=76）。

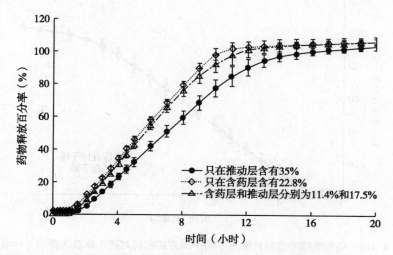

图 4-61　格列吡嗪渗透泵片不同位置含不同量 NaCl 对药物释放的影响（n=6）

　　制粒工艺过程的评价表明使用乙醇 / 水比例为 70：30（m/m）的润湿剂会产生稍大的颗粒，而纯乙醇制的颗粒更细小。对双层片的机械特征（硬度、脆碎度和片重差异）也作了比较，它和润湿剂的组分无关。使用纯乙醇制粒的片剂硬度稍高为 108N，而 70% 乙醇制粒片剂的硬度为 88N。图 4-62 表明使用不同的乙醇 / 水比例制粒，药物的释放不受影响（f_2>81），说明在实验规模下采用乙醇 / 水作润湿剂，在 100：0~70：30 范围内，高剪切湿法制粒工艺都是稳定的。

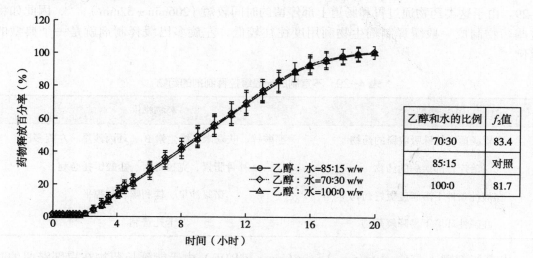

乙醇和水的比例	f_2值
70:30	83.4
85:15	对照
100:0	81.7

图 4-62　格列吡嗪渗透泵片使用不同润湿剂制粒对药物释放的影响（n=6）

采用托盘干燥和流化床干燥方式生产的颗粒大小分布相似，片剂特征（硬度、脆碎度和片重差异）也相近。图 4-63 表明在制备含药层和推动层颗粒时使用不同的干燥方式，药物的释放不受影响（f_2=92.8）。

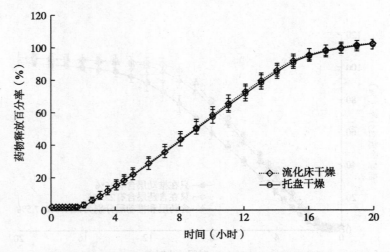

图 4-63　格列吡嗪渗透泵片使用不同干燥方式制粒对药物释放的影响（n=6）

第六节　胃滞留给药系统

口服缓控释给药系统由于用药方便、安全和有效等优点，受到临床欢迎，但一些药物以一般口服缓控释制剂给药往往不能达到理想的治疗效果，例如以下药物：①在上胃肠道有较窄吸收窗的药物；②用于治疗胃部疾病的药物；③在胃部酸性条件下溶解度较高，而在肠道 pH 下溶解度低；④在偏碱环境中不稳定、易降解的药物等[56]，有关的药物参见表 4-29。由于这类药物通过胃和肠道上部停留的时间较短（206min ± 32min）[57]，因此如将这些药物制成一般缓释制剂生物利用度往往较低，左旋多巴缓释制剂就是一个典型的范例[58]。

表 4-29　不宜制成一般缓控释制剂的药物

类别	药物举例
在胃肠道有特殊吸收窗的药物	醋酸锌、呋塞米、维生素 B$_2$、环丙沙星、左旋多巴
治疗胃部疾病的药物	补骨脂素、克拉霉素、盐酸伊托必利
在酸性条件下溶解度更好药物	诺氟沙星、桂利嗪、利福平
在碱性环境下易降解药物	卡托普利

胃滞留剂型（gastro-retentive dosage forms，GRDF）由于能延长药物在胃部滞留的时间，使其持续在胃内释放药物达 12 小时或者更长时间，除了减少服药次数，提高患者顺

应性外，还具有提高生物利用度等优点。

胃是人体消化道中一个作用非常复杂且重要的消化器官，自上而下可分为贲门、胃底、胃体和幽门。幽门是胃和肠道连接的门道，也是胃蠕动发生的主要部位，并负责将胃内容物排入十二指肠。人的幽门直径为 12.8mm ± 7mm，最大不超过 19mm。胃排空发生在空腹状态和进食状态，但在两种状态下的运动规律和强度有所不同。在空腹状态，胃表现为 2~3 小时循环一次的"消化间期移行复合运动"（IMMC）。在进食状态下，5~10 分钟后即开始胃排空，一般的胃排空时间为 3~4 小时，可将小于 10mm 的内容物以 20 秒 / 次的速度排入十二指肠，而不能被排空的物质将重新回到胃体，等待下一次胃排空[59]。

延长药物胃滞留时间的制剂可分成以下几类：胃漂浮制剂、胃沉降制剂、胃黏附制剂和胃膨胀制剂[60]，其中关于胃沉降制剂的研究较少。经过二三十年的研究和开发，目前全球已成功上市的胃滞留缓释制剂有罗氏公司的 Madopar HBS（左旋多巴和苄丝肼）及 Varelease（地西泮）、施贵宝公司的 Glucophage XR（盐酸二甲双胍）和兰博克赛公司的 Cifran OD（环丙沙星）等几种，国内也上市了庆大霉素、呋喃唑酮、阿莫西林等胃内滞留片。

胃滞留给药系统是药学工作者很感兴趣的研究课题，近二十年来，作了大量的工作并取得可喜的成绩，其思路主要基于以下机制：胃漂浮、胃黏附和胃膨胀等。本节拟对胃滞留型缓释制剂的研发思路、辅料的进展、体内外释放行为的研究以及制剂的进展作一简要的介绍和点评。

一、胃滞留给药系统的类型和原理

（一）漂浮型胃滞留给药系统

胃漂浮制剂的密度低于胃液，因此当胃内有足够的液体或者食物时可延长胃漂浮制剂的胃滞留时间。对胃漂浮制剂进行体外评价的指标常采用持漂时间和滞漂时间，分别反映了胃漂浮的持续时间长短和进入胃内后产生漂浮作用的时间。滞漂时间不能太长，否则有服药后即被排出幽门的可能。体外实验一般是将胃漂浮制剂置于溶出条件下进行评价。Sauzet 等[61] 提出了漂浮强度的概念，用以表示胃漂浮制剂在进食状态中能依然保持漂浮的性能，研究采用自制的茶碱胃漂浮片，发现其在 150rpm 的高转速下持漂时间依然大于 24 小时并能保持片剂的完整性。而 Strubing 等[62] 通过测定胃漂浮片的浮力大小来表示漂浮强度，在溶出条件下能保持较大漂浮力的制剂视为漂浮强度较好。胃漂浮制剂根据不同原理有以下三种类型：

1. 产气型胃漂浮给药系统　产气型胃漂浮制剂可采用碳酸钠（Na_2CO_3）、碳酸氢钠（$NaHCO_3$）或碳酸钙（$CaCO_3$）作为泡腾剂。此外，加入能迅速吸水产生防止气体泄漏的凝胶层的亲水性聚合物可延长制剂的持漂时间。Jiang 等[63] 将用于治疗胃炎但是难溶于酸的新型黄酮衍生物 DA-6034 制备成产气型胃漂浮片。在片剂中加入 Na_2CO_3，通过提高 pH 改善药物的溶解度，并能使片剂产生漂浮作用。比格犬体内实验显示胃漂浮片的抗胃溃疡作用明显优于普通片。Baki 等[64] 以 $NaHCO_3$ 为泡腾剂制备醋酸锌胃漂浮片，发现将醋酸锌和 $NaHCO_3$ 混合使用时可以延长片剂崩解的时间，加入 HPMC（Metolose 90 SH 100 000 SR）还可使药物缓释效果更好。

163

2. 膨胀型胃漂浮给药系统　一些亲水性辅料具有优良的膨胀性能，并能通过增大制剂的体积来降低密度，从而起到漂浮效果。常用的亲水性辅料有HPMC、MC、HPC、CMC-Na、HEC、卡波姆等。其中应用最广泛的是HPMC，低黏度的HPMC更有助于提高漂浮能力，利用高黏度的HPMC适当调节，同时加入卡波姆，调节比例可得到良好的漂浮和释放能力。Dorozynski等[56]以左旋多巴为模型药物，对不同类型的角叉菜胶以及角叉菜胶与HPMC混合使用制备的胃漂浮制剂进行比较。结果显示，角叉菜胶与HPMC均具有优越的膨胀性能，但角叉菜胶的溶蚀速度快且无缓释效果，加入HPMC后可以降低角叉菜胶的溶蚀速率并且延缓药物释放速率。因此，认为可以将角叉菜胶和HPMC混合使用以达到理想的流体动力平衡效果，从而使片剂具有较好的胃漂浮性能。

3. 低密度型胃漂浮给药系统　有些辅料如脂肪醇类、酯类、脂肪酸类本身的密度比较低，因此可制备成胃漂浮制剂，或者通过设计特殊的制剂结构降低制剂密度。阚淑玲等[65]采用十八醇、单硬脂酸甘油酯以及HPMC制备琥珀酸亚铁的胃漂浮片。Losi等[66]研发了Dome Matrix技术：用亲水性辅料制备可以嵌合的凹凸两种外形的片剂单元，将凹凸两种单元嵌合后即可得到空心构造（图4-64），空心构造中间有一定的空隙能包含空气，因而使空心构造能漂浮于水中。近三年来，有不少学者对这种新型制剂结构进行研究，如Strusi等[67]制备了含速释的青蒿酯和速释及缓释克林霉素的四个不同的凹凸单元，将其组合后的空心构造即形成含两种抗疟疾药并具备不同释放特征的多动力学胃滞留制剂。将此胃滞留制剂与非组合的四种构造在犬体内进行药动学研究，结果表明前者的生物利用度是后者的两倍，并且能维持有效血药浓度达8小时。Hascicek等[60]以克林霉素为模型药物设计了凹凸两种外形的片剂组合－空心构造，并分别制备了由HPMC K100M（膨胀型）、醋酸丙酸纤维素（惰性型）和甘露醇（速溶型）等辅料组成的不含药的附加凹形片，通过增加附加凹形片的数量来调节克林霉素的释放。

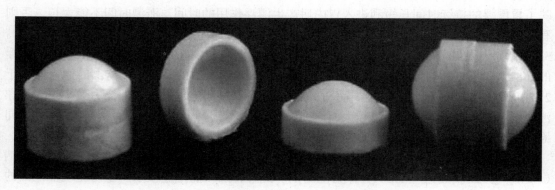

图4-64　Dome Matrix的单个模型和组合模型
从左到右依次为：重叠构造、凹形片、空心构造和凸形片

（二）生物黏附型胃滞留给药系统
生物黏附型胃滞留系统是借助某些高分子材料对胃黏膜产生特殊黏合力而黏附于黏膜

上皮部位，从而延长药物在胃内的停留和释放时间，促进药物的吸收，提高生物利用度。具有生物黏附的高分子材料通常是含有大量易形成氢键基团（如羧基和羟基）的大分子凝胶类聚合物，可通过聚合物的氢键或者共价键与胃黏膜细胞发生可逆结合或者静电力作用，从而产生胃黏附。

目前，黏附材料主要有以下几类：①天然黏附材料类（如明胶、植物凝集素、透明质酸、葡聚糖、海藻酸钠等）；②半合成黏附材料类有纤维素衍生物（如 HEC）和甲壳胺衍生物类（如壳聚糖）；③合成生物黏附材料类（如卡波姆），其中卡波姆 934P 毒性最小，应用最为广泛。

黏附型胃滞留剂型的体外黏附性能评价可采用不同的方法。Liu 等[68]利用大鼠胃壁来定性比较单硬脂酸甘油酯包衣的中空微球的黏附性。将微球铺在大鼠胃壁上，润湿 30 分钟后用含生理盐水的 pH 1.2 溶液冲洗，残余微球量多的制剂即黏附性大。Tadros[69]巧妙地采用 USP 崩解测定仪进行测定：将一侧润湿的药片按压在一小片琼脂上，然后将琼脂粘贴到测定仪的玻璃板上，装满溶出介质后开动测定仪，通过比较制剂的脱离时间来比较各处方的黏附力大小。Pund 等[70]则采用更精确的物性测定仪（TA）来测定利福平胃黏附片与猪胃黏膜分离力的大小。

利福平至今仍为一线抗结核病菌药物，在胃部具有最大的溶解度和渗透性，Pund 等制备了以可直接压片的卡波姆 74G 和微晶纤维素为辅料的黏附型利福平胃滞留片剂，通过比较片剂的黏附力和释放半衰期筛选出最优处方为含 19% 卡波姆和 2.5% 微晶纤维素，体外释放半衰期为 240~245 分钟；采用 γ 闪烁照相法在 6 名健康受试者体内对自制胃黏附片的胃滞留时间进行测定，结果显示该制剂的平均胃滞留时间为 320 分钟。

（三）膨胀型胃滞留给药系统

当制剂的尺寸大于幽门时，可避免被排入十二指肠，从而延长胃滞留的时间。胃膨胀型制剂口服前应该较小，利于吞咽，到达胃内后体积立即增大，但同时应保证在药物释放完后制剂能逐渐溶蚀，进入十二指肠，防止制剂在胃内蓄积，引起毒副作用。该思路已成为近年来研究开发胃滞留剂型的一个重要方向。

1. 展开型胃滞留给药系统　展开型胃膨胀制剂通常是将含药的几何形状（螺旋形、Y 型等）折叠后装入胶囊进行口服，接触胃液后胶囊壳溶解，几何形状吸水后展开，由于直径大于幽门而产生胃滞留作用。该剂型需保证几何形状有一定的强度来抵抗胃蠕动，同时应有较钝的边缘以保护胃黏膜。该剂型展开后和折叠前的面积比值用展开系数（%ESP）来表示，可用 X- 射线照相法、胃镜检查法等来测定制剂在体内展开后的面积。Klausner 等[58]制备了含左旋多巴的展开型胃滞留制剂，该制剂包含两部分：含药层（内层）和包裹在含药层表面的保护层（外层），并加入刚性条带，以保证制剂的硬度。该制剂展开时的面积为 5cm × 2.5cm，折叠后可装入 000 号胶囊（图 4-65）。实验者分别采用胃镜检查法、X- 射线照相法考察该剂型与左旋多巴缓释颗粒和口服溶液在比格犬体内的滞留情况，发现该剂型 15 分钟后即展开成折叠前的形状，并保持最大形状达 2 小时；三种剂型的平均滞留时间（MRT）分别为 7.49h ± 0.43h、3.79h ± 0.87h 及 1.63h ± 0.43h。同法在 12 名健康受试者体内比较，发现胃滞留制剂的 MRT、t_{max} 较普通缓释制剂均延长 1~2 小时。

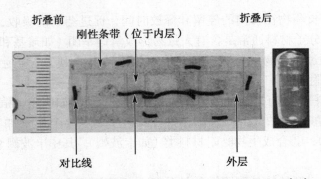

折叠前　　　　　　　　　　　　　　折叠后

刚性条带（位于内层）

对比线　　　　　　　　　　外层

图 4-65　展开型胃滞留制剂折叠前和折叠后的形状[58]

2. 溶胀型胃滞留给药系统　冷冻干燥后的胶原具有海绵状疏松多孔的结构，压片后依然能保持这种特性，因此 Gröning 等[71]以胶原为膨胀材料制备了含维生素 B_2 的胃膨胀片。在模拟胃液中，制剂可在 15 分钟内膨胀至直径大于 4.5cm，维生素 B_2 可缓释 12 小时。12 名健康受试者分别服用维生素 B_2 胃膨胀片及 HPMC 制备的普通片，发现胃膨胀片的肾排泄时间和平均尿液回收量为 9.9 小时和 8.4mg，与普通片的 5.6 小时和 3.5mg 相比有显著性差异。

溶胀型胃滞留制剂的膨胀性能常用吸水速率（也称膨胀系数）来表示，其溶蚀性能则用溶蚀速率来表示，一般采用重量法分别测定制剂在单位时间内吸水后的重量增加百分率和烘干后的重量减少百分率。Zuleger 等[72]研究了 4 种表示制剂体积变化的方法：①直接测量法；②显微照相法；③在制剂中加入有色易溶染料后，用 plexiglas 圆盘将制剂固定，通过观察有色凝胶层与无色干燥层的变化，从而对制剂的溶蚀和膨胀速度进行比较；④由于凝胶层和内部干燥层的硬度不同，采用物性测试仪来测定膨胀片的凝胶层和内部干燥层的厚度。此外一些文献[73]也报道可采用磁共振成像法（MRI）测定，该法利用磁共振原理使药片成像，再用图像分析软件分别对制剂的轴向和纵向体积变化进行测定。由于凝胶层和未吸水干燥层的质子密度不同，使得该法还可精确测定药片的膨胀边缘和溶蚀边缘。Leskinen 等[74]采用了超声技术来评价亲水骨架片的膨胀和溶蚀性质，并将超声法和显微照相法测得的关于膨胀边缘的数据进行拟合，发现两者具有线性关系（r^2=0.92），因此作者认为超声法可适用于测定膨胀片的内部结构。此外共聚焦成像法[75]和傅立叶转换红外 – 衰减全反射法[76]也有文献报道。

（四）几种机制结合的胃滞留给药系统

单纯的胃内漂浮型，或胃黏附型，或体积膨胀型胃内滞留系统均有其作为胃滞留制剂的优点，但也有不足之处，因此将不同机制结合起来的胃内滞留系统往往能减少单种机制制剂的缺点，从而具有更好的优势，以下是近年来学者们采用此思路研究的概况。

1. 胃漂浮 / 黏附型给药系统　Liu 等[68]采乳化溶剂挥发法制备了低密度的补骨脂素中空微球，并用具有高黏附性的单硬脂酸甘油酯进行包衣。体外实验表明中空 – 生物黏附微球持漂时间大于 10 小时，在大鼠体内比较中空 – 生物黏附微球与未包衣的中空微球的胃黏附与胃滞留情况，结果发现前者胃滞留微球数量明显增加。

2. 漂浮 / 膨胀型胃滞留给药系统　Arza 等[77]采用 HPMC、膨胀型辅料（交联聚维酮、羟乙酸淀粉钠和 CMC-Na）和 $NaHCO_3$ 制备了环丙沙星胃滞留片，并采用 X– 射线照相法对胃滞留片在健康受试者体内的行为进行评价，结果表明胃滞留片的 MRT 为 320min ± 48.99min。Chen 等[78] 选择 HEC 和 CMC-Na 作为亲水性膨胀辅料，并加入 Na_2CO_3 制备氯沙坦胃滞留片，筛选得到的两个较优处方的体外持漂时间均大于 16 小时，直径可从 12mm 膨胀至 20mm，在 4 名进食后的健康受试者体内进行药动学比较发现，胃滞留片的生物利用度提高，t_{max} 和 MRT 延长。

3. 漂浮 / 黏附 / 膨胀型胃滞留给药系统　Mostafavi 等[79] 筛选了含 HPMC K100M、交联聚维酮以及 Na_2CO_3 的环丙沙星胃漂浮片优化处方。作者认为药片的胃漂浮能力起主要的胃滞留作用，但是其膨胀性能有利于降低药片密度，而其黏附性能可以在某种程度上增加胃滞留的效果。在 12 名健康受试者的体内药动学研究结果表明，胃滞留片的 MRT 达到 8.65h ± 0.81h，显著大于市售普通制剂的 3.75h ± 0.39h。Tadros[69] 制备了以 $CaCO_3$ 为泡腾剂的盐酸环丙沙星胃漂浮片，并加入具有膨胀和黏附性能的 HPMC K15M 以及海藻酸钠。采用 X- 射线照相法进行检测发现，该制剂在 6 名健康受试者体内的平均胃滞留时间为 5.50h ± 0.77h。

二、胃滞留给药系统的工艺要点及研发实例

胃滞留给药系统的类型多，按药物制剂的形式大致可分为：片剂、微丸、微球、胶囊等，因此制备方法也多样。微丸主要采用挤出 – 滚圆法制备（参见本章第四节），微球文献报道多采用乳化溶剂蒸发法和离子胶凝法等制备。对于胃漂浮片，其制备工艺基本与普通片相同，但要考虑成型后应具有漂浮性能和滞留作用，制备尽量采用干法制粒或粉末直接压片，湿法制粒压片不利于片剂应用时的水化滞留。另外，压力的大小也会对片剂的漂浮性能产生影响，压力太大，使制剂的密度增大，则片子的漂浮性受到影响；而且在制备过程中干燥时间的长短也会影响起漂的快慢和持续时间的长短，有研究认为 HPMC 必须干燥 24 小时以上才能快速起浮而不沉降，并在胃内持续漂浮 7~8 小时以上。

上海医药工业研究院王凤娟等研究并设计了抗癫痫药物——加巴喷丁的膨胀型胃滞留片[80, 81]，以 HPMC、聚氧乙烯（PEO）和 CMC-Na 为缓释辅料，采用直接压片工艺，比较 3 种辅料制成片剂在人工胃液中的释药行为和膨胀性能（膨胀系数以片剂的增重百分率（%）作为指标，见图 4-66）。结果表明 PEO-303，CMC-7H4F 和 HPMC-K100M 都可以作为膨胀型辅料。胃滞留制剂在短时间内实现体积的迅速膨胀，这对于防止制剂过早被排入十二指肠具有重要的意义。研究者采用上述 PEO 与 HPMC 作为优化组合辅料和加巴喷丁压成片剂，试验表明片剂除了具有迅速膨胀特点外，还能维持较长时间的膨胀体积（图 4-67A）。人工胃液中药物缓释行为也体现所制胃滞留片有望在病变部位达到持久有效的治疗浓度（图 4-67B）。作为膨胀型胃滞留制剂，另一质量要求就是在用药一定时间后制剂辅料必须能自动溶蚀（降解），如图 4-67A 所示，加巴喷丁胃滞留片在介质中达到膨胀系数最大值为 4 小时（近 250%），以后逐渐下降，到 12 小时时，膨胀率降至 200% 以下，提示此制剂在胃内能够逐渐溶蚀，直至排出幽门。

图 4-67B 表明，采用该实验方法制备的制剂，体外的释药速率重现性良好。加巴喷丁膨胀型胃滞留片经比格犬口服后，其生物利用度与市售加巴喷丁胶囊（参比制剂）等效（图 4-68）。

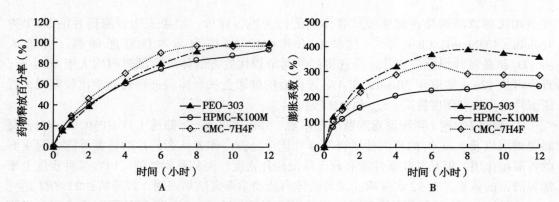

图 4-66　缓释辅料种类对加巴喷丁胃滞留片释放行为（A）和增重百分比（B）的影响

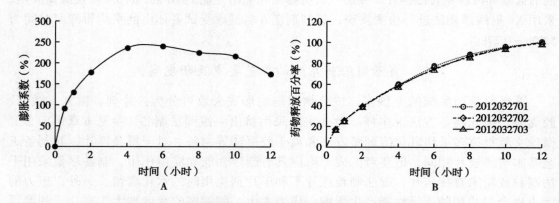

图 4-67　优化处方所制加巴喷丁胃滞留片在 0.1N HCl 中的
增重百分比（A）和释放行为（B）（*n*=3）

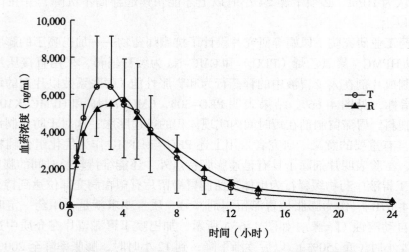

图 4-68　犬口服加巴喷丁胃滞留片（T）和参比制剂（R）的平均血药浓度 – 时间曲线

　　对胃内滞留制剂的体内动态研究，除了采用药动学手段比较药动学参数进行间接的评价外，随着技术的进步，目前较多的研究还采用直接检测的方法，如 X- 射线照相法、γ

闪烁扫描法、胃镜观察、磁标记检测法和超声波扫描法等。也可将两种手段结合起来，以取得更为准确的评价数据[82]。

展望：胃滞留缓释给药系统的研究已有三十年的历史，药学工作者为此作了大量的工作，也取得不少进展。但比起其他类型的口服给药系统，胃滞留制剂成功上市的品种还较少。漂浮型胃滞留制剂需要胃内有一定量的胃液或者食物来维持胃漂浮，因此要求患者不断饮水和进食，以保持胃充盈状态，这不利于患者长期的治疗用药。黏附型胃滞留制剂对机体不同部位黏附选择性还不是很敏感，可能过早产生黏附作用而定位于胃以上黏膜如食道组织。此外，多单元型的胃黏附制剂进入胃内后可能被不具有黏附性的食物或者胃液包裹而不能产生胃滞留效果。相比之下，膨胀型胃滞留制剂的制备工艺较简单，患者顺应性较好，然而有过早被排入十二指肠的危险。因此从近几年研究文献报道的趋势来看，多种机制结合型胃滞留给药系统，由于能取长补短，发挥各自优势，相对比较合理，它克服了单种机制的局限，有望成为未来的发展趋势。

第七节　口服结肠定位给药系统和脉冲释放给药系统

一、口服结肠定位给药系统

口服结肠定位给药系统（oral colon specific drug delivery system，OCDDS）是指通过适宜的药物制剂手段和药物传递技术，使药物口服后在上消化道不释放，而将药物运送到人体回盲部位或结肠后才开始崩解或蚀解释放而出，从而使药物在人体结肠发挥局部或全身治疗作用的一种给药系统。其机制系建立在药物制剂转运至结肠部位时间较长，局部肽酶浓度低和对渗透促进剂具有较高响应等生理依据上[83]。

结肠定位释药系统有许多优点：①由于结肠部位具有 pH 近中性和胰酶浓度低等特点，所以可避免药物，特别是多肽、蛋白药物被胃酸或胃肠道酶系统破坏，提高该类大分子药物（如疫苗、胰岛素、低分子肝素[84] 等生物类药物）的吸收；②结肠定位释药系统也有望提高结肠局部的药物浓度，有利于治疗结肠局部疾病，如 Crohn's 病、溃疡性结肠炎和结肠癌等。20 世纪 90 年代以来，研究人员在深入了解结肠部位吸收机制的基础上，在辅料的开发应用和新型制剂的研发等方面取得了显著进展，OCDDS 的一些产品已经成功上市，见表 4-30。

表 4-30　目前上市的部分口服结肠定位制剂和脉冲制剂

商品名	药品	主要辅料	生产厂家	临床用途
Asacol	5- 氨基水杨酸（结肠定位）	Eudragit S，邻苯二甲酸二丁酯	Allergan	溃疡性结肠炎、克罗恩病、炎症性肠病
Pentasa	5- 氨基水杨酸（结肠定位）	乙酰化单酸甘油酯，乙基纤维素，HPMC	Shire	溃疡性结肠炎
Entocort EC	布地奈德（结肠定位）	Eudragit L100-55，乙基纤维素，乙酰基柠檬酸三丁酯，柠檬酸三乙酯	Perrigo	回肠或升结肠部位轻中度克罗恩病

商品名	药品	主要辅料	生产厂家	临床用途
Coreg CR	磷酸卡地洛尔（脉冲制剂）	甲基丙烯酸共聚物，微晶纤维素，聚维酮	GSK	高血压和心绞痛
Metadate CD	盐酸哌甲酯（脉冲制剂）	糖球，聚维酮，HPMC，聚乙二醇，乙基纤维素水分散体	UCB	注意缺损多动综合征

（一）口服结肠定位给药系统的类型及设计原理

根据释药原理可将口服结肠定位给药系统分为以下几种类型：

1. 酶依赖型口服结肠定位给药系统 结肠中寄生着许多小肠中不存在的独特细菌，这些细菌可特异性产生多糖酶、糖苷酶、纤维素酶、硝基还原酶、偶氮还原酶等酶系。因此采用能在结肠降解，而在胃、小肠不降解的聚合物为载体，制备成有关的前体药物、骨架型或包衣制剂等，使其在胃肠部位稳定而只有到达结肠部位才由酶解而释药。酶依赖型口服结肠定位给药系统就是依据这个原理设计而成。

常用的酶解型高分子材料有多糖、偶氮聚合物等。多糖主要有壳聚糖、果胶、葡聚糖、魔芋胶、瓜耳胶、糊精等。它们安全、无毒、稳定性高，还易作结构修饰，提高其生物降解的敏感性[85]。但天然多糖在上消化道溶解度较大，故将其与高价金属离子 Ca^{2+}、Zn^{2+} 等形成水溶性低的高价金属盐复合物；或与一些难溶性共聚物混合（如壳聚糖与 EC、HPMC 和海藻酸盐等混合）；或对其进行结构修饰，引入疏水性基团（烷基化、羧甲基化、硫酸化及磷酸化等）制备衍生物，降低其水溶性和溶胀性[86]。偶氮类化合物是一种含氮–氮双键的有机材料，这类材料只有在结肠部位偶氮还原酶的作用下，氮–氮双键断裂，利用该原理使制剂内的药物释放出来。这类制剂的结肠定位性强，但偶氮化合物的疏水性和降解产物存在一些不良反应，很大程度上限制了该类载体的应用[87]。

目前，酶依赖型口服结肠定位给药系统的类型主要有前体药物、包衣片、包衣微丸、骨架片、微球及凝胶微粒等制剂。国内外有不少有关报道：如邹艳等[88]研究制备了老鹳草鞣质果胶钙结肠小丸；张勇钢等[89]研究采用魔芋胶–HPMC 包衣制成苦参碱结肠片；Majumdar S 等[90]则以果胶、EC 为骨架材料，通过粉末层积技术研制塞克硝唑的结肠定位释放微丸；Kong H 等[91]研制了具有结肠特异性的强的松龙、甲基强的松龙等 21–硫酸钠糖皮质激素前药。上述研究均表明，制剂到达结肠后能够开始释药，且在结肠特异酶的作用下，药物能很快释放出来。

酶解型口服结肠定位给药系统在体内受饮食、疾病、个体差异等的影响小，特异性好，定位准确可靠，成为口服结肠定位给药系统研究的热点之一，但该类制剂的载体在结肠降解速度较慢，可能导致药物释放不完全，造成药物生物利用度较低等问题。

2. pH 依赖型口服结肠定位给药系统 人体从胃到小肠经历了一个 pH 梯度变化：胃 pH 0.9~1.5；近端小肠 pH 5.5~7.0，末端回肠逐渐升至 6.5~7.5；从回肠到盲肠 pH 下降至 5.5~7.5，在结肠上升至 6.1~7.5。因此通过制剂技术，采用对 pH 敏感的辅料（能抵挡酸性胃液对制剂辅料的腐蚀，而在回肠末端中性或弱碱性条件下材料可以较快溶解或蚀解）作为包衣或骨架材料等，控制药物特异性地在结肠释放，pH 依赖型口服结肠定位给药系统依据此原理设计而成。

常用的 pH 依赖型辅料有甲基丙烯酸树脂肠溶系列和邻苯二甲酸醋酸纤维素（CAP）等，如 Eudragit S100（pH>7 时溶解），Eudragit L100（pH>6 时溶解），Eudragit FS 30D（含 30% 的丙烯酸树脂水分散体，pH>7 时溶解）等。

目前，pH 依赖型结肠定位给药系统的主要剂型包括包衣片、胶囊、微丸、微球、微囊，纳米囊等。单春燕等[92]以 Eudragit S100 为包衣材料，研制了 pH 依赖型穿心莲内酯结肠定位片；张亚军[93]、谢兴亮[94]等以 Eudragit S100 为膜材，分别研制了溃结康和苦参结肠定位微丸；Kshirsagar SJ[95]、杜佳丽[96]等以 Eudragit S100 为骨架材料，分别制备了强的松龙结肠定位纳米粒和 5- 氟尿嘧啶结肠定位微囊。上述实验均表明，制剂能达到结肠定位给药的目的。

pH 依赖型口服结肠定位给药系统设计简便、成本低，适合工业生产。但其聚合物受到结肠部位溶解滞后的影响，偶尔有排片现象，个体差异较大也是其缺点。

3. 时间依赖型口服结肠定位给药系统 研究表明，尽管胃排空时间极不规则，但在小肠段物质的转运时间相对固定，一般为 3~4 小时，据此预算药物到达结肠的时间可制备不同制剂，如通过衣层与崩解剂控制释药、渗透压控制释药、亲水凝胶塞控制释药等，时间依赖型口服结肠定位给药系统依据这些原理设计而成。

常用的包衣辅料有 HPMC、乙基纤维素、醋酸纤维素及非离子型的甲基丙烯酸树脂水分散体（Eudragit NE30D）等。高黏度的 HPMC 遇水形成凝胶，具有较强的抗敏性和代谢惰性，一般作为内层时滞材料，阻止药物在小肠释放[97]；而乙基纤维素、醋酸纤维素等疏水性好，在胃内溶解度较小，到达小肠后易形成膜孔，药物可通过膜孔扩散释放[98]。

目前，时间依赖型口服结肠定位给药系统主要有片剂、微丸等剂型。王乐等[99]首先压制含药片芯，依次包内隔离层（HPMC）、胃溶衣层（丙烯酸树脂Ⅳ）、外隔离层（HPMC）和肠溶衣层（羟丙甲纤维素邻苯二甲酸酯，HPMCP），制得美沙拉嗪包衣片。罗昕等[100]在载药丸芯表面依次包 HPMC 层、乙基纤维素层，研制了时滞型甲硝唑结肠定位微丸。上述制剂在体外模拟胃肠液释放实验中均达 5~6 小时时滞，均能实现结肠定位给药。

时间依赖型口服结肠定位给药系统易受胃排空时间、食物类型以及药物颗粒大小的影响，变异较大。必须控制食物类型，做到个体化给药，否则就可能影响药物的生物利用度。

4. 压力控制型口服结肠定位给药系统 人体胃肠道蠕动会产生压力，不过胃和小肠中大量消化液的存在可缓冲物体受到的压力。但是在结肠内，大量的水分和电解质被重吸收，导致结肠内容物的黏度增大，物体（包括制剂）受到的压力变大，从而容易使衣膜等破裂而释放药物，压力控制型口服结肠定位给药系统就是依据此原理设计而成。

常用辅料为水不溶性聚合物如乙基纤维素，制成胶囊、栓剂等。崔京浩等[101]以乙基纤维素和肠溶材料包衣，研究咖啡因压力控制型结肠定位释放胶囊，结果表明其具有良好的结肠定位释药性能。

压力控制型口服结肠定位给药系统安全，生物利用度高，但结肠压力受各种因素影响变化大。该系统的研究还处于起步阶段，有待深入研究。

5. 联合型口服结肠定位给药系统 口服结肠定位给药系统要求释药的引发机制只对结肠特定的生理条件有反应。胃中 pH 较低，小肠末端和结肠的 pH 差异较小，且在结肠细菌的作用以及病理情况下结肠 pH 可能比小肠还低；胃的排空时间在不同情况下有很大差异；结肠压力受各种因素影响较大，诸多因素常导致单一释药机制的制剂在小肠部位提前释药或不释药。为解决单一释药机制的不足，联合应用酶降解型、pH 依赖型、时间依赖型、压力控制型等两种或几种释药机制的给药设计成为研究的热点，最常见的为 pH 依赖型与时滞型和酶降解型给药系统结合[102, 103]。此类综合型给药系统一般制备成多层包衣片、包衣微丸，或者微粒给药系统等。

（1）pH– 时间依赖型：刘群等[104]以 Eudragit NE30D 为控释内层，Eudragit S100 为 pH 控释外层，研制 pH– 时间依赖型 5– 氨基水杨酸结肠定位微丸；Amrutkar JR 等[105]以 Eudragit S/L100（2∶1）为肠溶包衣材料制备吲哚美辛微粒，将其装入硬胶囊后，再以黄原胶、瓜尔胶、HPMC K4M 等为亲水凝胶塞，研制了 pH– 时间依赖型吲哚美辛胶囊；叶晓莉等[106]以 Eudragit RL 30D 为时滞内层和 Eudragit FS 30D 为 pH 依赖外层，研制 pH– 时间依赖型大黄素结肠定位微丸，体外实验均显示出良好的结肠定位效果。

（2）pH– 酶依赖型：Vaidya A 等[107]以乳化溶剂蒸发法制备果胶甲硝唑微球，再以 Eudragit S100 包衣，研制了 pH– 酶依赖型甲硝唑结肠定位制剂。Saboktakin MR 等[108]以聚酰胺树脂、壳聚糖为材料研制了 5– 氨基水杨酸的 CS–Ac–PAMAM 凝胶剂。邹海艳等[109]以果胶、瓜耳胶为酶融蚀骨架材料，Eudragit L100/S100 为肠溶材料，制备了盐酸小檗碱 pH– 酶依赖型结肠定位片。体外释放度研究表明具有较好的结肠定位释药特性。

（3）时间 – 酶依赖型：刘静等[110]以乙基纤维素为非渗透性胶囊材料，高酯果胶 – 乳糖或 HPMC– 低酯果胶为柱塞，制备了时间 – 酶依赖型 5– 氨基水杨酸结肠定位柱塞型脉冲胶囊，体外释放结果表明其具有较好的结肠定位作用。

研发实例：

例 4–8　Laila F.A.Asghar 等[111]采用吲哚美辛为模型药物，以 pH 敏感型的丙烯酸聚合物 Eudragit L100 或 Eudragit S100 和酶敏感型的黄原胶为骨架材料压成片剂，通过处方筛选，发现含 75mg 主药，7.5mg 黄原胶和 7.5mg Eudragit L100 的骨架（IXG10EL10 组）是结肠定位释放片剂的优化处方（图 4–69）。其各组片剂体外释药曲线见图 4–69，IXG10EL10组片剂在雄性大鼠体内不同时间点各部位的药物释放（%）见图 4–70。

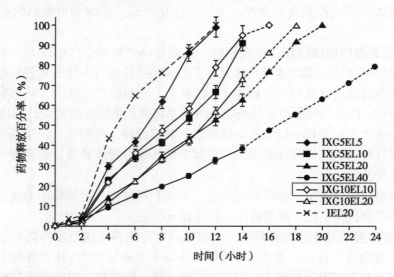

图 4–69　吲哚美辛从含不同比例黄原胶和 Eudragit L100 骨架片中的释放曲线（ *n*=6 ）

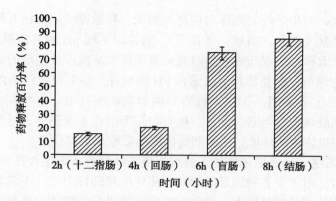

图 4-70　雄性大鼠口服 IXG10EL10 后不同时间吲哚美辛在各肠道的释放百分率（n=3）

例 4-9　Soad A.Yehia 等[112]采用布地奈德为模型药物制备片剂，其包衣材料分别设计了三组：① pH 依赖型聚合物（Eudragit S100，Eudragit L100）；②时间依赖型聚合物〔HPMC，纤维素乙酸丁酯（CAB）〕；③酶解依赖型聚合物（果胶，瓜耳胶），微晶纤维素作为填充剂。研究设计了 20 个处方，分别考察制备的包衣片在三种体外介质（pH 1.2，pH 6.8 和 pH 7.4）中的释放模式，以获得结肠定位释放的优化处方。实验结果表明：以 Eudragit L100∶Eudragit S100 = 1∶1 为 pH 依赖型辅料，25%CAB 为时间依赖型辅料和 75% 果胶为酶依赖型辅料的混合物制成的片剂，其体外释药模式远比其他处方理想，究其原因，系优化处方既考虑在结肠部位溶解的 pH 值，又考虑制剂到达结肠部位的时间因素以及结肠部位的酶解因素。而其他处方一般只考虑单一因素。图 4-71 为布地奈德片剂包封不同量的 pH 依赖聚合物的体外释放曲线。

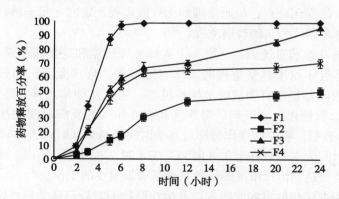

图 4-71　不同 pH 依赖聚合物包衣的布地奈德片剂在 0.1mol/L HCl 2h，
pH 6.8 磷酸缓冲液 3h，pH 7.4 缓冲液 19h 的释药模式（介质内含半乳糖甘露聚糖酶）
F1：Eudragit L100；F2：Eudragit S100；
F3：Eudragit L100∶Eudragit S100 = 1∶1；F4：Eudragit L100∶Eudragit S100 = 3∶7

（二）口服结肠定位给药系统的评价方法
研制口服结肠定位给药系统的成功与否，常用的评价方法有体外评价法和体内评价法。
1. 体外评价法　体外评价实验应尽量模拟结肠 pH、酶环境等，测量药物在胃肠道模拟溶液中的释放度，初步估计制剂体内的释放情况。释放度测定方法有转篮法（片剂、胶囊、栓剂等）或桨法（微丸、微球、微囊等）。通常以不同 pH 的溶液模拟胃肠各段的 pH 环境，不同时间点取样，根据药物在各溶液的累积释放情况评价制剂的结肠定位效果。酶依赖型给药系统的评价，除要模拟胃肠道内 pH 环境外，还要模拟结肠内酶的环境。关于人工结肠液的模拟主要采用：①加大鼠盲肠内容物的缓冲液；②加酶的磷酸盐缓冲液；③取大鼠或兔的结肠液进行考察。此外，生物黏附型给药系统还要进行黏附性检测，上述措施，系尽量模拟机体内的环境，使制剂的体内外数据尽可能接近。

2. 体内评价方法 虽然通过体外评价可间接验证释药系统是否符合预设的释药特征，但制剂进入体内后，由于受各种因素的影响，体外的释药行为往往不能非常准确反映体内的释药特征，在体外实验的基础上，必须对给药系统进行动物体内释放评价。目前，口服结肠定位给药制剂的体内评价方法主要包括硫酸钡造影 X 射线检测、同位素造影 γ- 闪烁扫描技术检测、动物体内浓度测定等。

硫酸钡造影 X 射线检测法适用于片剂等体积较大制剂，而对于微丸等体积小的微粒，则难以清晰显影。γ- 闪烁扫描技术常用的放射性核素有 ^{99m}Tc（$t_{1/2}$=6.03 小时）、^{111}In（$t_{1/2}$=67 小时）、^{52}Sm 以及 ^{170}Er，它可直观、真实、动态地反映出口服制剂在胃、小肠的转运时间及崩解部位等，适用范围比较广。动物实验则可通过测定制剂口服后的血药浓度和在胃、小肠、盲肠、结肠及相应内容物中药物的浓度，定量分析制剂在大鼠体内的吸收与分布等情况，阐明药物在体内的释放行为，以评价制剂在结肠部位的定位释药特性。

二、脉冲释放给药系统

脉冲释放给药系统（pulsatile drug delivery system）也称择时释药制剂，这种制剂能够根据人体的生物节律变化特点，按照生理和治疗的需要而定时定量释放药物，近年来受到国内外研究者和许多制药公司的普遍重视。

在叙述这类脉冲给药系统前，回顾一下人体生理现象和这类新制剂研发之间的关系。"生物钟"现象是近年越来越受重视的人体自然现象。许多激素，如肾素、醛固酮、皮质醇的分泌在昼夜间都显示有明显的节律性波动。还有几种和人体生理节律有关的疾病，如支气管哮喘、心肌梗死、风湿病、胃溃疡和高血压等的发病时间往往也具有生理规律性[113]。统计资料表明，哮喘病发作频率最高的时间是清晨 4 时；人体胃酸 60% 是在夜晚分泌；术后疼痛时间大多出现在上午 8 时和下午 4 时左右等等。所以，研制如何在疾病发作前就能迅速、有效达到治疗浓度的给药系统是项很重要的工作。

择时治疗即根据疾病的发病时间规律及治疗药物的时辰药理学特性设计不同的给药时间和剂量方案，选用合适的剂型，从而降低药物的毒副作用，达到最佳疗效。如前述的哮喘或者心梗等疾病的治疗，如果在夜间睡觉前口服一种能够定时释放的制剂，使其在清晨疾病发作前药物能从制剂中脉冲释放，则能起到很好的防治效果。

脉冲释放给药系统有单脉冲和多脉冲释药系统，后者较为理想，其可根据治疗需要，在一次给药系统内含有一个以上不同释药速度的单元制剂，它们可以在需要的治疗时间内，先后脉冲释放药物，更好地维持疾病发作时必要的恒定血药浓度，达到更好的治疗效果。

实现脉冲释放的方法有多种，通常的策略是在释药系统中设计时滞机制，以达到延时或脉冲释放的目的，因此，筛选合适的缓释聚合物，包括 pH 敏感型聚合物作为包衣或骨架材料就非常重要。另外，为了减少胃排空因素引起个体间的药动学差异，除了优选聚合物品种以及优化的制剂工艺外，载体的体积大小也是脉冲给药系统制备中要考虑的重要影响因素，目前研发中更多采用的手段是微粒类（微丸、微粒等）作为药物载体。以下介绍几个典型的案例来帮助了解多脉冲释药系统的设计原理和构造：

例 4-10   磷酸卡地洛尔控释胶囊

由 GSK 公司生产的治疗高血压和心绞痛的磷酸卡地洛尔控释胶囊（商品名 Coreg CR）即是采用脉冲原理制备的制剂。胶囊中含有的释药微丸由"时间控释型微丸"和"pH 控释型微丸"组成。其中"时间控释型微丸"采用疏水性的包衣材料包衣而得，其疏水物质由氢化植物油，如氢化蓖麻油组成。从体外释放的现象来看，作为缓释部分的"时间控释型微丸"可呈现出 1~5 小时的释药时滞。而"pH 控释型微丸"采用 pH 依赖型成膜材料（Eudragit L）包衣而得，当释药介质在酸性条件下时，无药物释放；而当释药介质的 pH 大于 6.0 后，衣膜溶解，药物才开始释放[114]。

类似制剂还有 GSK 公司治疗精神病的药物丙氯拉嗪，商品名为 COMPAZINE，其为多剂量脉冲胶囊；Roche 公司的盐酸尼卡地平多剂量脉冲控释胶囊，商品名为 CARDENE 等。

例 4-11   盐酸哌甲酯缓释胶囊剂

由 UCB 公司生产的治疗注意缺损多动综合征的盐酸哌甲酯缓释胶囊剂（商品名 Metadate CD）也是由速释微丸和缓释微丸组成，前者含药物总量的 30%，后者含 70%。其中速释部分包衣膜材料为亲水性的 PVP，而缓释部分包衣膜材料由疏水性的乙基纤维素及其增塑剂组成。药时曲线显示脉冲释药的双峰特点。其中速释部分释药行为与速释片的释药行为相似，缓释部分药物在 3 小时后逐渐释放。首个脉冲释药峰出现于给药后的 1.5 小时，第二个血药峰出现在给药后的 4.5 小时[115]，见图 4-72。

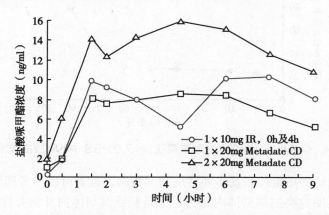

图 4-72   儿童口服速释盐酸哌甲酯（IR）和缓释胶囊（CD）后血药浓度的比较

例 4-12   右旋兰索拉唑双相脉冲释放胶囊剂

双相脉冲释放给药系统一个成功的例子是武田公司开发的右旋兰索拉唑双相脉冲释放胶囊剂（商品名 Dexlansoprazole MR）。如前所述，人体的胃肠道内 pH 是逐渐升高变化的，临床应用结果表明采用常规制剂很难有效控制患者胃酸返流的症状。胃双相释放胶囊是将两种能在不同 pH 区段释药的微丸装填到同一粒胶囊内，实现每日一次用药的药物双相释放制剂。其中，速释部分微丸首先在大于 pH 5.5 的环境（约在十二指肠部位）中释放药物；而缓释部分在 pH 7 左右的环境中（约在小肠远端）释放药物。第一个血药浓度峰值出现在给药后 2 小时，第二个血药浓度峰值出现在随后的 4~5 个小时内。该制剂抑制胃酸反流的疗效远比一般肠溶制剂好，而且本品的给药时间不受用餐时间的影响。

房超[116]在研究右旋兰索拉唑脉冲释药胶囊的工艺中，采用微丸包衣技术，制备速释和缓释两种微丸，并填充于同一胶囊中。其中速释部分含药量为 7.5mg，缓释部分含药量为 22.5mg，缓释包衣采用 Eudragit S100 和 Eudragit L100，按筛选出的优化比例处方制备的双脉冲制剂，其释药模式和武田原创产品相似，见图 4-73 和 4-74。

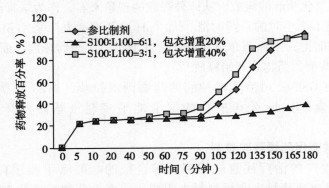

图 4-73　不同比例 Eudragit S100/L100 包衣微丸对兰索拉唑释放的影响

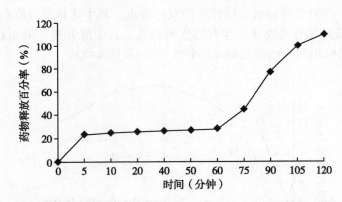

图 4-74　优化处方所制兰索拉唑胶囊在 pH 7.0 PBS 中的释放曲线（$n=3$）

多脉冲释药系统的质量控制基本和常规制剂相同，读者可以参考药典制剂通则。药动学实验能够较好表明这类制剂的体内行为，也是验证制剂体内外相关性（IVIVC）的很好证据，是新型制剂研发中必需进行的工作。

三、结论与展望

近年来随着制剂学和材料科学的发展，口服结肠定位给药系统的研究取得了一定进展，其改善了结肠疾病的治疗现状。采用结肠定位给药系统研发多肽、蛋白质类大分子药物的口服制剂也成为一大热点。目前 5- 氨基水杨酸（如 Claversal、Asacol 为 pH 依赖型释药系统，Pentasa 为时滞型释药系统）、美沙拉嗪、布地奈德等品种的结肠定位制剂已用于临床，取得了可喜效果。针对单一释药机制的局限性，开发两种或多种机制联合应用的释药系统，研制受胃排空时间影响小的微粒（如微丸、微球、微囊及纳米粒等）作为药物载体，在一定程度上减少甚至避免各给药方式单用时存在的问题，同时有助于提高结肠定位给药系统的稳定性和可靠性，是结肠定位给药系统研发的趋势。

脉冲释放给药系统也是新型制剂研发的一大方向，除了方便用药外，该系统可以根据时辰药理学的病理特征，在疾病发作前使药物从制剂内脉冲释放，或者根据疾病的发作时段，在规定的时间内，在体内保持必要、足够的血药浓度。从理论上说，这些思路都是可取的，也是众多科技工作者倍感兴趣的。但至今为止，这类给药系统上市的品种还屈指可数，究其原因，主要和患者个体间差异、体内生理因素的复杂性等多种因素有关。相信随着科技水平的不断提高，新型给药系统是会攻克这个堡垒的。

（陈庆华、朱颖、杨继荣、陈挺）

参考文献

［1］国家药典委员会 . 中华人民共和国药典(2015 年版). 北京 : 中国医药科技出版社,2015.

［2］王建新,杨帆 . 药剂学 .2 版 . 北京 : 人民卫生出版社,2015 :320–321.

［3］方亮,龙晓英 . 药物剂型与递药系统 . 北京 : 人民卫生出版社,2014 :269.

［4］平其能,屠锡德,张钧寿,等 . 药剂学 .4 版 . 北京 : 人民卫生出版社,2013 :734–737.

［5］美国陶氏化学网站 : https://www.dow.com

［6］Using Methocel cellulose ethers for controlled release of drugs in hydrophilic matrix systems［EB/OL］.［2018–03–01］.https://www.colorcon.com/products–formulation/download/677/2063/34？ Method =view.

［7］Ford JL,Rubinstein MH,Hogan JE.Formulation of sustained–release promethazine hydrochloride tablets using hydroxypropyl methyl cellulose matrixes.Int J Pharm,1985,24(2–3):327–338.

［8］Ju RTC,Nixon PR,Patel MV.Drug release from hydrophilic matrices.1.New scaling laws for predicting polymer and drug release based on the polymer disentanglement concentration and the diffusion layer.J Pharm Sci,1995,84(12):1455–1463.

［9］Mitchell K,Ford JL,Armstrong DJ,et al.The influence of the particle size of hydroxypropyl methylcellulose K15M on its hydration and performance in matrix tablets.Int J Pharm,1993(1–3),100 :175–179.

［10］Tahara K,Yamamoto K,Nishihata T.Application of model–independent and model analysis for the investigation of effect of drug solubility on its release rate from hydroxypropyl methylcellulose sustained–release tablets.Int J Pharm,1996,133(1–2):17–27.

［11］Ranga Rao KV,Padmalatha–Devi K,Kuble F,et al.Studies on factors affecting the release of drugs through cellulose matrices.Proc Int Symp Contr Rel Bioact Mater,1998,15 :101–102.

［12］Sung KC,Nixon PR,Skoug JW,et al.Effect of formulation variables on drug and polymer release from HPMC–based matrix tablets.Int J Pharm,1996,142(1):53–60.

［13］Sheskey PJ,Hendren J.The effects of roll compaction equipment variables,granulation technique,and HPMC polymer level on a controlled release matrix model drug formulation.Pharm Technol,1999,23(3):90–106.

［14］Reynolds TD,Mitchell SA,Balwinski KM.Investigation of the effect of tablets surface area/volume on drug release from hydroxypropyl methylcellulose controlled–release matrix tablets.Drug Dev Ind Pharm,2002,28(4):457–466.

[15] 王博,张来华,李苑新,等.亲水凝胶骨架缓释片释药机制评价方法的研究进展.中国医药工业杂志,2009,40(10):782-786.

[16] Yu L.Pharmaceutical Quality by Design:product and process development,understanding,and control.Pharm Res,2008,25(4):781-791.

[17] 德国 Glatt 公司技术推广资料.中国缓释制剂论坛,青岛,2006.

[18] 陈庆华,张强.药物微囊化新技术及应用.北京:人民卫生出版社,2008:271-271.

[19] Li LC,Peck GE.Water based silicone elastomer controlled release tablet film coating Ⅵ:The effect of tablet shape.Drug Dev Ind Pharm,2008,18(3):333-343.

[20] Dahl TC,Sue II.Mechanisms to control drug release from pellets coated with a silicone elastomer aqueous dispersion.Pharm Res,1992,9(3):398-405.

[21] Erkoboni DF.Handbook of Pharmaceutical Granulation Technology.New York & Bacel:Marcel Dekker,Inc,1997:338,340,351,353,355,357.

[22] Vervaet C,Baert L,Remon JP.Extrusion-spheronisation A literature review.Int J Pharm,1995,116(2):131-146.

[23] Leuner C,Dressman J.Improving drug solubility for oral delivery using solid dispersions.Eur J Pharm Biopharm,2000,50(1):47-60.

[24] Hülsmann S,Backensfeld T,Keitel S,et al.Melt extrusion-an alternative method for enhancing the dissolution rate of 17beta-estradiol hemihydrate.Eur J Pharm Biopharm,2000,49(3):237-242.

[25] Follonier N,Doelker E,Cole ET.Evaluation of hot-melt extrusion as a new technique for the production of polymer-based pellets for sustained release capsules containing high loadings of freely soluble drugs.Drug Dev Ind Pharm,2008,20(8):1323-1339.

[26] De Brabander C,Vervaet C,Remon JP.Development and evaluation of sustained release mini-matrices prepared via hot melt extrusion.J Control Release,2003,89(2):235-247.

[27] Follonier N,Doelker E,Cole ET.Various ways of modulating the release of diltiazem hydrochloride from hot-melt extruded sustained release pellets prepared using polymeric materials.J Control Release,1995,36(3):243-250.

[28] Breitkreutz J,Bornhöft M,Wöll F,et al.Pediatric drug formulations of sodium benzoate:Ⅰ.Coated granules with a hydrophilic binder.Eur J Pharm Biopharm,2003,56(2):247-253.

[29] Zhang F,McGinity JW.Properties of sustained-release tablets prepared by hot-melt extrusion.Pharm Dev Technol,1999,4(2):241-250.

[30] Bruce LD,Shah NH,Malick AW,et al.Properties of hot-melt extruded tablet formulations for the colonic delivery of 5-aminosalicylic acid.Eur J Pharm Biopharm,2005,59(1):85-97.

[31] Roblegg E,Jäger E,Hodzic A,et al.Development of sustained-release lipophilic calcium stearate pellets via hot melt extrusion.Eur J Pharm Biopharm,2011,79(3):635-645.

[32] Young CR,Koleng JJ,McGinity JW.Production of spherical pellets by a hot-melt extrusion and spheronization process.Int J Pharm,2002,242(1-2):87-92.

[33] Schilling SU,Shah NH,Waseem Malick A,et al.Properties of melt extruded enteric matrix pellets.Eur J Pharm Biopharm,2010,74(2):352-361.

[34] Bauer PD.药物制剂包衣原理工艺及设备.李汉蕴,张涛,译.北京:中国医药科技出版社,2006.

[35] McGinity JW.Aqueous polymeric coatings for pharmaceutical dosage forms.2nd ed.New York:Marcel Dekker,1997:164.

[36] El-Nokaly MA,Piatt DM,Charpentier BA.Polymeric delivery systems:properties and applications.Washington DC:American Chemical Society,1993:80.

[37] Kelbert M,Béchard SR.Valuation of a Cellulose Acetate(CA)latex as coating material for controlled release products.Drug Dev Ind Pharm,2008,18(5):519-538.

［38］陈庆华.聚合物作为微丸包衣材料的应用研究.中国医药工业杂志,1997,28(4):191-194.

［39］Davis SS.Formulation strategies for absorption windows.Drug Discov Today,2005,10(4):249-257.

［40］Hutchings D,Kuzmak B,Sakr A.Processing considerations for an EC latex coating system:influence of curing time and temperature.Pharm Res,1994,11(10):1474-1478.

［41］Obara S,McGinity JW.Influence of processing variables on the properties of free films prepared from aqueous polymeric dispersions by a spray technique.Int J Pharm,1995,126(1-2):1-10.

［42］Bodmeier R,Paeratakul O.Mechanical properties of dry and wet cellulosic and acrylic films prepared from aqueous colloidal polymer dispersions used in the coating of solid dosage forms.Pharm Res,1994,11(6):882-888.

［43］Guo JH,Robertson RE,Amidon GL.An investigation into the mechanical and transport properties of aqueous latex films:a new hypothesis for the film-forming mechanism of aqueous dispersion system.Pharm Res,1993,10(3):405-410.

［44］Abdul S,Chandewar AV,Jaiswal SB.A flexible technology for modified-release drugs:multiple-unit pellet system(MUPS).J Control Release,2010,147(1):2-16.

［45］张媚媚,韩珂,吴传斌.微丸压片工艺研究进展,国际药学研究杂志,2008,35(2):128-132.

［46］李然然.微丸压片技术在缓释制剂制备中的应用研究.上海:上海医药工业研究院,2011.

［47］李然然,陈庆华,包泳初,等.Kollicoat® SR30D在盐酸青藤碱微丸型缓释片中的应用.中国医药工业杂志,2011,42(8):588-594.

［48］Aulton ME,Dyer AM,Khan KA.The Strength and Compaction of Millispheres:the design of a controlled-release drug delivery system for ibuprofen in the form of a tablet comprising compacted polymer-coated millispheres.Drug Dev Ind Pharm,1994,20(20):3069-3104.

［49］Dashevsky A,Kolter K,Bodmeier R.Compression of pellets coated with various aqueous polymer dispersions.Int J Pharm,2004,279(1-2):19-26.

［50］Tunón A,Börjesson E,Frenning G,et al.Drug release from reservoir pellets compacted with some excipients of different physical properties.Eur J Pharm Sci,2003,20(4-5):469-479.

［51］Pan X,Chen M,Han K,et al.Novel compaction techniques with pellet-containing granules.Eur J Pharm Biopharm,2010,75(3):436-442.

［52］高生彬,赵华,康文通.药物包衣技术进展.河北工业科技,2006,23(6):367-369.

［53］Theeuwes F.Elementary osmotic pump.J Pharm Sci,1975,64:1987-1991.

［54］LaBella G,Rane M,Patel P.The influence of maufacturing method on physical properties and drug release from push-pull osmotic pump(PPOP)products.CRS Meeting&Exposition,2014.

［55］Missaghi S,Patel P,Farrell TP,et al.Investigation of critical core formulation and process parameters for osmotic pump oral drug delivery.AAPS Pharm Sci Tech,2014,15(1):149-160.

［56］Dorozynski P,Kulinowski P,Mendyk A,et al.Gastroretentive drug delivery systems with l-dopa based on carrageenans and hydroxypropylmethylcellulose.Int J Pharm,2011,404(1-2):169-175.

［57］Davis SS,Wilding EA,Wilding IR.Gastrointestinal transit of a matrix tablet formulation:comparison of canine and human data.Int J Pharm,1993,94(1):235-238.

［58］Klausner EA,Lavy E,Barta M,et al.Novel gastroretentive dosage forms:evaluation of gastroretentivity and its effect on levodopa absorption in humans.Pharm Res,2003,20(9):1466-1473.

［59］Klausner EA,Lavy E,Friedman M,et al.Expandable gastroretentive dosage forms.J Control Release,2003,90(2):143-162.

［60］Hascicek C,Rossi A,Colombo P,et al.Assemblage of drug release modules:effect of module shape and position in the assembled systems on floating behavior and release rate.Eur J Pharm Biopharm,2011,77(1):116-121.

［61］Sauzet C,Claeys-Bruno M,Nicolas M,et al.An innovative floating gastro retentive dosage system:formulation and in vitro evaluation.Int J Pharm,2009,378(1-2):23-29.

［62］Strübing S,Metz H,Mäder K.Characterization of poly(vinyl acetate) based floating matrix tablets.J Control Release,2008,126(2):149-155.

［63］Jang SW,Lee JW,Park SH,et al.Gastroretentive drug delivery system of DA-6034,a new flavonoid derivative,for the treatment of gastritis.Int J Pharm,2008,356(2):88-94.

［64］Baki G,Bajdik J,Pintye-Hódi K.Evaluation of powder mixtures and hydrophilic gastroretentive drug delivery systems containing zinc acetate and sodium bicarbonate.J Pharm Biomed Anal,2011,54(4):711-716.

［65］阚淑玲,屠锡德,刘建平.琥珀酸亚铁胃内滞留漂浮型缓释片的制备及体外释放度研究.药学与临床研究,2008,17(2):90-92.

［66］Losi E,Bettini R,Santi P,et al.Assemblage of novel release modules for the development of adaptable drug delivery systems.J Control Release,2006,111(1-2):212-218.

［67］Strusi OL,Barata P,Traini D,et al.Artesunate-clindamycin multi-kinetics and site-specific oral delivery system for antimalaric combination products.J Control Release,2010,146(1):54-60.

［68］Liu Y,Zhang J,Gao Y,et al.Preparation and evaluation of glyceryl monooleate-coated hollow-bioadhesive microspheres for gastroretentive drug delivery.Int J Pharm,2011,413(1):103-109.

［69］Tadros MI.Controlled-release effervescent floating matrix tablets of ciprofloxacin hydrochloride:development,optimization and in vitro-in vivo evaluation in healthy human volunteers.Eur J Pharm Biopharm,2010,74(2):332-339.

［70］Pund S,Joshi A,Vasu K,et al.Gastroretentive delivery of rifampicin:in vitro mucoadhesion and in vivo gamma scintigraphy.Int J Pharm,2011,411(1-2):106-112.

［71］Gröning R,Cloer C,Georgarakis M,et al.Compressed collagen sponges as gastroretentive dosage forms:in vitro and in vivo studies.Eur J Pharm Sci,2007,30(1):1-6.

［72］Zuleger S,Fassihi R,Lippold BC.Polymer particle erosion controlling drug release.Ⅱ.Swelling investigations to clarify the release mechanism.Int J Pharm,2002,247(1-2):23-37.

［73］Tajarobi F,Abrahms én-Alami S,Carlsson AS,et al.Simultaneous probing of swelling,erosion and dissolution by NMR-microimaging-Effect of solubility of additives on HPMC matrix tablets.Eur J Pharm Sci,2009,37(2):89-97.

［74］Leskinen JTT,Hakulinen MA,Kuosmanen M,et al.Monitoring of swelling of hydrophilic polymer matrix tablets by ultrasound techniques.Int J Pharm,2011,404(1-2):142-147.

［75］Bajwa GS,Hoebler K,Sammon C,et al.Microstructural imaging of early gel layer formation in HPMC matrices.J Pharm Sci,2006,95(10):2145-2157.

［76］Kazarian S,van der Weerd J.Simultaneous FTIR spectroscopic imaging and visible photography to monitor tablet dissolution and drug release.Pharm Res,2008,25(4):853-860.

［77］Arza RA,Gonugunta CS,Veerareddy PR.Formulation and evaluation of swellable and floating gastroretentive ciprofloxacin hydrochloride tablets.AAPS PharmSciTech,2009,10(1):220-226.

［78］Chen RN,Ho HO,Yu CY,et al.Development of swelling/floating gastroretentive drug delivery system based on a combination of hydroxyethyl cellulose and sodium carboxymethyl cellulose for Losartan and its clinical relevance in healthy volunteers with CYP2C9 polymorphism.Eur J Pharm Sci,2010,39(1-3):82-89.

［79］Mostafavi A,Emami J,Varshosaz J,et al.Development of a prolonged-release gastroretentive tablet formulation of ciprofloxacin hydrochloride:pharmacokinetic characterization in healthy human volunteers.Int J Pharm,2011,409(1):128-136.

［80］王凤娟,包泳初,陈庆华.胃滞留给药系统的研究开发进展.上海医药,2012,33(3):24-28.

［81］王凤娟.加巴喷丁胃滞留缓释片的研究.上海:上海医药工业研究院,2012.

［82］Parikh DC,Amin AF.In vitro and in vivo techniques to assess the performance of gastro-retentive drug delivery systems:a review.Expert Opin Drug Del,2008,5(9):951-965.

［83］Maroni A，Zema L，Del Curto MD，et al.Oral colon delivery of insulin with the aid of functional adjuvants.Adv Drug Deliv Rev，2012，64（6）：540–556.

［84］林昂，王科，马铭怿，等．复方低分子肝素口服结肠靶向给药胶囊的研制．中国新药杂志，2012，21（3）：315–317+331.

［85］Shah N，Shah T，Amin A.Polysaccharides：a targeting strategy for colonic drug delivery.Expert Opin Drug Deliv.2011，8（6）：779–796.

［86］刘健，李坚斌，韦巧艳，等．果胶基口服结肠靶向给药系统的研究进展．现代化工，2011，31（2）：25–28.

［87］陈建海，陈清元，沈家瑞．菌蚀型功能材料的合成与生物降解．功能材料，2007，38（3）：427–431.

［88］邹艳，李洪嫚，郭建鹏．老鹳草鞣质结肠定位制剂的体外释放度．中国实验方剂学杂志，2011，17（3）：4–6.

［89］张勇钢．苦参碱结肠定位片的研制及体外释放研究．时珍国医国药，2010，21（2）：394–396.

［90］Majumdar S，Roy S，Ghosh B.Design and gamma scintigraphic evaluation of colon specific pectin–EC pellets of secnidazole prepared by powder layering technology.Pharmazie，2011，66（11）：843–848.

［91］Kong H，Lee Y，Kim H，et al.Susceptibility of glucocorticoids to colonic metabolism and pharmacologic intervention in the metabolism：implication for therapeutic activity of colon–specific glucocorticoid 21–sulfate sodium at the target site.J Pharm Pharmacol，2012，64（1）：128–138.

［92］单春燕，陈文，王园姬，等．穿心莲内酯结肠靶向片的制备及体外释放性能评价．新疆医科大学学报，2011，34（1）：36–40.

［93］张亚军，李江英，郑杭生．溃结康结肠靶向微丸控释衣膜处方优化．中国医院药学杂志，2010，30（5）：388–391.

［94］谢兴亮，杨明，韩丽，等．pH 敏感型苦参结肠靶向微丸的处方筛选及其释药性能评价．中国实验方剂学杂志，2011，17（4）：1–4.

［95］Kshirsagar SJ，Bhalekar MR，Patel JN，et al.Preparation and characterization of nanocapsules for colon–targeted drug delivery system.Pharm Dev Technol，2012，17（5）：607–613.

［96］杜佳丽，谭丰苹，朱德权，等．5– 氟尿嘧啶结肠定位释药微囊的制备与释药特性．清华大学学报（自然科学版），2005，45（12）：1657–1660.

［97］Sangalli ME，Maroni A，Foppoli A.Different HPMC viscosity grades as coating agents for an oral time and/or site–controlled delivery system：a study on process parameters and in vitro performances.Eur J Pharm Sci，2004，22（5）：469–476.

［98］Cheng G，An F，Zou MJ，et al.Time–and pH–dependent colon–specific drug delivery for orally administered diclofenac sodium and 5–aminosalicylic acid.World J Gastroenterol，2004，10（12）：1769–1774.

［99］王乐，任麒，沈慧凤．时间控制型结肠定位释药片体外释放的影响因素．中国医药工业杂志，2006，37（5）：325–328.

［100］罗昕，平其能，柯学，等．甲硝唑结肠定位微丸的体外释药机理．中国药科大学学报，2006，37（4）：323–325.

［101］崔京浩，唐丽华，岩田雅树．肠溶包衣压力控制结肠定位给药胶囊的体内外评价．中国医院药学杂志，2009，29（22）：1928–1933.

［102］Patel MM.Cutting–edge technologies in colon–targeted drug delivery systems.Expert Opin Drug Deliv，2011，8（10）：1247–1258.

［103］Esseku F，Adeyeye MC.Bacteria and pH–sensitive polysaccharide–polymer films for colon targeted delivery.Crit Rev Ther Drug Carrier Syst，2011，28（5）：395–445

［104］刘群，李晓华，杨金荣，等．5– 氨基水杨酸 pH 依赖 – 时间控制型结肠定位微丸的制备与体外释放研究．天津医科大学学报，2008，14（1）：34–37.

［105］Amrutkar JR，Gattani SG.A novel hydrogel plug of Sterculiaurens for pulsatile delivery：in vitro and in vivo evaluation.J Microencapsul，2012，29（1）：72–82.

[106] 叶晓莉,王选深,王彬辉,等.pH 依赖 – 时滞型大黄素结肠定位微丸的制备及体外释药研究.中药材,2011,42(10):1956–1962.

[107] Vaidya A,Jain A,Khare P,et al.Metronidazole loaded pectin microspheres for colon targeting.J Pharm Sci,2009,98(11):4229–4236.

[108] Saboktakin MR,Tabatabaie RM,Maharramov A,et al.Synthesis and characterization of chitosan hydrogels containing 5–aminosalicylic acid nanopendents for colon:specific drug delivery.J Pharm Sci,2010,99(12):4955–4961.

[109] 邹海艳,王玉蓉,杨平.大鼠口服盐酸小檗碱结肠定位片后胃肠道组织分布研究.北京中医药大学学报,2011,34(4):241–249.

[110] 刘静,张良珂,汪程远.等.5–氨基水杨酸结肠定位柱塞型脉冲胶囊的制备与体外释放.中国医院药学杂志.2011.31(2):99–102.

[111] Asghar LF,Chure CB,Chandran S.Colon specific delivery of indomethacin:effect of incorporating pH sensitive polymers in xanthan gum matrix bases.AAPS PharmSciTech,2009,10(2):418–429.

[112] Yehia SA,Elshafeey AH,Sayed I,et al.Optimization of budesonide compression–coated tablets for colonic delivery.AAPS PharmSciTech,2009,10(1):147–157.

[113] 蒋新国.现代药物动力学.北京:人民卫生出版社,2011:214–226.

[114] Legrand V,Castan C,Meyrueix R,et al.Microparticulate oral galenical form for the delayed and controlled release of pharmaceutical active principles:US,8101209 B2.2012–01–24.

[115] Bettman MJ,Percel PJ,Hensley DL,et al.Methylphenidate modified release formulations:US,6344215 B1.2002–02–05.

[116] 房超.双相释放的口服制剂 – 右旋兰索拉唑微丸的研究.上海:上海医药工业研究院,2011.

第五章

新型注射给药系统

第一节 概 述

一、注射剂的定义及特点

注射剂（injections）系指药物制成的供注入体内的无菌溶液（包括乳浊液和混悬液）以及供临用前配成溶液或混悬液的无菌粉末或浓溶液。

注射剂一般由药物、溶剂、附加剂及特制的容器组成，由于它可在皮内、皮下、肌内、静脉、脊椎腔及穴位等部位给药，为药物作用的发挥提供了有效途径，已成为临床上应用最广泛的剂型之一，尤其患者需要急救时，更是其他剂型无法取代的。其主要特点包括：

1. **药效迅速、剂量准确、作用可靠** 注射剂无论是以液体针剂还是以固体粉针剂贮存，在临床应用时均以液体状态直接注射入人体的组织、血管或器官内，所以吸收快，作用迅速。特别是静脉注射，药液可直接进入血循环而无吸收阶段（生物利用度达 100%），更适用于抢救危重病症情况。

2. **适于不宜口服给药的患者** 在临床上常遇到患者处于昏迷、抽搐、不能吞咽等状态，或患者具消化系统障碍，均不能口服给药，采用注射给药则是有效的给药途径。

3. **适于不宜口服的药物** 某些药物由于本身性质，有的需要快速起效（如丙泊酚）、有的在胃肠道不易吸收（如肝素）、有的则易被消化液破坏（如胰岛素），则可制成注射剂。

4. **产生局部定位作用** 牙科等局部麻醉用药以及动脉栓塞微球等均通过注射给药来产生局部定位作用。

5. **可以产生靶向及长效作用** 脂质体或纳米粒静脉注射后，在肝、肺、脾等器官药物分布较多，具有靶向作用。近年更出现了主动靶向、物理化学靶向等注射剂，具有更明确的定向性；而混悬型注射剂，特别是油性混悬剂、皮下注射微球等，则具有长效作用。

但注射剂亦存在注射时疼痛，注射给药不方便，研制和生产过程复杂，安全性及机体适应性差，成本较高等缺点。

二、新型注射给药系统的发展现状

自 1985 年首个长效注射微球制剂 Lupron（活性成分为亮丙瑞林）问世后，注射剂产品不断推陈出新，出现了一些新型长效和靶向注射剂，如脂质体、亚微乳与纳米乳、纳米粒、聚合物胶束、微球和原位凝胶等新型注射剂。伴随着这些新型注射剂的产生，一些新的注射装置如无针型喷射注射器、预填充注射器、Atrigel™ 给药装置（用于原位凝胶注射给药，见第六章图 6-42）等也应运而生。目前，新型的注射给药系统已成为药物新剂型研究中的重要组成部分，因其具有减少注射次数、提高疗效、降低不良反应等显著优点，日益受到人们的青睐和关注。下面对几种新型注射给药系统的发展现状作简要介绍。

（一）脂肪乳注射剂

脂肪乳剂（fat emulsions），又称为脂质乳剂（lipid emulsions）或亚微乳（submicron emulsions），是以植物油作为油相，辅以磷脂为主要乳化剂，甘油为等渗调节剂，经乳化制得的粒径在 100~600nm 的（O/W 型乳剂）微粒给药系统[1]。一般而言，植物油相中不含药的脂肪乳剂常用做肠外营养剂，而载药脂肪乳剂则作为药物载体使用。

1961 年，第一个即用型营养脂肪乳实现工业化生产并在瑞典上市，此后，营养型脂肪乳得到了不断的发展，主要变化为油相从单纯的大豆油改为中链油、橄榄油、鱼油以及多种油的混合物。自从营养型脂肪乳成功上市后，在 20 世纪 70 年代研究者随即开展了将其作为难溶性药物静注载体的研究，即载药脂肪乳剂，除主药外，其处方组成与营养型脂肪乳基本一致。1988 年地塞米松棕榈酸酯脂肪乳剂上市，此后各种载药脂肪乳剂的研发日益受到人们的关注，已上市的载药脂肪乳剂还有前列腺素 E1（PGE1）、地西泮、氟比洛芬酯、丙泊酚、依托咪酯、脂溶性维生素和丁酸氯维地平脂肪乳等。

（二）注射用纳米乳剂

纳米乳（nanoemulsions），又称为微乳，是由乳化剂、助乳化剂、油相和水相组成的粒径多为 10~100nm 澄明或带乳光的热力学稳定体系，具有毒性小、提高药物溶解度及稳定性，并具有靶向和缓控释等优点[2]。助乳化剂的加入能显著降低油、水两相界面的表面张力，因此仅需要搅拌、超声、均质等简单方法即可制备出粒度分布均匀的纳米乳。

但目前纳米乳上市产品寥寥无几，主要原因为：①制备时需要高浓度的乳化剂，对注射部位具有一定刺激性；②纳米乳一般不能被绝对稀释，若含水量超出相图纳米乳区域则立即失去纳米乳的特性[3]。目前，已经被美国 FDA 批准上市的两个纳米乳制剂均为非注射用制剂，分别为 Neoral 和 Oraqix，仅一种注射用纳米乳（丙泊酚，Microfol）处于临床研究中[4]，该处方中所使用的乳化剂是辛酸钠和泊洛沙姆 188。

2007 年 Daewon 制药公司在韩国上市了丙泊酚纳米乳注射液（Aquafol），主要的乳化剂为聚乙二醇 -15- 羟基硬脂酸酯（Solutol HS 15）、助乳化剂为四氢呋喃、聚乙二醇醚和泊洛沙姆 188。Aquafol 利用常温下为液态的丙泊酚自身为油相，从而避免了脂质的使用，临床研究表明该纳米乳会产生显著的注射痛[5]，此注射疼痛由较多的游离药物引起而非辅料所致[6]。

（三）脂质体注射剂

脂质体（liposomes）是由磷脂和其他两亲性物质分散于水中，由一层或多层同心的脂质双分子膜包封而成的超微型球状载体制剂。1965 年，英国 Bangham 等提出了脂质体的概念，1974 年 Rahman 等首先将脂质体作为药物的载体应用，并引起广泛关注。1990 年，第一个脂质体注射剂——两性霉素 B 脂质体（Ambisome，美国 NeXstar 制药公司）在欧洲上市，该制剂可以有效降低两性霉素 B 引起的急性肾毒性。1995 年底第一个抗癌药物脂质体——阿霉素脂质体（Doxil，美国 Sequus 制药公司）在美国获得 FDA 批准，脂质体的组成中含有亲水聚合物聚乙二醇－硬脂酰磷脂酰乙醇胺，具有长循环特性，延长了血液循环时间，有利于增加脂质体到达病变部位的相对聚积量。而随着载体材料的改进和新型表面修饰的发现和应用，以及处方工艺的改良，主动靶向型、长效型等多种类型的脂质体注射剂也相继出现，如热敏长循环脂质体、多肽阳离子型脂质体、pH 敏感脂质体、导向肽偶联脂质体、多囊脂质体、磁性脂质体等。目前，已有多种注射用脂质体产品被批准上市和进入临床研究阶段，见表 5-1。

表 5-1　上市及在研脂质体产品（截至 2018 年）[7, 8]

名称	商品名	适应证	研发公司	上市时间（年）/研究阶段
盐酸多柔比星脂质体注射液	Doxil/Caelyx	乳腺癌、卵巢癌、骨髓瘤	Janssen	1995
柔红霉素脂质体	DaunoXome	卡波济氏肉瘤	Galen	1996
阿糖胞苷脂质体	Depocyt	淋巴性脑膜炎	Pacira	1999
盐酸多柔比星脂质体注射液	Myocet	转移性乳腺癌	Teva	2001
盐酸多柔比星脂质体注射液	Caelyx	转移性乳腺癌	Schering	2002
硫酸吗啡长效注射液	DepoDur	术后镇痛	Pacira	2004
米伐木肽注射液	Mepact	骨肉瘤	IDM Pharrna	2009
硫酸长春新碱脂质体注射液	Marqibo	急性淋巴细胞性白血病	Talon	2012
伊立替康脂质体	ONIVYDE	胰腺癌	Merrimack	2015
紫杉醇脂质体	力扑素	乳腺癌	南京绿叶制药有限公司	2003
热敏性盐酸多柔比星脂质体	ThermoDox	肝细胞癌	Celsion	Ⅲ期临床
紫杉醇阳离子脂质体	EndoTAG-1	乳腺癌	Medigene	Ⅲ期临床
顺铂脂质体	Lipoplatin	晚期卵巢上皮癌、局部晚期或转移性胰腺癌	Regulon	Ⅲ期临床
触发释放顺铂脂质体	LiPlaCis	晚期或转移性实体肿瘤	LiPlasome	Ⅱ期
伊立替康	LE-SN38	晚期大肠癌	NeoPharm	Ⅱ期临床
盐酸伊立替康与氟尿嘧啶混合脂质体	CPX-1	大肠癌	Celator	Ⅱ期临床

续表

名称	商品名	适应证	研发公司	上市时间（年）/研究阶段
伊立替康脂质体	MM-398	转移性乳腺癌	Merrimack	Ⅲ期临床
长春瑞滨脂质体	Alocrest	霍奇金和非霍奇金淋巴瘤	Hana	Ⅰ期临床
阿糖胞苷/柔红霉素脂质体注射液	VYXEOS	急性骨髓性白血病	Celator	2017

脂质体因具有良好的组织相容性、安全性、靶向性、缓释性、制备条件温和等特点而受到广泛关注，但脂质体也存在对药物包封率低、稳定性差和易发生药物泄漏、生产工艺复杂、技术要求高、质量控制难等问题，严重制约其在产品研发中应用。随着新技术、新材料以及新载体的应用，将极大促进脂质体注射给药系统的发展。而与其他生物技术如基因工程、蛋白质工程等的结合，会使药物治疗更加个性化、人性化，相信这些会进一步促进脂质体的应用，使之成为药物传递的良好载体。

（四）聚合物胶束注射剂

近年来，两亲性嵌段聚合物自发形成胶束并作为药物给药载体应用已成为药剂学研究热点之一。聚合物胶束（polymer micelles）主要由两亲性嵌段聚合物组成，一般尺寸在纳米级，为球形、超分子的胶态粒子，具有疏水性内核和亲水性外壳[9]。开始形成胶束时的聚合物浓度为临界胶束浓度（critical micelle concentration，CMC）。聚合物胶束的CMC相比于小分子表面活性剂自组装形成胶束的CMC低数个数量级。当聚合物的疏水性基团形成胶束内核时可增溶难溶性药物，而亲水性基团则形成胶束外壳，与胶束所处的水性环境相匹配。纳米尺寸的聚合物胶束具有一定的长循环性质并可通过增强渗透滞留效应（enhanced permeability and retention，EPR）被动靶向于肿瘤部位。也可通过对聚合物胶束表面进行修饰达到主动靶向的目的。目前，紫杉醇聚合物胶束（Genexol PM，韩国Samyang公司）已被批准在韩国上市，并在美国进入临床Ⅲ期试验，它以聚乙二醇-聚乳酸（PEG-PLA）为载体材料，粒径在20~50nm，用于乳腺癌、肺癌及卵巢癌的治疗，避免了普通注射液中因使用聚氧乙烯蓖麻油（Cremophor EL）为溶剂而产生的严重过敏性反应[10]。

聚合物胶束作为一种有良好应用前景的给药系统，可有效实现药物增溶、靶向等目的，但其新的载体材料的安全性仍是产品开发中的瓶颈之一。

（五）注射用微球给药系统

微球（microspheres）是指药物溶解或分散在高分子材料基质中形成的微小球状实体，常见粒径一般为1~250μm，属于基质型骨架微粒。当微球注射入皮下或肌内后，随着骨架材料的水解溶蚀，药物缓慢释放（数周至数月），可在体内长时间地发挥疗效，从而减少给药次数，降低药物的毒副作用。因其具有释药速率恒定以及可生物降解等优点，已广泛应用于长效注射剂的研制。

注射用利培酮微球是第一个非典型性抗精神病药的长效制剂，该制剂采用Medisorb技术，将药物包裹于PLGA微球，制成混悬剂，给药频率从每日1~2次降低至每两周给药1

次。艾塞那肽长效注射剂是 2012 年 FDA 批准上市的 2 型糖尿病长效制剂，该长效注射剂将药物的给药频率由每日注射 2 次延长到每周注射 1 次，显著改善了患者的顺应性。2009年，我国也首次批准了注射用醋酸亮丙瑞林缓释微球制剂。近年来，微球给药系统多用于蛋白质、多肽和疫苗等生物技术药物的研究。全球共上市了 10 余个注射用微球产品，而国内也有多种产品处于临床试验阶段。部分 FDA 已批准上市注射用微球产品见表 5-2。关于微球注射剂的具体内容详见本书第六章。

表 5-2　FDA 批准上市的部分注射用微球[11]

名称	商品名	适应证	研发公司	上市时间（年）
醋酸亮丙瑞林	Lupron depot	前列腺癌，子宫内膜异位	TAP	1989
醋酸戈舍瑞林	Zoladex	前列腺癌	AstraZeneca	1989
醋酸奥曲肽	Sandostatin LAR	肢端肥大	Novartis	1998
生长激素	Nutropin Depot	儿童发育缺陷	Geneteh/Alkermes	1999
双羟萘酸曲普瑞林	Trelstar Depot	晚期前列腺癌	Debiopharm S.A.	2000
米诺环素	Arestin	慢性牙周病	OraPharm	2001
全氟丙烷	Definity	造影剂	Lantheus	2001
阿巴瑞克	Plenaxis	前列腺癌	Praecis	2003
利培酮	Risperdal Consta	精神分裂症	Johnson/Alkermes	2003
纳曲酮	Vivitrol	酗酒	Alkermes/Cephalon	2006
醋酸兰瑞肽	Somatuline Depot	肢端肥大	Ipsen	2007
地塞米松	Ozurdex	玻璃体混浊	Allergan	2009
艾塞那肽	Bydureon	2 型糖尿病	Lilly/Alkermes	2012
六氟化硫	Lumason	造影剂	Bracco	2014
帕瑞肽	Signifor Lar	胃泌瘤	Novartis	2017

（六）注射用纳米粒给药系统

药剂学中纳米粒（nanoparticles）的粒径一般在 1~1000nm 范围，药物可以溶解、包裹于高分子材料中形成载药纳米粒。纳米粒可分为骨架实体型的纳米球和膜壳药库型的纳米囊两类。

纳米粒在增加药物吸收、提高药物稳定性和靶向于病变部位方面具显著优势，但尚存在载体材料选择有限、制备工艺规模化生产困难、长期稳定性和安全性有待进一步考察等问题。2005 年 1 月，美国 FDA 批准白蛋白结合紫杉醇纳米粒注射液上市，用于转移性乳腺癌联合化疗失败或辅助化疗 6 个月内复发的乳腺癌。目前，纳米粒上市品种主要有纳米结晶、载体纳米粒和磁性纳米粒等。部分已上市的注射纳米粒见表 5-3。

表5-3 部分已上市的纳米粒注射剂

名称	商品名	适应证	研发公司	上市时间（年.月）
紫杉醇白蛋白纳米粒注射剂	Abraxane	治疗联合化疗失败的转移性乳腺癌	American Bioscience	2005.1
突变细胞周期控制基因	Rexin-G	各种顽固癌症	Epeius	2007.12
紫杉醇纳米混悬剂	Nanoxel	卵巢癌、非小细胞肺癌和艾滋病相关的卡波济肉瘤	Dabur Pharma	2008.1
棕榈酸帕利哌酮	Invega sustenna	成人精神分裂症	Janssen	2009.7
超顺磁氧化铁纳米粒静脉注射剂	Feraheme	慢性肾病成人患者的缺铁性贫血	AMAG	2009.6
氧化铁纳米静脉注射剂	Monofer	缺铁	Pharmacosmos	2010.1
棕榈酸帕利哌酮	Invega Trinza	成人精神分裂症	Janssen	2015.5
月桂酰阿立哌唑	Aristada	成人精神分裂症	Alkermes	2015.10

（七）注射用原位凝胶给药系统

原位凝胶（in situ hydrogel）又称即型凝胶，是一类以溶液状态给药后在用药部位发生相转变，由液体固化形成半固体凝胶的制剂。根据其载体材料在体内的原位固化机制不同，原位凝胶注射剂可以分为四类：热塑性糊状体、原位交联聚合物体系、原位聚合物沉淀体系和热诱导凝胶体系等[12]。目前，注射用凝胶制剂的研究仍处在早期临床前研究，上市制剂产品较少，见表5-4。

表5-4 上市及在研的注射用原位凝胶[13, 14]

商品名	主药	给药途径	用途与阶段	上市时间（年）/研究阶段
Somatuline Depot	乙酸兰瑞肽	皮下注射	不宜手术和放疗的肢端肥大症	2007
Eligard	亮丙瑞林	皮下注射	前列腺癌	2004
Atridox	盐酸多西环素	牙周囊内注射	牙周炎	1998
Elyzol	甲硝唑	牙周囊内注射	牙周炎	2008
OncoGel	紫杉醇	瘤内注射	食道癌、脑肿瘤	Ⅱ期临床

目前原位凝胶注射剂的研究主要集中于聚合物沉淀型原位凝胶以及温敏型原位凝胶。最先开发和上市的是2004年12月美国FDA批准加拿大QLT公司的醋酸亮丙瑞林（Leuprolide acetate，LA）注射用混悬剂（商品名：Eligard，规格：45mg），每6个月注射1次，用于姑息治疗（palliative treatment）晚期前列腺癌。Eligard和缓释一周的盐酸多西环素注射凝胶（Atridox）均采用Atrix公司的Atrigel药物缓释专利技术制备[15]，包装都采用了A、B两支预装灌封针，A注射器内装有聚合物溶液，B内装有主药粉末，使用前

经"桥管"连接，将聚合物溶液和主药充分混匀后再进行注射。温敏型原位凝胶注射剂中最常用的凝胶是由 MacroMed 公司开发的 ReGel，其具有良好的生物降解性和生物相容性。OncoGel 即是将紫杉醇溶于 ReGel 中制得的长效注射剂，用于食管癌的治疗，可根据肿瘤体积的大小多次进行瘤内注射，缓释长达 6 周。ReGel 显著增加了紫杉醇在水中的溶解度（>2000 倍）和化学稳定性。

原位凝胶注射剂制备简单，有效降低药物的不良反应，延缓用药周期。但也存在许多亟待解决的问题：水溶性药物的突释作用明显；注射到机体后凝胶的形状差异导致药物的释放速率变化；温敏型原位凝胶聚合物降解的速度较快，不方便运输，需要冷冻贮藏等。因此改善聚合物的胶凝性质，寻找可生物降解的聚合物是今后原位凝胶研究的一个重要方向。详见本书第六章。

（八）无针注射释药系统

无针注射释药系统的释药原理是采用经皮释药的粉末／液体喷射手持器具，利用高压气体（氦气等）将药物粉末／液滴瞬时加速后，使之穿透皮肤外层进入皮内，实现预防和治疗给药的目的。无针注射剂能够帮助患者克服恐针症，使用更方便，且可实现粉末直接给药，适用范围广，尤其对生物技术药物尤为适用，可提高药物稳定性和吸收。由于无针注射器的加工难度大、精度要求高、且易引起给药剂量差异，在一定程度上限制了其广泛应用。

目前降钙素、胰岛素的无针粉末注射剂已在临床上获得成功，同时，Serono 公司开发的无针头生长激素注射系统（酷可立 II，cool.click2）已上市销售。英国韦斯顿医学公司和生物喷射公司研制的无针头喷射器已广泛应用在一些生物技术药物中，包括禽流感疫苗、乙型肝炎疫苗、促红细胞生长素、降钙素、生长素等。

（九）结语

新型注射给药系统的应用前景广阔，可用于免疫治疗、抗精神病、抗肿瘤等方面，并可作为多肽蛋白类及基因药物的给药系统，在提高药物的稳定性和疗效的同时，还可减少给药次数，稳定血药浓度，提高患者的顺应性。同时新型给药器具的产生和发展也推动了注射剂的应用进展。

虽然新型注射给药系统具有很好的临床应用前景和价值，但目前仍存在着一些局限性和问题。比如，①注射用微球、原位凝胶等给药系统仍存在药物突释现象；②制备微粒给药系统所需要的聚合物浓度较高，对机体具有一定的刺激性，易引起炎症；③微球、纳米粒等给药系统制备工艺复杂，较难实现工业生产；④安全、有效的载体种类较少，其体内降解产物是否会引起新的毒性等问题有待进一步研究和解决。相信随着对新制剂技术、给药装置和新辅料研究的不断深入，新的安全有效、稳定的新型注射给药系统将会被不断开发出来。

三、注射剂的新包装和设备

（一）注射剂的新包装

1. 塑料安瓿 塑料安瓿源于吹制－灌装－密封三合一技术（Blow-Fill-Seal），20 世纪 70 年代开始应用于治疗和医疗器械的无菌或最终灭菌的液体灌装工序。塑料安瓿主要用于水针剂、滴眼剂的包装（图 5-1），与玻璃安瓿相比具有不产生玻璃颗粒或脱片、不易碎、不扎手、易打开、易运输的优点。按材质可分为聚丙烯安瓿和聚乙烯安瓿。两者的差别主要在于对高温灭菌的耐受性，聚丙烯能够耐受121℃，聚乙烯灭菌温度一般不超过110℃。因此，聚丙烯多用于终端灭菌的注射剂，聚乙烯多用于无菌工艺生产的注射剂[16]。

　　小容量塑料安瓿注射剂是在一台单机上同时完成容器的制作、药液的灌装和封口密封等全部流程，药液和外界没有任何接触，污染环节就最少，在很大程度上避免了操作人员对无菌生产的干扰，减少了人为失误的可能，进而减少了洁净环境内的污染源，提供了更高级别的无菌水平保障。在欧美、日本等发达国家塑料安瓿应用率高于国内，但目前应用率仍低于玻璃安瓿，且以非治疗性药物为主，集中应用于糖盐水、营养类、麻醉类及止吐类等药品[17]。

　　2. 粉液双室输液袋　粉液双室输液袋是采用特定的工艺，以非PVC多层共挤膜为包装材料制成，药物粉针与注射用溶剂包装于同一包装袋的两个腔室内，腔室间靠虚焊缝隔开（图5-2）。此类产品固体室中多为理化性质不稳定、无法耐受湿热灭菌的药物[18]。输液前，挤压包装袋的液体室，将虚焊缝冲开使两个腔室贯通并摇匀，从而使软袋内的药物粉剂和注射用溶剂充分混合并溶解后即可输液[19]。

　　粉液双室输液袋具有如下优点：临床医疗无配药失误，防止院内感染，配药时无须专用无菌配药室，使用非常便利、安全；可以大幅度缩短配药混合时间，高度体现用药合理性；可减少药品在流通环节即医疗单位的存储空间，减少医疗废弃物；适用于抢险、救灾、应急、野外救护、战争等场合。但也具有潜在的质量控制风险比大容量注射液以及无菌制剂更高等缺点。

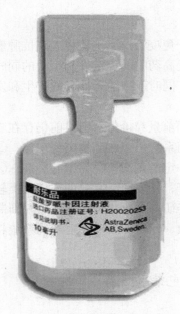

图 5-1　塑料安瓿　　　　　　　图 5-2　粉液双室输液袋

　　3. 无针注射器　无针注射器是指利用动力源产生的瞬间高压使注射器内药液通过喷

嘴形成高速高压的喷射流，从而击穿皮肤实现给药的医疗器械装置（图5-3）[20]。其结构可分为三部分：动力头，包括动力源、触发结构等；注射头，包括注射药腔、活塞、射流孔和定量结构等；辅助装置，包括取药适配器，动力恢复装置等[21]。无针注射器主要有3种类型：无针液体注射器，临床应用最为广泛；无针粉末注射器；无针弹丸注射器，主要用于肌内注射。

　　与传统针刺注射器相比，无针注射器具有如下优点：注射时几乎无疼痛感，可以提高恐针患者和儿童患者的顺应性；皮下注射不会损伤组织；因为注射原理的改变，药液在皮下弥散分布，起效时间更快，药物吸收率更高；使用方便，操作简单，患者可在任何地方自行实施注射；无须更换针头等流程，避免交叉污染，减少了医疗垃圾处理的费用[22]。但也存在以下问题：给药量小，只适用于高活性、低剂量、溶解度大的药物；加工难度大，难于批量生产；易引起给药剂量差异等[23]。

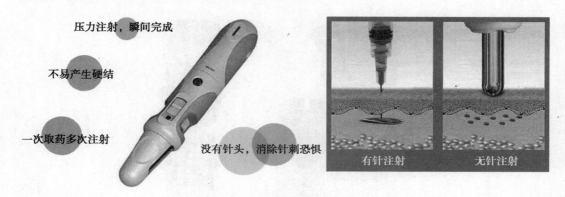

图 5-3　无针头注射器

　　4. 药瓶适配器　药瓶适配器是实现制剂在药瓶与注射器之间安全、快捷地转移和配制的高效解决方案。药瓶适配器穿刺技术可保证每次使用注射器吸取药物及稀释剂时刺入的深度保持一致，极大地减低了使用传统针式抽吸方法时人员操作的误差。这意味着过量灌装体积能控制在最小范围，节约药物，从而降低生产成本。通常有两种类型的药瓶适配器：通气式药瓶适配器及可擦拭式药瓶适配器（图5-4）。

通气式药瓶适配器　　　　可擦拭式药瓶适配器

图 5-4　药瓶适配器[24]

通气式药瓶适配器采用双通道穿刺部件，有助于快速吸取大量药液且不对药瓶加压，压力均衡，可降低有毒物料回喷的可能性。通气式设计确保流入的空气无菌和适当的吸气。

可擦拭式药瓶适配器带有鲁尔兼容接头的硅橡胶阀，可保持药瓶多次使用的无菌性，消除了多次给药胶塞相关的针孔落屑和胶塞完整性问题，且仅在连接至或通过标准鲁尔滑锁接口或鲁尔旋锁接口注射器压缩时开启，可擦拭表面，确保无菌。

5. 无针配药系统　West 公司研制的 Mix2Vial 无针配药系统能够实现冻干制剂在配制过程中药瓶之间简单、快捷地转移和混合。配制好的药液应及时抽吸入注射器，供注射使用（图 5-5）。

Mix2Vial 无针配药系统具有如下特性：无针，安全；药液吸取量一致；无接触包装保持无菌；设计精良，最大程度减少残余药量和过量灌装药量；使用简单；药液转移快速。

图 5-5　无针配药系统[24]

（二）注射剂的新设备

1. 安瓿激光封口机　激光封口技术是激光发射光源发射一定波长的激光束，玻璃安瓿吸收后转化为热量，当玻璃安瓿的温度上升到一定值时，安瓿口熔化，再由封口装置将口部熔化的安瓿封口。封口使用的激光束多为 CO_2 激光束[25]。

在使用激光封口安瓿时，通常采用两种方法降低安瓿的开裂可能，一是采用散焦激光束降低加热区的温度梯度；二是采用高速多层扫描平衡的加热玻璃安瓿[26]。

与燃气封口相比，激光封口具有如下优点：激光不产生微粒以及空气紊流；不产生热量，无须排热装置；设备相对简单，不需要铺设燃气管路；激光发射器可置于室外从而减少洁净室面积等[27]。

2. 高频高压电流检漏机　高频高压电流检漏机的原理是运用高电压技术将一高频高压电流加于安瓿表面，遇到微小针孔和细微裂缝时，高频高压电流的数值会发生改变，并通过电子传感装置显示，再通过剔出装置剔出不合格产品，由电子分析统计装置统计出合格产品数与不合格产品数（图 5-6）[28]。

传统的检漏方法为减压法，操作烦琐且可靠性差，与之相比高频高压电流检漏法具有如下优点：不会污染安瓿内药液，不会损伤安瓿；对极其细微泄露的安瓿和顶部玻璃极薄的安瓿以及在纸盒包装时容易破碎的安瓿都能全部检出，并自动剔除[29]。

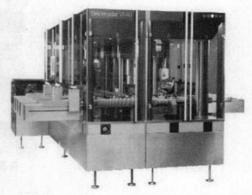

图 5-6　高频高压电流检漏机[30]

3. 连续摄像成影灯检机　连续摄像成影灯检机的检测原理是每一个待测品都要经过三个异物监测站，首先待测品通过每个检测位上的伺服传动装置的作用，高速旋转；然后伺服传动装置停止转动，容器因此也停止转动，但容器中的液体由于惯性作用仍保持旋转，液体中的异物也跟着转动。整个过程中有一个中央检测镜同步跟踪待测品的运动，并且通过摄像头摄取待测品运动过程中的各个图像。图像再被传输到图像处理器中与标准品进行像素比较，如有异物即被剔除（图 5-7）[31]。

该灯检机的主要特点为：应用范围广，可检测 0.5~1000ml 装量的药品；可检测液体制剂、冻干制剂及悬浮液；检测异物时，同时检测玻璃瓶身、瓶底、瓶颈、瓶肩等细微裂缝[32]。

图 5-7　连续摄像成影灯检机[30]

4. X 射线检测机　灯检机通常检测的样品为透明样品，对于非透明样品，灯检机无法检测其质量问题，而 X 射线检测机可弥补此方面不足。

X 射线检测机的原理是 X 射线发射器发射 X 射线，穿透粉末或高密度待测物后，X 射线的信号接收器接收信号，并将之转换成数字图像（图 5-8）。数字图像再通过图像处理工具进行分析。待测品被送往可编程控制器剔出废品[33]。

该设备优点在于可以检测不透明的溶液、粉末和冻干产品。通过计算机文档处理系统将不合格产品成像显示。检测线装配有智能的电脑控制系统，不需人工操作[34]。

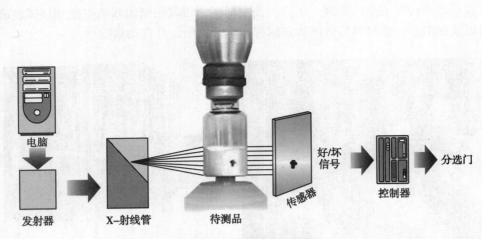

图 5-8　X 射线检测机原理

（三）吹制－灌装－密封一体化工艺

吹制－灌装－密封一体化工艺采用热塑树脂在高温下用不同模具吹制成型，灌注溶液后立即封口，使整个生产过程受外环境的影响降到最小[35]。

一体机由直线式吹瓶系统、输瓶中转机构、清洗装置、灌装系统、封口装置和自动控制系统组成（图 5-9）[36]。

图 5-9　吹制－灌装－密封一体机[38]

其工艺流程为瓶胚由输送机构上的随行夹具依次送入加热装置和吹塑成型装置，完成塑瓶吹塑成型。成型后的输液瓶直接通过机械手输送至输瓶中转机构。输瓶中转机构首先将瓶子所处的高度降低至洗灌封工位的工作高度；然后通过伺服系统将间歇运动的输液瓶送入连续运动的洗灌封系统，从而保证间隙运动的直线式吹瓶系统与连续运动的旋转式洗灌封系统的同步运行。输液瓶经过输瓶中转机构送至气洗转盘，气洗喷头随气息转盘转运并在凸轮控制下迅速上升插入瓶内并密封瓶口，对输液瓶进行高压离子风冲洗，同时对瓶中抽真空，带有离子的高压气体对瓶内进行冲洗后，真空泵通过排气系统将废气抽走，即通过吹吸功能消除瓶壁由于挤压吹塑过程中产生的静电。气息工序完成后，输液瓶再进入水洗转盘进行高压水冲洗。洗净后，进入灌封系统灌装。灌装完毕，在封口装置区，输液瓶与瓶盖进行非接触式电加热封口[37]。

吹制－灌装－密封一体化工艺具有如下优点：无菌灌装条件良好；生产效率及精度较

高；具有很高的自动化程度；适用不同规格制剂；结构紧凑占地少等。

第二节 脂肪乳注射剂

一、脂肪乳注射剂的概念、特点及发展简史

脂肪乳注射剂是以植物油作为油相，辅以磷脂为主要乳化剂、甘油为等渗调节剂，经乳化制得的粒径在 100~600nm 的（O/W 型乳剂）微粒给药系统。分为不载药和载药两种类型，前者常用做胃肠外营养剂，而载药脂肪乳剂则作为药物载体使用。美国药典（自 USP35-NF30 版开始）也将其称为注射用脂质乳剂（lipid injectable emulsions）。

（一）营养型脂肪乳

早在 1678-1679 年 Courten 就首次尝试给犬静脉注射脂肪（橄榄油）[39]，1869 年 Mengel 等进行了将乳液直接注射于患者皮下的试验。在 1920—1960 年，美国和日本的科学家们研究和测试了上百种不同组成的脂肪乳剂。该领域中的领先者包括日本的 Yamakawa 和 Nomura，哈佛大学的 Stare 和 Geyer，范德堡大学的 Meng，以及来自美国陆军研究与发展指挥部的 Canham，其直接参与了临床研究。这些研究中使用名为 Lipomul 的脂肪乳剂，由 Upjohn 公司（Kalamazoo，MI）制造。然而，这些脂肪乳剂的不良反应非常严重，包括发冷、发热、作呕、呕吐，偶有呼吸困难、缺氧和低血压，数年后该产品撤市，由此极大地抑制了其他学者对脂肪乳的开发兴趣。

1961 年，瑞典科学家 Arvid Wretlind 和 O.Schuberth 共同开发了第一个无毒即用型乳剂——Intralipid。经过多年反复实验，Wretlind 发明了一种由大豆油和蛋黄卵磷脂制备的乳剂，可以安全地进行静脉输注，此后他与斯德哥尔摩的 Vitrum 公司合作实现了产业化生产。静注营养型脂肪乳的研发历史见表 5-5。

表 5-5 早期静注营养型脂肪乳的发展历史

研究者	年份	组成	商品名和给药方法
Menzel 和 Perco	1869	乳液	皮下注射，未上市
Hodder	1873	乳液	静注，未上市
山川等	1920—1931	黄油、肝油	静注，未上市
Holt	1935	7%~7.5% 黄油、肝油、卵磷脂	静注，未上市
Narat	1937	5% 橄榄油、卵磷脂	静注，未上市
Frazer	1937	5% 橄榄油、卵磷脂	静注，未上市
Mekibbin	1943	3.5% 玉米油、大豆卵磷脂	静注，未上市
Dunham	1944	4%~7.5%橄榄油、豚油、卵磷脂、聚甘油酯	静注，未上市
日笠	1945	芝麻油乳剂	Fatgen（日），静注
Meyer	1957	棉子油、大豆磷脂、F68	Lipomul（美），静注

续表

研究者	年份	组成	商品名和给药方法
Schelsch.G.	1957—1960	棉子油、大豆磷脂	Lipofundin（德），静注
Pierre.Deligne.	1957—1960	棉子油、大豆卵磷脂	Lipiphysan（法），静注
Schelsch.G.	1957—1960	大豆油、大豆磷脂	Lipofundin S（德），静注
Wretlind	1961	10%~20% 大豆油、蛋黄卵磷脂	Intralipid（瑞典），静注
木村等	1969	10%~20% 大豆油、蛋黄卵磷脂	Intrafat（日），静注

　　国内对营养型脂肪乳的研究始于 1958 年，上海医药工业研究院于 1971 年开始研究营养型脂肪乳，并对主要原料大豆油及大豆磷脂的精制方法分别做了研究，确定了处方及乳剂的制备工艺，并试制成一种静注营养型脂肪乳（infatmul）。经药理实验，对家犬的急慢性毒性结果与国外类似，未发现有异常的毒性反应。

　　营养型脂肪乳最初的目标是提供必需脂肪酸和非葡萄糖类能量供给，主要作为高血糖的胰岛素抵抗患者的营养治疗[40]。必需脂肪酸 ω-6（亚油酸，18：2）和 ω-3（亚麻酸，18：3）为多不饱和脂肪酸（polyunsaturated fatty acids，PUFA），不能通过人体进行合成，只能从膳食中获取。临床证明，大豆油脂肪乳剂，富含 ω-6 多不饱和脂肪酸，在为患者提供持续稳定的营养治疗方面是安全有效的。第一代营养型脂肪乳（富含 ω-6 PUFA）除以大豆油为油相外，还包括红花油和棉子油为油相的脂肪乳剂。

　　然而，在 20 世纪 70 年代，有实验报道大豆油脂肪乳剂对免疫细胞功能产生负性影响。1984 年，欧洲上市了第二代营养型脂肪乳——Lipofundin（德国贝朗），它将大豆油与中链甘油三酸酯（medium-chain triglyceride，MCT）混合（1：1）后制备成中/长链脂肪乳，ω-6 PUFA 的含量减少 50%。MCT 来源于纯化的椰子油，主要是含辛酸（C_8）和癸酸（C_{10}）的甘油三酯，体内代谢时不需要肉毒碱转运即可进入线粒体进行氧化代谢，可对机体进行快速供能，在血液中清除速率较大豆油快，这对肉毒碱缺乏的患者和新生儿是比较有利的[41]。此外，MCT 在水中的溶解能力高于长链油酯，约为长链油酯的 100 倍。20 世纪 90 年代，第三代营养型脂肪乳——长链脂肪乳注射液（Clinolipid，ClinOleic）在欧洲上市，它由 80% 的橄榄油和 20% 大豆油（重量比）组成，进一步减少了 ω-6 PUFA 的含量，其中 PUFA 含量约为大豆油脂肪乳剂的 20%[42]。且橄榄油突出特点是含有大量的单不饱和脂肪酸（油酸），单不饱和脂肪酸除提供给人体热能外，还能调整人体血浆中高、低密度脂蛋白胆固醇的比例，增加人体内高密度脂蛋白 HDL 水平，降低低密度脂蛋白 LDL 水平，从而能防止人体内胆固醇过量。此外，当给予 Clinolipid 时，由于减少可促炎症反应的 ω-6 脂肪酸的摄取，患者可能得到更好的临床治疗效果[43]。

　　第四代营养型脂肪乳剂为包含鱼油的脂肪乳剂，可以是单独的鱼油脂肪乳（Omegaven，1996 年在欧洲上市），或大豆油、MCT 与鱼油混合的脂肪乳（Lipoplus），或多种油与鱼油混合的脂肪乳（SMOFlipid）。鱼油脂肪乳富含 ω-3 PUFA，特别是二十碳五烯酸（EPA）和二十二碳六烯酸（DHA），使鱼油脂肪乳剂有更好的生理活性。鱼油脂肪乳不仅是一种营养剂和能量供应源，同时也具有抗炎反应的特点和其他可能的重要药理活性[44, 45]。

　　截至 2018 年，上市的经典营养型脂肪乳剂见表 5-6。

表 5-6　当前上市的营养型脂肪乳剂 [42, 46]

商品名	制造商/销售商	油相组成	脂肪酸含量（%，m/m）				n-6：n-3* 比值	α-生育酚（mg/L）	植物甾醇（mg/L）
			亚油酸	α-亚麻酸	EPA	DHA			
Intralipid	Fresenius Kabi	100%大豆油	44~62	4~11	0	0	7:1	38	343~439
Liposyn Ⅲ	Hospira	100%大豆油	54.5	8.3	0	0	7:1	NA	NA
Ivelip	Baxter/Teva	100%大豆油	52	8.5	0	0	7:1	NA	393~411
Lipovenoes	Fresenius Kabi	100%大豆油	54	8	0	0	7:1	NA	NA
Lipovenoes 10%PLR	Fresenius Kabi	100%大豆油	54	8	0	0	7:1	NA	NA
Intralipos 10%	株式会社大塚製薬工場/大塚製薬株式会社	100%大豆油	53	5	0	0	7:1	NA	NA
Lipofundin-N	B.Braun	100%大豆油	50	7	0	0	7:1	180±40	615~629
Soyacal	Grifols Alpha Therapeuticas	100%大豆油	46.4	8.8	0	0	7:1	NA	NA
Intrafat	Nihon	100%大豆油	NA	NA	0	0	7:1	NA	NA
Structolipid 20%	Fresenius Kabi	64%大豆油，36%MCT	35	5	0	0	7:1	6.9	343~348
Lipofundin MCT/LCT	B.Braun	50%大豆油，50%MCT	27	4	0	0	7:1	85±20	273~283
Lipovenoes MCT	Fresenius Kabi	50%大豆油，50%MCT	25.9	3.9	0	0	7:1	NA	NA
ClinOleic 20% or Clinolipid 20%	Baxter	20%大豆油，80%橄榄油	18.5	2	0	0	9:1	32	227~274
Lipoplus	B.Braun	40%大豆油，50%MCT，10%鱼油	25.7	3.4	3.7	2.5	2.7:1	190±30	NA
SMOFlipid	Fresenius Kabi	30%大豆油，30%MCT，25%橄榄油，15%鱼油	21.4	2.5	3.0	2.0	2.5:1	200	179~207
Omegaven	Fresenius Kabi	100%鱼油	4.4	1.8	19.2	12.1	1:8	150~296	3.06~4.26

注：*n-6，也称为ω-6脂肪酸，表示多不饱和脂肪酸中第一个不饱和键甲端出现在碳链甲极端链甲端的第六位，以亚油酸、γ亚麻酸、花生四烯酸为主；n-3，也称为ω-3脂肪酸，表示多不饱和脂肪酸中第一个不饱和键甲端出现在碳链甲极端链甲端的第三位，以α-亚麻酸、EPA和DHA为主。
NA：未获得

（二）载药脂肪乳

自从营养型脂肪乳成功上市后，在20世纪70年代研究者随即开展了将其作为难溶性药物静注载体的研究，如R.Jeppsson将药物巴比妥酸、硝酸甘油和环扁桃酯包裹入脂肪乳中。Fortner CL将抗肿瘤药司莫司汀（难溶性药物）添加到Intralipid中，可在室温下稳定8小时，冰箱中稳定7天，对约100例患者静注给药后，未观察到明显的不良反应。20世纪80年代，人们对脂肪乳作为药物载体进行了大量的研究和综述[47]。与脂质体相比，载药脂肪乳剂是在静注用脂肪乳（Intralipid）基础上发展起来的新型载药系统，因此，可用高压乳匀法进行工业化生产，具有长期物理稳定性，室温贮存甚至可达两年，可湿热灭菌，也可通过冷冻干燥制成冻干乳以增加药物的稳定性。同时，给予大剂量（如500ml）安全性也较好。脂肪乳剂主要适用于亲脂性药物，可降低药物的刺激性；缓释药物，使药物选择性地浓集于炎症部位和肿瘤组织。常用于静注给药，亦可用于口服、局部或眼部给药等[48]。自从1988年地塞米松棕榈酸酯脂肪乳剂上市以来，各种载药脂肪乳剂的研发日益受到人们的关注，截至2018年，已上市的代表性载药脂肪乳剂见表5-7。

表5-7　目前上市的代表性载药脂肪乳产品

药物	商品名	研发/生产公司	给药途径	作用	上市地区
地西泮	Diazepam-Lipuro	Braun Melsungen	静脉注射	镇静	欧洲、加拿大和澳大利亚
	Diazemuls	Dumex	静脉注射	镇静	欧洲
依托咪酯	Etomidate-Lipuro	Braun Melsungen	静脉注射	麻醉	欧洲
前列地尔	Liple	田边三菱制药	静脉注射	外周血管疾病	日本
丙泊酚	Propofol	Baxter Anesthesia	静脉注射	麻醉	美国
	Diprivan	AstraZeneca	静脉注射	麻醉	全球
	Propofol-Lipuro	Braun	静脉注射	麻醉	欧洲
维生素	Vitralipid	Fresenius Kabi	静脉注射	营养	欧洲
地塞米松棕榈酸酯	Limethason	田边三菱製薬株式会社	关节腔内注射	皮质类激素	日本
	Lipotalon	Recordati Pharma GmbH	关节腔内注射	皮质类激素	德国
全氟奈胺全氟三丙基胺	Fluosol-DA	绿十字	冠状动脉内注射	代血浆	全球
二氟泼尼酯	Durzeol	Novasrair	眼部	眼科手术后出现的炎症和疼痛	美国
环孢素A	Restasis	Allergan	眼部	免疫调节剂	美国
丁酸氯维地平	Cleviprex	The Medicines Company	静脉注射	高血压	美国、加拿大、澳大利亚

药物	商品名	研发 / 生产公司	给药途径	作用	上市地区
维生素 K_1	Phytonadione	INTL Medication	静脉注射	维生素 K 缺乏引起的过敏反应	美国
复方氨基酸葡萄糖注射用乳剂	Kabiven	Fresenius Kabi	静脉注射	营养	美国
鸦胆子油	鸦胆子油乳注射液	沈阳药大	静脉注射 / 口服	抗癌药	中国
脂溶性维生素	Vitalipid/ 维他利匹特	Fresenius Kabi	静脉注射	营养	澳大利亚，中国
氟比洛芬酯	Ropion	Kaken（日本科研）和田边三菱（Mitsubishi Tanabe Pharma）	静脉注射	术后疼痛	日本，中国
阿瑞匹坦	Cinvanti	Heron Theraps Inc	静脉注射	化疗引起的呕吐	美国

二、脂肪乳注射液的处方组成

脂肪乳剂除药物外，主要由油相、乳化剂、水相及其他组分如稳定剂等构成。

（一）油相

1. 脂肪酸甘油三酯 脂肪酸甘油三酯的化学通式见图 5-10。

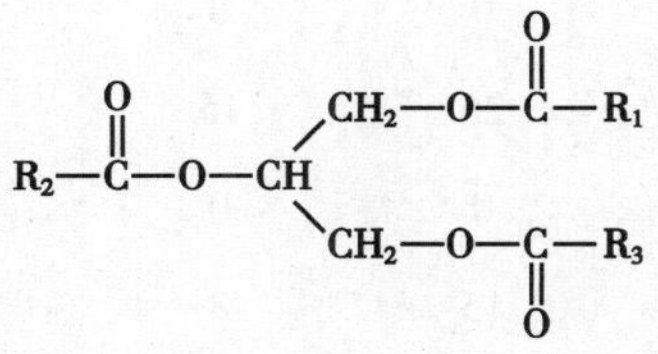

图 5-10 脂肪酸甘油三酯的化学结构式

其中，$R_1CO—$ $R_2CO—$ $R_3CO—$ 为饱和或不饱和脂肪酸残基。

根据碳链 R 的长短，可将其分为长链脂肪酸甘油三酯和中链脂肪酸甘油三酯（MCT）。长链脂肪酸甘油三酯的碳链长度一般为含有 14~24 个碳，而 MCT 的碳链长度则为 6~12 个碳。

脂肪乳剂开发中，脂肪酸甘油酯的选择为首要考虑的因素，对于每一种油脂，其中的各种单一脂肪酸甘油酯的成分都会存在差异，例如，大豆油中亚油酸甘油三酯约为 50%~57%，亚麻酸甘油三酯约为 5%~10%，油酸甘油三酯约为 17%~26%，棕榈酸甘油三酯约为 9%~13%，硬脂酸甘油酯约为 3%~6%；而红花油中，则亚油酸甘油三酯含量略高，油酸甘油三酯含量较低，且其中不含有亚麻酸甘油三酯。对于不载药脂肪乳剂，需要结合患者对各种脂肪酸的需求情况，选择合适的脂肪酸甘油酯。而对于载药脂肪乳剂，则需要考虑脂肪酸甘油酯对药物本身的溶解能力，再结合临床给药剂量和适应证人群的生理学特性，确定最适的脂肪酸甘油酯。目前，已批准临床应用的长链脂肪酸甘油三酯主要包括：大豆油、橄榄油、ω-3 鱼油、甘油三油酸酯、红花油、棉子油、蓖麻油[49]；而 MCT 主要包括：椰子油、Miglyol（810 或 812）、Neobee M5、Captex 300[50]。其中，市售注射用脂肪乳产品中常用的油脂有：大豆油、橄榄油、鱼油、MCT 等，注射用脂肪乳剂中的各种油脂中的脂肪酸成分（以甘油三酯形式）如表 5-8 所示[51]。口服和眼用脂肪乳产品中常用油脂有：蓖麻油等（如环孢素 A 眼用乳剂，Restasis）。

无论选择何种脂肪酸甘油酯作为油相，油相中油脂的纯度对于开发成熟产业化的脂肪乳产品都是至关重要的。油脂中的一些不良成分，例如过氧化物、醛酮类氧化产物、不皂化物（甾醇等）、农药残留（对于天然来源的油脂）等，均会影响油脂的质量，从而进一步影响脂肪乳产品的质量。所以，有必要从源头控制油脂自身的氧化，通常采用经纯化精制的注射用油作为油相，同时在脂肪乳生产过程和油脂自身储存过程中，都要最大程度的避免氧化，可采取的措施有：惰性气体保护、低温、避光保存，或在油相中加入油性抗氧剂，例如生育酚等。

表 5-8　注射用脂肪乳中各种油脂脂肪酸的成分表

脂肪酸成分（fatty acid，FA）%	大豆油	红花油	橄榄油	鱼油	椰子油
亚油酸（LA，ω-6）	50	70	4	1~3	2
二十碳四烯酸（ARA，ω-6）	0	0	0	0	0
α- 亚麻酸（α-ALA，ω-3）	10	0	0	1.3~5.2	0
二十碳五烯酸（EPA，ω-3）	0	0	0	5.4~13.9	0
二十二碳六烯酸（DHA，ω-3）	0	0	0	5.4~26.8	0
油酸	25	15	85	16~20	6
MCT	0	0	0	0	65
饱和脂肪酸（SFAs）	15	8	11	10~20	27
植物甾醇，mg/100mg oil	300	450	200	Trace	70
α- 生育酚，mg/100mg oil	6.4~7.5	34	10~37	45~70	0.2~2

2. 生育酚类化合物　生育酚类化合物是指生育酚类、三烯生育酚类及其衍生物等化合物，主要来源于最简单的生育酚结构：6- 羟基 -2- 甲基 -2- 植基苯并二氢吡喃（图 5-11）。最常见的生育酚类化合物为 D-α- 生育酚（即维生素 E），维生素 E 可用作难溶性药物的良好溶剂，并且与其他助溶剂、油和表面活性剂均有良好的相容性。

迄今为止，不载药脂肪乳剂中含有维生素 E 的已上市产品有 B.Braun 开发的 Lipofundin（力保肪宁）。紫杉醇脂肪乳剂（Tocosol）是唯一一个开发到临床研究的含维生素 E 的载药乳剂，具有较高的载药量（10mg/ml），因此其给药体积更小或输注时间更短。但临床Ⅲ期的研究结果发现其反应率和安全性均不理想，美国 Sonus 公司于 2007 年 9 月中止了新药申请。

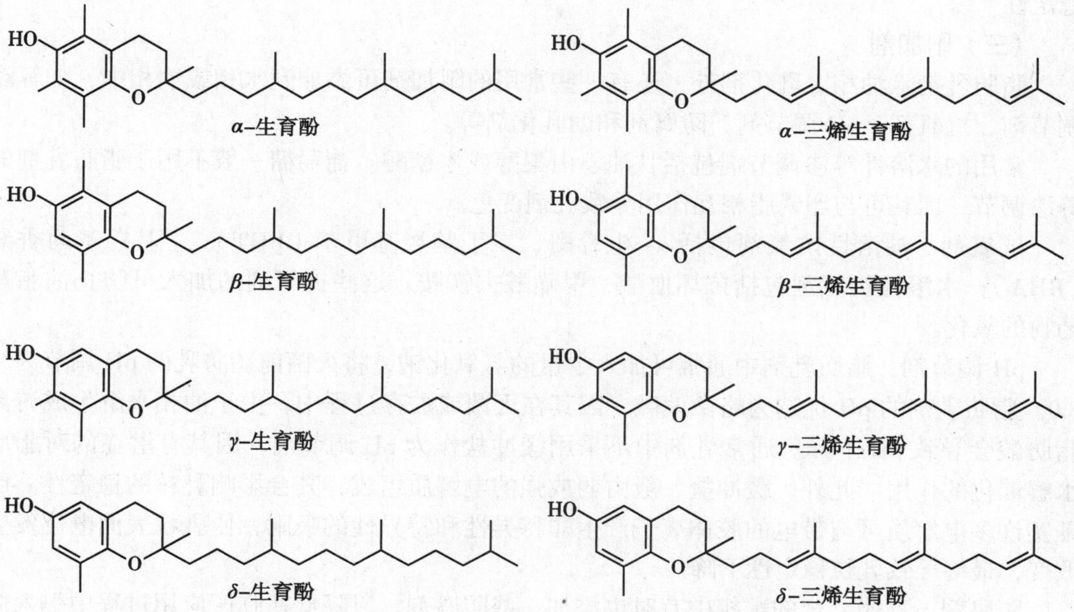

图 5-11 生育酚命名及结构式[52]

（二）乳化剂

脂肪乳剂作为一种热力学不稳定体系，随着放置时间的延长，将最终呈现聚集、乳粒增大直至分层，因此，乳化剂的优良直接决定乳剂的稳定性。其次，脂肪乳剂通常采用静脉注射，所用乳化剂必须具有良好的生物相容性，如无毒、无热原和无刺激性等。目前市售的磷脂有天然磷脂和合成磷脂两种[53]，其中天然磷脂是一类磷脂的混合物，具有复杂的脂肪酸组成，合成磷脂为脂肪酸链固定的单一化合物，纯度高，结构明确，但价格昂贵，主要用于脂质体的开发。

天然来源的磷脂经精制纯化后，相容性良好，被广泛用于静注乳剂中的乳化剂，根据来源不同可分为蛋黄磷脂和大豆磷脂，大豆磷脂大量输注时易引起过敏反应，所以已上市营养型脂肪乳和载药脂肪乳产品中绝大多数采用蛋黄磷脂，其主要成分为磷脂酰胆碱（PC）和磷脂酰乙醇胺（PE），同时含有少量的磷脂酸、磷脂酰甘油和磷脂酰肌醇等，通常磷脂酰胆碱含量约为 80%，仅上市的前列地尔脂肪乳中采用 PC ≥ 98% 的蛋黄磷脂。

磷脂作为脂肪乳的乳化剂，其纯度不但会影响自身的乳化能力，同时也会影响最终产品的稳定性和安全性，例如磷脂水解可释放游离脂肪酸，通过降低 pH 影响脂肪乳的稳定性，同时其水解还会产生溶血磷脂酰胆碱和溶血磷脂酰乙醇胺，此两种成分均会在体内引发溶血效应，所以在脂肪乳的开发中，必须严格控制磷脂的质量。

此外，非离子型表面活性剂，如泊洛沙姆 188（Pluronic F68）、聚山梨酯 80、聚氧乙烯蓖麻油等均可作为脂肪乳的乳化剂，特别是泊洛沙姆 188，可单独或与磷脂合用制备静脉注射脂肪乳剂，泊洛沙姆 188 可以在乳粒表面形成致密的保护膜，增加乳粒的稳定性。

近年来，一种新型的可用于注射用的乳化剂——聚乙二醇 –15– 羟基硬脂酸酯（Solutol HS 15），也可与磷脂合用用于制备载药乳剂，结果显示 Slotuol HS 15 可提高载药脂肪乳的稳定性[54]。

（三）附加剂

脂肪乳剂除油相、乳化剂外，还有一些常用的附加剂可添加到水相或油相中，如等渗调节剂、抗氧剂、pH 调节剂、防腐剂和助乳化剂等。

常用的水溶性等渗调节剂包括甘油、山梨醇或木糖醇。葡萄糖一般不用于脂肪乳剂的等渗调节，因其可与卵磷脂相互作用导致乳剂变色。

抗氧剂：油溶性抗氧剂包括 α– 生育酚、二丁基羟基甲苯（BHT）、丁基羟基茴香醚（BHA）；水溶性抗氧剂包括抗坏血酸、甲磺酸去铁胺。这些抗氧剂的加入可防止油脂和药物的氧化。

pH 调节剂：脂肪乳剂中通常可加入少量的氢氧化钠，将灭菌前脂肪乳的 pH 调节为约 8.0。脂肪乳剂的 pH 优选为略微偏碱，因其在灭菌或贮存过程中，由于油相水解生成游离脂肪酸会导致 pH 下降。通常乳剂中不采用缓冲盐作为 pH 调节剂，因其有潜在的对脂质水解催化的作用。此外，缓冲盐一般由弱或强的电解质组成，其会影响乳粒的稳定性。已证实许多电解质可与带电的胶体离子产生非特异性和特异性的吸附，使乳粒表面电位发生改变，最终导致乳粒稳定性下降。

防腐剂：载药乳剂的水相中有时也添加一些防腐剂，以降低在临床应用过程中引入微生物污染的风险，如丙泊酚乳状注射液、丁酸氯维地平注射用乳剂。常见的防腐剂为依地酸二钠（EDTA）、苯甲酸钠、苯甲醇[49]。

助乳化剂：具有稳定乳剂表面界面膜和增加电荷斥力的作用，常用的有油酸或油酸钠等。

三、脂肪乳注射液的制备工艺

目前，脂肪乳剂的工业化生产常采用两步乳化法，工艺流程如图 5–12 所示。

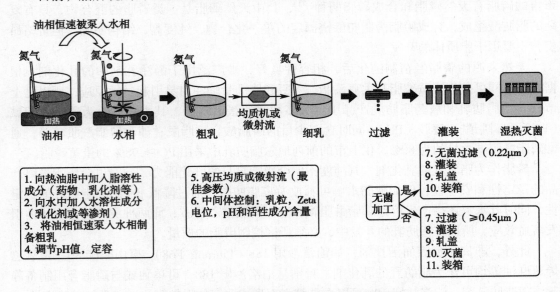

图 5–12 典型的脂肪乳剂生产过程示意图

下面就脂肪乳生产过程中涉及的关键工艺过程、参数和设备信息进行逐一详述：

1. **油相制备** 油相中主要包括油脂、脂溶性药物、油溶性乳化剂（通常为卵磷脂）以及油溶性稳定剂（如油酸、生育酚等），该工艺过程需要控制的关键工艺和参数如下：

（1）油脂的选择：结合产品的需求，确定合适的油脂，同时应选择精制纯化的油脂，保证其酸值、碘值、皂化值、过氧化值、甲氧基苯胺值等均在要求范围内。

（2）乳化剂的选择：应选择相容性好、安全性佳、无热原，且乳化能力优良的乳化剂，且保证其产业化的可行性。目前市售的注射用脂肪乳均采用卵磷脂为乳化剂，而口服和眼用的脂肪乳中，采用泊洛沙姆 188 较多。

（3）油相的温度：通常油相温度控制在 60~85℃以加快乳化剂和药物的溶解。

（4）油相中的残氧量：油相中的残氧量对脂肪乳剂最终的过氧化值和甲氧基苯胺值等氧化指标均有影响，通常生产过程中需要严格控制残氧量，至少 <3%，以 <1% 为最佳。

油相的制备通常采用配有搅拌装置的配制罐，也可采用剪切力较强的剪切混合器，如图 5-13 所示。

图 5-13　油相制备常用剪切混合器

2. **水相制备** 水相中主要包括水溶性乳化剂、等渗调节剂、pH 调节剂等其他水溶性成分和注射用水，该工艺过程需要控制的关键工艺和参数如下：

（1）乳化剂的选择：常用的水溶性乳化剂有泊洛沙姆 188 和 Solutol HS 15。

（2）pH 调节剂的用量：pH 调节剂的用量直接关系到乳剂的 pH，进而影响乳剂的质量，当乳剂的 pH<5 后，乳滴表面的静电斥力会减少，稳定性会急剧降低。考虑到乳剂生产和贮存过程中的水解效应会引起 pH 降低，故一般采用氢氧化钠调节 pH，保证乳剂呈碱性，更有利于稳定。但在实际生产中，还需要考虑活性药物的 pH 依赖情况，从而确定最佳的 pH 范围。

（3）残氧量：水相中残氧量的控制出发点在于控制油水混合过程中粗乳的残氧量，同样是基于稳定性的考虑。

水相的制备采用常规配有桨叶搅拌器的配制罐即可。

3. **粗乳制备** 油相和水相配制完成后，需要进一步进行油水混合制备粗乳，该工艺过程需要控制的关键工艺和参数如下：

（1）机械剪切设备：由于油脂和水本身是互不相溶的两相，所以需要借助机械外力和乳化剂的共同作用才可实现油水的乳化，从而制备粗乳。粗乳中粒径的分布直接影响最终产品的优劣，该环节通常采用高剪切搅拌器，例如德国 IKA 的 Ultra Turrax（图 5-14A）和 DISPAX-REACTOR DR 2000（图 5-14B），瑞士 Kinematica 的 Polytron 等。该类型的高剪切搅拌器均基于 UTC 和 UTL 的剪切原理，但 DR 2000 在 Ultra Turrax 的基础上进行了优化，为一种三级高剪切在线分散机，混合室的体积更小，物料的剪切更为均匀，三级定转子组合（分散头）确保乳滴小且分布范围更窄，可使单次混合的混合物长时间保持稳定。对于间歇式工艺，DR 在线设备可以安装一个含有预混合物料的批处理罐或反应器。当混合物通过分散机时，能进行均匀混合。对于连续过程，要混合的物料以适当的速度从入口接管送入机器中，在机器内，这些成分被彻底混合、分散或均匀分布，然后从出料口排出。该系列设备有 8 种型号，可根据需要配置不同的转子，当串联使用时，使用效果更为理想，可将乳粒分散至 1μm 左右。

（2）油水混合的比例和速度：油水混合时，为了形成理想的 O/W 乳剂，需要控制合适的油水比例和速度，如果速度过快，则油水无法完全作用形成界面稳定的 O/W 乳剂。在实际生产中，需要结合产品的特性，优选最佳的油水混合速度和比例，通过乳粒大小及其分布控制粗乳的制备。

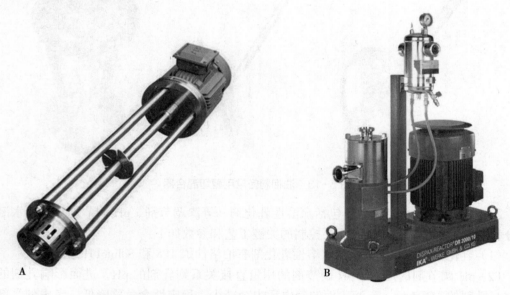

图 5-14 Ultra Turrax 高速剪切机（A）和 DISPAX-REACTOR 高速剪切机（B）

4. 细乳制备 细乳制备主要是通过均质化作用，使粗乳进一步降低粒径，形成纳米级的稳定乳滴。此步需采用更高的能量输入，需要借助更为特殊的设备从而克服乳粒间的作用力，将大乳滴剪切为 200nm 左右的稳定乳剂。该工艺过程需要控制的关键工艺和参数如下：

（1）均质设备的选择及工艺参数：该过程可采用多种设备，例如高压均质机、微射流均质机、超声波均质机等均可用于乳滴的均质，但不同原理的均质设备对乳滴的剪切效应也会存在差异，下面对几种均质设备进行介绍。

1）高压均质机：主要以物料在高压作用下通过非常狭窄的间隙（通过旋转压力阀旋钮调节缝隙大小，一般 <0.1mm），造成高流速（150~200m/s），使料液受到强大的剪切力。

同时，由于料液中的微粒发生高速撞击（撞击学说）以及料液在通过均质阀缝隙时产生的剪切作用和空穴作用（剪切学说和空穴学说），使微粒碎裂，从而达到均质的目的。一般在均质机操作中设有两级均质阀，第一级为高压流体，其压力高达 1000bar，主要作用是使乳滴均匀分散，经过第一级后流体压力下降至 50~200bar，第二级的主要作用是使液滴分散。使用过程中，高压往复泵作为动力将物料输送至工作阀部分，通过阀的闭合完成吸液和排液过程，同时乳液通过阀的细小缝隙与撞击环作用，将粗乳剪切粉碎成细乳（图 5-15A）。该类设备目前应用较广泛的为德国 APV，意大利 GEA-Niro 的高压均质机等（图 5-15B）。

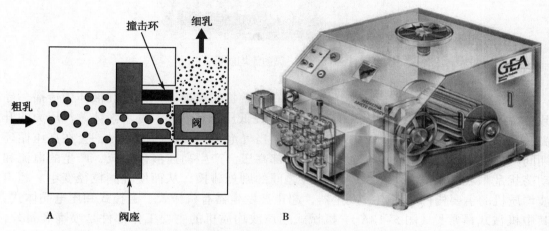

图 5-15　高压均质的工作原理图（A）[55] 及 GEA-Niro 高压均质机（B）

2）微射流均质机：主要是将液滴经湍流分散后，再高速通过喷嘴产生的空穴效应将乳滴初步剪切分散，同时分散后的乳滴经撞击反向后，双向运动的液滴剪切碰撞使乳滴进一步粉碎，从而形成更小的乳滴。使用时，粗乳首先通过单向阀，在高压腔内被加压（最高达 45 000psi），然后通过喷嘴的微孔被挤压出来，形成高速喷射流进入反应腔，喷射流在反应腔内对流剪切，形成湍流并相互对撞，同时由于施加在物料的压力急剧下降，产生空穴效应，通过剪切、对撞和空穴效应，使乳滴达到粒径减小和均匀分散的效果（图 5-16 及文末彩图）。典型的微射流均质机外观如图 5-17 所示，代表品牌有美国 Microfluidics、BEE 等。

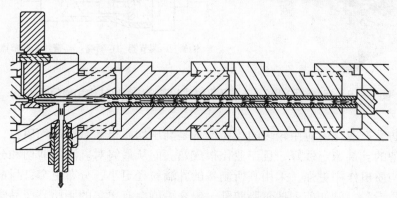

图 5-16　微射流作用原理图[56]

205

图 5-17　微射流均质机

3）超声波均质机：当液体接触到强烈的超声波振动时，声波会在液体中传播，导致交替产生高低压循环（约 20 000 次 / 秒）。在低压循环期间，随着液体蒸汽压力的升高，会在液体中产生高强度的小真空气泡。当气泡达到一定的大小时，会在高压循环期间剧烈的崩溃。在这种内爆过程中，局部高压会产生高速液体射流，产生的电流和动荡扰乱颗粒团聚，并导致粒子各颗粒之间的剧烈碰撞，从而使乳滴粒径变小。超声波均质机的主要构件是超声波发生器，超声波发生器有机械式、磁控式和压电晶体式，其中机械式最常见（图 5-18A）。机械式超声波均质机的主要工作部件是喷嘴和簧片，簧片位于喷嘴的前方，它是一个边缘呈锲形的金属片，被两个或两个以上的节点夹住。当物料在 0.4~1.4MPa 的压力作用下经喷嘴高速喷射到簧片上时，簧片便产生频率为 18~30kHz 的震动，所产生的超声波传给料液，使料液被均质，然后从出口排出（图 5-18B）。

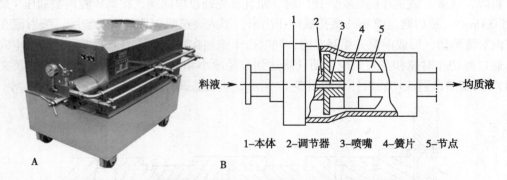

1-本体　2-调节器　3-喷嘴　4-簧片　5-节点

图 5-18　超声波均质机（A）及机械式超声波均质机结构和原理图（B）

目前脂肪乳产业化中应用较多的均质设备是高压均质机和微射流均质机，采用上述两种设备所制备的乳剂稳定性好，且产业化很成熟。而从最终对乳滴的剪切和分散作用上来说，微射流均质机作用更强，采用其所制备的乳滴粒径更小，分布更窄，目前已有产品采用其作为均质设备，例如前列地尔脂肪乳，未来可能会有更多的脂肪乳产品尝试选用微射流均质机作为均质设备，以期获得更优质的产品。

但无论何种设备，其设备参数，例如均质压力、均质次数等均会影响乳剂的质量，是乳剂生产过程中的关键工艺参数。产品开发中需要不断的实验和探索，确定最优的均质压力和次数，在保证产品质量的前提下，通过控制过程，减少能耗，从而达到产品的可控性。

（2）均质过程中的温度和残氧量：由于均质过程中会产生热量，会加速乳剂中油脂、磷脂以及热敏药物的降解，所以生产中需要严密控制药液的温度和残氧量，尽可能避免物料的降解，保证产品的最终质量。

5. 过滤　过滤过程目的在于滤除乳液中的大乳粒，因为大乳粒的存在一方面会诱发乳滴的聚集影响稳定性，另一方面进入体内后会堵塞毛细血管，引发血压升高和肝损伤，故乳剂的生产中需要对其进行过滤，该工艺过程需要关注的问题如下：

滤膜应选用与药液相容性好的材质，此外，滤膜的孔径直接影响生产时间和产品的质量，如需要无菌过滤，则应选用 0.22μm 孔径的滤膜，若产品最终需终端灭菌，则可以在保证不破坏乳滴和药液能顺利通过滤器的前提下，考虑选择特定孔径的滤器，一般为 1~3μm。

6. 灌封　灌装和封口的目的在于参照临床使用的需求，将药液灌封于适宜的容器中，该工艺过程需要控制的关键工艺和参数如下：

（1）灌装容器中残氧量：残氧量的控制为脂肪乳生产中的关键点之一，故最终灌封时需要通惰性气体保护以控制残氧量，从而进一步保证产品在贮存有效期内质量合格，通常至少保证残氧量 <3%。

（2）灌装容器与药液的相容性：灌装中，应确保灌装容器不会与药液发生相互作用，即满足包材相容性。

7. 灭菌　灭菌过程的目的在于减小药液的微生物负荷，保证最终产品的安全性。由于湿热灭菌会伴随着高温高压，这无异于是对脂肪乳中各种易水解和易氧化物料的双重考验，所以需要结合产品的质量要求，在保证生物负荷满足安全性的前提下，通过控制灭菌温度和时间，尽可能降低各物料在灭菌过程中的降解。

8. 外包装　外包装的目的在于进一步保证乳剂运输和贮存中的稳定性，该过程需要控制的关键点如下：

脱氧剂等附加物料的选择：由于脂肪乳剂为易氧化产品，如选择塑料包装，由于其有一定的透气能力，故需要考虑是否有必要附带脱氧剂如铁基脱氧剂，或者采用隔氧性好的外包装。实际选择时，需要结合生产线和产品自身的定位来确定外包装情况。

例 5-1　丁酸氯维地平注射用乳剂 [57]

丁酸氯维地平水溶性极差，故将其溶解在油脂中，制备成 O/W 型脂肪乳剂，具体的处方和工艺为：

【处方】	丁酸氯维地平	50g	大豆油	20kg
	甘油	2.25kg	油酸	30g
	纯化蛋黄卵磷脂	1.2kg	依地酸二钠	5g
	氢氧化钠	适量	注射用水	加至 100L

【制备工艺】①将大豆油升温至 75℃后，加入丁酸氯维地平溶解，再加入蛋黄卵磷

脂、油酸，搅拌使其完全溶解；②将注射用水升温至75℃后，加入依地酸二钠和甘油，搅拌使其混合均匀；③将油水两相混合，高剪切形成粗乳，用氢氧化钠调节pH至9.6左右，再通过均质将其制成细乳；④乳液冷却后，在氮气保护下采用适宜的滤器进行过滤，灌装，然后将其热压灭菌（建议121℃、12分钟），即得最终产品；⑤包装：采用注射输液瓶包装，规格有50ml和100ml两种。图5-19为100ml规格的产品外观。

四、脂肪乳的释药机制及靶向性研究

（一）释药机制

研究表明[58]，脂肪乳剂的释药机制受药物亲脂性大小的影响，当药物的亲脂性较弱时（$\log P<9$），扩散起决定性作用，释放速率与药物的亲脂性成反比；而当药物亲脂性较强时（$\log P>9$），药物易滞留于油相中，只有当脂肪酸甘油酯在体内代谢时，药物才会通过扩散作用释

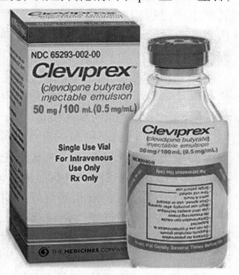

图5-19　丁酸氯维地平注射用乳剂

出或转移至其他血液成分（如脂蛋白和血细胞）上，在此情况下，药物与血液成分亲和力的大小是影响药物释放的另一个重要因素。因此，可以说药物从脂肪乳剂中的释放动力来自于药物在油相和血液成分之间的分配效应，油相中药物的量取决于油相体积和血液容积间的比值，比值越高，油相中保留的药物量越多。Hosokawa等[59]的研究表明，静注腺苷A受体拮抗剂KW-3902的脂肪乳剂后，KW-3902（$\log P=4.7$）迅速从脂肪乳剂中释出，分布到血细胞和血浆蛋白中，表现出与游离药物一致的药动学参数，说明脂肪乳剂仅起到了静注溶媒的作用。当KW-3902脂肪乳剂给药剂量增加时，油相体积相对于血液容积的比值增加，药物在油相中的保留量增加，通过脂肪乳剂在体内的被动靶向作用，药物将会更多的聚集于富含单核吞噬细胞系统的器官。因此，当脂肪乳剂作为药物靶向载体时，必须避免药物太快从脂肪乳剂中释放出来，以保证药物在油相中具有一定的滞留能力。

对脂肪乳剂体外释药的准确分析必须首先了解药物在脂肪乳剂中各相的分布。对于大多数载药脂肪乳剂来说，可用两相模型（油相、水相）来描述药物在脂肪乳剂中的分布，而对于一些亲脂性较弱的药物来说，则需要采用三相模型（油相、水相、油/水界面）来进行描述。根据Fick第一扩散定律，可推导出脂肪乳剂的体外释药方程[60]（式5-1）：

$$Q=100-100\times e^{\left(-\frac{PS}{V_0}\times t\right)} \qquad\qquad 式5-1$$

式中，Q为药物累计释放量，P为药物透过界面膜的表观渗透系数，S为界面面积，V_0为油相体积，t为时间。

假设所有粒子的粒径均为d，那么$S/V_0=6/d$，式5-1可写为式5-2：

$$Q = 100 - 100 \times e^{\left(-\frac{6P}{d} \times t\right)} \qquad \text{式 5-2}$$

表观渗透系数 P 与药物的扩散系数成正比，与界面膜厚度成反比。药物在脂肪乳剂中的分布也会对 P 值产生影响：当药物溶于油相时，乳粒粒径越小，界面弯曲度越大导致内部压力越大，药物的化学势能越大，P 值越大，药物释放越快；而当药物分散于油/水界面时，药物仅通过单层脂膜，即可扩散进入水相，此时界面膜的厚度与脂肪乳剂粒径大小无关，故 P 值也与粒径大小无关。Hosokawa 等通过式 5-2 计算了两种不同粒径（130nm、220nm）KW-3902 脂肪乳剂的 P 值，结果表明两者的 P 值基本一致，因此，可认为 KW-3902 是主要分散于乳粒的油/水界面上。另外，从上述方程可以看出，通过化学修饰改变药物在油/水相的分配系数和扩散系数，以及控制乳粒粒径、改变油/水界面面积的大小，都可达到缓释药物的目的。

（二）脂肪乳剂体内外释药实验

1. 体外释药实验 体外释药是评价微粒给药系统特性的一项重要指标，通过体外释药实验可以控制制剂质量，预测体内释药行为，了解微粒结构及其释药机制。对于脂肪乳剂来说，体外释药实验的难点在于：①所包裹的药物都是亲脂性药物，在水中的溶解度都较低，因此，所用的体外释药方法必须尽可能地满足漏槽条件；②由于脂肪乳剂的粒径较小，很难将脂肪乳剂与释出的药物快速有效地分离开来；③为了更好地模拟脂肪乳剂在体内释药的行为，特别是对于亲脂性较强的药物来说，由于油相（脂肪酸甘油三酯）的代谢会影响到药物的释出，必须在释放介质中加入相应的脂解酶或白蛋白来模拟体内的环境[61]，这样得到的结果才可用来预测脂肪乳剂的体内释药行为。目前，常用方法有透析袋法[61]、反相透析袋法[62]、超滤法[63]、Franz 扩散池法[64]等。

2. 体内释药实验 目前，常通过测定动物组织或血液中的药物浓度，绘制药物浓度-时间曲线，计算药动学参数，来评价载药脂肪乳剂的体内释药特性。该方法的不足之处在于：以现有样品处理方法，不能把生物样品中已释出药物和未从脂肪乳剂中释出的药物分离开来，测出的药物浓度反映的是组织或血液中总的药物量。脂肪乳剂中未释出的药物可能会在组织或血液中缓慢释出发挥药效，或随着脂肪乳剂一起转移至其他部位发挥药效，因此，所得到的结果并不能真实地反映载药脂肪乳剂在体内的释药情况。微透析技术可对组织或血液中的游离药物浓度进行测定[65]，其原理是在动物组织或血管中植入一根透析管（称为微透析探针），组织或血管中的游离药物分子可自由通过透析管的透析膜进入灌注液中，通过测定灌注液中的药物浓度即可知道组织或血液中的游离药物浓度。与总的药物浓度相比，它与药物作用强度更具相关性，因此，可较好的反映载药脂肪乳剂在体内的释药情况。

（三）影响脂肪乳剂释药特性和靶向性的因素

脂肪乳剂进入体内后被巨噬细胞大量吞噬使药物优先聚集于炎症组织，或被动地靶向于淋巴系统和富含单核吞噬细胞系统的器官如肝、脾等[66]（图 5-20 和图 5-21）。另外，由于具有类似乳糜微粒的结构，脂肪乳剂对血管壁（包括毛细血管）有较强的亲和力，通过上皮细胞或血管平滑肌细胞的摄取可将其主动转运至血管受损部位[67]。鉴于脂肪乳剂上述被动靶向的特点，前列腺素 E1、非甾体抗炎药、抗肝癌等药物制成脂肪乳剂均表现出较好的临床治疗效果。

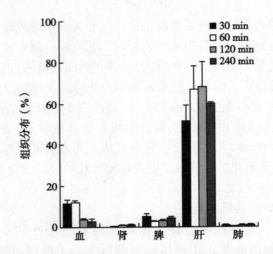

图 5-20　胆固醇十六烷基醚包裹在乳剂中静脉给药后大鼠体内分布图

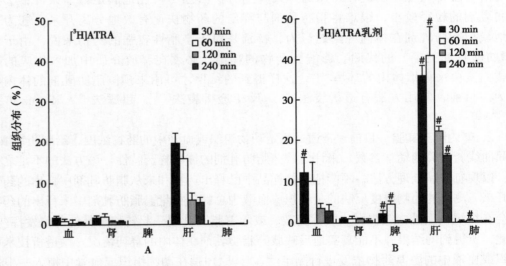

图 5-21　全反式维 A 酸（[³H] ATRA）（A）及其乳剂（B）静脉给药后大鼠体内分布图

脂肪乳剂在体内的靶向性及释药特性受下列因素影响：

1. 粒径　在其他条件相同的情况下，脂肪乳剂粒径越小，比表面积越大，释药也就越快。

粒径大小也会影响脂肪乳剂进入体循环后的过程：载脂蛋白的黏附和单核吞噬细胞系统的摄取。有研究显示[68]，与粒径约 100nm 的乳粒相比，大粒径的脂肪乳（>250nm）更易被单核吞噬细胞系统吞噬而从血液循环中快速消除。此外，乳粒的大小也决定了其在肿瘤和其他外周组织内的分布[49]，粒径 >200nm 的乳剂明显抑制了药物渗透到骨髓、小肠和其他非单核吞噬细胞系统器官中，如表 5-9 所示。

表5-9 粒径大小对脂肪乳的清除、体内分布和作用的影响[49]

模型药物/制剂	粒径大小	对脂肪乳清除、体内分布和作用的影响
RS-1541 乳剂（油相：ODO/HCO-60） 实验动物：小鼠	70~630nm	肿瘤摄取：110nm 和 220nm>350~630nm 220nm 乳剂具最高的抗肿瘤活性 ⇒通过粒径控制可增强药物的肿瘤递送
RS-1541 乳剂（油相：ODO/HCO-60） 实验动物：大鼠	约 100nm 约 243nm 约 580nm	血浆浓度：100nm>243nm>580nm MPS 组织摄取：100nm<243nm<580nm 清除：100nm 乳剂在肝中清除率降低； 243nm 乳剂在骨髓/小肠中清除率降低； 580nm 乳剂在肾/小肠中清除率降低 ⇒药物的体内分布取决于乳剂的粒径
[14C]胆固醇油酸酯 乳剂（含大豆油和蛋黄磷脂） 实验动物：小鼠	100nm 250nm	血液循环时间：100nm>250nm 血浆清除率：250nm（10 分钟内 60% 的剂量进入肝）>100nm AUC：100nm>250nm ⇒减小粒径可避免 RES 的摄取

注：RS-1541：13-氧-棕榈酰根霉素；ODO：二辛酰基-癸酰基-甘油；HCO-60：聚乙烯醚-60-氢化蓖麻油；MPS：单核吞噬细胞系统；RES：网状内皮系统

2. 油相种类 Chung 等[69]分别制备了亚麻子油、大豆油和角鲨烯三种不同油相的利福平脂肪乳剂（粒径分别为 260nm、250nm 和 160nm），体外释药速率依次为亚麻子油＞大豆油＞角鲨烯油，违背了粒径越小释药越快的规律，且利福平在亚麻子油中的油/水分配系数也是最高的（亲脂性越大释药越慢）。同理，采用上述油相制备的双氯芬酸乳剂，其在体外释放的速率依次为亚麻子油＞大豆油≈角鲨烯油，造成上述现象的原因可能是与脂肪乳剂稳定性（角鲨烯＞大豆油＞亚麻子油）有关。稳定性差的脂肪乳剂易发生融合、凝聚，使药物快速地发生泄漏；反之，对稳定性良好的脂肪乳剂来说，药物可从乳粒中缓慢的扩散出来，使药物的释放具有一定的缓释性质（图 5-22）。

3. 药物的性质 如前所述，药物的亲脂性是影响脂肪乳剂释药机制的关键因素之一。对环丁甲羟氢吗啡及其庚酸酯前药、苯甲酸酯前药脂肪乳剂的体外释药行为的研究结果也表明，药物的释放与其亲脂性质密切相关，药物亲脂性越强释放越慢（图5-23）[64]。此外，对解离型药物来说，在不同 pH 条件下，由于药物的解离状态不同，其在脂肪乳剂中的油相、水相、油/水界面中的分布也不同，会导致脂肪乳剂释药速率存在明显差异[62]。

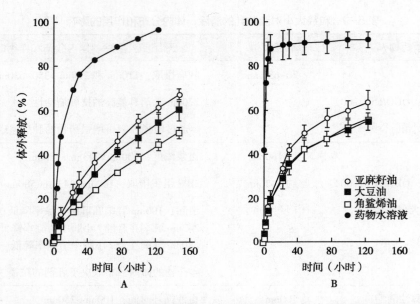

图 5-22　采用不同油制备的利福平（A）和双氯酚酸（B）乳剂的体外释放

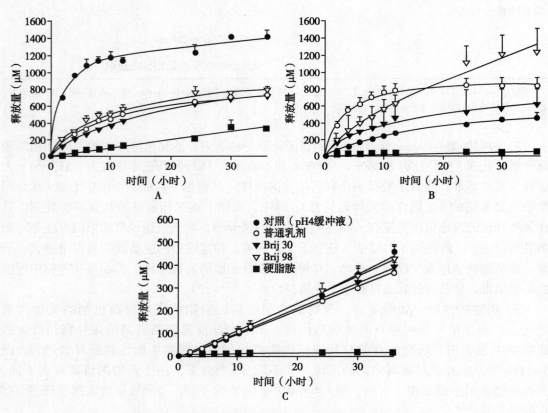

图 5-23　环丁甲羟氢吗啡（A）及其庚酸酯前药（B）
和苯甲酸酯前药（C）采用不同助乳化剂所制备脂肪乳的体外释放

4. 乳化剂和助乳化剂的性质　脂肪乳剂进入体循环后，载脂蛋白的黏附可以改变脂肪乳剂在体内的分布，而载脂蛋白的黏附取决于脂肪乳剂的组成，如乳化剂和助乳化剂的性质等。如以鞘磷脂（sphingomyelin）[70]或泊洛沙姆188[71]制备的脂肪乳剂，肝的摄取量均低于以磷脂酰胆碱制备的脂肪乳剂，原因在于鞘磷脂和泊洛沙姆188对ApoE的黏附力较低。不同磷脂的组成也会影响脂肪酸甘油三酯的脂解及体内分布，如二棕榈酰磷脂胆碱（DPPC）-脂肪乳剂在大鼠体内的消除速率就要慢于蛋黄磷脂酰胆碱（EPC）-脂肪乳剂和二油酰磷脂酰胆碱（DOPC）-脂肪乳剂。此外，药物的释放也受不同类型助乳化剂的影响，如图5-23所示[64]。

5. 表面亲水性　脂肪乳剂表面亲水性越强，对血液中调理素的吸附就越少，因而可减少单核吞噬细胞系统的摄取，延长在体循环的时间。加入神经节苷脂GM1、磷脂酰肌醇（PI）和聚乙二醇（PEG）修饰的磷脂等可增加乳粒表面的亲水性，其中，最有效的方法是采用分子量2000的PEG进行修饰。Reddy等[72]以PEG-二硬脂酰基磷脂酰乙醇胺（PEG-DSPE）为"隐形剂"制备了依托泊苷的长循环脂肪乳剂，大鼠静注后，长循环脂肪乳剂血浆的$AUC_{0-\infty}$是普通脂肪乳剂的近两倍，平均滞留时间MRT也较高。

6. 表面电性　常用的乳化剂磷脂除了主成分——中性的磷脂酰胆碱外，还含有少量的负电磷脂如磷脂酰丝氨酸和磷脂酸，因此，普通的脂肪乳剂表面常带负电。荷负电的脂肪乳剂进入体内后，很快被肝脾等器官摄取，通过在处方中加入硬脂酰胺、油基胺、溴化十六烷基三甲铵和壳聚糖等阳离子试剂，可以改变脂肪乳剂表面电性。阳离子脂肪乳剂在血液中具有更长的循环时间，这种长循环效应归因于油/水界面的混合乳化膜（乳化剂和阳离子试剂）所构成的静电和立体屏障，因此，阴离子和阳离子脂肪乳剂会呈现出不同的血浆蛋白吸附模式，从而改变脂肪乳剂在体内的分布[73]。大鼠尾静脉注射不同电性 ^{14}C-胆固醇油酸酯脂肪乳剂后，阳离子脂肪乳剂主要聚集于肺部，同时在血浆中的循环时间明显延长[74]。

7. 表面特异性配体/抗体修饰　受体介导靶向可使脂肪乳剂靶向于特定的细胞，如可利用糖基识别机制介导的细胞摄取来达到细胞靶向的目的，肝实质细胞上的无唾液酸糖蛋白受体可以识别半乳糖残基，而肝非实质细胞上的甘露糖和海藻糖受体可以识别甘露糖和海藻糖残基。Yeeprae等[75]制备了甘露糖糖基化（Man-）和海藻糖糖基化（Fuc-）脂肪乳剂，小鼠静注后，肝脏对Man-脂肪乳剂和Fuc-脂肪乳剂的摄取分别是未修饰脂肪乳剂的3.3、4.0倍，肝非实质细胞对实质细胞摄取率比分别为0.4（未修饰脂肪乳剂）、2.0（Man-脂肪乳剂）、2.9（Fuc-脂肪乳剂），这些结果表明Man-脂肪乳剂和Fuc-脂肪乳剂可以通过受体介导的机制靶向于肝非实质细胞。另一种细胞靶向的策略是在脂肪乳剂表面连接特异性的抗体，Lundberg等[76]将抗B细胞淋巴瘤单克隆抗体LL2偶联于PEG修饰脂肪乳剂表面，免疫反应性测定结果表明，单克隆抗遗传型抗体WN结合于脂肪乳剂表面的数量随着LL2的表面密度增加而增多，每个乳粒表面可结合40个抗体，这表明LL2-PEG-脂肪乳剂可以作为治疗B细胞淋巴瘤药物的靶向载体。

五、脂肪乳的应用举例

例5-2　前列地尔脂肪乳注射液

前列地尔，又名前列腺素E1（Prostaglandin E1，PGE1），是天然前列腺素类物质中的一种，也是一种广谱内源性药物。20 世纪 30 年代，Euler 等发现精液中具有降低血压的生物活性物质，并根据其起源命名为前列腺素，1957 年 Bergstrom 等首先分离和提纯 PGE1 并于 1962 年阐明其结构，1969 年由 Scheider 等人工合成，1981 年首次被美国 FDA 批准上市。微量的 PGE1 具有扩展血管、抑制血小板积聚、提高红细胞变形等作用，但其几乎不溶于水，对热及水均易降解，因此，早期剂型为普通冻干粉针剂和 $\alpha-$ 环糊精包合物冻干粉针剂，但其在临床应用中存在一些问题：①在肺部不稳定，经过一个肺循环有 60%~90% 的剂量被灭活；②临床上通常采用大剂量长时间（5 小时以上）给药，容易产生局部红肿、血管痛、全身发热等副作用；③注射部位疼痛难以忍受，患者顺应性差。1988 年日本田边三菱上市了前列地尔脂肪乳注射液，商品名为 Liple，它将前列地尔包裹于 O/W 乳粒中（具体处方为：前列地尔 5μg/ml；精制大豆油 100mg/ml；精制卵磷脂 18mg/ml；油酸 2.4mg/ml；浓甘油 22.1mg/ml；pH 调节剂氢氧化钠适量），药物存在于内相（油相或油水界面）中，故乳粒经注射后，避免了药物直接与注射部位接触，减少了注射部位的疼痛。同时由于乳滴粒径为 200nm 左右，可被吞噬细胞摄取，避免了其在肺部大量失活，治疗剂量仅为普通剂型的 1/10。此外，乳粒到达作用部位后，油脂被降解的同时释放药物，从而起到一定的缓释作用。上述作用极大地降低了市售粉针剂注射疼痛等不良反应，提高了产品的安全性，自该剂型上市后，已成为前列地尔临床使用的主要剂型。目前国内外已有众多厂家上市了前列地尔脂肪乳，且该产品经历了多次改良，例如日本富士制药，尝试采用甘油磷脂代替油酸，通过增加电荷斥力和乳化能力，降低了卵磷脂的使用量，所得产品的稳定性也符合要求。国内的前列地尔厂家均采用纯度较高的 PC-98 作为乳化剂，其对药物的包封效果更好，从而更进一步改善了临床安全性。同时采用微射流均质工艺，减小了乳粒大小和分布，提高了乳剂自身的稳定性。但由于前列地尔自身的热敏感性，目前该品种灭菌的 F_0 值为 $8 \leq F_0 < 12$，仍然无法实现过度灭菌，这一问题仍需要制剂工作者进一步探索解决。

为了提高前列地尔脂肪乳注射液在运输和贮存时的稳定性，重庆药友上市了注射用前列地尔干乳剂，其基本处方为：前列地尔、乳糖、蛋黄卵磷脂、枸橼酸钠、油酸钠、大豆油及甘油，其中，大豆油作为初始油相，蛋黄卵磷脂作为乳化剂，油酸钠作为助乳化剂和稳定剂，乳糖作为冻干保护剂，枸橼酸钠作为 pH 调节剂，甘油作为渗透压调节剂，其采用的基本工艺为：高能乳化法将油水乳化，从而形成粒径较小的亚微乳，然后将其通过过滤除菌，再进入冻干箱进行冷冻干燥。该品的优点在于减少了杂质的产生，延长了产品的有效期，但临床使用中发现，部分产品存在较强的刺激性，且产品的批次重复性还需进一步完善，故探索理想成熟的冻干脂肪乳大生产工艺，未来仍然有很长的道路要走。

例 5-3　丙泊酚脂肪乳注射液

丙泊酚（Propofol）又称为异丙酚（二异己丙酚），是一种速效、短效的静脉麻醉药，普遍用于麻醉诱导、麻醉维持。此外，丙泊酚还是人工流产、整形手术、各种内窥镜检查等首选麻醉药物。丙泊酚的麻醉效应最早于 1973 年被报道。1977 年，在欧洲首次开展了临床试验，其剂型为含 1% 丙泊酚的聚氧乙烯蓖麻油（Cremophor EL）制剂，因其高过敏发生率而停止了该剂型的开发。1983—1984 年欧洲和美国相继进行了丙泊酚脂肪乳注射液的临床试验，其药理活性类似于 Cremophor EL 制剂，但避免了过敏反应[77]。1986 年丙泊酚脂肪乳注射液在英国、新西兰上市，1989 年在美国上市，该制剂为含 10% 大豆油的脂肪乳（具体处方为：丙泊酚 10mg/ml；大豆油 100mg/ml；甘油 22.5mg/ml；蛋黄卵磷脂 12mg/ml；依地酸二钠 0.05mg/ml；pH 调节剂氢氧化钠适量），商品名为 Diprivan，属于麻醉制剂中的"重磅炸弹"，于 1996 年进入中国。该品为脂肪乳剂开发历史上最成功的案例之一，由于丙泊酚熔点低，水溶性差，临床用药剂量较高，而脂肪乳剂是此类药物的理想载体，故上市后在临床广泛应用。该品中添加了依地酸二钠作为稳定剂，可螯合金属离子，减少其对油脂和卵磷脂的降解催化作用，同时依地酸二钠具有一定的抑菌效果，改善了乳剂的安全性。该品的基本工艺同样采用上述脂肪乳剂常规工艺，可实现过度灭菌。目前，该品在麻醉药物临床应用中举足轻重，每年的市场份额占到整个麻醉市场的 50% 以上，稳居麻醉药物用药金额第一的位置。

六、结　　语

脂肪乳剂作为一种新型的载药系统，不仅可以提高亲脂性药物的生物利用度，而且还可使亲脂性药物通过静注给药，使药物靶向于特定的器官和细胞。尽管具有较多的优点，但脂肪乳剂仍然存在体内释药太快、易被单核吞噬细胞系统吞噬、靶向性不强等缺点，因此，可根据上述影响脂肪乳剂释药和靶向性的因素，采用各种方法来克服脂肪乳剂的不足，包括对药物进行化学修饰，增加药物的亲脂性，降低脂肪乳剂的粒径，改变其表面性质，修饰特异性配体等。为了更好地提高脂肪乳剂在体内的靶向性，研究者开发了一些新型的多功能脂肪乳剂，如阳离子型抗体修饰的脂肪乳剂[78]、抗体修饰的 PEG 长循环脂肪乳剂[76]等。近年来，阳离子脂肪乳剂作为基因药物的传递系统也是脂肪乳剂的研究热点之一。总之，只有将脂肪乳剂自身的释药特性和药物性质这两方面的因素较好地结合起来，所制备的脂肪乳剂才能达到预期的体内释药行为和靶向性。

第三节　注射用纳米乳剂

一、纳米乳的概念及特点

纳米乳是水、油、乳化剂和助乳化剂按适当比例自发形成的各向同性、透明或半透明、略带乳光的、热力学和动力学稳定的胶体分散体系。粒径小于 100nm[79]，其液滴被乳化剂和助乳化剂所形成的界面膜稳定，湿热灭菌或离心都不能使之分层。按结构分为 W/O、O/W 型和连续型纳米乳。目前纳米乳的给药途径主要有口服、透皮、眼部和注射等。

纳米乳用于注射给药时主要有以下优点：①粒径 <100nm，可降低血液栓塞的风险。②热力学和动力学稳定。③制备简单，可自发形成，并可过滤除菌。④黏度低，可减轻注射时的疼痛。⑤小粒径可适当增加药物在血液中的循环时间。如制备纳米乳时使用合适的辅料（如 PLGA[80]、PEG 化的磷脂[81]等），还可进一步延长药物的血液循环时间。⑥具有缓释、控释和靶向作用。另外，对一些热不稳定、在溶液中易降解的药物，也可将其包裹在纳米乳中，过滤除菌，然后再将其喷雾干燥或冷冻干燥从而以无水形态保存，临用前用 5% 葡萄糖或氯化钠稀释。由于纳米乳作为注射用药物载体具有上述优势，因而近年来受到很多制剂工作者的青睐。

二、注射用纳米乳的处方组成

根据注射剂的要求，注射用的辅料应生物相容性好、无菌、无热原、刺激性小、无溶血反应等，因而仅有小部分辅料可以作为注射用纳米乳的辅料。制备纳米乳时，根据药物的性质，选择合适的油、乳化剂和助乳化剂尤为重要。

1. 油的种类和用量　选择油相时，主要考虑两点。首先，它应对药物有足够大的溶解度，从而增加载药量，保证药物达到有效剂量。其次，所选油相应能使所形成的纳米乳区域面积最大。一般碳氢链过长、分子量过大或黏度过大的油难形成纳米乳。反之，短链或黏度较小的油（MCT、油酸乙酯等）很容易形成纳米乳。然而，脂溶性药物在油中的溶解度却随其碳氢链长度的增加而增大。所以，油相的选择主要是在其溶解药物的能力和乳化药物的能力两者间寻求平衡，通常认为使用混合注射用油可以很好地解决这一问题。目前常用于制备注射用纳米乳的油类如表 5-10 所示。

表 5-10　注射纳米乳常用油的种类

类别	分类及主要品种
油相	注射用植物油：大豆油、花生油、棉籽油、蓖麻油、芝麻油等
	肉豆蔻酸异丙酯（IBM）
	中链甘油三酯：Captex 355、Miglyol 812
	C_{18} 长链不饱和脂肪酸及其酯：油酸、亚油酸、油酸乙酯（Peceol®）、亚油酸乙酯
	维生素 E
	中链单/双甘油酯：Capmul MCM（椰子油 C_8/C_{10} 甘油单酯或双酯） Myvacet（纯化乙酰化单甘油酯）

维生素 E 具有超强溶解脂溶性药物的能力，它能溶解一些注射用油很难溶解的药物，如伊曲康唑、沙奎那韦、紫杉醇等。另外，Wang 等[82] 在利用 PEG-DSPE、油酸、维生素 E、胆固醇和 pH 调节剂等制备长春新碱纳米乳时，发现处方中若不加入油酸和 pH 调节剂，则纳米乳中长春新碱的包封率下降至 30.3% ± 5.7%。若处方中不加入维生素 E，则纳米乳于暗室中 7℃下放置一周后，药物析出为白色晶体，加入维生素 E 时，纳米乳在 7℃下保存一年仍稳定。上述实验说明油相会影响药物的包封率和稳定性，而维生素 E 作为油相成分不但能增加药物的溶解性，同时还可以起到改善制剂稳定性的作用。近年来，人们也在尝试研制和发现新的注射用油类别，中链单/双甘油酯（Myvacet、Capmul MCM）即是其中之一，其与中长链混合油相比，溶解力更强，且更容易被乳化，目前已有其作为纳米乳油相的研究报道[5, 6]，但由于该类辅料是近年来才发展的，其长期使用的安全性还有待考察。

2. 乳化剂的种类和用量　乳化剂的选择是纳米乳制备的关键。选用的乳化剂应能使油水充分乳化，同时能很好地溶解药物，且毒性低，安全性好。因为纳米乳中乳化剂的用量较大（5%~30%），所以制备纳米乳时必须尽可能使用低毒性、乳化能力强的乳化剂。通常选用非离子型和两性离子型乳化剂，其毒性相对较低，且受 pH 和离子强度影响较小。

目前常用于制备注射用纳米乳的乳化剂如表 5-11 所示。其中，Cremophore EL 对疏水药物的溶解能力较好，但是容易引起过敏性休克、组胺释放等副作用，限制了其在产品开发中的应用。而其他聚氧乙烯脂肪醇醚类乳化剂（苄泽等）在高浓度静脉给药时易引起溶血，用量应尽量小。此外聚山梨酯类乳化剂（聚山梨酯 20，40，60，80）高浓度时也会引起溶血，需注意用量。

近来，人们发现 Solutol HS 15（HLB=14~16）与上述乳化剂相比，相容性更好，可以用于乳剂的静脉给药，且 30%Solutol HS 15 溶液可以实现无痛给药。与聚山梨酯 80 相比，Solutol HS 15 的溶血效应更低。Date 等[83] 研究了基于 Solutol HS 15 作为乳化剂的三种丙泊酚纳米乳，发现利用 Solutol HS 15 制得的丙泊酚纳米乳疼痛刺激明显小于市售制剂 Propovan。另外，含有 Solutol HS 15 的胶体分散系统能耐受冻融实验。目前，Solutol HS 15 已被收入美国和欧洲药典。基于上述优点，近来采用 Solutol HS 15 制备纳米乳的研究非常活跃。除此之外，天然来源的乳化剂如磷脂及其衍生物，因其副作用小，生物相容性和安全性好而备受关注。

表 5-11　注射纳米乳常用乳化剂的种类

种类	HLB 值
聚山梨酯类：聚山梨酯 20	16.7
聚山梨酯 40	15.6
聚山梨酯 60	14.9
聚山梨酯 80	15.0
脂肪酸山梨坦类：月桂山梨坦 20	8.6
油酸山梨坦 80	4.3
泊洛沙姆 188	16.0
苄泽类：苄泽 35（Brij 35）	16.9
苄泽 96（Brij 96）	12.4
卖泽类：卖泽 52（Myrj 52）	16.9
聚氧乙烯蓖麻油聚合物：Cremophor EL	13.5
Cremophor RH 40	14~16
Cremophor RH 60	15~17
辛酸癸酸聚乙二醇甘油酯（Labrasol）	14.0
聚乙二醇 -15- 羟基硬脂酸酯（Solutol HS 15）	14~16
磷脂及其衍生物	3~8
氢化磷脂酰胆碱（HSPC）	
1，2- 硬脂酰磷脂酰甘油（DSPG）	
二肉豆蔻酰磷脂酰胆碱（DMPC）	
二肉豆蔻磷脂酰甘油（DMPG）	

乳化剂种类的选择应根据纳米乳类型而定，通常低 HLB 值（4~7）的乳化剂如脂肪酸山梨坦、磷脂适用于 W/O 型纳米乳，高 HLB 值（8~18）的乳化剂如聚山梨酯 80 等适用于

O/W 型纳米乳。为了获得最优的纳米乳，有时需要将两种 *HLB* 值的乳化剂混合使用。例如，磷脂虽相容性好，但是其疏水性强，很难自发形成稳定的纳米乳，因此通常将磷脂与其他乳化剂合用，调节系统的 HLB 值，降低其他乳化剂的用量，从而形成安全性更好的稳定纳米乳。Li 等[84]研究了采用单个乳化剂（聚山梨酯 20 或 Cremophor EL）及混合乳化剂（聚山梨酯 20+Cremophor EL）所制备的氟比洛芬 O/W 型纳米乳的外观、粒径、乳化时间等特征。结果表明，混合乳化剂所制得的纳米乳粒径更小，载药量更高，且物理稳定性更好。

另外，一些乳化剂乳化各辅料以后形成特定结构的纳米乳，对于药物的释放和运输方式也起到重要影响。Mehta 等[85]研究了基于聚山梨酯类乳化剂的抗结核病药物异烟肼、吡嗪酰胺和利福平的 O/W 型纳米乳（其他辅料为油酸、磷酸盐缓冲液、乙醇等），实验发现以聚山梨酯 80 制得的制剂纳米乳区域最大，其中异烟肼主要存在于 O/W 型纳米乳的连续区内，利福平存在于油相内，而吡嗪酰胺存在于液滴的栅栏层中，释放速度为异烟肼 > 吡嗪酰胺 > 利福平。结果说明，利用聚山梨酯 80 制得的纳米乳是抗结核类药物的良好载体，且纳米乳的各区域分布着不同的药物，载药量高，还可控制各药物释放时间，从而实现控释作用。对于开发一些一线抗结核药物的抗结核固定剂量复合剂（fixed-dose combination，FDC）有一定的指导意义。

选择了合适的乳化剂类型后，还应进行优化，尽量降低其用量。Hu 等[86]为获得最小乳化剂含量的 O/W 型纳米乳，采用溶解 4% 油所需的最少乳化剂用量、20% 乳化剂能溶解的最大油量、溶解同比例的油相和水相所需的最少乳化剂用量作为指标进行筛选。结果表明，Cremophor EL–磷脂–乙醇作为混合乳化剂系统，溶解和乳化 MCT 的能力最强；且随 Cremophor EL 用量的增加，其对油相的溶解能力更强，而对乙醇则相反。但若系统中不加入乙醇，纳米乳很难形成。此项实验同时也说明，乳化剂和助乳化剂在纳米乳的形成中都起到很关键的作用。

3. 助乳化剂 制备纳米乳过程中，有时单独使用乳化剂并不能将油/水界面张力降至纳米乳所需的值，所以需要加入一种两亲性小分子作为助乳化剂进一步降低油/水界面张力，进而促进纳米乳的形成。因为当乳化剂所形成的界面膜太坚硬时，液晶相会形成，而助乳化剂可以嵌入乳化剂层中，增加界面膜的流动性，从而打破液晶相，降低油/水界面张力，形成纳米乳。另外，助乳化剂也会进入油相和水相中，改变系统的化学组成，以及亲油/亲水性等。所以加入助乳化剂的作用主要是：①降低界面张力；②增加界面膜的流动性；③调节 HLB 值。可选用的助乳化剂为中等链长的醇、胺及有机酸等，常用于注射的助乳化剂种类如表 5-12 所示。其中，乙醇可与多种油相和乳化剂合用形成纳米乳，但其浓度应不超过 10%（*V/V*）。有研究显示选用乙醇作为助乳化剂较易形成纳米乳，但是在长期稳定性考察时发现体系不稳定，容易出现浑浊和分层现象。1，2-丙二醇也可用于纳米乳的制备，不过通常需高浓度才易形成纳米乳，但高浓度的 1，2-丙二醇可引起注射部位疼痛和溶血反应。姚静等[87]在研究助乳化剂对纳米乳相行为的影响中，发现短链醇（含 2~3 个 C）形成的纳米乳区域显著大于长链醇（大于 5 个 C），且形成的纳米乳粒径分布更窄。另外，LogP 在 1 附近的正丁醇和苯甲醇辅助乳化效果亦较好，而当采用弱酸性油（如油酸）制备纳米乳时，弱碱性助乳化剂（酰胺类）则可促进纳米乳的形成。即助乳化剂的乳化效果与自身碳链长度、油/水分配系数及酸碱性等有关。所以，应根据处方中其他成分的种类选择最适合的助乳化剂。

表 5-12　注射纳米乳常用助乳化剂的种类

类别	分类及主要品种
助乳化剂	一元醇：乙醇、苯甲醇
	二元醇和三元醇：丙二醇、甘油
	PEG：PEG400、PEG300
	四氢呋喃聚乙二醇醚 二乙二醇单乙醚（transcutol P）
	辛酸钠

目前新发现的可以作为纳米乳助乳化剂的辅料还有四氢呋喃聚乙二醇醚和辛酸钠。前者在静脉注射时耐受浓度为 5%，目前已用于由韩国大元制药生产并上市的丙泊酚制剂 Aquafol 中。后者也已被初步证实可用于注射用纳米乳中，2006 年，Morey 等[88]采用泊洛沙姆 188 和辛酸钠制备了丙泊酚纳米乳，该纳米乳粒径小于 50nm，贮存 4 个月仍非常稳定，且镇痛效果和血液安全性均较好，该研究虽证实了辛酸钠可作为注射用纳米乳的辅料，但其长期应用的安全性仍有待进一步考察。

4. 水相　注射用纳米乳的水相应适当添加一些附加剂如电解质（氯化钠）、甘油、葡萄糖或山梨醇以确保注射时溶液等渗、安全且相容性好。但这些添加剂可能会影响纳米乳的相行为，例如氯化钠会降低非离子乳化剂的相转化温度（PIT），若制备温度与其 PIT 接近，则纳米乳的制备对温度变化就尤为敏感，这将会影响制剂的重复性和稳定性。另外，水相的 pH 也会影响纳米乳的相行为，对于含磷脂的纳米乳，为了降低磷脂和甘油三酯的水解，其 pH 应调节至 7~8，同时甘油三酯水解生成的脂肪酸也会降低纳米乳的 pH 和稳定性。其他添加剂，如防腐剂也会影响纳米乳的相行为和纳米乳区域，例如羟苯烷基酯类防腐剂能与聚山梨酯类乳化剂络合，影响纳米乳的性能。因此在制备纳米乳时应考虑水相中各附加剂与制剂各组分间的相互作用，根据制剂本身的特点选择合适的附加剂。

5. 其他　与脂肪乳剂类似，注射用纳米乳中也可能会添加稳定剂等其他成分。例如，有研究者通过向纳米乳中加入氨基酸等附加剂来增加纳米乳的稳定性，如 Kale 等[89]分别制备了含有甘氨酸、蛋氨酸、精氨酸、丙氨酸以及不含任何氨基酸的劳拉西泮纳米乳（Capmul MCM 和聚山梨酯 80）。结果发现含有氨基酸的纳米乳的物理和化学稳定性更好，不加氨基酸的纳米乳在冰箱中保存 6 个月后，劳拉西泮含量和 pH 分别为 58.27%、4.65，而加了上述氨基酸的纳米乳的含量和 pH 则分别为 98.37% 和 5.22、99.05% 和 5.19、98.35% 和 5.22、99.30% 和 5.22。

6. 处方设计　由于纳米乳的形成与上述各成分的比例相关性很大，即使同样的处方种类，若比例设计不合理，则可能无法形成纳米乳。纳米乳的处方用量设计，通常需要借助绘制相图作为指南来确定，相图绘制的具体思路和方法如下：

（1）油的用量：通常需要根据临床用药剂量和所选用油对药物的溶解度来确定，原则上是在满足药物溶解和用药剂量后，用油量越少越有利于被乳化。同时乳化剂和助乳化剂的用量也应尽可能少，纳米乳的安全性才最好。

（2）K_m值确定：K_m指乳化剂和助乳化剂的质量比值，一般随K_m值增大，纳米乳越易形成且纳米乳区面积越大，但增加到一定程度，纳米乳区面积趋于稳定或减小。制备氟比洛芬的纳米乳时，分别采用不同的K_m（5:1、3:1、1:1、1:3和1:5）制备相图（图5-24），考察K_m对纳米乳形成的影响。结果发现$K_m<1$时（1:3和1:5），纳米乳区面积很小，随K_m增加，纳米乳区面积增大。原因在于$K_m<1$时，乳化剂用量较少，乳化能力较弱，纳米乳区很小，在此范围内增加K_m，乳化剂用量增大，乳化能力相应增强，纳米乳区面积变大。当$K_m>1$时（3:1和5:1），随K_m增加，纳米乳区面积先增大再缩小或不变。这是由于在乳化剂与助乳化剂的最佳质量配比时，助乳化剂正好完全镶嵌到乳化剂中，形成的纳米乳结构中增溶空间最大，载油量也最大。如乳化剂的量继续增加，助乳化剂的量相对减小，无法形成较大的增溶空间，因而只有在最佳K_m时，乳化剂和助乳化剂对油才具有最佳乳化效果[90]。

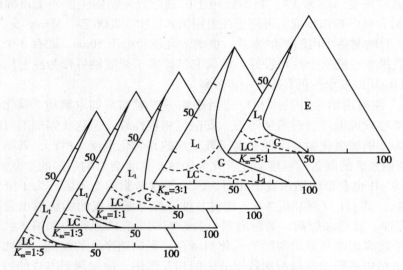

图5-24　氟比洛芬纳米乳不同K_m对比的相图

L_1为O/W型纳米乳区，LC为液晶区，G为凝胶区，E为普通乳状液区

三、注射用纳米乳的制备工艺

纳米乳是以水、油、乳化剂和助乳化剂按适当比例在一定的机械能量输入的情况下乳化而成，根据能量来源可分为高能乳化法和低能乳化法。通过上述处方设计中油的用量和K_m的研究，基本可以确定纳米乳的处方，根据相图中乳化区域的面积，可进一步确定需要的能量输入，从而锁定最终的制备工艺。

（一）高能乳化法

高能乳化法是指需要借助剪切均质的力量制备纳米乳的方法，主要涉及的设备有高速剪切机、高压均质机或超声均质机等，其生产工艺和过程控制与脂肪乳类似，故在此不再赘述。

（二）低能乳化法

低能乳化法指仅需要低速搅拌，利用系统自身的理化性质，使乳滴的分散能够自发产生。该方法减轻了制备过程对系统的物理破坏，低能乳化法包括相变温度法和转相法，前者需要借助温度的变化，利用聚氧乙烯型非离子乳化剂的溶解度随温度变化而变化的特性来实现；后者是将水相连续加入油相中，通过乳化剂和助乳化剂对不同比例油水体系的乳化特征实现，系统通常经历 W/O 型、W/O/W 连续型、O/W 型三种乳剂形态的变化，最终形成稳定均一的 O/W 型纳米乳。

通常低能纳米乳的制备方法有两种：一种是把油、水、乳化剂、药物混合均匀，然后向体系中加入助乳化剂，在一定配比范围内借助搅拌力使体系澄清透明，形成纳米乳液；另一种是把油、乳化剂、油性助乳化剂、药物混合均匀，然后向体系中加入水相（包含水性助乳化剂），在一定配比范围内借助搅拌力使体系澄清透明，形成纳米乳液。在大生产中，由于油水的不相容性，一般推荐采用第二种方法，同时该种方法可用于制备口服自乳化给药系统。

下述就纳米乳低能乳化法生产过程中（第二法）涉及的关键工艺过程、参数等信息进行逐一详述。

1. **油相制备** 油相的制备过程主要是将油、乳化剂、助乳化剂、药物及其他油溶性成分混合成均一的油性溶液，该工艺过程需要控制的关键工艺和参数如下：

（1）温度：由于温度对非离子型乳化剂影响较大。当温度升高时，非离子型乳化剂的亲水基的水化度降低，从而降低亲水性，容易形成 W/O 型纳米乳。反之，温度低时易形成 O/W 型纳米乳。同时，温度会影响油性组分的流动性，而流动性也会影响纳米乳的形成。同一温度下，流动性越强的组分更易形成纳米乳，流动性越差的组分在形成纳米乳时需要加热。另一方面，有些药物的溶解需要加热，如处方中采用了非离子乳化剂，由于其存在昙点温度，加热温度不能超过其昙点温度。所以温度是制备过程中应考虑的问题[91]。

（2）物料的添加顺序：考虑到油、乳化剂、助乳化剂和药物彼此之间的溶解能力差异，物料的加入顺序也会对生产过程产生影响，基本原则是先将药物加入到溶解能力最强的成分中，然后再逐渐加入其他各组分直至混合均匀。

油相的制备设备同脂肪乳，采用配有搅拌装置的配制罐，也可采用剪切力较强的剪切混合器。

2. **水相制备** 水相的制备过程主要是将注射用水、水性助乳化剂和其他添加成分如 pH 调节剂等混合制成均一的水溶液，该工艺过程需要控制的关键工艺和参数如下：

（1）温度：温度的选择同样是基于纳米乳制备过程中温度对乳化剂的作用情况而考虑的，故在此不再赘述。

（2）pH：同普通乳剂一样，pH 也会对纳米乳的稳定性产生影响，故此需要控制。结合纳米乳的稳定和活性药物的 pH 依赖情况，确定最佳的 pH。

（3）无机盐离子：由于无机盐离子可能会影响乳化剂的昙点和相转变过程，所以应对无机盐离子的种类和数量进行控制。

水相的制备采用配有搅拌装置的配制罐即可。

3. **油水乳化** 油水乳化，即将水相缓慢连续加入油相的过程，此过程需要借助简单的机械外力，保证系统混合均匀，除前述温度、pH 因素外，该工艺过程还需要控制的关键工艺和参数如下：

（1）水相的滴加速度：纳米乳化过程其实是乳化剂表面张力的变化过程，该过程涉及水相缓慢通过乳化剂的空隙逐渐渗入油相的过程，如果滴加速度过快，则可能无法形成乳滴均一的纳米乳，甚至可能无法形成纳米乳，如果滴加速度过慢，则生产过程过长，也不利于产品的稳定。所以常需要借助计量泵来控制水相的滴加速度，保证乳化过程的连续性和生产过程的可控性。

（2）搅拌器的搅拌速度：搅拌器的搅拌速度也会影响纳米乳化的质量和速度，因此需要根据相图的结果选择合适的搅拌器，并优化其搅拌速度，从而使搅拌速度与水相滴加速度间发挥较好的协同作用，制备稳定可控的纳米乳。

油水乳化的常用设备与油相制备设备类同，故不再赘述。

4. 过滤　纳米乳可过滤除菌，故可实现无菌生产。将其通过 0.22μm 的微孔滤膜滤器，该过程与常规注射剂过滤工艺相同，故在此不再赘述。

5. 其他　部分纳米乳可能需要在过滤除菌的基础上同时联合其他灭菌方式对产品的质量进行控制，这时还需要考虑灭菌的具体条件和参数（通常为湿热灭菌）。

另外，对于一些含热敏性药物的纳米乳，可能无法实现湿热灭菌，则可将其冷冻干燥制成冻干纳米乳，提高产品的稳定性。对于这类型的制剂，需要额外控制的关键工艺和参数如下：

（1）冻干工艺：由于乳剂为 O/W 型体系，对温度较为敏感，而冻干工艺过程会涉及很宽的温度范围（一般为 −30~25℃），尤其是预冻过程，可能会引发乳滴的聚集、破乳、转相或分层等结果（图 5-25），同时冻干过程也会引起冻干前后乳滴大小和分布的变化，所以需要对冻干工艺的参数进行考察，确定满足乳剂稳定的最佳条件。

（2）冻干保护剂：物料冻干过程中，常需添加冻干保护剂等附加剂来保证冻干品的外观良好，对于冻干乳同样需要添加该类附加剂。基本原则是所选用冻干保护剂应与纳米乳中成分不存在相互作用，且能获得良好的冻干制品为宜。

该处涉及的主要设备为冷冻干燥机，与常规注射液冻干制剂相同，常用品牌为 Christ、Virtis 以及东富龙等。

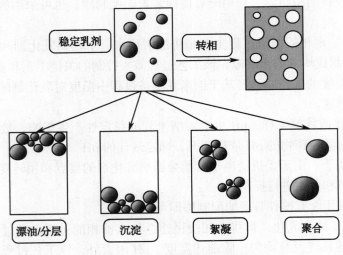

图 5-25　乳剂的不稳定情况

四、注射用纳米乳的质量控制

1. 纳米乳类型的鉴别 染色法：采用油溶性染料苏丹红和水溶性染料亚甲蓝给纳米乳染色，观察纳米乳中红色和蓝色的扩散速度快慢，从而判断纳米乳的类型。若红色扩散快于蓝色则为 W/O 型，反之为 O/W 型。

电泳法：电极缓冲液为 pH 7.4 的 0.01mol/L 磷酸缓冲液（PBS），电压 150V，电泳时间 50min，支持介质为聚乙酸纤维膜，O/W 型纳米乳应该带电荷，发生迁移；而 W/O 型纳米乳为中性，无电泳现象。

2. 粒径及其分布 通常采用动态光散射法和光阻法进行粒度分析。纳米乳样品粒径应在 10~100 nm。

3. 形态 一般采用透射电子显微镜（TEM）对纳米乳的形态学进行评价。将 2% 磷钨酸钠溶液滴加到蜡版上，另将稀释至一定浓度（100 倍）的纳米乳滴加到铜网正面，用滤纸吸去过多样品液，将铜网正面朝下盖到染液滴上，负染 20 分钟，取出铜网，用滤纸吸除过多染液，将铜网正面朝上置于玻璃皿中，晾干，在透射电子显微镜下观测并照相。

TEM 冷冻碎裂法是将乳剂速冻再碎裂后，区别乳滴与极易混淆的气泡，测出分子的尺寸及类脂等大分子的精细结构。

4. 黏度 纳米乳结构的鉴别，常用的宏观方法有黏度和电导率的测定，由黏度可以区分球状、棒状和层状结构，在 O/W 和 W/O 型纳米乳的转相过程中，如经历球状聚集体向棒状或层状聚集体的转变，新的结构将阻碍质点在连续相介质中的流动，由此产生一个高屈服值（high yield value）。只有当剪切力高于此屈服值时，分散体系才能流动。因此可根据黏度的变化确定纳米乳的结构。

另外，黏度还影响纳米乳的稳定性和安全性。一方面，黏度大小反映系统出现凝聚的趋势大小，因为纳米乳的稳定性与界面黏度成正相关性，当乳滴聚结时，界面上的乳化剂要移位，而高黏度界面阻碍了这种移位的进行。因此，界面黏度越高，乳液越稳定。另一方面，对于注射用纳米乳，黏度还关系到通针性及注射时疼痛刺激性的大小。通常，黏度太小，粒子易聚沉，体系趋于不稳定；黏度太大，则通针性不好，注射不方便，容易引起疼痛刺激。因此制备注射用纳米乳时要综合考虑黏度对通针性、稳定性和安全性的影响[92]。黏度的测定一般采用奥斯特瓦尔德黏度计（ostwald type viscometer）。

5. 电导率 电导行为是纳米乳制剂的重要性质之一，一定程度上反映了纳米乳的结构和性质，可用于纳米乳的相行为及结构研究。因为纳米乳制备过程中，随着含水量的增加，电导率随着纳米乳结构及相行为的改变（W/O、双连续、O/W 型、凝胶等）发生同步变化。已有文献明确指出 W/O 向 O/W 型体系转换的结构转变点[93]，因此，电导率的变化特征有助于确定各种类型纳米乳相互转换的动态变化过程。利用电导率在液晶区的某一位置存在一个不连续点或明显的转折，可以判定纳米乳是水作连续相还是油作连续相，进而判断是否出现渗漏和转相。对于 W/O 型纳米乳，外相中的油及界面上的乳化剂与助乳化剂均不易导电。体系的导电机理通常认为是在电场作用下纳米乳发生泳动而碰撞，碰撞使得界面膜上的分子形成瞬间的电荷，从而起到导电作用。显然，W/O 型纳米乳这种导电作用较弱，故纳米乳转相之前，电导在相当大的范围内呈平缓状态。当水相体积分数增大到转相值以后，纳米乳变成 O/W 型，连续相为水，导电能力明显增大，由于导电离子主要溶解于外相的水中,电导率一直保持较大值。

6. 离心稳定性实验　离心实验可初步评价纳米乳的加速稳定性。将制得的纳米乳离心（12 000 r/min）10~20min 后观察,如透明不分层则说明稳定[94]。

7. 冻融稳定性　该测试主要反映纳米乳的物理学稳定性。在低温冷冻时,纳米乳中冰晶的形成使得油滴形态出现拉伸或压平。同时,乳化剂分子的脂溶性部分丧失其流动性,亲水性部分出现"脱水"（因为水被冻结成冰）。而熔融时,水被"释放",进而重新形成纳米乳。如果此过程中纳米乳系统能迅速"愈合",重新恢复成液体纳米乳而不发生凝聚等变化,则说明该纳米乳能耐受冻融实验。反之,如果各成分再溶解的速度过慢,系统则可能会出现相分离或沉淀、凝聚等现象。冻融实验可进一步反映纳米乳的稳定性[94]。

8. Zeta 电位　Zeta 电位可以反映乳粒表面的电荷,从而进一步反映乳滴的稳定性,所以通常需要测定纳米乳的 Zeta 电位,用以评估其质量。

9. 包封率　由于纳米乳中,药物主要包封于油相或油水界面上,药物的包封情况反映载药系统的潜在稳定性和安全性,故包封率对于该类制剂尤为重要,包封率越高,代表产品质量越好。通常测定包封率的方法与脂质体的测定方法类似,可以采用超滤离心、萃取等方法。

五、注射用纳米乳的应用举例

例 5-4　丙泊酚纳米乳

注射用纳米乳虽然制备工艺简单,但其使用的乳化剂用量较高,且由于载药量的因素,目前上市的产品仍然有限,较为经典的是韩国大元制药生产的丙泊酚纳米乳 Aquafol。其主要成分是 Solutol HS 15、四氢呋喃聚乙二醇醚、纯化泊洛沙姆 188（purified poloxamer 188）,其中 Solutol HS 15 作为乳化剂,四氢呋喃聚乙二醇醚作为初始油相,纯化泊洛沙姆 188 作为助乳化剂。该制剂主要消除了基于脂类溶剂大豆油的丙泊酚脂肪乳制剂 Diprivan 的副作用,如感染、脂质代谢、高甘油三酯血症和胰腺炎等[77]。起初该制剂是由 8% 的 Solutol HS 15 和 5% 四氢糠醇聚乙二醇醚（tetrahydrofurfuryl alcohol polyethylene glycol ether）制得,但在研究该制剂中聚合物辅料在健康志愿者体内的安全性和耐受性时,发现制剂会出现剂量限制性毒性（dose-limiting toxicities,DLT）,如皮疹,疼痛,注射部位压痛及红肿、荨麻疹、感冒和头晕,体内总胆红素和乳酸脱氢酶增加,呕吐、疼痛等反应。基于以上副作用,随后换用 10% 纯化泊洛沙姆 188 和 0.7%Solutol HS 15,已有研究指出纯化泊洛沙姆 188 可以减少血液黏度,减轻红细胞和血管壁的摩擦,从而改善微血管血流量[95]。但 Kim 等[96] 研究了 Aquafol 在人体内的药动学,发现在有效剂量范围内,Aquafol 的安全性和有效性与 Diprivan 相似。Jung 等[97] 研究了在非急需外科手术的全身静脉麻醉中,Aquafol 和 Diprivan 的有效性、麻醉诱导和恢复期特点、安全性,以及两制剂的药动学和药效学,结果进一步证实了两者的有效性、安全性及药动学相似,但同时也发现 Aquafol 较 Diprivan 引起注射疼痛刺激的程度和频率更高。Sim 等[6] 也对比研究了 Diprivan 和 Aquafol 的疼痛刺激程度和频率,结果也发现 Aquafol 注射时疼痛剧烈程度和频率均大于 Diprivan,同时还研究了两种制剂中游离丙泊酚的浓度,发现 Aquafol 中游离丙泊酚浓度是 Diprivan 中的 7 倍,随后又评价了 Aquafol 中辅料对疼痛的影响,发现 Solutol HS 15 等不会引起疼痛，进一步证实了 Aquafol 疼痛刺激较剧烈的原因主要是由游离药物浓度引起的，也说明了 Solutol HS 15 是一种疼痛刺激较小的乳化剂。综上，纳米乳作为丙泊酚的载药系统，其安全性问题仍然需要进一步克服。

目前国内外正处于研究的载药纳米乳也有很多，例如紫杉醇、长春新碱、两性霉素B、伊曲康唑、劳拉西泮、尼莫地平、多西他赛、他克莫司纳米乳等。

六、结　　语

作为一种新的给药剂型，纳米乳还存在以下不足：

（1）使用了大量的乳化剂和助乳化剂，由此带来注射用纳米乳潜在的安全性问题。因此，应采用高效低毒、生物相容性好的乳化剂，如磷脂，胆固醇等。还应完善纳米乳的处方和制备工艺，尽量减少乳化剂的用量。

（2）纳米乳载药量相对较低，对于一些需大剂量给药的药物，可能造成包封不完全，水相中游离药物过多等情况，故并不适用。

（3）纳米乳形成的判断标准不够准确。人们通常以体系在滴加水的过程中出现浑浊、透明、黏稠或者流动等现象为判断标准，但部分纳米乳体系在形成过程中外观变化并不明显，因此建立更准确、有效、简便且自动化程度高的判断方法尤为重要。

因此，寻求高效低毒的乳化剂、助乳化剂、油等辅料，探索更为简单精准的纳米乳处方工艺优化方法，建立科学的质量评价体系，更有助于推动纳米乳在注射给药领域中的应用。

此外，制备纳米乳时，通过使用合适的辅料，还可以使纳米乳呈现缓释、控释、靶向及长循环特征[98]。

相信随着新型辅料的研究、过程及质控标准的不断完善，注射用纳米乳作为一种新型注射用药物载体，将会具有良好的开发应用前景。

第四节　脂质体注射剂

一、脂质体的概念及特点

脂质体是指将药物包封于类脂质双分子层内而形成的微型闭合囊泡，主要由磷脂和其他两亲性物质分散于水中形成，是纳米载体系统的典型代表。脂质体结构如图 5-26 所示。

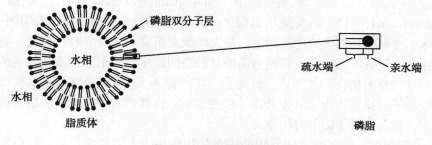

图 5-26　脂质体结构图

从 1965 年首次提出脂质体概念以来，研究者们对脂质体的处方组成、粒径控制、稳定性、体内过程、安全性及药效学等方面进行了广泛深入的研究，使脂质体最终走向临床应用。1990 年，第一个脂质体注射剂——两性霉素 B 脂质体（AmBisome，美国 NeXstar 制药公司）在欧洲上市。该制剂可以有效降低两性霉素 B 引起的急性肾毒性，适用于因肾损伤或药物毒性而不能使用两性霉素 B 有效剂量的患者。1995 年底美国 FDA 批准上市了第一个抗癌药物脂质体——阿霉素脂质体（Doxil，美国 Sequus 制药公司），由于脂质体的组成中含有聚乙二醇 - 硬脂酰磷脂酰乙醇胺（PEG-DSPE），使其具有长循环特性，增加了脂质体到达肿瘤部位的相对聚积量。随着载体材料的改进和新型表面修饰的发现和应用，以及处方工艺的改良，主动靶向型、长效型等多种类型的脂质体也相继出现。上市的脂质体注射液产品还有柔红霉素脂质体（DaunoXome）、阿糖胞苷多囊脂质体（Depocyt）、硫酸吗啡多囊脂质体（DepoDur）、米伐木肽脂质体（Mepact）、硫酸长春新碱脂质体（Marqibo）以及 2015 年 12 月美国 FDA 批准上市的伊立替康脂质体（ONIVYDE）等。此外，部分抗癌、抗感染脂质体注射液也已进入临床试验阶段。

脂质体具有以下特点：①脂质体材料与生物体细胞膜成分相似，具有良好的生物相容性和可降解性，故而对机体的刺激性较低；②脂质体具有靶向性和缓释作用，因而有高效、低毒的治疗特点；③载药范围广，脂质体既可包裹水溶性药物，也可包裹脂溶性药物。

二、脂质体的基本组成及分类

（一）脂质体的基本组成

脂质体一般由磷脂和胆固醇构成。磷脂是脂质体的骨架膜材，是脂质体的主要组成部分，而胆固醇是构成脂质体最重要的附加剂，两者共同形成脂质体双分子膜。常用脂质体膜材料如下。

1. 中性磷脂 磷脂酰胆碱（phosphatidylcholine，PC）也称卵磷脂，是构成脂质体的基础磷脂。与其他磷脂相比，它具有价格低、中性电荷、化学惰性等优势。磷脂酰胆碱有天然和合成两种来源，可从蛋黄和大豆中提取。人工合成的磷脂酰胆碱衍生物有二棕榈酰磷脂酰胆碱（dipalmitoylphosphatidylcholine，DPPC）、二硬脂酰磷脂酰胆碱（distearoylphosphatidylcholine，DSPC）、二肉豆蔻酰磷脂酰胆碱（dimyristoylphosphatidylcholine，DMPC）、磷脂酰乙醇胺（phosphatidylethanolamine，PE）。目前上市的脂质体处方中，多采用磷脂酰胆碱为基础磷脂，且以天然氢化磷脂酰胆碱和合成磷脂酰胆碱为主。除此之外，其他中性磷脂还有鞘磷脂（sphingomyelin，SM）等。

2. 负电荷磷脂 负电荷磷脂又称为酸性磷脂，常用的负电荷脂质有磷脂酸（phosphatidicacid，PA）、磷脂酰甘油（phosphatidylglycerol，PG）、磷脂酰肌醇（phosphatidylinositol，PI）、磷脂酰丝氨酸（phosphatidylserine，PS）等。使用中性脂质制备的脂质体不带电荷，在溶液中不稳定，易发生聚集沉降、融合、粒径变大、包封率下降等问题。加入少量负电荷磷脂，可增强脂质体的空间稳定性。由酸性磷脂组成的膜能与阳离子发生非常强烈的结合，尤其是二价离子，如钙和镁。这种结合降低了其头部基团的静电荷，使双分子层排列紧密，从而升高了相变温度。由酸性和中性脂质组成的膜，在适当环境温度下，加入阳离子能引起相分离。

3. 正电荷脂质 制备脂质体所用的正电荷脂质均为人工合成产品，目前常用的正电荷脂质有：①硬脂酰胺（stearamide）；②油酰基脂肪胺衍生物：如氯化三甲基 –2，3– 二油烯氧基丙基铵（DOTMA）、溴化三甲基 –2，3– 二油酰氧基丙基铵（DOTAP）、三氟乙酸二甲基 –2，3– 二油烯氧基丙基 –2–（2– 精胺甲酰氨基）乙基铵（DOSPA）；③胆固醇衍生物：如 3β–［N–（N'，N'– 二甲基胺乙基）胺基甲酰基］胆固醇（DC–chol）等。正电荷脂质常用于制备包载基因药物的脂质体。

4. 胆固醇 胆固醇是生物膜中重要成分之一。它是一种中性脂质，亦属于两亲性分子。胆固醇本身不形成双分子层结构，但它能以高浓度方式掺入磷脂膜。胆固醇作为两性分子，能镶嵌入膜，羟基基团朝向亲水面，脂肪族的链朝向并平行于磷脂双分子层中心的烃链。当胆固醇在磷脂双分子层膜中所占摩尔比约为 50% 时，胆固醇可以改变膜流动性，起着调节膜结构流动性的作用。

（二）脂质体的分类

1. 按结构分类 脂质体按结构类型可分为单室脂质体（unilamellar vesicle，ULV）、多室脂质体（multilamellar vesicle，MLV）和多囊脂质体（multivescular liposome，MVL），如图 5-27 所示。含有单层磷脂膜的囊泡称为单室脂质体，它又分为大单室脂质体（large unilamellar vesicle，LUV）和小单室脂质体（single unilamellar vesicle，SUV）。含有多层磷脂膜的囊泡称为多室脂质体，含有多个磷脂膜囊泡的称为多囊脂质体[99]。

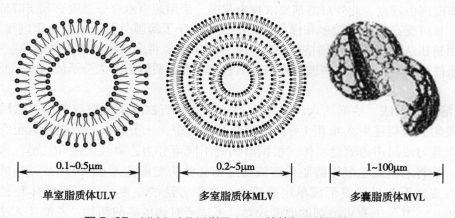

0.1~0.5μm	0.2~5μm	1~100μm
单室脂质体ULV	多室脂质体MLV	多囊脂质体MVL

图 5-27 ULV、MLV 以及 MVL 的粒径及结构的区别

2. 按性能分类 可以分为普通脂质体和功能性脂质体。功能性脂质体是在普通脂质体的基础上添加特殊材料或经过特殊修饰而赋予普通脂质体更好的性能，如长循环脂质体、靶向脂质体、前体脂质体、热敏脂质体、pH 敏感脂质体、光敏脂质体等。普通脂质体为第一代脂质体，单纯由磷脂、胆固醇组成，其包裹药物注入体内后主要集中在肝、脾、肺、淋巴结、骨髓等单核吞噬细胞丰富的器官组织，具有被动靶向性。第二代脂质体为长循环脂质体，通过在脂质体中掺入一定比例的糖脂（单唾液酰神经节苷脂）或在磷脂分子上连接多羟基的物质，如聚乙二醇（PEG）。由于脂质体表面含有的亲水基团高度水合以及相互交迭形成的致密构象云，有效的阻止血液中的调理素与之结合，从而降低与单核巨噬细胞的亲和力，延长循环时间。第三代是主动靶向脂质体，通过在脂质双层膜上装上抗体、糖残基、激素、配体等归巢装置，能识别特定的靶器官、靶细胞，并释放出药物而发挥作用的脂质体。

三、脂质体的制备工艺

理想的脂质体应具备包封率高、粒径分布范围窄、稳定性好等特点，这取决于脂质体的处方组成及制备工艺。脂质体的制备过程一般都包括三个基本步骤：①磷脂、胆固醇等脂质与所要包裹的脂溶性物质溶于有机溶剂形成脂质溶液，过滤去除少量不溶性成分或超滤降低致热原，然后在一定条件下去除溶解脂质的有机溶剂使脂质干燥形成脂质薄膜；②使脂质分散在含有需要包裹的水溶性物质的水溶液中形成脂质体；③纯化形成的脂质体。根据脂质体的形成和载药过程的进行是否在同一步骤完成，载药方法可分为被动载药法和主动载药法[100]。

（一）被动载药法

药物是在脂质体的形成过程中载入，通常是将药物溶于有机相或缓冲液中。

1. **薄膜分散法**　薄膜分散法是最基本和应用最广泛的制备脂质体的方法。系将磷脂等膜材溶于适量的三氯甲烷或其他有机溶剂中，脂溶性药物可加在有机溶液中，然后在减压旋转下除去溶剂，使脂质在器壁上形成薄膜；加入含有水溶性药物的缓冲液，进行振摇，则可形成多室脂质体，其粒径范围约 1~5μm。此法操作较为简单，适合脂溶性较好的药物的包封，但存在有机溶剂残留问题，完全去除较为困难，且较为耗时，形成的脂质体粒径分布范围也较宽，此外对溶剂要求较为苛刻。采用超声水合分散则有利于降低脂质体的粒径，且可提高水合的效率和样品的均一性，推动了薄膜分散法的工业化进程。另外，也可采用挤压法如聚碳酸酯膜挤压法、French 挤压法等将多室脂质体转变成单室脂质体，挤压法条件温和，可避免超声波导致的脂质和包裹在脂质体内的大分子或其他敏感化合物的变性。

2. **溶剂注入法**　溶剂注入法是将脂类和脂溶性药物溶于有机溶剂中，然后用注射器将药液匀速缓慢注射入水相（可含水溶性药物）中，一边注入一边搅拌直至有机溶剂挥尽，再乳匀或超声得到脂质体。根据溶剂的不同可分为乙醚注入法和乙醇注入法。乙醚注入法是将乙醚或乙醚甲醇脂质溶液通过细孔针头慢慢注入 55~65℃或减压的缓冲溶液中，在真空下乙醚蒸发形成单层脂质体。这个方法的主要缺点是脂质体粒径不均匀（70~200nm），其除去有机溶剂的温度较高，不适于对热敏感的药物。乙醇注入法操作简便，但也存在脂质体粒径不均匀（30~110nm）的缺点。且由于脂质在乙醇中溶解度低，制备的脂质体混悬液浓度通常较低。由于乙醇与水形成共沸物而导致难以从磷脂膜中去除，乙醇的残留成为后处理中的一个最大问题。

3. **逆向蒸发法**　逆向蒸发法是将脂质等膜材溶于有机溶剂（如三氯甲烷、乙醚等）中，加入待包封药物的水溶液（水溶液：有机溶剂 = 1:3~1:6），经过短时超声振荡形成稳定的 W/O 乳液后，减压蒸发除去有机溶剂，形成所谓"反相胶束"。在达到胶态后，滴加缓冲液，旋转使器壁上的凝胶脱落，然后在减压下继续蒸发，制得水性混悬液，通过凝胶色谱法或超速离心法除去未包入的药物即得。采用此种方法制备能得到单室脂质体或多室脂质体，当磷脂含量较少时，得到的单室脂质体比例多于多室脂质体[101]。如与聚碳酸酯膜挤压法联合使用，可制备 100nm 左右的小单室脂质体。本法特点是相对于薄膜分散法而言包封的药物量大，体积包封率可大于超声波分散法 30 倍，适合于包封水溶性药物及大分子生物活性物质，如各种抗生素、胰岛素、免疫球蛋白、碱性磷脂酶、核酸等[102]。

4. **复乳法**　该法是将含有药物的水相加入到含磷脂的有机相中，形成 W/O 初乳，再将初乳加入到一定体积的水相中混合，乳化得到 W/O/W 型复乳，然后在一定温度下去除有机溶剂即得脂质体。该法制得的脂质体包封容积较大，粒径也较大。在制备过程中，第二步乳化以及去除有机溶剂的温度、搅拌时间及频率对脂质体的粒径均有影响。值得注意的是，该法是制备多囊脂质体的唯一方法。若脂相中含有中性脂质即得到蜂窝状的多囊脂质体，若不含中性脂质，则得到其他类型的脂质体[103]。

5. **冷冻干燥法**　该法是基于脂质体混悬液在贮存期间易发生聚集、融合、药物泄漏以及磷脂氧化等问题而发展的。脂质体冷冻干燥包括预冻、升华干燥及再干燥三个过程。冻干脂质体可直接作为固体剂型，如喷雾剂使用，也可用水或其他溶剂重建成脂质体混悬液使用，但预冻、干燥和复溶等过程均不利于脂质体结构和功能的稳定。如在冻干前加入适宜的冻干保护剂，采用适当的工艺，则可大大减轻甚至消除冻干过程对脂质体的破坏，复溶后脂质体的形态、粒径及包封率等均无显著变化。单糖、二糖、寡聚糖、多糖、多元醇及其他水溶性高分子物质都可以用做脂质体的冻干保护剂，其中二糖是研究最多也是被证明最有效的，常用的有海藻糖、麦芽糖、蔗糖及乳糖。本法适用于热敏型药物前体脂质体的制备，但成本较高。与相对应的脂质体混悬液相比，粒径在 50~300nm 的脂质体冷冻干燥后由于粒子聚集会使粒径增大，但对于粒径 >300nm 的脂质体，冻干后粒径会相对减小[8]。

6. **冻融法**　此法首先制备包封有药物的脂质体，然后冷冻。在快速冷冻过程中，由于冰晶的形成，使形成的脂质体膜破裂，冰晶的片层与破碎的膜同时存在，此状态不稳定，在缓慢融化过程中，暴露出的脂膜互相融合重新形成脂质体。该制备方法适于较大量的生产，尤其对不稳定的药物最适合。

7. **超临界流体技术**　超临界流体是温度及压力均处于临界点以上的流体，它兼具液体与气体性质，其密度与液体相近，黏度及扩散速度与气体接近，介电常数随压力变化而急剧变化，对物质的溶解性可以从不溶解到一定程度溶解，使得超临界流体具有很大的可操作性。常用的超临界流体有 CO_2、乙醇、水、丙烷、戊烷等，其中超临界 CO_2 具有较低的临界温度和临界压力，且环保、无毒、价廉、安全，使其成为使用最广的超临界流体。

超临界流体技术种类非常多，按照超临界流体在制备过程中的作用，大致可以分成三类：①作为溶剂；②作为溶质；③作为反溶剂。表 5-13 列举了各类超临界流体技术，其中超临界溶液快速膨胀法（RESS）、饱和气体溶液 / 混悬液制粒法（PGSS）和超临界抗溶剂法（SAS）分别为这三类中的典型方法[104]。

以下几种方法常用于制备脂质体：

超临界溶液快速膨胀法（RESS）：其制备过程有两种：①将磷脂、药物以及有机溶剂溶解到超临界流体中，然后通过喷嘴注射到水中形成脂质体；②将磷脂、药物、有机溶剂以及水溶解在超临界流体中，然后通过喷嘴喷射到空气中形成脂质体。

超临界流体逆向蒸发法（SCRPE）：类似于传统的有机溶剂逆向蒸发法，只不过采用超临界流体替代传统的有机溶剂。过程则是将磷脂、胆固醇、药物溶液混合，超声振荡混合均匀后加入乙醇，再将样品放入反应釜中，然后将高压釜置恒温水浴中，反应前先通入气体吹净釜内空气，加压至所需压力保压，在超临界状态下孵化 10~60 分钟，缓慢释放压力即得脂质体溶液。采用 SCRPE 制备的脂质体包封率高、粒径小、稳定性强。

表 5-13　超临界流体技术

超临界流体的作用	过程	缩写
作为溶剂	超临界溶液快速膨胀法	RESS
	超临界快速膨胀溶液接收	RESOLV
作为溶质	饱和气体溶液 / 混悬液制粒法	PGSS
	膨胀液体有机溶液减压法	DELOS
	超临界辅助雾化法	SAA
	囊泡干燥式 CO_2 辅助喷雾法	CAN-BD
作为反溶剂	超临界抗溶剂法	SAS
	气体抗溶剂法	GAS
	压缩抗溶剂沉淀法	PCA
	气溶胶溶剂萃取系统	ASES
	超临界流体提高溶液分散法	SEDS
	传质增强式超临界反溶剂法	SAS-EM

超临界抗溶剂法（SAS）：SAS 与 RESS 和 SCRPE 相比，采用 SAS 制备的脂质体中一般残留有机溶剂量极少，且其操作压力非常低，一般低于 10MPa。根据超临界流体与药物溶剂的导入方式不同，SAS 又分为 GAS 和 ASES 两种方法。

气体抗溶剂法（GAS）：其制备脂质体的基本过程为：将药物、磷脂和胆固醇等成分溶解于有机溶剂，并装载到高压反应器中。采用压缩机将超临界 CO_2 通入有药物 – 脂质溶液的高压反应器内，使两者充分混合。CO_2 迅速扩散到溶液中，使溶液体积膨胀，降低了有机溶剂的溶解能力，使达到过饱和，导致溶质从溶液中析出。进一步将盐溶液引入高压反应器中引发脂质体的自发形成[105]。采用 GAS 法制备的脂质体粒径分布更窄，并且包封率相比传统方法更高[104]。

气溶胶溶剂萃取系统（ASES）：是 GAS 的改进，与 GAS 不同的是，ASES 中有机溶剂与超临界 CO_2 的混合是有机溶剂分散到超临界 CO_2 中，省去了干燥样品的步骤。与 GAS 相比，ASES 强化了超临界 CO_2 与溶液的接触混合，提高了反溶剂 / 溶剂的质量比，液体通过喷雾分散到超临界 CO_2 中，强化了超临界流体与溶液之间的扩散传质，使制备的脂质体粒径更小。

（二）主动载药法

对于两亲性药物，如某些弱酸弱碱，其油 / 水分配系数受介质 pH 和离子强度的影响较大，用被动载药法制得的脂质体包封率低。主动载药是利用两亲性药物能以电中性的形式（分子型）跨越脂质双层，但其解离形式却不能跨越的原理来实现的。通过形成脂质体膜内、外水相的 pH 梯度差异，使脂质体外水相的药物自发地向脂质体内部聚集。此法通常用脂质体包封酸性缓冲盐，然后用碱把外水相调成中性，建立脂质体内外的 pH 梯度。药物在外水相的 pH 环境下以亲脂性的中性形式存在，能够透过脂质体双层膜。而在脂质体内水相中药物被质子化转为离子形式，不能再通过脂质体双层回到外水相，因而被包封在脂质体中。主动载药法可以将其细分为：① pH 梯度法；② 硫酸铵梯度法；③ 醋酸钙梯度法。其中硫酸铵梯度法和醋酸钙梯度法只是 pH 梯度法的两种特殊形式。对于弱碱性药物可采用 pH 梯度法或硫酸铵梯度法，而对于弱酸性药物则可采用醋酸钙梯度法。

1. pH 梯度法 该法先通过薄膜分散法制备空白脂质体，通过调节脂质体内外水相的 pH，形成内外 pH 梯度差，弱酸或弱碱药物则顺 pH 梯度，以分子形式跨越磷脂膜而以离子形式被包封在内水相中。由于分子型药物易于与脂质体双分子层膜结合，加之在高于相变温度下保温时，脂质体处于液晶态，双分子膜的通透性大大增加，从而加快了药物分子的跨膜内转过程。1996 年 FDA 批准的柔红霉素脂质体 DaunoXome 采用 pH 梯度法将柔红霉素包封于二硬脂酰磷脂酰胆碱（DSPC）和胆固醇组成的普通单室脂质体内，增加了药物在实体瘤部位的蓄积，提高治疗指数同时降低了对心脏的毒性。该方法从根本上解决了一些水溶性药物脂质体包封率不高的问题，但是主动载药技术的应用与药物的结构密切相关，不能推广到任意结构的药物，因而应用受到了一定限制。

2. 硫酸铵梯度法 硫酸铵梯度法是利用硫酸铵水溶液作为水相，通过薄膜分散法制备包含硫酸铵溶液的空白脂质体，除去脂质体膜外部硫酸铵后形成硫酸铵梯度。内水相中的铵离子（NH_4^+）解离为氨分子（NH_3），通过游离氨扩散到脂质体外，间接形成 pH 梯度，使药物积聚到脂质体内。由于离子对双分子层渗透系数（P）的不同，氨分子渗透系数（SO_4^{2-}：$P<0.01$cm/s；NH_3：$P = 0.13$cm/s）较高，能很快扩散到外水相中；H^+ 的渗透系数远小于氨分子，因此会使脂质体内水相呈酸性，形成 pH 梯度，梯度大小由 $[NH_4^+]_{外水相}$/$[NH_4^+]_{内水相}$ 比决定，这样使药物逆硫酸铵梯度载入脂质体。药物与 SO_4^{2-} 形成硫酸盐，对双分子层有很低渗透系数，因而使药物具有很高的包封率。相比较于 pH 梯度法，硫酸铵梯度法不需要改变外水相的 pH，控制形成梯度过程也很容易实现[106, 107]。采用硫酸铵梯度法制备的多柔比星脂质体，其包封率可达 90% 以上。

3. 醋酸钙梯度法 醋酸钙梯度法也是先通过薄膜分散法制备包含醋酸钙溶液的空白脂质体，除去脂质体膜外部醋酸钙后形成浓度梯度。由于醋酸的渗透参数（6.6×10^{-4}cm/s）比 Ca^{2+}（2.5×10^{-11}cm/s）大 7 个数量级，所以 Ca^{2+} 很少穿越双分子膜，被留在脂质体内部，而醋酸根结合 H^+ 形成醋酸分子，通过跨膜运动扩散到脂质体外，由此使得脂质体内水相呈碱性，而外水相呈酸性产生 pH 梯度。该法适合弱酸性药物的包封，因为弱酸性药物能与脂质体内部的钙离子结合生成溶解度较小的钙盐而不易通过磷脂双分子层，有利于提高药物的包封率，减少药物的泄漏[108, 109]。

（三）脂质体工业化制备

脂质体作为药物载体的应用虽然具备了许多优点和特性，但脂质体的制备工艺因素控制复杂，如磷脂的氧化、药物的装载及粒径的控制等成为制约脂质体工业化生产的难点。在生产过程中常用有机溶剂溶解磷脂材料，故有机溶剂残留在质量控制中需重点关注；脂质体的粒径会显著影响其体内行为，对粒径的控制是脂质体制备的关键因素之一；脂质体多为注射剂，灭菌方法的有效性和制剂稳定性是其重要的因素；由于游离药物的不良反应，脂质体的包封率、载药量和渗漏率也是关键控制指标，因此对生产过程中的影响因素进行严格控制，才能保证脂质体的安全有效。

可开发性、可制造性、可扩展性和稳定性是脂质体工业化制备的关键挑战。目前，可以从以下两个方面重点关注脂质体的工业化制备[110, 111]。

1. 制剂处方方面　脂质体药物由两个关键组分组成：主药成分和脂质成分。脂质成分包封药物分子并作为其递送的载体。脂质成分的性质和用量是确保产品安全性、稳定性和效率的关键因素。因此，脂质的种类选择及用量将决定最终产品的质量、安全性和体内性能。目前，国内已有相应的注射用磷脂的质量控制标准，检查项目主要包括酸值、皂化值、碘值、水分、溶血磷脂酰胆碱、过氧化物、无菌、热原/细菌内毒素、磷脂酰胆碱、含磷量和含氮量测定等。

由于脂质体处方较为复杂，在脂质体产业化开发过程中，通过对制剂组分的关键质量属性（CQAs）进行控制（表5-14），制定科学合理严谨的控制策略以获得稳定、均一的产品质量。

表5-14　脂质体药物的关键质量属性对其体内性能的影响

关键质量属性（CQAs）	体内性能
包封药物组分的内部容积	载药，释放→体内递送能力
脂质相变温度	体内稳定性和释放
游离药物	未包封药物的副作用
脂质降解产物	脂质稳定性，药物释放，安全性
Zeta 电位	细胞摄取，组织分布，清除
粒度	药物吸收和生物分布
药物释放动力学	药物渗漏，药物释放，脂质双层完整性

2. 制剂工艺方面　脂质体常规制备工艺较繁琐，其粒径、包封率、载药量等技术参数和质量指标要求较高，如何解决从实验室规模放大到工业化生产是脂质体制备过程中存在的关键技术问题。制备工艺是药物生产过程的核心，而仪器设备是有力工具。目前脂质体实验室小试到中试到大生产设备的不配套、不适应，实验室研究的装备与工业生产的严重脱节，从而造成实验室制备出的脂质体无法实现工业化。因此，在脂质体制剂研究初期即须关注关键工艺环节的研究以及工业化大生产所需配套仪器设备[112]。脂质体工业化制备工艺中的关键步骤和限制步骤主要为成膜、同质化以及无菌过滤。

（1）成膜：目前常规的脂质体制备方法中，将卵磷脂加入药物，并溶入有机溶剂进行药物包裹，随后将溶剂挥发去除，所谓"成膜"。该步工序通常在玻璃的旋转蒸发器中进行干燥，得到去除溶剂的半固体物，加入水溶液得到药物脂质体。目前成膜的干燥方法，效率不高，限制脂质体的工业化大量生产。

新型的脂质体成膜干燥机[113]可以克服现有技术存在的上述缺陷。蠕动泵将药液通过加料料斗涂布在传送带上，传送带在电机的带动下，环绕主箱体运转，电板将空气加热，而吸风机将主箱体内的空气抽出，使空气在主箱体内流动，加热的空气将药液中的有机溶剂挥去，并干燥成型，刮板将涂布在传送带上并干燥的物料刮下。脂质体成膜干燥机以流动的热空气作为干燥介质，适用于药物制剂干燥成型之用，特别适合脂质体的制备。可连续操作，生产效率大大提高，适宜于大规模工业化生产，见图5-28。

图 5-28　脂质体成膜干燥机

（2）同质化：脂质体的粒径会显著影响其在体内行为，进而影响脂质体药物的疗效和毒性。而目前采用的制备方法制备的脂质体均存在粒径大小不一致、粒径分布范围较宽的缺点。因此，对制备的脂质体进行粒径大小的同质化是脂质体生产过程中的关键技术之一。脂质体制备过程中常采用高压均质对粒径进行控制，然而国产高压均质机的核心部件——高压均质腔无法达到行业所需的技术要求，因此几乎全部的设备来源于进口。但使用高压均质机可能会导致产品中带有惰性金属粒子引起不良反应。

采用挤压法使脂质体混悬液数次通过固定孔径的滤膜，脂质体粒径变得相对均匀。当脂质体在外力作用下，挤压通过孔径小于自身粒径的滤膜时，由于剪切力的作用导致其发生形变，从而产生破裂，随后破裂的双层立即重新结合，形成更小的脂质体，最终到达滤膜的另一侧[114]。

挤出仪主要由 NorthernLipids、AvantiPolarLpid 和 Avestin 公司生产，加工容量从用于实验室的 0.25ml 到可商业化应用的连续挤出，动力来源有手动、电动和高压气体推动。

实际生产中可将高压均质机与挤出仪串联使用（图 5-29），来控制脂质体的粒径大小和均一性。

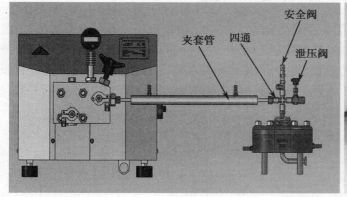

图 5-29　脂质体高压均质－挤出仪

233

（3）灭菌：脂质体大多为注射给药使用，为保证产品的质量和使用时的安全性，用于注射的脂质体最终需要经过灭菌步骤或者无菌操作过程，这就使其大规模生产复杂化。脂质体的物理和化学不稳定性，使灭菌成为注射用脂质体产业化的难点，选择灭菌方法时需考虑多个方面：如灭菌后产生的磷脂化学降解产物的毒性、药物的泄漏情况、脂质体形态学的变化等。可以通过选用合适的磷脂种类、脂质组成、介质 pH，采用冷冻干燥、气体保护或应用新的制备方法，制备前体脂质体等，以减少灭菌困难。对于不能最终灭菌的脂质体必须在无菌条件下制备，需要进行系统认证、灭菌过程认证、多种标准和规范以及设备配置和现行 GMP 适合性的验证等。

常用于脂质体的灭菌方法包括：热压灭菌、过滤除菌、物理射线灭菌（如 γ 辐照灭菌）。脂质体的热压灭菌可能导致脂质体或包封药物的物理和化学变化，以及包封药物损失的风险；过滤除菌仅适合于粒径在 200nm 以下的脂质体以及低黏度的分散相，且需较高的压力（25kg/cm²）；而 γ 辐照是脂质体可以选择的灭菌方法，其主要问题在于可能引起脂质和药物的辐射损失以及产生毒理学方面的问题。当上述方法都不适用时，则应进行无菌操作。

图 5-30 为纳米过滤除菌装置[113]，压力为 20~100kg/cm²，过滤孔径为 80~120nm。

图 5-30　纳米过滤除菌装置

此外，由于脂质体产品对制备条件的变化较为敏感，包括规模变化（批量大小）。在产品开发过程中，应建立适当的中间过程控制（in-process control，IPC），利用风险评估技术来确定影响成品质量的关键工艺参数。一些可能影响脂质体药物性能的制造工艺参数如剪切力、压力、温度、时间、冻干参数，在工业化过程中应设计合理的参数变量范围来保证良好的批间重复性（表 5-15）。

表 5-15　脂质体药物制造过程中常见的中间过程控制

生产方法	生产步骤		过程控制
被动载药	脂质薄膜的水合		目视检查脂质完全溶解，残留溶剂，脂质层，pH
	乙醇注入法		目视检查澄清度，脂质层，pH
	均质/挤压		粒度及粒度分布，挤出膜完整性，脂质层，含量，脂质体组成变化
	渗滤		溶剂含量，粒度及粒度分布，过滤完整性，包封率，游离药物，pH，脂质体组成变化
	无菌过滤		微生物限度检查，过滤完整性，脂质层，pH，脂质体组成变化
	冻干		最终粉末的填充重量和含水量
	封盖和密封		目视检查，填充量，渗漏率，释放度
	复乳法	初乳	粒度及粒度分布，微生物限度检查，电导率
		复乳	游离药物，粒度及粒度分布，pH
主动载药	浓度调整后载药		粒度及粒度分布，包封率，游离药物，含量，pH

四、脂质体的质量评价

1. 包封率与载药量

（1）包封率（entrapment efficiency，EE）：系指包入脂质体内的药物量与体系总药物量的百分比，一般采用重量包封率。测定包封率时需分离载药脂质体和游离药物，然后计算包封率，用式 5-3 表示：

$$EE = \frac{W_e}{W_e + W_o} \times 100\%$$
式 5-3

式中，W_e 为脂质体内包封的药物量；W_o 为未包封的游离药物量。

（2）载药量（drug loading，DL）：系指脂质体中药物的百分含量。此指标对脂质体工业化生产具有实用价值，可用式 5-4 计算：

$$DL = \frac{W_e}{W_m} \times 100\%$$
式 5-4

式中，W_e 为脂质体内包封的药物量；W_m 为载药脂质体的总重量。

2. 形态与粒径
脂质体粒径大小和分布均匀程度与其包封率和稳定性有关，直接影响脂质体在机体组织的分布和代谢，影响到脂质体载药的治疗效果。

脂质体形态观察常采用电子显微镜法，一般有扫描电镜或透射电镜。粒径大小可用电镜测定，也可用电感应法（如 Coulter 计数器）、光感应法或激光散射法测定。激光散射法又称为光子效应光谱法（photon con'elation spectroscopy，PCS）或动态光散射法（dynamic light scattering，DLS），是测定纳米制剂粒径及其分布的常用方法。

3. 泄漏率
脂质体中药物的泄漏表示脂质体在贮存期间包封率的变化情况，是衡量脂质体稳定性的重要指标，可用式 5-5 表述：

$$渗漏率 = \frac{贮存后泄漏到介质中的药量}{贮存前包封的药量} \times 100\%$$ 式 5-5

4. 表面电性 脂质体的表面电性影响其包封率、稳定性、靶器官分布及与靶细胞的作用。测定方法有显微电泳法、荧光法和激光散射法等。

显微电泳法是将脂质体混悬液放入电泳装置样品池内,在显微镜监视下测量粒子在外加电场强度 E 时的泳动速度 v。向正极泳动的脂质体荷负电,反之荷正电。由测定结果可求出单位电场强度下的运动速率,即淌度 $u=v/E$。

荧光法是依据脂质体和荷电荧光探针的结合量与其表面电性和电荷量有关的性质来进行测定。如两者荷电相反,结合多,荧光强度增加;两者带电相同,结合少,荧光强度减弱。

激光散射法也可较为方便地测定脂质体的表面电性,是目前应用较多的一种测定方法。

5. 磷脂的氧化程度 磷脂容易被氧化,在含有不饱和脂肪酸的脂质体中,磷脂的氧化分为三个阶段:单个双键的耦合、氧化产物的形成、乙醛的形成与链断裂。因各阶段产物不同,氧化程度难用一种实验方法评价。

(1)氧化指数的测定:氧化指数是检测双键耦合的指标。氧化耦合后的磷脂在 233nm 波长处具有紫外吸收峰,因而有别于未氧化的磷脂。测定时,将磷脂溶于无水乙醇,配制成一定浓度的澄明溶液,分别测定其在 233nm 及 215nm 波长处的吸光度,按式 5-6 计算氧化指数:

$$氧化指数 = \frac{A_{233nm}}{A_{215nm}}$$ 式 5-6

磷脂的氧化指数一般应 <0.2。

(2)氧化产物的测定:卵磷脂氧化产生戊二醛和溶血磷脂酰胆碱,戊二醛在酸性条件下可与硫巴比妥酸(TBA)反应,生成红色染料(TBA-pigment)。该化合物在波长 535nm 处有特征吸收,吸收值的大小即可反映磷脂的氧化程度。

除上述方法可估计磷脂的氧化程度外,根据聚合不饱和脂肪酸链在氧化最后阶段发生断裂或缩短,也可用液相-质谱联用技术测定这些酰基链的变化。

五、脂质体注射剂的应用举例

尽管半个世纪之前就有脂质体的报道,但在发现脂质体 30 年后才有脂质体药物上市。目前,已有多个脂质体注射剂上市并在临床中得到广泛使用,例如两性霉素 B 脂质体、多柔比星脂质体、阿糖胞苷脂质体、紫杉醇脂质体、伊立替康脂质体等。

目前,上市的脂质体药物主要有抗肿瘤、抗感染、疼痛治疗等药物,制备成脂质体后能够提高药效,降低全身不良反应,减少药物耐药性,发挥靶向性等作用。下面以部分已上市的脂质体产品为例,对其处方、工艺及其制剂优势等内容进行具体介绍。

例 5-5 多柔比星脂质体(Doxil)注射液

1. 处方 多柔比星脂质双分子层由三种脂质材料组成:胆固醇(3.19mg/ml)、氢化磷脂酰胆碱(HSPC)(9.58mg/ml)和 PEG2000-DSPE(3.19mg/ml)。其中,HSPC 和胆固醇的比例可以保证脂质体在37℃及以下温度保持刚性双层膜结构；PEG2000-DSPE加入脂质体的双层膜结构，表面结合的PEG可以避免脂质体被单核吞噬细胞系统吞噬并且增加在血液中的循环时间。此外，每毫升还包含约2mg硫酸铵；组氨酸作为缓冲液；盐酸和（或）氢氧化钠用于pH控制；用蔗糖调节至人体等渗。其中超过90%的药物被包封在脂质体中。

2. 制法 Doxil是通过硫酸铵梯度主动载药法将盐酸多柔比星包封在脂质体内部[115]。首先制备包封了硫酸铵的脂质体，通过透析除去未包封的硫酸铵，然后加入盐酸多柔比星溶液，调节pH至近中性。外水相中的多柔比星在中性pH时，有很大一部分以非解离型存在，在浓度梯度作用下扩散进入脂质体内水相。内水相的pH为5.5或者更低，多柔比星解离型增加，与硫酸根离子结合，形成沉淀。这个过程中，铵根离子转化为氨气，并溢出脂质体，这是推动多柔比星不断从脂质体外扩散到脂质体内部形成沉淀的动力。铵根离子的转化过程，一方面释放1个氢离子，使多柔比星解离型增加，从而与硫酸根离子结合作用增强；另一方面，随着氨气的溢出，硫酸铵不断解离，提供了足够的铵根离子和硫酸根离子。因此，硫酸铵梯度实际上同时提供了pH梯度和硫酸根离子梯度，在此协同作用下，使得几乎全部多柔比星以多柔比星硫酸盐沉淀形式包裹到脂质体内部。

3. 制剂优势 ALZA公司采用Stealth技术成功开发了Doxil[116]。Doxil主要用于治疗复发性卵巢癌和获得性免疫缺陷综合征（AIDS）相关的卡波肉瘤。与普通多柔比星制剂相比，Doxil清除率减少到1/90，分布容积减少到1/64，而肿瘤部位的药物浓度却增加了4~6倍。

例5-6 硫酸吗啡多囊脂质体（DepoDur）注射液

1. 处方

硫酸吗啡	10mg/ml	二油酰磷脂酰胆碱（DOPC） 4.2mg/ml
胆固醇	3.3mg/ml	二棕榈酰磷脂酰甘油（DPPG） 0.9mg/ml
三辛酸甘油酯	0.3mg/ml	三油酸甘油酯 0.1mg/ml

2. 制法 多囊脂质体只能通过复乳法制备，制备过程如图5-31所示[117, 118]：

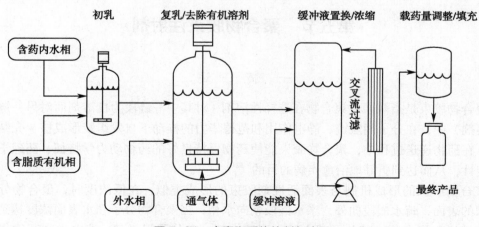

图5-31 多囊脂质体的制备流程

（1）先将处方中的脂质成分（磷脂、中性脂质和胆固醇）溶解于挥发性有机溶剂（通常为三氯甲烷或三氯甲烷与乙醚的混合液）中形成油相，再以合适的油水体积比将含有硫酸吗啡的内水相与脂质的有机相混合，在室温下超声或机械剪切一定时间制备出均匀的 W/O 型初乳。制备初乳的方法有：超声、高速分散、乳匀机、喷嘴雾化等。实验室中常采用涡旋混合器或高速剪切器进行乳化。工业化生产主要为高速剪切法制备。

（2）形成的 W/O 型初乳中加入一定体积的外水相缓冲液，并在一定条件下机械剪切再次乳化形成 W/O/W 型复乳。工业化生产过程为了更好地实现连续化生产，通常采用静态混合器制备。

（3）将复乳转移至含有一定外水相的容器中，以一定的速率用惰性气体（如氮气）除去复乳中的有机溶剂（乙醚、三氯甲烷、二氯甲烷等）。可在表面通入氮气或将氮气导管伸入容器底部来除去有机溶剂。而工业化过程中，常采用氮气喷射装置，如喷射环等。

（4）用适于储存和生理相容性的盐溶液（如 0.9% 氯化钠溶液）置换外水相，除去未包封的游离药物，浓缩。

（5）药物含量调整、灌装。

3. 制剂优势　硫酸吗啡多囊脂质体主要用于缓解手术后疼痛。传统的吗啡制剂由于作用时间短，需要多次给药。而硫酸吗啡多囊脂质体的作用可以持续 48 小时，这段时间正是手术后疼痛的高峰期，因此大大改善了病患的用药顺应性。

六、结　　语

脂质体药物工程化水平仍然是制约其产品开发的瓶颈，主要表现在质量过程控制体系要求较高。目前，对于脂质体的评价主要包括脂质体粒径、形态，包封率和载药量、泄漏率等。但其作为一种新的给药系统，针对不同药物性质制订出有效、可行、完善的质量评价体系仍是一项具有挑战性的工作[119, 120]。随着新型制药设备及技术、新辅料持续发展，脂质体作为一种良好的药物载体将会得到更好的应用。

第五节　聚合物胶束注射剂

一、概　　述

聚合物胶束是指两亲性聚合物在选择性溶剂（对其中一链段为良溶剂而对另一链段为不良溶剂）中，在分子间氢键、静电作用和范德华力的推动下自发组装形成核－壳结构的胶束。在药物递送过程中，聚合物胶束能使药物保持良好的药物动力学特征、药理学特性及稳定性，从而达到更好地治愈疾病的目的[121]。

聚合物胶束的形成机制与表面活性剂胶束的形成类似，在低浓度时，聚合物分子分布在水的表面，疏水嵌段向外，亲水嵌段朝向水相；当聚合物分子在水表面浓度达到饱和后，继续增加聚合物，其分子就会转入溶液内部，在分子间氢键、静电力和范德华力等作用下自发组装形成聚合物胶束。通常，其亲脂片段形成胶束的疏水性内核，为难溶性药物提供合适的微环境，药物在胶束中的具体空间位置取决于其极性与疏水性；而亲水片段形成胶束的亲水外壳，使胶束的稳定性和生物相容性增强。开始形成胶束时的聚合物浓度为临界胶束浓度（CMC）。聚合物胶束的 CMC 相比于表面活性剂胶束的 CMC 低几个数量级。聚合物胶束的形状多为球形，亦有棒状、囊状、片状等。聚合物胶束粒径通常小于100nm，由于存在亲水外壳，其不易被单核吞噬细胞系统摄取，因此具有长循环特性[122]，从而提高了药物，尤其是难溶性药物的生物利用度。

聚合物胶束的最大特点是可以显著增加难溶性药物的溶解度，同时还具有内核载药量高，载药范围广，粒径小（<100nm），组织渗透性强，体内滞留时间长，能使药物有效到达靶点等优点。此外，聚合物组成和性质具有多样性，利用聚合物的这一特性可以制备出对 pH、温度、氧化还原敏感或者具有黏膜黏附性的胶束。

聚合物胶束的研究大多集中于注射给药，且已有相关产品上市，如目前在韩国率先上市的抗癌药物注射用紫杉醇胶束（Genexol-PM）。与传统的紫杉醇相比，Genexol-PM 表现出更高的人体耐受性和更好的抗肿瘤效果[123, 124]。

二、聚合物胶束的分类及特点

根据胶束形成原理不同，聚合物胶束大致可分为两亲性嵌段聚合物胶束、接枝聚合物胶束、聚电解质胶束、壳交联胶束和非共价键胶束等。

1. 两亲性嵌段聚合物胶束 当两亲性嵌段共聚物（即同时具有亲水链和疏水链）置于选择性溶剂中时，由于两亲性嵌段共聚物的亲水、疏水嵌段的溶解性差异，在水性环境中能自组装形成聚合物胶束。这种胶束具有相对较窄的粒径分布及独特的核 - 壳结构，在水性环境中，疏水基团聚集形成内核，并被亲水性链段构成的栅栏所包围。根据分子中疏水链段和亲水链段数目将两亲性嵌段共聚物胶束分为二嵌段聚合物胶束和三嵌段聚合物胶束。二嵌段聚合物为 A-B 型，即具有一个亲水链和一个疏水链；三嵌段聚合物为 A-B-A 型，即两端为亲水链，中间为疏水链[125]。作为注射用胶束材料，要求其具有良好的生物相容性、无毒、无免疫原性、可生物降解性。常用的亲水链段为聚乙二醇（PEG）和聚氧乙烯（PEO），疏水链段为聚乳酸（PLA）、丙交酯 - 乙交酯共聚物（PLGA）、聚己内酯（PCL）或聚赖氨酸（PLys）等[126]。PEG 不仅能防止胶束内的相互作用以及胶束的聚集，还能阻止蛋白和细胞与胶束表面的相互作用，从而大大降低了胶束被单核吞噬细胞系统的摄取，克服了具有疏水性表面的纳米载体极易被肝、脾等识别和吞噬的缺陷，进而可通过 EPR 效应在肿瘤部位聚集。为了进一步提高药物对特定组织或器官的靶向效率，还可以通过对 PEG 末端进行修饰，如键合一个或多个靶向配体，使胶束具有主动靶向性。

2. 接枝聚合物胶束 由疏水的骨架链和亲水的支链构成的接枝聚合物分子分散在水中就会自组装形成核 - 壳结构，即为接枝聚合物胶束。胶束内核由疏水骨架链组成，而外壳则是亲水的支链。或反过来在亲水的主链上接枝疏水链同样可得到胶束，如 Wang 等[127]在线形聚乙烯亚胺（line polyethyeneimine，LPEI）上接枝疏水烷基链获得了亲水主链朝外，疏水烷基链在内的核 - 壳结构聚合物胶束。接枝聚合物胶束由于具有良好的生物相容性和生物可降解性，在注射用胶束的研究中受到广泛关注。Yang 等[128]采用透析法制备了硬脂酸修饰的壳聚糖接枝聚合物胶束，包载抗癌药物阿霉素，用于治疗肝癌。其制备的聚合物胶束能够通过 EPR 效应在肿瘤部位血管聚集，并具有良好的物理稳定性。此外，该胶束具有 pH 响应特性，在酸性条件下能够加速释放药物。体内研究发现载药胶束能够很好地抑制肿瘤生长且无明显毒副作用。

3. 聚电解质胶束 将嵌段聚电解质与带有相反电荷的另一电解质聚合物混合时，部分嵌段会在分子间作用（包括疏水作用、静电作用、金属络合作用及氢键作用）下形成以聚电解质复合物为内核，以不带电荷的亲水嵌段为外壳的聚合物胶束，称为聚电解质胶束。例如，在中性条件下将聚氧乙烯 – 聚赖氨酸共聚物（PEO–PLys）和聚氧乙烯 – 聚天冬氨酸共聚物（PEO–PAsp）两种材料的水溶液混合，荷正电的 PLys 嵌段与荷负电的 PAsp 嵌段通过静电作用聚集形成胶束内核，而 PEO 作为胶束外壳维持胶束的稳定性。值得注意的是，聚电解质胶束的形成过程具有链长识别的特点，即只有当 PLys 和 PAsp 的链节数相等时，才能自组装形成球形胶束[129]。

聚电解质胶束因其内核的荷电特性，可以作为很多带电荷药物（如 DNA、RNA）的载体并能提高这类药物的稳定性。Yamamoto 等[130]在 α– 缩醛 – 聚乙二醇 – 聚 D，L– 丙交酯嵌段共聚物（PEG–PDLLA）中引入酪氨酸、酪氨酰 – 谷氨酸等小肽链或氨基酸获得一种新型聚合物胶束，通过氨基化作用使 α– 缩醛基转变为羧基，调节胶束的表面电荷，可使中性的酪氨酸转变成阴离子酪氨酰 – 谷氨酸。与中性酪氨酸修饰的胶束相比，肝脏和脾脏对阴离子酪氨酰 – 谷氨酸修饰的 PEG–PDLLA 胶束的摄取明显降低，这表明了胶束表面上的阴离子电荷能够避免非特异性器官摄取。这些胶束都具有明显的长循环效应。注射 24 小时后，血液中仍可检测到 25% 注射量。聚电解质胶束能将核酸类药物包载于内核中并中和其电荷，保护核酸不被酶降解，提高了核酸类药物的转染效率和特异性，因此在基因递送方面具有独特的优势。

4. 壳交联胶束 在聚合物胶束溶液中，胶束与非聚集态单聚合物分子链之间存在动态平衡。当聚合物胶束通过注射给药被成倍稀释后，平衡会向解聚方向移动，胶束的自组装结构会被破坏。另外，单聚集体分子链与体内的某些物质如蛋白质和生物膜等发生相互作用也会加快聚合物胶束的分解。因此，通过共价键将聚合物分子链之间进行交联即形成核交联胶束（CCL）或者壳交联胶束（SCL），能够有效地阻止这种平衡移动进而阻止聚合物胶束在体内的分解以及药物的释放。由于壳交联使得胶束的载药量大大降低，因此壳交联胶束在药物控释领域更具有实际应用价值。Jiménez–Pardo 等[131]利用壳交联技术制备了二羟甲基丙酸（Bis–MPA）– 泊洛沙姆 407（F127）共价交联的两亲性树状大分子嵌段共聚物来包载喜树碱，细胞摄取实验表明包载喜树碱的 Bis–MPA–F127 胶束能够有效地在细胞中积累，具有良好的抗丙型肝炎病毒活性，同时显示出比游离药物更低的细胞毒性。

5. 非共价键胶束 一种基于大分子间氢键作用，促使多组分高分子在某种选择性溶剂中自组装形成胶束的方法。对于存在特殊相互作用（氢键或离子相互作用）的聚合物 A 和 B，如 B 溶液的溶剂是 A 的不良溶剂，则当 A 溶液滴加到 B 溶液中时，A 的分子链将皱缩、聚集。然而，由于 B 分子链的稳定作用，A 并不沉淀析出，而是形成稳定分散的、以 A 为内核、B 为外壳的胶束状纳米粒子，即为非共价键胶束[132]。如将 B 溶液加至 A 溶液中，或使 A、B 在共同溶剂中通过氢键作用形成"接枝络合物"，然后再与选择性溶剂混合，同样可形成胶束。与其他类型的胶束相比，聚合物 A、B 间只有特殊相互作用而无化学键连接，所以核与壳可进一步分离。通过这一方法，可以直接采用无规共聚物或改性的聚合物进行分子组装，避开了复杂的制备嵌段共聚物或接枝共聚物的过程。Liu 等[133]报道了带有端基是羧酸基的聚苯乙烯（MCPS）与聚 4- 乙烯吡啶（P4VP）在三氯甲烷中混合，由于羧基和吡啶基间的氢键相互作用而形成 P4VP 为主链、PS 为接枝链的"接枝络合物"，向其中加入 P4VP 的不良溶剂甲苯，则可形成核壳间以氢键连接的新型胶束体系，这种胶束核壳间以氢键等次价键连接。

三、聚合物胶束注射剂的制备工艺

聚合物胶束的制备方法主要取决于聚合物在水溶性介质中的溶解性，水溶性好的聚合物可以用直接溶解的方法；水溶性不好或难溶于水的聚合物则采用透析法或溶剂蒸发法。而制备结构稳定的载药聚合物胶束最主要的影响因素是聚合物和药物之间的疏水作用以及两者之间的相互溶解性[134]。以下列举一些常用的聚合物胶束制备方法。

1. **直接溶解法**　将聚合物在浓度高于 CMC 时，常温或高温下，直接溶解于水或水性介质（如磷酸盐缓冲液、硝酸水溶液）中即可形成澄清透明的空白胶束溶液[135]。此法适用于水溶性较好的胶束材料如 PEG 类。载药聚合物胶束的制备方法与此相似，将胶束材料分散在水中，再加入疏水性药物的适当溶液搅拌即成，必要时可以加热。

2. **透析法**　将水溶性差的聚合物和药物溶于与水互溶的有机溶剂，如二甲基亚砜（DMSO）、$N,N-$ 二甲基甲酰胺（DMF）和四氢呋喃（THF）中，搅拌透析除去有机溶剂，再通过冷冻干燥、超滤浓缩或旋转蒸发等方法制成胶束。Wang 等[136]将 PEG-P（MDS-co-CES）聚合物——聚乙二醇 – 聚 {（N- 甲基二苯胺癸二酸酯）-co-［（胆固醇氧基羰基氨基乙基）甲基双（乙烯）溴化铵］癸二酸酯} 溶解在 DMF 中，将此聚合物溶液置透析袋中，用醋酸钠缓冲溶液透析 24 小时后，将透析液冷冻干燥即可。影响载药量的因素主要为有机溶剂种类、聚合物类型、有机溶剂 / 水比例以及药物 / 聚合物比例。此法制备过程简单，易于操作，但制备时间较长，同时会产生大量废水，不适用于大生产。

3. **薄膜分散法**　将嵌段共聚物和药物溶于有机溶剂中，通过减压旋蒸形成薄膜，在玻璃化转变温度（T_g）下，共聚物与水性溶剂发生水合从而形成胶束。旋蒸速度、药物与聚合物比例、蒸发温度都会影响胶束的载药量。此法制得的胶束粒径均一，操作简便，但有机溶剂不能完全除去。

4. **乳化 – 溶剂挥发法**　将药物和聚合物溶于与水互溶的有机相中，然后加入到水相中，乳化制备成 O/W 型乳剂，聚合物在乳化过程中通过重排形成胶束，蒸发除去有机溶剂即得。此法所得的胶束载药量比透析法略高。聚合物沉淀与固化速率、药物水中溶解性、载体材料与药物的亲和力等是影响胶束载药量的主要因素。制得的胶束稳定性好，粒径分布较窄，副反应少，工艺简单，易于操作。但载药量较低，存在有机溶剂残留。

5. **自组装溶剂挥发法**　将药物和两亲性聚合物溶于有机溶剂中，在搅拌条件下逐渐加入水中，亲水段逐渐进入水相，疏水段则聚集成核，形成聚合物胶束，加热蒸发除去有机溶剂即得。药物和聚合物、有机溶剂的比例影响胶束载药量。此法操作简便，包封率较高，有利于进一步制备成注射剂，但存在有机溶剂残留问题。

除了以上方法外还有固体分散法、超临界流体法和微相分离法，在实际应用中，应根据药物和聚合物的理化性质，以及制备胶束的特点等因素选择合适的制备方法。

四、聚合物胶束的质量评价

聚合物胶束的质量评价与脂质体基本一致，主要包括胶束的形态、粒径及分布、载药量与包封率的测定、血液稀释的稳定性等。由于聚合物胶束制备时多用到有机溶剂，应对有机溶剂的残留量进行测定和控制。同时应对聚合物胶束的 CMC 进行测定，测定方法一般采用荧光探针法。为了确保聚合物胶束给药系统的生物安全性，也要对聚合物胶束中药物的释放机制、体内药物的分布和代谢等进行研究。

1. **聚合物胶束的形态、粒径及其分布**　聚合物胶束的形态、粒径和分布是评价聚合物胶束质量的重要指标，主要受聚合物的分子量、疏水片段的百分含量、载药量以及胶束的形成条件等因素影响。聚合物胶束的形态表征采用电镜法（TEM 和 SEM）和原子力显微镜法。粒径及其分布多采用动态光散射法（DLS）。胶束粒子表面电荷采用 Zeta 电位表征，内部晶核结构通过差示扫描量热法（DSC）测定。胶束粒子的一致性常使用圆二色谱法进行分析。X 射线衍射法能够分析药物和胶束内核之间的作用方式。

2. **载药量和包封率的测定**　聚合物胶束的载药量是指胶束中包裹的药物占载药胶束总质量的百分比。包封率是指包裹在聚合物胶束中的药物占投入药物总量的比例。《中国药典》（2015 年版）规定，包封率不得低于 80%。载药量和包封率是评价聚合物胶束质量的重要指标。测定可采用透析法、溶剂提取法或超滤法等。

3. **有机溶剂残留量**　在制备聚合物胶束的过程中，经常会用到有机溶剂，须对有机溶剂残留量进行控制与检测，其残留量应符合《中国药典》（2015 年版）的限度要求，有机溶剂残留量的检测方法常为气相色谱法。

4. **聚合物胶束 CMC 的测定**　聚合物胶束的 CMC 测定通常采用荧光探针法。芘是最常用的荧光探针分子，在水中的溶解度非常小。聚合物胶束的内核是疏水性的区域，因此芘能够通过疏水性增溶到聚合物胶束内核中。在低于 CMC 时，没有胶束形成，芘存在于水相中，此时其荧光光谱和激发光谱的强度低；而当聚合物浓度高于 CMC 时，胶束开始形成，芘增溶进入到胶束中。由于芘溶解度增大，其荧光强度会显著增强，并伴随着最大激发波长的红移，通过比较前后两种条件下最大激发波长的强度可以计算出胶束的 CMC。

5. **体外释放**　聚合物胶束的释放机制主要有三种，分别为聚合物载体的溶蚀、从载体孔道扩散以及从载体表面释放，然而到底是哪一种释放机制与胶束的载药方式有关。若药物与胶束通过化学键结合，药物随着胶束的降解或者溶蚀而释放；若药物通过物理包埋到胶束中，那么一般通过扩散的方式释放药物。通常情况下，三种机制同时存在，体外释放可分为三相：起始突释相、扩散缓释相和降解缓释相。

五、聚合物胶束的应用举例

紫杉醇（paclitaxel，PTX）是从红豆杉属植物紫杉的树干和树皮中提取的一种天然抗癌活性成分，在治疗多种实体瘤方面有显著的作用，包括乳腺癌、晚期卵巢癌、肺癌、脑部和颈部肿瘤以及急性白血病等。目前临床上使用较多的是紫杉醇注射液（Taxol，泰素），由于紫杉醇在水中的溶解度很低，因此注射液中加入聚氧乙烯蓖麻油（Cremophor EL）作为增溶剂，以达到增加紫杉醇的溶解度和提高其稳定性的目的。然而聚氧乙烯蓖麻油会引发严重的过敏反应，降低了患者的顺应性。因此，目前国内外许多学者都致力于紫杉醇新剂型的研究，希望尽可能地避免溶媒带来的不良反应，开发出高效低毒的紫杉醇制剂。聚合物胶束的增溶作用及胶束材料的生物相容性使其在药物载体领域的应用受到广泛关注。下面着重介绍两个不含聚氧乙烯蓖麻油的紫杉醇胶束制剂（Genexol-PM 和 NK105），以期为紫杉醇新制剂的研究提供思路。

例 5-7　Genexol-PM

Samyang 公司开发的注射用紫杉醇胶束 Genexol-PM 为二嵌段共聚物胶束，用于治疗非小细胞肺癌、胰腺癌及卵巢癌等，2006 年在韩国上市，这是国际上首个被批准上市的聚合物胶束制剂，也已经被美国 FDA 批准开展Ⅲ期临床研究。该胶束是一种非毒性的、基于生物可降解聚合物的递药系统（图 5-32），用于难溶药物的递送。

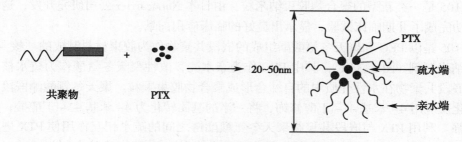

图 5-32　Genexol-PM 的结构

其制备过程如下[137]：

1. 单甲氧基聚乙二醇 - 聚乳酸二嵌段共聚物的苯甲酰氧化物（MPEG-PLA-Bz）的制备　称取 25g 甲氧基聚乙二醇（mPEG2000）和从乙酸乙酯中重结晶的 DL- 丙交酯，加入到装有机械搅拌器和蒸馏装置的反应器中。称取 0.25g 辛酸亚锡，将其溶解在 5ml 甲苯中，然后加入反应器中，120℃下蒸发过量的甲苯。真空（25mmHg）下进行聚合反应，6 小时后释放真空，加入 50ml 苯甲酰氯，使聚合物末端羟基的氢原子被苯甲酰基取代。然后将反应混合物在 100℃下搅拌 5 小时。将反应产物溶于氯仿中，并倒入冷的乙醚（4℃）以沉淀聚合物。沉淀的聚合物（mPEG-PLA-Bz）用乙醚洗涤两次并在真空（0.1mmHg）下干燥 24 小时。

2. 紫杉醇聚合物胶束冻干粉的制备　将上述制备的二嵌段共聚物（190mg）溶于乙腈（2ml）中，加入紫杉醇的乙腈溶液 1ml（10mg/ml），充分混合，60℃下通氮气蒸发有机溶剂，然后真空（0.1mmHg）干燥 24 小时，获得均匀的药物 - 聚合物基质。将药物 - 聚合物基质溶解在 2ml 蒸馏水中制得水性胶束溶液。然后将溶液在 -50℃下冷冻干燥 24 小时，得到紫杉醇聚合物胶束冻干粉。

3. 紫杉醇聚合胶束溶液的使用配制　将上述制备的冻干粉 100mg 与氯化钠注射液 5ml 加入小瓶中，用涡旋器混合。然后将该稀释的溶液置于 25℃的恒温器中。在给定的时间间隔，用注射器取出 0.2ml 溶液，并通过 0.45μm PVDF 针筒式过滤器（Milipore）过滤，制得输注浓度（紫杉醇浓度为 1.0mg/ml）的输液。

Genexol-PM 不含聚氧乙烯蓖麻油，其胶束材料为可生物降解的聚乙二醇 - 聚乳酸二嵌段共聚物，包含疏水核和亲水壳，其平均粒径为 25nm[138]。与紫杉醇注射液 Taxol 相比，

Genexol-PM 可显著降低药物在血液中的分布，动物分别给予 20mg/kg 的 Taxol 和 50mg/kg 的 Genexol-PM 后，Genexol-PM 血中 AUC 反而比 Taxol 低 30%，而在各组织中的药物浓度却显著提高，在肿瘤中药物的累积量几乎增加了 100%，这也使 Genexol-PM 在动物的最大耐受剂量达到 Taxol 的 40 倍。另外，动物实验证明 Genexol-PM 可以更好地阻止肿瘤在体内的转移[124]。临床实验结果显示：与 Taxol 相比，Genexol-PM 表现出更高的人体耐受性（Taxol 最大耐受量是 175mg/m²，Genexol-PM 的最大耐受量为 390mg/m²）和更好的抗肿瘤效果，同时，副作用与紫杉醇基本相似。而 Taxol 最大问题就在于其高毒副作用，Genexol-PM 可以在不增加毒副作用的情况下提高给药剂量，从而提高对肿瘤的治疗效果，这是抗肿瘤纳米药物制剂研究的一项突破。

例 5-8　NK105

NK105 是一类新型的聚合物胶束纳米粒，由日本 Nanocarrier 公司研究开发，这一制剂已经成功完成了 II 期临床试验，显示出良好的临床应用前景。

NK105 是以 PEG 和聚天冬氨酸酯组成的嵌段共聚物作为胶束材料制成的"核-壳型"紫杉醇纳米制剂（图 5-33A），其中 PEG 作为亲水壳，改性聚天冬氨酸作为疏水核。通过促进两嵌段共聚物在水性介质中的自缔合形成聚合物胶束颗粒。聚天冬氨酸酯嵌段的羧基通过酯化反应用 4-苯基-1-丁醇修饰，将一半的基团转化为 4-苯基-1-丁醇酸，使其疏水性增强。利用 PTX 与嵌段共聚物聚天冬氨酸酯链之间的疏水相互作用使 PTX 进入聚合物胶束疏水核心，从而获得具有单一和窄尺寸分布的 PTX 聚合物胶束制剂 NK105。纳米颗粒的粒径为 20~430nm（图 5-33B）。

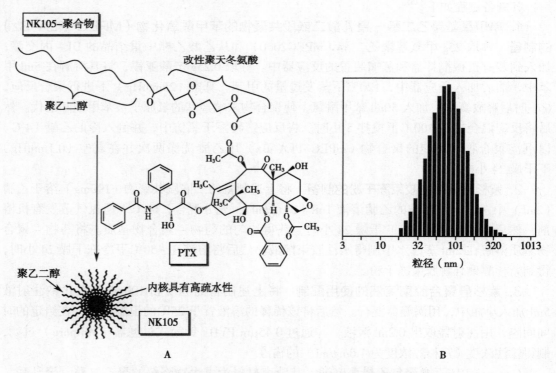

图 5-33　NK105 的结构示意图（A）及 NK105 的粒径分布图（B）

　　NK105 与游离 PTX 相比，其体外细胞毒性、体内抗肿瘤活性、药物动力学、药效学和神经毒性均有所不同。NK105 的血药浓度 – 时间曲线下面积（AUC）值比游离 PTX 高约 90 倍，表明 NK105 从正常血管中泄漏少，受单核吞噬细胞系统的捕获显著降低，NK105 在肿瘤 *AUC* 值比游离 PTX 高 25 倍。与 PTX 相比，NK105 对人结肠直肠癌细胞株 HT–29 异种移植瘤显示出有效的抗肿瘤活性（$p < 0.001$），而 NK105 的神经毒性明显弱于游离 PTX。两亲性聚乙二醇接枝聚天冬氨酸共聚物具有良好的生物相容性，给药后不会引起机体不适。同时，这些聚合物最终会降解为无毒性的 CO_2 和 H_2O，因此不会引发不良反应。NK105 作为纳米级药物，在血液循环过程中，通过实体瘤的 EPR 效应，能够有效地蓄积在肿瘤组织中，并缓慢释放紫杉醇，使得 NK105 的抗肿瘤活性显著高于游离的 PTX，并降低了对正常组织的毒副作用[139, 140]。

六、聚合物胶束注射剂的应用前景

（一）在抗肿瘤药物中的应用

　　抗肿瘤药物大多水溶性差，生物利用度低，易造成毒副作用，且易被肿瘤耐药。因此，聚合物胶束在抗肿瘤药物中的应用主要集中在靶向聚合物胶束和抗多药耐药性聚合物胶束。

　　1. 靶向聚合物胶束　靶向聚合物胶束主要分为两类，即被动靶向聚合物胶束和主动靶向聚合物胶束。被动靶向聚合物胶束主要基于肿瘤细胞的生理特点包括 EPR 效应、病灶部位的较高温度、较正常组织更低的 pH 等来设计。另外，由于聚合物胶束独特的核 – 壳结构，可将难溶性的抗肿瘤药物增溶在胶束的疏水性内核中，提高药物的生物利用度，降低给药剂量。

　　被动靶向的机制为：亲水嵌段 PEG 形成的聚合物胶束外壳可有效逃避单核吞噬细胞系统的吞噬，延长血液循环时间，且由于胶束较小的粒径可通过肿瘤组织的 EPR 效应被动聚积于肿瘤部位，从而提高肿瘤细胞对载药体系的摄取率，增强药物对肿瘤细胞的杀伤效果。而基于肿瘤部位的弱酸性，Fan 等[141] 用腺嘌呤（A）和叔胺基团对聚合物胶束的疏水性链段进行修饰，制备了 pH 敏感聚合物胶束。正常人体 pH 条件下，疏水链段通过 A–U（尿嘧啶）碱基对的氢键作用交联，形成稳定胶束；而在肿瘤组织弱酸性微环境中，A–U 碱基对破坏，聚合物胶束分解，使疏水核中的药物得以释放。这种 pH 敏感聚合物胶束是一种环境响应性胶束。除此之外，还有温度敏感聚合物胶束、磁敏感聚合物胶束等。近年来有研究者利用 pH 敏感材料、温度敏感材料等制备多功能聚合物胶束，使得聚合物胶束成为更理想的药物递送载体。Lo 等[142] 以 NIPAAm 共聚甲基丙烯酸，再接枝 PLA 形成的材料，和 PEG–PLA 制备了混合胶束，在温度高于 35℃和 pH 小于甲基丙烯酸的 pK_a 的条件下，该胶束由于聚合物的降解而释放药物。

　　主动靶向聚合物胶束是通过在聚合物胶束表面连接靶向配体，通过配体识别并结合靶部位的组织细胞，增强药物对肿瘤的杀伤作用，同时降低药物的全身毒副作用。目前，常用的靶向配体有蛋白、多肽、抗体、核酸适配体、糖类等。Guo 等[143] 利用聚乙二醇 – 聚赖氨酸 – 聚苯丙氨酸（PEG–PLys–PPhe）聚合物制备了生物可降解的聚合物胶束，并将脱氢抗坏血酸（DHAA）交联在聚合物胶束表面，而 DHAA 能够通过葡萄糖转运蛋白 1（GLUT1）定向识别肿瘤细胞。体内研究结果表明，该聚合物胶束能够选择性地聚积于肿瘤细胞，具有较高的抗肿瘤疗效和较低的系统毒性，延长药物在血液中的循环时间且靶向效果明显。许多器官，如结肠、肺、前列腺、卵巢、乳腺和脑等部位的上皮肿瘤叶酸受体呈高表达，因此，将叶酸与药物载体合理连接能够实现肿瘤靶向，甚至可以利用受体介导的胞吞作用，实现药物的肿瘤细胞内靶向，因此叶酸已成为很有前景的主动靶向配体。Rezazadeh 等[144]将紫杉醇包载于生育酚琥珀酸酯 – 壳聚糖 – 聚乙二醇 – 叶酸修饰的聚合物胶束中，体内研究结果发现该胶束能够显著延长其血液循环时间，使药物浓聚于肿瘤部位。

2. 抗多药耐药聚合物胶束　多药耐药（multidrug resistance，MDR）产生的一个主要原因是到达靶部位的药物被细胞表面的外排泵泵出细胞，其中 P– 糖蛋白（P-gp）是 ATP 依赖性外排泵，与 MDR 密切相关。目前的研究主要集中于：①采用 P-gp 抑制剂如 *N*– 辛基 –*O*– 硫酸酯基壳聚糖（NOSC）、依克立达等对聚合物进行修饰来抑制 P-gp 的外排作用。Jin 等[145]用 NOSC 修饰的两亲性接枝共聚物胶束包载紫杉醇，发现 NOSC 能有效抑制 P-gp 介导的紫杉醇外排。②一些泊洛沙姆嵌段共聚物如泊洛沙姆 335、403、407 等制备的胶束具有逆转肿瘤 MDR 的效应。Chen 等制备了载多西他赛的泊洛沙姆 335/407 混合胶束，其对耐紫杉醇的非小细胞肺癌的抑瘤率达 69.05%，显著高于市售多西他赛注射液，后者抑瘤率仅为 34.43%[146]。

（二）在抗炎、抗真菌中的应用

La 等[147]用物理包埋法将吲哚美辛载于 PEG– 聚（*β*– 苯甲酰 – 天冬氨酸酯）制得的聚合物胶束中，并在不同 pH 条件下进行体外释放研究，结果当 pH 为 1.2 时，吲哚美辛的释放速度为 0.58μg/（L·h）。朱丽君等[148]用透析法将两性霉素 B（AmB）包载于聚乙二醇 – 聚天冬氨酸苄酯嵌段共聚物（PEG-b-PBLA）胶束中，所形成的 AmB/PEG-b-PBLA 胶束粒径分布均匀，与普通 AmB 注射剂相比，缓释特性更优良，溶血毒性更低，抗菌活性更强。

（三）在免疫中的应用

生物可降解的聚合物胶束因其生物相容性好、可降解能力强等特点，在疫苗递送方面也得到了越来越多的关注。聚合物胶束给药系统能够增强抗原的摄取和靶向到抗原呈递细胞，在疫苗递送方面显示出良好的应用前景[149]。其中，聚乙二醇 – 聚乳酸 – 羟基乙酸共聚物（PEG-PLGA）已广泛用于疫苗的递送，PEG-PLGA 给药系统注射后在体内通过水解作用能够形成生物相容的、可被代谢的乳酸和羟基乙酸，再由三羧酸循环途径从体内完全清除。Zhao 等[150]采用聚乙烯亚胺 – 硬脂酸（PSA）共聚物制备了阳离子聚合物胶束，作为一种 mRNA 疫苗的递送载体，结果显示 PSA 能够显著提高mRNA 的摄取率和转染效率；同时，PSA/mRNA 胶束相比单独 mRNA 提高了抗 HIV-1 的免疫效应。

（四）基因治疗药物的聚合物胶束

基因治疗是很多遗传疾病的重要治疗手段，而治疗效果往往取决于基因载体的载药量[151]。由于基因的荷电性，可包载于聚电解质胶束的核心，提高基因药物输送效率。与传统的病毒载体相比，非病毒载体具有临床使用的安全性，制剂工艺简单，可大规模生产等优点。利用阳离子聚电解质胶束作为载体包载带负电的质粒，实验证明此类胶束可使药物具有溶酶体逃逸能力。Itaka 等[152]利用 PEG-b- 阳离子聚合物包载基因，所得聚合物胶束可以形成一种特殊的核－壳结构，减少与血清蛋白之间的相互作用，提高生物相容性。

七、结　语

聚合物胶束作为一种新型的药物载体，由于其结构和性质的特点，在注射给药系统中展现出独特优势。注射用聚合物胶束能够提高难溶性药物的溶解度，延长药物的血液循环时间，减少给药次数，改善药物的生物利用度。同时搭载靶向修饰，还能引导药物到达特定的作用位点，减少药物对正常组织和细胞的损伤，降低毒副作用等。然而，美中不足的是，目前聚合物胶束大多仍停留在实验室的基础研究阶段，上市以及在临床研究阶段的药物不多，主要限制因素是其作为药物载体的性能不能完全满足临床给药的要求，包括辅料的研发能力不足，胶束的生物相容性和可降解性等有待改善。另外，聚合物胶束的毒理学性质、缓释机制以及如何向临床转化也是亟待解决的重要挑战。

第六节　纳米粒注射剂

一、概　述

药剂学中的纳米粒粒径一般在 10~1000nm 范围内，药物可以溶解、吸附或包裹于高分子材料中形成载药纳米粒；也可以表面活性剂或亲水聚合物作为稳定剂制备成"纯药物颗粒"的稳定胶体分散体系（纳米结晶，或称纳米混悬剂）。

理想的纳米粒应具有较高的载药量和包封率，可控制药物的释放，延长药物作用时间等特点。纳米粒由于其具有的小粒径效应，进入体内后可减少药物被单核吞噬细胞系统的吞噬，增加对病变部位的暴露时间，从而增强疗效；对血脑屏障或生物膜、皮肤的穿透能力明显增强；此外，它能将药物按设计途径输送至目标靶位，不仅可提高疗效，而且可降低药物的不良反应。同时，还可用作生物大分子的特殊载体，有利于生物大分子药物的吸收、体内稳定及靶向性，适合于多肽与蛋白质、DNA、寡聚核苷酸等各类治疗药物[153]。常用的载体材料应具有较好的生理相容性、生物降解性、靶向性、细胞渗透性以及良好的载药能力。

二、纳米粒注射剂的分类及特点

纳米粒注射剂通常包括纳米晶体药物和纳米载体药物。仅由药物分子组成的纳米粒称为纳米晶或纳米晶体药物；以纳米系统作为药物载体的纳米粒称为纳米载体药物，其中以白蛋白作为药物载体形成的纳米粒称白蛋白纳米粒，以固体脂质材料或聚合物材料作为药物载体形成的纳米粒称脂质纳米粒或聚合物纳米粒。目前纳米晶体药物和白蛋白纳米粒已有产品成功上市，工业化生产技术较成熟，后文将进一步探讨；而固体脂质纳米粒和聚合物纳米粒虽是研究热门，但目前尚未有注射剂上市，后文仅作简要介绍。

（一）注射纳米晶体药物

相较于口服制剂，注射纳米晶体药物具有以下优点：①起效迅速，生物利用度高；②避免首过效应；③可局部定位，降低药物的全身毒性；④可降低给药次数，提高患者顺应性；⑤维持血药浓度平稳，避免峰谷现象造成的不良反应[154]。常用的给药途径有静脉注射和皮下、皮内或肌内注射。当药物粒径较小（通常 <200nm）或自身溶解度相对较高时，静脉注射后药物可快速在血液中溶解，产生与溶液剂相似的体内药动学行为和组织分布特征，且不会因局部药物浓度过高而引起毒性反应。经静脉注射后，若药物颗粒未立即溶解，则会被视为外界异物而被巨噬细胞吞噬，蓄积在富含巨噬细胞的器官或组织中，如肝、脾和肺等，形成贮库，药物进入细胞溶酶体后，可在较低的 pH 条件下溶出，游离的亲脂性药物可穿过溶酶体膜进入细胞浆，再随药物浓度梯度，扩散释放到细胞外，显著延长了释放半衰期（$t_{1/2}$），并降低血药峰浓度（C_{max}），特别适合于那些高血药浓度会引起不良反应，但有效性又受血药浓度 – 时间曲线下面积 AUC 控制的药物[155]。当药物粒径相对较大或溶解度很低时，采用皮下、皮内或肌内注射，可在注射部位形成药物贮库，延长作用时间[156]。

（二）纳米载体药物

1. 白蛋白纳米粒　2005 年 1 月紫杉醇白蛋白纳米粒（Nab–paclitaxel，Abraxane）在美国上市后，白蛋白作为一种新型的难溶性药物注射用载体日益引起人们的关注。与其他难溶性药物注射用载体相比，白蛋白具有以下优点：①白蛋白是人体内源性物质，不会产生毒性或免疫反应，同时具有良好的稳定性，不会因人体内环境的变化或免疫反应而变性或降解，因此对于大多数的外源性药物来说，白蛋白是理想的载体[157]；②利用白蛋白独特的空间结构，以物理包裹或化学键偶联的方式将药物载入其中，可增加难溶性药物在血浆中的溶解度，显著降低药物毒性，且对于易氧化药物具有较好的保护作用，可显著延长药物半衰期；③白蛋白载药有被动靶向的作用。药动学研究表明，采用 Nab 技术（将在制备方法中详细介绍）制备的白蛋白纳米粒，因白蛋白未变性，亲水性较好，一般具有比较好的长循环作用，不易被单核吞噬细胞系统吞噬，有利于被动靶向于肿瘤组织。同时，如果对白蛋白表面的活性氨基如赖氨酸 α，ε- 氨基进行化学修饰，再偶联特异性抗体或配体，可达到主动靶向目的[158]。

2. 聚合物纳米粒　聚合物纳米粒包括非生物降解型和可生物降解型纳米粒等。非生物降解型材料主要有聚丙烯酰胺类和聚甲基丙烯酸烷酯类等。其中聚甲基丙烯酸烷酯类包括甲基丙烯酸甲酯（MMA）、羟丙甲基丙烯酸甲酯（HPMA）、甲基丙烯酸（MA）及乙烯甘油二甲基丙烯酸酯（EGDM）等。由于此类载体材料为不可生物降解，有一定的毒性，大大限制了其应用。

可生物降解型纳米粒所用载体材料一般具有良好的生物降解性和生物相容性，降解速率和释药速率可控等特点，越来越引起人们的关注，常用材料有聚氰基丙烯酸烷酯和聚酯类等化合物。前者主要有聚氰基丙烯酸的甲酯、乙酯、丁酯、异丁酯、己酯及异己酯等，在体内的降解速度与酯链的长度成反比，细胞毒性与降解速度有关，并有随链增长而减小的倾向。例如用聚乙二醇修饰的聚氰基丙烯酸十六烷酯（PEGylated PHDCA）为载体，制备人重组肿瘤坏死因子 α 纳米粒，包封率为 60%，粒径为 150nm[159]。聚酯类化合物的主链中均具有酯链结构，包括 PLA、PLGA、PCL、聚羟基乙酸（PGA）、聚羟丁酸（PHB）、聚羟戊酸（PHV）、聚癸酸（PDA）等。其中以前三者以及 PLA 与 PCL 的共聚物等最为常用，PLA 和 PLGA 已获美国 FDA 批准用于注射给药。此外还有亲水性聚合物聚乙烯吡咯烷酮（PVP）、聚丙烯酰淀粉、壳聚糖、海藻酸钠、明胶等也可用于制备载药纳米粒。

3. 固体脂质纳米粒 固体脂质纳米粒（solid lipid nanoparticles，SLN）是以固态的天然或合成的类脂，如饱和脂肪酸甘油酯、硬脂酸、混合脂质等为载体，将药物包裹于类脂核中制成粒径约为 50~1000nm 的固体胶粒给药体系。与乳剂、脂质体类似，载体材料生理相容性好，可采用高压乳匀机进行工业化生产，在制备过程中不使用有机溶剂，避免了产品中残留的有机溶剂对人体的伤害。SLN 同时还兼具聚合物纳米粒的优点，可以控制药物的释放，防止药物的降解、泄漏，进行表面修饰以达到特殊的靶向目的。主要适合于亲脂性药物，亦可将亲水性强的药物通过酯化等方法制成脂溶性强的前体药物后，再制备 SLN[160]。选用具有不同熔点的磷脂，在一定程度上可以达到将药物靶向于特定细胞的目的。SLN 的水分散体可以进行高压灭菌或 γ 辐射灭菌，具有长期的物理化学稳定性，也可通过冻干或喷雾干燥的方法制备成固体粉末，用于静注、口服和局部给药。为了进一步提高 SLN 的载药量，可在固体脂质中加入一定量的液体脂质制备得到纳米脂质载体（nanostructured lipid carriers，NLC），也可通过成盐（如与脂肪酸）或共价键结合（如成酯或醚）将亲水性药物包埋于固体脂质中得到药脂结合纳米粒（lipid drug conjugate，LDC）[161]。

三、纳米粒注射剂的制备工艺

制备工艺常因纳米粒材料性质而异，此处简介几种工业生产中较成熟的制备方法。

（一）药物纳米结晶的制备方法

可注射纳米结晶的制备方法主要分为两大类。一类是"自上而下"法（top-down），是指采用机械力将较大粒径的药物颗粒逐步破碎，由大颗粒裂解成小颗粒，该法主要包括介质研磨法、高压均质法等；另一类是"自下而上"法（bottom-up），是指将药物分子组装成大颗粒系统，该法主要包括沉淀法、乳化蒸发法、超临界法、冷冻干燥法等。

1. 湿法介质研磨法 本法也称为纳米晶体技术（Nanocrystal 技术），Elan 公司首先申请该项技术专利。所用设备为珠磨机（图5-34），也称砂磨机，由球磨机发展而来。主要由机体、筒体（不锈钢或陶瓷腔体）、分散盘（盘式、棒式或涡轮式）、研磨介质（瓷球、玻璃球、氧化锆珠或钢球）、电机和送料泵组成。

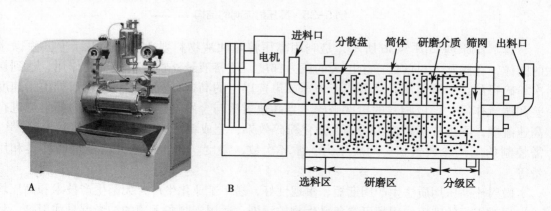

图5-34 珠磨机一般外观（A）及珠磨机结构示意图（B）

　　珠磨机具有物料适应性广、研磨效率高、研磨腔狭窄、研磨能量密集等特点，配合高性能的冷却系统和自动控制系统，可实现物料连续加工连续出料，极大地提高了生产效率。湿法介质研磨法的生产原理是先将药物粉末分散在含有表面活性剂的溶液中，再在研磨室内，由药物颗粒间、药物颗粒与研磨介质及研磨室内壁发生强烈碰撞，粉碎获得纳米级别的药物颗粒。其中需控制工艺参数包括：药物浓度、稳定剂的种类和用量、研磨的速度和时间、研磨介质的种类、大小和用量、温度等。

　　湿法介质研磨法适用于油水均不溶的药物，易于实现工业化生产，产品粒度分布较窄。但制备过程中研磨介质和容器壁的磨损会引入杂质造成产品污染。此外研磨法耗时长，产品易被微生物污染，而注射用制剂则需严格控制杂质及微生物含量。目前已有多个市售产品采用该法制备，其中用于注射剂的代表产品如棕榈酸帕潘立酮肌内注射混悬液（Invega Sustenna）。

　　2. 微射流高压均质法　微射流均质机是一种常用的利用湿法粉碎原理对物料进行微细化处理操作的装置，其处理后的悬浮颗粒直径可达纳米范围，该装置也称为超高压均质机或纳米均质机。高压射流阀是微射流均质机的关键部件（图5-35）。随着纳米技术在化工、食品、生物医药等领域的应用，基于湿法粉碎原理，利用微射流均质机进行超微粉碎的研究已成为研究热点。

A. 外部结构

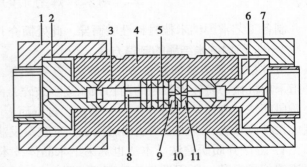

1. 压紧螺母　2. 接口顶圈　3. 锥面密封　4. 套管　5. 撞击距离调整环
6. 接口顶圈　7. 压紧螺母　8. 撞击靶板　9. 夹板　10. 阀片　11. 夹板

B. 内部结构

图5-35　高压射流阀的结构

　　其工作原理如图5-36所示，是利用高压将悬浊液物料射入孔径为几十至几百微米的阀体，在阀孔入口前后产生巨大的压力梯度，使料液悬浮物受高速剪切作用，达到初次粉碎目的。料液经阀孔后形成亚声速或声速以上的高速射流，在阀孔出口处由于速度差和湍流作用，形成物料的再次破碎。当高速射流与金刚石靶板或相反方向的射流进行高速碰撞，则形成标靶撞击粉碎，强化粉碎效果，完成料液中悬浮颗粒的超微粉碎[162]。需控制的工艺参数包括：均质压力、循环次数、温度、药物浓度、稳定剂的种类和用量等。

　　微射流高压均质法生产周期短、重现性好，易于工业化生产，无菌生产技术和高压均质过程对细菌的破碎作用都可避免微生物的污染，适用于制备无菌的纳米混悬注射剂。目前国内外有越来越多的制药企业采用微射流高压均质法实现了纳米制剂的产业化，包括

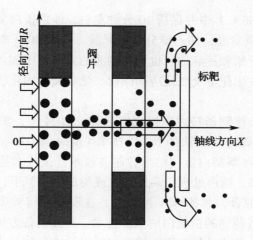

图 5-36 射流阀工作原理简图

前列地尔乳剂、紫杉醇白蛋白纳米粒，以及 FDA 于 2015 年 10 月批准的月桂酸阿立哌唑长效注射剂（Aristada）等产品。

3. 其他制备方法 超临界流体技术在纳米药物制备中也有应用。主要包括超临界流体快速膨胀（RESS）、超临界流体快速膨胀溶液接收（RESOLV）和超临界反溶剂法（SAS）。需控制的工艺参数包括：超临界流体和溶剂的种类、温度和压力等。本类方法操作过程温度低，适用于热敏感药物，但生产成本高，且由于一些溶剂具有毒性和组织刺激性，所以使用受限。最常采用二氧化碳作超临界流体，但多数药物在超临界流体中溶解度极小。

其他方法包括沉淀法、乳化蒸发法、冷冻干燥法等，因为有机溶剂残留和稳定性差等问题，易导致注射部位刺激性或产生毒性反应，限制其在纳米注射剂工业放大生产中的应用。

4. 低能和高能过程的联用 联用制备方法在工业生产中较常见，例如在使用珠磨机前通常先将原料粉碎至微米尺寸粒径，以提高生产效率，降低生产能耗。联用方法的选择视原料药性质及工厂的实际情况而定。Baxter 公司开发的 Nanoedge 技术，是沉淀法和高压均质法的联用技术。先采用沉淀法制备混悬液，再经过高能量的高压均质过程，使颗粒粒径进一步降低。通过联用技术可大大提高粒径减小的效果，缩短了单一使用研磨法所需的研磨时间或者减少高压均质的循环次数[163]，可有效减少制备过程中的杂质及微生物污染，提高注射制剂的安全性。

（二）白蛋白纳米粒的制备方法

1. 天然高分子凝聚法 天然高分子材料，如蛋白质、明胶、壳聚糖等可由化学交联法、加热变性法、盐析脱水法而凝聚成纳米粒，故可总称为凝聚法。含药物的天然高分子材料溶液在油相中搅拌或超声乳化后形成 W/O 型乳状液，热变性或加化学交联剂等形成纳米粒。

白蛋白为内源性物质，是一种良好的纳米粒注射剂载体材料。白蛋白纳米粒基本工艺是由 Scheffel 等提出的加热交联固化法，即 200~500g/L 的白蛋白与药物溶解或分散于水中作水相，将其加入 40~80 倍体积的油相中搅拌或超声得 W/O 型乳状液，然后将此乳状液快速滴加到热油（100~180℃）中并保持 10 分钟左右，使白蛋白变性形成含有水溶性药物的纳米粒，再搅拌并冷至室温，加乙醚分离纳米粒，于 30000g 离心，再用乙醚洗涤，即得。常用的油相为液状石蜡和蓖麻油。也可在制成的乳状液中加入适量的化学交联剂如甲醛、戊二醛使乳滴表面发生化学交联反应而固化。化学交联固化法适合于对热不稳定的药物纳米粒的制备。

2. **新型白蛋白纳米粒制备技术—Nab™ 技术** 2004 年，美国 Abraxis BioScience 公开了一种独特的基于二硫键形成法的 Nab™ 技术（nanoparticle-albumin bound technology, Nab™ technology），是一种新型白蛋白纳米粒制备技术。该技术是以白蛋白作为基质和稳定剂，在高剪切力（例如，超声处理、高压匀化或类似方法）下，将包含水不溶性药物的油相和含白蛋白的水相混合，制备 O/W 型乳剂，在没有任何常规表面活性剂或任何聚合物核心存在的情况下制备药物的白蛋白纳米粒技术。具体制备方法为：首先将药物溶于一种与水不相互溶的有机溶剂中（如三氯甲烷或二氯甲烷中）制备成油相；将白蛋白溶于水中形成水相，高压匀质制备成约为 0.2μm 的乳粒，在真空下迅速蒸发除去有机溶剂，过滤除菌后，进一步冷冻干燥即得，临用前加氯化钠注射液复溶后形成纳米粒混悬液进行给药。

传统制备方法涉及化学交联或热变性，化学交联为非特异性，存在于蛋白质结构内的任何亲核基团（如胺和羟基）都有反应活性，热变性法会不可逆地改变蛋白质结构，所得白蛋白纳米粒的生物降解性差，毒性大，残留的甲醛、戊二醛等醛类物质会造成生物活性大分子失活。Nab™ 技术利用高剪切力的气穴空化作用使白蛋白的游离巯基形成新的二硫键，将白蛋白交联在一起制备纳米粒，由于这种结合非常类似于体内天然发生的结合，故给药后生物相容性好，而且 Nab™ 技术保留了白蛋白的全部生物学特征，避免了使用交联剂造成的醛类物质残留、毒性大等问题，克服了传统制备方法的缺陷。此外，采用 Nab™ 技术可以制得粒径在 200nm 以下的颗粒，能通过 0.22μm 膜过滤器，实现制剂的无菌过滤，避免湿热灭菌对白蛋白破坏的问题。白蛋白也发挥冻干保护剂作用，使制剂在没有糖类或多元醇类等其他常规冻干保护剂存在的情况下，仍能保持粒子结构和粒径不变。

（三）其他载药纳米粒的制备方法

1. **聚合反应法** 本法是制备载药纳米粒的经典方法，分为乳化聚合法和界面缩聚法，常用于制备聚氰基丙烯酸烷酯或聚戊二醛等纳米粒。乳化聚合法是将不溶性单体于水中乳化，在水中 OH^- 离子的自发诱导下发生非离子聚合。聚合速度取决于介质的 pH，为减慢反应，通常在 pH 2~3 的酸性介质（1~10mmol/L HCl、5~100mmol/L 枸橼酸或 10~100mmol/L 磷酸）中进行。常用表面活性剂为泊洛沙姆 188、聚山梨酯 20 或立体位阻稳定剂（如右旋糖酐）。所得纳米粒的粒径约 200nm，当加有非离子型表面活性剂时，粒径可减至 30~40nm。界面缩聚法是在分散相（水相）和连续相（有机相）界面上发生单体的聚合反应，适用于脂溶性药物，且载药量较高。

2. **溶剂挥发法** 本法广泛用于制备聚酯类纳米粒。将聚酯材料及难溶性药物溶解或分散在二氯甲烷、三氯甲烷、乙酸乙酯、甲醇或丙酮等有机溶剂中，倒入水中乳化成稳定的 O/W 型乳剂，此过程需加入表面活性剂或乳化剂，如明胶、聚乙烯醇（PVA）、聚山梨酯 80，泊洛沙姆 188 等，减压蒸发或搅拌除去有机溶剂即得。如用本法制备载环孢素

A 的 PEG–PLA 纳米粒[164]。对于水溶性药物，可采用复乳－溶剂挥发法制备载药纳米粒。首先将含水溶性药物的溶液分散于含 PLGA 等载体的有机相中，形成 W/O 型初乳，再分散于 PVA 水溶液中形成 W/O/W 型复乳，室温搅拌挥去有机溶媒，水洗，收集所得微粒，冻干即得。如用此法制得载 α－干扰素的 PLGA 纳米粒，平均粒径 280nm，用酶联免疫吸附法测定，体外持续释放一个月以上，但有明显的突释效应[165]。

3. **盐析或乳化分散法** 盐析法是在搅拌下向溶有聚合材料和药物的丙酮溶液中加入用电解质或非电解质饱和过的 PVA 水溶液（水溶液用电解质或非电解质饱和处理的目的是防止在盐析过程中丙酮与水互溶），以 PVA 为乳化稳定剂制得 O/W 型乳剂后再加入足量的水，使丙酮扩散到水相中以诱导形成纳米粒。此法不使用含氯有机溶剂或表面活性剂，适于邻苯二甲酸醋酸纤维素、甲基丙烯酸共聚物、乙基纤维素和 PLA 等聚合材料。例如用本法制备载精神抑制药沙伏塞平的 PLA 纳米粒，包封率达 95%，可通过控制纳米粒的粒径和载药量，调整药物的释放时间从数小时延长至 30 天[166]。

乳化分散法与盐析法类似，先将聚合材料溶于能与水部分互溶的有机溶剂中（如苯甲醇），再加至含有药物和稳定剂（如 PVA）的水相中进行乳化，待乳化完全后再加入足量的水，使有机溶剂扩散到外相（水相）中去，即得。此法适于聚酯类材料。有研究分别以 PLA 和 PLGA 为载体，采用本法制备了内消旋－四－（4－羟苯基）卟啉纳米粒，平均粒径小于 150nm，最高包封率大于 90%[167]。

4. **超临界流体技术** 传统方法大多要用到含氯有机溶剂或对人体有害的表面活性剂，而超临界流体技术所用的溶剂不污染环境、对人体无害，故日益受到重视。其中用于纳米粒制备的主要有超临界流体快速膨胀法（RESS）[168] 和超临界抗溶剂法（SAS）。例如有研究者以不同比例的 PEG 和 PLA 共聚物为载体，采用 SAS 法制备牛胰岛素纳米粒，平均粒径为 400~600nm。体外释放实验表明，当选用低分子量 PEG 时，可得到能持续释放 2 个月的纳米粒；而选用高分子量 PEG 时，制得的纳米粒有明显的突释现象[169]。用 RESS 法制得的微粒不含有机溶剂、纯度高，若聚合物的分子量小于 10 000，则药物能均匀分布在聚合物基质中。但能溶解在超临界流体中的聚合物较少，限制了 RESS 法的发展与应用。

5. **高压乳匀法** 固体脂质纳米粒常采用此法进行制备，包括熔融－乳匀法和冷却－乳匀法。两种方法都是将类脂加热至高于其熔点 5~10℃融化，药物溶解在熔融液中。熔融－乳匀法是在搅拌条件下，将含有药物的类脂熔融液分散于同温度下的含有表面活性剂的水相中，制备初乳，然后采用高压乳匀机循环乳化得到亚微乳，冷至室温，类脂重结晶形成固体脂质纳米粒。对于热敏感药物，可以采用冷却－乳匀法制备。将药物类脂熔融液用液氮或干冰迅速冷却使成易碎的固态，经球磨机粉碎至 50~100μm，然后分散到含有表面活性剂的冷水溶液中形成混悬液，在室温或低于室温的条件下高压乳匀，即得。目前较常用的制备固体脂质纳米粒的方法仍是熔融－乳匀法，此法可避免加入对人体有害的附加剂，操作简便，易于控制，适于工业化生产。Muller 等将类脂加热融化后，加入含有表面活性剂的蒸馏水中，通过机械搅拌，形成初乳，然后在 100MPa 压力下循环乳匀 3 次，即得固体脂质纳米粒。

6. **薄膜－超声分散法** 将类脂和药物等溶于适宜的有机溶剂中，减压蒸除有机溶剂，形成一层脂质薄膜，加入含乳化剂的水溶液，超声分散，即可得小而均匀的固体脂质纳米粒。例如以聚乙二醇类脂（PEG-lipid）与 PC 或二棕榈酰磷脂酰胆碱（DPPC）为乳化剂，制备亲脂性的多柔比星前体药物（4'-O-tetrahydropyranyl adriamycin，THP-ADM）的固体脂质纳米粒。将 THP-ADM、PEG-lipid、PC 或 DPPC、三油酸甘油酯或大豆油按 3∶5∶5∶7 的比例溶于二氯甲烷 - 甲醇（4∶1）混合溶液中，减压蒸发，形成脂质薄膜，再加入 0.24mol/L 的甘油溶液，超声分散，即可制得粒径 30~50nm 的固体脂质纳米粒。粒径大小主要取决于油相与乳化剂的摩尔比。冰箱贮存 20 个月，固体脂质纳米粒的粒径及分布均无明显变化[170]。

（四）灭菌工艺的选择

无菌度是注射剂生产需要重点考察的指标之一。对于纳米粒注射剂，可根据具体情况选择适宜的灭菌方法。热压灭菌可能破坏微粒结构，一般采用 γ 辐射灭菌、过滤除菌和无菌操作等方法。通常 γ 辐射不会引起平均粒径的变化，但必须注意有时会引起药物、防腐剂和增稠剂的分解，并使聚合物进一步交联或发生降解。对于粒径较小的纳米粒（<0.2μm），可以采用终端无菌过滤除菌方法，过滤除菌不会引起其理化性质的任何变化，对不黏稠、粒径较小的纳米粒比较适合。对于粒径较大的纳米粒注射剂（≥ 0.2μm）而言，一般常采用全程无菌操作的方式保证其无菌水平。

四、纳米粒注射剂的质量控制

纳米粒常规的质量评价包括形态、粒径及 Zeta 电位、载药量和包封率等。其中一些评价指标与脂质体相似，在此作简要阐述。

1. 粒子形态、粒径及其分布

用于测定纳米粒粒径大小的设备和方法很多，其中主要有光学显微镜（用于观察有无大的粒子或者粒子聚集）、电镜法、动态光散射法（dynamic light scattering，DLS，测定范围从几纳米到 3μm）、激光衍射法（laser diffraction，LD，测定范围从纳米级到微米级）、原子力显微镜（atomic force microscope，AFM，分辨率高达 0.01nm，制样和操作简单，成像迅速）等方法。

通常采用电镜观察纳米粒的形态，应为球形或者类球形，无粘连。粒径分布可采用激光散射粒度分析仪测定，或者电镜照片经过计算机软件分析，绘制直方图或者粒度分布图，亦可用跨距或多分散指数（polydispersity index，PDI）表示。粒度分布范围应狭窄，并符合其使用要求。

2. Zeta 电位

Zeta 电位的存在和大小与胶体分散系统的储存稳定性及体内分布有密切关系，即 Zeta 电位绝对值高的粒子因静电斥力大而不聚集。但在有立体稳定剂如 PEG、泊洛沙姆 188 等存在时，Zeta 电位较低的粒子也不一定不稳定，因为立体稳定剂可因新界面形成发生移动时降低 Zeta 电位。一般 Zeta 电位绝对值 >15mV，可以达到稳定性要求。此外，研究显示，纳米粒的 Zeta 电位会影响其在血中的调理作用，一般血液中调理蛋白对电中性的纳米粒调理速度较慢，而对带电的纳米粒调理速度较快，因此，带电纳米粒在血液循环中易被单核吞噬细胞系统吞噬和清除，消除半衰期较短。He 等研究发现，表面荷负电的纳米粒，随 Zeta 电位绝对值的增加，纳米粒在肿瘤部位的摄取减少，而肝、脾的摄取增加；对表面荷正电的纳米粒，随 Zeta 电位绝对值的增加，纳米粒在肿瘤和肺的摄取增加。

3. **包封率和载药量** 载药量表示一定量载体所能负载药物的量，是对载体材料载药性能的考察，为便于临床应用，纳米粒载药量越高越好。包封率是指胶体溶液中纳米粒负载药物量占药物总量的百分比，是对药物利用率的考察，同时也能反映工艺的成熟程度。纳米粒的包封率和载药量的计算公式同脂质体（见式5-3和式5-4）。

一般认为，增加纳米粒的粒径，其载药量会随之增加，但药物从纳米粒中释放的速度减慢；减小纳米粒的粒径，其比表面积增加，所用的载体材料会增加。因此，在实际研究中需对药物与载体材料的比例进行优化，以获得较高的包封率和载药量。包封率的测定是先将含药纳米粒与游离药物分离，然后通过其他方法直接或间接的计算，目前常用方法有透析法、超速离心法、凝胶柱层析法、超滤膜过滤法等。纳米粒包封率要求不低于80%。载药量一般采用溶剂提取法测定。

4. **有机溶剂残留** 在制备纳米粒过程中如采用有机溶剂，需要检查其溶剂残留，残留量应符合要求，未规定限度者，可参考人用药物注册技术要求国际协调会议（ICH）指导原则，否则应制定有害有机溶剂残留量的测定方法和限度。

5. **其他规定** 应符合《中国药典》（2015年版）注射剂通则项下规定。若为缓释、控释、迟释制剂，则应符合缓释、控释、迟释制剂指导原则的要求。

6. **靶向性评价** 具有靶向作用的纳米粒注射剂应提供靶向性的数据，如药物体内分布数据及体内动力学数据等。

五、纳米粒注射剂的应用举例

例5-9 棕榈酸帕潘立酮注射用纳米混悬剂

1. **处方**

帕潘立酮棕榈酸酯	15.6g	注射用聚山梨酯20	1.2g
注射用柠檬酸一水合物	0.5g	注射用无水磷酸氢二钠	0.5g
注射用PEG4000	3g	注射用一水合磷酸氢二钠	0.25g
氢氧化钠	0.284g	注射用水 加至	100ml

2. **制法** 清洁锆珠并用注射用水冲洗，然后于260℃干热灭菌120分钟。将聚山梨酯20加入装有适量注射用水的不锈钢容器中搅拌溶解，溶液用0.2μm滤膜过滤。加入无菌帕潘利酮棕榈酸酯，搅拌混匀。将混悬液倒入珠磨机的研磨腔中，用锆珠作为研磨介质研磨至需要的粒径。将研磨后的混悬液用40μm滤膜过滤至无菌不锈钢容器中。将注射用柠檬酸一水合物、注射用无水磷酸氢二钠、注射用一水合磷酸氢二钠、氢氧化钠和注射用PEG4000加入注射用水中，搅拌至溶解，用0.2μm滤膜过滤后加入混悬液中。搅拌制备得均一的混悬液，分装入无菌注射器中。

3. **制剂优势** 棕榈酸帕潘立酮注射用纳米混悬剂（Invega Sustenna）由杨森制药开发，采用湿法研磨制备药物的纳米晶体，2009年12月被美国FDA批准其用于精神分裂和情感分裂性精神病。单次肌肉注射给药后，血浆中帕潘立酮的浓度逐渐升高，血药浓度达峰时间（t_{max}）的中位数为13天，制剂中的药物从给药后第1天即开始释放，持续释放的时间可达126天（图5-37[171]）。该注射剂型相比口服剂型具有更长的释放周期，且显著降低了疾病复发率，提高患者的顺应性，因此成为长效纳米混悬剂开发的成功案例。

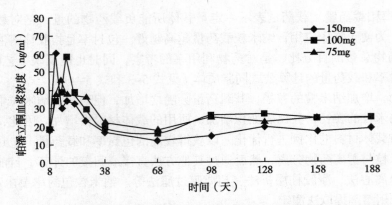

图 5-37　注射棕榈酸帕潘立酮后血浆中帕潘立酮的平均浓度 – 时间曲线

4. 质量控制　该产品含棕榈酸帕潘立酮按帕潘立酮（$C_{23}H_{27}FN_4O_4$）计算，应为标示量的 90.0%~110.0%，为白色至灰白色的混悬液（图 5-38[172]）。重要的检查项有重混悬性与抽针实验、pH、粒度分布、有关物质、释放度等，其中粒度分布要求 $d_{0.1}$ 应为 0.3~0.6μm，$d_{0.5}$ 应为 0.9~1.4μm，$d_{0.9}$ 应为 2.0~4.4μm。规格（按帕潘立酮计）有 0.25ml（25mg）、0.5ml（50mg）、0.75ml（75mg）、1.0ml（100mg）和 1.5ml（150mg）。该产品在 30℃下常温保存，勿冷冻保存。有效期为 24 个月。

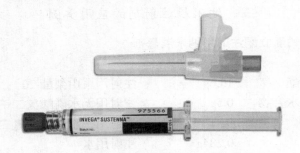

图 5-38　Invega Sustenna 产品外观

例 5-10　注射用紫杉醇（白蛋白结合型）

1. 处方

紫杉醇　　　100mg	人血清白蛋白　900mg
二氯甲烷　　10ml	去铁胺　　　　适量

2. 制法　将 100mg 紫杉醇溶于 10ml 二氯甲烷，将溶液加入 450ml 的人血清白蛋白溶液中（2%m/V），必要时加适量去铁胺。将混合物高剪切 5 分钟形成粗乳，然后转移至高压均质机中，在 9000~40 000 psi 压力条件下循环均质至少 5 次。将产物转移至旋转蒸发仪中，在 40℃、30mmHg 减压条件下旋蒸 20~30 分钟迅速除去二氯甲烷，得到半透明状分散体，其中紫杉醇纳米粒的平均粒径在 50~220nm 范围内。随后将分散体经 0.22μm 膜滤器过滤除菌，冷冻干燥 48 小时，得到的冻干品在加入注射用水或氯化钠注射液后形成原分散体系，且粒径应与冻干前一致[173-175]。

3. 制剂优势　注射用紫杉醇（白蛋白结合型）已被美国 FDA 陆续批准用于多种肿

瘤的临床治疗：2005年批准用于治疗联合化疗失败的转移性乳腺癌或辅助化疗后6个月内复发的乳腺癌；2010年批准与卡铂联用作为不适宜接受根治性手术或放疗的局部晚期或转移性非小细胞肺癌的一线治疗；2013年批准与吉西他滨联用作为转移性胰腺癌的一线治疗。其药物传递原理可简述为（图5-39及文末彩图）：长循环能力较好的白蛋白-紫杉醇复合物到达肿瘤组织后，大量激活肿瘤血管内皮细胞的gp60受体（即白蛋白受体），经过细胞膜上移动小泡-胞膜窝蛋白（Caveolin）的作用进行跨膜转运，将白蛋白-药物复合物转运到细胞膜另一侧的肿瘤组织间隙中。随后白蛋白-药物与位于肿瘤细胞表面的富含半胱氨酸的酸性分泌蛋白（SPARC）结合，白蛋白-药物-SPARC通过非溶酶体机制被内吞入肿瘤细胞，释放出活性成分紫杉醇发挥细胞毒作用杀死肿瘤细胞。

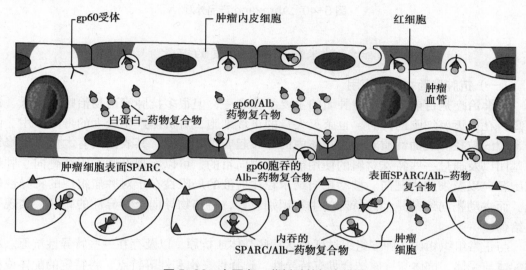

图5-39 白蛋白-紫杉醇的细胞传递

本制剂临床药物动力学研究显示，剂量范围80~375mg/m²，滴注时间30分钟和180分钟，血浆紫杉醇浓度呈双相下降，初始的快速下降代表药物迅速分布到周边室中，后期缓慢下降代表药物的清除，终末半衰期约为27小时。在80~300mg/m²剂量范围，血药浓度-时间曲线下面积（AUC）与给药剂量成正比关系，但与给药时间无关。中国患者临床试验尚未获得总生存期方面的数据，而仅根据其药品说明书中提供的临床数据，全部病例缓解率$P<0.001$，认为注射用紫杉醇（白蛋白结合型）与紫杉醇注射液治疗存在明显差异[176]。

4. 质量控制 该产品为紫杉醇和药用人血白蛋白经纳米分散技术处理得到的无菌冻干品。按平均装量计算，含紫杉醇（$C_{47}H_{51}NO_{14}$）应为标示量的90.0%~110.0%。外观为白色至黄色冻干块状物或粉末（图5-40[177]）。重要的检查项有酸碱度、水分、分散时间、粒径及粒径分布、人血白蛋白、残留溶剂等，其中粒径要求其平均粒径不得过200nm，粒径小于50nm的微粒不得过5%，粒径大于350nm的微粒不得过5%。规格为100mg。宜在避光、室温保存，有效期为24个月。

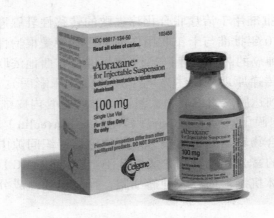

图 5-40　Abraxane 产品外观

六、纳米粒注射剂开发的前景

（一）抗肿瘤药物中的应用

化学治疗是目前治疗恶性肿瘤的主要手段之一，但很多抗肿瘤药物治疗指数低、毒性高，在杀灭癌细胞的同时，也杀灭大量的正常细胞，对机体产生较大的毒副作用。而纳米粒的粒径和表面性质对药物在体内的分布起着重要作用，其表面具有大量可供修饰的基团以及通过一些特殊材料的使用能达到靶向目的，可以实现对肿瘤组织靶向、肿瘤细胞靶向以及细胞内靶向。被动靶向纳米粒注射液的局限性在于对肿瘤组织的特异性较低。而主动靶向给药是经过特殊的生物识别设计，将药物导向至特异性的靶区，实现靶向给药。

与正常组织相比，肿瘤组织过度表达某些受体或抗原，以及存在一些特异性抗原。利用配体与受体、抗体与抗原结合具有特异性、选择性、饱和性等特点，将特定的配体或抗体修饰到纳米粒表面制成主动靶向纳米粒。一般配体或抗体可靶向结合肿瘤细胞表面存在的特异性受体或肿瘤相关抗原（tumor-associated antigen，TAA）、肿瘤特异性抗原（tumor-specific antigen，TSA）或结合肿瘤血管发生相关的受体或抗原来达到主动靶向性，因此主动靶向纳米粒对肿瘤组织特异性相对更高，更能达到靶向治疗的目的。常用的靶向分子有叶酸、转铁蛋白、肽类及单克隆抗体等。

1. 叶酸　叶酸受体（folate receptor）在一部分人体肿瘤如卵巢癌、乳腺癌、宫颈癌、结肠癌、鼻咽癌等细胞表面均过度表达，而在正常组织的表达又高度保守。

Shen 等[178]通过去溶剂化法分别制备了叶酸修饰和未修饰的载阿霉素白蛋白纳米球（FA-DOX-AN 和 DOX-AN），细胞实验结果表明，FA-DOX-AN 通过受体-配体相互作用，很快被摄取进入宫颈癌 HeLa 细胞内，且 HeLa 细胞存活率低，而表面没有过表达叶酸受体的主动脉平滑肌细胞 ATCC 的存活率比 HeLa 细胞高，这表明 FA-DOX-AN 对正常细胞的杀伤作用较低，因此可降低阿霉素的副作用。Thu 等[179]通过乳化-溶剂挥发法制备载紫杉醇的聚丙交酯-聚乙二醇 1000 维生素 E 琥珀酸酯（PLA-TPGS）纳米粒注射液和叶酸修饰的载紫杉醇的 PLA-TPGS 纳米粒注射液，体内研究结果发现，叶酸修饰纳米粒注射液显著抑制肿瘤的增殖。

2. 转铁蛋白 转铁蛋白受体（transferrin receptor，TfR）是一种跨膜糖蛋白，其功能是通过与转铁蛋白的相互作用介导铁的吸收。在正常细胞中，受体的表达水平较低，由于快速生长的肿瘤细胞对铁的需求量增加，因此，肿瘤细胞（如乳腺癌、肝癌、胰腺癌、神经胶质瘤、肺腺癌、慢性淋巴细胞性白血病和非何杰金瘤等）中转铁蛋白受体的表达显著增加。

Zhao 等[180]通过乳化－溶剂挥发法制备载紫杉醇的转铁蛋白修饰 PGA–MAL–PLA–DPPE 纳米粒注射液，细胞实验结果表明，转铁蛋白修饰纳米粒对高表达 TfR 的 HeLa 细胞的杀伤作用强于未修饰纳米粒和紫杉醇注射液。同时，有研究表明，其他药物如顺铂、丝裂霉素 C、吉西他滨、柔红霉素等共价偶联转铁蛋白后，对肿瘤细胞的选择性和敏感性明显增强[181]。

3. RGD 肽 肿瘤增殖的同时，为获取大量的养分而产生新的血管，其中，整合素是涉及细胞黏附和细胞信号传导的异源二聚体跨膜蛋白，在癌症和炎症疾病中高度表达。

RGD 肽是一类含有精氨酸－甘氨酸－天冬氨酸（Arg-Gly-Asp）的短肽，可与肿瘤新生血管内皮细胞上过度表达的整合素受体（主要是 $\alpha_v\beta_3$ 蛋白）特异性结合。有研究[182]表明 RGD 肽可以抑制肿瘤细胞的黏附和迁移，诱导肿瘤细胞凋亡，抑制肿瘤组织的新生血管形成，增加药物对肿瘤的靶向性作用，因此纳米粒上偶联 RGD 肽可以使其对肿瘤血管的靶向作用增强[183]，如图 5-41 所示。

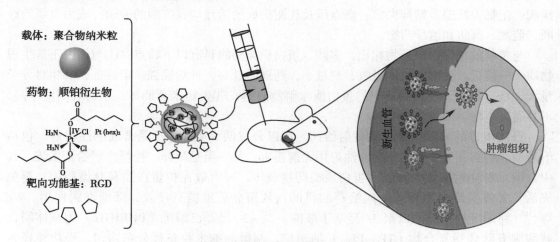

图 5-41 整合素受体介导纳米粒注射液示意图

Graf 等[183]利用 RGD 对包载顺铂前体药物的 PEG–PLGA 纳米粒进行修饰，体外细胞实验和体内异种原位移植性乳腺癌模型实验结果表明，RGD 修饰的 PEG–PLGA 纳米粒较顺铂更有效且耐受性更高。近年来，受体显像技术作为一项重要的生物学研究工具受到越来越多的关注，整合素 $\alpha_v\beta_3$ 受体有望成为新型放射性药物的靶点，放射性核素标记的 RGD 肽可能成为潜在的肿瘤受体显像剂而应用于临床[184]。

4. 单克隆抗体 肿瘤细胞生长、扩增和分化，需要各种生长因子的持续性刺激，而这些生长因子也参与肿瘤的侵袭、转移和血管生成。单克隆抗体与其受体竞争性结合，可抑制配体－受体的相互作用，从而使得这些肿瘤细胞缺乏相关生长因子的刺激而自行死亡。目前针对人类表皮生长因子受体（human epidermal growth factor receptor，HER）、细胞分化抗原（cell differentiation antigen，CD）、血管内皮生长因子（vascular endothelial growth factor，VEGF）的这三类单克隆抗体已有药物批准在临床正式应用，分别有曲妥珠单抗、利妥昔单抗、贝伐单抗等。但实际应用发现单克隆抗体也有耐药等副作用，同时该类抗肿瘤药的分子量较大，不易进入实体瘤内部而影响疗效[185]。

传统抗肿瘤药普遍存在的一个严重缺陷就是对正常细胞也具有较大的毒性。因此将细胞毒性药物通过化学、生物方法与单抗偶联，利用抗原抗体特异性结合的能力，将其精确地运送到靶细胞，有效地提高了肿瘤局部的药物浓度，极大地降低了体内其他组织、器官的药物浓度，从而达到增效减毒的作用[186]。

Cirstoiu-Hapca 等[187] 研究了偶联曲妥珠单抗的紫杉醇纳米粒治疗卵巢癌的效果。接种 SKOV-3 细胞的荷瘤裸鼠注射给药，结果载紫杉醇的纳米粒较游离紫杉醇有更高的抗肿瘤作用，且偶联曲妥珠单抗的紫杉醇纳米粒能更有效地抑制肿瘤生长并提高荷瘤裸鼠的成活率。这是由于 SKOV-3 细胞过表达 HER，通过偶联曲妥珠单抗可以使药物有更强的选择性分布和更高的细胞内聚集。

（二）多肽、蛋白质类药物中的应用

随着生物医学及生物技术的发展，多肽、蛋白质类药物作为药用生物活性大分子物质正成为一类很重要的治疗药物，也是生物技术新药的主要品种。它们对癌症、自身免疫性疾病、记忆力减退、精神失常、高血压及代谢疾病的治疗均有广阔的前途，成为重要的诊断、监测、预防和治疗药物。

与传统的化学合成药物相比，多肽、蛋白质类药物具有以下特点：①与体内正常生理物质十分接近，更易为机体吸收，剂量小，药理活性高，针对性强，毒性低；②相对分子量大，稳定性差，易被肠道中的蛋白质水解酶降解；③生物半衰期短，生物利用度不高，不易通过生物屏障等。

目前市售的多肽、蛋白质注射给药，可以分成两大类：一类是普通的注射剂，包括溶液型注射剂、混悬型注射剂和注射用无菌粉末；另一类是缓释、控释注射给药系统。其中，纳米粒注射液作为多肽、蛋白质类药物载体，可有效保护蛋白质和肽类药物，避免失活，并能实现缓控释和靶向给药的目的，从而显著地提高疗效，降低毒副作用。Wu 等[188] 利用溶剂挥发法以聚 3-羟基丁酸酯-共-3-羟基己酸酯（PHBHHx）为载体制备载胸腺五肽磷脂复合物（TP5-PLC）纳米粒，制得的纳米粒粒径分布均匀，平均粒径为238.9nm，且具有较高的包封率（72.81%）。通过对免疫抑制模型大鼠皮下注射 TP5-PLC-PHBHHx 纳米粒，药物至少可持续释放 7 天。Peng 等[189] 同样以 PHBHHx 为载体制备胰岛素磷脂复合物（INS-PLC）纳米粒，对链佐星诱导的糖尿病大鼠皮下注射该纳米粒，降糖作用至少维持 3 天，达到长效作用。

（三）基因传递中的应用

近年来，基因治疗已成为临床疾病治疗的一项重要手段。而纳米粒作为基因传递的载体具有以下优点：①提高基因靶向特异性；②为肿瘤的治疗提供新的手段；③避免使用病毒载体带来的安全性问题。

2007 年 12 月菲律宾药政部门批准 Epeius 生物技术公司的突变细胞周期控制基因纳米

粒注射剂（商品名：Rexin-G）上市。它是首个载基因纳米粒药品，静脉输注给药，可治疗各种顽固癌症。目前此药已被美国 FDA 批准为治疗胰腺癌的罕用药。

Rexin-G 是一种基于逆转录病毒的纳米颗粒（靶向细胞外基质），由逆转录病毒载体外壳、突变细胞周期 G_1 控制基因、胶原基质和多种酶组成，纳米粒粒径为 100nm，可释放基因选择性杀死肿瘤细胞。临床研究表明，本品对其他药品治疗失败的病例有较高的疗效，未观测到致毒剂量和明显不良反应。此外，该公司的另一上市产品 Reximmune-C 纳米粒内核为粒细胞－巨噬细胞克隆刺激因子（GM-CSF）表达基因，可激活体内被动免疫应答，彻底清除残留细胞，两者合用疗效更好[190]。

Yang 等[191] 使用生物相容性好、可降解的 PLGA 作为纳米载体材料，通过溶剂扩散法制备用于靶向雄激素受体的 sh-RNA 纳米粒，并使用前列腺特异性抗原（prostate-specific membrane antigen，PSMA）A10 适配子对其进行修饰。通过此方法制备的纳米粒可有效避免均质或超声等过程，保留了核酸的完整性。体外细胞摄取实验结果表明，A10-sh-RNA-PLGA 纳米粒被癌细胞的摄取呈现剂量和时间依赖性，其能显著降低雄激素基因的转录、表达，提高了基因沉默的效果。

研究表明，肿瘤细胞中趋化因子受体基因 CXCR4 的过度表达与直肠癌的发生具有相关性。Abedini 等[192] 利用阳离子聚合物葡聚糖－精胺与 CXCR4-siRNA 自组装形成纳米粒，利用 siRNA 诱导 CXCR4 基因沉默研究纳米粒用于治疗转移性直肠癌的效果。荷瘤裸鼠体内实验结果表明，该纳米粒有效的降低了 CXCR4 基因的表达，并降低血清碱性磷酸酶水平。

七、结　语

纳米粒作为一种新型药物载体，其独特的物理化学性质，使之在抗肿瘤制剂的研究中，具有明显的优势。纳米级的粒径使之能够透过肿瘤组织的血管壁间隙，沉积在肿瘤组织部位，发挥抗肿瘤作用。此外，作为抗生素、抗病毒药物的载体，可以提高药物治疗细胞内细菌感染的作用。在纳米粒上进行糖基、抗体、配体等修饰，又可让其具有主动靶向性。其制剂优势非常明显，制备方法研究也很多，但目前实验室研究报道较多，上市产品较少。其原因可能与辅料的安全性、制剂技术的稳定性有关。例如常见问题有：①制备注射液所需的聚合物（包括表面活性剂）浓度较高，可能会产生溶血、刺激和过敏性等安全性问题；②纳米粒注射液制备工艺相对复杂，过程控制及无菌度控制要求较高；③安全、有效的载体种类较少，以及其在体内降解产物毒性等问题，都有待于进一步的研究和探索。

（何军、杨亚妮）

参　考　文　献

[1] Seki J, Sonoke S, Saheki A, et al. A nanometer lipid emulsion, lipid nano-sphere (LNS), as a parenteral drug carrier for passive drug targeting. Int J Pharm, 2004, 273 (1-2): 75-83.

[2] 罗丽. 硝苯地平微乳的制备及其质量评价. 重庆：重庆大学，2013.

[3] 王晓琳, 栾瀚森, 杨莉, 等. 国外上市新型注射剂的研究进展. 中国医药工业杂志, 2012, 43 (1): 60-67.

［4］Dubey R.Controlled-release injectable microemulsions：recent advances and potential opportunities.Expert Opin Drug Deliv,2014,11（2）:159-173.

［5］Kim K,Sung Kim Y,Lee DK,et al.Reducing the pain of microemulsion propofol injections：a double-blind,randomized study of three methods of tourniquet and lidocaine.Clin Ther,2013,35（11）:1734-1743.

［6］Sim JY,Lee SH,Park DY,et al.Pain on injection with microemulsion propofol.Br J Clin Pharmacol,2009,67（3）:316-325.

［7］吕鹏,何军,卞玮,等.新型注射给药系统的研究进展.中国医药工业杂志,2016,47（3）:333-340.

［8］周建平,唐星.工业药剂学.北京:人民卫生出版社,2014.

［9］Biswas S,Kumari P,Lakhani PM,et al.Recent advances in polymeric micelles for anti-cancer drug delivery.Eur J Pharm Sci,2016,83：184-202.

［10］Lee KS,Chung HC,Im SA,et al.Multicenter phase Ⅱ trial of Genexol-PM,Cremophor-free,polymeric micelle formulation of paclitaxel,inpatients with metastatic breast cancer.Breast Cancer Res Treat,2008,108（2）:241-250.

［11］Hu L,Zhang H,Song W.An overview of preparation and evaluation sustained-release injectable microspheres.J Microencapsul,2013,30（4）:369-382.

［12］Kumbhar AB,Rakde AK,Chaudhari PD.In suit gel forming injectable drug delivery system.IJPSR,2013,4（2）:597-609.

［13］U.S.National Library of Medicine.Efficacy and Safety of OncoGel™ Added to Chemotherapy and Radiation Before Surgery in Subjects With Esophageal Cancer［DB/OL］.［2016-02-09］.https://clinicaltrials.gov./ct2/show/NCT00479765？ term=OncoGel&rank=1

［14］郝朵,谷福根.注射型缓释制剂研究进展.中南药学,2012,10（5）:373-376.

［15］Cherif-Cheikh R.Sustained release of peptides from pharmaceutical compositions：US,5595760.1997-01-21.

［16］刘绪贵,牛海岗,常征.塑料安瓿用于小容量注射剂包装的现状及发展趋势.药学研究,2014,33（12）:742-744.

［17］曹晶,李香风,焦静,等.塑料安瓿与玻璃安瓿临床使用便利性的比较.中华现代护理杂志,2011,17（32）:3863-3865.

［18］蒋煜,黄晓龙.粉液双室袋产品的质量控制风险分析及其设计.中国新药杂志,2016,25（7）:733-738.

［19］王宇航,李英,陈月,等.即配型粉-液双室袋与传统包装形式的系统性对比.中国医院药学杂志,2013,33（21）:1817-1819.

［20］田汉波.浅谈无针注射技术.医疗卫生装备,2010,31（4）:106-107.

［21］赵丽娜.无针注射器技术研.浙江:浙江大学,2012.

［22］罗丽君,侍晓云.无针注射器的临床应用及研究现状.药物生物技术,2015,22（5）:468-470.

［23］邵文鹏,王韵晴,李闻涛,等.无针注射器的研究进展.中国医疗器械信息,2015,（5）:30-33+55.

［24］West Pharmaceutical Services,Inc.Reconstitution&Transfer Systems［EB/OL］.（2017-09-25）［2017-09-25］.https://www.westpharma.com/products/reconstitution-and-transfer-systems.

［25］唐文龙.CO_2激光封口安瓿瓶的研究.湖北:华中科技大学,2008.

［26］张向明,王爱华,莫衡阳.一种玻璃安瓿瓶激光封口工艺:CN,101792252A.2010-08-04.

［27］蒋井明,徐斌.关于安瓿封口方式的探讨.医疗装备,2006,19（1）:21-22.

［28］潘波,杜笑鹏,周绍辉.全自动输液瓶电子微孔检漏机:CN,102288373A.2011-12-21.

［29］刘新宇.安瓿瓶检测设备研发.河北:河北科技大学,2015.

［30］Körber Medipak Systems GmbH.Automatic Inspection.［EB/OL］.（2017-05-15）［2017-09-25］.http://www.seidenader.de/en/inspection/.

［31］齐显军,刘焕军,张祺,等.全自动灯检机研究和开发.机电工程技术,2011,40（12）:1-5.

［32］朱明岩,凌娅,范庆龙,等.国内外全自动异物灯检机性能比较研究.现代制造,2014,35：15-19.

[33] 陈箐清,吕慧侠,jumah masoud,等.注射给药生产设备最新研究.机电信息,2009,(11):13–19.

[34] 谢自成.国外几种小容量注射剂生产设备发展概况.机电信息,2003,(6):33–36.

[35] 郑珂.吹灌封技术在无菌制剂生产中的应用.医学信息,2014,27(4):560–560.

[36] 张旭,孙金莲.塑料输液瓶大容量注射剂生产设备的发展过程及设备技术介绍.化工与医药工程,2010,31(1):40–42.

[37] 杨春文."BFS"技术在输液工艺的应用.医药工程设计,2010,31(11):25–31.

[38] 湖南千山制药机械股份有限公司.ASY1/20 塑料安瓿制瓶/灌装/封口一体机[EB/OL].(2017–09–25)[2017–09–25].https://www.chinasun.com.cn/products/ceshichanpin.htm.

[39] Vinnars E,Wilmore D.History of parenteral nutrition.JPEN,2003,27(3):225–231.

[40] Vinnars E,Hammarqvist F.25th Arvid Wretlind's Lecture:silver anniversary,25 years with ESPEN,the history of nutrition.Clin Nutr,2004,23(5):955–962.

[41] 张伟利.中链甘油三酯脂肪乳剂的代谢及临床应用(讲座).临床儿科杂志,1997,15(5):347–348.

[42] Vanek VW,Seidner DL,Allen P,et al.A.S.P.E.N.position paper:Clinical role for alternative intravenous fat emulsions.Nutr Clin Pract,2012,27(2):150–192.

[43] Waitzberg DL,Torrinhas RS,Jacintho TM.New parenteral lipid emulsions for clinical use.JPEN,2006,30(4):351–367.

[44] Serhan CN,Chiang N,Van Dyke TE.Resolving inflammation:dual anti–inflammatory and pro–resolution lipid mediators.Nat Rev Immunol,2008,8(5):349–361.

[45] Serhan CN,Yacoubian S,Yang R.Anti–inflammatory and proresolving lipid mediators.Annu Rev Pathol,2008,3(1):279–312.

[46] Vanek VW,Seidner DL,Allen P,et al.Update to A.S.P.E.N.position paper:clinical role for alternative intravenous fat emulsions.Nutr Clin Pract,2014,29(6):841.

[47] Collins–Gold LC,Lyons RT,Bartholow LC.Parenteral emulsions for drug delivery.Adv Drug Deliv Rev,1990,5(3):189–208.

[48] 林巧平,周建平.药物载体脂肪乳的研究与应用.药学进展,2005,29(8):359–364.

[49] Hippalgaonkar K,Majumdar S,Kansara V.Injectable lipid emulsions–advancements,opportunities and challenges.AAPS PharmSciTech,2010,11(4):1526–1540.

[50] Cannon J,Shi Y,Gupta P.Emulsions,microemulsions,and lipid–based drug delivery systems for drug solubilization and delivery–Part I:parenteral applications.In:Rong L.Water–Insoluble Drug Formulation.New York:Taylor&Francis,2008,195–226.

[51] Fell GL,Nandivada P,Gura KM,et al.Intravenous Lipid Emulsions in Parenteral Nutrition.Adv Nutr,2015,6(5):600–610.

[52] Constantinides PP,Tustian A,Kessler DR.Tocol emulsions for drug solubilization and parenteral delivery.Adv Drug Deliv Rev,2004,56(9):1243–1255.

[53] van Hoogevest P,Wendel A.The use of natural and synthetic phospholipids as pharmaceutical excipients.Eur J Lipid Sci Technol,2014,116(9):1088–1107.

[54] Marín–Quintero D,Fernández–Campos F,Calpena–Campmany AC,et al.Formulation design and optimization for the improvement of nystatin–loaded lipid intravenous emulsion.J Pharm Sci,2013,102(11):4015–4023.

[55] Howard Barnard.High pressure Valve Homogenizers[EB/OL].(2017–05–15)[2017–09–25].https://www.barnardhealth.us/food–emulsions/highpressure–valve–homogenizers.html.

[56] BEEI.com.BEE International,Next generation homogenizers[EB/OL].(2016–05–10)[2017–09–25].http://www.beei.com/technology.

[57] Australian Government.Department of Health and Ageing Therapeutic Goods Administration.Australian Public Assessment Report for Clevidipine:AusPAR Cleviprex Clevidipine Kendle Australia Pty Ltd PM–2008–

3132-3〔R/OL〕.(2010-04-12)〔2017-06-24〕.https://www.tga.gov.au/auspar/auspar-clevidipine

〔58〕Kawakami S,Yamashita F,Hashida M.Disposition characteristics of emulsions and incorporated drugs after systemic or local injection.Adv Drug Deliv Rev,2000,45(1):77-88.

〔59〕Hosokawa T,Yamauchi M,Yamamoto Y,et al.Evaluation of the carrier potential for the lipid dispersion system with lipophilic compound.Biol Pharm Bull,2003,26(7):994-999.

〔60〕Hosokawa T,Yamauchi M,Yamamoto Y,et al.Formulation development of a filter-sterilizable lipid emulsion for lipophilic KW-3902,a newly synthesized adenosine A1-receptor antagonist.Chem Pharm Bull(Tokyo),2002,50(1):87-91.

〔61〕瞿文,陈庆华,朱宝泉.脂质纳米球的研究进展.中国药学杂志,2001,36(11):724-728.

〔62〕高晓黎,孙殿甲,程利勇,等.去氢骆驼蓬碱注射用乳剂中药物的相分布和体外释放研究.中成药,2000,22(2):111-115.

〔63〕Magalhaes NS,Fessi H,Puisieux F,et al.An in vitro release kinetic examination and comparative evaluation between submicron emulsion and polylactic acid nanocapsules of clofibride.J Microencapsul,1995,12(2):195-205.

〔64〕Wang JJ,Sung KC,Hu OY,et al.Submicron lipid emulsion as a drug delivery system for nalbuphine and its prodrugs.J Control Release,2006,115(2):140-149.

〔65〕丁平田,徐晖,郑俊民.微渗析技术在药代动力学和药物代谢研究中的应用.药学学报,2002,37(4):316-320.

〔66〕Chansri N,Kawakami S,Yamashita F,et al.Inhibition of liver metastasis by all-trans retinoic acid incorporated into O/W emulsions in mice.Int J Pharm,2006,321(1-2):42-49.

〔67〕Chino Y,Minagawa T,Kohno Y,et al.Uptake by vascular smooth muscle cells plays an important role in targeting of lipid microspheres incorporating prostaglandin E1 into a thickened intima.Life Sci,2001,68(8):933-942.

〔68〕Takino T,Konishi K,Takakura Y,et al.Long circulating emulsion carrier systems for highly lipophilic drugs.Biol Pharm Bull,1994,17(1):121-125.

〔69〕Chung H,Kim TW,Kwon M,et al.Oil components modulate physical characteristics and function of the natural oil emulsions as drug or gene delivery system.J Control Release,2001,71(3):339-350.

〔70〕Morita SY,Okuhira K,Tsuchimoto N,et al.Effects of sphingomyelin on apolipoprotein E-and lipoprotein lipase-mediated cell uptake of lipid particles.Biochim Biophys Acta,2003,1631(2):169-176.

〔71〕Suzuki Y,Masumitsu Y,Okudaira K,et al.The effects of emulsifying agents on disposition of lipid-soluble drugs included in fat emulsion.Drug Metab Pharmacokinet,2004,19(1):62-67.

〔72〕Reddy PR,Venkateswarlu V.Pharmacokinetics and tissue distribution of etoposide delivered in long circulating parenteral emulsion.J Drug Target,2005,13(10):543-553.

〔73〕Tamilvanan S,Schmidt S,Müller RH,et al.In vitro adsorption of plasma proteins onto the surface(charges) modified-submicron emulsions for intravenous administration.Eur J Pharm Biopharm,2005,59(1):1-7.

〔74〕Yang S,Benita S.Enhanced absorption and drug targeting by positively charged submicron emulsions.Drug Devel Res,2000,50(3-4):476-486.

〔75〕Yeeprae W,Kawakami S,Higuchi Y,et al.Biodistribution characteristics of mannosylated and fucosylated O/W emulsions in mice.J Drug Target,2005,13(8-9):479-487.

〔76〕Lundberg BB,Griffiths G,Hansen HJ.Conjugation of an anti-B-cell lymphoma monoclonal antibody,LL2,to long-circulating drug-carrier lipid emulsions.J Pharm Pharmacol,1999,51(10):1099-1105.

〔77〕Baker MT,Naguib M.Propofol:the challenges of formulation.Anesthesiology,2005,103(4):860-876.

〔78〕Goldstein D,Sader O,Benita S.Influence of oil droplet surface charge on the performance of antibody-emulsion conjugates.Biomed Pharmacother,2007,61(1):97-103.

［79］方亮.药剂学.8版.北京:人民卫生出版社,2016.

［80］Chon SK,Kang BK,Jeong SY,et al.The design of injectable paclitaxel microemulsion containing PLGA for sustained release.Transactions–7th World Biomaterials Congress,2004:1171.

［81］王俊平,王玮,赵丽妮.长循环紫杉醇微乳用于肿瘤小剂量化疗的研究.药学学报,2009,44(8):911–914.

［82］Junping W,Takayama K,Nagai T,et al.Pharmacokinetics and antitumor effects of vincristine carried by microemulsions composed of PEG–lipid,oleic acid,vitamin E and cholesterol.Int J Pharm,2003,251(1–2):13–21.

［83］Date AA,Nagarsenker MS.Design and evaluation of microemulsions for improved parenteral delivery of propofol.AAPS PharmSciTech,2008,9(1):138–145.

［84］Li P,Ghosh A,Wagner RF,et al.Effect of combined use of nonionic surfactant on formulation of oil–in–water microemulsions.Int J Pharm,2005,288(1):27–34.

［85］Mehta SK,Kaur G,Bhasin KK.Tween–embedded microemulsions–physicochemical and spectroscopic analysis for antitubercular drugs.AAPS PharmSciTech,2010,11(1):143–153.

［86］Hu HY,Huang Y,Liu J,et al.Medium–chain triglycerides based oil–in–water microemulsions for intravenous administration:formulation,characterization and in vitro hemolytic activities.J Drug Deliv Sci Tec,2008,18(2):101–107.

［87］姚静,周建平,平其能,等.辅助表面活性剂对微乳相行为的影响.中国现代应用药学,2008,25(1):39–43.

［88］Morey TE,Modell JH,Shekhawat D,et al.Preparation and anesthetic properties of propofol microemulsions in rats.Anesthesiology,2006,104(6):1184–1190.

［89］Kale AA,Patravale VB.Development and evaluation of lorazepam microemulsions for parenteral delivery.AAPS PharmSciTech,2008,9(3):966–971.

［90］吴顺芹.氟比洛芬微乳制剂的研究.沈阳:沈阳药科大学,2004.

［91］刘根新,张继瑜,刘英,等.药用微乳的研究及存在的问题.湖北农业科学,2009,48(8):2029–2032.

［92］胡海燕.脑靶向喷昔洛韦微乳的研究.成都:四川大学,2006.

［93］向大位,唐甜甜,彭金飞,等.电导率–含水量曲线法与目测法确定O/W型微乳成型临界值的比较.药学学报,2010,45(8):1052–1056.

［94］Jain J,Fernandes C,Patravale V.Formulation development of parenteral phospholipid–based microemulsion of etoposide.AAPS PharmSciTech,2010,11(2):826–831.

［95］Orringer EP,Casella JF,Ataga KI,et al.Purified poloxamer 188 for treatment of acute vaso–occlusive crisis of sickle cell disease:a randomized controlled trial.J Am Med Assoc,2001,286(17):2099–2106.

［96］Kim KM,Choi BM,Park SW,et al.Pharmacokinetics and pharmacodynamics of propofol microemulsion and lipid emulsion after an intravenous bolus and variable rate infusion.Anesthesiology,2007,106(5):924–934.

［97］Jung JA,Choi BM,Cho SH,et al.Effectiveness,safety,and pharmacokinetic and pharmacodynamic characteristics of microemulsion propofol in patients undergoing elective surgery under total intravenous anaesthesia.Br J Anaesth,2010,104(5):563–576.

［98］Zhang L,Sun X,Zhang ZR.An investigation on liver targeting microemulsions of norcantharidin.Drug Deliv,2005,12(5):289–295.

［99］Mantripragada S.A lipid based depot(DepoFoam ® technology)for sustained release drug delivery.Prog Lipid Res,2002,41(5):392–406.

［100］侯丽芬,谷克仁,吴永辉.不同制剂脂质体制备方法的研究进展.河南工业大学学报(自然科学版),2016,37(5):118–124.

［101］Patil YP,Jadhav S.Novel methods for liposome preparation.Chem Phys Lipids.2014,177(1):8–18.

［102］潘卫三.工业药剂学.3版.北京:中国医药科技出版社,2015.

[103] Kim S,Jacobs RE,White SH.Preparation of multilamellar vesicles of defined size-distribution by solvent-spherule evaporation.Biochim Biophys Acta,1985,812(3):793-801.

[104] 徐少洪,赵斌,闫志强,等.超临界流体技术在脂质体制备中的应用.材料导报,2014,28(5):98-102.

[105] Kadimi US,Balasubramanian DR,Ganni UR,et al.In vitro studies on liposomal amphotericin B obtained by supercritical carbon dioxide-mediated process.Nanomedicine,2007,3(4):273-280.

[106] Alyane M,Barratt G,Lahouel M.Remote loading of doxorubicin into liposomes by transmembrane pH gradient to reducetoxicity toward H9c2 cells.Saudi Pharm J,2016,24(2):165-175.

[107] Yang Y,Ma Y,Wang S.A novel method to load topotecan into liposomes driven by a transmembrane NH4EDTA gradient.Eur J Pharm Biopharm,2012,80(2):332-339.

[108] Li N,Zhuang C,Wang M,et al.Liposome coated with low molecular weight chitosan and its potential use in ocular drug delivery.Int J Pharm,2009,379(1):131-138.

[109] Kheirolomoom A,Kruse DE,Qin S,et al.Enhanced in vivo bioluminescence imaging using liposomal luciferin delivery system.J Control Release,2010,141(2):128-136.

[110] Kapoor M,Lee SL,Tyner KM.Liposomal drug product development and quality:current US experience and perspective.AAPS J,2017,19(3):632-641.

[111] U.S.Food and Drug Administration.Draft Guidance for Industry:Liposome drug products[EB/OL].(2016-08-13)[2017-09-25].http://www.fda.gov/downloads/drugs/guidancecomplianceregulatoryinformation/guidances/ucm070570.Pdf.

[112] 柯刚,伍振峰,杨明,等.脂质体技术的转化应用分析及关键问题研究.世界中医药,2015,10(3):331-336.

[113] 侯惠民.新给药系统的工程化——新制剂及制造装置.中国医药工业杂志,2007,38(3):146-155.

[114] 蒋宫平,杨强,邓意辉.脂质体制备方法的里程碑-挤出法.沈阳药科大学学报,2013,30(8):646-652.

[115] 张宁.仿制盐酸多柔比星脂质体注射液药学技术要求解析.中国新药杂志,2014,23(8):896-900.

[116] Zakaria S,Gamal-Eldeen AM,El-Daly SM,et al.Synergistic apoptotic effect of Doxil® and aminolevulinic acid-based photodynamic therapy on human breast adenocarcinoma cells.Photodiagnosis Photodyn Ther,2014,11(2):227-238.

[117] Hartounian H,Meissner D,Pepper CB.Production of multivesicular liposomes:US,9585838B2.2017-03-07.

[118] Sankaram MB,Kim S.Preparation multivesicular liposomes for controlled release of encapsulated biologically active substances:US,5993850.1999-11-30.

[119] Xu X,Khan MA,Burgess DJ.A quality by design(QbD)case study on liposomes containing hydrophilic API:Ⅰ.Formulation,processing design and risk assessment.Int J Pharm,2011,419(1):52-59.

[120] Xu X,Khan MA,Burgess DJ.A quality by design(QbD)case study on liposomes containing hydrophilic API:Ⅱ.Screening of critical variables,and establishment of design space at laboratory scale.Int J Pharm,2012,423(2):543-553.

[121] Kedar U,Phutane P,Shidhaye S,et al.Advances in polymeric micelles for drug delivery and tumor targeting.Nanomedicine,2010,6(6):714-729.

[122] Rösler A,Vandermeulen GW,Klok HA.Advanced drug delivery devices via self-assembly of amphiphilic block copolymers.Adv Drug Deliv Rev,2001,53(1):95-108.

[123] Lee KS,Chung HC,Im SA,et al.Multicenter phase Ⅱ trial of Genexol-PM,a cremophor-free,polymeric micelle formulation of paclitaxel,inpatients with metastatic breast cancer.Breast Cancer Res Treat,2008,108(2):241-250.

[124] Kim TY,Kim DW,Chung JY,et al.Phase Ⅰ and pharmacokinetic study of Genexol-PM,a cremophor-free,polymeric micelle-formulated paclitaxel,in patients with advanced malignancies.Clin Cancer Res,2004,10

(11):3708-3716.

[125] Moazeni E,Gilani K,Naiafabadi AR,et al.Preparation and evaluation of inhalable itraconazole chitosan based polymeric micelles.Daru,2012,20(1):85-85.

[126] Li K,Liu X,Chen Q.Research and development of biodegradable long-action injectable drug delivery system.Chin J Pharm,2012,43(3):214-221.

[127] Wang W,Qu XZ,Gray AI,et al.Self-assembly of cetyl linear polyethylenimine to give micelles,vesicles,and dens nanoparticles.Macromolecules,2004,37(24):9114-9122.

[128] Yang Y,Yuan SX,Zhao LH,et al.Ligand-directed stearic acid grafted chitosan micelles to increase therapeutic efficacy in hepatic cancer.Mol Pharm,2015,12(2):644-652.

[129] Harada A,Kataoka K.Chain length recognition:core-shell supramolecular assembly from oppositely charged block copolymers.Science,1999,283(5398):65-67.

[130] Yamamoto Y,Nagasaki Y,Kato Y,et al.Long-circulating poly(ethylene glycol)-poly(D,L-lactide) block copolymer micelles with modulated surface charge.J Control Release,2001,77(1-2):27-38.

[131] Jiménez-Pardo I,González-Pastor R,Lancelot A,et al.Shell cross-linked polymeric micelles as camptothecin nanocarriers for Anti-HCV therapy.Macromol Biosci,2015,15(10):1381-1391.

[132] 朱蕙,袁晓凤,赵汉英,等.非共价键胶束-聚合物自组装的新途径.应用化学,2001,18(5):336-341.

[133] Liu S,Zhu H,Zhao H,et al.Interpolymer Hydrogen-Bonding Complexation Induced Micellization from Polystyrene-b-poly(methyl methacrylate) and PS(OH) in Toluene.Langmuir,2000,16(8):3712-3717.

[134] Kore G,Kolate A,Nei A,et al.Polymeric micelle as multifunctional pharmaceutical carriers.J Nanosci Nanotechnol,2014,14(1):288-307.

[135] Leventis N,Mulik S,Wang X,et al.Polymer nano-encapsulation of templated mesoporous silia monoliths with improved mechanical properties.J Non-Cryst Solids,2008,354(2-9):632-644.

[136] Wang Y,Ke CY,Weijie Beh C,et al.The self-assembly of biodegradable cationic polymer micelles as vectors for gene transfection.Biomaterials,2007,28(35):5358-5368.

[137] Seo MH,Yi YW,Yu JW.Stable polymeric micelle-type drug composition and method for the preparation thereof:EP,1282447B1.2008-07-22.

[138] Trieu V.Nanoparticle compositions:US,20160151498A1.2016-02-06.

[139] Hamaguchi T,Matsumura Y,Suzuki M,et al.NK105,a paclitaxel-incorporating micellar nanoparticle formulation,can extend in vivo antitumour activity and reduce the neurotoxicity of paclitaxel.Br J Cancer,2005,92(7):1240-1246.

[140] Kato K,Chin K,Yoshikawa T,et al.Phase Ⅱ study of NK105,a paclitaxel-incorporating micellar nanoparticle,for previously treated advanced or recurrent gastric cancer.Invest New Drugs,2012,30(4):1621-1627.

[141] Fan J,Zeng F,Wu S,et al.Polymer micelle with pH-triggered hydrophobic-hydrophilic transition and de-cross-linking process in the core and its application for targeted anticancer drug delivery.Biomacromolecules,2012,13(12):4126-4137.

[142] Lo CL,Huang CK,Lin KM,et al.Mixed micelles formed from graft and diblock copolymers for application in intracellular drug delivery.Biomaterials,2007,28(6):1225-1235.

[143] Guo Y,Zhang Y,Li J,et al.Cell microenvironment-controlled antitumor drug releasing-nanomicelles for GLUT1-targeting hepatocellular carcinoma therapy.ACS Appl Mater Interfaces,2015,7(9):5444-5453.

[144] Rezazadeh M,Emami J,Hasanzadeh F,et al.In vivo pharmacokinetics,biodistribution and anti-tumor effect of paclitaxel-loaded targeted chitosan-based polymeric micelle.Drug Deliv,2015,21:1-11.

[145] Jin X,Mo R,Ding Y,et al.Paclitaxel-loaded N-octyl-O-sulfate chitosan micelles for superior cancer therapeutic efficacy and overcoming drug resistance.Mol Pharm,2014,11(1):145-157.

[146] Chen L,Sha X,Jiang X,et al.Pluronic P105/F127 mixed micelles for the delivery of docetaxel against Taxol-

resistant non-small cell lung cancer:optimization and in vitro,in vivo evaluation.Int J Nanomedicine,2013, 8:73-84.

[147] La SB,Okano T,Kataoka K.Preparation and characterization of the micelle-forming polymeric drug indomethacin-incorpor ated poly(ethylene oxide)-poly(beta-benzyl L-aspartate)block copolymer micelles. J Pharm Sci,1996,85(1):85-90.

[148] 朱丽君,潘仕荣. 两性霉素 B/ 聚乙二醇 - 聚天冬氨酸苄酯嵌段共聚物纳米胶束的制备与性能. 中国 药学杂志,2010,45(5):359-365.

[149] Sahdev P,Ochyl LJ,Moon JJ.Biomaterials for nanoparticle vaccine delivery systems.Pharm Res,2014,31 (10):2563-2582.

[150] Zhao M,Li M,Zhang Z,et al.Induction of HIV-1 gag specific immune responses by cationic micelles mediated delivery of gag mRNA.Drug Deliv,2016,23(7):2596-2607.

[151] Pack DW,Hoffman AS,Pun S,et al.Design and development of polymers for gene delivery.Nat Rev Drug Discov,2005,4(7):581-593.

[152] Itaka K,Harada A,Nakamura K,et al.Evaluation by fluorescence resonance energy transfer of the stability of nonviral gene delivery vectors under physiological conditions.Biomacromolecules,2002,3(4):841-845.

[153] 忻志鸣,叶根深. 纳米粒制剂研究进展. 中国药业,2010,19(16):15-17.

[154] 任瑾,周建平,姚静,等. 注射型缓控释制剂的研究进展. 药学进展,2010,34(6):264-271.

[155] Gao L,Liu G,Ma J,et al.Drug nanocrystals:in vivo performances.J Control Release,2012,160(3):418-430.

[156] Möschwitzer JP.Drug nanocrystals in the commercial pharmaceutical development process.Int J Pharm, 2013,453(1):142-156.

[157] Kratz F.Albumin as a drug carrier:design of prodrugs,drug conjugates and nanoparticles.J Control Release, 2008,132(3):171-183.

[158] Marashi SA,Safarian S,Moosavi-Movahedi AA.Why major nonenzymatic glycation sites of human serum albumin are preferred to other residues? Med Hypotheses,2005,64(4):881-881.

[159] Li YP,Pei YY,Zhou ZH,et al.PEGylated polycyanoacrylate nanoparticles as tumor necrosis factor-α carriers.J Controlled Release,2001,71(3):287-296.

[160] Heiata H,Tawashi R,Shivers RR,et al.Solid lipid nanoparticles as drug carriers. I.Incorporation and retention of the lipophilic prodrug 3'-azido-3'deoxythymidine palmitate.Int J Pharm,1997,146(1): 123-131.

[161] Wissing SA,Kayser O,Müller RH.Solid lipid nanoparticles for parenteral drug delivery.Adv Drug Deliv Rev,2004,56(9):1257-1272.

[162] 吴雪,刘斌,冯涛. 微射流均质机的超微粉碎机理分析. 食品与机械,2009,25(3):65-68.

[163] Salazar J,Ghanem A,Müller RH,et al.Nanocrystals:comparison of the size reduction effectiveness of a novel combinative method with conventional top-down approaches.Eur J Pharm Biopharm,2012,81(1): 82-90.

[164] Gref R,Quellec P,Sanchez A,et al.Development and characterization of CyA-loaded poly(lactic acid)-poly (ethylene glycol)PEG micro-and nanoparticles.Comparison with conventional PLA particulate carriers.Eur J Pharm Biopharm,2001,51(2):111-118.

[165] Sánchez A,Tobio M,González L,et al.Biodegradable micro and nanoparticles as long-term delivery vehicles for interferon-alpha.Eur J Pharm Sci,2003,18(3-4):221-229.

[166] Allémann E,Leroux JC,Gumy R,et al.In vitro extended release properties of drug-loaded poly(DL-lactic acid)nanoparticles produced by a salting-out procedure.Pharm Res,1993,10(12):1732-1737.

[167] Konan YN,Cerny R,Favet J,et al.Preparation and characterization of sterile sub-200 nm meso-tetra (4-hydroxylphenyl)porphyrin-loaded nanoparticles for photodynamic therapy.Eur J Pharm Biopharm,2003,

55(1):115-124.

[168] Sane A,Taylor S,Sun YP,et al.RESS for the preparation of fluorinated porphyrin nanoparticles.Chem Commun(Camb),2003,7(21):2720-2721.

[169] Elvassore N,Bertucco A,Caliceti P.Production of insulin-loaded poly(ethylene glycol)/poly(L-lactide) (PEG/PLA)nanoparticles by gas antisolvent techniques.J Pharm Sci,2001,90(10):1628-1636.

[170] Hodoshima N,Udagawa C,Ando T,et al.Lipid nanoparticles for delivering antitumor drugs.Int J Pharm, 1997,146(1):81-92.

[171] 李丹檬,宓为峰,李玲芝,等.帕利哌酮棕榈酸盐多次给药的稳态血药浓度与临床安全性的研究.中国临床药理学杂志,2012,28(8):563-565.

[172] Janssen Pharmaceuticals,Inc.Invega Sustenna®[EB/OL].(2017-10-13)[2017-10-20]https://www.invegasustenna.com/

[173] Desai NP,Soon-shiong P,Sanford PA,et al.Methods for in vivo delivery of substantially water insoluble pharmacologically active agents and compositions useful therefor:US,5439686.1995-08-08.

[174] Desai NP,Soon-shiong P.Combinations and modes of administration of therapeutic agents and combination therapy:US,7758891B2.2010-07-20.

[175] Desai NP,Soon-shiong P,Trieu V.Compositions and methods of delivery of pharmacological agents:US, 7820788B2.2010-10-26.

[176] Celgene Corporation.ABRAXANE® for Injectable Suspension(paclitaxel protein-bound particles for injectable suspension)(albumin-bound)[EB/OL].(2015-07-21)[2017-09-25]http://media.celgene.com/content/uploads/abraxane-pi.pdf

[177] Celgene Corporation.ABRAXANE®[EB/OL].(2015-07-21)[2017-09-25]http://www.abraxane.com/

[178] Shen Z,Li Y,Kohama K,et al.Improved drug targeting of cancer cells by utilizing actively targetable folic acid-conjugated albumin nanospheres.Pharmacol Res,2011,63(1):51-58.

[179] Thu HP,Nam NH,Quang BT,et al.In vitro and in vivo targeting effect of folate decorated paclitaxel loaded PLA-TPGS nanoparticles.Saudi Pharm J,2015,23(6):683-688.

[180] Zhao C,Liu X,Liu J,et al.Transferrin conjugated poly(γ-glutamicacid-maleimide-co-L-lactide)-1, 2-dipalmitoylsn-glycero-3-phosphoethanolamine copolymer nanoparticles for targeting drug delivery. Collioid Surface B Biointerfaces,2014,123:787-796.

[181] Daniels TR,Delgado T,Helguera G,et al.The transferrin receptor part Ⅱ:targeted delivery of therapeutic agents into cancer cells.Clin Immunol,2006,121(2):159-176.

[182] 吉顺荣,张波,吴闻哲,等.RGD偶联吉西他滨白蛋白纳米粒对胰腺癌细胞周期和凋亡的影响.中国癌症杂志,2012,22(2):91-95.

[183] Graf N,Bielenberg DR,Kolishetti N,et al.αvβ3 Integrin-targeted PLGA-PEG nanoparticles for enhanced anti-tumor efficacy of a Pt(Ⅳ)prodrug.ACS Nano,2012,6(5):4530-4539.

[184] 张丽,张春丽,王荣福.RGD肽类肿瘤靶向受体显像的研究现状及前景.中国医学影像技术,2010,26 (6):1176-1178.

[185] 梁宁生.单克隆抗体抗肿瘤药研究和应用新进展.中国药房,2010,21(14):1261-1264.

[186] 杨春娥,石小鹏.单克隆抗体类抗肿瘤药物的临床应用和进展.中国新药与临床杂志,2005,24(2): 136-139.

[187] Cirstoiu-Hapca A,Buchegger F,Lange N,et al.Benefit of anti-HER2-coated paclitaxel-loaded immuno-nanoparticles in the treatment of disseminated ovarian cancer:therapeutic efficacy and biodistribution in mice.J Control Release,2010,144(3):324-331.

[188] Wu C,Zhang M,Zhang Z,et al.Thymopentin nanoparticles engineered with high loading efficiency,improved pharmacokinetic properties,and enhanced immunostimulating effect using soybean phospholipid and

PHBHHx polymer.Mol Pharm,2014,11(10):3371-3377.

[189] Peng Q,Zhang ZR,Gong T,et al.A rapid-acting,long-acting insulin formulation based on a phospholipid complex loaded PHBHHx nanoparticles.Biomaterials,2012,33(5):1583-1588.

[190] Ignacio JG,Chawla SP,Manalo R,et al.A phase Ⅰ/Ⅱ study of intravenous Rexin-G and Reximmune-C for cancer immunotherapy:the GeneVieve protocol.J Clin Oncol,2010,28(15 suppl):2546.

[191] Yang J,Xie SX,Huang Y,et al.Prostate-targeted biodegradable nanoparticles loaded with androgen receptor silencing constructs eradicate xenograft tumors in mice.Nanomedicine,2012,7(9):1297-1309.

[192] Abedini F,Hosseinkhani H,Ismail M,et al.Cationized dextran nanoparticle-encapsulated CXCR4-siRNA enhanced correlation between CXCR4 expression and serum alkaline phosphatase in a mouse model of colorectal cancer.Int J Nanomedicine,2012,7:4159-4168.

第六章

可生物降解注射埋植给药系统

第一节 概　述

随着科学技术的迅速发展，近二十年来许多新颖的给药系统不断被成功开发，而且不少产品也已相继上市，如口服渗透泵片、亲水凝胶骨架片、控释透皮贴剂以及利用聚合物为骨架制成的埋植剂或注射剂（国外文献通常称为"Depot"）等。后者之所以受到人们重视是因为这种剂型可克服口服或透皮贴剂的某些局限，如药物在胃肠道中的稳定性差、在肝脏中易被快速清除、大分子药物难以透过胃肠道黏膜或皮肤角质层被机体吸收以及难以达到持续数日的长效治疗效果等缺点。应该说，无论从制剂技术角度看，还是从临床使用价值看，这类制剂都是别具特色，而且有良好的应用前景。

"Depot"作为一种新的给药系统，可根据聚合物的性质分为非生物降解和可生物降解两种类型。非生物降解给药系统只能作为埋植剂，其典型的例子为 Wyelh-Ayerst 公司生产的商品名为 Norplant 的皮下埋植剂。Norplant 是由 2-甲基硅氧烷和甲基乙烯硅氧烷共聚物（Silastic）制成的直径 2.4mm、长度 34mm 两头封端的微型硅胶管，可有效避孕达 5 年时间。用药时，通过手术切开患者上臂内侧皮肤植入，每次六根，每根微型硅胶管内含有左炔诺孕酮 36mg，药物释放完后，必须再次手术从埋植部位取出空白硅胶管。尽管该埋植剂可恒速释药 5 年，有可靠的避孕效果，但存在手术植入和取出不便、具有潜在的感染风险以及患者顺应性差等问题，所以从 1994 年后，其美国市场的销售量已急剧下降，目前已被 2 根型埋植剂所取代。新一代"Depot"产品是由与机体具有良好生物相容性，并且可生物降解的聚合物制成的注射给药系统。生物降解聚合物作为"Depot"骨架材料，最突出的优势在于可避免非生物降解聚合物必须经手术植入和取出的缺点。

可生物降解聚合物在给药系统上的应用始于可吸收缝线。1950 年国外合成了聚羟基乙酸（polyglycolic acid），发现该聚合物在潮湿环境中易水解，使其链段逐渐减小，最后成为单体，并为机体吸收。由于稳定性问题，聚羟基乙酸很难得到应用，但提示其有望成为可吸收缝线的组分。随后由羟乙基和其他单体如丙交酯和乙交酯共聚物制成的不同特性的缝线应运而生，例如 Dexon 和 Vicryl。目前除缝线外，生物降解聚合物已广泛用于骨科紧固件如骨螺栓、骨螺钉、骨板，牙科和人工脏器的替代材料等。据统计，目前美国可吸收缝线和可生物降解的整形外科固定装置年销额已达 12~15 亿美元；相关研究论文，70 年代每年仅 60~70 篇，到 90 年代已猛增至 400 多篇[1]，目前已在 1000 篇以上。

生物降解聚合物在可吸收缝线方面的成功应用，促使人们期望将其用于缓释制剂的研究与开发。1970 年，Yolls 等报道了聚乳酸作为麻醉药拮抗剂环唑辛（Cyclazocine）长效注射剂药用辅料的应用。随后，对其他药物如抗肿瘤药物、甾体激素和其他麻醉药拮抗剂的缓释注射剂的研究也相继被报道。

随着生物技术水平的不断提高，近年来许多具有高效生物活性的蛋白质、基因类大分子药物不断出现，在临床上发挥着越来越重要的作用。但是，多肽、蛋白质药物因其在胃蛋白酶和胃肠道 pH 条件下极不稳定，又因具有较高的分子量和很强的亲水性而难以透过消化道黏膜，使得这类药物的口服生物利用度非常低；而采取皮下、肌内或血管内给药，其体内半衰期通常很短，不得不频繁给药以保证有效的治疗浓度，导致用药的顺应性降低。这些缺陷提示，研究开发大分子药物的长效制剂非常必要。

蛋白质类药物缓控释给药系统的研发，在制备工艺方面存在比较复杂的影响因素，例如聚合物与药物的相互作用、复杂的工艺过程、环境 pH 与温度、制剂内温度与湿度等，这些因素都可能导致药物稳定性特别是生物活性下降，所以至今大部分多肽和蛋白药物缓控释给药系统的研究仍处于实验室阶段。尽管如此，大分子药物，特别是多肽类药物的可生物降解给药系统开发还是取得了显著进展。过去 20 年内，采用聚酯类，如聚乳酸（poly-lactic acid，PLA）和各种规格的乳酸与羟乙酸共聚物［poly（lactic-co-glycolic acid），PLGA］为骨架材料；以人工合成多肽——促性腺素释放素（GnRH），亦称黄体激素释放激素（luteinizing hormone releasing hormones，LHRH）类似物为活性药物成分的可生物降解给药系统的开发获得了极大的成功。第一个上市的 LHRH 类似物是曲普瑞林微球注射剂，商品名是 Decapepty（Debiopharm 公司产品），用于治疗前列腺癌。该微球注射剂采用摩尔比 50∶50 的聚丙交酯－乙交酯［poly（lactide-co-glycolide），PLCG］为骨架材料，包载曲普瑞林而成，每次注射（含药 3.75mg）可在体内缓释药物 30 天。随后由 TAP Pharmaceuticals 公司推出了醋酸亮丙瑞林微球注射剂，商品名 Lupron Depot，其微球骨架材料为 PLGA 和 PLA，该注射剂在体内可缓释 1 个月、3 个月或 4 个月，主要用于治疗子宫内膜异位、前列腺癌和儿童性早熟等症。此外，用摩尔比 50∶50 的 PLGA 共聚物包载醋酸那法瑞林，制得的微球体内可缓释 30 天，该注射剂也已开发成功。

Zoladex 为一种可注射的埋植剂，内含药物戈舍瑞林，以 PLGA（摩尔比 50∶50）为骨架材料，两者经热熔融挤出法制成每剂量含药物 3.6mg 的微小圆柱体（直径 1mm，长 10mm），置于一种专用的一次性注射器内，注射后可直接埋植在皮下，使药物在体内缓慢释放 1 个月。还有一种内含药物 10.6mg 的戈舍瑞林可注射埋植剂也已面市，可缓释药物 3 个月。常用 LHRH 类似物的缓释微球注射剂见表 6-1[2]。

奥曲肽（octreotide）是人工合成的含有 8 个氨基酸的环肽，具有与天然内源性生长抑素类似的作用。Novartis 公司以 PLGA 为骨架材料，成功开发了奥曲肽微球注射剂，商品名为 Sandostatin LAR。该制剂用于治疗消化道溃疡出血和肢端肥大症，注射后在体内可缓释 1 个月，与每日需注射 2~3 次的常规注射剂疗效及耐受性相当[3]。

基因重组技术制备的蛋白质类药物缓控释制剂是各国研究开发的一大方向。1999 年 12 月，由 Genetech 公司开发的可缓释一个月的基因重组人生长激素（recombinant human growth hormone，rhGH）微球注射剂率先通过 FDA 注册进入市场，商品名为 Nutropin Depot。该制剂的骨架材料为 PLGA，蛋白药物的生物活性在微球内得以很好地保存。后由于某些原因，在其上市仅四年后便退出市场。表 6-2 列举了一些文献报道的其他多肽和蛋白质类药物的缓释微球注射剂。

表 6-1　LHRH 类似物缓释微球注射剂

药物	商品名	骨架材料	缓释时间（月）	研发公司
曲普瑞林	Decapeptyl	PLCG	1	瑞士 Debiopharm
亮丙瑞林	Enantone	PLGA	1	日本武田
	ProstapSR	PLGA	1	美国 Abott
	Tap-144SR	PLA	3	日本武田
布舍瑞林	Superfact	PLCG	1	德国 Hoechst
那法瑞林	Synarel	PLGA	1	瑞士 Roche
戈舍瑞林	Zoladex	PLGA	1	英国 AstraZeneca

注：表中除 Zoladex 为可注射埋植剂外，其他都为微球注射剂。

表 6-2　文献报道的其他的多肽和蛋白质药物缓释微球注射剂

药物	适应证	剂型	骨架材料	缓释时间
促红细胞生长素（EPO）	肾功能不全，贫血	微球	LPLG-PEO-LPLG	体外缓释 2 周[4]
γ- 干扰素（rhIFN-γ）	肉芽瘤	微球	PLGA 50：50	体外缓释 2 周[5]
白介素（IL-α）	肿瘤免疫	微球	PLGA 50：50	动物体内缓释 7 天[6]
人粒细胞巨噬细胞集落刺激因子（GM-CSF）	骨髓移植	微球	PLGA/DL-PLA 50：50	动物体内缓释 9 天[7]
超氧化歧化酶（SOD）	免疫功能低下	微球	PLGA/PDL-LA	动物体内缓释 21 天[8]
表皮生长因子（EGF）	慢性胃溃疡愈合	微球	PL-LA	动物体内缓释 11 天[9]
胰岛素	降糖	微球	PAEs	体外缓释 15 天[10]

注：LPLG-PEO-LPLG：L- 聚乳酸 - 羟乙酸共聚物 - 聚氧乙烯 -L- 聚乳酸 - 羟乙酸共聚物，为 A-B-A 嵌段聚合物；PCL：聚己内酯；PAEs：聚酸酐酯

　　我国对新型给药系统研究与开发的投入力度逐年增加，国内学者对多肽和蛋白质药物缓控释注射给药系统的研究兴趣也越来越浓。从研究课题的广度和深度看，近年来国内科研水平有显著的提高，在该领域发表的研究论文数也呈逐年上升的趋势。但总体来说，国内研究目前大多处于实验室阶段，离应用还有较大的距离。究其原因，主要与缺少不同规格的、符合药用质量标准的可生物降解聚合物以及不同类型、不同规模的微球制备装置有关。在"九五"期间，上海医药工业研究院承担了国家科委攻关项目——可缓释 1 个月的丙氨瑞林和亮丙瑞林可生物降解微球注射剂的研发任务，进行了大量的前期基础研究工作，积累了丰富的研发经验。目前国产的可生物降解聚合物 PLGA 及亮丙瑞林长效微球注射剂已通过国家药品监督管理局审核，并完成临床试验，转让给上海丽珠制药生产并已上市。上海医药工业研究院还与军事医学科学研究院合作开发了可缓释 1 个月的纳曲酮 -PLGA 长效微球注射剂，也已获得国家药品监督管理局批准进入临床试验。山东绿叶制药集团研发的利培酮微球注射剂不需再进行任何临床试验，可在美国 FDA 提交新药上

市申请。这些项目的研发成功，为推动国产可生物降解药用辅料的开发以及长效注射给药系统的产业化奠定了良好的基础。

第二节　可生物降解聚合物的类型及特征

可生物降解缓控释注射给药系统的质量好坏，尤其是缓控释效果的调节很大程度上取决于聚合物的类型及特征。可生物降解聚合物原则上可分为两类：天然来源的聚合物与化学合成的聚合物，表6-3列举了目前常用的可生物降解聚合物。

表6-3　可生物降解聚合物

类型	分类	实例
天然来源 聚合物	多糖	葡聚糖，壳聚糖，海藻酸盐，淀粉
	多肽，蛋白质	骨胶，明胶，牛血清白蛋白（BSA），人血清白蛋白（HSA）等
化学合成 聚合物	聚酯	聚乙交酯（PGA），聚D，L-丙交酯（DL-PLA），D，L-丙交酯-乙交酯共聚物（PLCG），D，L-聚乳酸-羟乙酸共聚物（PLGA），聚 ε-己内酯（PCL），聚二烷（PDS），聚羟基丁酯（PHB）
	聚酸酐	聚［1，3-双（对羧基苯氧基）丙烷-葵二酸］共聚物［P（CPP-SA）］
	聚原酸酯	聚原酸酯-聚酰胺共聚物（POEAd）
	聚磷腈	聚二氯磷腈（PDCP），聚有机磷腈（POP）
	聚磷酸酯	聚（乙基膦酸-BPA）（BPA-EP），聚（苯基膦酸-BPA）（BPA-PP）

天然来源的聚合物来源广泛、价格低廉，但这类聚合物由于存在来源、品种等方面的差异，导致其在纯度和理化特性上有较大的差别，作为制剂辅料，显然会影响其质量控制。另一方面，采用这类聚合物作为微球的骨架材料，往往还须经化学或物理方法交联，这可能在不同程度上导致聚合物及药物发生变性或被破坏，使得微球质量变化或者在用药后引起免疫反应及其他不良作用。鉴于此，近二十年来，这类聚合物的应用逐渐减少，而采用化学合成的可生物降解聚合物则成为缓控释注射给药系统骨架材料的主要来源。

化学合成的可生物降解聚合物有以下优点：①良好的生物相容性（biocompatibility）和生物降解性（biodegradability）；②通过规范的化学聚合工艺，能很好控制产品质量和保证质量重现性；③作为缓控释注射给药系统的骨架材料，可以通过改变单体的摩尔比或改变分子量和黏度等参数，调节聚合物的降解速度，控制药物在体内外的释放速率；④可大批量生产，成本较低。

在化学合成的可生物降解聚合物中，聚酯类是注册最早、应用最成熟的品种，无论是正处于开发阶段还是已上市的给药系统和医疗器械中，都占有最主要的地位。除聚酯在国外已批准药用外，聚酸酐（polyanhydrides）也已通过美国FDA注册并已成功用作化疗剂卡氮芥（carmustine，BCNU）的载体，用于脑胶质瘤术后埋植给药，以防止肿瘤细胞扩散[11]，商品名为Gliedal。其他类型的可生物降解聚合物也在迅速发展。另一方面，新剂型、新制剂与新技术的研究成果反过来也促进了可生物降解聚合物材料在生物医学领域的应用。

化学合成的可生物降解聚合物的类型不同，性质各有特征。

一、聚　酯　类

聚酯类（polyester）聚合物中都含有一种相同的链段结构：

$$\left(\!\!-O-R-\overset{\displaystyle O}{\overset{\|}{C}}-\right)_{\!\!n}$$

其中 R 为不同基团。常用聚酯的结构见表 6-4。

表 6-4　常用聚酯类品种及其结构

聚酯链段	$\left(\!\!-O-R-\overset{O}{\overset{\|}{C}}\right)_{n}$
聚乙交酯 ［poly（glycolide），PGA］	$\left(\!\!-O-CH_2-\overset{O}{\overset{\|}{C}}\right)_{n}$
聚 D，L- 丙交酯 ［poly（D，L-lactide），DL-PLA］	$\left(\!\!-O-\underset{}{\overset{CH_3}{\overset{\|}{CH}}}-\overset{O}{\overset{\|}{C}}\right)_{n}$
聚（D，L- 乙交酯 - 丙交酯） ［poly（D，L-lactide-co-glycolide），PLCG］	$\left(\!\!-\overset{O}{\overset{\|}{C}}-\underset{CH_3}{\overset{}{CH}}-O\right)_{m}\!\left(C-CH_2-O\right)_{n}$
聚己内酯 ［Poly（ε-caprolactone），PCL］	$\left[-O-(CH_2)_5-\overset{O}{\overset{\|}{C}}-\right]_{n}$
聚二噁烷酮 ［poly（dioxanone），PDO］	$\left[-O-(CH_2)_2-O-CH_2-\overset{O}{\overset{\|}{C}}-\right]_{n}$
聚羟丁酯 ［poly（hydroxybutyrate），PHB］	$\left(\!\!-O-\underset{}{\overset{CH_3}{\overset{\|}{CH}}}-CH_2-O-CH_2-\overset{O}{\overset{\|}{C}}\right)_{n}$

大量体内外实验证明聚酯类材料的生物相容性和生物降解性良好，安全性高，毒副作用小。聚酯类材料有不同的理化性质，柔顺性好，可以制成不同的医用制品和新剂型的骨架材料，如外科可吸收缝线及各种医疗器械：踝、膝、手关节固定件（紧固螺栓、钉），半月板、韧带连接件以及骨针、颅骨、颌骨等面部的固定装置。此外还有牙科创口护膜、可吸收绷带、肠切除吻合圈、夹、人工喉管、组织再生支架等。其中聚 D，L- 丙交酯、聚乙交酯和两者的共聚物——丙交酯 - 乙交酯共聚物是聚酯类材料中应用最多的可生物降解

聚合物。

（一）聚酯类聚合物的合成

聚酯类的合成主要有两种方法：

1. 开环聚合法　将羟基乙酸或乳酸缩合，聚合成低分子量的聚合物；后者经热裂解成环状二聚体，即乙交酯和丙交酯。乙交酯和丙交酯通过开环、加聚，可得到高分子量的聚合物；开环加聚反应最常用的催化剂是辛酸亚锡。丙交酯 – 乙交酯共聚物合成反应式如图 6-1 所示：

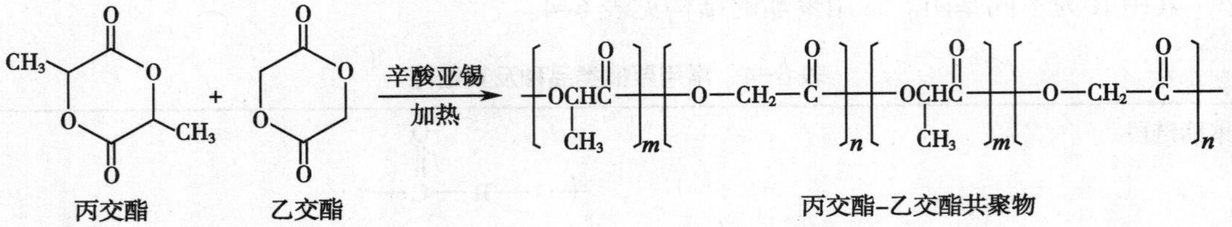

图 6-1　丙交酯 – 乙交酯共聚物合成反应式

此聚合物之所以被称为丙交酯 – 乙交酯共聚物［poly（lactide-co-glycolide），PLCG］，是由于丙交酯含有两个不对称碳原子，可以分别用 D– 丙交酯（D，D 环状二聚体），L– 丙交酯（L，L 环状二聚体）或者内消旋丙交酯（D，L 环状二聚体）为原料进行聚合反应生成相应的产物。此外，如 85∶15、75∶25、50∶50 的 D，L– 丙交酯 – 乙交酯共聚物可用不同摩尔比的乙交酯与 D– 或 L– 丙交酯或内消旋混合物聚合而成。

2. 缩合聚合法　以乳酸、羟乙酸直接进行缩聚也可以得到均聚物（由相同单体构成）或共聚物（由不同单体构成）。日本武田化学株式会社（Wako Pure Chemical Ind.）报道了一种无催化剂的缩聚法，该方法只能获得分子量 20 000 以下的共聚物，称之为乳酸 – 羟乙酸共聚物［poly（lactide-co-glycolic acid），PLGA］。结构式如下：

国内学者邓先模等亦采用非锡无毒催化剂，经缩聚反应，成功开发了分子量为 1~20 000 的羧基封端 PLGA，分子量分布较窄，与日本武田工艺相比，具有对设备要求不高，反应时间较短等优点。

虽然一般资料都将 PLGA 与 PLCG 通称为聚乳酸 – 羟乙酸，但两者在结构与理化性质上是有区别的。严格地说 PLGA 是以羧酸封端，而 PLCG 是以酯基封端。羧基封端的共聚物有较高的极性，亲水性较强，降解时间也较短；而酯基封端的共聚物极性较低，亲水性较差，降解时间也较长。两者作为多肽或蛋白质类药物微球的骨架材料，PLGA 包封率往往要比 PLCG 高，这是因为在水性介质中，PLGA 的羧基（带负电荷）易与多肽或蛋白质类药物氨基酸结构上的氨基（带正电荷）发生静电结合，形成的复合物降低了药物在水中溶解度的缘故。

国外的乳酸 – 羟乙酸共聚物商品，规格上都注明其末端基团。例如，德国 Boehringer Ingelheim 公司的商品 Resomer 有 502、503 和 502H、503H 等多种不同规格，前者代表酯基封端，后者（带 H）代表羧基封端。美国 Birmingham Polymers 公司的产品

Lactel 也分为 50/50 DLPLG 和 50/50 DLPLG COOH 等不同型号，前者代表酯基封端的聚合物，后者代表羧基封端的聚合物。在选购产品前，应该对不同规格的聚合物有充分的了解。

（二）聚酯类聚合物的降解

在开始制剂制备之前，选择合适规格的可生物降解聚合物对制剂及其理化性质的控制非常重要。聚合物的结晶度对降解有直接影响，聚 D- 丙交酯和聚 L- 丙交酯的均聚体都呈半晶体状态，水渗入半晶体聚合物的速度较慢，所以这类聚合物的水解速率也较慢，一般需要 18~24 个月。而 D，L- 丙交酯是无定形聚合物，其水解速度相对较快，一般为 12~16 个月。在聚丙交酯中加入一定的乙交酯，可以降低共聚物的玻璃化转变温度（T_g），提高聚合物的亲水性，从而缩短聚合物在体内外的降解时间。乙交酯摩尔比在 PLCG 中保持在 0~70% 间，共聚物一般都可保持非晶形状态。含 50% 乙交酯的 PLCG 共聚物具有最快的水解速度，约 2 个月。聚乙交酯尽管是半晶形聚合物，但与无定形的聚丙交酯相比，水解速度较快，约 2~4 个月，这是因为乙交酯亲水性比丙交酯大的缘故。除上述聚酯单体旋光类型和共聚物中两种单体摩尔比对降解有明显影响外，降解速度还和环境条件、聚合物分子量、制剂几何形状以及制剂工艺等因素有关[12]。

聚酯类材料在含水环境中由于水解作用而不断降解，其降解模式属本体降解，通常在聚合物质量减小之前其分子量往往就已经开始下降。研究结果表明，聚酯类材料包括 PLA 和 PLCG（75：25）都以非均匀水解的模式降解，即先从聚合物内部呈酸性的寡聚体或单体区域开始，这与酸催化引起聚合物水解速度加快有关。与上述情况不同的是，像聚羟乙酸这类半结晶聚合物，往往是水先扩散至非晶体区域，再慢慢进入结晶区域，从而导致非均匀水解现象。

以聚酯类材料为骨架的可生物降解给药系统的研发已有许多综述报道[13]，也有不少关于将其用作蛋白质药物和疫苗载体的评价[14]。

二、聚 酸 酐 类

聚酸酐（polyanhydrides）在 20 世纪 50 年代作为纤维替代品开发，后来发现它具有表面溶蚀特性，与聚酯类材料的本体降解性质不同，由此开发成另一种类型的可生物降解聚合物。

酸酐键比酯键更易水解，为达到表面溶蚀的目的，这类聚合物以疏水性很强的单体聚合成主链，以防止水分渗入聚合物骨架内部，而暴露在骨架表面的酸酐键很容易发生水解，所以整个水解过程由表及里依次进行。许多常见的脂肪族和芳香族单体已用于制备这类表面溶蚀的聚合物，见表 6-5。

脂肪族酸酐一般由二羧酸，如己二酸或癸二酸（SA），十二酸或富马酸（FA）制备。为增加聚合物疏水性，也可采用芳香族单体，如邻苯二酸和羧基苯氧基烷类化合物，如 CPM、CPP 和 CPH 制备。高分子量聚酸酐一般以二羧酸为单体，利用醋酐将其先转化为混合脱水的聚合物前体，后者在熔融情况下经缩合反应聚合而得。由于 SA、CPP 与 FA 呈半结晶状，性脆且熔点高，而 FAD 是液体，因此这些品种一般不太使用。作为给药系统的骨架材料，常用的是 FAD-SA 和 CPP-SA 的共聚物。

表 6-5 常见的聚酸酐品种及其结构

聚酸酐链段	$\left[C(=O)-R_1-C(=O)-O \right]_n$
聚癸二酸（pSA）	$\left[C(=O)-(CH_2)_8-C(=O)-O \right]_n$
聚富马酸（pFA）	$\left[C(=O)-CH=CH-C(=O)-O \right]_n$
聚（芥酸二聚体）或聚（脂肪酸二聚体）（pFAD）	$\left[C(=O)-(CH_2)_{12}CH-CH-(CH_2)_{12}C(=O) \right]$ 带有 $CH_3(CH_2)_7$ 及 $(CH_2)_7CH_3$ 支链
聚（对苯二甲酸）（pTA）	$\left[C(=O)-C_6H_4-C(=O)-O \right]_n$
聚（间苯二甲酸）（pIPA）	$\left[C(=O)-C_6H_4-O-(CH_2)_m-O-C_6H_4-C(=O)-O \right]_n$
聚［双（对-羟苯氧基）-链烷］	$M=1$，聚［1-双（p-羟苯氧基）甲烷］，CPM $M=2$，聚［1,3-双（p-羟苯氧基）丙烷］，CPP $M=3$，聚［1,6-双（p-羟苯氧基）己烷］，CPH

脂肪族聚酸酐结构中，将二羧基单体烷基链段长度增加，如 $n=4$ 增至 12，可以增加聚合物的疏水性，从而可以减缓聚合物降解和被包载药物的释放速度，这种性质在体内外实验中均已得到证实。pFAD 是无定形结构，而在 p（FAD-SA）共聚物中，若将 SA 含量增至 30%（摩尔比）以上时，结晶度就很快增加。但由于 SA 比 FAD 有较大的亲水性，所以 SA 含量增加，将加快聚合物的降解速度。p（CPP-SA）共聚物呈半结晶状态，当 SA 含量在 15%~70%（摩尔比）之间时，结晶度最小。如果聚合物结晶度不是主要影响因素时，则改变共聚物组分就可以明显影响聚合物降解速率。有研究考察了 SA 含量对 p（CPP-SA）共聚物体外降解速度的影响，结果表明 SA 含量在 0~79%（摩尔）间变化时，随着 SA 增加共聚物水解速率逐渐加快。有研究者用外推法计算，pCPP 的降解时间为 3 年，而含 79%（摩尔）SA 的 p（CPP-SA）降解时间仅为 1~2 周。合成聚酸酐的目的是为了制备一种能够按表面溶蚀模式控制药物恒速释放的制剂，例如有人成功研制出一种由 80%pSA 和 20%p（CPP-SA）制成的膜剂，该制剂能按零级模式降解达 6 天。

p（FAD-SA）的降解也遵循零级动力学过程，其速率与 SA 从聚合物中释出的速度有关。已有不少研究报道采用聚酸酐为骨架制备药物制剂，如环丙沙星、硝基苯胺、醋酸可的松、胰岛素和蛋白质类药物[10, 15]等，这些研究表明，药物释放速率与聚合物降解速度呈相关性。此外也有不少关于聚酸酐生物相容性的评价[16]。

目前唯一获得 FDA 注册的聚酸酐制剂是 Gliedel。这是一种薄型片剂，直径 1.45cm，厚度 1mm，内含卡氮芥 7.7mg，由 p（CPP-SA）（20∶80）骨架材料压制而成。该制剂用于防治脑胶质瘤复发，每次用药 8 片，置于外科切除脑胶质瘤后手术部位。研究表明，Gliedel 片中药物的释放由药物扩散和聚酸酐表面溶蚀两因素共同控制[17]。

三、聚原酸酯类

聚原酸酯（polyorthoesters）是国外学者在 20 世纪 70 年代开发的另一类可生物降解聚合物，利用表面溶蚀特性，可以将其作为给药系统的骨架材料。第一个可水解的聚原酸酯是由二元醇［1，6- 己二醇（HD）或反式 1，4- 环己烷二甲醇（HDM）]与原酸酯（2，2- 二乙氧基四氢呋喃，DETHE）缩合反应而得，商品名为 Alzeimer（最初为 Chronmer™），由 Alza 公司开发。该聚合物水解成相应的二元醇和 γ- 羟丁内酯，后者又易开环成 γ- 羟丁基酸。由于 Alzeimer 由酸催化水解，所以副产物将加速残余的聚合物水解。为了防止自身催化加速水解，一般采用加入无机碱盐如碳酸盐为稳定剂，以解决这一问题。其他常见的聚原酸酯品种见表 6-6。

表 6-6 常见的聚原酸酯品种及结构

聚原酸酯链段	
聚原酸酯 I R₁= 顺 / 反环己基二甲醇（CHDM） R₁=1，6- 己二醇（HD）	
聚原酸酯 II	

第二代聚原酸酯采用 1，6- 二元醇 – 环状二乙烯酮乙缩醛，如二乙烯酮缩二甲醇与 3，9- 二亚甲基 –2，4，8，10- 四氧螺旋 –[5，5]– 十一烷（DETOU）反应制得（表 6-6）。用两种不同比例二元醇（即 HD 和 HDM）得到的原酸酯具有不同的特性，HD 组分的比例从 0% 增至 100%，聚合物的 T_g 从 100℃ 降至 20℃；将烷基长度从 $n=6$ 增至 $n=12$ 时，可使 T_g 从 20℃ 降至 0℃。聚合物玻璃化转变温度的下降与二元醇链段柔顺性增加有关。

由于 DETOU 单体具有较强的疏水性，因而聚合物水合能力低（仅能吸收 0.3%~0.75% 水），且降解速度较慢，150 天仅减少质量 15%，325 天减少 60%。该聚合物也是酸催化水解，但降解产物不含酸性物质，所以有人认为要加速聚合物降解，可以加酸性辅料至聚合物骨架中。如加入质量 1% 辛二酸和 1，6- 己二醇聚合得到的 DETOU 聚原酸酯，采用其为载体制得的纳曲酮棕榈酸酯制剂可缓释药物达 30 天；相反，如加入碱盐如 Mg（OH）$_2$，则可抑制聚合物水解。

聚原酸酯具有表面溶蚀特征，是一类有潜在应用前景的可生物降解聚合物。但存在几个问题影响其成为药用辅料，一是单体结构较复杂，聚合反应较困难；二是这类聚合物毒性和生物相容性还有待进一步深入研究；三是用于调节 pH 的辅料，如酸和碱，在体内应用的可能性较小。

四、含磷的聚合物

含磷聚合物（phosphorns-containing polymers）主要分为聚磷腈和聚磷酸酯两类，见表 6-7 和表 6-8。

表 6-7 常见的聚磷腈类品种及其结构

聚磷腈链段（R$_1$，R$_2$ 为侧链取代基）	
聚苯氧基磷腈	R= —O—⟨C₆H₄⟩—CH$_3$
聚咪唑基磷腈	R= —N⟨咪唑环⟩N
聚二（乙基甘氨酸基）磷腈	R= —NH—CH$_2$—C(=O)—O—CH$_2$—CH$_3$
聚二（乙基丙氨酸基）磷腈	R= —NH—CH(CH$_3$)—C(=O)—O—CH$_2$—CH$_3$

表 6-8 常见的聚磷酸酯类品种及其结构

聚磷酸盐链段	$\left(\!\!\!\begin{array}{c} O-R_1-O-\overset{\displaystyle O}{\underset{\displaystyle O-R_2}{P}} \end{array}\!\!\!\right)_n$
聚磷酸盐链段	$\left(\!\!\!\begin{array}{c} O-R_1-O-\overset{\displaystyle O}{\underset{\displaystyle R_2}{P}} \end{array}\!\!\!\right)_n$
聚亚磷酸盐链段	$\left(\!\!\!\begin{array}{c} O-R_1-O-\overset{\displaystyle O}{\underset{\displaystyle R_2}{P}} \end{array}\!\!\!\right)_n$
双苯酚 A（BPA）聚磷酸酯	$\left(\!\!\!\begin{array}{c} O-\bigcirc-\overset{\displaystyle CH_3}{\underset{\displaystyle CH_3}{C}}-\bigcirc-O-\overset{\displaystyle O}{\underset{\displaystyle R_1}{P}} \end{array}\!\!\!\right)_n$
聚（乙基磷酸 –BPA）（BPA–EP）	$R_1= -CH_2-CH_3$
聚（乙氧基磷酸 –BPA）（BPA–EOP）	$R_1= -O-CH_2-CH_3$
聚（苯基磷酸 –BPA）（BPA–PP）	$R_1= \bigcirc$
聚（苯氧基磷酸 –BPA）（BPA–POP）	$R_1= -O-\bigcirc$

　　对于两种不同的含磷聚合物，均可以通过简单改变聚合单体侧链的取代基制得具有不同理化和机械性质的材料，如含交替磷 – 氮双键和单键的聚磷腈可用聚二磷腈和有机亲核试剂，酚盐、芳基氧化物或胺等通过亲核取代反应制得。药物也可偶联到聚磷腈分子上制成前体药物，例如普鲁卡因、苯佐卡因和肝素等。采用不同的侧链取代基可以改变聚合物的疏水性和磷腈链的水解稳定性。表 6–7 为含不同比例的咪唑基和甲基苯氧基为侧链的共聚物。增加聚合物中咪唑基含量可以增加磷腈基水解活性，如在磷酸缓冲液中放置 600 小时，含 20% 咪唑基团的聚磷腈仅水解失重 4%，而含 45% 咪唑基团的聚合物失重可达 30%。用该聚合物作为给药系统的药物有对硝基苯胺、黄体酮和牛血清白蛋白等。聚磷腈也可采用氨基酸酯侧链取代物制备（表 6–7）。采用疏水性最低的乙基甘氨酸酯作为侧链取代基，可产生最快的水解速率，由这种聚合物制备的薄膜，1200 小时（约 50 天）仅降解 40%；而采用长链氨基酸侧链取代基，如丙氨酸乙酯或苄基丙氨酸乙酯制成的聚合物，在相同时间内失重为 10%~15%。所以，氨基酸侧链 α– 碳原子上的取代基比其他取代基对聚合物水解速率的影响都大得多。聚合物最终降解成磷酸盐、丙氨酸或甘氨酸、乙醇或苯甲醇以及氨等。聚磷腈作为蛋白质、萘普生、秋水仙碱等给药系统骨架材料已有报道[18–20]。

近年也有一些综述介绍不同种类聚磷酸酯的合成及其特性，其中特别感兴趣的是采用齐聚体聚酯二元醇和乙基磷酸二氯化物（EDP）经缩合反应制备的聚磷酸酯。在这个反应中，二元醇聚合物前体采用乙烯醇或1，2-丙烯醇经催化与环状丙交酯开环缩合而得。该聚合反应目的是为了制备低分子量的均聚体聚酯二元醇，后者再和EDP聚合，终产物为丙交酯-磷酸酯共聚物。聚磷酸酯中随着磷酸酯含量增高，降解速度加快。Guiford医药公司近年研究用其作为化疗药紫杉醇的给药载体[21]。

五、其　　他

以上介绍的是用于制备缓控释注射给药系统的几类主要的可生物降解聚合物及其理化性质。此外，另一些类型的聚合物，如聚酰胺（polyamides）、聚氰基丙烯酸酯［poly（cyanoacrylates）］、泊洛沙姆（poloxamers）、聚氨基酸［poly（amino acid）］等也有报道，但是研究不如前述聚合物深入。此处简要介绍聚氰基丙烯酸酯和泊洛沙姆[22, 23]。

1. **聚氰基丙烯酸酯**　聚氰基丙烯酸酯的化学结构式为：

$$\left[CH_2 - \underset{\underset{COOR}{|}}{\overset{\overset{CN}{|}}{C}} \right]_n$$

其主链上的C—C键易水解断裂，从而使聚合物具有可生物降解性质。聚氰基丙烯酸酯在中性条件下降解缓慢，而在碱性介质中降解速度加快，降解产物为甲醛和聚合物残链；另一降解模式为酯键水解，生成酸性降解产物。

聚氰基丙烯酸酯最早作为外科手术用黏合剂，用于黏合血管伤口。这与聚氰基丙烯酸酯极易发生阴离子或两性离子聚合，并快速产生强力黏合作用有关。由于该聚合物具有良好的可生物降解性，常用作新型给药系统如纳米粒的骨架材料。制备纳米粒一般采用乳液聚合法，将水不溶性的单体滴在水相中进行乳化，加入引发剂，使单体在胶束中完成聚合反应。该方法制得的纳米粒粒径一般在200nm左右，可以在聚合反应之前或之后采用包合或吸附的方法将药物加载到纳米粒中，介质的pH对聚合速度和载药量具有决定性的影响。

尽管聚氰基丙烯酸酯材料可以生物降解，但由于其降解产物复杂（含有甲醛），潜在的毒副作用可能会最终制约其在医药领域中的应用。目前对于聚氰基丙烯酸酯的毒性尚存在一定的争议，有研究表明其具有不可忽视的肝毒性，也有报道其毒性很低，甚至无毒。

2. **泊洛沙姆**　泊洛沙姆（poloxamers）是一类具有表面活性的三嵌段共聚物，两端为聚氧乙烯（PEO）嵌段，中间为聚氧丙烯（PPO）嵌段，结构通式为：$HO（C_2H_4O）_a（C_3H_6O）_b（C_2H_4O）_cH$。

泊洛沙姆已被多个国家的药典所收载，广泛用作增溶剂、乳化剂、稳定剂、分散剂、混悬剂和包衣材料，同时因可形成温度敏感的凝胶而具有成为缓控释注射给药系统的潜能。其中，泊洛沙姆407（分子量11 500，PEO含量70%）的水溶液具有反向热胶凝的性质，即低温时（4~5℃）为液体，体温下可形成凝胶，由于毒性低，刺激性小，生物相容性好，被广泛应用于医药学领域。泊洛沙姆溶液转变为凝胶的相转变温度具有浓度依赖性，浓度越大，相转变温度越低（表6-9）。泊洛沙姆的胶凝过程是可逆的，降低温度，凝胶会重新转变为水溶液。泊洛沙姆的凝胶作用实际上是它在水相中的一种复杂的聚集行为。尽管 PPO 链段具有疏水性，链段上的醚氧原子仍会与水分子形成氢键而发生分子间缔合，随着温度升高，缔合在 PPO 链段上的水分子不断脱去，胶束中分子聚集数也不断增多；随着温度进一步提高，PEO 链段也开始脱去水分子；在温度足够高的情况下，泊洛沙姆胶束间的 PEO 链段互相缠结，形成凝胶。

表 6-9　泊洛沙姆 407 水溶液在不同温度下的黏度

温度（℃）	不同浓度（m/m%）泊洛沙姆 407 水溶液黏度（mPa·s）				
	18%	20%	25%	28%	30%
5	<1000	<1000	<1000	<1000	<1000
10	<1000	<1000	<1000	<1000	<1000
15	<1000	<1000	<1000	158 000	254 000
20	<1000	<1000	214 000	248 000	306 000
25	7600	11 800	250 000	268 000	320 000
30	107 000	138 000	254 000	272 000	334 000
35	120 000	140 000	258 000	276 000	338 000

泊洛沙姆分子中的醚键不易为人体代谢，所以不具有生物降解性；局部应用时没有刺激性，也不会致敏；全身应用时在体内通过巨噬细胞吞噬消除。口服泊洛沙姆的 LD_{50} 在 10g/kg 以上，其他途径，如静脉注射或腹腔内注射泊洛沙姆的 LD_{50} 要低一些。

六、可生物降解聚合物的选用

在进行缓控释注射给药系统研发之前，筛选合适的可生物降解聚合物至关重要。许多因素必须预先考虑，如应该选择均聚物（homopolymer）还是共聚物（copolymer）；如选用共聚物，其单体的摩尔比应处于怎样的范围，这些因素均会直接影响聚合物和制剂的特性。聚合物热力学属性是另一个需要注意的问题，例如聚合物的玻璃化转变温度 T_g 和熔点（T_m），T_g 和 T_m 可以影响聚合物中药物的迁移速度、制剂工艺过程以及制剂的稳定性等。

在温度低于 T_g 时，聚合物以无定形玻璃状态存在；温度高于 T_g 时，聚合物的空间体积增大，支链分子沿主链方向运动增强，使聚合物骨架内包埋的药物迁移速度加快。这种情况常出现在聚合物制剂中，如挤出成型与高速剪切混合工艺多在 T_g 以上进行；而其制剂应该在低于 T_g 温度下贮存，这样可以保持最大稳定性。

在残余溶剂、药物或其他添加剂存在的情况下，聚合物的 T_g 可能下降；相反，能阻碍支链沿着主链方向运动的诸因素：如长链的刚性、侧链基团和环状结构的存在等，则将升高 T_g。聚合物分子中存在带电基团或可解离基团都将影响药物的释放速度。表 6-10 列出了设计缓控释注射给药系统时通常需要考虑的一些聚合物理化性质。

表 6-10　影响制剂特性的聚合物理化性质

影响因素	举例
聚合物的化学结构	由相同单体构成的均聚物或由不同单体构成的共聚物
聚合物安全性与生物相容性	是否通过注册成为药用辅料
分子量	重均分子量 Mw，数均分子量 Mn
分子量分布	聚合物分子量的分散程度可用多分散系数（Mw/Mn）表示
分子结构	线形聚合物；支链聚合物；交链网状结构
立体异构	顺式立体异构；反式立体异构；非立体异构
次级结构属性	螺旋形结构；β- 折叠结构
晶形	无定形；半晶形；晶形
热转化温度	熔点（T_m）；玻璃化转变温度（T_g）
离子化作用	可解离的侧链；主链端基

　　以可生物降解聚合物为骨架材料的制剂，其释药除受聚合物本身理化性质影响外，还与许多因素有关，见表 6-11。

表 6-11　影响制剂理化性质的有关因素

	影响因素	举例
剂型设计	制剂的几何形状	圆柱体或棒状体 微粒（微球、微囊、纳米粒） 薄膜或薄片 黏滞凝胶或液体
	药物在制剂中的分布	均匀分布（骨架系统） 非均匀分布（贮库系统）
	制剂的处方	载药量 辅料 孔隙率
降解性	降解速率	
	降解机理	均匀降解（本体降解） 非均匀降解（表面溶蚀）

　　根据临床需要，设计相应不同大小和几何形状的制剂，这将涉及许多问题，如加工时聚合物的柔顺性、用药部位、拟作用时间和制备过程中药物稳定性等。药物在制剂内分布可以是均匀的（如骨架型系统），也可以是不均匀的（如贮库型系统），聚合物降解速率及降解机制也将影响药物的释放速度以及药物在制剂应用过程中的稳定性。可以根据具体用途，设计在聚合物开始降解前就完成释药的制剂，即由扩散控制释放的制剂，也可以设计

一种由扩散与聚合物降解和溶蚀共同控制释放的制剂。基于这种理论，能够成功研制出具有不同释药机制和不同降解速率的可生物降解制剂。

可生物降解给药系统的降解方式是影响药物释放的重要因素之一。降解方式主要有两种：表面降解和本体降解。本体降解（bulk degradation）是指均匀发生在整个聚合物骨架材料中的降解过程，而仅在材料表面进行的降解过程则称为表面降解（surface degradation）。通常，聚酯类材料的降解属本体降解，而聚酸酐或聚原酸酯的降解则属表面降解。

由于可生物降解聚合物的化学结构是不稳定的，一般不用于制备贮库型给药系统，因为这类聚合物可能过早降解而使贮库内药物提前释放，进而带来安全问题。可生物降解聚合物一般用于制备骨架型给药系统，这种系统中药物均匀分散或溶解在聚合物中。骨架系统可以制成不同剂型，如片剂、膜剂、植入剂或者微粒（微球或纳米粒）。药物开始从制剂表面或表层释放，当这个区域释放完成后，深层的药物释放增加。由于扩散距离在释药过程中不断增大，因此由扩散控制的药物释放不遵循零级模式。Higuchi 根据薄片（板）的几何形状，推导出预测骨架系统基于扩散控制机制的释药速率公式（式6-1）：

$$\frac{\mathrm{d}m_t}{\mathrm{d}t} = \frac{A}{2}\left[DC_S \left(2C_L - C_S \right) \right]^{1/2} \cdot t^{-1/2}$$

式6-1

式中，A 为聚合物片（板）的面积，C_L 是制剂载药量，m_t 是时间 t 时的药物释放量，D 是药物在膜内的扩散系数，C_s 是药物在聚合物中的溶解度。公式（6-1）表明当制剂以扩散机制释药时，药物释放速率与 $t^{1/2}$ 成反比，将随着 t 增大而逐渐减少。该公式适用于不存在溶蚀控制释放机制的聚合物骨架型给药系统。

药物从骨架系统中释放，从定量数据来看，低分子药物在扩散控制机制作用下，可以获得近似恒定的释放速度；而大分子物质，如多肽和蛋白质药物，由于其在聚合物中的溶解度和扩散速率都较低，所以在聚合物中的渗透率很低。在纯扩散控制机制条件下，大分子药物不易从骨架系统内释放，而必须借助其他机制，促进药物从系统内释出。药物和处方中其他水溶性的赋形剂溶出后生成的孔道或膜孔，有助于大分子药物从骨架型给药系统内释放。此外也可以采用加速聚合物降解或改善制剂本身的溶蚀能力以提高药物释放速率。

在特定条件下，一些新型给药系统可以按零级速率释药，如用表面溶蚀的聚合物制成的制剂，其降解反应只发生在制剂表面。由于药物释放只限制在可降解的区域内，使得以零级速率释药成为可能。这种情况下，聚合物降解速率就可以用于控制药物的释放速率。Hopfenberg 推导出的数学模型可用于描述在降解过程中表面积保持不变的释药系统的释放过程。在 t 时刻时，药物的累积释放量可用式6-2表示：

$$\frac{M_t}{M_\infty} = 1 - \left(1 - \frac{k_0 t}{C_L a} \right)^n$$

式6-2

式中，k_0 是聚合物降解（表面溶蚀）过程的零级速率常数，C_L 是制剂的初始载药量，a 是制剂厚度的 1/2 值（即微球或微圆柱体的半径），n 是指数值，它随制剂几何形状不同有所区别，$n=1$，2，3分别适用于片、微圆柱体和球形结构。

第三节　可生物降解微球的制备方法及其进展

可生物降解微球的常见制备方法主要有乳化－液中干燥法、喷雾干燥法和相分离法[24]。可根据药物的不同性质及所需制备微球的不同特性来选择合适的制备方法。下面将对各种方法进行详细介绍。

一、乳化－液中干燥法

乳化－液中干燥法（emulsion in-liquid drying process）亦称乳化－溶剂蒸发法（emulsion solvent evaporation method），是指先将含有微球骨架材料与药物的有机溶剂分散在与之互不相溶的另外一相液体中形成乳剂，然后除去乳剂分散相中的挥发性溶剂，使骨架材料固化而成微球的方法。很多具有不同化学结构的聚合物都可以作为液中干燥法制备微球的骨架材料。液中干燥法按干燥机制可分为溶剂萃取（发生在液相与液相之间）和溶剂蒸发（发生在液相与气相之间）两种类型。按乳剂类型可分为单乳（O/W 型、W/O 型、O/O 型）－液中干燥法和复乳（W/O/W 型、O/W/O 型）－液中干燥法。其中疏水性药物的微球化，最常采用的制备方法是单乳（O/W 型）－液中干燥法，而水溶性药物的微球化，可采用 O/O 型乳剂－液中干燥法和 W/O/W 型复乳－液中干燥法，尤其是后者已成为多肽、蛋白类药物微球首选的制备方法。

液中干燥法物质的转移看似简单，其实是个复杂的过程。因为系统中存在液－液界面和液－气界面，所以微粒形成过程中在界面间存在多种物质转移现象。

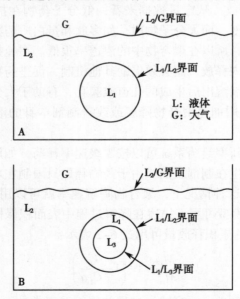

图 6-2　单乳（A）和复乳（B）－液中干燥法制备微球时存在的界面示意图[25]

图 6-2 为单乳（A）和复乳（B）－液中干燥法制备微粒时存在的界面示意图。液中干燥法中挥发性溶剂仅在液－气界面（L₂/G）蒸发，而在液－液界面则是萃取过程。随着挥

发性溶剂蒸发，其在连续相中的浓度不断降低，萃取过程得以持续进行，乳剂液滴中挥发性溶剂不断进入连续相，供进一步蒸发，直到聚合物析出成为固态微粒。

液-液界面的萃取过程，不仅限于挥发性溶剂，药物或其他成分也都会在两相（L_1/L_2）界面进行分配。单乳（O/W 或 W/O）-液中干燥法制得的微球，表面常嵌有药物微晶，就与此有关。采用复乳法制备微球时，一般要在内水相中加入增稠剂，以减少药物从内水相往外水相的扩散。

由于物质分配的速度和程度对微粒形成有显著的影响，所以对液中干燥法工艺中影响物质分配的因素必须加以控制，表 6-12 为通常应该考虑的影响因素。

表 6-12 液中干燥法影响微球形成的有关因素[25]

影响因素	需控制的参数
挥发性溶剂	用量，在连续相中的溶解度，与药物和聚合物作用的强度，沸点等
连续相	组成（成分和浓度）
连续相中的乳化剂	类型和浓度
药物	在连续相和分散相中的溶解度，化学结构，剂量，与载体和挥发性溶剂作用的强度
载体（微球/囊）骨架材料	用量，在分散相和连续相中的溶解度，与药物和挥发性溶剂作用的强度，结晶度

按照乳剂类型分别介绍几种不同的液中干燥法，以及利用各种方法制备的可生物降解微球的有关特性。

（一）单乳化-液中干燥法

1. O/W 型乳剂-液中干燥法

（1）制备方法及其原理：O/W 型乳剂-液中干燥法是制备疏水性药物微球最常用的方法。基本工艺：将聚合物溶解于有机溶剂中，药物溶解或混悬于聚合物溶液中，然后与不相混溶的连续相（水相）乳化，形成 O/W 型乳剂。在搅拌条件下，分散相中挥发性溶剂不断挥发，直至聚合物固化形成载药微球。最终通过固液分离，干燥后即得流动性良好的微球。

上述方法中有机溶剂的挥发是连续进行的，故也称为连续干燥法。在 O/W 法中，如有机溶剂与水不互溶，连续相水中应加入水溶性乳化剂，常用聚乙烯醇（PVA）、羟丙甲纤维素（HPMC）、羧甲基纤维素（CMC）、明胶和聚山梨酯类等。

O/W 型乳剂连续干燥法的缺点是所制得微球表面常镶嵌有药物微晶，有的微晶也会扩散至水相中。改善方法是控制干燥速度，使溶剂缓慢挥发，可在一定程度上避免上述缺点[26]。另一种方法是采用间歇干燥工艺，即蒸发除去部分溶剂后，乳液初步形成微球，然后分离出分散相，再用水替代连续相。由于水对骨架材料的溶剂具有迅速萃取作用，可使聚合物析出，因而能够在分散相与水的界面形成较致密、坚固的外壳，阻止分散相内部的药物向外扩散，而有机溶剂的扩散仍可进行，直至被完全萃取出来。该方法能够减少药物在界面析出[27]。

　　O/W 型乳剂 – 液中干燥法不适于包载水溶性较大的药物，因为在乳化和液中干燥过程中，药物很容易从油/水界面分配至外水相中，导致药物包封率明显下降。

　　（2）工艺参数对微球特性的影响：微球的理化性质，如粒径及其分布、药物包封率和药物释放速率等与制备过程的工艺参数有直接关系。Sansdrap 和 Moës 对硝苯地平 –PLGA 微球制备工艺的研究表明：搅拌速度、连续相中乳化剂浓度、有机相体积以及微球载药量对微球理化性质具有显著影响。增加连续相中乳化剂用量和提高搅拌速度有利于改善分散相在连续相中的分散效果，从而可以减小微球粒径。例如连续相中乳化剂 HPMC 的浓度从 0.4% 增至 2.4%，微球粒径从 28.4μm 减至 12.9μm；增加搅拌速度，可以使微球粒径变小而且分布均匀；增加有机溶剂体积，也可以使微球粒径成比例减小，见图 6-3。

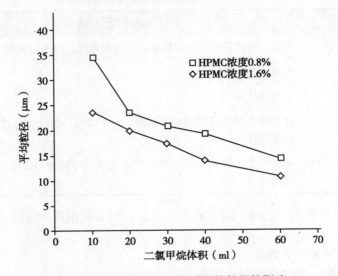

图 6-3　有机相体积对微球平均粒径的影响
连续相 HPMC 浓度为 0.8% 和 1.6%，搅拌速度为 800rpm，水相体积（$V_水$）为 250ml

　　药物突释作用是评价微球释药特性的一个重要指标，图 6-4 为不同粒径的硝苯地平微球（载药量为 14%）释药速率的比较，粒径为 11.7μm 和 17.5μm 的微球在开始 5 小时内药物突释量为 10%；粒径为 83μm 的微球需要 150 小时才能达到上述突释量，而其释药量达到 80% 需要 400 小时。小粒径微球药物突释作用大，与其表面积较大有直接关系。

　　选择合适的聚合物有机溶剂与制得微球的药物包封率有很大关系。Bodmeier 和 McGinity 研究表明，聚合物固化快慢与有机溶剂在水相中的溶解度有密切关系[29]。在液中干燥法中用作聚合物的有机溶剂需具备以下条件：①低水溶性；②沸点（bp）低于 100℃；③与水相比有较高的蒸气压；④介电常数低于 10。与水不互溶的有机溶剂在水中的溶解度一般介于 0~10% 之间，可考虑的溶剂有二氯甲烷、三氯甲烷、氯乙烯、乙酸乙酯和二乙醚等。液中干燥法中最常用的溶剂是二氯甲烷，其 bp=38.5℃（1 大气压下），水中溶解度为 2g/100ml，不易燃，而且是大部分聚合物的良溶剂。但也应该注意二氯甲烷对人体的不良作用，为此多国药典都有其残余量限度规定，美国和中国药典规定制剂中二氯甲烷的含量限度分别为 ≤ 0.05% 和 ≤ 0.06%。有些研究建议液中干燥法的聚合物溶剂可采用乙酸甲酯和三氯甲烷。有些在水中溶解度过低的有机溶剂，如苯、三氯甲烷等，由于在

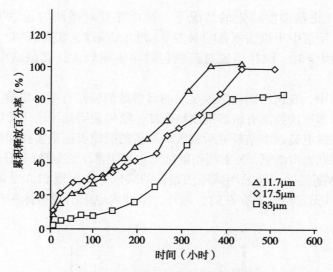

图 6-4 14% 硝苯地平微球释药模式与粒径的关系[28]

水中分配系数低，显著影响聚合物在油 – 水界面的固化速度，从而使拟包载的药物易扩散至水相中，导致药物包封率明显下降。Bodmeier 和 McGinity 研究结果表明，用三氯甲烷和苯作为 DL–PLA 的溶剂制备硫酸奎尼丁微球时，药物的包封率远比以二氯甲烷作为溶剂的微球包封率低。研究者发现采用二氯甲烷分别与丙酮、甲醇、乙醇、二甲基亚砜或乙酸乙酯等组成混合溶剂，制得的硫酸奎尼丁 –DL–PLA 微球可以明显提高药物包封率。例如，二氯甲烷与乙醇组成的混合溶剂比单用二氯甲烷为溶剂制备微球的药物包封率可提高 2 倍，原因系混合溶剂能快速被萃取至外水相中，加速 DL–PLA 在油水界面的凝聚，从而减少分布至水相中的药物比例。

液中干燥法中所使用的聚合物有机溶剂，需经过连续相水溶液挥发，连续相水溶液内含乳化剂，是保持分散相和连续相界面稳定的必要条件，也是采用液中干燥法制备微球成功与否的另一重要因素。只有稳定的界面才能使有机溶剂不断从体系内挥发。液中干燥法连续相水溶液常用的乳化剂见表 6–13。

表 6-13 液中干燥法连续相水溶液常用的乳化剂[25]

乳化剂	浓度（%）
聚乙烯醇（PVA，醇解率 88%）	0.27~5.0
海藻酸钠	1.0
B 型明胶（冻点 200）	1.0~2.0
甲基纤维素（MC）	0.05~0.33
十二烷基硫酸钠（SLS）	0.025~0.05
油酸钠	0.4
聚山梨酯 80	0~2.0
泊洛沙姆 188	1.5

在连续相中乳化剂浓度固定的情况下，搅拌速度对微球的包封率也有较大影响。Giunchedi 等[30]采用液中干燥法制备吲哚美辛 –PLGA 微球，实验表明，在连续相 PVA 浓度（0.5%，m/V）固定时，搅拌速度对药物包封率影响较大，其数值可从 17.5% 增加至 90%。

液中干燥过程中，有机溶剂移除速度对制得微球的特性有明显影响。Izumikawa 等[31]比较了用减压法和常压法挥发有机溶剂制备微球，结果表明减压法比常压法制备的微球药物包封率要高。扫描电镜观察结果显示常压法制备的微球表面呈多孔和粗糙状态，而减压法制备的微球表面则光滑细腻。X 射线衍射结果也表明常压法制备的微球表面除 PLA 结晶峰外，还存在黄体酮晶体；而采用减压法制备的微球，未出现 PLA 结晶峰，表明该法制备的微球 PLA 是以无定型状态存在的。此外，微球内也未出现黄体酮药物的结晶峰，见图 6-5。

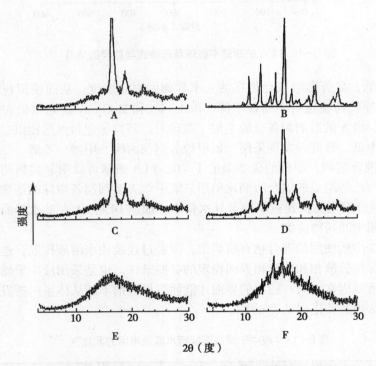

图 6-5 载黄体酮的 P（L）LA 微球的 X 射线衍射图谱
（A）PLA 粉末；（B）黄体酮结晶；（C）常压溶剂蒸发法制备的载药量为 5% 的黄体酮微球；（D）常压溶剂蒸发法制备的载药量为 30% 的黄体酮微球；（E）减压溶剂蒸发法制备的载药量为 30% 的黄体酮微球；（F）减压溶剂蒸发法制备的载药量为 40% 的黄体酮微球

上述实验结果提示，用减压法制备微球时，药物均匀分布在聚合物骨架内。产生这种现象的原因是由于在减压状态下，溶剂移除速度较快，聚合物结晶还未来得及形成，就已经在油水界面发生固化。两种不同方法制备的微球释药特性也不一样，见图 6-6。释药速度随药物含量增高而加快，常压法制备的微球在初始阶段药物突释作用较明显，随后的释药速度也比减压法快，这种现象与微球内部和表面所生成的多孔状态有关。

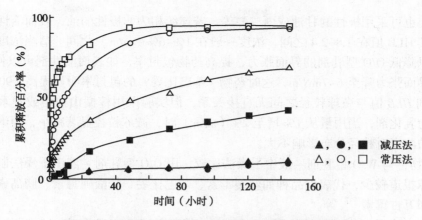

图 6-6 减压法和常压法制备的微球中黄体酮的释放曲线
载药量：（▲，△）5%；（●，○）10%；（■，□）20%

至于微球释药速度与聚合物分子量的关系，Jalil[32] 采用三种不同分子量的聚合物和四种不同药物 / 聚合物比进行实验。结果表明，制得的微球在初始阶段都有明显的药物（苯巴比妥）突释，随后为释药停滞相（lag phase），停滞释药时间明显受聚合物分子量的影响，分子量越大，停滞释药时间也越长。药物释放主要由扩散机制控制，但微球骨架的溶胀和溶蚀也影响其释药过程。

2. O/O 型乳剂 – 液中干燥法

（1）制备方法及其原理：O/O 型乳剂 – 液中干燥法是制备水溶性药物微球的一种比较合适的方法。O/O 型乳剂也称无水系统（anhydrous system），该方法的原理系由溶解聚合物的有机溶剂与其不相混溶的油相乳化，再经溶剂蒸发制得微球。无水系统可以明显抑制水溶性药物向连续相扩散，从而提高药物的包封率。采用该方法制得的微球与分散相溶剂、连续相及其表面活性剂以及药物等因素都有密切关系。

1）挥发性溶剂：O/O 型乳剂 – 液中干燥法所使用的挥发性溶剂取决于连续相的性质。若连续相为非极性液体，例如液状石蜡，则挥发性溶剂常用丙酮或乙腈；若连续相为极性液体，例如甘油或多元醇，则挥发性溶剂常用介电常数低于 10 的有机溶剂，如二氯甲烷、三氯甲烷、醚类或乙酸乙酯等。丙酮的沸点为 56.1℃，室温条件下很容易挥发；乙腈的沸点为 82℃，在 50~85℃条件下易挥发。Sturesson 等[33] 采用 O/O 型乳剂 – 液中干燥法制备马来酸噻马洛尔 –PLGA 微球，以乙腈为药物和聚合物的溶剂，麻油为连续相介质，油酸山梨坦为乳化剂。制备时，将药物 /PLGA 乙腈溶液滴入剧烈搅拌的麻油中，形成 O/O 乳剂，搅拌 2 小时至乙腈蒸发完全，收集微球，用正己烷淋洗，移除残留油相即得微球。Wada 等[34] 报道了采用 90∶10（V/V）丙酮 / 水为聚合物溶剂，亲水性药物分散于上述溶液后滴入含 0.05% 大豆磷脂的棉籽油，在 40~50℃条件下移除大约 50% 有机溶剂，离心使固液分离，初生的微球用石油醚淋洗后于室温减压干燥即得。Tsujiyama 等[35] 采用 80∶20（V/V）丙酮 / 乙醇为聚合物（纤维素衍生物）溶剂制备吡咯他尼微球；Bogataj 等[36] 采用甲醇、乙酸甲酯和乙腈为聚合物（聚丙烯酸酯）溶剂制备巴氨西林微球。

2）连续相：O/O 型乳剂中连续相可采用高沸点的非极性液体，如液状石蜡、矿物油或植物油，也可采用极性的甘油或丙二醇等。若连续相为非极性的油，表面活性剂则应为油溶性，其 HLB 值在 1.8~2.4 之间，浓度一般在 1%~6%（m/m）之间。适当浓度的表面活性剂，可以降低 O/O 型乳剂的界面张力，提高药物包封率，如表面活性剂可以使乙腈 / 液状石蜡的界面张力降至 6~7mN/m，这时药物（苯巴比妥）的包封率明显提高（90%~93%）。表面活性剂 HLB 值与微球粒径之间无直接关系，但实验采用棕榈山梨坦或脱水山梨醇三硬脂酸酯为乳化剂，当用量从 1% 增至 2%（m/m）时，微球粒径显著减小，但继续增加表面活性剂的浓度对粒径分布影响不大。

3）药物：与 W/O 型乳剂 - 液中干燥法比较，用 O/O 型乳剂 - 液中干燥法制备的可生物降解微球报道较少，代表性品种如丝裂霉素、苯巴比妥、盐酸阿霉素、胰岛素、马来酸噻马洛尔和万古霉素[37] 等。

（2）工艺参数对微球特性的影响：Pradhan 等研究用 O/O 型乳剂 - 液中干燥法制备甘氨酸及其均聚物（甘氨酸二、三、四和五肽）的 PLA 微球[38]。基本工艺：将微粉化的甘氨酸或其均聚物混悬于 D，L-PLA 丙酮溶液中，外相为 0.3%（m/m）失水山梨醇倍半油酸酯（Sorbitan Sesquioleate，HLB 3.7）作乳化剂的矿物油。将内相加入到搅拌着的外相中，温度由 5℃提高至 35℃以挥发内相的丙酮，混悬液于室温下倒入过量的正己烷中并搅拌 1 小时，用筛网收集并筛分微球，收集的微球置干燥器中干燥至恒重。

选择甘氨酸及其均聚物为药物模型是因为它们属于同系化合物，但随其结构、分子量逐渐变大，在水中的溶解度也相应变化，甘氨酸的水溶性最好，甘氨酸五肽最差。研究以粒径分布（38~125μm）和包封率（%）为指标，比较工艺参数对微球特性的影响。在制备甘氨酸 -D，L-PLA 微球时，D，L-PLA 浓度从 2.8% 增至 10.3%（m/m）时，药物包封率也随着提高（15.7% 至 73.8%），但当 D，L-PLA 浓度继续增加至 18.7% 时，由于内相溶液黏度过大而无法操作。

表面活性剂是形成微球所必需的，但在外相中，表面活性剂浓度超过 0.3% 时，尽管对药物包封率无明显影响，微球收率却下降了，这与增加聚合物浓度相似。如在制备甘氨酸五肽 -D，L-PLA 微球时，当 D，L-PLA 浓度从 2.3% 增至 18.7%（m/m）时，药物包封率逐渐增加（39.4% 至 99.5%），但聚合物浓度从 10.3% 增至 18.7% 时，微球的收率却明显下降。乳化时间的影响也不容忽视，一般延长乳化时间，药物包封率会下降。但在制备甘氨酸五肽 -D，L-PLA 微球过程中延长乳化时间，并未降低药物的包封率。综合上述研究结果，甘氨酸和甘氨酸五肽微球的优化处方工艺为：聚合物丙酮液浓度 10.3%（m/m），乳化剂浓度 0.3%（V/V）；乳化时间 1 分钟，溶剂蒸发时间 2 小时；内相 / 外相体积比 1∶7；搅拌速度 1100rpm；乳化温度 5℃，液中干燥最高温度 <35℃。

（3）O/O 型乳剂 - 液中干燥法制得微球的释药特性：Sturess 等以 pH 7.3 PBS 为释放介质，研究了采用 O/O 型乳剂 - 液中干燥法制备的马来酸噻马洛尔 -PLGA 微球的体外释药行为。结果表明，药物释放呈三相模式（图 6-7），即初始有一突释阶段，随后为缓慢释药阶段，第三相为快速释药阶段。其原因与聚合物骨架溶蚀、膨胀，促使药物溶出明显增加有关。此外，药物的突释作用随聚合物在微球中含量的增加而减少，其他研究也有类似报道[39]。

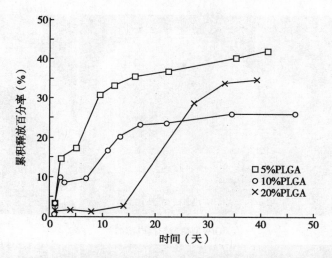

图 6-7 噻马洛尔从 PLGA 微球中释放的三相模式

上述甘氨酸及其均聚物的 D，L–PLA 微球体外释放结果表明，由于甘氨酸及其二肽具有较大的水溶性，所以其释药速度比三、四和五肽聚合物要快，前两者 24 小时内可释药达 80%。释药顺序由快至慢依次为：甘氨酸≈二肽＞三肽＞四肽＞五肽。载药量 2.5%~10% 的甘氨酸及其二肽微球，单位时间累积释药量与其载药大小无关，但三、四和五肽微球的释药则随其载药量升高而增加。四肽和五肽微球的释放出现迟滞释药相。

采用一级速率方程和 Higuchi 方程分析甘氨酸及其均聚物微球的释药模式，结果表明，甘氨酸及其二肽微球的释药符合 Higuchi 过程（$r>0.9$），两者的释药主要受扩散控制，微球中药物扩散途径的孔隙率和扭曲率决定其释放速率。而四肽和五肽微球的释药则介于一级模式和 Higuchi 模式之间，由于药物具有疏水性，溶出是主要限速因素，所以更倾向于一级释药模式。

国内学者潘峰和陈庆华在抗老年痴呆症中药单体——石杉碱甲 –PLGA 微球研究中，采用同规格的 PLGA 经 O/O 型和 O/W 型乳剂 – 液中干燥法制备微球并比较了其理化性质。从总体看，O/O 法比 O/W 法制备的微球质量具有以下特点：①微球粒径分布：在同样转速下，O/O 法制备的微球粒径较大（粒径中位数为 60.20μm），粒径分布范围较宽；而 O/W 法制备的微球粒径较小。②微球形态：采用电镜观察，O/O 法制备的微球外观圆整，表面和内部骨架光滑坚实，而 O/W 法制备的微球表面和骨架充满微孔（图 6-8）。上述形态对其特性，如药物包封率、体内外释药模式和速率必将产生明显的影响。③包封率：O/O 法和 O/W 法制备的石杉碱甲微球包封率分别为 85.7%±2.4% 和 50.5%±5.4%，可见 O/O 法制备的微球包封率远高于 O/W 法。④体内药物释放：大鼠注射部位微球药物残余量测定结果表明，同规格的 PLGA 经 O/W 法制得的石杉碱甲微球，首日药物突释即达 50% 左右，而用 O/O 法制备的微球，首日突释量仅 16.7%±2.18%，第 1~3 日药物有一释放缓慢期（2.53%/ 日），第 3~14 日药物按零级模式释放（$r=0.9978$），以 6.34%/ 日的释药速率释放完几乎全部药物（图 6-9），其原因与这类微球表面和骨架内充满微小孔隙有关[40]。

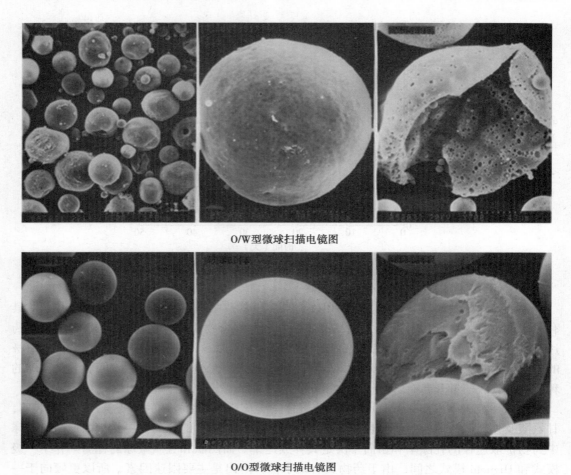

O/W型微球扫描电镜图

O/O型微球扫描电镜图

图 6-8　不同方法制备的石杉碱甲 –PLGA 微球扫描电镜照片

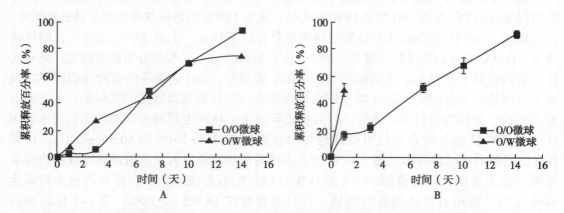

图 6-9　不同类型石杉碱甲 –PLGA 微球的体外释放曲线（A）和体内释放曲线（B）（n=6）

　　结合药动学研究和动物记忆改善的药效学实验结果[41]，作者认为，对于像石杉碱甲这样具有一定水溶性且剂量小的药物，与 O/W 法相比，采用在无水体系中的 O/O 法制备微球，是一种较为合理的方法。

不过需注意，O/O法内相最常用的有机溶剂是沸点较高的乙腈，制成的微球有机溶剂残余量是个较难处理的问题，而且微球化过程在黏度较大的油相溶液中进行，生成微球的粒径较大。此外，该方法还存在微球内部残留的油相难以彻底洗除致使干燥后的微球流动性不佳等缺点。

（二）复乳化－液中干燥法

1. 制备方法及其原理 复乳化－液中干燥法制备微球根据乳剂类型的不同而分为不同的方法。复乳类型主要是 W/O/W 型，也有关于 W/O/O 型和 W/O/O/O 型的研究报道[42, 43]，但从应用价值看，W/O/W 型复乳－液中干燥法是目前最受关注的方法。1980 年日本 Okada 等以 PLA 和 PLGA 为骨架材料，采用该法成功开发了可缓释 1 个月的亮丙瑞林微球注射剂[44]，于 1989 年在美国上市；随后又用类似方法开发了可缓释 3 个月的亮丙瑞林微球缓释注射剂，并于 1995 年在美国上市。这个方法已成为多肽蛋白类药物微囊化优先考虑的制备手段。

图 6-10 是 W/O/W 型复乳－液中干燥法制备微球的工艺流程。将药物水溶液或混悬液以及增稠剂与水不互溶的聚合物有机溶液乳化制成 W/O 初乳，后者再与含乳化剂的水溶液乳化生成 W/O/W 复乳，将聚合物的有机溶剂从系统中移除后，即固化形成载药微球。

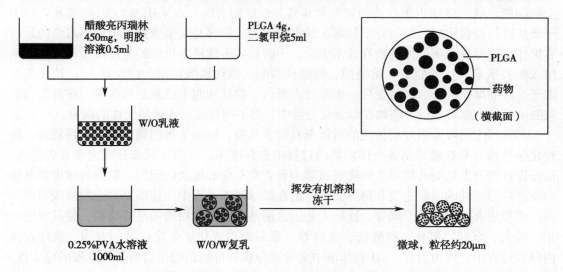

图 6-10　W/O/W 复乳－液中干燥法制备缓释 1 个月的醋酸亮丙瑞林微球的工艺流程图

初乳的稳定性是提高微球包封率十分重要的工艺因素。内水相中添加增稠剂是增加初乳稳定性提高药物包封率的有效方法，理想的增稠剂应能够将水相黏度提高到 5000cp 或更高，如内水相加入明胶并冷却冻凝即可起到有效的增稠作用[45]。但是，内水相的黏度也不能过大，Schngens 等以不同分子量的半结晶 L-PLA 为骨架材料，采用 W/O/W 型复乳－液中干燥法制备微球。研究发现，由于高分子量的 L-PLA 溶液黏度过大，初乳稳定性反而下降，最后制得的微球孔隙率增加，因此聚合物溶液应适当稀释。另有研究表明，半结晶状的 PLA 并不适合制备缓释微球，由于聚合物的结晶性质，易使内水相药物从油水界面"挤出"，对包封率、微球形态和孔隙率产生不利的影响。

内水相或外水相中加入缓冲盐对微球的特性也有明显影响。Herrman 和 Bodmeir 采用 W/O/W 复乳法制备醋酸生长激素 –PLA 微球[46]。研究发现，在内水相中加入缓冲盐可导致微球孔隙率增加，但若在外水相中加入缓冲盐，则可以生成致密、均匀的微球聚合物骨架。多孔隙的微球药物包封率往往较低，在内水相中加入盐，由于存在渗透压差，外相中的水易渗透入内相，促使微球形成多孔结构，从而导致药物快速释放和包封率降低的现象。这类微球释放药物呈双相模式，开始时为速释阶段，以后为缓释阶段。速释作用系微球孔隙内的药物被介质溶解并向外扩散所致，缓释作用系包埋在微球基质中的药物伴随着聚合物骨架的溶蚀逐渐被释放出来的结果。

Soriano 等[47]采用复乳 – 液中干燥法制备 PLA 和 PLGA 微球，实验发现，制备初乳时采用不同的乳化机械对微球的特性也有影响。用高压匀质机或超声振荡器制备初乳，然后经 W/O/W 复乳 – 液中干燥法制备微球，结果表明，超声振荡器制得的微球比用高压匀质机制得的微球药物（牛血清白蛋白，BSA）包封率高，药物突释作用较低，缓释作用比较明显。用超声振荡器制备初乳时，内相加入表面活性剂还能够使制得的 BSA 微球持续平缓释药。表面活性剂的 HLB 值可对 BSA 释药模式产生影响，HLB 值为 6 的表面活性剂制备的微球，药物突释作用达 55%，而 HLB 值为 7 的表面活性剂制得的微球，突释作用远比前者小。

复乳 – 液中干燥法是制备多肽蛋白类药物微球最常用的方法，但常存在药物释放不完全的问题，这与微球内蛋白质的聚集和非特异性吸附有关。在采用 W/O/W 型复乳 – 液中干燥法进行微囊化时，蛋白分子暴露在油水界面上，很容易发生变性，生成不溶性的蛋白多聚体，这种现象不但使药物释放不完全，用药后还可能诱发机体的免疫反应。例如，重组人生长激素、γ- 干扰素、溶菌菌、核糖核酸酶、破伤风抗毒素、白介素 1α、神经生长因子、肿瘤坏死因子、卵清蛋白、牛血清白蛋白、促红细胞生成素、胰岛素、蛇毒蛋白和碳酸酐酶等多肽和蛋白类药物在微囊化过程中，都不同程度出现聚集变性的现象。

尽管可生物降解微球较传统的粉针剂有很多优势，但由于蛋白质药物稳定性较差，物理化学性质容易在微球制备与体内释药过程中遭到破坏，从而使其部分或完全失去活性。这是设计和开发此类药物可生物降解微球须要着重考虑和解决的问题。影响微球中多肽蛋白类药物稳定性的因素主要有两方面：一是在微球制备过程中往往需要高速搅拌或超声振荡，或使用有机溶剂、干燥等，这些工艺因素通常会影响蛋白质的高级结构，使其发生聚集、吸附、沉淀、氧化、脱酰胺、水解等一系列物理或化学变化；另一方面，微球在体内释放过程中，体内温度、pH 和体液中多种成分也都可能影响蛋白质释放过程的稳定性。提高微球中蛋白质稳定性的方法，一般也相应从上述两个方面着手。

2. 应用实例 下面以几种常见多肽、蛋白类药物为例，说明利用复乳 – 液中干燥法制备微球的原理、过程及制得微球的体内外释药特性。

例 6-1 可缓释 1 个月的醋酸亮丙瑞林微球

制备工艺：称取醋酸亮丙瑞林 450g 和明胶 80mg，溶于 0.5ml 60℃蒸馏水中为内水相（W_1），约 5g PLGA 溶于 5ml 二氯甲烷中为油相（O）；用匀质机于高速剪切下制成 W/O 乳剂，并冷却至 15~18℃以增加内水相黏度。将初乳注入含有 0.25%PVA 作为乳化剂的水中（W_2），在 6000rpm 转速下制成 W_1/O/W_2 复乳，继续缓缓搅拌上述乳剂 3 小时，以挥干有机溶剂，制得半固态微球。经 74μm 细筛除去大微粒，水洗，离心收集微粒，用甘露醇溶液分散后冻干，即得醋酸亮丙瑞林微球。

　　关键工艺参数的控制与取得良好药物包封率有非常密切的关系。首先，控制多肽和聚合物溶液的浓度和体积，以形成稳定的初乳。聚合物浓度越高，有机相（O）黏度越大，越有利于提高药物的包封率；但应注意，黏度过高（如初乳黏度达 8000~12 000cp）时，由于匀质机剪切力无法充分分散乳剂，往往影响其粒径的均匀性。其次，多肽水溶液的体积应尽量小，在内水相中加入明胶并降低制备 W/O 乳剂时的温度，是进一步提高黏度、增加乳剂稳定性，进而提高药物包封率的方法。采用上述措施，可使水溶性药物亮丙瑞林的包封率从 6%~7% 提高至 70%，在规模化生产中，配合合适的装置，其包封率可达 95%。

　　作为微球的骨架，聚酯类材料的选择，对多肽包封率和释药速率也有明显影响。PLGA 因末端具有羧基结构，其带负电荷的羧基易与多肽蛋白中带正电荷的碱性氨基酸产生静电相互作用，形成聚合物的疏水性烷基链段在外，药物分散在微球骨架内的重排结构[48]，这种结构有利于提高药物的包封率，同时可以降低药物扩散速度，减少突释和减慢释药速度，示意图见图 6-11。

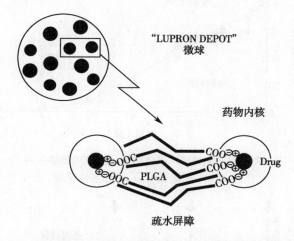

图 6-11　亮丙瑞林从 PLGA 微球疏水性骨架中向外扩散示意图

　　微球制备过程中，外水相必须加入乳化剂以防止半固态的微粒之间发生聚集、粘连现象，PVA 是最常用的保护剂，此外还有明胶、CMC-Na、PVP、HMPC 等。

　　粒径分布除影响药物释放速度外，还影响微球的通针性。Okada 采用湿筛分法，除去大于 100μm 的微粒，通过离心法，去除上清液中粒径数微米的小粒子。

　　微球注射剂的灭菌是规模化生产必须解决的问题。过去对微粒制剂灭菌常采用的方法是 γ 射线辐照灭菌，这对药物和聚合物都可能导致降解，降解产物除使药物毒性增加、活性降低外，由于 γ 射线对聚合物的破坏作用，往往使释药周期缩短。所以目前国外生产 LHRH 类似物微球，采用全过程无菌条件操作，所有物料（包括药物、明胶、聚合物和甘露醇溶液）在制备前均经过过滤除菌处理。

　　亮丙瑞林微球体外释放实验系将样品置于盛有 PBS（0.033M，pH 7.0，含 0.02% 聚山梨酯 80）的具塞试管中，于 37℃ 条件下旋转振摇，定时取样品，经 0.8μm 超滤膜过滤，采用 HPLC 测定微球中药物的残余量而得。结果表明，释放速率与缓冲液组成、浓度、pH、渗透压及溶液温度有关，受振摇速度影响较小[49]。

微球的动物体内释药实验，可经皮下或肌内注射，测定注射部位不同时间药物残余量而得[50]。随着分析技术的进步，采用放射免疫法检测血清药物浓度的报道也越来越多，其结果具有更好的准确性[51]。图 6-12 注射部位药物残余量测定结果表明，大鼠皮下注射三种剂量的亮丙瑞林微球，开始有 <20% 的药物突释，然后以每日总剂量之 2.5% 的速度释药，四周后药物释放基本完全。三种剂量微球的释药速度基本相等，释药呈双指数曲线模式，即包括：①微球注入体内后其表面或浅表层药物扩散引起的突释；②聚合物本体溶蚀引起的药物持续释放。但第一周内聚合物的质量变化很小，此为药物释放的停滞期；随后多肽逐渐释放，直至药物释放完全，而聚合物完全降解的时间大约为 6 周。不同注射部位对微球的释药速度并无明显影响，酶对药物释放速度的影响可忽略不计。

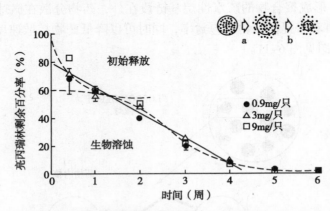

图 6-12　大鼠皮下注射亮丙瑞林微球后的体内释放曲线（$n=5$）
a：初始扩散阶段；b：生物溶蚀阶段

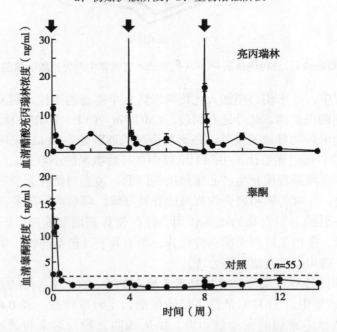

图 6-13　大鼠皮下注射缓释 1 个月微球后血清中亮丙瑞林与睾酮的浓度
每隔 4 周注射 1 次，剂量：$100\mu g/(kg \cdot d)$（$n=5$）[52, 53]

图 6-13 分别为大鼠连续三次皮下注射微球后血清中亮丙瑞林的浓度，及其相应的抑制血清睾酮浓度的情况。大鼠注射三个不同剂量［100~500μg/（kg·d）］的亮丙瑞林微球后，血清药物浓度都能维持 4 周。稳态药物浓度和剂量明显相关，但进一步提高剂量将稍微减慢释药速度，而且能延长达稳态药物浓度的时间。大鼠每隔 4 周反复经皮下注射微球后，血清和尿中的药物浓度基本相等。

临床研究表明，肌注含 8% 亮丙瑞林的 PLGA 微球后，与动物体内情况相似，良好的零级缓慢释药模式可持续 4 周之久。

例 6-2 可缓释 3 个月的醋酸亮丙瑞林微球

缓释 3 个月的亮丙瑞林微球也可采用复乳（W/O/W）- 液中干燥法制备，主要区别在于缓释 3 个月的微球采用 PLA 代替 PLGA 作为骨架材料，并且内水相中不加明胶。具体操作步骤如下：分别称取醋酸亮丙瑞林 550mg 溶于 1ml 蒸馏水中为内水相（W_1），PLA 4g 溶于 7.5ml 二氯甲烷中为油相（O），在匀质机剧烈剪切下制成 W/O 乳剂。将乳剂注入 1000ml 0.25%PVA 水溶液中（W_2）制成复乳（$W_1/O/W_2$），缓慢搅拌 3 小时使有机溶剂挥干。半干的微球经 74μm 细筛以除去大粒子，然后以 1000rpm 转速离心 5 分钟，除去上清液中的小微粒。微球经多次水洗、离心，用甘露醇溶液分散，经冷冻干燥制得。

用本法制备的微球粒径大多为 20μm，其表面有许多微孔。载药量为 5%~18%，药物包封率大于 95%。Okada 等选用 Mw12 000~18 000 的 PLA 作为骨架制备微球，并结合体内血清中亮丙瑞林的药 - 时曲线进行处方筛选，最终确定了合适分子量的 PLA 为缓释 3 个月微球的骨架材料，醋酸亮丙瑞林的载药量为 12%。PLA 中水溶性的低聚物含量增加将显著提高微球药物的突释。

缓释 3 个月的亮丙瑞林 PLA 微球的体内释药行为也有不少报道[54]。大鼠皮下或肌内注射微球后，用残余量法测得其首日突释分别为总剂量的 7.7% 和 15.8%，第 13 周后两者局部微球的残余药量约 ≤ 10%，推算微球注射后 13 周内平均释药速度为总剂量的 0.75%/d。大鼠和犬皮下或肌注缓释 3 个月的微球后［大鼠的剂量为 100μg/（kg·d），犬为 25.3μg/（kg·d）］，血清药物浓度都急剧升高，随后下降并以比较平稳的水平维持 13 周，见图 6-14 和图 6-15；对照其血清睾酮水平，两种动物模型体内的药动学与药效学相关性良好。

雄性大鼠和犬皮下或肌注缓释 3 个月的亮丙瑞林微球［大鼠 100μg/（kg·d），犬 25.6μg/（kg·d）］后，睾酮可持续抑制达 17~18 周，比雄性对照组动物睾酮水平（2~4ng/ml）的 1/5 还低，恢复正常的睾酮浓度要 20~22 周。雌性大鼠单次皮下或肌注此种微球［剂量 100μg/（kg·d）］，血清促黄体激素和促卵泡生成激素的浓度先短暂升高（由排卵作用引起），然后持续抑制达 21 周。上述现象表明单次注射缓释 3 个月的微球对垂体 - 性腺轴抑制可达 13 周以上，其药效持续时间与连续用 3 次缓释 1 个月的微球相当。

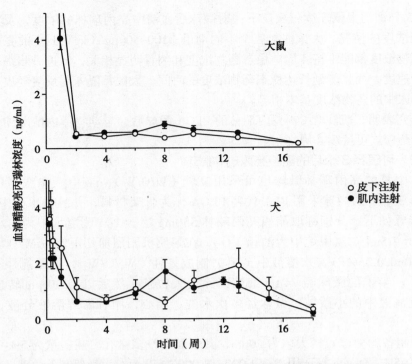

图 6-14　大鼠和犬皮下或肌内注射缓释 3 个月的微球后血清亮丙瑞林的药 - 时曲线
剂量：大鼠 100μg/（kg·d）；犬 25.6μg/（kg·d）（n=5）[55]

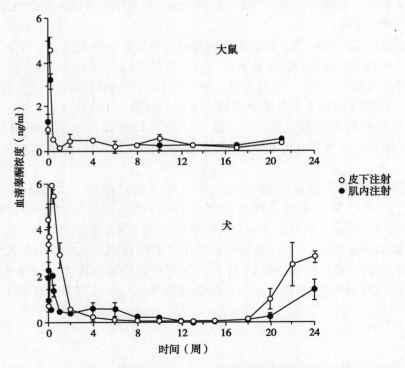

图 6-15　大鼠和犬皮下注射缓释 3 个月的微球后血清睾酮水平的药 - 时曲线
剂量：大鼠 100μg/（kg·d）；犬 25.6μg/（kg·d）（n=5）[55]

例 6-3　可缓释 1 个月的重组人生长素微球

重组人生长素（rhGH）是一种分子量为 22kDa 的蛋白质。内源性的人生长激素（hGH）受下丘脑控制，其以颗粒状锌复合物的形式贮存在垂体中，正常生理情况下，人体内以每 15 分钟一次的频率由垂体脉冲分泌 hGH 至外循环中发挥药理作用。随着生物技术的飞速发展，目前已成功采用基因重组技术生产出内源性生长激素的替代品——rhGH，主要用于生长激素缺乏所致儿童和成年侏儒症、慢性肾功能不全等疾病的治疗。近年的研究表明，连续输注 rhGH 能够产生可靠疗效，提示将 rhGH 制成长效微球注射剂持续、缓慢释药是可行的，而且在降低用药频率、提高患者顺应性方面具有重要的临床应用价值。

缓释 1 个月的 rhGH 微球有两种制备方法：一种是常规的复乳（W/O/W 或 S/O/W）-液中干燥法，另一种为低温喷雾提取法（Cryogenic process）。为方便从机理上对方法归类，我们将两种方法分别安排在相应章节中叙述。

复乳（W/O/W）-液中干燥法制备 rhGH 微球流程：将 PLGA 溶于有机溶剂（二氯甲烷或乙酸乙酯）中作为油相（O），蛋白水溶液（W）或其固体粉末（S）与油相混合，经匀浆制成初乳或混悬液（W/O 或 S/O）；后者转移至搅拌着的含 PVA 的外水相中，制备复乳（W/O/W 或 S/O/W），加过量水稀释以移除有机溶剂，经干燥后制得微球[56]。

rhGH 为蛋白质，如何在微球制备过程中保持稳定是个非常棘手的问题；此外，当微球注射入体内后，对 rhGH 在生理条件下发生的降解也应该给予充分的注意。由于 PLGA逐渐水解，包裹在聚合物内的 rhGH 除了将暴露于体温、体液、生理 pH 和离子强度环境中外，还将受到聚合物酸性降解产物的影响，这些因素均容易使 rhGH 发生蛋白变性，从而导致生物活性的降低或丧失以及免疫原性的增加。

除上述体内环境导致蛋白不稳定因素外，制剂过程中，暴露于有机溶剂也容易引起蛋白失活。采用药剂学的一些方法可以提高制备过程中蛋白药物的稳定性，目前主要从两条途径解决：①通过处方优化，筛选适宜的稳定剂和体系的 pH 等；②使 rhGH 与 Zn 形成水不溶性的复合物[57]。

Cleland 等比较了不同辅料对微球中 rhGH 生物活性的影响，发现无论采用 W/O/W 法或是 S/O/W 法，内相中加入甘露醇或是海藻糖，远比加入其他辅料，如 CMC、明胶或 NH_4HCO_3 等有利于 rhGH 稳定。研究者采用分子排阻色谱测定有机溶剂诱导的 rhGH 聚集，结果表明：rhGH 与甘露醇或海藻糖混溶或混合，经过与有机溶剂乳化后回收的 rhGH 单体比率都在 95% 以上；而 rhGH 单体具有正常的生物活性，聚集形成的多聚体则会导致 rhGH 失活[58]。

有研究者利用不同规格的聚合物和不同含量的辅料筛选和优化微球处方。表 6-14 为采用不同规格的 PLGA 或 PLCG 为骨架，分别与不同含量的 $ZnCO_3$（粒径 ≤ 5μm）组合后对 rhGH 进行微囊化，研究对蛋白稳定性和突释效应的影响。结果表明：①制备微球时加入 1%$ZnCO_3$ 可以减少蛋白突释；② rhGH 以不溶性 Zn^{2+} 离子复合物的形式存在于微球中，有助于蛋白的稳定；③羧基封端比酯基封端的聚合物制成的 rhGH 微球突释效应低，低分子量（$Mw8000$）PLGA 比高分子量（$Mw31\ 000$）PLGA 制备的微球突释更低些；④聚合物种类和分子量并不明显影响微球中 rhGH 的稳定性。

表 6-14　不同处方对 rhGH 微球特性的影响[59]

聚酯 Mw	%ZnCO$_3$	% 单体[a]	C_{max}[b]	C_{5d}[c]
PLGA Mw8000	0	99.3	323 ± 98.6	20.4 ± 14
PLGA Mw8000	1	97.3	309 ± 67.1	9.0 ± 4.2
PLGA Mw8000	3	98.3	670 ± 244	18.8 ± 14.7
PLGA Mw8000	6	99.3	358 ± 58.9	8.5 ± 1.4
PLCG Mw10 000	1	99.3	618 ± 384	4.5 ± 1.0
PLCG Mw10 000	3	99.6	1050 ± 293	3.6 ± 0.8
PLGA Mw10 000	6	99.0	1670 ± 289	6.4 ± 1.3
PLGA Mw31 000	0	98.2	592 ± 318	4.5 ± 1.5
PLGA Mw31 000	1	98.8	433 ± 92	5.1 ± 0.3
PLGA Mw31 000	3	99.4	644 ± 204	8.0 ± 2.6
PLGA Mw31 000	6	99.8	1690 ± 340	6.6 ± 0.8

注:（a）PLGA 的单体摩尔比均为 50:50，除 Mw10kDa PLGA 为疏水基团封端外，其他皆为亲水基团封端;（b）rhGH 单体采用分子排阻色谱测定，上述数据为微球第 7 天体外释放单体（具有活性的 rhGH）的百分率;（c）C_{5d} 为大鼠注射微球后第 5 天血清浓度均值

　　四只恒河猴分别注射 200mg rhGH-PLGA 微球（载药量 12%，骨架材料为 50:50 PLCG，Mw12kDa），测定用药后不同时间血清 rhGH、IGF- Ⅰ 和 IGF- 结合蛋白 3（IGF-BP3）的浓度。IGF- Ⅰ 系具有生物活性的 hGH 刺激机体产生的胰岛素样生长因子 - Ⅰ，一般用 IGF- Ⅰ 作为测定 hGH 活性的药效学响应值。实验结果表明，用药后由于微球中药物突释导致动物血清浓度在前两天内急剧升高，突释药量约占总剂量的 35%。接下来为约12 天的释放停滞期;随后的缓慢释放使 rhGH 的血清浓度维持在 5ng/ml 以上直至第 42 天。IGF- Ⅰ 和 IGF-BP3 浓度在 hGH 浓度超过 5ng/ml 后 24~36 小时内开始升高，推测该浓度可能是引起动物生理效应（IGF- Ⅰ 和 IGF-BP3）所需的最低浓度。此外，研究表明体外实验中具有生理活性的 hGH 浓度和体内血清 hGH 浓度相互吻合[60]。

（三）聚合物合金技术在乳化 - 液中干燥法中的应用

　　从聚合物专业角度进行定义，"聚合物合金法"（polymer-alloys method）系指一种聚合物相分散在另一种聚合物相中形成固态混合物的技术。Dobry 等研究发现，在特定条件下，两种聚合物在有机溶剂中能自动分离成两种溶液，以 PLA 和 PLGA 为例，它们在二氯甲烷中可生成富含 PLA 相和富含 PLGA 相。如 PLGA 与 PLA 的质量比介于 1:2 至 1:4 之间时，会产生分散相中富含 PLGA，连续相中富含 PLA 的现象;如将药物与 PLGA 混合，则乳剂中的分散相往往由药物和 PLGA 组成，连续相仍富含 PLA。上述两相聚合物经液中干燥法制得的微球，药物基本都在微球中心部位，外周的主要成分为 PLA，这就是聚合物合金法制备微球的原理，见图 6-16。

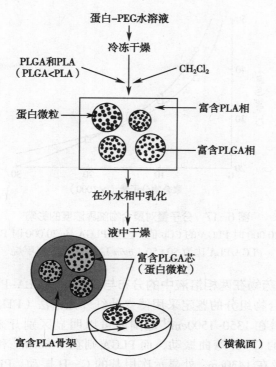

图 6-16 利用聚合物合金法制备蛋白质药物微球过程示意图

1. 聚合物合金法制备微球的影响因素 聚合物合金法中影响相分离的因素有溶剂种类、聚合物的分子量、共聚物单体比例和聚合物溶液浓度等。当聚合物溶液浓度超过临界值时，就会发生相分离现象，这种相分离现象与聚合物在混合物中所占的质量比无关，只要两种聚合物的总浓度超过临界值，就能够出现上述现象。聚合物溶液的临界浓度（CCp）与溶剂种类有密切关系，以分子量均为 20 000 的 PLA 和 PLGA 为例，它们在不同有机溶剂中的溶解度参数和临界聚合物浓度见表 6-15。从表中可见，PLA 和 PLGA 在乙腈中的溶解度参数比二氯甲烷大，换言之，采用乙腈为溶剂，达到 CCp 所需加入的聚合物质量远比以二氯甲烷为溶剂要高才能产生相分离；而以乙酸乙酯为溶剂，由于其溶解度比二氯甲烷低，加入较少的聚合物就能达到相分离。

表 6-15 PLA 和 PLGA 在不同溶剂中引起相分离的临界浓度（CCp）

溶剂	溶剂的溶解度参数	CCp%（ m/m）
乙腈	11.75	51.1
二氯甲烷	9.93	25.5
乙酸乙酯	9.10	19.2

图 6-17 为聚合物分子量对产生相分离的聚合物浓度的影响。分别以分子量 5000~20 000 的 PLA 和 PLGA 为模型聚合物进行测试，结果表明：聚合物分子量越大，导致相分离的临界聚合物浓度越低。

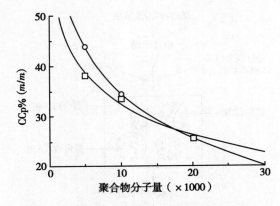

图6-17　分子量对聚合物临界浓度的影响

○当 PLA M_w20 000 时 PLGA 的 CCp 值；□当 PLGA M_w20 000 时 PLA 的 CCp 值；

PLGA/PLA 比为 50∶50（m/m），溶剂为二氯甲烷

2. 聚合物组分和药物在两相溶液中的分布与鉴定　在 PLA-PLGA- 二氯甲烷组成的双相溶液系统中，聚合物组分的鉴定采用傅立叶红外光谱法（FTIR），见图 6-18。PLGA 和 PLA 标准品的 IR 谱在 1350~1500cm^{-1} 范围内可以明显区别开来，PLA 在 1450cm^{-1} 和 1380cm^{-1} 处显示甲基的 C—H 弯曲振动，而 PLGA 则在 1460cm^{-1} 和 1400cm^{-1} 处显示甲基的 C—H 弯曲振动以及在 1430cm^{-1} 处显示次甲基的 C—H 振动。PLA-PLGA- 二氯甲烷混合物的内相 IR 谱表明在 1430cm^{-1} 处有一强吸收，而外相在同一位置上仅有一相当小的峰；内相在 1460cm^{-1} 和 1430cm^{-1} 两个谱带处的透射比率（trasmittance ratio）比单独 PLGA 高，表明内相主要含 PLGA，仅含少量 PLA（即富含 PLGA），而外相主要含 PLA，仅含少量 PLGA（即富含 PLA）。

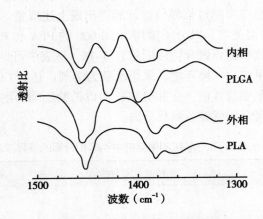

图6-18　PLA-PLGA- 溶剂二元系统的 FTIR 谱

PLGA/PLA 比 =33∶67（m/m），PLGA 和 PLA 分子量均为 20 000

　　药物粉末在 PLGA-PLA 双相聚合物溶液中的分布，一般总是分布在其中某一相中，这种现象可以通过分布理论得以解释。表 6-16 为溶解度参数的算术值和药物在不同溶剂中分布的实际值。由表中结果可见，药物分布取决于溶解度参数计算值和实际值的差值：差值为正数，药物具有分布在 PLGA 相的趋势，差值为负，药物则具有分布在 PLA 相的趋势，如差值为 0，

药物则分布在 PLGA 和 PLA 的两相界面上。表中，有些药物的差值为很小的正数（0.09~0.3），却分布在 PLA 相中，其原因为 PLGA 和 PLA 在该系统中难以完全分离，导致 $\delta_{PLGA/P}$ 和 $\delta_{PLA/P}$ 的计算值和实际值产生偏差（$\delta_{PLGA/P}$ 和 $\delta_{PLA/P}$ 分别为 PLGA 和 PLA 的溶解度参数）。

表6-16　氨基酸在 PLGA-PLA 两相聚合物溶液中的分布

溶剂	药物（溶解度参数）	分布	溶解度参数差值
乙酸乙酯	组氨酸（14.12）	PLGA 相	1.29
	甘氨酸（13.02）	PLGA 相	0.94
	丙氨酸（12.01）	PLGA 相	0.63
	加压素（10.95）	界面	0.30
	亮氨酸（10.68）	界面	0.22
二氯甲烷	组氨酸（14.12）	PLGA 相	1.16
	甘氨酸（13.02）	PLGA 相	0.82
	丙氨酸（12.01）	PLGA 相	0.52
	加压素（10.95）	PLA 相	0.17
	亮氨酸（10.68）	PLA 相	0.09
乙腈	组氨酸（14.12）	PLGA 相	0.87
	甘氨酸（13.02）	PLGA 相	0.83
	丙氨酸（12.01）	界面	0.22
	加压素（10.95）	PLA 相	−0.11
	亮氨酸（10.68）	PLA 相	−0.19

3. 聚合物合金法在微球制备中的应用

例 6-4　顺铂 PLA-PLGA 微球[61]

制备工艺：将 PLA（Mw 20 000）600mg 溶解在 1.0g 二氯甲烷中，为溶液 A；将 PLGA 300mg（Mw 20 000，50∶50）溶解在 0.5g 二氯甲烷中，加入 100mg 顺铂微粉（平均粒径 1μm）为溶液 B。用均化器将溶液 A 和溶液 B 混合，于 15℃下以 12 000 rpm 转速匀化 30 秒后加入到含 0.5%PVA 的水溶液中，系统温度逐渐增至 30℃，蒸发去除有机溶剂。固化微球经水洗后置于真空中干燥。用该法制备的微球表面光滑，平均粒径 30μm，90% 微球粒径在 10~100μm 之间。

顺铂在 PLGA 相中的溶解度参数为 12.2，在两相聚合物溶液中，PLGA/PLA 比介于 20∶80~33∶67 时，顺铂基本都分布在富含 PLGA 的分散相中；当 PLGA 在两相聚合物中所占质量比增至 67%~80% 时，由于发生相转化，药物则分布在富含 PLGA 的连续相中。

图 6-19 为采用 O/W 法制备的 PLGA 微球、PLA 微球和采用聚合物合金法制备的微球体外释药比较，三种微球都可持续释药达 30 天以上。用 O/W 法制备的 PLA 微球，从

开始至第四天出现释药停滞期，同法制备的 PLGA 微球首日突释较明显，而采用聚合物合金法制备的微球可缓释药物达 45 天，而且未出现明显的突释现象。PLGA、PLA 和聚合物合金法制备的微球药物包封率分别为 68.6% ± 9.9%（$n=3$）、68.6% ± 3.8%（$n=3$）和 103.8% ± 3.1%（$n=4$）。由于聚合物合金法制备的微球，药物主要分布在微球球芯富含 PLGA 的骨架内，外围有 PLA 骨架保护，因此在溶剂蒸发阶段，很少发生扩散引起的药物泄露现象，这是导致药物包封率高，突释作用低的主要原因。

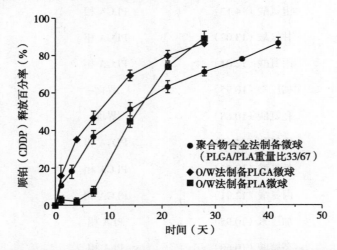

图 6-19　聚合物合金法和常规方法制备的顺铂微球体外释药比较

例 6-5　重组牛超氧化物歧化酶的 PLA-PLGA 微球[62]

采用固体粉末 / 油 / 水（S/O/W）乳化 - 液中干燥法进行制备，可以较好地保存蛋白质类药物的生物活性。但制得的微球通常具有明显的突释效应，限制了该方法的应用。而将 S/O/W 乳化 - 液中干燥法与聚合物合金法结合，则既能避免制备过程对蛋白质类药物的生物活性产生影响，又能有效抑制突释现象，因此是一种值得关注的微球制备新技术。

以重组牛超氧化物歧化酶（bSOD）PLA-PLGA 微球为例，该微球的制备方法分两个步骤：第一步将 bSOD 微粉化。经凝胶柱纯化的 bSOD 溶液（含 12.5mg/ml 蛋白）与 1ml PEG 混合后进行冻干处理：预冻温度 -50℃，降温速度 20℃/min；冻干条件：-20℃，3 小时；20℃，12 小时（真空度：0.02 Torr）。混合物冻干后得到均匀分散在 PEG 基质中的 bSOD 微粉。第二步为制备 bSOD 微球。将处方量的 PLGA 和 PLA 置于同一试管内，加入 bSOD-PEG 冻干粉（500mg），添加二氯甲烷 1350mg，使聚合物溶解。在含有药物的聚合物溶液中加入 4ml 0.25%（m/V）甲基纤维素水溶液，于 15℃在均质器内以 8000rpm 的转速均质 4 分钟，倒入 400rpm 转速搅拌下的 400ml 水中，形成的 S/O/W 乳液于 30℃搅拌 3 小时以去除有机溶剂，收集微球，冻干待用。

表 6-17 是三组 bSOD 微球的处方及制得微球的特性，其体外释药曲线见图 6-20。可见，处方 A 制备的微球药物包封率大于 90%，bSOD 生物活性保留达 99%，而且前 3 天内药物突释作用仅为 2.3%，第 4~6 天为药物释放停滞期，第 6 天后，第二个释药过程开始，并持续释药至第 28 天。处方 B 中含过量的 PEG 6K（10%），由于 PEG 溶解度参数约为 10.3，较接近 PLA 的溶解度参数（10.69），与 PLGA 的溶解度参数（11.00）相差较大，所

以 PEG 在富含 PLGA 相中浓度较低（约为处方量的 1.5%），其余 PEG 进入 PLA 相中，因此，制成的微球 PLA 骨架中含有较多水溶性 PEG。在制备过程中，这些 PEG 易扩散至外水相中，导致药物包封率低（78.8%），突释作用较严重。处方 C 采用 2.5%PEG 70K 制备蛋白质的固体分散体，用分子量较低的 PLGA（5010）和 PLA（质量比为 1:4）制成聚合物合金骨架，其包封率为 87.6%，以接近零级的速率控制药物释放达 4 周之久，突释作用仅 1.4%，未出现处方 A 制备微球的药物释放停滞现象。

表 6-17 重组牛超氧化物歧化酶（bSOD）微球处方及质量评价

处方		A	B	C
物料和配比				
bSOD		2.5%	2.5%	2.5%
PEG[a]	6K	2.5%	10%	—
	70K	—	—	2.5%
PLGA	PLGA5020[b]	19%	17.5%	—
	PLGA5010[c]	—	—	19%
PLA	PLA0020[d]	76%	70%	76%
微球质量评价				
药物包封率（%）		92.4 ± 4.0	78.8 ± 2.2	87.6 ± 1.1
生物活性保留率（%）		99.0	101.4	113.1

注：（a）PEG 6K、70K：平均分子量为 6000、70 000；（b）PLGA 5020：丙交酯 / 乙交酯比为 50:50，分子量 20 000；（c）PLGA 5010：丙交酯 / 乙交酯比为 50:50，分子量 10 000；（d）PLA 0020：分子量 20 000

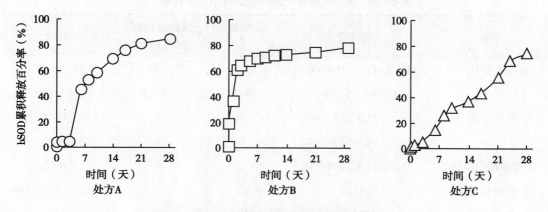

图 6-20 bSOD 微球体外释药曲线（n=3）

综上所述，采用 S/O/W 乳化 - 液中干燥法与聚合物合金法结合，是一种具有良好应用前景和实用价值的制备蛋白质类药物微球的方法。利用 PEG 作为药物载体，可较好地保护蛋白质类药物，避免其在乳化过程中因暴露于 O/W 两相界面而导致生物活性受损。此外，PEG 与药物结合可以起到调节微球内药物释放速度的作用。从方法学角度看，聚合物合金结构对减少药物突释、提高包封率具有非常重要的意义，值得深入研究。

二、喷雾干燥法

喷雾干燥法（spray drying method）系将待干燥物质的溶液以雾化状态在热压缩空气流或氮气流中干燥以制备固体微粒的方法。喷雾干燥器的操作分四步：①待干燥溶液（也可为混悬液或乳剂）雾化成气溶胶形式；②雾化溶液与热气流接触；③气溶胶干燥；④干燥微粒与溶剂气体分离[63]。

喷雾干燥已广泛用于化学制药工业和食品工业的物料干燥，尤其适用于热敏性物质（如鱼油、人用油、维生素和色素等）的干燥。近年来有越来越多的报道将药物溶解、乳化或混悬在含聚合物的有机溶剂中组成单相或多相胶体，通过喷雾干燥制备微囊或微球。所制得的产物是微囊还是微球取决于其处方和工艺，如药物和聚合物都以溶液状态存在，或者药物以粉末状态混悬在聚合物溶液中，则喷雾干燥后的产物为微球；如药物溶液和聚合物溶液以乳液状态存在，则喷雾干燥后的产物为微囊。

目前有不同规格的喷雾干燥设备，从实验室装置到大规模生产设备都有成熟的产品。前者如 Büchi 公司的产品 Mini Spray Dryer 190，后者如丹麦 Niro Atomizer 公司的产品 Mobile minor。文献中报道的大多是实验室用的干燥器，这类装置蒸发量有限，流速一般为 15~20ml/min，进口空气温度 40~200℃，可根据待干燥介质不同沸点，例如水或有机溶剂，选择其进口空气温度。

治疗帕金森病药物——溴隐亭 –PLGA 微球注射剂（商品名：Parlodel LAR，Sandoz），即是用喷雾干燥法制备微球制剂的早期范例，该微球制剂注射后在体内可缓释药物近一个月[64]。布舍瑞林和米非司酮微球注射剂也是采用喷雾干燥法制备，可缓释药物达一个月。采用喷雾干燥法制备的代表性的可生物降解微球品种见表 6-18。

表 6-18　部分用喷雾干燥法制备的 PLGA 微球[63]

药物	聚合物	药物含量（%）	聚合物/溶剂 %（m/V）	溶剂
维生素 D₃	D，L–PLA（109 000）	5~30	0.75	CH₂Cl₂/CHCl₃
	L–PLA（57 000）	5~30	0.5~5.6	CH₂Cl₂/CHCl₃
吡罗昔康	D，L–PLA（137 000）	10	1	CH₂Cl₂
	D，L–PLA（109 000）	10	1	CH₂Cl₂
氢化草酸萘呋胺	D，L–PLA（109 000）	10	1	CH₂Cl₂
牛血清白蛋白	PLGA	16.7	2	CH₂Cl₂–四氢呋喃
米非司酮	PLGA	33.3	6.5	CHCl₃
布舍瑞林	PHB/PLGA 90：10~40：60	8.4	6	CHCl₃

喷雾干燥法微囊化工艺的主要优点是可以连续操作，生产效率高，如起始原辅料都为无菌，则密闭的生产过程可满足 GMP 要求等。该法制备微球的粒径大多小于 10μm，系统温度都低于 100℃，物料受热时间很短，如用 PLGA 做载体材料，以二氯甲烷为溶剂，干燥温度仅需 50~70℃，所以对热敏性多肽蛋白质类药物的微囊化特别适合。与乳化 – 溶剂

蒸发法比较，喷雾干燥法制备的可生物降解微球有机溶剂残余量较低，如二氯甲烷残余量一般仅有 0.1%~0.2%，甚至低至 0.05%。但喷雾干燥法也存在一些缺点，当制备分子量较大的聚合物微球，如以 D，L–PLA（M_w=209 000）或 PLGA（M_w=22 000）为骨架材料的聚合物 – 二氯甲烷溶液，由于黏度较大，流体喷出时难以形成液滴而使喷雾干燥样品呈丝状。合理调节设备操作参数，如雾化压力、喷嘴的空气压力、形状或内径以及待雾化溶液的流速等能够一定程度避免上述缺点。有些药物，如黄体酮或黄体酮与 D，L–PLA 溶液经喷雾干燥后可能发生药物晶型改变，从而导致溶出度或药动学模式的改变，处方和工艺设计中应注意这些问题。

喷雾干燥的主要方法有：常规喷雾干燥法和超声喷雾 – 低温固化法。

（一）常规喷雾干燥法

1. 以天然聚合物为骨架材料经喷雾干燥制备微球 随着对给药系统研究的不断深入，近年来将合成药物或重组蛋白质类药物经喷雾干燥制备成可生物降解微球，用于肺部、鼻腔或其他途径给药的研究报道日渐增多。其微球骨架材料部分来源于天然聚合物，如甘露醇、海藻糖或壳聚糖等寡聚糖和多糖类物质，这类聚合物易溶于水、黏附力强、安全性高，已有多个典型例子报道。

例 6–6 重组乙肝表面抗原微球

Alcock 等[65] 将 2mg 重组乙肝表面抗原（rHBsAg）溶解在 50ml 含 20mg 海藻糖的水溶液中为水相，将 2g 低聚糖酯类衍生物（OED）溶解在 120ml 乙酸丁酯中为有机相。水相和有机相分别通过特殊的"三通道"喷嘴（其中一个喷嘴为雾化气体通道，另两个分别为水相溶液和有机相溶液通道）喷雾干燥。喷雾干燥过程参数如下：雾化气流流速 35L/min，干燥气流流速 300L/min，进口温度 100℃，料液（水）流速 0.75g/min，有机溶液流速 1.5g/min。抗原和 OED 在不同溶剂中分别干燥成球，从而减少抗原直接暴露在有机溶剂中引起的活性下降。其中，采用比水沸点高的乙酸丁酯（bp 127℃）为 OED 溶剂至关重要，由于水的沸点低，使得抗原在喷雾干燥时先包埋在海藻糖骨架中，然后再被 OED 包裹成微球；微球粒径在 1~4μm 之间（图 6–21）。

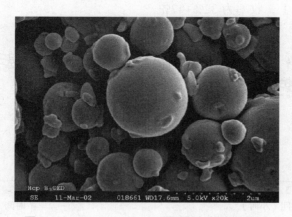

图 6–21 rHBsAg/OED 微球的扫描电镜照片

以含有 0.1%（m/V）聚山梨酯 80 的磷酸缓冲盐为介质进行体外释药实验，结果表明，在 0.25 小时、0.5 小时、1 小时和 4 小时微球的累积释药量分别为 27%、43%、57% 和

75%。用 rHBsAg 微球对小鼠进行免疫实验，结果显示微球诱导抗体产生的免疫原性与注射 rHBsAg 溶液相当。提示喷雾干燥工艺过程能较好地保存抗原的生物活性（图 6-22）。

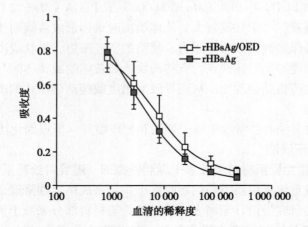

图 6-22 小鼠皮下注射 rHBsAg 和 rHBsAg/OED 微球后抗 HBsAg 应答
（免疫注射后 42 天，n=5，均值 ± SD）

例 6-7 磷酸克林霉素 – 壳聚糖微球

Muge 等[66] 将壳聚糖（1.0%，m/V）、泊洛沙姆 188（0.2%，m/V）和明胶（0.4%，m/V）溶解在 1% 醋酸溶液中，加入不同剂量的磷酸克林霉素，混合均匀，样品溶液经喷雾干燥制备微球。喷雾干燥过程参数如下：喷嘴直径 0.7mm，氮气压力 30mmHg，物料流速 7.5ml/min，对于不加交联剂戊二醛溶液设定进口空气温度 120℃，出口空气温度 57℃；加入交联剂溶液设定进口空气温度 160℃，出口空气温度 70℃。

采用上述方法制备的磷酸克林霉素微球外表光滑，不同载药量会影响微球的粒径、形态和释放速率，微球的突释效应和释药速度随载药量增加而降低（图 6-23A）。交联剂的加入会提高溶液黏度从而使微球粒径增大，但对体外释放没有特别显著影响（图 6-23B）。微球包封率在 80% 以上，收率为 32%~47%。

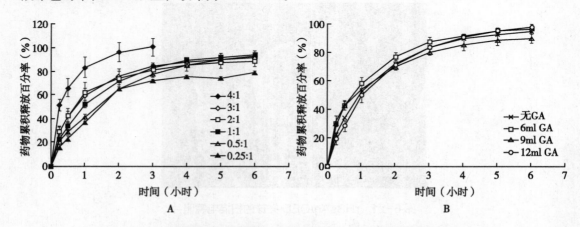

图 6-23 用喷雾干燥法制备的磷酸克林霉素 – 壳聚糖微球体外释药曲线
A：药物与聚合物的比例；B：交联剂戊二醛（GA）的用量

例6-8　白介素 -2- 甘露醇微球

Thomas 等[67] 将白介素 -2（IL-2）冻干粉末 1.4mg、甘露醇 60mg、十二烷基硫酸钠 0.22mg 和 NaHCO₃ 1.1mg 溶解于 37.5ml 水中，然后滴入恒速搅拌的乙醇 87.5ml 中（内含二棕榈酰胆碱和 Eudragit E100 5mg），混悬液经 Minispray Dryer190 顶喷式喷雾干燥器喷雾成囊，其过程参数如下：液流速度 600NL/h，负压 20mbar，进料速度 12ml/min，空气进口温度 100~105℃，出口温度 35~38℃。

研究同时比较了采用复乳（W/O/W）- 液中干燥法、乳剂（O/W）- 液中干燥法以及喷雾干燥法制备包载 IL-2 的 PLGA 微球的理化性质差异，结果见表 6-19。

表6-19　三种方法制备包载 IL-2 的 PLGA 微球物理性质比较

微球制备方法	外形	平均粒径（μm）	收率（%）	药物包封率（%）
复乳 - 液中干燥法	圆整、光滑	20.3 ± 8.4	~63	40
乳剂 - 液中干燥法	圆整、光滑	17.6 ± 7.2	85	60
喷雾干燥法	粉末状	4.2 ± 2.6	>79	90

微球体外释药实验证实，单乳和复乳法制备的微球可缓释药物达 30 天。两种微球释药呈双相模式，在最初的 36 小时内都有一定突释作用，随后 5 日内有一释药停滞期，接下来为另一释药周期。喷雾干燥微球在开始 2 天内突释作用可达 80%，剩余药物在 4 天内释放完全，缓释效果稍差。采用 CTLL-2 增殖法检测不同时间微球内 IL-2 的生物活性，结果表明单乳法和复乳法制备的微球在释药期间活性有所丧失，喷雾干燥法制得的微球中 IL-2 活性基本没有降低。

2. 以化学合成可生物降解聚合物为骨架材料经喷雾干燥制备微球　近年来有越来越多的报道采用喷雾干燥法制备以化学合成可生物降解聚合物为骨架材料的微球，主要可以归纳为两种方法：如药物为疏水性，可直接溶解于聚合物的有机溶液中，经喷雾干燥制备微球[68, 69]；如药物为水溶性，一般将药物水溶液（水相）与聚合物有机溶液（油相）先制成乳剂（W/O 乳剂或 W/O/W 复乳），然后再经喷雾干燥制得微囊[70, 71]。下面通过实例阐述影响微球理化性质的因素。

（1）工艺参数对微球形态和粒径分布的影响：Fu 等[72] 采用 D, L-PLA（Mw=90 000~120 000）为骨架，二氯甲烷 / 三氯甲烷（1:1）为溶剂，苯丁酸氮芥（chlorambucil, CHL）为模型药物，经喷雾干燥制备 CHL-PLA 微球。扫描电镜照片显示，聚合物浓度对微球形态有明显影响。用适当浓度的聚合物溶液经喷雾干燥方法制得的微球外观球形圆整，表面光滑；而低浓度 PLA 溶液（<1.5%，m/V）制得的微球多聚集成团，不呈球形；高浓度 PLA 溶液（>3.0%，m/V）制得的微球则有纤维状产物夹杂其中。

空气进口温度对微球形态也有一定影响，温度较低，微球表面呈多孔状，并聚集成团。产生这种现象的原因是在进口温度较低时，液滴内部的有机溶剂在干燥过程中来不及挥发，残留在微球内部的溶剂产生较高的蒸汽压，缓慢地通过骨架渗透出来，因而产生多孔的表面。具有这种结构的微球将导致药物的突释作用增加。

载药量对微球外形也有较大的影响。以不同药物 /PLA 比（1:2、1:1 和 4:1）制备微球，载药量低（1∶2、1∶1）的微球表面光滑，外形圆整，见图 6-24（A）和（B）；载药量高至一定程度时，微球表面呈凹凸不平的状态，见图 6-24（C）。这种情况与骨架聚合物相对较少、无法完整包裹药物结晶，从而使微球夹杂药物的晶体有关。

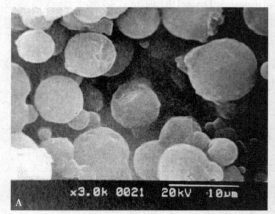 

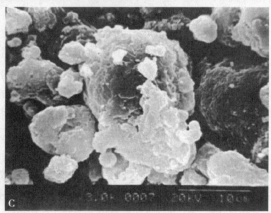

图 6-24　扫描电镜观察不同载药量对喷雾干燥法制备的 PLA 微球形态影响

　　不同的聚合物溶剂对喷雾干燥法制备的微球形态也有影响。Gander 等[70]分别以乙基乙烯醚、二氯甲烷、丙酮、乙醛二甲缩醛、四氢呋喃、1，1，1-三氯乙烷、乙酸乙酯、1，1，2-三氯乙烯、硝基甲烷和二噁烷等十种有机溶剂为 PLA 的溶剂，采用喷雾干燥法制备微球。实验结果表明，只有乙酸乙酯、二氯甲烷和硝基甲烷为溶剂制得的微球形态规则，粒径较均匀，表面光滑而且致密；而用与水混溶的有机溶剂，如乙基乙烯醚、丙酮和乙醛二甲缩醛制备的微球，外形往往不规则。

　　除了上述因素影响微球外形外，其他一些工艺参数对微球的外形也有不同程度的影响，应根据具体的实验情况与结果进行观察和分析。

　　影响喷雾干燥微球粒径及其分布的因素主要有两种：处方因素和工艺因素。处方因素中，像聚合物种类及其分子量、聚合物溶液浓度以及药物 / 聚合物质量比等对制备的微球粒径及其分布有不同程度的影响。工艺因素中，喷嘴的气流与料液相对速度之比（$V_{相对}$）是重要的影响参数。如保持进料速度为恒定值，增加气流速度，能量增加将导致剪切力提高，使喷雾干燥制得的微球粒径变小，且分布更集中（图 6-25）。

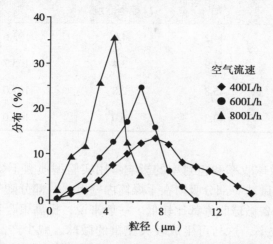

图 6-25 采用不同空气流速制备的微球粒径分布图[72]

（2）工艺参数对微球玻璃化转变温度的影响：玻璃化转变温度（T_g）是指无定型或半结晶高分子材料从玻璃态到高弹态（或黏流态）相互转化的温度。由于在不同的形态下聚合物具有不同的理化性质，所以当用于制备某种给药系统时，聚合物的 T_g 与制剂的生产工艺、最终形态、药物的释放以及聚合物的降解等过程都存在非常密切的关系。许多聚合物都有固定的 T_g，但通常会受到处方中其他组分或制剂制备工艺的影响而发生改变。Joke 等[73]以 PLGA-PVP 为载体制备难溶性药物微球，采用差热分析（DSC）研究了不同工艺参数对微球的 T_g 的影响（表 6-20）。PLGA、药物和 PVP 的 T_g 分别为 38℃、56℃ 和 174℃，T_g 范围越宽表示非晶相越不均匀，影响药物的释放和稳定性。从表中可以看到，1% 的进料浓度导致富 PLGA 相的 T_g 范围变宽以及富 PVP 相 T_g 升高；10ml/min 进料速度和 1.5bar 的雾化压力导致富 PVP 相 T_g 范围变宽；相反 10% 的进料浓度使得富 PVP 相 T_g 峰宽变窄。

表 6-20 工艺参数对微球玻璃化转变温度（T_g）的影响

样品	T_g^1	T_g 范围宽度[1]	T_g^2	T_g 范围宽度[2]
参比 A	44.5	3.2	104.6	27.8
参比 B	44.9	3.3	106.0	29.3
参比 C	44.7	3.8	104.4	27.7
进料浓度（1%）	44.3	7.6	125.9	29.1
进料浓度（10%）	45.4	2.8	104.1	21.3
进料速度（2ml/min）	44.2	4.3	103.0	29.6
进料速度（10ml/min）	43.5	4.6	106.1	36.5

续表

样品	T_g^1	T_g 范围宽度 [1]	T_g^2	T_g 范围宽度 [2]
进风温度（95℃）	44.2	4.0	103.6	28.6
进风温度（135℃）	44.9	3.4	105.7	28.3
雾化压力（1.0bar）	45.3	2.8	107.0	27.9
雾化压力（1.5bar）	43.3	6.0	106.0	36.6

注：1：PLGA；2：PVP

（3）工艺参数对微球收率和包封率的影响：用实验型喷雾干燥器制备微球，由于投料量本身较少，制备的微球一部分吸附在干燥筒内壁上，一部分随气流飞散到装置外。所以用实验室喷雾装置制备微球收率都比较低。一般来说，提高聚合物溶液的浓度和气流速度，可以增加微球的收率，这与可生成较大比重的微球、减少产品在喷雾干燥时流失有关。采用喷雾干燥法制备微球，收率较高时可达到50%，理想情况下药物包封率可达到98%~99%左右，较低的进风温度和较高的药物含量都会使药物包封率下降。

采用喷雾干燥法制备载药微球，只要药物与聚合物能"相容"，药物的包封率都比较高；并且药物能够比较均匀地分布在整体骨架中。这与液中干燥法和凝聚法制备载药微球有比较明显的区别，后两种方法包埋的药物有部分存在于微球浅表层，还有些药物黏附在微球表面。当然喷雾干燥微囊化时由于药物和聚合物内聚力较低，或者微球破损等原因，有时可能出现药物包封率不高的现象。

溶解聚合物的有机溶剂在喷雾干燥过程中对药物包封率有明显影响。Gander等[70]比较了喷雾干燥制备牛血清白蛋白微球时不同有机溶剂对包封率的影响，发现凡是有助于保持微球形状完好的低沸点有机溶剂，如二氯甲烷、乙酸乙酯和硝基甲烷都可使药物的包封率达到近100%；有些高沸点有机溶剂如二噁烷、1，1，1-三氯乙烷和1，1，2-三氯乙烯使制备的微球表面呈熔融状，但并不使微球破损，其药物包封率也可达90%~100%；而以乙基乙烯醚、丙酮和乙醛二甲缩醛为聚合物溶剂制备的微球多呈破碎状或表面多孔且球形不规则，这时药物的包封率很低，见图6-26。

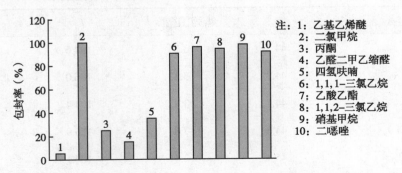

图6-26 采用不同溶剂经喷雾干燥法制备的BSA微球包封率比较（理论载药量：2.9%）[70]

（4）工艺参数对微球释药速度的影响：微球制备的工艺参数决定微球的物理性状，进而影响其在体内外的释药特性。图6-27为苯丁酸氮芥（CHL）PLA微球的释放曲线。提高喷雾干燥空气进口温度，制得的微球药物释放速率较慢。如图 6-27（A）所示，不同空气进口温度制得微球的释药速率从快到慢的顺序依次为 65℃ >75℃ >85℃，其原因与较高的空气进口温度能够减少微球表面孔隙的孔径，从而减慢释药速率有关。

提高进口气体流速，能使制备的微球粒径减小、表面积增大，进而使其释药速率加快。图 6-27（B）表明微球释药速率与进口气体流速之间的关系，释药速率由快到慢所对应的进口气体流速依次为：800L/h>600L/h>400L/h。聚合物溶液浓度对微球的药物释放速率也有明显影响。聚合物浓度越大，制成的微球释药速度越慢，图 6-27（C）中释药速度从快到慢的聚合物浓度顺序为 1.5%>2.0%>2.5%（m/V）。同理，药物 /PLA 的比值较大时，微球中的药物释放速度较快，不同药物含量的微球释药速度从大到小依次为：4∶1>2∶1>1∶1>1∶2>1∶4，见图 6-27（D）。

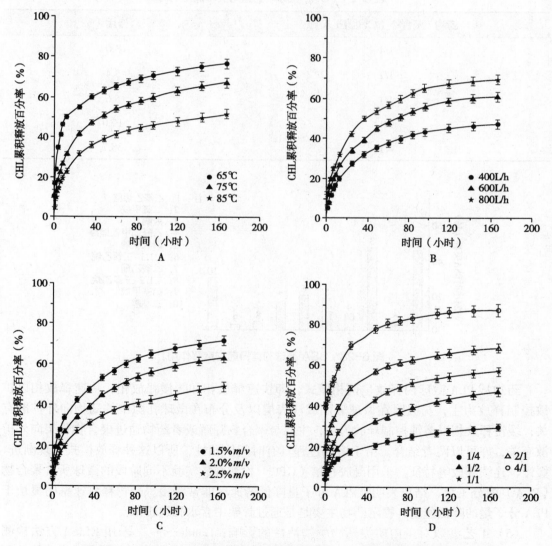

图 6-27 不同处方工艺参数对苯丁酸氮芥（CHL）微球释药速度的影响
A. 进口空气温度；B. 气流速度；C. PLA 浓度；D. CHL/PLA 质量比

微球的突释作用也与药物含量呈正相关。药物/PLA比值较高时,突释作用较大。表6-21给出了具有不同药物/PLA比例的微球的突释作用,药物含量增加,成球后药物容易分布在微球骨架中的孔隙内,孔隙中的药量增加必然提高了药物的扩散速率。突释作用也与聚合物选用的溶剂有一定关系,如上所述,与水能混溶的有机溶剂易产生表面不规则或缺损的微球,所以采用如乙基乙烯醚、丙酮、二噁烷和1,1,1-三氯乙烷等作为PLA溶剂时,制备的微球药物(BSA)突释作用明显。图6-28中的数据表明,突释作用最小的有机溶剂是二氯甲烷,用乙酸乙酯为溶剂,微球的突释作用约为12%;硝基甲烷也有较低的突释作用,所以在采用喷雾干燥制备时,也不排除采用沸点较高的有机溶剂。

表6-21 CHL微球载药量对突释的影响

药物/聚合物(CHL/PLA)	突释作用(%)
1/4	3.0
1/2	3.4
1/1	5.6
2/1	19.0
4/1	38.7

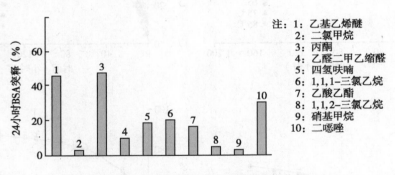

注:1:乙基乙烯醚
2:二氯甲烷
3:丙酮
4:乙醛二甲乙缩醛
5:四氢呋喃
6:1,1,1-三氯乙烷
7:乙酸乙酯
8:1,1,2-三氯乙烷
9:硝基甲烷
10:二噁唑

图6-28 BSA微球的首日药物突释作用

药物从PLA微球内释放呈两相模式,即快速释放相和缓慢释放相。快速释放相以扩散控制释放为主,与吸附在微球表面或浅表层以及分布在微球孔隙中的药物向外扩散有关;缓慢释放相以溶蚀控制释放为主,主要与聚合物降解或者药物通过聚合物骨架向外扩散有关,亦可以两者结合。由于溶蚀过程具有时间依赖性,所以这种释放模式呈现渐进、缓慢、连续释放等特征。采用凝胶色谱(GPC)检测释放实验不同阶段的微球所含聚合物(PLA)的分子量,结果表明,PLA分子量降低的速度非常缓慢。药物释放速率明显快于PLA分子量的降低速度,提示药物主要是是通过骨架中含水孔道扩散。

(5)工艺参数对蛋白质类药物生物活性的影响:Gander等[70]采用ELISA方法检测BSA微球经喷雾干燥制备前后抗原活性的变化。结果表明:有机溶剂对蛋白质类药物抗原活性有一定的影响,用二氯甲烷作为聚合物溶剂,微球中BSA的抗原活性仍保持在100%

左右；而用能与水混溶的有机溶剂，如丙酮、二噁烷为溶剂，微球中 BSA 的抗原活性损失约 50%，见图 6-29。

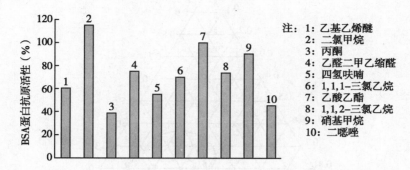

图 6-29　不同聚合物溶剂对经喷雾干燥制备的 BSA 微球抗原活性的影响

注：1：乙基乙烯醚
2：二氯甲烷
3：丙酮
4：乙醛二甲乙缩醛
5：四氢呋喃
6：1,1,1-三氯乙烷
7：乙酸乙酯
8：1,1,2-三氯乙烷
9：硝基甲烷
10：二噁唑

除了有机溶剂的水溶性因素外，Gander 认为使用的溶剂氢键内聚力参数也是影响蛋白质类抗原活性的重要因素。对抗原活性具有较好"相容"作用的溶剂如二氯甲烷、乙酸乙酯等，其氢键内聚力参数分别为 9.6MPa 和 8.9MPa$^{1/2}$，而其他溶剂的氢键内聚力参数都低于 6.8MPa$^{1/2}$。有关机制尚待进一步实验探讨。

（二）超声喷雾 - 低温固化法

目前多肽、蛋白质类药物微囊化，最常用的方法是复乳（W/O/W）- 液中干燥法，尽管此法包封率和收率都较高，装置亦不复杂，但存在工艺耗时较长，蛋白质类药物暴露于有机溶剂与水的两相界面以及机械应力的作用容易导致其生物活性下降，大批量生产和达到 GMP 要求有较大困难等问题。近几年，人们成功开发了利用超声喷雾 - 聚合物去溶剂化法（ultrasonic atomization-polymer desolvation）或称低温喷雾提取法（Cryogenic Process）制备多肽、蛋白质类药物微球的新方法，可以明显改善复乳 - 液中干燥法的缺点。Felder 等研究将 PLGA 或 PLA 的聚合物溶液以一定速度泵入超声喷雾器，雾化后的液滴喷入搅拌着的固化溶剂中，使聚合物固化形成微球。再经过水洗、减压干燥等工序制成流动性能良好的微球[74]。

1. 工艺条件　实验型超声装置最低能量应大于 40W；喷嘴和固化溶剂间距离为 5~20cm；聚合物溶液与固化剂的体积比在 1∶40~1∶80 之间；料液速度 2~5ml/min。

2. 处方工艺对微球理化性质的影响

（1）聚合物溶剂和固化剂内聚力参数对微球理化性质的影响：研究者以分子量 15kDa 和 130kDa 的 PLA 以及 14kDa 和 17kDa 的 PLGA（50∶50）为聚合物模型，分别用聚合物、聚合物溶剂和固化剂的偶极力作用（f_p）、色散力作用（f_d）和氢键作用（f_h）的内聚力参数百分数作三相图，筛选合适的有机溶剂和固化剂，结果见图 6-30。

实验结果表明：制备形态良好的 PLA 和 PLGA 微球，适合的溶剂为二氯甲烷、甲酸乙酯、乙酸乙酯和丙酮等，因为这些溶剂的内聚力参数与聚合物接近（f_p=0.2~0.35，f_h=0.2~0.4）。不适合的溶剂如碳酸二乙酯（DEC）、碳酸丙烯酯（PC）等，两者制备过程中将产生聚合物的团块。合适的固化剂为己烷、辛撑环四硅氧烷（octamelhylcyclotetra siloxane，OMCTS）和异丙基肉豆蔻酸酯等，这些溶剂具有低极性和有限的氢键能（f_p=0~0.1，f_h=0~0.25）。而 Labrafil 和水由于极性大，不适合作为固化剂。

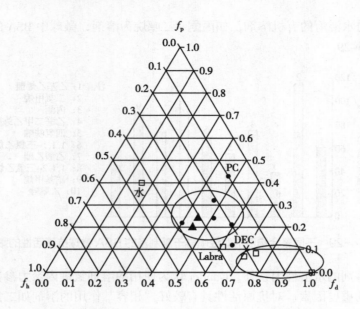

图 6-30 用于制备微球的聚合物、溶剂以及固化剂优化筛选的三相图

（f_p）极性参数，（f_d）分散度参数，（f_h）氢键结合参数；（▲）聚合物，（●）溶剂，（□）硬化剂；
（PC）碳酸丙烯酯，（DEC）碳酸二乙酯，（Labra）Labrafil M1944CS 油酸聚乙二醇甘油酯

（2）聚合物溶液浓度对微球粒径的影响：以分子量 15kDa 的 PLA 为骨架材料，制备成浓度为 2% 的甲酸乙酯溶液，并以 OMCTS 为固化剂制备微球。制得的微球表面光滑，结构致密，粒径大小主要分布在 0.1~1μm 和 2~20μm 两个区域。而用浓度为 10% 与 20% 的聚合物溶液制备微球，粒径分布则主要集中在 5~100μm 和 10~130μm 两个区域（图 6-31）。

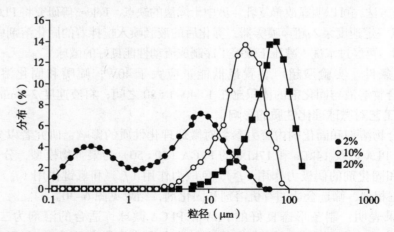

图 6-31 不同浓度的 PLA（15kDa）甲酸乙酯溶液制备的空白微球粒径分图

3. 超声喷雾–低温固化法制备 rhGH 微球实例 1996 年 Johnson 等报道了一种称为 "Cryogenic process"[75] 的制备重组人生长激素微球的方法。其原理就是利用超声喷雾使含药物的聚合物溶液（或混悬液）分散成细小的液滴，这些液滴分散在低温的有机溶剂

中，伴随着固化剂不断萃取出聚合物中的溶剂，使液滴固化形成微球或微囊。该方法将摩尔比为 6∶1 的锌和重组人生长激素（rhGH）混合，使其形成络合物，该络合物的冻干粉与 PLGA 的二氯甲烷溶液匀化制成混悬液，经超声喷嘴以雾化状态喷入表面覆盖液氮的低温乙醇（−80℃）中，低温可以有效保护 PLGA 液滴中 rhGH 的生物活性，乙醇不断地挥发，将 PLGA 液滴中的二氯甲烷萃取出来，得到固化的微粒；经过筛、干燥制得流动性良好的 rhGH–PLGA 微球。动物体内外以及临床实验表明，利用超声喷雾 – 低温固化法制备的 rhGH 微球可缓释药物达一个月。该法制得的 rhGH 微球，与复乳（W/O/W）– 液中干燥法制得微球相比有较多优点，如更高的药物包封率，载药量可达 15%（m/m），药物首日突释剂量较低等，而且体内释药呈持续、均匀的零级模式，复乳 – 液中干燥法制备的微球则呈三相释药模式[76]。超声喷雾 – 低温固化法制备重组人生长激素微球的工艺关键点：

（1）在 rhGH/PLGA 混悬液中加入 1%（m/m）$ZnCO_3$ 微粉（<5μm）非常重要。一方面，Zn^{2+} 能与微球内的 rhGH 形成难溶性的络合物，降低 rhGH 的溶解度，从而减少首日的突释作用。但过量（如 3% 或 6%，m/m）$ZnCO_3$ 抑制突释的作用未见进一步提高。另一方面，下丘脑分泌的内源性 rhGH 是以 Zn^{2+} 络合物的形式贮存在体内，由于络合后 rhGH 的疏水性显著增强，因此能够大大提高其在体内生理环境中的稳定性。再者，难溶性的弱碱盐 $ZnCO_3$ 作为抗酸剂，能够持续提供低浓度的 Zn^{2+}，有效抵御因聚酯类材料降解而产生的酸性微环境，进而提高 rhGH 在释药过程中的稳定性。

（2）PLGA 的规格对 rhGH 微囊化也很重要。分别用 8000kDa、10 000kDa 和 31 000kDa 三种规格 PLGA 的研究结果表明：酯基封端的 PLCG 制得的 rhGH 微球首日突释作用远比羧基封端的 PLGA 微球大。用分子量较高的 PLGA 制备微球，可降低药物第一周内的释放速度，但在第 7~20 天会出现药物释放停滞现象。

动物使用 rhGH–PLGA 微球后的安全性和致敏实验表明，PLGA 作为微球骨架材料是安全的，其中亲水性强（羧基封端）的 PLGA 比亲水性弱（酯基封端）的 PLCG 制备的微球致敏反应更低。而低 Zn^{2+} 含量的微球比高 Zn^{2+} 含量的微球更安全。

图 6-32 为连续 3 个月注射上述 rhGH–PLGA 微球后恒河猴血清中的 rhGH 和 IGF–I（评价 rhGH 生物活性的药效学指标）水平。动物给予剂量为 50mg/kg 体重的微球（微球中药物含量为 15%），分别于 0、28 和 56 日注射给药，对照组动物每周注射 3 次 rhGH 溶液［7.5mg/（kg·每月）；总剂量 22.5mg/kg］。由图 6-32 可见，每次注射微球后动物血清中检测到的 rhGH 释放模式是相似的，注射微球后血清 IGF– I 水平明显比每周注射 3 次（月总剂量相等）rhGH 溶液剂高（见图 6–32B），结果提示只要用较低剂量的 rhGH 微球即可达到每周给以 3 次溶液型注射剂相同的生物效应。

美国 Alkermes 公司和 Genetech 公司在上述研究基础上，于 1998 年报道了一套全封闭、符合 GMP 要求的规模化 rhGH–PLGA 微球生产工艺，其采用使物料在两个密封罐（混合罐和匀化罐）之间通过高压匀质器反复循环的方法，将含有 rhGH–Zn 络合物的 PLGA 二氯甲烷溶液的液滴粒径控制在 1~3μm 之间，再经雾化器喷入低温固化罐。固化罐内的液态乙醇温度控制在 −80℃，并利用搅拌装置使雾化液滴快速降温，同时加速乙醇萃取 PLGA 微球中的二氯甲烷。该工艺中的关键参数为：各罐的搅拌速度、匀化和雾化压力、喷嘴类型、固化用有机溶剂、干燥温度和时间等。其中雾化过程和固化过程是决定微球突释作用最关键的两个步骤。

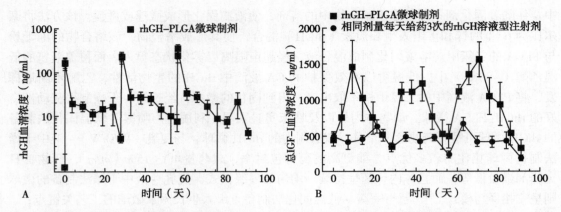

图6-32 连续注射3次可缓释1个月的rhGH-PLGA微球后，恒河猴血清中的rhGH和IGF-Ⅰ浓度变化曲线（分别于第0天、28天和56天给予50mg/kg微球）

表6-22为用实验室和规模化生产装置制备的rhGH微球理化性质的比较[77]。从表中数据可以看出，实验室制备的rhGH微球和规模化生产的rhGH微球理化性质基本相同。目前，规模化生产装置的产量已经达到每批500g微球的水平，并已成功用于制备供Ⅱ期和Ⅲ期临床研究的中试样品。由于超声喷雾-低温固化法不仅可以满足GMP的要求实现大规模的工业化生产，而且能够较好地保存rhGH的生物活性，因此对于化学性质不稳定的蛋白药物来说，是一种极具应用潜力的微球制备方法。

表6-22 实验室方法和规模化生产工艺制备rhGH-PLGA微球特性比较（$n=5$）

特性	实验室制备样品	规模化生产样品
微球粒径（μm）	49.6 ± 5.8	49.6 ± 5.4
二氯甲烷残留（ppm）	330 ± 210	21 ± 26
乙酸残留（%）	0.78 ± 0.85	0.18 ± 0.24
水残留含量（%）	1.7 ± 0.7	1.1 ± 0.2
锌含量（%）	0.93 ± 0.08	0.96 ± 0.09
玻璃化转变温度（℃）	40.8 ± 4.4	45.4 ± 1.3
rhGH含量（w）	16.0 ± 0.5	14.7 ± 0.4
体外首日rhGH突释值（%）	42.3 ± 18.3	33.0 ± 5.1
体外（0~28日）释药量（%）	72.8 ± 17.0	65.6 ± 6.1
未发生聚集的rhGH含量（SEC测定，%）	99.3 ± 0.4	98.4 ± 1.0
未发生氧化的rhGH含量（RP-HPLC测定，%）	98.5 ± 1.5	99.2 ± 0.4
未发生脱酰胺的rhGH含量（IEC测定，%）	99.7 ± 0.4	98.1 ± 0.6
rhGH生物活性（IU/mg）	2.7 ± 0.2	2.7 ± 0.3

三、相分离法

相分离法（phase separation）目前已成为一种药物微囊化的重要工艺，它具有设备简单，用作囊材的聚合物来源广泛，对不同特性的药物有不同方法可供选择等优点，所以适用于制备不同性质药物的微囊与微球。利用相分离原理进行微囊化的方法很多，凝聚法是其中应用最早且最广泛的方法。就凝聚法来说，本身又可分为水相凝聚法（单凝聚法和复凝聚法）和有机相凝聚法两大类。对可生物降解微球而言，有机相凝聚法是一种常用的制备方法，其原理是在药物与骨架材料的溶液（或混悬液）中加入另一种物质或不良溶剂，使骨架材料包裹着药物从原溶剂中沉淀出来，在体系中产生一个新的凝聚相的过程。常见的有机相凝聚法又可以分为溶剂－非溶剂法和溶剂移除法两种不同的类型。

（一）溶剂－非溶剂法

溶剂－非溶剂法（solvent-nonsolvent method）的原理系在聚合物的溶液中加入一种对上述聚合物不溶的溶剂（即非溶剂），引起相分离的同时将药物包裹成微囊或微球的方法。药物可以是固体或液体，但必须不溶于非溶剂，也不与之发生反应。用于制备微球或微囊的聚合物材料通常要用有机溶剂溶解，疏水性的药物可与聚合物一同溶解；而亲水性药物不溶于有机溶剂，可以混悬在聚合物溶液中。加入可与有机溶剂互溶但不溶解聚合物的非溶剂，使聚合物因溶解度降低而在溶液中发生凝聚，实现固液分离，除去有机溶剂即得微囊或微球。许多水溶性药物如采用溶剂蒸发法进行微囊化无法获得较高的包封率，可以考虑采用本方法制备微球。利用溶剂－非溶剂方法进行微囊化的流程见图 6-33。

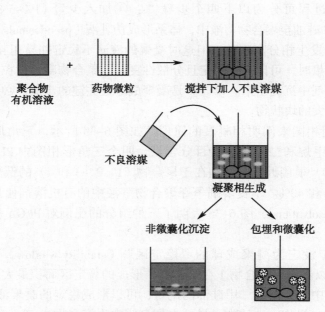

聚合物   药物微粒   搅拌下加入不良溶媒
有机溶液

不良溶媒

凝聚相生成

非微囊化沉淀   包埋和微囊化

图 6-33　凝聚法制备微球工艺原理示意图[78]

研究者常借助相图来描述基于有机相凝聚原理的微囊化过程，这种方法有助于设计凝聚过程中用作囊材的聚合物浓度以及溶剂和非溶剂的用量。陆彬等报道了利用乙基纤维素（EC，聚合物）– 三氯甲烷（CHCl₃，溶剂）– 乙二醇（HOCH₂CH₂OH，非溶剂）制备微球的三相图（图 6–34）[79]。相图中，①区为均相区，表明溶剂三氯甲烷对聚合物 EC 有高溶解能力，其余三个区均为两相区，黏度大小顺序为②＞③＞④，其中②相为凝胶，③相的黏度也很大。由于黏度最小时微球的粘连也最小，因此黏度最小的④区为最佳成囊（球）区，在该区可以将药物成功微囊化。

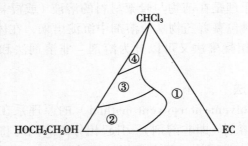

图 6-34 25℃时 EC– 三氯甲烷 – 乙二醇的三相图

溶剂 – 非溶剂法制备可生物降解微球是近二十年来倍受关注的微囊化技术之一，有些产品已开发成功并上市。Benoit JP 等对 PLA 和 PLGA 经有机相凝聚法制备微球进行了颇为深入的报道[80]，其将 PLGA 溶于二氯甲烷中，加入第二种溶剂，如二甲硅油（非溶剂，或称不良溶剂），使其争夺聚合物溶液中的二氯甲烷，由于药物始终混悬在上述介质中，则聚合物去溶剂化后即可以将药物包裹在 PLGA 骨架中。

PLGA 的凝聚过程可分为以下四个步骤[80]：①加入少量（1%~5%，V/V）相诱导剂（phase inducer），如硅油至聚合物溶液中，体系形成伪乳液（pseudoemulsion）状态；②逐渐增加硅油量，开始发生相分离现象，但这时凝聚的液滴不稳定并易相互合并，最后破裂；③加入硅油至最佳量时，可以产生稳定且分散性良好的聚合物凝聚微粒；④液滴彻底凝聚生成微粒，并从溶剂中沉淀出来。第③步是凝聚成球最关键的步骤，必须小心加入相诱导剂，避免凝聚形成大的块状物。

有研究者采用相图来阐明相凝聚的原理。如图 6-35 所示，三角形的三个顶点分别代表 PLGA、二氯甲烷和二甲硅油的百分含量，四个三角形相图中 PLGA 的平均分子量（$Mw35\,000$~$50\,000$）很接近，其差别在于聚合物（1、2、3 和 4）的低聚物百分含量分别为 2%、3%、4.5% 和 40%。不良溶剂争夺聚合物溶液中的有机溶剂使聚合物凝聚的过程称为去溶剂化（desolvation），图 6-35 表明了三种组分的比例对 PLGA 去溶剂化影响的程度及其顺序。

如果将第③步设定为凝聚成球的"稳定区"（stability window），从四种不同规格 PLGA 的三相图可以看出，聚合物 1 在第③步中形成的稳定区面积最大，而聚合物 4 则最小。在 PLGA 溶液中不断增加二甲硅油的用量，可以形成稳定的凝聚液滴，加入量越多，说明凝聚工艺越容易操作。硅油加入量从少到多依次为聚合物 4，3，2 和 1，聚合物 1 需要加入最大量的二甲硅油。

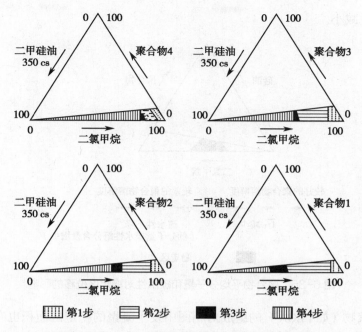

图 6-35　不同低聚物含量的 PLGA 凝聚的相图

PLGA 平均分子量 35 000~50 000，1→4 的低聚物百分含量分别为 2%、3%、4.5% 和 40%

　　从上述实例不难总结出，主要有两个因素对稳定区产生影响：一是相分离过程中促使聚合物凝聚所需加入的二甲硅油的量；二是低聚物在共聚物中所占的比例。共聚物 PLGA 的分子量分布越窄，即聚合物越"纯"，则需要越多的二氯甲烷作为 PLGA 的溶剂，换句话说，需要更多的二甲硅油使共聚物去溶剂化。由于聚合物 4 具有最高的低聚物含量，所以容易溶解于二氯甲烷中，这时，只需要较少量的二甲硅油即可使聚合物沉淀析出，因此很难控制形成分散性良好的微球，即只具有很窄的"稳定区"。

　　为了提高相凝聚工艺的可操作性，必须尽可能增加稳定区的面积，通常可以利用不同黏度的二甲硅油来扩大"稳定区"的面积。有研究考察三种不同黏度的二甲硅油对形成稳定凝聚微粒的作用，低黏度的二甲硅油（20cs）未能形成"稳定区"，增加二甲硅油黏度至 12 500cs，"稳定区"逐渐扩大，但继续增加黏度，则凝聚成球的过程将变得难以掌控。"稳定区"和相分离诱导剂黏度之间的关系对所有聚合物都具有普适性。使用低黏度硅油时，由于所形成的体系黏度较低，所以难以形成稳定的凝聚微粒，聚合物不能较快地去溶剂化，这种情况下难以控制囊材沉淀析出；而黏度适宜的硅油能产生较好的增稠作用，可增加"稳定区"的面积。

　　制备微球时应该注意的是：用作微球或微囊骨架材料的聚合物，其平均分子量也对三相图中稳定区的面积及位置具有十分显著的影响[81]。图 6-36 通过相图的方式对影响微球形成的两个重要因素进行了小结：当所用 PLGA 的平均分子量较低，而且其在二氯甲烷中的溶解度也较好时，这种情况下使聚合物凝聚所需的硅油量也较高，相图中的稳定区将向左移动；反之，当共聚物中含羧基、羟基等亲水基团的低聚物含量增加时，囊材的疏水性降低，这时只要少量的二甲硅油就能满足聚合物凝聚的要求，相图中稳定区将向右移动，稳定区面积往往减小。

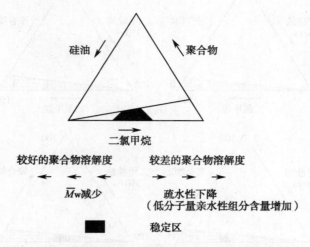

图 6-36 聚合物平均分子量和疏水性对稳定区位移的影响

此外，共聚物（如 PLGA）的组成对相图中发生凝聚的稳定区面积也有显著影响。例如，D，L-PLA 与分子量相近的 PLGA 共聚物比较，受二甲硅油去溶剂化作用的影响较小。换言之，以 D，L-PLA 作为微球的骨架材料，凝聚时产生的"稳定区"面积比 PLGA 要大，即 D，L-PLA 更有利于获得分散性良好的微球。

表 6-23 列举了采用有机相凝聚法制备聚酯类微球的研究报道，由于这种方法微囊化后得到的产物内部结构一般为骨架型，所以将其称为微球更合理。

表 6-23 用溶剂 - 非溶剂法制备聚酯类微球实例

聚合物	溶剂	相分离诱导剂	药物*	固化剂	粒径（μm）
聚丙交酯	三氯甲烷	正己烷	甾体激素和非甾体激素糖皮质激素	正己烷	0.5~25[82]
聚酯	二氯甲烷	硅酮油	LHRH 类似物（水溶液）	正庚烷	5~200[83]
聚酯	二氯甲烷	硅酮油	牛血清白蛋白胰岛素	异丙基肉豆蔻酸酯乙基月桂酸酯乙基油酸酯异丙基棕榈酸酯	25~140[84]
丙交酯/乙交酯共聚物（PLGA 75/25）	二氯甲烷	硅酮油	破伤风类毒素	正庚烷	10~60[85]
丙交酯/乙交酯共聚物	二氯甲烷	石油醚或硅酮油	庆大霉素左旋氯霉素	正己烷	150~200[86]

注："*"除特意说明外，其他皆为结晶体

商品名为 Decapeptyl LP 的可缓释 1 个月的微球注射剂含 3.75mg 曲普瑞林，即是采用有机相凝聚法制备。所用骨架材料 PLGA 由 25% 的 L- 乳酸单体、25% 的 D- 乳酸单体和 50% 羟乙酸单体共聚而成。该长效注射微球在临床上用于治疗前列腺癌和子宫内膜异位症[87]。另一生长抑素类似物奥曲肽的缓释微球注射剂，商品名为 Lanreotide，也采用上述方法制备，临床上用于治疗肢端肥大症[88]。

与喷雾干燥法和乳剂 - 液中干燥法相比，溶剂 - 非溶剂相分离法的特点在于微球制备过程中，多肽蛋白类药物的生物活性不受热和油水两相界面的影响。但该法可能有较多量的有机溶剂残留，尤其是采用庚烷作为固化剂时这种现象特别明显。

国外专利报道了一种改进的聚合物相分离法[89]，该方法公开了可缓释一个月的艾塞那肽（一种新型的用于治疗糖尿病的多肽类药物）生物降解微球注射剂的制备方法。将艾塞那肽和糖类等稳定剂溶于水作为水相，PLGA（50：50）的二氯甲烷溶液作为油相，两者在高速搅拌或超声振荡下制成 W/O 乳液；将硅油（350cs）在控速条件下滴入搅拌中的 W/O 乳液中，由于二氯甲烷与硅油的互溶性，PLGA 很快沉淀形成初生态的载药微球。由于这时微球呈柔软状态，需要采用正己烷 / 乙醇溶液进行固化处理，在低温（3℃）下搅拌 2 小时即能达到上述目的。微球分离后经真空干燥即得。所得微球的载药量为 1%~4%，药物包封率较高；微球在大鼠体内可持续释药 28~39 天；与常规注射剂相比，AUC 为 15%~32%；$C_{max}/C_{平均}$约在 2~3 之间。

（二）溶剂移除法

溶剂移除法（solvent removal method）也称溶剂萃取法，是有机相凝聚法的一种改良方法。这个方法的特点是：①成球过程在室温条件下进行；②全部采用有机溶剂为介质。该法适合于在水中不稳定的可生物降解聚合物，如以聚酸酐作为骨架材料进行微囊化。Mathiowatz 等[90]采用该法制备了胰岛素可生物降解微球。将聚酸酐溶于二氯甲烷，加入药物后将均匀的混悬液倒入含三油酸山梨坦和二氯甲烷的硅油中，然后加入石油醚，保持搅拌状态直至二氯甲烷被硅油萃取完全，制得固化的载药微球。过滤分离，用石油醚洗涤微球，并于真空烘箱中干燥过夜。溶剂移除法制备微球的流程见图 6-37。用上述方法可制得药物包封率很高的微球。除胰岛素外，Mathiowatz 等还报道了用该法制备肌浆蛋白、酸橙的聚酸酐微球[91]。

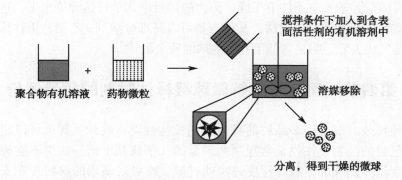

搅拌条件下加入到含表面活性剂的有机溶剂中

聚合物有机溶液 + 药物微粒

溶媒移除

分离，得到干燥的微球

图 6-37 溶剂移除法制备微球工艺原理示意图[92]

溶剂移除法和溶剂－非溶剂相分离法的区别在于，前一种方法是将聚合物溶液倒入连续相中，开始时形成乳液，接着有机溶剂被萃取至连续相中；而后一种方法是聚合物溶解在连续相中，再逐渐加入相分离诱导剂使其凝聚，最后完成药物的微囊化。

从未载药的聚酸酐微球剖面图可见，以无定形的羧苯氧己烷－癸二酸（CPP-SA）共聚物（50∶50）为囊材制备的微球表面光滑致密，而以结晶的癸二酸（SA）聚合物为囊材制得的微球外表则十分粗糙。组成为 50∶50 的 CPP-SA 共聚物制得的微球内部具有多孔结构，但与 20∶80 的 CPP-SA 共聚物微球相比，骨架内的孔隙较少。用上述聚合物制备的含 ≤16.5% 药物的微球与空白微球形状结构相似，但当载药量高于 16.5% 时，药物结晶就会出现在微球外表面。

溶剂移除法制备的微球都具有致密的外表。多孔的内部结构与其成球机制有关，微球的形成先由表面沉淀开始，所以表面不致形成皱缩的形态，随后球内的有机溶剂逐渐从内向外渗透，在微球内部留下许多细孔。聚（SA）微球不易形成致密光滑的表面，则是与该聚合物易析出结晶有关；而 CPP-SA 共聚物（50∶50）微球的形成，是先形成乳状胶，再开始沉淀，这种"二步"微囊化过程，可利用表面活性剂使乳状液稳定后再开始沉淀。必须注意，上述实验都应该采用同一种溶剂，因为不同溶剂制得微球将产生不同的外观形态。将溶剂移除法制得的空白 CPP-SA 共聚物（50∶50）微球（粒径 ≤300μm）注射于大鼠皮下，10 天后在注射部位组织中仍能发现未完全降解的微球残片。用这种方法制备的胰岛素微球，经动物体内实验证实，比用溶剂蒸发法制得的微球能更好地控制体内血糖和尿糖水平。每只糖尿病模型大鼠（$n=5$）注射 200mg 含药 10% 的聚酸酐微球后，尿糖和血清葡萄糖浓度－时间曲线呈零级模式；每只大鼠注射 200mg 含药 5% 的微球后，有效降低尿糖 3 天，维持正常血糖 1 天[91]。

除聚酸酐外，Alkins 等报道了一种利用改良的溶剂移除法制备万古霉素微球的方法。实验采用 1g PLGA（50∶50 和 75∶25）为骨架材料，以 30ml 乙腈为溶剂，分别加入 1g、0.333g 或 0.1g 万古霉素，经超声（100W）分散均匀后缓缓加入到含 2%（m/m）Span 40 的矿物油中制成 O/O 乳液，维持 55℃ 水浴，以 3000rpm 速度搅拌 30 分钟，再以 440rpm 转速继续搅拌 60 分钟以蒸发残余的有机溶剂。乳液冷至 35℃（防止棕榈山梨坦析出），使微球硬化，分离微球并于真空条件下干燥，药物的包封率几乎可达理论水平。这种将溶剂移除法和溶剂蒸发法相互结合的方法，其优点是可以将部分溶剂（乙腈）用移除法去除，另一部分采用蒸发法去除，明显降低了有机溶剂的残余量[93]。

第四节　可生物降解微球缓释注射剂的质量评价

作为一种长效制剂，许多品种的释药周期长达数周、数月，甚至可以超过一年，所以，微球内包封的药物量往往是常规制剂剂量的几倍或几十倍。如果不能确保产品的质量，比如具有较大的突释，释药速度过快或过慢，或者是使用的材料存在安全隐患等问题，都将导致严重的毒副作用甚至威胁患者的生命。所以，可注射微球制剂比常规制剂的质量要求更高。

对可注射缓释微球的质量控制，各国药典一般采取指导原则的形式对其质量评价提出原则性的要求和规定。《中国药典》（2015 年版）也制定了微粒制剂指导原则[94]。美国药学会（AAPS）、美国食品药品监督管理局（FDA）和美国药典委员会（USP）于 2002 年 3 月举行了三方联席会议，对缓控释注射剂的质量控制进行了专题讨论会（Assuring Quality and Performance of Sustained and Controlled Release Parenterals：Workshop Report），会议的目的主要是广泛征求专家意见，为制定此类制剂的质量标准收集科学依据。在向药政管理机构申报微球注射剂的材料中，以下项目是必不可少的：①粒径及其分布；②载药量及均匀度；③体内外释药速率（包括药物的突释剂量和释药 – 时间曲线）；④有机溶剂残余量；⑤微生物检查；⑥通针性等。从注射用微球开发角度看，要研究的内容远不止上述这些项目，下面简要介绍有关内容及常用方法。

一、微球的物理特性评价

微球的物理特性评价包括：形态、粒径及分布、药物包封率、含量及其均匀度、微球有机溶剂残余量、聚合物玻璃转化温度与晶型改变等。

1. **形态** 通过对微球进行形态检测，可以了解微球外形（圆整或不规则）及其结构的有关信息。形态的检查，不但有利于制剂质量控制，而且可以从中得到对工艺改进的启示，如外形圆整的微球和不规则的微球（实为微粒）在通针性、释药模式等方面就有较大差别。微球外形及结构对释药速率也有很大影响，如用常压 – 液中干燥法制备的黄体酮 L–PLA 微球，比减压 – 液中干燥法制备微球的表面和骨架中有多得多的微孔，这将导致两者释药模式显著不同，前者在介质中或体内往往有明显的药物突释现象和更快的释药速度，而且药物包封率也明显低很多。所以，通过微球形态检查获得的信息对微球制备工艺的优化十分有帮助。

通常采用透射电镜（TEM）和扫描电镜（SEM）观察微球形态。该方法比较直观，但应注意拍摄的样本应具有代表性。一般应观察微球形状（圆形或类圆形）、表面形态（多孔或光滑）、大小及其均匀性，还应有微球剖面图以便观察其骨架内部结构情况（多孔或细腻致密状态）。扫描电镜用于微球形态检查比较普遍，可以从十几倍至几万倍，制样比较简单，图像立体感强，观察效果好。照片上应注明放大倍数或长度标尺。

2. **粒径及其分布** 微球的粒径及其分布是其十分重要的质量指标，它对微球体外和体内的释药模式、释放速率、含量均匀度乃至降解时限、通针性等指标都有相当大的影响。所以，粒径及其分布是微球注射剂必须严格控制的质量检查项目。

传统的粒径检测方法是用带标尺的光学显微镜，随机取不同视野测定不少于 500 个微球的粒径，由此求得算术平均径和跨距；或将所测得的粒径分布数据以粒径为横坐标，以频率［每一粒径范围内的粒子个数除以粒子总数所得比例（％）］为纵坐标，即得粒径分布直方图，以各粒径范围的频率对各粒径范围的平均值作图可得粒径分布曲线。近年来，粒径及其分布多采用激光散射方法测定，用已知强度的光照射分散系，部分散射光通过光敏元件检测光的强度，变成电压脉冲信号，经转换器可给出粒径大小的分布图。

为了制得一定粒径分布的微球，在制剂工艺上通常采用筛分法进行处理。用两个不同孔径的标准筛，分别筛除大粒子和小粒子后取两筛中间部分的微粒。一般情况下多采用湿筛法，即将微球悬浮于水性介质中，在搅拌下从筛上缓缓倒下，取截留在两筛中间的微粒。干法筛分时，微球可能因被压迫过筛而导致破损，湿法筛分则可以避免这种现象，而且微粒系以自然状态过筛，其粒径的准确性也比干法筛分为好。

3. 载药量及含量均匀度 载药量系指微球中所含药物的质量百分率，其检测方法一般采用合适的有机溶剂将微球骨架材料溶解后，再将药物分离或提取出来进行检测。微球的药物含量均匀度检查是一项应该注意的检测项目，具体方法参照药典规定。含量均匀度除与微球以及辅料混合均匀与否有关外，还与微球粒径分布有关。粒径分布范围较宽者容易出现均匀度问题，因为粒径较大的微球含药量一般较高，粒径较小的微球含药量一般较低，所以粒径分布范围与微球注射剂的药物含量均匀度有密切关系。

4. 药物包封率 药物包封率指微球中包封的药量占微球包封与未包封的总药量的百分数，它是考量药物微囊化工艺水平好坏的一项重要指标。包封率高低除与微球成本有直接关系外，对释药行为也有一定的影响。

药物包封率的测定有很多方法，常用的有沉淀蛋白法和水解法，其原理都是以适当的溶剂溶解微球的聚合物骨架，使其中包埋的药物全部释放出来并加以测定。具体采用何种方法，主要取决于微球中的辅料是否会对药物的检测产生干扰。沉淀蛋白法是利用有机溶剂（如乙腈）溶解微球，同时使蛋白沉淀析出，经分离后进行测定。如牛血清白蛋白（BSA）-PLGA 微球的包封率测定：精密称取 20~40mg BSA 微球，加入乙腈溶解 PLGA，混悬液搅拌 30 分钟后于 5000rpm 离心 30 分钟，移除上清液，沉降物（BSA）加 5ml pH 7.4 磷酸缓冲溶液溶解，取水溶液进行检测。水解法是利用 PLA 和 PLGA 在碱性条件下发生水解的性质，使微球与其中的药物溶解在碱液中进行测定。该方法适用于辅料对药物测定没有干扰的微球制剂以及在有机溶剂中不发生沉淀的多肽药物。如 rhGH-PLGA 微球的包封率测定[95]：精密称取 10mg rhGH-PLGA 微球，置 5ml 离心管中，加入 0.1mol/L 氢氧化钠溶液（含0.5% 十二烷基磺酸钠）2.5ml，于 37℃恒温振荡器上以 50r/min 的频率振荡 2 天，5000rpm 离心 3 分钟，取上清液 1ml，用紫外分光光度计进行检测。也有先用有机溶剂溶解微球，后加入水相萃取多肽或蛋白类药物的检测方法。如生长抑素微球的包封率测定：精密称取醋酸生长抑素微球约 5mg，溶于 1.0ml 二氯甲烷中，再加入1mol/L 醋酸 1.0ml，于室温下振摇提取 12 小时，检测水相中的药物含量。需要注意的是，待检测的药物在低 pH 溶液中是否稳定，由于生长抑素与 LHRH 类似物等多肽药物在偏酸性的水溶液中十分稳定，所以上述方法最常用于检测微球中的多肽药物，有标准法之称。

5. 有机溶剂残余量 制备微球所使用的有机溶剂，如在制备过程中未能完全除去，可能残留在微球内部，是残余溶剂的主要来源。各国药典对药物制剂的有机溶剂残余量都有严格要求，例如 USP 规定的二氯甲烷限度为 0.05%，三氯甲烷的限度为 0.005%；我国2015 年版药典规定的与微球制备有关的有机溶剂限度见表 6-24。一般采用气相色谱法检测有机溶剂的残余量。

表6-24 《中国药典》（2015年版）规定的有关溶剂残留量限度

有机溶剂	所属类别	限度 /%
二氯甲烷	II	0.06
三氯甲烷	II	0.006
乙腈	II	0.041
乙醇	III	0.5
丙酮	III	0.5
乙酸乙酯	III	0.5
乙酸甲酯	III	0.5
苯	I	0.0002
二甲亚砜	III	0.5
甲醇	II	0.3
四氢呋喃	III	0.072

6. 聚合物的玻璃化转变温度与晶型改变 聚合物的玻璃化转变温度 T_g 发生改变是微囊化前后经常出现的现象。在无药物或溶剂共同存在时，聚合物的 T_g 不会发生变化，而当聚合物与药物或溶剂共同存在时，两者之间容易产生亲和力，往往使聚合物的 T_g 降低。多肽蛋白类药物微球中的聚合物，其 T_g 不是降低而是有所升高。Okada[54] 推断是由于多肽（如亮丙瑞林）分子结构中的碱性氨基酸与 PLGA 末端羧基间存在相互作用，形成聚合物极性基团在内，疏水基团在外的结构重排。为了证明上述推断，研究者采用疏水性药物环孢素 A 与 PLGA 制成微球，由于不可能与聚合物解离基团产生相互作用，药物仅以分子状态分散在聚合物骨架内，因此聚合物 T_g 则因载药而下降。

T_g 检测常采用热分析法，包括差示热分析法（differential thermal analysis，DTA）和差示扫描量热法（differential scanning calorimetry，DSC），其中后者更常用。其原理系在程序控制温度下，测量输入到待测物质（试样）和参比物质的能量与温度关系的一种技术，它具有检测速度快、需要样品少、精确度高等优点。热分析法可确定聚合物 T_g 降低是由药物还是残留溶剂引起的，但要注意的是，由于热分析法经历加热循环过程，有可能引起微球结构的变化，所以，建议将热分析法和 X 射线衍射法结合起来检测。

聚合物结晶度和晶型变化也是微球质量评价需要考察的项目，因为两者与药物的释放速率和微球骨架材料的降解速度有关。X 射线衍射法（X-ray diffraction）是检测聚合物结晶度和晶型最常用的手段，系利用晶体物质在同一角度处具有不同的晶面间距而显示出不同衍射峰的原理进行检测。以黄体酮 –L-PLA 微球为例，用常压法制备的微球，经 X 射线衍射检查发现，除药物结晶峰外还存在 L-PLA 结晶峰；而用减压法制备的微球，并未出现上述两种结晶峰。说明用减压法工艺制备的微球，PLA 分散相中有机溶剂快速蒸发，聚合物以非晶型（无定型）状态存在，而黄体酮结晶峰消失与药物均匀分散在 PLA 无定型骨架内有关。通过峰形的检测，有助于对制备工艺进行分析与改进。

7. 其他　微球注射剂，国外有采用可对接的双针筒装置包装，但一般采用组合式包装，即在同一包装盒内除微球安瓿外还附有一支助悬剂安瓿，临注射前将助悬剂注入微球安瓿中，摇匀后抽出注射。助悬剂一般以水为溶剂，含有纤维素酯、糖类和非离子表面活性剂等辅料，起到微球分散介质的作用。作为助悬剂，除应符合微生物要求外，介质的黏度是必须检查的指标，因为黏度是关系到微球能否均匀混悬于分散介质中，并实现顺利通针的重要参数，一般采用黏度计测定。此外，分散介质的 pH、渗透压也是需检测的项目之一。

二、微球的药剂学特性评价

药剂学特性评价主要包括药物体内外释放动力学评价和聚合物载体降解实验。

（一）释药实验

1. 体外释药　体外释药主要考察在特定条件下微球中药物释放的速率。常用的测试方法有摇床法（空气摇床或水浴摇床）、透析法和流通池法（flow-through cell）等。释放介质的组成、pH、离子强度、渗透压、表面活性剂种类及浓度、介质温度以及是否存在酯酶（指用 PLA 或 PLGA 为骨架材料的微球）等对释药速度均有较明显的影响。

美国药典（USP/NF）和英国药典（BP）在缓释制剂的释放度检查项下均收载了流通池法。该方法所采用的装置由溶剂储存瓶、恒流泵、控温流通池、滤器和样品收集器组成。实验时将供试品置于流通池内，并在池顶安装好滤膜和滤器，启动恒流泵开始实验，用循环法或非循环法收集流出的溶液。由于流通池法的实验条件近似生理状态，而且方法简单、重现性好，所以比较适合于微球制剂的体外释放评价，图 6-38 是瑞士 Sotax 全自动流通池法溶出度仪。因流通池法所用仪器普及率尚不高，在实验室研究中更多的是采用摇床法或透析法进行微球的体外释放测定。

图 6-38　瑞士 Sotax 全自动流通池法溶出度仪

可缓释 1 个月的亮丙瑞林 PLGA 微球摇床法体外释药测试过程：精密称取 20mg 亮丙瑞林微球于 10ml 具塞试管中，加入释放介质〔含 0.02% 聚山梨酯 80 的 0.033M PBS（pH 7.0），可根据情况同时加入 0.02%NaN$_3$ 为抑菌剂〕，置于 37℃恒温摇床上，在恒定的振荡速度下进行释药实验；定时收集释放介质，离心分离，测上清液 pH，微球用二氯甲烷溶解，加入 pH 6.0 PBS 提取亮丙瑞林，经 HPLC 检测药物残余量，计算释药速率[45]。

Kostanski 等采用透析膜法研究多肽（orntide）微球的体外释药[96]，装置见图 6-39。具体操作方法如下：取 5ml 多肽微球混悬液置于 7ml 透析管中，透析管底部半透膜的截留分子量为 300kDa，每支透析管置于盛有 40ml 相同缓冲介质的 50ml 套管中，套管底部可采用磁力搅拌器搅拌。上述套管置于 37℃恒温环境中，定时从套管内取样检测，取样后补充同体积新鲜介质。

上述方法中，摇床法需要用有机溶剂处理回收的微球，并且测得的是药物残余量；而透析法由于每次仅取少量样本，绝大多数药物长久保留在释放介质中，因此这两种方法不适于遇有机溶剂易变性和在液体环境中不稳定的多肽蛋白类药物的体外释

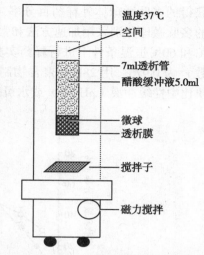

图 6-39 用于体外释药的透析装置（框内装置环境温度控制在 37℃）

放研究。Cleland 等设计了一种巧妙的离心法用于测定 rhGH-PLAG 微球的体外释放，具体操作如下：精密称取 20mg 微球，置于 1.5ml 带有 0.22μm 微孔滤膜的离心套管中，并加入 300μl 释放介质。释放介质为 10mmol/L pH 7.4 的 HEPES 缓冲液，含有 100mmol/L NaCl、0.02% 聚山梨酯 20 和 0.02%NaN$_3$。将样品管置于 37℃恒温水浴振荡器中，振荡频率为 50rpm，于设定的时间点取出样品管，4330rpm 离心 1 分钟后取尽收集管中的释放介质，同时在过滤管中补充 300μl 新鲜的释放介质，继续释药实验。每次取出的释放介质除了可用于检测蛋白的释放量外，还可进行蛋白稳定性研究[97]。

2. 体外加速释药实验　释药实验是缓控释制剂研发中十分重要的问题，长效注射剂的释药实验必须解决两个问题：一是应该确立适宜的体外释药条件，使制剂在该条件下的释药行为与其在体内的释药行为有良好的相关性，只有这样，才能在质量可控的前提下，保证制剂在体内的安全性和有效性。二是如何进行加速释药实验。由于长效注射剂的体内外释药周期远远长于口服或其他制剂（如数周、数月甚至 1 年以上时间），为了便于质量控制，必须建立一种体外加速释药实验方法，允许在较短时间内（如数小时或几十小时）预测常规释药方法需要几十天取得的实验数据。因此，用加速释药实验预测微球的释药速率，对缓释微球注射剂的质量控制具有十分重要的现实意义。

国外不少学者对加速释药的实验条件进行了长期的研究，可生物降解微球的体外释放与以下因素有关：①释放介质的组分（缓冲系统、离子强度、pH 和表面活性剂性质及浓度等）；②实验条件（温度、搅拌速度、是否频繁更换释放介质）；③药物稳定性、溶解度和对可生物降解聚合物的吸附等；④微球酸性的内环境等。Shameem 等[98]利用较剧烈的条件（如提高释放介质温度或改变介质组成等），在 30~40 小时内模拟出原本需要 1 个月或更长时间完成的亮丙瑞林 PLGA 微球释放曲线模型。研究者分别采用分子量 8.6kDa 和 28kDa、单体比为 50∶50 的 PLGA 为骨架材料制备了亮丙瑞林微球（载药量 10%~12%）。研究表明，对于上述两种分子量的微球，适宜的加速释药实验条件为：释放介质：pH 4.0 的 0.1mol/L 醋酸缓冲液；体系温度：50℃或 60℃。图 6-40 为分别采用常规方法和加速方

法获得的多肽微球体外释药百分率–时间曲线。图6–41评价了两种不同分子量聚合物制得的多肽微球分别采用加速方法和常规方法获得的体外释药速率的相关性。结果表明，在50℃和60℃恒温条件下进行释药实验，用8.6kDa聚合物制得的微球两种释放方法的相关系数r^2为0.976，用28kDa聚合物制得的微球相关系数r^2为0.996；以酸性缓冲液为释放介质比中性缓冲液（pH 7.0）或水可获得更好的相关性。

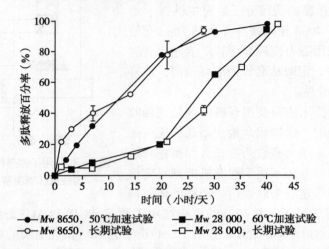

图6–40　亮丙瑞林–PLGA微球在0.1mol/L醋酸盐缓冲液（pH 4.0）高温体系中的加速释药

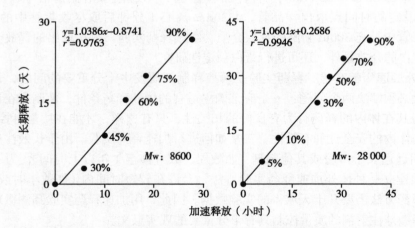

图6–41　亮丙瑞林–PLGA微球加速释药和常规释药的相关性

　　建立体外加速释药实验方法是长效注射剂研发中的一大难题，其牵涉方方面面的问题。近年来不断有关于这方面的研究报道，但真正要获得很好的相关性并达到能够可靠应用的程度，还要做大量的验证工作。

　　3. 体内释药　多肽和蛋白类微球的药物含量都很低，一般检测此类制剂的体内释药通常采用以下两种方法：

　　（1）给药部位微球残余药量的测定：以醋酸亮丙瑞林微球为例，将微球经皮下或肌内注入大鼠体内，定期处死动物，剖开皮肤或肌肉，小心取出注射处的结缔组织，冷冻后切成碎片，加入流动相匀浆，离心后取上清液注入 HPLC，检测给药部位微球中的残余药量，计算累积药物释放百分率（%）[53]。从前文中图 6-12 的检测结果可见，不同剂量的三组微球释药速率基本相同，除首日突释20%外，微球中的药物以伪零级（pseudo-zero-order）模式和每日释放总剂量 2.5% 的速度持续释药 4 周。

（2）血药浓度的测定：采用高灵敏度的检测方法，如 LC-MS/MS 联用法或放射免疫法（RIA）可直接检测动物血清中的药物浓度。如 Okada 采用 RIA 法检测缓释 4 周和 3 个月的醋酸亮丙瑞林微球给药后大鼠和犬体内的血清浓度[51]。

（二）聚合物材料的降解实验

作为微球骨架材料的聚合物，如 PLA 和 PLGA，在贮藏阶段或在体内外环境中随着时间延长都有可能发生不同程度的水解，其结果将导致聚合物分子量逐渐减小，变成寡聚物甚至分解为单体，如乳酸和羟基乙酸。微球中药物的释放伴随着聚合物骨架的水解，所以，进行释药实验必须定时检查释放介质的 pH、观察微球的形态并测定聚合物的分子量。聚合物分子量一般采用凝胶渗透色谱法（GPC）检测。通过分子量的变化，可以了解聚合物的降解速度，监控其降解过程。这些信息对筛选微球骨架材料，优化制备工艺，使制得的微球符合最初的设计要求至关重要。

（三）微球的微生物检查

缓释微球注射剂的微生物检查比一般冻干制剂复杂得多，因为一般冻干剂是水溶性的，加水复溶后可按常规方法检测。而在微球制备过程中，微生物有可能被吸附在微粒表面，也可能被包裹在微球骨架内，所以对微球除应检查其表面外，还必须对可能存在于微球内部的微生物进行检测。检查吸附在微球表面的微生物，可以直接将其制成混悬液，于37℃环境下培养 14 天，应符合规定。检查包裹在微球内部的微生物，必须先用溶剂（如二甲亚砜）将其骨架材料溶解并进行过滤，再将滤膜上的残留物于 37℃培养基上培养 14 天，随后再作检测。无论是检查微球表面还是微球内部的微生物都需参考《中国药典》（2015 年版）四部 1100 生物检查法。

第五节　可注射给药的原位成型给药系统研究进展

近年来医药领域关注一种具有很好应用前景的新型缓释给药系统——可注射给药的原位成型给药系统（injectable in situ forming drug delivery system），或称原位注射给药系统。该系统采用相分离的原理设计，大多以可生物降解材料作为基质，注射给药后能够在用药部位（原位）形成药物贮库，达到延缓药物释放的目的。

根据不同的形成机制，原位注射给药系统可以分为多种类型，但最基本的原理是利用可生物降解聚合物的理化特性，使其与药物形成一种在贮存条件下为黏稠溶液或溶胶的混合体系，其注射给药后能够在生理条件下（温度、体液组成与 pH）发生相转变，导致聚合物呈固体或半固体状析出，形成药物"贮库"，达到缓释药物的目的，而聚合物基质最后可被机体降解、吸收。这种新型的给药系统制备简单，像普通注射剂一样方便给药，同时又能达到长效植入剂一样的缓释效果，而且药物释放完全后无需手术取出，因此一经在《Nature》杂志上报道就引起了人们的广泛关注，成为药剂学领域的研究新热点。根据制剂在用药部位形成药物贮库的形状，基于相分离原理的可注射埋植剂主要有两种类型：溶

液 – 凝胶互变型缓释注射剂（原位凝胶，in situ forming gel）和乳剂 – 微球互变型缓释注射剂（in situ forming microparticle systems，ISM）。

一、溶液 – 凝胶互变型缓释注射剂

（一）聚合物沉淀系统

1. 以 PLA/PLGA 为基质的原位凝胶　Dunn 等[99]于 1990 年首先根据相分离原理使聚合物在机体注射部位沉淀，制成可注射给药的埋植剂（in situ forming devices，ISFD）。具体地说，是利用某些生物相容性好的有机溶剂溶解可生物降解聚合物，如 PLGA 或 PLA，并加入药物制成溶液或混悬剂，当注射到皮下或肌内时，制剂中可与水相互混溶的有机溶剂很快逸散至体液中，体液中的水（可生物降解材料的不良溶剂）可渗透至有机相中，使其中的聚合物因溶解度降低而发生沉淀，并将药物包裹其中，形成可缓释药物的"贮库"。

ATRIX 公司利用上述原理开发了一项名为 Atrigel 的药物缓释专利技术并以此研发了第一个注射给药的原位凝胶产品，商品名为 Atridox。该制剂中 10% 盐酸多西环素的原料药粉末和 PLA 的 N– 甲基 –2– 吡啶烷酮（NMP）溶液分别填装在两个针筒内，使用前经"桥管"混匀后通过针头注入患者牙周袋内，药物可在牙周炎病灶部位持续释放一周[100]（图 6-42，图 6-43）。

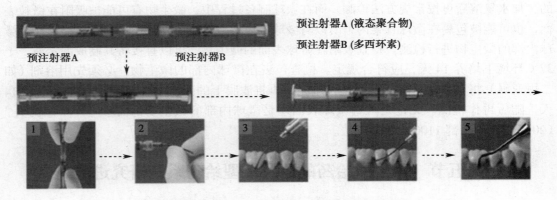

图 6-42　Atridox 给药装置与使用方式示意图

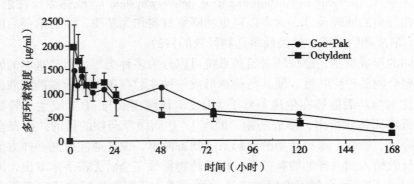

图 6-43　可注射凝胶的药物体外释药曲线图
给予 Atridox 后，分别用 Coe–Pak 和 Octyldent 进行牙创面处理

Chu 等[101] 利用 Atrigel™ 药物缓释技术，以醋酸亮丙瑞林（规格分别为 7.5mg、22.5mg 和 30mg）为模型药物，将可生物降解聚合物 PLGA（75∶25）溶于有机溶剂 NMP 中，聚合物与有机溶剂的比例为 45∶55（*m/m*），制成原位凝胶注射剂，商品名为 Eligard™。动物实验表明，其可有效抑制犬血清睾酮浓度低于 50ng/ml，持续 91 天（图 6-44）。当制剂中聚合物浓度介于 40%~50% 之间或载药量介于 4%~6% 之间时对释药模式不产生影响，而可生物降解材料 PLGA 的分子量对药物释放具有较大影响。

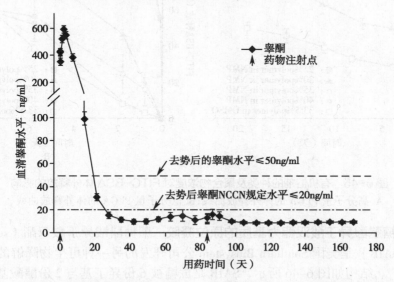

图 6-44 犬注射醋酸亮丙瑞林原位凝胶注射剂（Eligard™）后的血清睾酮浓度－时间曲线

该制剂中 PLGA 溶液的相转变动力学过程比较复杂，与有机溶剂的性质有直接关系。除 NMP 外，有人还研究过其他溶剂，如甘油三醋酸酯、苯酸苄酯、丙二醇、丙酮、二甲亚砜、四氢呋喃、2- 吡啶烷酮和四氢呋喃聚乙二醇醚（Glycofurol）等。作为注射途径给药的原位凝胶的溶剂，应具备的条件是：①生物相容性好，不良反应低，注射后局部刺激性小；②必须是生物降解聚合物的良溶剂；③能与水混溶，在水中溶解度一般不低于 10%。NMP 作为注射用辅料，目前正在接受欧洲药政管理局（EME）的评价。Dunn 等[102-104] 认为，用于制备缓释注射剂的聚合物溶剂，可首先考虑 NMP，其次为二甲亚砜、丙酮、2- 吡咯烷酮和碳酸丙烯酯。

有机溶剂与水混溶性越好，聚合物沉淀速度就越快。在常用的几种有机溶剂中，以 NMP 使聚合物沉淀的速度最快，其次为甘油三醋酸酯和苯酸苄酯。原位凝胶中药物的释放速度受有机溶剂与水相互混溶能力的影响，如采用上述与水混溶性较好的有机溶剂制备原位凝胶，药物的释放速度较快。此外，药物的释放速度也与聚合物沉淀所形成凝胶的内部结构如聚合物类型及其分子量、聚合物与药物的比例等因素有关（图 6-45）。

如何降低药物的突释作用，是这种剂型在实际应用中所面临的主要问题。有报道称，加入乙基庚烷酯、甘油等"疏水性增塑剂"可抑制药物突释。也有报道采用与微球、脂质体或 PEG-PLA-PEG 三嵌段共聚物合并应用的方法改善突释[105-107]。此外，为这种剂型选择适宜的灭菌方法也是需关心的问题。常用的灭菌方法有 γ- 辐照灭菌和无菌过滤工艺，

但 γ-辐照灭菌可能导致 PLGA 或 PLA 等聚合物降解，在应用时需充分考虑聚合物降解对凝胶形成、药物释放以及用药安全性等方面的影响。

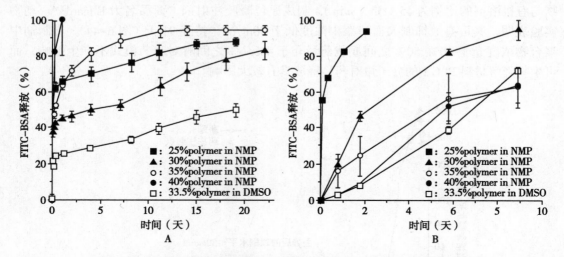

图 6-45　有机溶剂的种类及聚合物浓度对 FITC-BSA 体外释放的影响
A. 高分子量 PLGA 的体外释放曲线；B. 低分子量 PLGA 的体外释放曲线

2. 以蔗糖醋酸异丁酸双酯为基质的原位凝胶　蔗糖醋酸异丁酸双酯（sucrose acetate isobutyrate，SAIB）是美国 Southern Biosystem 公司开发的另一种可生物降解的原位凝胶基质材料[108, 109]。结构如图 6-46 所示，SAIB 是蔗糖被 6 份异丁基与 2 份醋酸基完全酯化的产物，作为食品添加剂可用作乳化剂和稳定剂，目前已获欧洲等 28 个国家药政部门批准，但作为药用缓释注射剂辅料还处于待批准阶段。动物体内实验结果表明，这种生物降解材料的安全性良好，所以具有很好的应用前景。

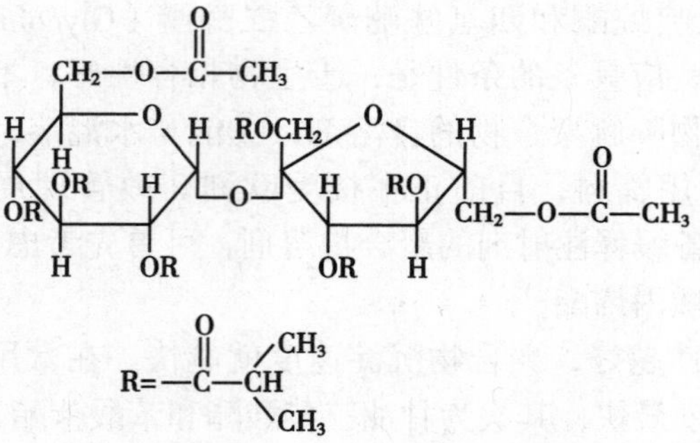

图 6-46　蔗糖醋酸异丁酸双酯的化学结构

　　利用 SAIB 制备长效注射剂的原理与 PLA/PLGA 沉淀原理相同。SAIB 在水中不溶，但可溶于乙醇、碳酸丙烯酯、甘油三醋酸酯、乳酸乙酯、2-吡咯烷酮和 NMP 等有机溶剂中。与 PLA 和 PLGA 不同处在于，SAIB 是一种小分子物质，因此，用少量有机溶剂（约 15%~30%）溶解后，形成溶液的黏度与植物油相近，易于皮下和肌内注射。但随着有机溶剂不断向外扩散和体液不断渗入，SAIB 体系的黏度急剧增加，在注射部位形成凝胶态药物贮库。

美国 Genentech 公司制备并评价了重组人生长素（rhGH）–SAIB 缓释注射剂，从 SD 大鼠体内释药曲线（图 6-47）可以看出，以 SAIB 作为凝胶基质，以乙醇为溶剂（75：25）能够控制蛋白类药物释放达 28 日之久。SAIB 含量、有机溶剂种类及其用量对药物释放速率均有显著影响。另有报道，包载促性腺激素释放激素（GnRH）的 SAIB 缓释注射剂在动物体内的促排卵实验结果证实，溶剂与 SAIB 用量之比显著影响药物的体内释放速度[110, 111]。

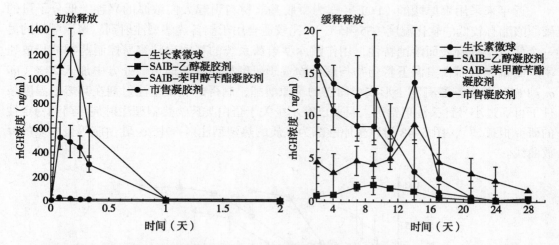

图 6-47 溶剂对 SAIB 凝胶型注射剂中 rhGH 释放速率的影响（剂量：15mg rhGH/kg）

SAIB 生物相容性好、毒性小，用作凝胶基质的成本远低于价格昂贵的聚酯类可生物降解聚合物（食品级的 SAIB 售价约为 200 元 /kg，而 PLGA 售价约为 100 000 元 /kg）。SAIB 制剂可采用无菌过滤或 γ 射线辐照的方法进行灭菌，动物体内实验未发现上述两种灭菌方式对制剂中多肽类药物（GnRH 类似物）的释放速度产生明显影响。但是，基于 SAIB 的缓释注射剂在临床应用前还需进行大量必要的评价工作，如材料的安全性、体内释药重现性、产品贮藏稳定性及灭菌方法学验证等。

（二）聚合物热塑系统

热塑型给药系统系指将药物与熔融状的聚合物混合均匀后分装成热塑性的糊状注射剂（thermoplastic paste），也可称为原位注射埋植剂。该系统可以低黏度的溶液状态定位注射给药，或皮下注射给药，到达体内注射部位后形成凝胶态，使药物缓慢释放、扩散进入全身循环。某些聚合物在熔融状态时黏度较低，当冷却至体温时，转化为半固体状态的凝胶，可作为这种释药系统的基质材料。此外尚需满足以下要求：聚合物必须具有低熔点，玻璃化温度介于 25~65℃ 之间，特性黏度介于 0.05~0.8dl/g 之间。如果黏度低于 0.05dl/g，难以对药物释放起到阻滞作用；如果高于 0.8dl/g，则黏度太高无法通过针头注射。可以接受的注射温度介于 37~65℃ 之间，在此温度条件下聚合物应为黏稠的液体，并在体内固化成高黏度的埋植剂。一些可生物降解的聚合物，如聚酸酐、聚 [1，3 双（对羟基苯氧基）丙烷 – 癸二酸]、聚己内酯和 PLA–PEG–PLA 三嵌段共聚物已用于此类制剂基质材料的研究。

热塑型给药系统制备过程中无需使用有机溶剂，常用于抗生素和抗肿瘤药物的注射给药。在肿瘤瘤体或肿瘤切除部位使用载有紫杉醇的原位注射埋植剂是其典型的应用实例，可缓释药物达 60 日以上，但释药速度过于缓慢是其需要进一步解决的问题。有研究将低分子量或亲水性物质，如 PEG、明胶或白蛋白，加入到聚合物中以调节药物的释放速度，但提高药物释放速率的效果并不显著，而且容易导致药物突释。另外一个问题是原位注射埋植剂的注射温度若高于 60℃，会导致注射部位疼痛和组织坏死，致使包载的药物难以从注射部位扩散出去。

近年来采用聚原酸酯（POE）作为凝胶基质材料引起人们浓厚的兴趣。低分子量的聚原酸酯有较低的软化温度（35~45℃），比较适合用于制备热塑型注射剂。聚原酸酯的另一个优点是具有表面溶蚀特性，用作贮库型给药系统的基质比较容易控制药物的释放速率。制备时只需在室温下将药物与聚合物置于研磨机内混匀即可。处方中加入 20%（*m/m*）PEG- 单甲基醚有利于形成半固态的聚原酸酯，制得的热塑型注射剂在其熔融温度条件下可通过小号针头注射给药。目前已有不少关于蛋白类药物热塑型注射剂释药和稳定性的研究报道[112]，图 6-48 为以聚原酸酯为基质的热塑型注射剂中 *α*- 乳白朊等蛋白质的释放曲线。

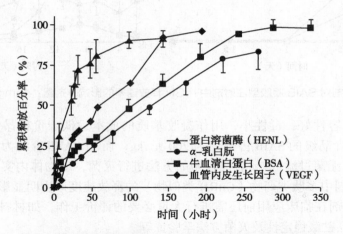

图 6-48　蛋白质从聚原酸酯骨架内释放的累积释药速率

第一个利用聚原酸酯制备的热塑性糊状注射剂是一种用于治疗牙周炎的缓释制剂。人体试验表明，该制剂在口腔内生物相容性良好，尽管释药模式还不尽理想，而且释药时间约为 5 天，但与以 PLA 为基质的制剂比较，聚原酸酯注射剂具有以下优点：①低熔点，mp 25~45℃，改善了 PLA 必须在较高温度下注射的缺点；②聚原酸酯的降解机制系表面溶蚀，可以避免 PLA 和 PLGA 在降解过程中产生的酸性微环境，减少包载的多肽、蛋白质药物生物活性的损失；③制剂无须加入有机溶剂，减少了药物突释作用和有机溶剂对注射局部的刺激性。尽管具有上述优点，但该剂型作为一种注射给药系统，仍存在体内外释药特性、体内生物相容性、毒性以及稳定性等需要深入研究的问题。

（三）温敏聚合物系统

某些聚合物的溶解度会随环境温度变化而发生陡变，具有温度敏感性，典型的温敏聚合物是聚 *N*- 异丙基丙烯酰胺（poly-NIPAAM）。该聚合物有很敏锐的低临界溶液温度

（lower critical solution temperature，LCST），约 32℃，但由于其不可生物降解，并且对细胞具有一定毒性，因此未能用于生物医学领域。

可生物降解的温敏聚合物系统一直是人们研究的热点。泊洛沙姆是一种由聚氧乙烯（PEO）和聚氧丙烯（PPO）组成的 ABA 型嵌段共聚物，可生物降解。浓度超过 20%（m/m）的泊洛沙姆水溶液在低温条件下为液体，在体温条件下能够可逆地转变为凝胶。由于有文献报道，大鼠腹腔注射泊洛沙姆溶液后引起血浆胆固醇和甘油三酯升高，故限制了其作为注射型凝胶基质材料的应用。

近年，MacroMed 公司开发了一种热敏型的可生物降解聚合物——聚酯与聚乙二醇的嵌段共聚物。根据结构，其可分为 ABA 和 BAB 两种不同类型，其中 A 为亲水性的聚乙二醇，B 为疏水性的聚酯如 PLA、PLGA 或 PCL。这种共聚物的水溶液在一定温度范围内会发生由溶胶到凝胶（Sol-Gel）的可逆转变。如将药物溶解或混悬于 PEG-PLA-PEG 嵌段共聚物（平均分子量分别为 5000-2040-5000）的溶液中，在约 45℃条件下注入动物体内，很快形成凝胶，其中包载的药物（如异硫氰荧光素 - 葡聚糖，简称 FITC- 葡聚糖）可以缓释 10~20 天。合成 PEG-PLA/PLGA-PEG 必须小心控制其分子量，因为工艺参数会影响共聚物的温敏性质。有数据证明，PEG-PLA/PLGA-PEG 嵌段共聚物的 LCST 值是嵌段组成、长度以及所占比例的函数[113]。

在开发新型温敏材料的同时，MacroMed 公司也推出了名为 ReGel 的温度敏感型原位凝胶产品，这种未载药的凝胶是由 23%（m/m）的 BAB 三嵌段共聚物（PLGA-PEG-PLGA）溶解在 pH 7.4 的磷酸盐缓冲液制成。将紫杉醇分散于 ReGel 中即可制成剂量为 6mg/g 的长效混悬型注射剂（商品名 OncoGel），临床用于瘤内注射，可缓释药物达 6 周。ReGel 也可用于制备蛋白质类药物的缓释制剂，如胰岛素、重组人生长素、重组粒细胞集落刺激因子（G-CSF）和重组乙肝表面抗原等[114]。该制剂中聚合物浓度达到 15%~30%（m/m）时，溶液 - 凝胶转变温度约为 30℃；低于 LCST 时，聚合物溶液为牛顿流体，形成凝胶后转变为弹性半固体，相转变前后体系黏度的绝对值增加了 4 个数量级。体外实验数据表明，G-CSF、rhGH 和胰岛素等蛋白类药物的突释剂量约为 20%。

ABA 型和 BAB 型嵌段共聚物由溶液向凝胶转变的机制不同（图 6-49），但总的来说，胶凝过程都是由熵变引起的：温度升高时 PEG 链段的水化能力降低，从而减少了水分子与聚合物间的氢键结合，导致其疏水性增加，从溶液中沉淀析出并相互缠绕堆砌形成凝胶。ABA 型嵌段共聚物的胶凝现象是其亲水性的尾部基团在相互接触过程中发生链段缠绕的结果，而 BAB 型嵌段共聚物的胶凝现象是由于胶束间通过聚合物分子发生"桥接"，导致胶束致密排列的结果。后一种凝胶化（BAB 类型）机制将产生不可逆的凝聚。

温敏聚合物的物理性质与以下因素密切相关：亲水基团（PEG）/ 疏水基团（PLGA/PLA）的比例、链段长度、疏水性（PCL>PLA>PLGA）、疏水链段在聚合物中的分散度以及聚合物的结晶状态（无定形或半晶形）等。

利用嵌段共聚物开发的温敏型原位凝胶注射剂，由于制备简单，用药方便，容易实现控制释药，加之材料的生物相容性高和毒性小，从一开始出现就引起药剂学工作者强烈的兴趣。但这种给药系统至今还存在不少问题，如水溶性药物的突释问题，因为在溶液 - 凝胶转变过程中，体系的体积收缩可能将水相中的水溶性药物如蛋白质挤压出来，产生突释作用；而与胶束疏水性内核具有较强亲和力的药物突释作用较小。此外，多肽蛋白质药物在水溶液中的稳定性、体内释药速率的控制等都有待进一步研究。表 6-25 就上述三种不同原理的原位凝胶型缓释注射剂特性进行简要归纳比较。

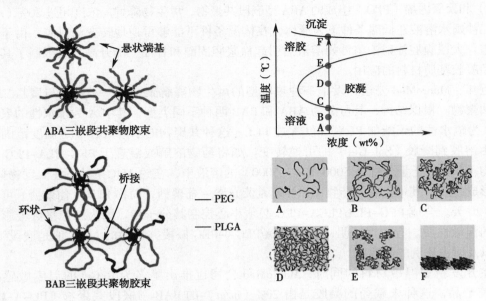

图 6-49　ABA 与 BAB 三嵌段共聚物在水中的胶束链段结构

表 6-25　国外已批准或正在进行临床试验的缓释注射埋植剂特性比较

比较项目	基于聚合物沉淀原理的注射剂	基于聚合物热塑原理的注射剂	基于温敏聚合物原理的注射剂
注射溶剂	有机溶剂	无	水
"贮库"形成机制	相分离	加热熔融，冷却固化	溶液 – 凝胶转化
聚合物类型	PLGA、PLA	聚原酸酯	PEG–PLA/PLGA–PEG 或 PLA/PLGA–PEG–PLA/PLGA
载药形式	有机溶液	干粉	水溶液
蛋白质类药物的稳定性	中	好	中
药物突释作用	高	低	中
药物缓释机制	微孔扩散 / 本体溶蚀	表面溶蚀	微孔扩散 / 本体溶蚀
局部耐受性	差	较好	较好
注射部位疼痛感	明显	轻微	轻微

（四）其他

还有利用其他途径如聚合物交联原理制备缓释注射埋植剂的文献报道，其设计思路是利用聚合物在注射部位发生交联反应，形成凝胶状的三维网络结构，从而控制亲水性大分子药物的释放速度。有人利用光作为触发剂，使 PEG 与乙醇酰丙烯酸酯发生交联，可以维持蛋白质药物缓释数日。但此方法仅局限于体表的外科手术部位，对深部的注射部位则因光的穿透能力有限而难以发生作用。另有学者将巯基连接到水溶性聚合物（如壳聚糖）的分子上，利用空气中的氧使其氧化为二硫键交联的凝胶，可惜这种方法凝胶化时间过长（要几小时），从而失去实际应用价值。Qiu[115] 开发了一种含多个巯基的 PEG 共聚物水凝胶，商品名 DepoGel™。雌性新西兰兔皮下注射后，包载促红细胞生成素（EPO）的凝胶剂可缓释药物达 2 周，而且释放的 EPO 显著提高了兔血细胞的比容。由于巯基化后的聚合物不可生物降解，所以限制了其在人体内的应用。另一个研究方向是利用特定的离子诱导某些聚合物发生凝胶化，如海藻酸盐和脱乙酰壳聚糖分别能在钙离子和磷酸盐存在的条件下形成凝胶[116, 117]。尽管这两种聚合物可通过离子交联形成网状凝胶结构，但由于生理条件下体内 Ca^{2+} 和 PO_4^{3-} 离子浓度较低，不足以在较短时间内形成具有一定强度的凝胶。唯一有意义的是，泪液中的 Ca^{2+} 能与海藻酸盐形成凝胶，可用于延缓药物在结膜囊中释放[116]。

二、乳剂–微球互变型缓释注射剂

前面介绍了几种基于相分离原理的凝胶型长效注射给药系统，Jain RA 等[118, 119]报道了一种巧妙利用相分离原理实现乳剂–微球相互转变的缓释注射剂制备新技术。其原理系将可生物降解聚合物溶解于能与水互溶的有机溶剂中，并加入药物和表面活性剂，混合均匀组成第 I 相（O_1 相）；由油酸山梨坦和辛酸癸酸甘油三酯（Miglyol 812，一种精制的椰子油，含 8~10 个碳原子的混合甘油三酯）组成第 II 相（O_2 相）。两相乳化形成内相为含微小液滴的 O_1/O_2 乳剂，后者注射后，体液中的水（不良溶剂）可渗透进入乳剂，使内相聚合物发生相分离，析出沉淀形成固体微球，药物能经微球聚合物骨架缓慢释放。Jain 以细胞色素 C 为模型药物，制备了乳剂–微球互变型缓释注射剂，工艺流程见图 6–50：

相 I 制备：在搅拌下，将 PLGA 加入到热的甘油三醋酸酯中溶解，溶液冷却至室温后加入细胞色素 C 和 PEG400 溶液，继续搅拌并加入聚山梨酯 80 成均匀的油相（相 I）。

相 II 制备：将油酸山梨坦与 Miglyol 812 混合均匀制成另一油相（相 II）。

乳剂–微球互变型缓释注射剂的制备：将相 I 滴入到高速匀化的相 II 中，制成 O_1/O_2 乳剂。这时 PLGA 系以乳滴形式存在于连续相中，甘油三醋酸酯和 PEG400 大部分进入相 II 中。

为了验证乳剂与微球间的转变，可将上述乳剂滴入到搅拌的 pH 7.4 磷酸缓冲液中，利用显微镜可观测到微球形成过程如图 6–51 所示。其中，图（A）为未接触水之前的乳滴，图（B）为乳剂滴入到水性介质中 8 分钟后形成的半固态微球，图（C）为乳剂滴入到水性介质中 17 分钟后形成的固态 PLGA 微球。从微球形成过程中拍摄到的显微照片可以看出，在水未渗透进分散相时，分散相呈透明的乳滴状。随着介质中的水分（PLGA 的不良溶剂）不断渗入，分散相内的表面活性剂（聚山梨酯 80 和 PEG400）也不断向外扩散，使 PLGA 的溶解度逐渐下降发生相分离而形成固态微球。

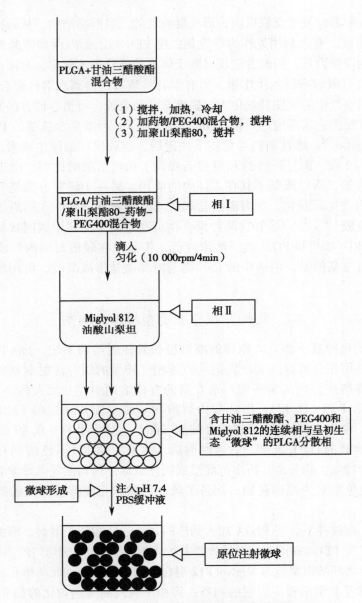

图 6–50 乳剂–微球互变型缓释注射剂的制备过程

由图 6–52 可见，乳剂–微球互变型缓释注射剂中包载的细胞色素 C 可持续释放 15 天，首日突释剂量约为 30%。该缓释注射剂的理化性质与下列因素有密切关系：

相Ⅰ：①PLGA 共聚物的特性：目前市售的 PLGA（如 Resomer）有羧基封端聚合物和酯基封端聚合物两种不同规格。前者亲水性强，用作微球骨架材料，摄取水分的速度快，所以能缩短微球形成时间，有利于乳剂–微球互变型缓释注射剂的制备。蛋白质类药物从微球 PLGA 骨架内释放的速度与聚合物分子量和单体组成比例有关。PLGA 分子量越高，乳酸／羟乙酸（即 LA/GA）单体比例越高，释药速度越慢。研究者认为采用 Resomer 502H（即 LA/GA 为 50∶50，分子量约 20 000，羧基封端的 PLGA）为骨架材料比较适合制备这类缓释注射剂。分散相（乳滴）的均匀性可通过调节 PLGA/ 甘油三醋酸酯浓度比来控制，其比例应在 0.05~0.22 之间，比例大于 0.22 时，制得的乳剂黏稠，易使 PLGA 乳滴凝聚；比例小于 0.05，药物包封率下降且易发生突释现象。②甘油三醋酸酯：既为 PLGA 的溶剂，又为增塑剂，在处方中的用量可由 PLGA 与其比例决定。③ PEG400 和聚山梨酯 80：PEG400 主要用作蛋白质类药物细胞色素 C 的溶剂，其用量对于处方设计也很重要，可通过 PLGA– 甘油三醋酸酯与 PEG400 的比例计算。聚山梨酯 80 的主要功能是保持 PLGA 液滴稳定，同时促进介质中的水渗透进乳滴，使 PLGA 沉淀形成微球。

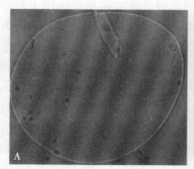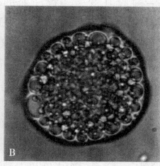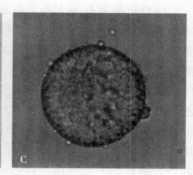

图 6-51 PLGA 乳滴 – 微球转变过程

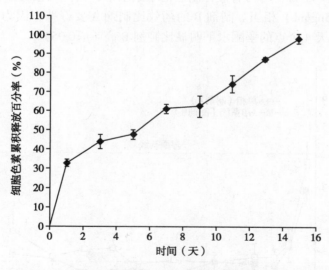

图 6-52 乳剂 – 微球互变型缓释注射剂的体外释药曲线

相Ⅱ：① Miglyol 812：作为乳剂连续相的主成分，其体积由与相Ⅰ的体积比决定。合适的比例既能保证 Miglyol 812 对甘油三醋酸酯的萃取，也有利于 PLGA 微球均匀分散。②油酸山梨坦（HLB=4.3）：可以防止 PLGA 乳滴相互聚结，外油相中不加油酸山梨坦将难以形成稳定的 PLGA 乳滴。

近来，日本 Sunstar 株式会社采用类似的相分离技术开发了供齿科治疗牙周炎用的盐酸米诺环素（minocycline hydrochloride）缓释注射剂，商品名为 Periocline（中国商品名派丽奥 "PERIO"）。制剂外观似膏状物，使用时经特殊注射器注射到牙龈部位的牙周袋内，周边的体液容易渗透进膏体内使聚合物沉淀成微粒，粒径分布范围 1~300μm。微粒能均匀分布于牙周袋的每个角落，可缓释药物达一周，用于治疗敏感菌所致的牙周炎。该缓释注射剂已进入中国市场，临床应用反映良好。

三、可注射埋植剂的药效学与安全性评价

（一）动物药效学评价

国外近年来有不少关于溶液－凝胶互变型缓释注射剂的药效学研究报道。除用于治疗牙周炎的多西环素和盐酸米诺环素等缓释注射剂已获准上市外，人们对以此类注射剂作为多肽蛋白质类药物载体的研究兴趣颇浓，促性腺激素释放激素（GnRH）缓释注射剂即是典型的例子。Ravivarapu HB 等[120]报道了醋酸亮丙瑞林溶液－凝胶互变型注射剂在动物体内抑制血清睾酮浓度的研究结果。作者比较了两种类型的制剂：① PLCG（聚丙交酯－乙交酯，75∶25，特性黏度 0.20dl/g）–NMP 溶液，临用前加入药物（制剂 A）；②采用类似 Atrige™ 的注射装置，在一个针筒内装有 PLCG–NMP 溶液，另一针筒装入醋酸亮丙瑞林，用药前将两针筒通过桥管连接，来回反复推动直至混匀后换上针头注射（制剂 B）。两种制剂处方组成均为 45%PLCG+55%NMP，内含 3%（m/m）醋酸亮丙瑞林，实验动物为 SD 大鼠和犬。图 6-53 为制剂 A 和制剂 B 注入大鼠皮下后两者血清睾酮的抑制结果，两种制剂从用药第 14 日至第 91 日，均可有效抑制血清睾酮水平，其抑制程度基本与睾丸切除后的大鼠睾酮水平（0.5ng/ml）相当。制剂 B 的药效比制剂 A 要好些，因为制剂 A 在第 3 天、49 天、70 天和 80 天 4 个点的睾酮水平明显比制剂 B 高（$p<0.05$）。

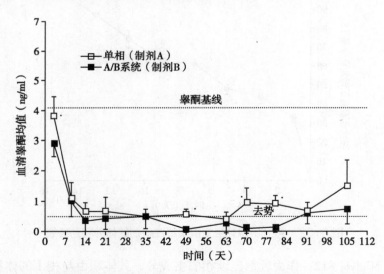

图 6-53　两种醋酸亮丙瑞林溶液－凝胶互变型缓释注射剂经皮下注射后对
大鼠血清睾酮的抑制作用比较

犬体内药效学实验选用制剂 B，实验结果见图 6-54。用药后犬血清中的睾酮水平达到与睾丸切除犬水平相当的时间约为 14 天，并可维持至 105 天。

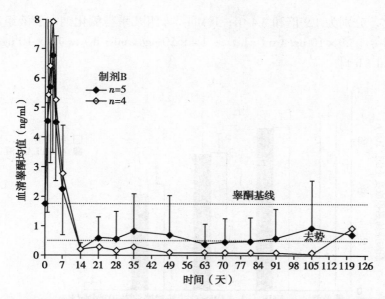

图 6-54 醋酸亮丙瑞林溶液 – 凝胶互变型缓释注射剂在犬体内的药效学实验结果

实验期间，均未发现动物有血管舒张和红斑或水肿等现象，但醋酸亮丙瑞林常规注射剂用药后均出现上述现象，表明醋酸亮丙瑞林溶液 – 凝胶互变型缓释注射剂可降低药物的副作用，并可有效抑制大鼠和犬的血清睾酮水平长达 3 个月。

（二）动物安全性实验

为了比较溶液 – 凝胶互变型注射剂和乳剂 – 微球互变型注射剂用药后的肌肉毒性，Kranz H 等[121]采用体外实验方法检测了 SD 大鼠骨骼肌中肌酸激酶（creatine kinase，CK）的释放量，并将上述两类注射剂（不含药物）对 SD 大鼠进行肌肉注射，比较血浆 CK 浓度 – 时间曲线下面积，评价缓释注射剂对肌肉的损伤作用。实验分别采用苯妥英和氯化钠注射液作为阳性和阴性对照，结果表明，溶液 – 凝胶互变型缓释注射剂给药后导致释放的CK 量比氯化钠注射液组高出 14.4~24.3 倍，见图 6-55。上述实验提示缓释注射剂所使用的辅料有较高肌肉毒性，几种常用有机溶剂的毒性顺序为 NMP>DMSO>N– 吡咯烷酮。其中 NMP 和 DMSO 和阳性对照组无显著性差异，而只有 N– 吡咯烷酮的肌肉毒性在统计学上远低于阳性对照组（仅为 1∶1.7），所以 N– 吡咯烷酮被选定为乳剂 – 微球互变型注射剂的溶剂。另一组给以乳剂 – 微球互变型注射剂，CK 释放量明显减少，并且随着聚合物相与油相的比值减小而进一步降低，当两者比例为 1∶4 时，乳剂 – 微球互变型注射剂组的CK 分泌量与氯化钠注射液相近，见图 6-56。

图 6-57 是 SD 大鼠肌注不同制剂后的血浆 CK 浓度 – 时间曲线。血浆 CK 浓度的峰值出现在给药后的 0.5~2 小时，6 小时后恢复正常，此后至 72 小时内未见 CK 值增高现象。注射苯妥英阳性组动物血浆中 CK 浓度约为注射氯化钠注射液组的 4 倍 [29.4×10²ng/（ml·h）± 7.5×10²ng/（ml·h）*vs* 7.1×10²ng/（ml·h）± 1.2×10²ng/（ml·h）]。溶液 – 凝胶互变型注射剂组（40%PLA–NMP 溶液局部注射剂）也产生较高的血浆 CK 水平。后者与乳剂 – 微球互变型注射剂（ISM）1∶2 组和 1∶4 组（即聚合物相 / 油相 = 1∶2 和

1∶4组）相比，分别为 1.9 倍和 3.4 倍；ISM 1∶4组几乎与氯化钠注射液组血浆 CK 浓度曲线下面积相等 [5.9×10^2ng/（ml·h）± 1.4×10^2ng/（ml·h）*vs* 7.1×10^2ng/（ml·h）± 1.2×10^2ng/（ml·h）]。

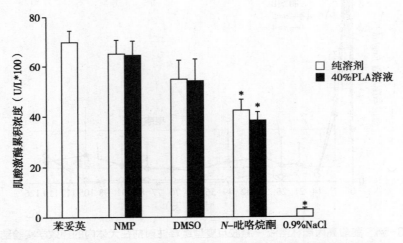

图 6-55　注射溶液－凝胶互变型注射剂后肌酸激酶的累积释放量

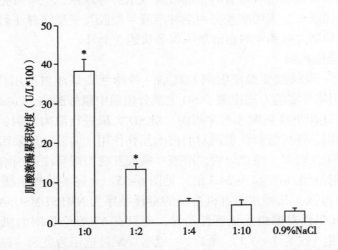

图 6-56　乳剂－微球互变型注射剂中聚合物相／油相比值对肌酸激酶累积释放量的影响

　　乳剂－微球互变型注射剂实质为内相聚合物（即油相Ⅰ，含药物、PLA 和有机溶剂）分散在由植物油、表面活性剂和 Miglyol 等构成的外相油溶液（即油相Ⅱ）中所形成的乳剂。注射后，含有聚合物的内相与体液接触，聚合物溶剂通过油相Ⅱ向体液扩散，体液也经油相Ⅱ渗入到内相中，最终导致相分离，形成微球，使得其中包埋的药物能够以缓控释的模式向外释放。外相中的油首选花生油，有两点理由：①花生油具有很低的 CK AUC 值（花生油为 0.347U/L×100，氯化钠注射液为 2.647U/L×100），作为外相介质生物相容性与安全性良好；②药物和聚合物分散在以花生油为介质的外相中，不易穿过油层与肌体直接接触，缓释作用明显，并可降低制剂的突释效应，肌肉毒性也明显降低。

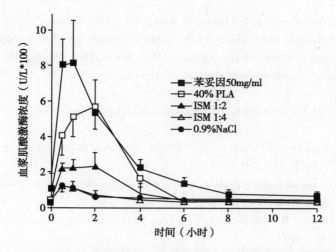

图6-57　SD大鼠肌注不同制剂后血浆平均肌酸激酶浓度－时间曲线

　　目前对可注射埋植剂安全性方面的顾虑主要来源于所使用的辅料，特别是可生物降解聚合物有机溶剂的毒性问题。目前已上市的产品如Atrigel™与Periocline仅用于口腔牙周袋的注射治疗，实质上仍属外用，如何选用安全的溶剂并证明其皮下或肌肉注射的安全性，是今后研发工作中的重要环节。当然除了肌肉毒性之外的其他安全性评价，也是研发工作者不容忽视的。

（陈庆华、潘峰）

参考文献

［1］包泳初，潘峰，陈庆华.化学合成的生物降解聚合物在医药领域的应用进展.中国医药工业杂志,2004,35(5):300-304.

［2］陈庆华,瞿文.多肽、蛋白质类药物缓释剂型的研究进展.中国药学杂志,2000,35(3):147-150.

［3］Rubin J,Ajani J,Schirmer W,et al.Octreotide acetate long-acting formulation versus open-label subcutaneous octreotide acetate in malignant carcinoid syndrome.J Clin Oncol,1999,17(2):600-606.

［4］Morlock M,Kissel T,Li YX,et al.Erythropoietin loaded microspheres prepared from biodegradable LPLG-PEO-LPLG triblock copolymers:protein stabilization and in-vitro release properties.J Control Release,1998,56(1-3):105-115.

［5］Yang J,Cleland JL.Factors affecting the in vitro release of recombinant human interferon-gamma(rhIFN-gamma)from PLGA microspheres.J Pharm Sci,1997,86(8):908-914.

［6］Chen L,Apte RN,Cohen S.Characterization of PLGA microspheres for the controlled delivery of IL-1 α for tumor immunotherapy.J Control Release,1997,43(2-3):261-272.

［7］Pettit DK,Lawter JR,Guang WJ,et al.Characterization of poly(glycolide-co-D,L-lactide)/poly(D,L-lactide) microspheres for controlled release of GM-CSF.Pharm Res,1997,14(10):1422-1430.

［8］Morita T,Sakamura Y,Horikiri Y,et al.Evaluation of in vivo release characteristics of protein-loaded biodegradable microspheres in rats and severe combined immunodeficiency disease mice.J Control Release,2001,73(2-3):213-221.

［9］Han K,Lee KD,Gao ZG,et al.Preparation and evaluation of poly(L-lactic acid)microspheres containing rhEGF for chronic gastric ulcer healing.J Control Release,2001,75(3):259-269.

[10] Delgado-Rivera R,Rosario-Meléndez R,Yu W,et al.Biodegradable salicylate-based poly(anhydride-ester) microspheres for controlled insulin delivery.J Biomed Mater Res A,2014,102(7):2736-2742.

[11] Markland P,Yang VC.Encyclopedia of pharmaceutical technology.2nd ed.New York:Marcel Dekker,2002: 136.

[12] Lewis DH,Chasin IM,Langer R.Biodegredable polymers as drug delivery systems.New York:Marcel Dekker, 1990:1-41.

[13] Iqbal M,Zafar N,Fessi H,et al.Double emulsion solvent evaporation techniques used for drug encapsulations. Int J Pharm,2015,496(2):173-190.

[14] Peres C,Matos AI,Conniot J,et al.Poly(lactic acid)-based particulate systems are promising tools for immune modulation.Acta Biomater,2017,48:41-57.

[15] Tabata Y,Gutta S,Langer R.Controlled delivery systems for proteins using polyanhydride microspheres.Pharm Res,1993,10(4):487-496.

[16] Laurencin CT,Pierre-Jacques HM,Langer R.Toxicology and biocompatibility considerations in the evaluation of polymeric materials for biomedical applications.Clin Lab Med,1990,10(3):549-570.

[17] Dang W,Daviau T,Brem H.Morphological characterization of polyanhydride biodegradable implant Gliadel® during in vitro and in vivo erosion using scanning electron microscopy.Pharm Res,1996,13(5):683-691.

[18] Payne LG,Andrianov AK.Protein release from polyphosphazene matrices.Adv Drug Del Rev,1998,31(3): 185-196.

[19] Caliceti P,Lora S,Marsilio F,et al.Preparation and characterisation of polyphosphazene-based controlled release systems for naproxen.Farmaco,1995,50(12):867-874.

[20] Ibim SM,el-Amin SF,Goad ME,et al.In vitro release of colchicine using poly(phosphazenes):the development of delivery systems for musculoskeletal use.Pharm Dev Technol,1998,3(1):55-62.

[21] Harper E,Dang W,Lapidus RG,et al.Enhanced efficacy of a novel controlled release paclitaxel formulation (PACLIMER delivery system) for local-regional therapy of lung cancer tumor nodules in mice.Clin Cancer Res,1999,5(12):4242-4248.

[22] 郭圣荣.医药用生物降解性高分子材料.北京:化学工业出版社,2004.

[23] Sinha VR,Trehan A.Biodegradable microspheres for protein delivery.J Control Release,2003,90(3):261- 280.

[24] Prajapati VD,Jani GK,Kapadia JR.Current knowledge on biodegradable microspheres in drug delivery.Expert Opin Drug Deliv,2015,12(8):1283-1299.

[25] Donbrow M.Microcapsules and nanoparticles in medicine and pharmacy.London:CRC press,1991.

[26] 雷永,陆彬.可生物降解的 PELA 微球优化工艺的研究.华西药学杂志,1994,9(4):215-220.

[27] Benita S,Benoit JP,Puisieux F,et al.Characterization of drug-loaded poly(d,l-lactide) microspheres.J Pharm Sci,1984,73(12):1721-1724.

[28] Sansdrap P,Moës AJ.Influence of manufacturing parameters on the size characteristics and the release profiles of nifedipine from poly(DL-lactide-co-glycolide) microspheres.Int J Pharm,1993,98(1-3):157-164.

[29] Bodmeier R,McGinity JW.Solvent selection in the preparation of poly(DL-lactide) microspheres prepared by the solvent evaporation method.Int J Pharm,1988,43(1-2):179-186.

[30] Giunchedi P,Torre ML,Maggi L,et al.Cellulose-acetate trimellitate microshperes contianing NSAIDS.Drug Dev Ind Pharm,1995,21(3):315-330.

[31] Izumikawa S,Yoshioka S,Aso Y,et al.Preparation of poly(l-lactide) microspheres of different crystalline morphology and effect of crystalline morphology on drug release rate.J Control Release,1991,15(2):133-140.

［32］Jalil R，Nixon JR.Microencapsulation using poly（DL-lactic acid）.Ⅳ：Effect of polymer molecular weight on the release kinetics.J Microencapsul，1990，7（1）：357-374.

［33］Sturesson C，Carlfors J，Edsman K，et al.Preparation of biodegradable poly（Lactic-co-glycolic）acid microspheres and their in vitro release of timolol maleate.Int J Pharm，1993，89（3）：235-244.

［34］Wada R，Hyon SH，Ikada Y.Lactic acid oligomer microspheres containing hydrophilic drugs.J Pharm Sci，1990，79（10）：919-924.

［35］Tsujiyama T，Suzuki N，Kawata M，et al.Preparation and pharmacokinetic and pharmacodynamic evaluation of hydroxy propyl cellulose-ethyl cellulose microcapsules containing piretanide.J Pharmacobiodyn，1989，12（6）：311-323.

［36］Bogataj M，Mrhar A，Kristl A.Preparation and Evaluation of Eudragit E Microspheres Containing Bacampicillin.Drug Dev Ind Pharm，1989，15（14-16）：2295-2313.

［37］Atkins TW，Peacock SJ，Yates DJ.Incorporation and release of vancomycin from poly（D，L-lactide-co-glycolide）microspheres.J Microencapsul，1998，15（1）：31-44.

［38］Pradhan RS，Vasavada RC.Formulation and in vitro release study on poly（DL-lactide）microspheres containing hydrophilic compounds：glycine homopeptides.J Control Release，1994，30（2）：143-154.

［39］Spenlehauer G，Vert M，Benoît JP，et al.Biodegradable cisplatiim microspheres prepared by the solvent evaporation method：Morphology and release characteristics.J Control Release，1988，7（3）：217-229.

［40］潘峰，陈庆华.局部药物残余量的 HPLC 检测石杉碱甲生物降解微球动物体内释药速度.中国药学杂志，2005：136-139.

［41］董文心，潘峰，顾丰华，等.石杉碱甲微球注射剂动物体内释药模式和改善记忆的药效学研究.中国药学杂志，2007，42（13）：991-994.

［42］Iwata M，McGinity JW.Preparation of multi-phase microspheres of poly（D，L-lactic acid）and poly（D，L-lactic-co-glycolic acid）containing a W/O emulsion by a multiple emulsion solvent evaporation technique.J Microencapsul，1992，9（2）：201-214.

［43］O' Donnell PB，Iwata M，McGinity JW.Properties of multiphase microspheres of poly（D，L-lactic-co-glycolic acid）prepared by a potentiometric dispersion technique.J Microencapsul，1995，12（2）：155-163.

［44］Okada H，Ogawa Y，Yashiki T.Prolonged release microcapsule and its production：US，4652441.1987-03-24.

［45］Ogawa Y，Yamamoto M，Okada H，et al.A new technique to efficiently entrap leuprolide acetate into microcapsules of polylactic acid or copoly（lactic/glycolic）acid.Chem Pharm Bull，1988，36（3）：1095-1103.

［46］Herrman J，Bodmeier R.The effect of particle microstructure on the somatostatin release from poly（lactide）microspheres prepared by a W/O/W solvent evaporation method.J Control Release，1995，36（1-2）：63-71.

［47］Soriano I，Delgado A，Diaz RV，et al.Use of surfactants in polylactic acid protein microspheres.Drug Dev Ind Pharm，1995，21（5）：549-558.

［48］Okada H，Yamamoto M，Heya T，et al.Drug delivery using biodegradable microspheres.J Control Release，1994，28（1-3）：121-129.

［49］Jalil R，Nixon JR.Microencapsulation using poly（L-lactic acid）Ⅱ：Preparative variables affecting microcapsule properties.J Microencapsul，1990，7（1）：25-39.

［50］Okada H.One-and three-month release injectable microspheres of the LH-RH superagonist leuprorelin acetate.Adv Drug Del Rev，1997，28（1）：43-70.

［51］Okada H，Heya T，Ogawa Y，et al.One-month release injectable microcapsules of a luteinizing hormone-releasing hormone agonist（leuprolide acetate）for treating experimental endometriosis in rats.J Pharmacol Exp Ther，1988，244（2）：744-750.

［52］Okada H，Heya T，Ogawa Y，et al.Sustained pharmacological activities in rats following single and repeated administration of once-a-month injectable microspheres of leuprolide acetate.Pharm Res,1991,8(5):584-587.

[53] Okada H,Inoue Y,Heya T,et al.Pharmacokinetics of once-a-month injectable microspheres of leuprolide acetate.Pharm Res,1991,8(6):787-791.

[54] Okada H,Doken Y,Ogawa Y,et al.Preparation of three-month depot injectable microspheres of leuprorelin acetate using biodegradable polymers.Pharm Res,1994,11(8):1143-1147.

[55] Okada H,Doken Y,Ogawa Y,et al.Sustained suppression of the pituitary-gonadal axis by leuprorelin three-month depot microspheres in rats and dogs.Pharm Res,1994,11(8):1199-1203.

[56] Powell MF,Newman MJ.Vaccine design:the subunit and adjuvant approach.Boston:Springer,1995.

[57] Cuninningham BC,Mulkerrrin MG,Wells JA.Dimerization of human growth hormone by zinc.Science,1991,253(5019):545-548.

[58] Cleland JL,Jones AJ.Stable formulations of recombinant human growth hormone and interferon-gamma for microencapsulation in biodegradable microspheres.Pharm Res,1996,13(10):1464-1475.

[59] Johnson OL,Jaworowicz W,Cleland JL,et al.The stabilization and encapsulation of human growth hormone into biodegradable microspheres.Pharm Res,1997,14(6):730-735.

[60] Lee HJ,Riley G,Johnson O,et al.In vivo characterization of sustained-release formulations of human growth hormone.J Pharmacol Exp Ther,1997,281(3):1431-1439.

[61] Matsumoto A,Matsukawa Y,Suzuki T,et al.The polymer-alloys method as a new preparation method of biodegradable microspheres:principle and application to cisplatin-loaded microspheres.J Control Release,1997,48(1):19-27.

[62] Morita T,Sakamura Y,Horikiri Y,et al.Protein encapsulation into biodegradable microspheres by a novel S/O/W emulsion method using poly(ethylene glycol) as a protein micronization adjuvant.J Control Release,2000,69(3):435-444.

[63] Benita S.Microencapsulation:method and industrial applications.New York:Marcel Dekker,1996:51.

[64] Montini M.Therapeutical Application,New York:Marcel Dekker,1993:227.

[65] Alcock R,Bibby DC,Gard TG.Encapsulation of recombinant hepatitis B surface antigen in oligosaccharide ester derivatives by spray drying.J Microencapsul,2003,20(6):759-766.

[66] Muge K,Mehmet G,Sulhiye Y,et al.Preparation and characterization of chitosan-based spray-dried microspheres for the delivery of clindamycin phosphate to periodontal pockets.Current Drug Delivery,2014,11:98-111.

[67] Thomas TT,Kohane DS,Wang A,et al.Microparticulate formulations for the controlled release of interleukin-2.J Pharm Sci,2004,93(5):1100-1109.

[68] Rivera PA,MartineZ-Oharriz MC,Rubio M,et al.Fluconazole encapsulation in PLGA microspheres by spray-drying.J Microencapsul,2004,21(2):203-211.

[69] Benelli P,Conti B,Genta I,et al.Clonazepam microencapsulation in poly-D,L-lactide-co-glycolide microspheres.J Microencapsul,1998,15(4):431-443.

[70] Gander B,Wehrli E,Alder R,et al.Quality improvement of spray-dried,protein-loaded D,L-PLA microspheres by appropriate polymer solvent selection.J Microencapsul,1995,12(1):83-97.

[71] Baras B,Benoit MA,Gillard J.Influence of various technological parameters on the preparation of spray-dried poly(epsilon-caprolactone) microparticles containing a model antigen.J Microencapsul,2000,17(4):485-498.

[72] Fu YJ,Mi FL,Wong TB,et al.Characteristic and controlled release of anticancer drug loaded poly(D,L-lactide) microparticles prepared by spray drying technique.J Microencapsul,2001,18(6):733-747.

[73] Meeus J,Lenaerts M,Scurr DJ,et al.The influence of spray-drying parameters on phase behavior,drug distribution,and in vitro release of injectable micropsheres for sustained release.J Pharm Sci,2015,104(4):1451-1460.

[74] Felder ChB,Blanco-Prieto MJ,Heizmann J,et al.Ultrasonic atomization and subsequent polymer desolvation for peptide and protein microencapsulation into biodegradable polyesters.J Microencapsul,2003,20(5):553-567.

[75] Johnson OL,Cleland JL,Lee HJ,et al.A month-long effect from a single injection of microencapsulated human growth hormone.Nat Med,1996,2(7):795-799.

[76] 陈庆华,刘晓华.多肽、蛋白质类药物微囊化的两种新型实用设备.中国医药工业杂志,2002,33(3):142-144.

[77] Herbert P,Murphy K,Johnson O,et al.A large-scale process to produce microencapsulated proteins.Pharm Res,1998,15(2):357-361.

[78] Mathiowitz E.Encyclopedia of controlled drug delivery(2 volume set).Hobren:Wiley-Interscience,1999:513.

[79] 陆彬.药物新剂型与新技术,2版.北京:人民卫生出版社,2005.

[80] Ruiz JM,Tissier B,Benoit JP.Microencapsulation of peptide:a study of the phase separation of poly(d,l-lactic acid-co-glycolic acid) copolymers 50/50 by silicone oil.Int J Pharm,1989,49(1):69-77.

[81] Ruiz JM,Busnel JP,Benoit JP.Influence of average molecular weights of poly(DL-lactic acid-co-glycolic acid) copolymers 50/50 on phase separation and in vitro drug release from microspheres.Pharm Res,1990,7(9):928-934.

[82] Boswell G,Scribner R.Polylactide-drug mixtures:US,3773919.1973-11-20.

[83] Kent JS,Lewis DH,Sanders LM,et al.Microencapsulation of water soluble active polypeptides:US,4675189.1987-06-23.

[84] Joseph K,Willem GJ.Process for microencapsulation:EP,0377477.1990-07-11.

[85] Roseman TJ,Peppas A,Gabelnick HL.Proceedings of the 20th International Symposium on Controlled Release of Bioactive Materials.Deerfield:Controlled Release Society,1993:65.

[86] Roseman TJ,Peppas A,Gabelnick HL.Proceedings of the 20th International Symposium on Controlled Release of Bioactive Materials.Deerfield:Controlled Release Society,1993:129.

[87] Parmar H,Phillips RH,Lightman SL,et al.Randomised controlled study of orchidectomy vs long acting D-Trp-6-LHRH microcapsules in advanced prostatic carcinoma.Lancet,1985,2(8466):1201-1205.

[88] Heron I,Thomas F,Deto M,et al.Treatment of acromegaly with sustained-release lanreotide.A new somatostatin analog.Presse Med,1993,22(11):526-531.

[89] Wright Steven G,Christenson T,et al.Poly(lactide-co-glycolide)-based sustained release microcapsules comprising a polypeptide and a sugar:WO,2005102293.2005-11-03.

[90] Mathiowitz E,Amato C,Dor P,et al.Polyanhydride microspheres:3.Morphology and characterization of systems made by solvent removal.Polymer,1990,31(3):547-555.

[91] Mathiowitz E,Saltzman WM,Domb A,et al.Polyanhydride microspheres as drug carriers.II.microencapsulation by solvent removal.J Appl Polymer Sci,1988,35(3):755-774.

[92] Mathiowitz E.encyclopedia of controlled drug delivery(2 volume set).Hobren:Wiley-Interscience,1999:528.

[93] Alkins TW,Peacock SJ,Yates DJ.Incorporation and release of vancomycin from poly(D,L-lactide-co-glycolide) microspheres.J Microencapsul,1998,15(1):31-44.

[94] 国家药典委员会.中华人民共和国药典四部(2015年版).北京:中国医药科技出版社,2015.

[95] 魏刚,陆丽芳,陆伟跃.重组人生长激素缓释微球.I.制备与体外释放研究.中国医药工业杂志,2006,37(10):669-673.

[96] Kostanski JW,Dani BA,Reynolds GA,et al.Evaluation of orntide microspheres in a rat animal model and correlation to in vitro release profiles.AAPS Pharm Sci Tech,2000,1(4):E27.

[97] Cleland JL,Mac A,Boyd B,et al.The stability of recombinant human growth hormone in poly(lactic-co-glycolic acid)(PLGA)microspheres.Pharm Res,1997,14(4):420-425.

[98] Shameem M,Lee H,Deluca PP.A short-term(accelerated release)approach to evaluate peptide release from PLGA depot formulations.AAPS Pharm Sci Tech,1999,1(3):1-6.

[99] Dunn RL,English JP,Cowsar DR,et al.Biodegradable in-situ forming implants and methods of producing the same:US,4938763.1990-07-03.

[100] Bogle G.Locally delivered doxycycline hyclate:case selection,preparation,and application.Compend Contin Eudc Dent,1999,20 :26-33.

[101] Chu FM,Jayson M,Dineen MK,et al.A clinical study of 22.5 mg.La-2550 :A new subcutaneous depot delivery system for leuprolide acetate for the treatment of prostate cancer.J Urol,2002,168 :1199-1203.

[102] Dunn RL,English JP,Cowsar DR,et al.Biodegradable in-situ forming implants and methods of producing the same:US,5278202.1994-01-11.

[103] Dunn RL,Tipton AJ,Southard GL,et al.Biodegradable polymer composition:US,5324519.1994-06-28.

[104] Dunn RL,English JP,Cowsar DR,et al.Biodegradable in-situ forming implants and methods of producing the same:US,5278201.1994-01-11.

[105] Dunn RL,Tipton AJ.Polymeric compositions useful as controlled release implants:US 5702716.1997-12-30.

[106] Yewey GL,Krinick NL,Dunn RL,et al.Liquid delivery compositions:US,5780044.1998-07-14.

[107] Chandrashekar BL,Zhou MX,Jarr EM,et al.Controlled release liquid delivery compositions with low initial drug burst:WO,0024374.2000-05-04.

[108] Smith DA,Tipton A.A novel parenteral delivery system.Pharm Res,1996,13 :300.

[109] Mark SW,Colin GP.Proceedings of the 28th International Symposium on Controlled Release of Bioactive Materials.Deerfield:Controlled Release Society,2001 :474.

[110] Burns PJ.Compositions for controlled release of the hormone GnRH and its analogs:WO,0078335.2000-12-28.

[111] Matschke C,Isele U,Van HP,et al.Sustained-release injectables formed in situ and their potential use for veterinary products.J control Release,2002,8(1-3)5 :1-15.

[112] van De Weert M.van Steenbergen MJ,Cleland JL,et al,Semisolid,self-catalyzed poly(ortho ester)s as controlled-release systems:protein release and protein stability issues.J Pharm Sci,2002,91(4):1065-1074.

[113] Jeong B,Bae YH,Kim SW.Thermoreversible gelation of PEG-PLGA-PEG triblock copolymer aqueous solutions.J Macromolecules,1999,32(21):7064-7069.

[114] Zentner GM,Rathi R,Shih C,et al.Biodegradable block copolymers for delivery of proteins and water-insoluble drugs.J Control Release,2001,72(1-3):203-215.

[115] Qiu B,Stefanos S,Ma J,et al.A hydrogel prepared by in situ cross-linking of a thiol-containing poly(ethylene glycol)-based copolymer:a new biomaterial for protein drug delivery.Biomaterials,2003,24(1):11-18.

[116] Cohen S,Lobel E,Trevgoda A,et al.A novel in situ-forming ophthalmic drug delivery system from alginates undergoing gelation in the eye.J Control Release,1997,44(2-3):201-208.

[117] Chenite A,Chaput C,Wang D,et al.Novel injectable neutral solutions of chitosan form biodegradable gels in situ.Biomaterials,2000,21(21):2155-2161.

[118] Jain RA,Rhodes CT,Railkar AM,et al.Controlled delivery of drugs from a novel injectable in situ formed

biodegradable PLGA microsphere system.J Microencapsul,2000,17(3):343-362.

[119] Jain RA,Rhodes CT,Railkar AM,et al.Controlled release of drugs from injectable in situ formed biodegradable PLGA microspheres:effect of various formulation variables.Eur J Pham Biopharm,2000,50(2):257-262.

[120] Ravivarapu HB,Moyer KL,Dunn RL,et al.Parameters affecting the efficacy of a sustained release polymeric implant of leuprolide.Int J pharm,2000,194(2):181-191.

[121] Kranz H,Brazeau GA,Napaporn J,et al.Myotoxicity studies of injectable biodegradable in-situ forming drug delivery systems.Int J Pharm,2001,212(1):11-18.

aloperidol decanoate system and its correlation to demethylion dose[J]. ...

[2] Prescott. ...:Donald. ...

[3] Skaug E, Jannin V, et al. ...:injectable ...:Sustained dose delivery in Pharm, 2021, 212(1):11 ...

第七章

经皮给药系统

第一节　概　述

经皮给药系统（transdermal drug delivery system，TDDS）是指药物以一定的速率通过皮肤经由毛细血管吸收进入体循环起全身治疗作用的一类制剂。TDDS 一般系指贴剂（patches），而广义的经皮给药制剂还包括软膏剂（ointments）、硬膏剂（plasters）、巴布剂（cataplasms）、搽剂（liniments）、气雾剂（aerosols）、喷雾剂（sprays）、泡沫剂（foams）和微型海绵剂（microsponges）等，本章主要介绍贴剂。另外，对于近十年研究发展较多的药器组合式 TDDS、新型外用制剂等，以产品实例的形式加以介绍。

一、经皮给药系统的特点

TDDS 与传统的给药系统相比有其独特的优势：①避免药物因口服后在胃肠道的代谢及肝首过效应而影响药物的吸收量；②经皮给药系统可以制成相应的缓控释剂型，防止药物吸收过快而造成过高的血药浓度，既能维持较长时间的疗效，又可减少不良反应的发生；③用药时直接贴于或涂抹于上臂、肩膀、大腿或腹部等部位的完整皮肤上，操作简便，提高患者的顺应性；④如发生不良反应又可立即除去，应用更加安全。

尽管 TDDS 作为一种用药形式具有上述优点，但在开发和使用 TDDS 时，对该剂型的局限性也必须有充分的估计。皮肤是限制药物吸收程度和速度的屏障，大多数药物透过该屏障的速度都很小，虽然已经有一些方法可以提高其透过速度，但对于大多数药物而言，要达到有效治疗量仍然是很困难的。有研究者认为每日剂量超过 5mg 的药物就已经不容易设计成 TDDS。当然，也可以提高给药面积来增加透过程度，但这种方法显然会增加皮肤的刺激性，同时过大的面积对于患者来说也不容易接受。此外，一些对皮肤有刺激性和过敏性的药物不宜设计和制成 TDDS。

二、经皮给药系统的发展简史

在皮肤表面用药治疗各类疾病可以追溯到远古，大约公元前 1300 年，甲骨文中就有关于中药经皮给药的文字记载。而现代经皮给药技术起步于 20 世纪后期，随着药物贮库缓释理论、压敏胶材料学、体内药物分析学、生物药剂学及相关的工业和技术的发展，利用皮肤作为药物输入体循环的入口重新引起关注。1979 年第一个 TDDS 产品——东莨菪碱贴剂的问世，使经皮给药技术有了里程碑式的进展。许多制药公司和研究机构（如 Ciba-

Geigy 和 Alaz 等）开始进行 TDDS 的开发，迄今约有 30 余种药物的 TDDS 获准上市，具有代表性的国外已上市经皮给药系统产品见表 7-1 和图 7-1。

近年来，为克服完整皮肤的屏障功能，使更多的药物具有足够的渗透性，人们开始使用以物理、化学、材料科学及工程学原理为基础的经皮给药促渗方法，并取得了良好的效果。将这些科研成果转化为实际产品的过程会漫长且艰辛，但是随着经皮给药技术的不断发展，相信会有更多的经皮给药产品成功问世。

表 7-1 国外已上市经皮给药系统产品[1-11]

药物	商品名	治疗用途	剂型	释药速率	开发公司
东莨菪碱	Transderm Scop	晕动症	贮库型贴剂	1mg/72h	Novartis
硝酸甘油	Nitro-Dur	心绞痛	贴剂	0.1、0.2、0.4、0.6、0.8mg/h	Merck Sharp & Dohme Corp
芬太尼	Duragesic	癌症疼痛	贮库型贴剂	12.5、25、50、75、100μg/h	Janssen
芬太尼	Ionsys	术后疼痛	药器结合	40μg/次	The Medicines Co.
雌二醇	Estraderm	骨质疏松症、更年期综合征	贮库型贴剂	0.05、0.1mg/24h	Novartis
雌二醇	Climara	骨质疏松症、更年期综合征	贴剂	0.015、0.025、0.0375、0.045、0.05、0.06、0.075、0.1mg/24h	Bayer HealthCare Pharmaceuticals
雌二醇	Alora	骨质疏松症、更年期综合征	骨架型贴剂	0.025、0.05、0.075、0.1mg/24h	Watson Labs
雌二醇	Esclim	骨质疏松症、更年期综合征	骨架型贴剂	0.025、0.0375、0.05、0.075、0.1mg/24h	Women First Healthcare Inc
雌二醇	Vivelle-Dot	骨质疏松症、更年期综合征	骨架型贴剂	0.025、0.0375、0.05、0.075、0.1mg/24h	Noven
雌二醇	Estrogel	骨质疏松症、更年期综合征	凝胶	0.75mg/24h	AbbVie
雌二醇	Evamist	绝经后综合征	定量喷雾	3.06、4.49mg/24h	Lumara Health
雌二醇	Elestrin	热潮红	凝胶	0.52、1.04mg/24h	ANI Pharmaceuticals
硝酸异山梨酯	Frandol Tape-S	心绞痛	贮库型贴剂	0.014 mg/h	ToaEiyo/Yamanouch
可乐定	Catapre-TTS	高血压	贮库型贴剂	0.1、0.2、0.3mg/24h	Boehringer Ingelheim
尼古丁	Nicoderm CQ	戒烟	骨架型贴剂	7、14、21mg/24h	GlaxoSmithKline

续表

药物	商品名	治疗用途	剂型	释药速率	开发公司
尼古丁	Habitrol	戒烟	骨架型贴剂	7、14、21mg/24h	Dr Reddy's Laboratories
睾酮	Androderm	性腺功能减退	贮库型贴剂	2、4mg/24h	ActavisPharma
睾酮	Axiron	性腺功能减退	溶液	30mg/24h	Eli Lilly and co
睾酮	Fortesta	性腺功能减退	凝胶	10~70mg/24h	Endo
雌二醇/炔诺酮	CombiPatch	更年期综合征	骨架型贴剂	雌二醇 0.05/2h 炔诺酮 0.14、0.25mg/24h	Noven
妥洛特罗	Hokunalin	哮喘，慢性阻塞性肺病	骨架型贴剂	0.5、1、2mg/24h	Abbott
利多卡因	Lidoderm	疱疹后神经痛	骨架型贴剂	—	Endo
利多卡因/丁卡因	Synera	麻醉	骨架型贴剂	—	Galen US Inc
利多卡因/丁卡因	Pliaglis	麻醉	乳膏	—	Galderma Laboratories
诺孕曲明/炔雌醇	Ortho Evra	避孕	骨架型贴剂	诺孕曲明 150μg/24h 炔雌醇 35μg/24h	Janssen Research & Development
雌二醇/左炔诺酮	Climara Pro	激素替代疗法	骨架型贴剂	雌二醇 0.045mg/24h 左炔诺酮 0.015mg/24h	Bayer HealthCare Pharmaceuticals
丁丙诺啡	Transtec	癌症疼痛	骨架型贴剂	35、52.5、70μg/h	Grünenthal GmbH
奥昔布宁	Oxytrol	膀胱过动症	骨架型贴剂	3.9mg/24h	Allergan
奥昔布宁	Gelnique 3%	膀胱过动症	凝胶	2.52mg/24h	Watson Pharma
哌甲酯	Daytrana	注意缺陷多动障碍	骨架型贴剂	10、15、20、30mg/9h	Noven
司来吉兰	Emsam	严重抑郁障碍	骨架型贴剂	6、9、24mg/24h	Mylan
罗替高汀	Neupro	帕金森病	骨架型贴剂	1、2、3、4、6、8mg/24h	UCB
卡巴拉汀	Exelon	阿尔茨海默病	骨架型贴剂	4.6、9.5、13.3mg/24h	Novartis
格拉司琼	Sancuso	化疗引起的呕吐	骨架型贴剂	3.1mg/24h	ProStrakan
辣椒碱	Qutenza	带状疱疹后神经痛	骨架型贴剂	—	NeurogesX

续表

药物	商品名	治疗用途	剂型	释药速率	开发公司
纤维蛋白	Evarrest	凝血异常	贴剂	—	Ethicon BioSurgery
比索洛尔	Bisono Tape	高血压	贴剂	4、8mg/24h	Toa Eiyo
舒马曲坦	Zecuity	偏头痛	药器结合	6.5mg/4h	Teva
胰岛素	Solo Micro Pump Insulin Delivery System	糖尿病	药器结合	15、30IU/d	Elron
胰岛素	V-Go Disposable Insulin Delivery Device	糖尿病	药器结合	20、30、40IU/d	Valeritas
前列地尔	Vitaros	男性勃起功能障碍	乳膏	—	Apricus
阿达帕林	Differin	寻常痤疮	洗剂	—	Galdema
卡帕三醇	Calcipotriene	银屑病	泡沫剂	—	Stiefel

尼古丁透皮贴剂(Nicoderm)

睾酮透皮贴剂(Androderm)

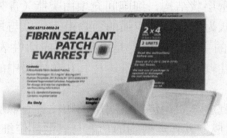

纤维蛋白透皮贴剂(Evarrest)

图7-1 代表性经皮给药系统产品

第二节　皮肤的解剖生理及影响药物经皮吸收的因素

一、皮肤的结构及药物经皮吸收途径

（一）皮肤的结构

皮肤作为人体的最外层组织，具有保护机体免受外界环境中各种有害因素侵入的屏障功能，也能阻止机体内体液和生理必需成分的损失，同时还具有汗液和皮脂的排泄作用。皮肤按组织学分为角质层（又称死亡表皮层）、活性表皮、真皮和皮下组织，此外还有汗腺、皮脂腺和毛囊等附属器（图 7-2）。

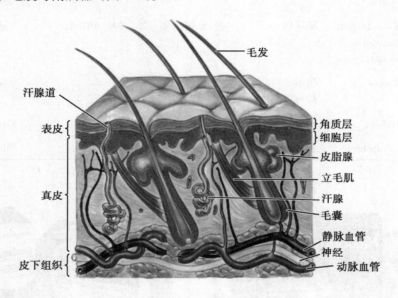

图 7-2　皮肤的结构

角质层是药物经皮吸收的主要屏障。人体皮肤角质层厚约 15~20μm，是由无生命活性的扁平角质细胞形成的致密层状结构，细胞间充填由类脂（含神经酰胺、胆固醇及脂肪酸）形成的液晶结构。一般认为，脂溶性较强的药物由于可以与角质层的脂质相溶，角质层的屏障作用较小，其透皮的主要限速因素是由角质层向活性表皮的转运过程。而分子量较大的药物、极性或水溶性较大的药物均难透过，在角质层中的扩散是它们的主要限速过程。

活性表皮位于角质层和真皮之间，包括透明层、颗粒层、棘层和基底层。活性表皮厚度为 50~100μm，由活细胞组成，其转运药物的功能与其他部位细胞基本相同。

真皮厚度约 2~3mm，主要由纤维蛋白形成的疏松结缔组织构成，毛囊、皮脂腺、汗腺等皮肤附属器分布于其中，并有丰富的血管、淋巴管和神经。一般认为，药物到达真皮后可以迅速吸收入血或淋巴液，但一些脂溶性很强的药物亦可能在该层组织的脂质中积累，难以分配至水性环境而形成药物贮库。

皮下组织是一种脂肪组织，其厚度因部位和性别的不同而有所差异。皮下组织一般不成为药物吸收的屏障，但可能作为脂溶性药物的贮库。

皮脂腺、汗腺和毛囊等皮肤附属器起始于真皮和皮下组织，延伸到皮肤表面，其仅占皮肤总面积的 1%。

（二）药物经皮吸收途径

药物透过皮肤吸收进入体循环的途径有两条[12]，一是透过角质层和表皮进入真皮被毛细血管吸收进入体循环，即表皮途径，这是药物经皮吸收的主要途径；另一途径是通过皮脂腺、汗腺和毛囊等皮肤附属器吸收。表皮途径又可分为跨细胞途径和细胞间途径，前者药物穿过角质层细胞达到活性表皮，后者药物通过角质层细胞间类脂双分子层到达活性表皮，由于角质层细胞渗透性低，且药物通过跨细胞途径需经多次亲水 / 亲脂环境的分配过程，所以药物分子主要通过细胞间途径进入活性表皮，继而被吸收进入体循环。

二、影响药物经皮吸收的因素

一般情况下，影响药物经皮吸收的因素主要有以下几点：皮肤的生理因素、药物的理化性质以及剂型因素等。

（一）皮肤的生理因素

1. **角质层厚度** 人体不同部位角质层的厚度不尽相同。一般来说，足底和手掌的角质层最厚，耳后和阴囊的角质层最薄，从厚到薄的大致顺序为：足底和手掌 > 腹部 > 前臂 > 前额 > 耳后和阴囊。另外，不同种族、不同性别、不同年龄的皮肤都会有不同程度的差异。例如，研究表明，65 岁以上老年人的皮肤对氢化可的松、苯甲酸、阿司匹林和咖啡因等亲水性药物的渗透性显著低于 18~40 岁的青年组。采用甲基烟碱为模型药物研究不同种族志愿者的体内渗透行为。实验结果表明，药物在四个种族志愿者的皮肤渗透量顺序为：黑人 < 亚洲人 < 白人 < 拉美人[13]。

2. **皮肤的水合作用** 皮肤水合是皮肤表皮吸收水分的现象。角质细胞在结构上类似于水凝胶，它能够吸收一定量的水分，使细胞自身发生膨胀，减低结构的致密程度；细胞间隙的亲水物质同样可发生水合而使其结构疏松，这些结果均使药物的渗透变得容易。

如果应用的经皮制剂对皮肤而言是封闭性系统，随着用药时间的延长，由于皮肤内水分和汗液的蒸发，角质层的水合程度升高，当角质层的含水量在一半以上时，会使皮肤组织软化、膨胀、皱纹消失，药物的渗透性可增加 5~10 倍。水合作用对不同理化性质药物的促渗效果也不同，通常对水溶性药物会有更强的促进吸收作用。

3. **皮肤的温度** 药物经皮吸收过程是一个能量依赖过程，因此温度能影响药物的透皮速率。在体温升高或外界环境温度升高时，真皮层中的毛细血管也会随之舒张，皮肤的血液流动速度加快，药物的吸收速度也加快。此外，温度升高也会引起皮肤出汗，继而引起角质层发生水合现象，从而增加药物的渗透性。如羟苯甲酯、羟苯丁酯、咖啡因的体外经皮扩散系数依赖于温度，其渗透量和滞留量均随温度升高而增加。

4. **药物与皮肤的结合作用及代谢作用** 药物与皮肤蛋白质或脂质等结合会延缓药物的渗透，也可能在皮肤内形成药物贮库。另外，药物可在皮肤内酶的作用下发生氧化、还原和水解等，也会影响药物的经皮吸收。但皮肤内酶的含量很低，所以酶代谢对多数药物的皮肤吸收不产生明显的首过效应。例如，为增强甲硝唑的渗透性，Johansen 等合成了甲硝唑的一系列酯衍生物，结果显示各衍生物的透过性约为母体药物的 1.5 倍，对酶解的敏感性与碳链长度成正比，综合透皮率和转化率两方面因素，丁酸酯为最佳前体药物[14]。

此外，如果皮肤有湿疹、溃疡或烧伤等病理情况，药物在破损皮肤上的渗透相对于正常皮肤会显著增加。某些特殊的皮肤疾病如硬皮病、老年角化病等，会使皮肤角质层致密，从而减少药物的渗透。

（二）药物的理化性质

并非所有药物都适合制成经皮给药制剂，药物的理化性质如分子量、溶解度、油 / 水分配系数、解离度和熔点等均会影响药物的透皮速率。

1. 药物的分子量　分子量在 100~800 之间且具有适当脂溶性和水溶性的药物较易透过皮肤。经皮给药理想的分子量为 400 或更小，因为药物的分子量越小，越容易透过角质层细胞间形成的多层脂质双分子层。

2. 药物的溶解度和油 / 水分配系数　影响药物经皮吸收的另一个重要因素是药物的油 / 水分配系数。皮肤的角质层是亲脂性组织，而活性表皮是亲水性组织。基于相似相溶的原理，药物的脂溶性大，则药物分子易通过角质层，而难以透过活性表皮层；药物的水溶性强，则药物分子容易透过活性表皮层，而难以透过角质层。因此，药物的油 / 水分配系数应适中（分配系数的对数值在 1~3 范围内较适宜），且在水相及油相中均有较大溶解度，有利于药物的透皮吸收。

3. 药物的解离度与极性　非解离型的药物通常更易透过皮肤，因为离子型药物具有较强的亲水性，在脂溶性细胞间难以扩散。非极性药物易通过富含类脂的区域（细胞内通道）跨越细胞屏障，而极性药物易通过细胞间转运（细胞间途径）。很多药物是有机弱酸或有机弱碱，根据 Handerson–Hasselbach 方程，药物非解离型和解离型的比例取决于药物的解离常数 pKa 和 TDDS 的 pH。皮肤可耐受 pH 5~9 的介质，故可根据药物的 pKa 来调节TDDS 介质的 pH，使其非解离型和解离型的比例发生改变，从而提高药物的渗透性。

4. 药物的熔点　药物的熔点对其皮肤渗透性存在影响，一般低熔点的药物比高熔点的药物在皮肤脂质中具有更大的溶解度，能够更好的经皮渗透，因此，经皮给药系统药物的熔点一般低于 200℃。在实际设计时，可通过将药物与辅料形成低共熔混合物的方式，达到降低熔点的目的，从而促进药物的皮肤渗透。研究显示，布洛芬熔点为 77℃，其饱和溶液的透过速率为 11.8μg/（$cm^2 \cdot h$），当与百里酚以 40∶60（m/m）形成熔点为 32℃的低共溶混合物时，其透过速率为 149.5μg/（$cm^2 \cdot h$），是原来的 12.7 倍[15]。将利多卡因与 L-薄荷醇以 30∶70（m/m）混合形成低共熔混合物，其熔点由 68℃降低到 26℃，经皮透过速率达到 187.8μg/（$cm^2 \cdot h$），显著高于单独的药物溶液［15.4μg/（$cm^2 \cdot h$）］[16]。

（三）剂型因素

剂型（包括透皮给药系统的结构、pH、基质、给药浓度和给药面积）能够影响药物的释放性能，进而影响药物的经皮吸收。一般而言，半固体制剂中药物释放较快，而骨架贴剂中药物释放较慢。给药系统的 pH 通过改变有机酸或有机碱药物的解离程度，来改变药物的经皮吸收。药物与基质的亲和力也对药物的透皮吸收有很大影响，若亲和力太弱，则无法达到希望的载药量；而亲和力太强，则药物难以从基质中释放并转移到皮肤中。另外，基质中药物浓度也会影响药物的吸收，在一定范围内，浓度越大则吸收量越大；但超过一定范围，药物吸收将不再增加。给药面积的大小虽然可以影响药物的吸收量，但应从吸收量和患者用药顺应性两个方面来设计给药面积。

为了增加药物的经皮渗透以达到治疗要求，通常会采取一定的化学、物理和药剂学方法来增加药物的经皮吸收。在传统的被动扩散型透皮制剂中，常采用加入经皮渗透促进剂[17, 18]（常用的渗透促进剂包括：月桂氮䓬酮、油酸、肉豆蔻酸异丙酯、N-甲基吡咯烷酮、低级醇类、薄荷醇、二甲基亚砜和表面活性剂）或形成离子对等化学方法来促进药物的吸收。虽然经皮渗透促进剂在一定程度上可以改善皮肤的通透性，但存在可能引起皮肤刺激、过敏等缺陷，且对大分子、高水溶性、离子型药物的经皮渗透仍难以奏效。近十五年来，物理促渗法如离子导入、电致孔、超声导入、喷射、微泵、微针、热能促进等方法引入经皮吸收领域[19]，使原来传统的药物被动扩散变为主动扩散，逐渐使大分子多肽类药物的经皮给药设想得到实现。借助微米或者纳米药物载体，如纳米乳、纳米粒、脂质体等药剂学方法亦可改善药物透过皮肤的能力[20, 21]。

第三节 经皮给药系统常用材料

经皮给药制剂的剂型不同，使用的材料也不同。经皮给药系统中应用最多的是贴剂，贴剂系指将药物与适宜的高分子材料制成的一种薄片状贴膏剂。除一般药用辅料外，贴剂制备还需要胶黏剂、膜材料（背衬材料、防黏材料、控释材料等）。下面对制备贴剂的材料进行介绍。

一、胶 黏 剂

透皮贴剂中使用的胶黏剂具有多重作用：使贴剂与皮肤紧密贴合；作为药物贮库或载体材料；调节药物的释放速度等。常用材料为压敏胶（pressure sensitive adhesive），其在轻微压力下就可粘贴，剥离时无残留，主要成分为聚异丁烯类压敏胶、丙烯酸树脂压敏胶、有机硅橡胶等[22, 23]。

1. 聚异丁烯类压敏胶 聚异丁烯是一类自身具有黏性的合成橡胶，由异丁烯在三氯化铝催化下聚合而得的均聚物。聚异丁烯的碳氢主链相对较长，只有端基含不饱和键，反应部位相对较少，故非常稳定，适合于医药应用。聚异丁烯系线型无定形聚合物，易溶于碳氢溶剂，其非极性的特性使之对极性基材的黏性变弱，可以加入树脂或其他增黏剂予以克服。聚异丁烯的黏性取决于分子的卷曲程度和交联度，还与其分子量有关。低分子量聚异丁烯是一种黏性半流体，主要在压敏胶中起增黏作用，改善黏胶层的柔软性和韧性，改进基材的润湿性；高分子量聚异丁烯主要增加剥离强度和内聚强度。

聚异丁烯压敏胶多由生产厂家自行配制，可采用不同配比的高、低分子量聚异丁烯为原料，添加适当的增黏剂（松香类、萜烯类、天然树脂等）、增塑剂（石油系增塑剂、蓖麻油、醋酸三乙酯、邻苯二甲酸酯等）、软化剂（液状石蜡、羊毛脂、环烷油等）和稳定剂[抗氧化剂 1010、N，N-二（β-萘基）对苯二胺（DNP）等]等制得。主要生产厂商为德国 BASF 公司，代表性产品型号为低分子量的 Glissopal 1000、1300、2300，中分子量的 Oppanol B10N、B12N、B15N，高分子量的 Oppanol B30、50、80、100、150、200。

2. 丙烯酸类压敏胶 丙烯酸类压敏胶由丙烯酸、丙烯酸酯和其他丙烯酸衍生物共聚而成，聚合反应为乳液聚合或溶液聚合，溶液聚合是合成水分散型压敏胶的常用方法。通过改变共聚单体和侧链基团可获得具有黏性的丙烯酸类压敏胶。常用的单体有丙烯酸、丙烯酸 -2- 乙基己酯、丙烯酸 -2- 羟乙基酯等。丙烯酸类压敏胶含有饱和碳氢主链和酯基侧链，具有较强的抗氧化能力和生物相容性，一般不需要添加增黏剂、抗氧化剂等其他物质，减少了刺激性的诱发因素且不影响其黏性。丙烯酸类分子中酯基侧链的碳原子数增加，可以提高聚合物的无序程度，减少结晶度和降低玻璃化温度，增加黏性，改善压敏胶的柔软性和抗剪强度。少量丙烯酸的存在可增加聚合物的极性和水渗透性。所以，该类压敏胶更适合极性基材。主要生产厂商为德国 Henkel 公司，代表性产品型号为 DURO-TAK 87-2287、DURO-TAK 87-2510、DURO-TAK 87-2852 和 DURO-TAK 87-4098。

3. 有机硅橡胶压敏胶　有机硅橡胶压敏胶由低分子量硅树脂与线型聚二甲基硅氧烷流体缩聚而成，缩合过程中形成稳定的硅氧烷键。它既是黏性调节成分，又是形成压敏胶网状骨架的重要组分。两者的比例对胶黏性有很大影响，增加聚二甲基硅氧烷含量可以得到比较柔软和更富黏性的压敏胶；较高的树脂用量使所制得的压敏胶黏性较低但较易干燥。树脂的用量一般在 50%~70%（m/m）。

硅橡胶压敏胶的玻璃化温度很低（-127℃），具有很大的柔顺性，使得聚合物的表面能很小，对基材的润湿能力很强，适合各种基材表面的涂布。由于分子链的柔性使之网状骨架中的自由体积较大，水分及空气容易渗透，减少对皮肤的封闭。主要生产厂商为美国 Dow Corning 公司，代表性产品型号为 BIO-PSA 7-4202 和 BIO-PSA 7-4302。

二、常用的膜材料

膜材料在透皮贴剂中主要用作背衬层、防黏层，以及材料控释型贴剂中特有的控释层。

1. 背衬材料　背衬材料附着于压敏胶并应用于皮肤，需要具有一定的伸张率、柔软度以及适宜的厚度等。背衬材料主要分为透性、半透性及不透性，对其评估和选择主要依据压敏胶性质、黏附时间长短以及治疗需要。通常，不透性的背衬材料封闭皮肤，造成角质层水化，利于药物的渗透，但容易滋生细菌，长期使用舒适度下降。若此类材料的氧气透过率较高，则可以增加皮肤呼吸，改善与皮肤的生物相容性。因此，背衬材料的厚度、水分和氧气透过率、伸张率、耐侵蚀性等性质都是筛选的考虑因素。背衬材料主要生产厂商为 3M 公司，其中 3M Scotchpaktm™ Backings 系列在目前上市的透皮产品中应用最多，型号包括 1109、9680、9723、9730、9732、9733、9735、9736、9738 等，材质主要有 PE-Al、PET-EVA、PET-PE、PET-Al-PE、PET-PE-UV blocking Agent 等。

2. 防黏材料　透皮贴剂需要使用防黏材料，以保证在贴剂使用之前与外界环境隔离，且在使用时应易与压敏胶层剥离。防黏材料的厚度一般为 50~125μm，应为惰性的不透性的或者遮光的镀金属的聚酯（PET）薄膜。其上涂有一层防止压敏胶粘贴的聚合物，如硅酮化、氟硅酮或全氟碳聚合物。在生产中，可以先将压敏胶涂布于防黏层上，烘干后再转移到背衬层上。防黏材料主要生产厂商为 3M 公司，其中 3M Scotchpak™ Release Liners 系列在目前上市的透皮产品中应用最多，型号包括 1022、9741、9742、9744、9748、9755 等。

3. 控释材料　控释膜可控制药物从处方中释放的速率，进而影响药物的透皮吸收速率。常用材料为乙烯 - 醋酸乙烯共聚物（ethylene vinyl acetate，EVA）、聚氯乙烯、醋酸纤维素、硅橡胶等，其中 EVA 以无毒、无刺激性、生物相容性好等优点得到广泛使用。3M

公司生产的 3M CoTran™ Membranes 系列提供了不同 EVA 含量（9%、4.5%、18.5%）及厚度（50.8、76.2、101.6μm）的 EVA 控释膜，型号包括 9702、9705、9706、9707、9712、9715、9716、9728 等。

第四节　经皮给药贴剂的设计

一、设计要求

一般而言，对经皮给药贴剂的设计要求如下[22, 24-26]：①药物以最佳速度释放到皮肤，经皮吸收后达到治疗血药浓度；②所含药物理化学性质合适，能从系统中释放并分配进入角质层；③能覆盖于皮肤上，保证药物单向进入角质层；④较其他剂型和给药系统有治疗优势；⑤对皮肤无刺激性、无致敏性；⑥能较好粘贴在皮肤上，大小、外观及用药部位应使患者易于接受。而在设计之初，需要考虑的重要因素如下。

1. **给药剂量**　吸收总剂量即能够被利用于全身作用的总量，这个指标对于临床应用比较重要，其往往也是需要发挥药效的有效剂量。鉴于透皮制剂中药物从基质中扩散进入皮肤角质层，需要一定的浓度梯度，因此 TDDS 通常设计为含过量的药物，即制剂剂量远大于吸收剂量。同时，为了适应不同要求，一般应设计成不同面积的透皮制剂，以实现不同的给药剂量。

2. **表面积**　贴剂尺寸增大，透皮吸收的量即增大。所以，上市产品一般都具有几种不同的规格。经验显示，贴剂的总表面积不宜超过 40cm²。在实际使用过程中，有患者需要某些剂量的贴剂时，会选择对市售贴剂进行裁剪。但是，对于部分贴剂并不适合进行裁剪（特别是贮库型贴剂），因会破坏完整剂型的设计以及给药剂量的准确性。一般而言，只有固定剂量的贴剂才能保证给药剂量的准确，从而发挥较稳定的药效[27]。

3. **用药时间**　贴剂使用时间越长，吸收越完全。欲达到预期用药时间，需要通过装置的设计来支持，主要是黏附层的黏性。但用药时间也不宜过长，长时间应用，汗液积累、细菌繁殖，使患者舒适度下降。所以一般使用时间在 1~7 天左右。

4. **给药部位**　一般而言，贴剂的渗透性与给药部位关系很大，会对透皮吸收速率以及皮肤刺激性产生一定的影响。在透过吸收情况相差不大时，首选胸腹部皮肤，因其面积较大，可以更换位置。

二、透皮贴剂主要的结构形式

目前，上市的透皮给药贴剂产品主要结构形式分为两种，即骨架型和贮库型。

（一）骨架型经皮给药系统

骨架型（或称黏胶分散型）贴剂（图 7-3）在背衬层和防黏层中间为含药骨架层，其由分散有药物的聚合物组成，聚合物骨架控制经皮吸收药物的释放速率。常用的聚合物骨架材料包括天然的和合成的，如聚乙烯醇、聚乙烯吡咯烷酮、聚丙烯酸酯和聚丙烯酰胺等。通过药物的亲脂性、亲水性以及释药模式选择不同的骨架材料或其混合物。

根据骨架中药量是否超过药物在角质层中的平衡溶解度以及稳态浓度梯度，可将骨架分为两类[25]：①骨架中药物未过量，此类只有当贴剂中药量超过角质层中的溶解限量时，才能维持角质层中药物的饱和状态，当药物浓度降低到皮肤的饱和溶解度以下时，药物从贴剂向皮肤转运的速度开始下降；②骨架中药物过量，药物贮库保证了角质层中药物的持续饱和状态，这就使药物释放速度下降的程度比无药物贮库的一类要小。Nitro-Dur（硝酸甘油TDDS）属骨架型贴剂，其骨架系由聚乙烯醇、聚乙烯吡咯烷酮和乳糖等形成的亲水性凝胶构成。Climara（雌二醇）、Nicotrol（尼古丁）、Testoderm（睾酮）等产品同样属于骨架型贴剂。

骨架型 TDDS 的释药速度符合 Higuchi 公式（式 7-1）：

$$\frac{\mathrm{d}Q}{\mathrm{d}t} = \left(\frac{AC_{\mathrm{p}}D_{\mathrm{p}}}{2t}\right)^{1/2}$$　　　　式 7-1

或写成式 7-2：

$$Q = \left[\left(2A - C_{\mathrm{p}}\right)D_{\mathrm{p}}t\right]^{1/2}$$　　　　式 7-2

式中，A 为药量，C_{p} 为药物在骨架中的溶解度，D_{p} 为药物的扩散系数。

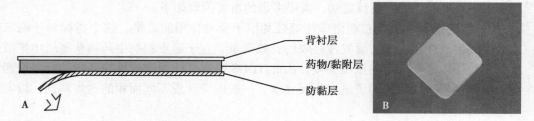

图 7-3　骨架型贴剂
A. 骨架型贴剂结构示意图；B. 骨架型贴剂实物照片

（二）贮库型经皮给药系统

贮库型贴剂（图 7-4）设计为含药物贮库、控释膜、背衬层、黏附层和保护层的结构。Transderm-Nitro（硝酸甘油 TDDS）和 Transderm Scop（东莨菪碱 TDDS）就是属于这种类型。在这种结构中，贮库中药物可以是凝胶或者溶液，药物从其中的释放由贮库型结构的控释膜来控制。贮库型经皮给药系统的优点在于：只要贮库中药物溶液保持饱和，药物通过控释膜的释放速率就保持恒定。在贮库型系统中，常在黏附层中加入少量的药物，以达到药物的快速吸收和迅速起效。

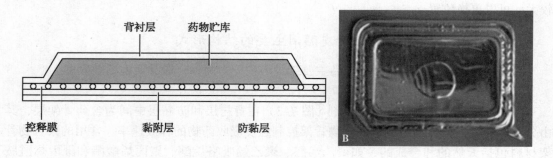

图 7-4　贮库型贴剂
A. 贮库型贴剂结构示意图；B. 贮库型贴剂实物照片

贮库型 TDDS 的释药速度与控释膜的结构和厚度、膜孔大小、贮库组成、药物在其中的渗透系数以及黏附层的组成及厚度有关。这类系统的释药速率可用式 7-3 表示：

$$\frac{dQ}{dt} = \frac{AC_r}{\frac{1}{\rho_m}+\frac{1}{\rho_a}}$$ 式 7-3

式中，A 为释药面积，C_r 为贮库中药物浓度，ρ_m（式 7-4）和 ρ_a（式 7-5）分别是药物在黏附层和控释膜中的渗透系数。

$$\rho_m = \frac{K_{m/r}D_m}{h_m}$$ 式 7-4

$$\rho_a = \frac{K_{a/m}D_a}{h_a}$$ 式 7-5

式中，$K_{m/r}$ 和 $K_{a/m}$ 分别是药库/膜和膜/黏附层界面的分配系数；D_m、D_a 分别是膜及黏附层内药物的扩散系数；h_m、h_a 分别是膜厚度和黏附层厚度。若黏附层中药物的渗透系数 $\rho_a \gg \rho_m$，式 7-3 可简化为式 7-6：

$$\frac{dQ}{dt} = \frac{AC_r}{1/\rho_m}$$ 式 7-6

第五节　经皮给药系统的制备工艺

相比其他类型的给药系统，透皮贴剂的制备和生产是长期困扰药剂工作者的问题。因为从实验室规模，到中试，再到工业化生产，均难以找到定型的标准设备。但实验室规模的制备对于可靠的处方筛选，中试规模的制备对于工艺的合理优化，工业化规模的生产对于质量重现的产品生产，均十分重要。另一方面，根据透皮贴剂的类型不同，处方与工艺也有很大差异。

一、实验室规模的制备

实验室规模贴剂样品的制备主要用于处方筛选。影响药物透皮转运的因素很多，如制剂中的辅料种类、药物浓度、涂布厚度等均有影响。因此对一类因素进行筛选时，要保证其他因素不变，否则难以得到有价值的结果。这就要求实验室小试设备调节灵活、重现性好。对于涂布设备，则要求每次涂布的厚度均符合指定的要求，实验室流涎涂布装置最为常用（图 7-5）。操作时，将涂布装置置于防黏材料上，配好的药液（脱气泡后）加入到涂布装置的槽框里，匀速拉动涂布装置，即可实施涂布。对于贮库式贴剂的灌装设备，则要求灌装的精度符合要求，热封的面积也要符合规定，贮库式透皮贴剂热封机最为常用（图 7-6）。实验室的涂布设备不要求连续涂布，可在涂布一定面积后再烘干，分切也可手工或半自动进行。

二、工业规模的制备

随着经皮制剂的不断发展，贴剂的生产设备也不断更新发展。HarroHöfliger 公司的贴片生产系统（见图 7-7 及文末彩图）采用模块化生产线概念，可以根据不同产品调整、扩展相应的模块以适应新产品的生产需求，可用于胶体贮库型贴剂、聚合物骨架型贴剂、创可贴、电离子导入型贴剂等多种产品的生产。贮库型系统的制备过程包括单位给药系统的预制、药物贮库填充以及密封或层合，即制膜、装药和密封等一系列过程，生产工艺较为复杂（图7-8）。相比之下，骨架型贴剂系将药物、压敏胶和背衬层结合而成，设计较简单，不涉及控释膜，通常由皮肤的通透性控制药物的传递速率，这种贴剂较易生产，其工艺包括基质配制、送卷、涂布、干燥（适用于溶剂型）、复合、切割及收卷和包装工艺（图7-8）[28, 29]。下文重点介绍骨架型贴剂的制备工艺。

图7-5　典型的实验室流涎涂布装置

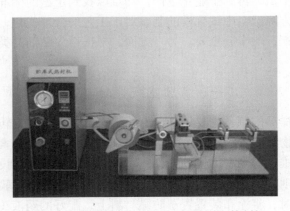

图7-6　典型的实验室贮库式透皮贴剂热封机

1. 基质的配制　骨架型透皮贴剂的基质配制，一般是将药物溶解于适宜溶剂中，再与压敏胶等辅料混匀，形成均一稳定的含药胶液；贮库型透皮贴剂则需要配制凝胶、乳膏、软膏等半固体基质的含药贮库。随着制剂工业技术的革新，基质的制备技术也随之发展。IKA的标准生产设备（图7-9）适用于基质制备的所有标准过程操作，如混合、搅拌、均质和分散等。针对不同的物料与工艺可选择不同的配置，从而实现高效剪切分散、搅拌和混合。

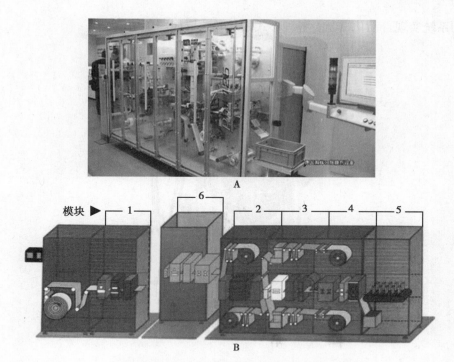

图 7-7　HarroHöfliger 公司的贴片生产系统
A. 贴片生产设备；B. 多功能模块示意图；
1、2、5. 贴剂生产模块单元；3. 在线包装模块单元；4. 在线包装模块单元；6. 扩展模块单元

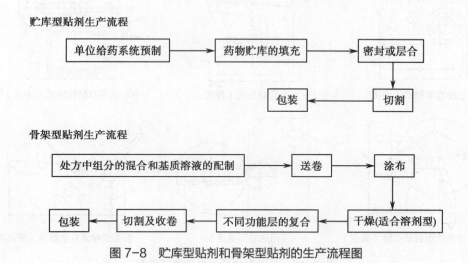

图 7-8　贮库型贴剂和骨架型贴剂的生产流程图

2. 送卷工艺　按基材（背衬材料、防黏材料）不同，送卷有中心轴送卷和表面轴送卷两种方式。前者适用于强度较大、张力较大的基材，如双向拉伸聚丙烯膜、聚酯膜、聚酰亚胺膜、含金属复合膜、纸类、布类等；后者适用于张力较小的基材，如软聚氯乙烯压延薄膜、聚乙烯吹塑薄膜、流涎成型薄膜等。设计送卷设备时，要考虑恒定张力地送出基材，一般采用磁粉制动器通过张力检测器和传感器实现自动化控制，或用气动制动器通过

张力控制系统实现自动化控制。各种形式的送卷装置如图 7-10 所示。

图 7-9　IKA 的标准生产设备（基质配制）

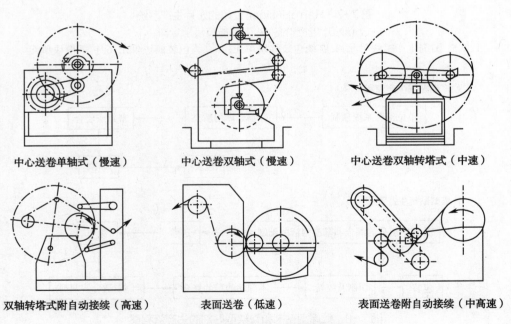

中心送卷单轴式（慢速）　　中心送卷双轴式（慢速）　　中心送卷双轴转塔式（中速）

双轴转塔式附自动接续（高速）　　表面送卷（低速）　　表面送卷附自动接续（中高速）

图 7-10　各种形式的送卷装置示意图

3. 涂布工艺　涂布工艺有多种，应根据不同的需要选择不同的涂布技术。Coatema 公司生产的涂布设备适用于刮刀涂布、滚轮涂布、狭缝涂布等技术。透皮贴剂生产中应用较多的是刮刀涂布和滚轮涂布。

刮刀涂布装置是由各种形状的刮刀和背衬托板构成，通常会配备几把刮刀以便转换使用，此外还配有刮边器，特别适用于黏度较小的基质液。涂布的厚度由刀与背衬托板的距离、刮刀的种类和型号、基质液的性质和涂层走动的速度等因素决定。

滚轮涂布是在可转动的圆柱形辊筒上蘸上基质液，当辊子转动时将基质液转涂在基材表面的一种涂布工艺。该装置由一组数量不等的辊子所组成，托辊一般采用钢材制成，涂布辊则为合成橡胶制成，相邻辊子的旋转方向相反。通过调整两个辊子的间隙可控制涂层的厚度（图7-11）。在多层涂布时，先涂布接触皮肤的一层，随后依次涂布各层。滚轮涂布的不足在于：①涂布的重量难以控制，不易涂布出很薄的涂层；②基质液在滚轮间循环运动，易产生气泡、物料老化和污染等问题。

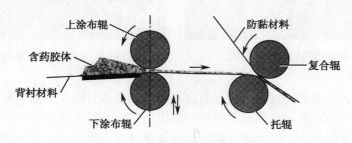

图7-11　滚轮涂布装置示意图

4. 干燥工艺　涂布完毕后需要除去基质液中的有机溶剂，所采用的干燥过程是让已涂布基质液的基材通过一定长度的干燥隧道。常用的干燥技术有空气冲击干燥和热风气浮干燥。空气冲击干燥是将高温高压的空气直接冲击到基质上，带走有机溶剂，可改善传热和传质的效果，提高干燥效率。热风气浮干燥是指已涂布基质液的基材依靠气流托垫，在悬浮行进中干燥，主要有3个特点：①悬浮通过时基材的上下表面不会与干燥器接触。②传递热量使有机溶剂挥发。③传递介质（空气）将有机溶剂从涂层表面带走。此法热传导效率高，干燥效果均匀，可防止气泡产生。

5. 复合工艺　单层的压敏胶中含药系统的复合工艺较简单，即将基材与防黏层粘贴到一起，这步工艺要控制好压力。对于转移涂布，是将背衬层经两个滚轮反向挤压复合到压敏胶药物贮库层，使压敏胶层从防黏层转移到背衬层即可。对于多层系统，涂布从接触皮肤的表层开始，在表层上继续层压到所需层数。

药物制剂国家工程研究中心自主研制的骨架型透皮贴剂涂布机（图7-12）包括了涂布、干燥、复合三个部分[30]，设备单元由基带送放机构、加料机构、厚度调节机构、干燥机构、防黏层膜复合机构、收卷机构和机架组成，涂布过程由电脑控制，连续稳定、质量可控，且耗能低。可组成产业化联动线，实现规模化生产。

BA 16106系列贴剂涂布系统是Werner Mathis公司研制的狭缝式涂布设备（图7-13），其生产步骤是将含有药物、辅料、胶黏剂的中间体输送至防黏材料上，将其传输至4段式的干燥设备中除去溶剂，最终与背衬材料进行复合并自动收卷。其滚轮宽度450mm，最大工作宽度400mm，卷材速度0.1~10m/min，干燥温度范围60~140℃。

6. 切割及收卷工艺　切割工艺分为两种：①在涂布机尾部的卷取工段加2个滚刀，即上刀和下刀，可直接切成合适尺寸的贴剂；②生产出大卷贴剂后，在另备的专用切割机上切割。

图 7-12　骨架型透皮贴剂涂布机

图 7-13　BA 16106 系列贴剂涂布系统

收卷工艺分为直接和间接卷绕法。直接卷绕法所用基材的正反两个表面需具有不同剥离力的防黏性，以防止基材反面黏上胶黏性物质。间接卷绕法是在干燥的基材上覆盖一层防护性箔片，再进行卷绕，成本高，但防黏效果更可靠。这一步工艺要注意切割的速度和模具的状况。工艺完成后要检查外观、贴剂的大小、防黏层的剥离力等。

7. 包装工艺　包装通常是由填装操作机完成。单个小片密封在内包装袋中，最后用中盒包装。操作中要控制加封的时间、温度和压力、包装速度。工艺完成后要检查包装袋的完整性、密封性及耐内压的强度。

随着工业装备的发展，生产自动化程度提升，现代化的商业制造可以将贴剂生产的分切、包装单元工序联合，从而实现智能一体化。药物制剂国家工程研究中心自主研制的全自动分切包装设备（图 7-14）由分切、扩位转移、包装、质量检测 4 部分组成[31]。采用触摸屏作为人机界面，用于数显、控制和在线监测；全程以可编程逻辑控制器（PLC）控制，确保分切工位和包装工位同步走位；相机图像监测，自动报警暂停、剔除等功能增加了生产效率；其独特的扩位及转移装置，可提高膜材的利用率。

图 7-14　透皮贴剂分切包装设备

例 7-1 罗替戈汀透皮贴剂的制备

【处方】

罗替戈汀	4.5mg	主药
丙烯酸压敏胶	27.5mg	胶黏剂
硅酮压敏胶	10.5mg	胶黏剂
肉豆蔻酸异丙酯	2.5mg	促渗剂
聚乙烯吡咯烷酮	0.5mg	抑晶剂
抗坏血酸棕榈酸酯	0.025mg	抗氧剂
合计	45.525mg/ 贴	

【制法】称取罗替戈汀溶于 8 倍量乙醇中，再加聚乙烯吡咯烷酮、抗坏血酸棕榈酸酯入和肉豆蔻酸异丙酯，溶解并混合均匀，最后加入丙烯酸压敏胶和硅酮压敏胶，搅拌均匀，得到中间体胶液。将配制好的胶液涂布于聚酯防黏膜上，在 80℃条件下干燥 30 分钟，除去溶剂，将干燥的基质膜与背衬膜压合。从压合品中冲压出 $10cm^2$ 的独立贴片，然后密封于铝箔袋中。

【制剂注解】罗替戈汀属于非麦角类选择性多巴胺受体激动药，用于治疗早期原发性帕金森病和晚期帕金森病的辅助治疗。由于罗替戈汀首过效应严重且代谢速率极快，因此不适合制成口服制剂或普通注射剂，而贴剂是该化合物的第一个上市剂型。本制剂采用三层的骨架型结构，包括背衬层、含药胶黏层和可揭除的防黏保护层。处方中丙烯酸压敏胶和硅酮压敏胶作为药物载体和胶黏剂，两种压敏胶配合使用可以改善体系的载药能力和黏附性能；肉豆蔻酸异丙酯作为促渗剂可增强药物渗透吸收；贴剂在储存过程中可能发生药物析出结晶的现象，聚乙烯吡咯烷酮作为抑晶剂添加到处方中可以起到更好地分散药物、稳定体系的作用；抗坏血酸棕榈酸酯作为抗氧剂可以减缓药物的降解过程，保证制剂的化学稳定性。基于骨架型贴剂的特点，该制备工艺也较为简单，主要包括基质配制、送卷、涂布、干燥、复合、切割及收卷和包装。本处方设计的罗替戈汀透皮贴剂载药量为 $4.5mg/10cm^2$，每天使用 1 贴，24 小时目标吸收量为 2mg。

第六节 经皮给药系统的评价

经皮给药系统的评价可分为体外和体内评价两部分。体外评价通常包括含量及含量均匀度测定、体外释放度检查、黏附性能检查、有关物质及有机溶残检查等制剂质量控制评价。体内评价主要指生物利用度测定和体内外相关性研究。此外，在进行处方设计和研究时，通常以体外透皮为主要评价指标，通过体外透皮研究，可获得药物的经皮传递信息，从而对其体内吸收进行预估。

一、制剂质量控制

透皮贴剂为缓释制剂，药物体外释放、黏附性能、有关物质、溶剂残留、含量、含量均匀度等为主要质量控制项目。对于加入了促渗剂（如氮酮）的透皮产品，一般还要求控制促渗剂含量。

1. 体外释放 释放度系指药物从缓释制剂、控释制剂等在规定的溶剂中释放的速度和程度。体外释放速率实验应能反映出受试制剂释药速率的变化特征，且能满足统计学处理的需要，释药全过程的时间不应低于给药的间隔时间，且累积释放百分率要求达到90%以上。除另有规定外，通常将释药全过程的数据作累积释放百分率 – 时间的释药曲线图，制定出合理的释放度检查方法和限度。考虑到不同制剂的临床需求不一样，不同制剂的释放度需对取样时间及释放条件进行选择，以此来考察不同制剂的释放曲线和释放度。通常对于贴剂，主要检测制剂的释药曲线，并检测释放度均一性，科学的分析释药模式。有别于体外透皮实验，体外释放作为评价贴剂质量的内在指标，是贴剂质量控制的重要手段，但其无法预测药物的体内透皮吸收情况。

透皮贴剂的体外释放方法参照《中国药典》2015年版四部附录0931溶出度与释放度测定法中的第四法（桨碟法）和第五法（转筒法）进行。

桨碟法：分别量取溶出介质置各溶出杯内，实际量取的体积与规定体积的偏差应在 ±1% 范围之内，待溶出介质预温至 32℃ ±0.5℃；将透皮贴剂固定于两层碟片之间或网碟上，溶出面朝上，尽可能使其平整。再将网碟水平放置于溶出杯下部，并使网碟与旋转面平行，两者相距 25mm ± 2mm，按规定的转速启动装置。在规定取样时间点，吸取溶出液适量，及时补充相同体积、温度为 32℃ ±0.5℃的溶出介质。

转筒法：分别量取溶出介质置各溶出杯内，实际量取的体积与规定体积的偏差应在 ±1% 范围之内，待溶出介质预温至 32℃ ±0.5℃；除另有规定外，按下述进行准备，除去贴剂的保护套，将有黏性的一面置于一片铜纺上，铜纺的边比贴剂的边至少大 1cm，将贴剂的铜纺覆盖面朝下放置于干净的表面，涂布适宜的胶黏剂于多余的铜纺边。如需要，将胶黏剂涂布于贴剂背面。干燥 1 分钟，仔细将贴剂涂胶黏剂的面安装于转筒外部，使贴剂的长轴通过转筒的圆心。挤压铜纺面除去引入的气泡。将转筒安装在仪器中，实验过程中保持转筒底部距溶出杯内底部 25mm ± 2mm，立即按规定的转速启动。在规定取样时间点，吸取溶出液适量，及时补充相同体积、温度为 32℃ ±0.5℃的溶出介质。

2. 黏附力测定

（1）《中国药典》收载的黏附力测定法：黏附力测定参照《中国药典》2015年版四部附录0952黏附力测定法进行。本方法系用于测定贴膏剂、贴剂贴于皮肤后与肤面黏附力的大小，分别采用初黏力、持黏力、剥离强度及黏着力四个指标进行测定。

初黏力：系指贴膏剂、贴剂黏性表面与肤面在微压力接触时对皮肤的黏附力，即微压力接触情况下产生的剥离抵抗力。采用滚球斜坡停止法测定贴膏剂、贴剂的初黏力。方法：将适宜大小的系列钢球分别滚过置于倾斜板上的供试品黏性面，根据供试品黏性面能够粘住的最大球号钢球，评价其黏性的大小（图 7-15）。

持黏力：可反映贴膏剂、贴剂的膏体抵抗持久性外力所引起变形或断裂的能力。方法：将供试品黏性面粘贴于实验板表面，垂直放置，沿供试品的长度方向悬挂一规定质量的砝码，记录供试品滑移直至脱落的时间或在一定时间内位移的距离（图 7-16）。

剥离强度：表示贴膏剂、贴剂的膏体与皮肤的剥离抵抗力。方法：将供试品背衬用双面胶固定在实验板上，供试品黏性面与洁净的聚酯薄膜黏结，然后用 2000g 重压辊在供试品上来回滚压三次，以确保黏结处无气泡存在。供试品黏结后，应在室温下放置 20~40 分钟后进行实验。将聚酯薄膜自由对折（180°），把薄膜自由端和实验板分别上、下夹持于实验机上。应使剥离面与实验机线保持一致。实验机以 300mm/min ± 10mm/min 下降速度连续剥离，并由自动记录仪绘出剥离曲线（图 7-17）。

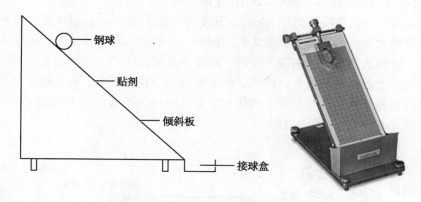

图 7-15 滚球斜坡法测定初黏力的装置

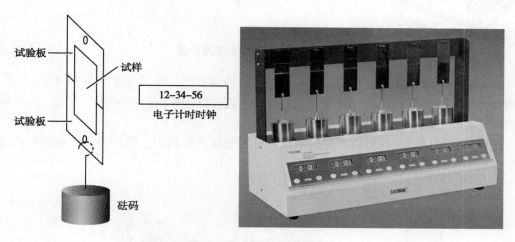

图 7-16 持黏力测定装置

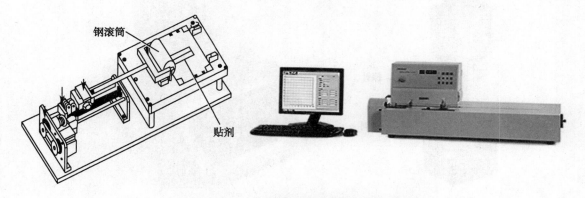

图 7-17 180° 剥离强度实验测定法的装置

黏着力：表示贴膏剂、贴剂的黏性表面与皮肤附着后对皮肤产生的黏附力。本法适用于尺寸不小于 35mm×60mm 的贴膏剂、贴剂。方法：取供试品，一般裁剪成 50mm×70mm 大小（长度应不低于 60mm，宽度应不低于 35mm）；供试品若有弹力，则有弹力一边或弹性大的一边应与上样模块长边同向，黏性面向上，置于上样模块上，对准合适的刻度线，将两边的盖衬分别撕开少许，用压条分别压住两边露出的黏性面，小心去除盖衬，居中自然放置在夹具板上，使供试品平整地贴合在底板上。将压板水平压下，用两侧螺栓固定底板和压板，使矩形条上的供试品黏性面均匀绷紧，放于仪器上，固定后选择合适的测定模式进行测定（图 7-18）。

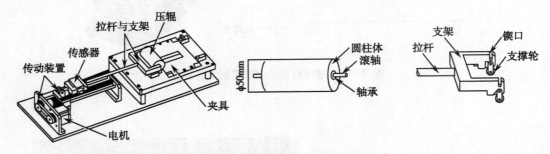

图 7-18　黏着力实验测定装置

（2）其他国家、地区公布的透皮贴剂黏附性检测方法：除了上述黏附力测定方法，美国药典论坛、欧洲药品质量管理局等相继公布了透皮贴剂黏附性的新检测方法，如初黏力采用探针实验或滚球平面停止法测定。

探针法：测试时用探针以固定的实验条件轻触贴剂胶黏面，以传感器定量测量其分离时所需的力（图 7-19）。

图 7-19　探针式初黏力测定装置

滚球平面停止法：与滚球斜面停止法较为相似，测试时，将直径为 7/16 英寸的钢球从高度为 6.51cm、与水平线角度呈 21°30′ 的倾斜板顶端滚下，经胶黏面的黏性阻滞而停止（图 7-20）。

剥离强度：测定还包括 90° 剥离强度实验法，国外已有可兼具测定 180° 和 90° 剥离功能的仪器（图 7-21）。

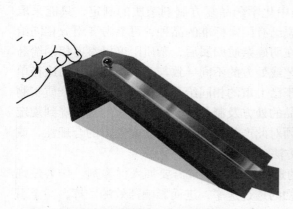

图 7-20　滚球平面停止法测定初黏力示意图　　　　图 7-21　90°、180° 可调式剥离强度测定装置

3. 含量、含量均匀度　含量测定法用于测定制剂中主药的含量，一般选用专属性强、准确度好、并且灵敏度高的分析方法来定量，贴剂的含量限度一般要求为标示量的 90.0%~110.0%。贴剂的含量测定可采用光谱法和色谱法。如果制剂的成分复杂，有关物质和辅料对于主药的测定干扰较大，难分离，一般采用气相色谱法或者高效液相色谱法进行含量分析。在质量控制中，需要对制剂含量测定的分析方法进行方法学验证，其中包括专属性、回收率、精密度、线性等。

含量均匀度测定用于检查透皮贴剂含量符合标示量的程度。单剂量包装的透皮贴剂应检查含量均匀度。除另有规定外，取供试品 10 个，照规定的方法，分别测定每一个单剂以标示量为 100 的相对含量 x_i，求其均值 $\overline{X}$ 和标准差 S，以及标示量与均值之差的绝对值 A（$A=|100-\overline{X}|$）。

若 $A+2.2S \leqslant L$，则供试品的含量均匀度符合规定；若 $A+S>L$，则不符合规定；若 $A+2.2S>L$，且 $A+S \leqslant L$，则应另取供试品 20 个复试。上述公式中 L 为规定值，透皮贴剂的 $L=25$。

4. 溶剂残留　药品中的残留溶剂系指在原料药或辅料的生产中，以及在制剂制备过程中使用，但在工艺过程中未能完全去除的有机溶剂。一般而言，透皮贴剂处方中使用的压敏胶会含有一种或多种有机溶剂，并且在贴剂的制备过程中也会根据需要加入不同的有机溶剂。尽管绝大部分有机溶剂可通过干燥的工艺挥发除去，但贴剂中仍然可能残留少量的有机溶剂。部分残留溶剂与皮肤刺激性密切相关，使得皮肤发生过敏反应，而且对贴剂稳定性产生影响。为了有效控制贴剂的质量，并且保证贴剂的用药安全，需对贴剂在制备过程中所用到的有机溶剂，尤其是涉及皮肤刺激和毒性的溶剂进行测定，并严格控制其限度。除另有规定外，第一、第二、第三类溶剂的残留限度应符合规定；对其他溶剂，应根据生产工艺的特点，制定相应的限度，其应符合产品规定的质量要求或药品生产质量管理规范（GMP）或其他基本的质量要求。

5. 有关物质 原料药或制剂在工艺过程和储存过程中可能出现杂质，因此应对原料药和制剂中有关物质进行考察，并制定限度标准。一般情况下，制剂有关物质的检测方法可参考原料的检测方法。理论上讲，杂质限度的制定应结合毒理及临床研究的结果确定杂质的合理限度，但对于现有国家药品标准中化学药品复方制剂杂质的制定，只能采取务实、可行的办法。对于已上市品种，或者说已有国家标准的品种，可参考各组分相同给药途径单方制剂的杂质限度作综合考虑，即在明确杂质归属后，杂质限度可参考相同给药途径单方制剂的杂质限度分别确定。由于工艺或处方的不同导致与已上市相同给药途径单方制剂的杂质种类不同，或杂质含量明显高于已上市的相同给药途径单方制剂的杂质实测值，为了保证产品的安全性，应考虑优化产品的处方及制备工艺，将杂质的含量降到规定的质控限度以内。如仍不能达到要求，则必须对此产品作再评价，考虑处方的合理性，或在安全性研究的基础上考虑生物安全性评价方法。

6. 促渗剂含量 为了提高贴剂中药物的透皮吸收，常常需要加入促渗剂。作为贴剂中的关键辅料之一，其含量的变化会影响药物的透过速率，进而影响药效的发挥，甚至引起安全问题。因此，需对促渗剂的含量进行测定，关注其在工艺过程和储存过程中的变化，并制定其限度标准。

7. 质量控制表（案例） 表7-2列举了某透皮贴剂产品的质量控制项目、方法。

二、体外透皮研究

选择一种合适的方法测定药物的经皮吸收，需要考虑很多因素。在工业和学术界广泛使用体外方法评价皮肤的通透性；在药物经皮传递系统处方筛选或皮肤毒性考察方面，体外扩散实验通常是评价药物透皮最合适的方法。

体外透皮研究中，一般是利用各种皮肤组织（人或动物的全皮、真皮或表皮）作为屏障，在扩散池中进行实验[32]。人体皮肤是最理想的皮肤样品，但囿于伦理道德限制难以运用到实际中[33]。离体动物皮肤存在渗透差异性，且大多比人体皮肤易于渗透。

扩散池系统常用于体外测定局部用制剂中药物的透皮速率[34]。此系统中，常用皮肤或人工合成膜来模拟生理条件，作为药物和载体的扩散屏障。典型的扩散池有两个室，即供给室和接收室（图7-22）。控温的药物溶液放于供给室，接受液放于另一室。皮肤作为实验膜，将这两种溶液隔开。药物透皮速率值可通过定时分析接受液中药物浓度来测定；皮肤中药物的滞留量则通过测定皮肤中药物含量来计算[32]。

此法比体内测试更具优越性，因样品可直接从皮肤表面下取得，简单易行，便于测定；能直接测定药物透过皮肤的吸收速率，避免了尿排泄速率推算法可能带来的误差；对于剧毒性化合物，体外扩散实验是获得透皮吸收数据的唯一方法；通过控制实验条件，改变药物透过的影响因素，也可以模拟体内条件，预测药物分子经过皮肤进入体内的动力学过程。因此，体外扩散实验在处方筛选以及确定影响药物经皮吸收的参数（如稳态流量、通透系数、扩散系数等）过程中很有价值。

表7-2 透皮贴剂质量控制表

质量控制项目		方法	放行标准限度	货架期标准限度
性状	外观	目测	无色或近无色胶黏体涂布于背衬膜上的贴剂	无色或近无色胶黏体涂布于背衬膜上的贴剂
鉴别	液相鉴别	《中国药典》2015年版四部附录0512高效液相色谱法	供试品峰的保留时间应与对照品峰的保留时间一致	供试品峰的保留时间应与对照品峰的保留时间一致
	黏着性物质	手测	去除防黏层，防黏层上应无黏着性物质	去除防黏层，防黏层上应无黏着性物质
	持黏力	《中国药典》2015年版四部附录0952黏附力测定法	贴剂脱落时间不低于5分钟	贴剂脱落时间不低于5分钟
	有关物质 总杂	《中国药典》2015年版四部附录0512高效液相色谱法	应 ≤ 1.0%	应 ≤ 2.0%
	有关物质 单杂		应 ≤ 0.3%	应 ≤ 0.5%
检查	释放度	1.《中国药典》2015年版四部附录0931溶出度与释放度测定法第四法（桨碟法）2.《中国药典》2015年版四部附录0512高效液相色谱法	每贴在0.5h、1h、4h与24h时的释放量应分别相应为标示量的10.0%~45.0%、35.0%~65.0%、55.0%~90.0%和80.0%以上	每贴在0.5h、1h、4h与24h时的释放量应分别相应为标示量的10.0%~45.0%、35.0%~65.0%、55.0%~90.0%和80.0%以上
	含量均匀度	《中国药典》2015年版四部附录0512高效液相色谱法	A+2.2S ≤ 25	A+2.2S ≤ 25
	残留溶剂 甲醇	《中国药典》2015年版四部附录0521气相色谱法	应 ≤ 0.18%	应 ≤ 0.18%
	残留溶剂 三乙胺		应 ≤ 0.02%	应 ≤ 0.02%
	残留溶剂 乙酸乙酯		应 ≤ 0.30%	应 ≤ 0.30%
	月桂氮草酮	《中国药典》2015年版四部附录0521气相色谱法	应48~72mg/贴	应48~72mg/贴
	其他	《中国药典》2015年版四部附录0121贴剂	应符合规定	应符合规定
含量		《中国药典》2015年版四部附录0512高效液相色谱法	应为标示量的95.0%~105.0%	应为标示量的90.0%~110.0%
贮藏			遮光、密封，室温15~30℃保存	遮光、密封，室温15~30℃保存

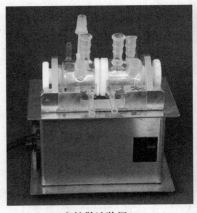

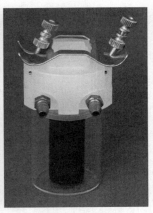

双室扩散池装置　　　　　　Franz扩散池　　　　　　微量流通扩散池
(药物和溶液量极少时使用)

图 7-22　透皮实验常用的扩散池系统

（一）皮肤模型

1. 人体皮肤　在体外皮肤通透性实验设计中，一个主要的可变因素就是皮肤的性质。

（1）个体间和个体内的差异：在人体皮肤通透性研究中，因为不能得到大量的数据来进行准确的统计评价而导致样品内部和样品间数据的不一致性，这方面少有文献报道。Southwell 等研究了不同样本和相同样本的人体皮肤体内外的通透性变化。从一系列化合物通透性实验得出的结果为：在体外样本间的变化是 60%±25%，而样本内的变化是 43%±25%。体内的样品也得到类似的结果，但变化的整体水平更小[35]。

（2）年龄和性别的差异：目前，有关年龄和性别如何影响人体皮肤通透性的讨论也很少。有些研究表明，人体皮肤的体外通透性与年龄、性别或贮存条件没有明显的依赖性。

（3）种族差异：一些文献报道种族不同，其皮肤透过性不同。一般白色人种皮肤比黑色人种皮肤通透性稍大，因为黑色人种的皮肤在角质层内有较多的细胞层和更高的类脂含量。一项研究表明，白种人、黑人、亚洲人的皮肤对烟酸甲酯的通透性大小顺序为：黑人<亚洲人<白种人，而白种人中西班牙人皮肤的渗透性最高。

（4）解剖部位的变化：在文献中，关于由皮肤解剖部位不同引起的皮肤通透性的波动有许多报道。皮肤通透性的部位间差异可用胶带粘贴技术测定，其与角质细胞的直径，即扩散路径长度有关。尽管实际上，化合物的皮肤通透行为在不同的皮肤部位有不同的模式，通常来说，身体某些部位（头和生殖器）比其他部位（肢体）有更强的穿透性。

2. 动物皮肤　不可否认，经皮通透性最确切的数据是由人类志愿者的在体试验结果得出。但是人体组织来源有限，并且在伦理道德上不能经常用人体进行药动学研究，此外还有实验经费等问题。因此，更多的实验中常用动物模型来代替人体皮肤。实验动物包括：小鼠、大鼠、家兔、狗、猪、猴以及豚鼠等[33]。

（1）皮肤结构和种属的差异：绝大多数用于皮肤通透性研究的动物是哺乳动物，它们的皮肤被大致分为三层：角质层、活性表皮层和真皮层。关于通透性的屏障作用，应重点考察的因素是角质层、皮脂和毛囊的差异。小型实验动物如大鼠、小鼠和兔缺少汗腺，但毛囊比人类要多。

研究人员已经对人类、猪和少数动物中角质层细胞间物质的化学性质进行了充分的研究。研究结果表明，在不同物种间，这些哺乳动物的角质层脂质在总的类型上没有明显差异，主要组成为神经酰胺、胆固醇和游离脂肪酸酯。存在的脂质数量在种属间有些不同，这可能与皮肤通透性的差异有关。

大多数动物角质层厚度介于 $15\sim30\mu m$ 之间，总体上，随着动物体积的增大而增厚。大鼠的角质层厚度约为 $20\mu m$，而猪和人类的角质层厚度约为 $30\mu m$。虽然角质层的形态学结构表现出种属间一定的一致性，但是还是存在着一些并不常见的差异，以绵羊为例，角质层的远端层以杂乱的方式与基层分离，并嵌入表皮层脂层中。

随着研究工作的深入，人们发现大动物比小动物有更多与人类相似的解剖学和生理学特性。对于皮肤也是如此，在预测人体皮肤通透性时，猪和恒河猴将比无毛小鼠等小动物更合适。如果不同种属的皮肤通透性与体积大小和平均生理存活时间有关，则皮肤通透性顺序如下：小鼠 > 大鼠 > 豚鼠 > 家兔 > 猴 > 狗 > 山羊 > 绵羊 > 猪 > 牛 > 人。

（2）使用动物皮肤模型的几点问题：文献中对动物皮肤模型的有效性和预测性的研究一般有两种类型：①在几个物种中测量一种或多种药物的经皮吸收；②在动物和人类之间比较一种或多种药物的经皮吸收。如果要将动物皮肤模型得到的数据外推用于人体，则评估动物皮肤模型和人类皮肤组织行为的差异就显得十分重要。动物组织模型的皮肤通透性必须与人体相同，或与之成简单的固定比例关系。而且，动物皮肤模型对促渗剂（物理或化学的）、赋形剂的反应必须能模拟它们在人体的反应。

结合文献数据[13, 26-27, 32-33]，可以总结出以下几点：①有高密度毛囊的动物皮肤对人类皮肤的模拟性较差；②大鼠和家兔皮肤不能给出人类皮肤通透性的可靠评价；③恒河猴的皮肤对几种化合物的吸收与人类很相似；④有毛皮肤的剃毛或脱毛可能会改变皮肤的屏障功能。总之，对预测人体透皮吸收来说，最好的动物模型是小猪和猴的皮肤。

3. 人工合成膜 人皮来源比较困难，且存在着通透性的个体差异，而市售的合成膜稳定性较好，批间均匀度较高，使用方便，具有较高的应用价值。

合成纤维素薄膜已有比较广泛的应用。市售的合成纤维素薄膜通常含防腐剂、增塑剂等添加剂，这些添加剂均有紫外吸收，且多为水溶性物质，故实验前须将薄膜浸于水中或煮沸排除可能存在的干扰。多孔薄膜的屏障功能主要受分子大小、形状、静电作用等制约。相反，无孔薄膜对通透性有一定限速作用，因而更接近于生物组织中的扩散[33]。

药物通过合成聚合物膜的扩散有很多方面类同于未搅拌液体中的扩散。质量转移主要取决于聚合物自由振动形成空穴的频率，空穴的大小应足以使分子通过。聚合物链之间的键合度决定了骨架的刚性及空穴形成的趋势，骨架中的结晶度会导致形成低扩散区，溶剂则有利于聚合物片段的振动，以上因素均影响膜的通透性[33]。

（二）皮肤分离技术

皮肤通透性实验中应用的人体皮肤模型可以分为：①全皮，包括角质层、活性表皮层和真皮层；②切皮刀分离皮肤，切除皮肤下面的真皮层；③表皮，包括活性表皮和角质层；④角质层。

对于动物皮肤常用完整的皮肤，因有大量的毛囊存在，很难剥离完整的表皮或角质层，所以有时也用切层的皮肤模型。

药物的性质决定了选用何种皮肤组织模型最合适。皮肤在体外的环境与其体内的环境有很大不同。在体内皮下血管系统穿透真皮，由于血液的连续灌注能迅速将达到表皮-真皮结合处的药物转移走。在体外，真皮周围的水环境将阻止亲脂性化合物的通透，而在体内这种屏障由于毛细血管网的存在而避免。因此，与真皮相比，切层皮肤、表皮或角质层对亲脂性化合物的通透实验更为合适。

皮肤含有大量皮下脂肪，而且整体厚度较大。实验中考虑到皮肤下层对通透性影响甚微以及实验条件的限制，人们常常在不破坏屏障性质的基础上，尽可能减小皮肤的厚度。皮肤分离方法可以分为：①热分离：热处理简单易行，可得到表皮层、角质层。将皮肤浸于 60℃水中约 45 秒，或夹在预先加热的金属板中间直接分离，可以移取表皮，并进一步处理得到角质层。②化学分离：皮肤可以利用一些化学试剂处理而得到分离，如：胰肮酶、氢氧化钠、甲酸、溴化钠、乙二胺四乙酸等等。尽管上述化学技术并不改变屏障作用，但氢氧化钠和甲酸这类试剂不仅在不同程度上影响不同类型的动物皮肤，而且将随时间的变化引起角质层的整体损伤，因此，采用此法应格外小心，严格控制。其中蛋白酶法比较常用，可以降解表皮的活细胞，从而得到角质层。将表皮浸于 37℃蛋白酶溶液（0.0001% 胰肮酶及 0.5% 碳酸钠）中处理 24 小时即可。其他蛋白酶如胃蛋白酶、木瓜蛋白酶、无花果蛋白酶、弹性蛋白酶等均可使用，但有效浓度高。③物理分离：电动植皮刀剥离皮肤可以控制不同厚度。应用于小型扩散池时，不存在皮肤大小不足的问题。主要问题在于丰富的皮肤附属器，如毛囊和汗腺，它们从表皮深入到真皮层，皮肤剥离过程中，这些附属结构被割断，实质上产生了一系列穿透皮肤的小孔。但有报道称，本法制备的皮肤屏障与全皮相同[33]。

三、体　内　研　究

经皮给药系统的体内研究，一般是出于下列一种或多种目的：①测定经皮给药产品的生物利用度；②确定药物的生物等效性；③测定用药后全身毒性反应的发生率和程度；④建立人体血药浓度和全身疗效的关系。

体内研究中，人体研究结果最为可信，但使用动物模型可以有效地预测人体对药物的反应。动物模型包括刚断奶的猪、恒河猴、小鼠、大鼠或裸鼠等。裸鼠由于无毛，在实验前避免了脱毛可能引起的皮肤损伤。虽然其角质层较薄，皮肤通透性远高于人皮，但其来源丰富、处理方便且结构与人皮相似，仍常被用于透皮吸收研究中，尤其是初期的处方筛选时用于药物渗透性和皮肤吸收研究。大鼠是经皮给药制剂药动学研究中应用较广泛的动物模型，由于其使用方便、价格相对便宜以及与人皮较为相近等优势使得大鼠在经皮吸收研究中发挥重要作用。由于猪在解剖学、生理学、代谢等方面与人类相似，其皮肤组成、渗透性及体内代谢也与人皮肤相仿，故是较为合适的透皮动物模型。

第七节　透皮贴剂上市产品实例

例 7-2　东莨菪碱贴剂

东莨菪碱贴剂（Transderm Scop）是第一个获 FDA 批准的 TDDS，用于预防旅行中的晕动病以及手术时使用麻醉药和镇痛药所引起的恶心、呕吐。

东莨菪碱贴剂外形为圆形扁平贴片（图 7-23），面积为 2.5cm²，厚度约 0.2mm。其为贮库型贴剂，包含五层结构：

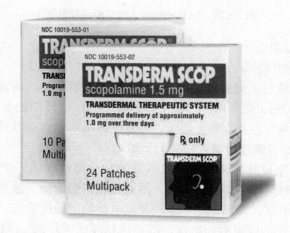

图 7-23　Transderm Scop（东莨菪碱透皮贴剂）

（1）背衬层：棕褐色镀铝聚酯膜；
（2）药物储库：东莨菪碱、轻质矿物油和聚异丁烯；
（3）控释膜：微孔聚丙烯膜；
（4）黏胶层：矿物油、聚异丁烯和东莨菪碱；
（5）硅化聚酯保护膜。

该贴剂含东莨菪碱 1.5mg，可持续三天恒速释放 1mg 药物。黏附层中含 200μg 首剂量，使药物在皮肤接触部位饱和，迅速达到所需的稳态血药浓度；进而通过控释微孔膜持续释药，维持平稳的血药浓度。该制剂释药速度小于皮肤吸收速度，表明控制药物进入体循环的是控释膜，而非皮肤。

使用时将贴剂贴于耳后无发皮肤上。用于防呕吐时，应至少提前 4 小时敷贴，效用可维持 3 天。

例 7-3　雌二醇贴剂

雌二醇贴剂（Estraderm）也是贮库型（图 7-24），包括五层：
（1）透明聚酯 / 乙烯 – 醋酸乙烯酯共聚物膜的背衬层；
（2）雌二醇、乙醇及羟丙基纤维素的药物凝胶贮库层；
（3）乙烯 – 醋酸乙烯酯共聚物膜的控释层；

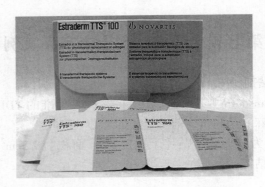

图 7-24　Estraderm（雌二醇透皮贴剂）

（4）聚异丁烯的黏附层；

（5）硅化聚酯膜的保护层（防黏层）。

贴于无损伤的皮肤后，通过控释膜不断释放 17β- 雌二醇。面积为 $10cm^2$ 或 $20cm^2$ 的贴剂每天分别释放 0.05mg 或 0.1mg 的雌二醇，用于治疗绝经期妇女轻度至重度的血管舒缩症、女性性腺功能减退、女性卵巢切除、原发性卵巢功能衰竭以及内源性雌激素分泌不足引起的萎缩症状（如萎缩性阴道炎和外阴干皱症）。

雌二醇口服时迅速被肝代谢为雌酮及其共轭物，导致体循环中雌酮的浓度高于雌二醇。而雌二醇经皮肤时只有小部分被代谢，因此相较口服给药，透皮给药只需较小剂量即可达到雌二醇的治疗浓度，而体循环中雌酮及其共轭物的浓度较低。研究表明，绝经后妇女不论使用透皮给药还是口服给药治疗，都能达到理想的疗效（即促性腺激素水平较低，阴道副底层细胞含量较低，钙离子分泌减少以及钙/肌酐比值较低）。研究还表明，透皮给药能降低口服雌二醇的副作用。治疗通常采用间歇给药（连续用药三周后停药一周），尤其是对于未做过子宫切除术的妇女。由于雌二醇半衰期短（约 1 小时），在间歇给药方案中，移除透皮制剂后血药浓度可迅速下降。

例 7-4　避孕贴剂

避孕贴剂（Ortho Evra）为由诺孕曲明和炔雌醇组成的复方贴剂，面积为 $20cm^2$，每贴含 6mg 诺孕曲明和 0.75mg 炔雌醇。使用后每 24 小时释放 $150\mu g$ 诺孕曲明和 $20\mu g$ 炔雌醇。

避孕贴剂为骨架型贴剂，结构分为三层：背衬层由浅棕色的低密度聚乙烯软膜和聚酯组成；中间层含聚异丁烯/聚丁烯压敏胶、交聚维酮、聚酯无纺布、惰性成分月桂醇乳酸酯及活性药物成分诺孕曲明和炔雌醇；第三层为防黏层，其材质为透明的聚对苯二甲酸乙二酯（PET），与中间层接触的一面镀有聚二甲基硅氧烷。Ortho Evra 见图 7-25。

例 7-5　哌甲酯贴剂

哌甲酯常用于治疗儿童注意缺陷和多动障碍。哌甲酯贴剂（Daytrana）采用压敏胶骨架型经皮给药系统，哌甲酯均匀分散于丙烯酸/硅酮混合压敏胶中。该贴剂在上学前 2 小时给药，放学（<9 小时）后撕去，避免了每日多次口服给药所带来的不便。对于各种剂量的贴剂，其单位面积的组成成分是一致的，释药总量取决于贴剂大小和敷贴时间。市售贴剂有 1.1mg/h、1.6mg/h、2.2mg/h 和 3.3mg/h 四种规格剂量，分别含药 27.5mg、41.3mg、55mg 和 82.5mg；给药时间为 9 小时。Daytrana 见图 7-26。

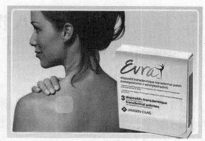

图 7-25　Ortho Evra（诺孕曲明 / 炔雌醇透皮避孕贴剂）

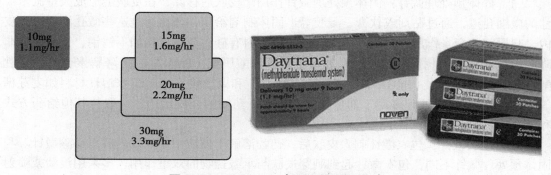

图 7-26　Daytrana（哌甲酯透皮贴剂）

例 7-6　比索洛尔贴剂

比索洛尔透皮贴剂（Bisono Tape）用于治疗轻至中度原发性高血压，是全球首个 β 肾上腺素能受体阻滞剂透皮贴剂。Bisono Tape 有 4mg 和 8mg 两种规格，对应的贴剂面积分别为 $17.9cm^2$ 和 $35.7cm^2$。该产品为骨架型贴剂，含药黏附层使用聚异丁烯压敏胶，采用肉豆蔻酸异丙酯作为促渗剂（图 7-27），一日 1 次贴于胸部、上臂或背部，可 24 小时内维持稳定的降压作用。此外，该贴剂贴附在皮肤部位，可视性强，可避免忘记服药和过量给药的风险，大大改善了患者的顺应性。

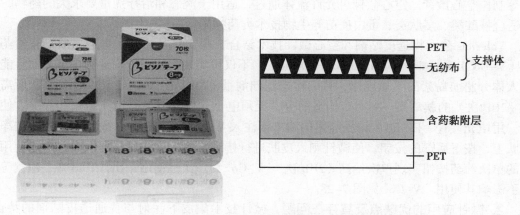

图 7-27　Bisono Tape（比索洛尔透皮贴剂）

第八节 药器组合式 TDDS

一、微 针

微针是一种通过微制造技术制成的微细针簇，微针长约 1~150μm，足够穿透人体皮肤的角质层或活性表皮，但又不足以触及神经，是一种不会有疼痛感，且能持续性地促进药物透皮传递的装置。

1. **微针的分类** 根据使用方式的不同，一般将微针分为 4 类。

（1）固体预处理微针：固体预处理微针作用于皮肤后移除，在皮肤上形成大量微米尺寸的微细孔道，通过贴剂或软膏、凝胶等半固体制剂给药，药物通过这些微孔渗透进入皮内，起局部或全身作用。制备固体微针的常用材料有硅，金属材料如不锈钢、钛和镍，非降解聚合物如环氧树脂、聚碳酸酯和聚甲基丙烯酸甲酯（PMMA），可降解聚合物如聚乳酸 – 羟基乙酸共聚物（PLGA）、聚乙醇酸（PGA）和聚乳酸（PLA），水溶性材料如麦芽糖等[36]。固体微针预处理多用于剂量较大的小分子药物的经皮给药，一般与其他给药方式相结合进行给药。

（2）包衣微针：包衣微针刺入皮肤后，药物溶解于体液中进入皮内后再移除微针。与固体预处理微针不同，包衣微针起到刺穿皮肤与承载药物的双重作用，多采用浸渍或喷射的方法将药液包衣于微针上。受微针大小限制，包衣微针的载药量一般小于 1mg，多用于剂量较小的大分子药物、疫苗和 DNA 的传递。

（3）可溶微针：可溶微针采用水溶性或生物可降解材料制作，药物分散于针体，随着针体溶解，药物释放进入皮内，使用后不产生针尖废弃物。可溶微针的制备方法有微模具浇铸法、原位光聚法和拉延法等，其中微模具浇铸法最常用[37]。

（4）空心微针：空心微针（hollow microneedles）类似微型的注射针头，通过注射器或专门的给药装置直接将药液输注入皮内，便于调节给药速度和给药量。目前，使用微机电系统（microelectromechanical system，MEMS）技术，如激光微加工、硅刻蚀技术和电镀技术等制作空心微针。空心微针可允许流体通过，适用于液态和治疗剂量要求大的药物，特别适合核酸类、多肽类、蛋白疫苗等生物技术类药物的给药。

Valeritas 公司将透皮贴剂和空心微针技术结合，开发的 V-Go® 可抛弃式胰岛素给药装置（V-Go® Disposable Insulin Delivery Device），不仅可实现药物无痛输送到皮下，而且能模拟人体分泌胰岛素的生理规律，持续输送基础剂量（20UI/d、30UI/d 或 40UI/d）和所需剂量（2UI/ 次）的胰岛素。V-Go® 构造简单，无须电子元件、电池、输注装置和程序。使用时，用填充装置（EZ fill）将安瓿内的胰岛素注入 V-Go® 储药管后，将 V-Go® 贴在洁净的皮肤上，按下底部的按钮，使微针刺入皮肤进行持续给药，进餐时根据医嘱，可以使用侧面的单次给药按钮实现单次给药（2UI/ 次）。V-Go® 为一次性使用，出汗、淋浴、睡觉等状态不影响其使用。V-Go® 见图 7-28。

2. **微针应用的优缺点及其存在问题** 微针技术集皮下注射与普通透皮贴剂的特点：①可将大分子药物传递透过角质层；②微针传递药物几乎无损伤性、无痛感，易为患者接受；③剂量稳定、可控；④生物利用度高，相当于皮下注射。

　　微针需要具有良好的力学性能和生物相容性，才能满足其应用的安全性和有效性，微针的材料、结构设计和制备技术直接影响其效能，微针的发展中还有许多亟待解决的问题。

　　目前常使用的制备微针的材料有硅、聚合物和金属。由于硅微加工技术较为成熟，硅微针的制备一直是研究的重点，但硅材料具有脆性，易发生折断，折断部分如果进入循环系统，会产生严重的生理免疫反应，生物相容性差，且硅材料加工工艺比较昂贵，工艺过程复杂且成功率低，不适合作为模具进行大批量复制。聚合物材料生物相容性较好，但制成的微针机械强度较差。

　　微针的结构也关系到微针的安全性和有效性。微针的密度影响微针刺入皮肤的力的大小，这就导致微针在人体不同部位或者不同状态皮肤上刺入的深度不同，导致药物生物利用度的差异[38]。

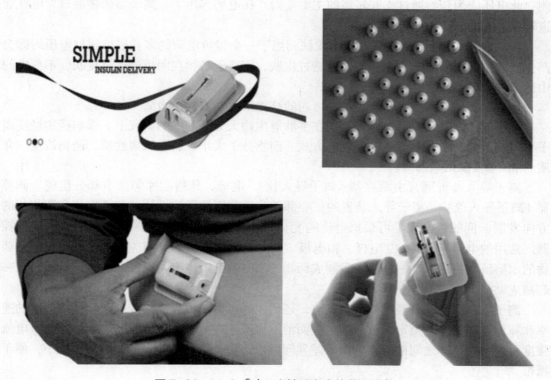

图 7-28　V-Go®（一次性胰岛素给药系统）

　　此外，微针的长度，作用的时间和空心微针的壁厚度也是微针实际使用过程中需要考察的因素。

　　微针的制备技术主要存在微针的倾斜角度不足、倾斜角度不能方便地调节以及微针的高度和角度不可同步加以调整的问题，使设计合理和结构优化的微针难以在工艺上得以实现，限制了微针的发展与产业化。

　　微机电系统（MEMS）可以制作结构复杂的微米尺寸的微针，引起研究人员的广泛关注。MEMS 微针阵列可以分为同平面阵列和异平面阵列，同平面阵列结构的轴向平行于基底表面，制作加工比较简单，但对制备材料的力学性能要求高；异平面阵列结构的轴向垂直于基底表面，制作工艺复杂。MEMS 技术的不断完善以及微针新材料的开发是微针发展的方向。

二、离子导入

离子导入（离子渗透）是在外加电场的作用下，离子型药物或荷电中性药物分子通过皮肤转运的一种经皮给药物理促渗方法。

离子导入促渗的机制可以归纳为：

（1）电场作用：皮肤的角质层是由角蛋白、脂质和附属器（汗腺、毛囊、皮质腺等）组成。脂质不导电，角蛋白为不良导体，附属器可导电，角质层下的细胞外液和血液中含有电解质，导电性能非常好。当施加电场于皮肤上，皮肤的电压降主要存在于角质层两侧，此电压降为药物通过皮肤转运的主要动力。在电场作用下，离子型药物通过导电性通道转运进入皮下微循环系统。

（2）电渗作用：在生理 pH 下，皮肤相当于一个带负电荷的多孔膜，施加电压后即会产生电渗作用。阳离子药物在阳极处透过皮肤，阴离子药物在阴极处透过皮肤，不荷电的中性分子也可以通过电渗作用透过皮肤。

（3）电流诱导引起皮肤短暂的、可逆的结构紊乱，渗透性增加[39]。

离子导入方法近来已较多地应用在多肽等生物大分子药物的研究上。影响药物经皮离子导入转运的因素有电流强度、电流方式、药物分子大小、药物解离性质、药物浓度、介质的 pH 和皮肤的状态等。

离子导入装置通常由调控器（离子导入仪）、电极、药物贮库等基本部分组成。调控器（离子导入仪）是离子导入装置的核心部件，目前调控器的设计向着微型化和智能化的方向发展，例如，出现了可根据电流的变化，调整治疗时间以确保给药剂量准确的调控器。常用的电极有 Ag/AgCl 电极、铂电极、碳电极和硅电极。早期应用的药物贮库都是药物的水溶液，使用非常不方便，后制成药物的水凝胶剂，也有将电极与药物贮库整合在一起制成贴剂。

离子导入除了具有经皮给药的优点，还可以通过调节电流大小控制药物经皮转运的速率和释药速率，维持恒定的给药速率进而消除血药浓度的峰谷现象；通过简单地调节电流强度可以解决个体之间的药物动力学差异问题，适合个体化给药；药物装置体积小，便于携带[40]。

芬太尼离子渗透经皮给药系统（IONSYS）是将微型调控器、电源、电极和药物贮库直接结合为一体，见图 7-29 及文末彩图。电渗技术在体表形成微弱电场，芬太尼借此导电性通道转运透过皮肤，进入体内微循环系统，发挥镇痛作用。使用时，将 IONSYS 贴于胸部或上臂，3 秒内连续按 2 次启动按钮，IONSYS 将在 10 分钟内释放 40μg 芬太尼，一个 IONSYS 可使用 24 小时或者 80 次。IONSYS 系统是首个免针、患者自控、预先编程的芬太尼缓释系统，通过微小电流，按患者所需提供芬太尼治疗，使用简便，不影响患者运动，大大提高了患者的顺应性。

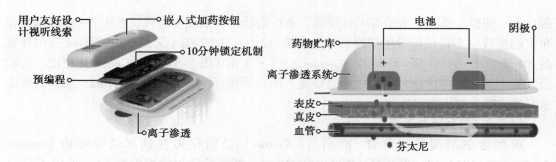

图 7-29　IONSYS（芬太尼离子渗透经皮给药系统）

三、微　泵

微泵胰岛素透皮给药系统（Solo MicroPump Insulin Delivery System）可辅助糖尿病患者控制血糖。Solo 是一种无笨重插管、微型、轻便的胰岛素输注泵，由胰岛素贴剂和遥控装置两部分组成，即包含可更换的胰岛素贮库和重复使用的胰岛素泵，通过微型插管输送胰岛素，支架可以固定插管并将胰岛素泵牢固粘贴在皮肤上。该系统不仅具备传统胰岛素泵的功能，而且拥有无电子管贴片泵这一创新科技的所有优势，有望为患者提供合适的个性化胰岛素给药方式。Solo 可粘贴于身体的任何部位并保留 3 个月，不干扰患者的日常活动，患者根据自身需要通过遥控装置控制胰岛素的释放速率和释放体积。Solo 见图 7-30。

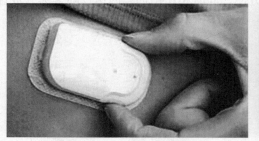

图 7-30　Solo（胰岛素微泵透皮给药系统）

第九节　其他新型透皮制剂实例

近年来全球上市的经皮给药制剂呈现出适用范围扩大化、制剂形式多元化的特点。除经典的透皮贴剂外，一些新型凝胶剂、喷雾剂和软膏剂等剂型也相继上市，用于治疗全身性疾病。

例 7-7　奥昔布宁透皮凝胶

10% 盐酸奥昔布宁（oxybutynin chloride）凝胶制剂（商品名：Gelnique）用于治疗膀胱过度活跃综合征（overactive bladder，OAB）患者的急迫性尿失禁、尿急和尿频症状等，为 OAB 患者提供了一种全新、有效的治疗选择，已成为临床一线治疗药物。奥昔布宁口服后经胃肠道迅速吸收，代谢成具有同样药理活性的 N- 去乙基奥昔布宁，此代谢物可引起口干、便秘、恶心、头晕等不良反应。透皮给药可改变代谢模式，减少 *N*- 去乙基奥昔布宁的生成，不良反应发生率降低。2011 年 12 月，美国 FDA 又批准了 Watson 公司开发的 3% 奥昔布宁凝胶剂（商品名：Gelnique 3%）上市（图 7-31），与 Gelnique 相比，在给药装置上用精确的计量泵代替之前的袋装，用药简便，一日 1 次，每次 3ml，成为长效定量泵透皮凝胶的代表产品。

例 7-8 前列地尔乳膏

前列地尔局部外用乳膏（商品名：Vitaros）是治疗男性勃起功能障碍（erectile dysfunction，ED）的一线用药（图 7-31）。Vitaros 主要成分为前列腺素 E1，采用 Apricus Biosciences 公司的 NexACT 专利释药技术，按需用药且起效迅速，需冷藏储存。NexACT 专利包括一种水溶性小分子促渗剂十二烷基 -2（*N*，*N*- 二甲氨基）- 丙酸酯（DDAIP）的制备方法。该物质能暂时打开细胞连接，改善皮肤脂质双分子层的渗透动力学，从而使药物快速经皮吸收进入血液。此外，它还有增溶效用，可双管齐下，达到促渗效果。ED 患者使用 Vitaros 后几分钟起效，安全性好。该药适用人群广，包括糖尿病、心脏病、西地那非治疗无效或切除前列腺的患者。

例 7-9 雌二醇透皮喷雾

雌二醇定量透皮喷雾剂（Evamist，图 7-31）主要用于治疗绝经后妇女中度至严重的血管舒缩症状。Evamist 是活性成分雌二醇溶于乙醇和辛水杨酯形成的均匀溶液，其中雌二醇的含量为 1.7%，喷于皮肤表面后溶剂快速挥干，促使药物经皮吸收进入血液。Evamist 每天给药一次，每次 2~3 喷，每喷 90μl 含 1.53mg 雌二醇。不仅计量精准，给药面积准确度与经皮贴剂相当，且临床上用药更加方便。同时相比贴剂，因透皮喷雾为开放性给药，可降低皮肤刺激反应。

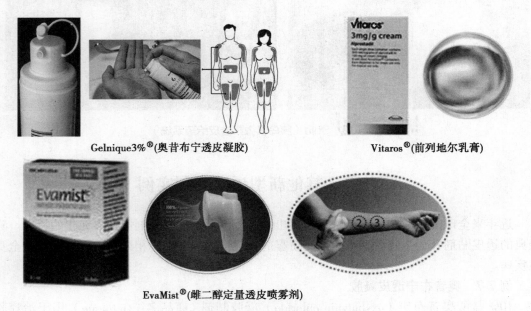

Gelnique3%® (奥昔布宁透皮凝胶)　　　　　Vitaros® (前列地尔乳膏)

EvaMist® (雌二醇定量透皮喷雾剂)

图 7-31 代表性产品实例

（罗华菲、林国钡）

参考文献

［1］郑俊民，丁平田，方亮，等．经皮给药新剂型．北京：人民卫生出版社，2006：5-9.

［2］Transderm-Scop Label：http://www.accessdata.fda.gov/drugsatfda_docs/label/2001/017874s18s27lbl.pdf

［3］Nitro-Dur Transdermal System Label：http://www.accessdata.fda.gov/drugsatfda_docs/label/2014/020145s027lbl.pdf

［4］Catapress-TTS Label：http://101.96.10.75/www.accessdata.fda.gov/drugsatfda_docs/label/2012/018891s028lbl.pdf

［5］Androderm Testosterone Transdermal System Label：http://www.accessdata.fda.gov/drugsatfda_docs/label/2016/020489s034lbl.pdf

［6］Plosker GL.Buprenorphine 5,10 and 20μg/h transdermal patch：a review of its use in the management of chronic non-malignant pain.Drugs,2011,71(18):2491-2509.

［7］Farlow MR,Alva G,Meng X,et al.A 25-week,open-label trial investigating rivastigmine transdermal patches with concomitant memantine in mild-to-moderate Alzheimer's disease：a post hoc analysis.Curr Ded Res Opin,2010,26(2):263-269.

［8］Levien T,Baker DE.Reviews of transdermal testosterone and liposomal doxorubicin.Hosp Pharm,1996,31：973-990.

［9］Black CD.A pharmacist's guide to the use of transdermal medication.Washington：American Pharmaceutical Association,1996,36：231-232.

［10］Berba J,Banakar U.Clinical efficacy of current transdermal drug delivery systems：a retrospective evaluation.Am Pharm,1990,30(11):33-41.

［11］马建芳，罗华菲，武余波，等．近期上市的经皮给药制剂．世界临床药物,2012,33(8):496-502.

［12］Black CD.Transdermal drug delivery systems.US Pharm,1982,7：49-75.

［13］Machado M,Hadgraft J,Lane ME.Assessment of the variation of skin barrier function with anatomic site,age,gender and ethnicity.Int J Cosmet Sci,2010,32(6):397-409.

［14］Johansen M,Møllgaard B,Wotton P K,et al.In vitro evaluation of dermal prodrug delivery-transport and bioconversion of a series of aliphatic esters of metronidazole.Int J pharm,1986,32(2):199-206.

［15］Stott PW,Williams AC,Barry BW.Transdermal delivery from eutectic systems：enhanced permeation of a model drug,ibuprofen.J Control Release,1998,50(1-3):297-308.

［16］Kang L,Jun HW,McCall JW.Physicochemical studies of lidocaine-menthol binary systems for enhanced membrane transport.Int J Pharm,2000,206(1-2):35-42.

［17］Balázs B,Vizserálek G,Berkó S,et al.Investigation of the Efficacy of Transdermal Penetration Enhancers Through the Use of Human Skin and a Skin Mimic Artificial Membrane.J pharm Sci,2016,105(3):1134-1140.

［18］Taghizadeh SM,Moghimi-Ardakani A,Mohamadnia F.A statistical experimental design approach to evaluate the influence of various penetration enhancers on transdermal drug delivery of buprenorphine.J Adv Res,2015,6(2):155-162.

［19］Larrañeta E,Lutton REM,Woolfson AD,et al.Microneedle arrays as transdermal and intradermal drug delivery systems：Materials science,manufacture and commercial development.Mat Sci Eng R,2016,104：1-32.

［20］Yan Y,Zhang H,Sun J,et al.Enhanced transdermal delivery of sinomenine hydrochloride by ethosomes for anti-inflammatory treatment.J Drug Deliv Sci Tec,2016,36：201-207.

［21］Al-Kassas R,Wen J,Cheng AE,et al.Transdermal delivery of propranolol hydrochloride through chitosan nanoparticles dispersed in mucoadhesive gel.Carbohydr Polym,2016,153：176-186.

［22］Banerjee S,Chattopadhyay P,Ghosh A,et al.Aspect of adhesives in transdermal drug delivery systems.Int J

Adhes Adhes,2014,50(4):70-84.

[23] Lobo S,Sachdeva S,Goswami T.Role of pressure-sensitive adhesives in transdermal drug delivery systems. Ther Deliv,2016,7:33-48.

[24] Saboktakin MR,Akhyari S,Nasirov FA.Synthesis and characterization of modified starch/polybutadiene as novel transdermal drug delivery system.Int J Biol Macromol,2014,69:442-446.

[25] Royds RB,Lim J,Rosen JD.Transdermal drug delivery system.J Biomater Appl,1986,1(2):183.

[26] Gendelberg NR,Falcone R,Ravindra NM.Transdermal drug delivery(TDD) through skin patches.J Sci Ind Metro,2016,1:1-6.

[27] Durand C,Alhammad A,Willett KC.Practical considerations for optimal transdermal drug delivery.Am J Health Syst Pharm,2012,69(2):116-124.

[28] 胡婧,罗华菲,王浩.压敏胶骨架透皮给药系统的生产工艺及设备状况.中国医药工业杂志,2010,41(1):46-50.

[29] 熊维政,杨义厚,梁秉文.药物贴膏剂生产与开发.北京:化学工业出版社,2010:159-194.

[30] 侯惠民,王浩,张惠平,等.骨架型透皮贴片涂布机:CN,201020191439.4.2010-12-29.

[31] 侯惠民,王浩,张惠平,等.贴片状药剂的扩位及转移装置:CN,201020659413.8.2010-12-14.

[32] Thomasa BJ,Finnin BC.The transdermal revolution.Drug Discov Today,2004,9:697-703.

[33] Flaten GE,Palac Z,Engesland A,et al.In vitro skin models as a tool in optimization of drug formulation.Eur J Pharm Sci,2015,75:10-24.

[34] Kwon SS,Kim SY,Kong BJ,et al.Cell penetrating peptide conjugated liposomes as transdermal delivery system of Polygonum aviculare L.extract.Int J Pharm,2015,483(1-2):26-37.

[35] Walters KA.Dermatological and transdermal formulations.New York:Marcel Dekker,2002:197.

[36] Kim YC,Park JH,Prausnitz MR.Microneedles for drug and vaccine delivery.Adv Drug Deliv Rev,2012,64(14):1547-1568.

[37] Bariya SH,Gohel MC,Mehta TA,et al.Microneedles:an emerging transdermal drug delivery system.J Pharm Pharmacol,2012,64(1):11-29.

[38] 卢望丁,罗华菲,张晓红,等.微针在透皮给药系统研究中的进展.中国医药工业杂志,2013,44(11):1154-1159.

[39] 张超,韩丽,张定堃,等.经皮给药系统促透方法及其联用研究进展.中国实验方剂学杂志,2014,20(7):231-235.

[40] 林巧平,许向阳,刘春晖,等.离子导入经皮给药系统.药学进展,2006,30(6):256-261.

第八章

黏膜给药系统

口服给药是最常用的给药途径，但存在肝首过效应和胃肠道酶降解等缺点。利用人体腔道的可吸收黏膜递药，如口腔黏膜、鼻腔黏膜、肺黏膜、直肠黏膜、眼黏膜，可有效避免药物的首过效应，实现药物的定位给药或发挥全身治疗作用，在降低药物副作用的同时提高药物的治疗效果。特别是近年来许多研究发现，多肽蛋白类药物如胰岛素通过黏膜给药可获得较高生物利用度，致使黏膜给药及其新剂型的开发研究日益受到重视。本章重点介绍口腔黏膜和鼻腔黏膜在药物递送中的应用。

第一节　口腔黏膜给药系统

一、概　　述

口腔黏膜给药系统（buccal and sublingual drug delivery system）是指药物经口腔黏膜吸收后发挥局部或全身治疗作用的一类制剂。

1847 年，Sobrero 等首先报道了硝酸甘油可以经口腔黏膜吸收进入人体血液循环系统，1879 年硝酸甘油舌下给药被成功用于临床治疗严重心绞痛急性发作。以后又相继有其他药物通过口腔给药吸收的报道，但真正利用口腔黏膜作为给药途径的发展却较缓慢，直至1980 年，FDA 批准的经口腔黏膜给药的药物仅有硝酸甘油、硝酸异山梨酯、麦角生物碱类、尼古丁、睾酮及其衍生物。近三十年来，随着药物制剂技术的发展，对口腔黏膜吸收机制研究的深入以及新材料的应用，口腔黏膜给药系统的研究日益受到人们的重视，得到了飞速的发展。

口腔黏膜给药可以分为三类：舌下黏膜给药、颊黏膜给药和局部给药。前两种方式药物通过舌下黏膜或颊黏膜吸收进入体循环，发挥全身治疗作用；后一种方式药物到达黏膜、牙组织、牙周袋，起局部治疗作用，如口腔溃疡、牙周炎等疾病的治疗。

与其他途径相比，经口腔黏膜给药主要有以下优点：①舌下黏膜和颊黏膜血流丰富，渗透性比皮肤渗透性大几个数量级，药物易透过，且能避免肝首过效应和胃肠道酶解酸解，提高药物的生物利用度。②使用方便，可于任意时间、任意地点给药。如遇到不适宜情况时，也易于移除而终止给药。③颊黏膜有较大的平滑表面，有利于放置生物黏附系统而达缓释药物的目的。④口腔黏膜自身修复快，不易受损，并且颊黏膜比其他黏膜的敏感度低，不易致敏。⑤可作为多肽、蛋白、疫苗潜在的给药途径。

　　然而，为了使药物能在口腔黏膜吸收发挥局部或全身治疗作用，仍有许多技术问题尚待解决。药物从口腔黏膜吸收存在如下问题：①口腔黏膜如同肠黏膜，形成一种脂质屏障，通常适于脂溶性小分子药物，仅有少数亲水性药物如氨基酸、单糖，可经载体介导过程转运；②与胃肠道吸收的总面积相比，口腔黏膜可供药物吸收的面积有限（100~170cm^2）；③唾液的流动可造成溶解的药物移出口腔，剂型也可能在药物溶出前被吞咽（如尼古丁咀嚼胶）；④对于苦味及刺激性药物必须进行掩味；⑤剂型中添加吸收促进剂可能会损伤口腔黏膜；⑥一些口腔黏附制剂给药时常使患者产生异物感，影响顺应性[1]。

　　目前，口腔黏膜给药在临床应用中涉及的药物有心血管药物、镇痛剂、镇静剂、抗精神病药物、止吐剂等。

　　1. 心血管药物　由于硝酸甘油具有很强的肝首过效应，其口服片剂有效性差。舌下给予硝酸甘油治疗急性心绞痛已取得了很大的成功，包括硝酸甘油舌下片和舌下喷雾剂。其他经口腔黏膜给药有效的心血管药物还包括硝酸异山梨酯、卡托普利、维拉帕米、硝苯地平和普罗帕酮等。

　　2. 镇痛剂　芬太尼的口腔黏膜给药已得到了广泛的研究。1998年，芬太尼口腔黏膜给药剂型（Actiq）获FDA批准，用于癌症爆发痛的治疗，其外形为带手柄的白色圆形锭剂，类似棒棒糖。此后又有芬太尼的黏附片、舌下喷雾剂和速溶膜剂上市。其他典型的经口腔黏膜给药的镇痛剂包括吗啡（Uprima）、丁丙诺啡（Subutex）、布托啡诺和吡罗昔康。

　　3. 镇静剂　咪达唑仑常用于成人及儿童的术前用药。成年健康受试者颊黏膜给予咪达唑仑后得到了高生物利用度（74.5%）和可靠的血药浓度。舌下给予咪达唑仑，10分钟内70%的受试者血药浓度增加到5μg/L，儿童舌下给药与鼻腔给药及栓剂药效相似。其他用于口腔黏膜给药的镇静剂还有三唑仑、依托咪酯等。

　　4. 止吐剂　尽管东莨菪碱在颊黏膜片中的吸收与口服片剂无显著差异，但颊黏膜片血药浓度变异小，对于晕动症的保护比普通片持续时间更长。另一个典型的止吐药为丙氯拉嗪。

　　5. 抗精神病药物　阿塞那平属于非典型抗精神病药物，其舌下片已用于治疗成人精神分裂症、慢性重度脑功能障碍和I型双相性精神障碍。临床试验表明受试者服用阿塞那平舌下片5mg，每日2次，对精神分裂症的治疗效果显著。

　　6. 勃起功能障碍治疗药物　阿扑吗啡为多巴胺受体拮抗剂。研究表明，舌下给予2~4mg阿扑吗啡可产生有效的治疗勃起功能障碍的作用，给药的方便性对于此类适应证的治疗具有极其突出的优势。另外，舌下给予马来酸酚妥拉明20mg，也可产生有效地治疗勃起功能障碍的作用。

　　此外，通过口腔黏膜给药在激素治疗（如睾酮、雌激素）、戒烟（尼古丁）和糖尿病治疗（胰岛素）等方面也取得了很好的临床研究结果。表8-1为部分已上市起全身治疗作用的口腔黏膜给药制剂[2]。

表 8-1 部分已上市起全身治疗作用的口腔黏膜给药制剂[2]

药物	商品名和生产厂家	剂型和给药剂量
阿塞那平	Sycrest（Lundbeck）	舌下片：5mg、10mg
丁丙诺啡	Subutex（Reckitt Benckiser）	舌下片：400μg，2mg、8mg
丁丙诺啡 / 纳洛酮	Suboxone（Reckitt Benckiser）	舌下片：2mg/500μg，8mg/2mg 舌下膜剂：2mg/0.5mg，4mg/1mg，8mg/2mg，12mg/3mg
9- 四氢大麻酚 / 大麻二酚	Sativex（GW Pharma）	喷雾剂：（2.7mg+2.5mg）/100μl 喷雾
芬太尼	Abstral（ProStrakan）	舌下片：100μg、300μg、600μg
	Actiq（Cephalon）	锭剂：0.4mg、0.6mg、0.8mg、1.2mg
	Effentora（Cephalon）	片剂：0.1mg、0.2mg、0.4mg、0.6mg、0.8mg
	Subsys（Insys）	喷雾剂：0.1~1.6mg
	Onsolis（Biodelivery Sci）	可溶膜剂：200μg，400μg，800μg
硝酸甘油	Nitrogard（Forest Lab）	舌下片：0.6mg
	Glytrin（Sanofi）	喷雾剂：400μg/ 揿
	Nitrolingual（Merck Serono）	喷雾剂：400μg/ 揿
咪达唑仑	Buccolam（ViroPharma）	溶液剂：2.5mg、5mg、7.5mg、10mg
尼古丁	Nicorette（McNeil AB）	咀嚼胶：2mg、4mg；锭剂：2mg、4mg 喷雾剂：1mg/ 喷；舌下片：2mg
丙氯拉嗪	Buccastem M（Alliance Pharma）	片剂：3mg
睾酮	Striant（Columbia Lab）	片剂：30mg
去氨加压素	Nocdurna（Ferring）	舌下片：0.0277mg、0.0553mg
酒石酸麦角胺	Ergomar（Tersera Therapeutics）	舌下片：2mg
酒石酸唑吡坦	Intermezzo（Transcept）	舌下片：5mg、10mg
胰岛素	Oral-lyn（Generex Biotechnology）	喷雾剂：10U/ 喷

二、口腔的解剖生理及影响药物口腔黏膜吸收的因素

（一）口腔的解剖生理特点

口腔是消化道的起端，由口腔前庭和固有口腔两部分组成。覆盖于口腔内的黏膜统称为口腔黏膜，包括舌下黏膜、颊黏膜、硬腭黏膜、齿龈黏膜。口腔的解剖结构和黏膜组织如图 8-1 所示。口腔黏膜最外层是上皮，其下为基底膜，再下是固有层和黏膜下组织（图

8-2 及文末彩图）。口腔上皮为复层鳞状上皮，由角质形成细胞与非角质形成细胞组成，由上到下依次为角化层、颗粒层、棘层和基底层。基底膜位于上皮层和固有层之间，厚约 1~4μm，起连接和支持作用，具有选择性、通透性。固有层为致密的结缔组织，黏膜下层为疏松的结缔组织。结缔组织中含有丰富的毛细血管和神经末梢，药物透过上皮层后由此进入血液循环[3]。

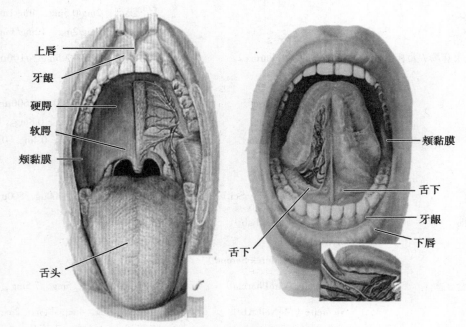

图 8-1　口腔的解剖结构

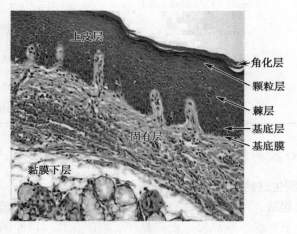

图 8-2　口腔黏膜结构

口腔黏膜面积约 200cm^2，不同部位黏膜的结构和功能不同，硬腭黏膜和齿龈黏膜的上皮角质化，构成口腔保护屏障，而颊黏膜和舌下黏膜上皮均未角质化，是用于全身给药的主要部位。表 8-2 列出了口腔各部位黏膜的解剖生理学特征。

表 8-2　人口腔各部位黏膜的解剖生理特征[4, 5]

部位	角质化情况	厚度（μm）	表面积（cm^2）	黏液更替时间（天）	渗透性	滞留时间
颊黏膜	未角质化	500~600	50.2 ± 2.9	5~7	中等	中等
舌下黏膜	未角质化	100~200	26.5 ± 4.2	20	优良	较差
硬腭黏膜	角质化	250	20.1 ± 1.9	24	较差	优良
齿龈黏膜	角质化	200	—		较差	中等

口腔黏膜表面有黏液层，覆盖于整个口腔内，黏液是一种具黏弹性的水凝胶，主要由 1%~5% 水不溶性的糖蛋白和 95%~99% 水构成，同时还有少量的蛋白质、酶、电解质和核酸。口腔黏膜下有大量毛细血管汇总至颈内静脉，不经肝脏而直接进入心脏，可避免肝脏的首过作用。口腔黏膜的血流量也具有分布区域差别，如颊黏膜为 2.40ml/（min·cm^2），舌下黏膜为 0.97ml/（min·cm^2）。总体上，口腔血流量较大，不会成为吸收的限速因素。

口腔中有三个主要的唾液腺：腮腺、下颌腺和舌下腺，可分泌唾液至口腔中。腮腺和下颌腺分泌的唾液较稀，而舌下腺主要产生黏性唾液，酶活性有限。唾液具有润湿口腔、帮助食物消化、润滑食物以利于咀嚼和吞咽以及保护口腔组织的作用。成人每天大约分泌 1~1.5L 唾液，当受到紧张思考、嗅觉或食物味道刺激时唾液分泌增加。唾液是黏性、乳白色、低渗液体，pH 为 5.8~7.4，唾液由水（约占 99%）、黏液、蛋白质、矿物盐和淀粉酶组成。此外，唾液中还含有硫氰酸盐、抗生素和溶解酶素，有助于杀死口腔中的细菌。

（二）药物口腔黏膜吸收途径

口腔黏膜的渗透性介于肠黏膜和皮肤之间。药物经口腔黏膜吸收主要通过两种途径：跨细胞途径（transcellular route）和细胞旁路途径（paracellular route）[6]。

1. 跨细胞途径　小分子和非离子型药物主要由被动扩散通过细胞膜，吸收机制符合 Fick's 扩散定律。其透过黏膜层的速度很大程度上取决于药物分子大小及其脂溶性。一般情况下，分子越小，脂溶性越强，其扩散通过黏膜层的速率越快。一些亲水性物质如葡萄糖、半乳糖、谷胱甘肽、维生素类等也可经载体介导的转运而吸收。

2. 细胞旁路途径　极性或水溶性药物通常经细胞旁路途径（上皮细胞间孔道）透过口腔黏膜。研究发现颊黏膜的孔道大小约 18~22Å，舌下黏膜约 30~53Å[2]，因此，分子量小于 1000 的极性药物可顺利通过口腔黏膜，而分子量大于 2000 的极性药物的透膜转运受到明显抑制。此外，由于口腔黏膜细胞间存在类脂质成分，一些脂溶性药物也能经细胞间通道透过黏膜吸收。

（三）影响药物口腔黏膜吸收的因素

1. 生理因素

（1）黏膜：口腔黏膜角质化上皮外层约 20%~25% 的组织由复层扁平细胞构成，排列较紧密，外来物质难以透过，是药物穿透口腔黏膜的主要屏障。而颊黏膜和舌下黏膜上皮均未角质化，具有较好的渗透性。其中舌下黏膜薄且血流丰富，透过性高，最适于需要迅速起效的药物。但由于唾液分泌及舌部活动的影响，药物难以与舌下黏膜保持长时间的接触。颊黏膜较舌下黏膜厚，但其面积较大，表面平滑，且相对不活动，受唾液影响小，药物可保留较长时间，适于需要缓释的药物。硬腭黏膜和齿龈黏膜虽也较薄，但由于其为角化上皮，面积也较小，药物透过性较差，主要用于局部用药。

（2）唾液：唾液的冲洗作用对口腔黏膜给药制剂的吸收影响大，舌下片常因此保留时间很短，口腔其他部位的黏附制剂也可能改变释药速度，缩短释药维持时间。适当的唾液分泌量有助于黏附制剂中的黏附材料溶胀，并与糖蛋白链形成弱化学键而产生黏附力，但若唾液的分泌量太大，黏附制剂的黏附强度会下降，且会使大量药物吞咽入胃肠道。

另外，唾液的 pH 会影响弱酸/弱碱性药物分子型和离子型的比例，从而影响其吸收。但由于唾液的缓冲能力较差，药物制剂本身可能改变口腔局部环境的 pH，从而可避免唾液 pH 的影响。

（3）口腔黏膜酶系统：口腔中除唾液中的淀粉酶外，在黏膜中还含有一些降解酶，如酯酶、氨基肽酶、羧基肽酶、内肽酶等，这些酶会导致药物降解，妨碍药物吸收，但与胃肠道相比，口腔中代谢酶的活性要低得多。

此外，口腔运动对药物在黏膜处的停留时间也有较大影响，如进食、说话、不自主吞咽等均会导致药物的快速流失。睡眠可以显著延长口腔黏附制剂的停留时间。

2. 药物理化性质

药物经口腔黏膜渗透的能力与药物本身的脂溶性、解离度和分子量大小密切相关。

（1）脂溶性：一般认为，舌下给药时，油/水分配系数在 40~2000 之间（$\log P$ 1.6~3.3）的非离子型药物吸收较好。欲使药物在口腔吸收，药物一般需溶解在唾液中，$\log P > 3.3$ 的药物由于脂溶性过高而不溶于唾液，除非采用特殊的制剂技术使药物进入黏膜，否则很可能被吞咽进入胃部，使口腔黏膜吸收减少。而 $\log P < 1.6$ 的药物由于亲水性强，跨膜渗透性差，不被吸收。只有具有适宜油/水分配系数的药物才能透过完整的上皮层到达毛细血管。

（2）解离度：口腔黏膜属于脂质膜，大多数弱酸和弱碱性药物的口腔黏膜吸收遵循 pH 分配假说，即分子型药物容易透过口腔黏膜，离子型药物难以透过。例如尼美舒利和布比卡因两个药物，其分子型在口腔黏膜的渗透性比离子型高 4 倍[7]。药物分子型和离子型的比例由环境的 pH 和药物的解离常数 pK_a 决定。

（3）分子量：亲水性药物的吸收速度与分子量大小有关，分子量 <100 的小分子药物能够迅速通过口腔黏膜吸收，分子量 >2000 的药物，口腔黏膜渗透性能急剧降低。大分子亲水药物如多肽蛋白类，在没有吸收促进剂存在下，生物利用度很低。

（4）药物结构：药物所带电荷也会影响药物经口腔黏膜的吸收。带正电荷的药物能与口腔黏膜中带负电荷的组分相结合，因此当相对分子质量增加时，电荷也随之增加而有利于吸收。对于多肽蛋白药物，其易与膜组分形成氢键，从而影响吸收，有时其影响程度比药物脂溶性或解离状态的影响更大。

3. **药物的剂型因素**　剂型可影响药物与口腔黏膜的接触以及在口腔中的滞留时间，从而影响药物的吸收。口腔给药常用的剂型有喷雾剂、片剂（包括舌下片、口腔崩解片、黏附片等）、膜剂、贴剂、凝胶剂、软膏剂等。贴剂、膜剂比喷雾剂停留时间长，可以增加药物的吸收。目前研究最多的生物黏附制剂，其可与黏膜层接触，通过疏水键、氢键、静电吸引力、范德华力等综合作用而产生黏附特性，延长药物在口腔中的作用时间，利于药物吸收，并具有缓释作用。另外，将药物制成呈单向释药的多层贴片或膜剂可以减少药物黏膜外消除，增加其吸收。

三、口腔黏膜给药制剂常用辅料

口腔黏膜给药剂型较多，涉及的辅料种类多样，此处只介绍一些共用的辅料，比较特殊的辅料，如膜剂的成膜材料等，则在具体剂型中再予以阐述。

（一）生物黏附材料

为了使药物能与吸收部位的黏膜紧密接触并保持足够长的时间，常在口腔黏膜给药制剂中添加适当生物黏附材料。例如，周密妹等以壳聚糖为生物黏附材料制备了胰岛素口腔喷雾剂，糖尿病家兔口腔黏膜给药后可产生明显的降血糖作用，与皮下注射相比，生物利用度达 6.6%[8]。当然，生物黏附材料的合理选用更是制备口腔黏膜黏附制剂的关键。

1. **黏膜黏附机制**　生物黏附材料主要和覆盖在黏膜表面的黏液层发生相互作用，而并不直接作用于黏膜上皮。黏液层含 2%~5% 的黏蛋白，其与黏附现象密切相关。黏蛋白由柔韧的交联糖蛋白链组成，具有较强的内凝聚力。在生理 pH 条件下，由于糖蛋白链末端的唾液酸等酸性物质的存在，黏液带负电，这种性质能产生高电荷密度，有利于生物黏附的形成[9]。根据 Alka 和 Gandhi 等的概括，黏附材料在口腔黏膜的黏附形成过程包括两个步骤：①黏附材料表面润湿或膨胀，使其与口腔黏膜紧密接触；②生物黏附材料渗透进入黏膜组织表面的缝隙中或生物黏附材料链与口腔黏液链间相互渗透，这种非共价性的相互作用在黏附材料和口腔黏膜表面形成了一个界面层，从而产生生物黏附。目前国内外对口腔生物黏附机制的研究报道很多，其理论包括：润湿理论（Wetting Theory）、扩散理论（Diffusion Theory）、吸附理论（Adsorption Theory）、电子理论（Electronic Theory）和断裂理论（Fracture Theory）等[10]，这些理论从不同角度解释了黏附材料和口腔黏膜间生物黏附的发生过程。

2. **常用生物黏附材料**　理想的生物黏附材料应具有下述性质：①生物黏附材料及其降解产物应无毒、无刺激性；②应具有良好的黏弹性；③能够迅速黏附于口腔黏膜，并具有一定的机械强度；④干燥或润湿状态都具有较好的生物黏附性；⑤黏附状态时具有一定剥离、拉伸和剪切强度；⑥最好能在口腔环境（pH 5.8~7.4）下解离[11]。

常用的生物黏附材料有天然、半合成和合成三大类。天然物质有明胶、果胶、阿拉伯胶、海藻酸钠、透明质酸、凝集素（lectins）等；半合成黏附材料有纤维素衍生物［羟丙甲纤维素（HPMC）、羧甲纤维素钠（CMC-Na）、羟丙纤维素（HPC）、羟乙纤维素（HEC）等］以及天然材料衍生化的产物（壳聚糖、巯基化壳聚糖等）；合成黏附材料主要有卡波姆、聚乙烯醇（PVA）、聚乙烯吡咯烷酮（PVP）、聚乙二醇（PEG）等。

生物黏附材料的种类不同，黏附性也不同。阴离子聚合物特别是含有硫酸基团或羧基的聚合物黏附性最强，其次是阳离子聚合物，中性聚合物的黏附性最低。同时水不溶性聚合物的黏附性能比水溶性聚合物好[12]。表 8-3 列出了一些聚合物的黏膜黏附力。

表 8-3 部分黏附材料的黏膜黏附力

材料名称	体外测定黏膜黏附力（mPa.s）	体内黏附力评价
卡波姆	185	＋＋＋
羧甲纤维素钠	193	＋＋＋
西黄蓍胶	154	＋＋＋
海藻酸钠	126	＋＋＋
明胶	116	＋＋
果胶	100	＋
阿拉伯胶	98	＋
聚乙烯吡咯烷酮	98	＋
聚乙二醇	96	＋

注：＋＋＋表示优良，＋＋表示一般，＋表示不好。

卡波姆具有优良的黏膜黏附性能，应用最广。原因在于其结构中存在大量的丙烯酸基团（含量为 56%~68%），能与黏蛋白的寡糖侧链形成氢键，同时高分子链与黏液层形成物理缠结，更有利于促进与黏膜的黏附。Kapil 等采用 Plackett-Burman 设计，分别考察了卡波姆 971P、HPMC K15M、PEG400 的用量及卡波姆的类型、搅拌时间对相应变量的影响程度，结果表明卡波姆用量和 HPMC 用量的影响较大，其中卡波姆含量越高，给药系统的黏膜黏附性越强，而少量的 HPMC 主要用于控制药物的释放[13]。研究发现，卡波姆黏附性能与其分子量有关。如卡波姆 907 是线性高分子物质，分子量为 450kDa，卡波姆 910 和卡波姆 934 是交联聚合物，分子量分别为 750kDa 和 3000kDa，实验表明卡波姆凝胶随聚合物分子量增加黏附性降低。这可能是由于聚合物链透过黏膜网状结构的扩散能力随分子量增加而降低所致。另外，卡波姆的黏附性也与它的交联度有关，含有非交联的卡波姆 934 的口颊黏附片的黏附性比含交联卡波姆 934P 的黏附性强。为了达到适宜的黏附性，卡波姆常与纤维素衍生物如 HPC、HPMC 或 CMC-Na 配合使用，如有研究者以卡波姆 934 和 CMC-Na 为黏附剂制备用于治疗口腔溃疡的口腔黏附片，黏附性较好，体内释药超过 8 小时。

壳聚糖又称脱乙酰甲壳素，为一种阳离子高分子，能与带负电荷的黏蛋白产生静电结合，因而具有较佳的黏膜黏附性能。Kumar 等以亚麻籽黏质为胶凝剂，分别选用壳聚糖、卡波姆 934P、羧甲纤维素及 PVP 为黏附性高分子材料，制备了文拉法辛口腔凝胶，研究表明 0.5% 壳聚糖和 2% 亚麻籽黏质制备的凝胶具有最佳的黏膜黏附性、胶凝强度和药物缓释性能。该凝胶的生物利用度（63.08%±1.28%）远高于口服生物利用度（39.21%±6.18%）[14]。壳聚糖的黏附性能受其分子量、溶剂 pH 以及交联程度的影响。将壳聚糖巯基化，其黏附性能进一步增强，且受离子强度和 pH 变化的影响减小，这与巯基能与黏膜糖蛋白富含半胱氨酸（Cys）子域内的 Cys 巯基形成二硫键有关[15]。

（二）吸收促进剂

大量研究表明，口腔黏膜上皮的颗粒层细胞间隙中存在着由膜被颗粒（membrane-coating granules，MCGs）排出的脂质构成的屏障层，其阻碍能力弱于角化层，是药物透过非角化口腔黏膜的主要障碍，致使一些药物尤其是亲水的生物大分子药物通过颊黏膜的渗透性能较差，通常需在制剂处方中加入吸收促进剂来增加药物的透过，从而提高药物生物利用度。

口腔黏膜与皮肤的结构较为相近，因此口腔黏膜吸收促进剂大多选用已经在透皮或其他黏膜给药系统中考察过的吸收促进剂。目前常用种类如表 8-4 所示：①表面活性剂：如十二烷基硫酸钠、月桂酸蔗糖酯；②胆酸盐：如牛磺胆酸钠、去氧胆酸钠、甘氨胆酸钠；③脂肪酸：如月桂酸、油酸；④壳聚糖及其衍生物；⑤环糊精类；⑥螯合剂：如依地酸盐（EDTA）[16]。

一般认为吸收促进剂主要通过以下机制来提高药物的黏膜渗透性：①改变黏膜脂质双分子层结构，降低黏膜层黏度或增加黏膜的流动性；②使黏膜上皮细胞间的紧密连接暂时疏松；③增加细胞间和细胞内的通透性；④加速黏膜处血液循环速度；⑤促进黏膜细胞膜孔形成；⑥胆酸盐类吸收促进剂还可抑制肽酶的活性，从而促进多肽类药物吸收。随着多肽蛋白药物口腔黏膜给药制剂的开发，吸收促进剂应用愈来愈广泛，如胰岛素加入 5% 非离子型表面活性剂月桂醚 -9 后，颊黏膜给药生物利用度由 1.0% 提高到 31.7%。采用去氧胆酸钠作为吸收促进剂，使鲑降钙素的颊黏膜渗透增强 53.1 倍。

理想的吸收促进剂应具有作用迅速、可逆，使用剂量小，药理学惰性，无黏膜毒性和刺激性，在化学和物理上能够与处方中其他化合物相容等特性。在实际应用中，能同时满足上述要求的吸收促进剂很少。选用吸收促进剂要基于"安全、高效"的原则，壳聚糖不改变黏膜结构，安全性较高，在多肽蛋白类药物的口腔黏膜给药制剂中应用较多。而表面活性剂、胆酸盐、脂肪酸等促进剂主要通过抽提细胞间脂质、与黏膜中的蛋白质相互作用等方式发挥效应，当用量较大或使用时间较长时易引起毒副作用，应控制使用剂量。总之，要选择合适的吸收促进剂，应熟知其对药物转运途径的影响，保证其对上皮结构的改变及引起的刺激性在生理允许范围内。

表 8-4 增加药物口腔黏膜吸收的促进剂

类型和促进剂	药物
表面活性剂	
十二烷基硫酸钠、月桂酸蔗糖酯、月桂醚 –9	降钙素、胰岛素、盐酸利多卡因、普伐他汀、$\alpha-$ 干扰素
胆酸盐	
牛磺胆酸钠、牛磺去氧胆酸钠、去氧胆酸钠、甘氨胆酸钠、甘氨去氧胆酸钠	阿昔洛韦、布舍瑞林、扎西他滨、盐酸吗啡、5– 氟尿嘧啶、内吗啡肽
脂肪酸	
月桂酸、月桂酸钠、肉豆蔻酸钠、油酸	胰岛素、脑啡肽、酒石酸麦角胺
环糊精类	
α, β, $\gamma-$ 环糊精、甲基 $-\beta-$ 环糊精、羟丙基 $-\beta-$ 环糊精	丁螺环酮
壳聚糖及其衍生物	
壳聚糖、三甲基壳聚糖、巯基化壳聚糖	胰岛素、转化生长因子、垂体腺苷酸环化酶激活肽
络合剂	
EDTA、水杨酸钠、柠檬酸钠	

（三）酶抑制剂

虽然口腔黏膜中的药物代谢酶远少于胃肠道，但仍存在氨肽酶、羧肽酶和酯酶等多种酶，其中氨肽酶是多肽蛋白类药物在口腔黏膜吸收的主要酶屏障。可通过加入酶抑制剂来提高药物的稳定性。

常用的酶抑制剂有抑肽酶（aprotinin）、苯丁抑制素（bestatin）、谷胱甘肽、嘌呤霉素（puromycin）和胆酸盐。不同酶抑制剂，其作用机制不同，可能是通过改变生物大分子的构象，或形成胶束，或直接抑制酶活性等来维持多肽蛋白药物的稳定。文献报道，一些阴离子聚合物如卡波姆 934P、聚卡波非也具有一定酶抑制作用，可能与它们螯合 Ca^{2+} 和 Zn^{2+} 作用有关（使氨肽酶、羧肽酶的结构改变，活性部位失活）[17]。

（四）矫味剂

由于口腔对异味非常敏感，因此口腔黏膜给药剂型中一般需加入矫味剂以掩蔽药物的苦涩等味道，以提高患者用药的顺应性。尤其是一些药物会分散在整个口腔中的剂型，如口腔崩解片、口含片、口腔液体制剂、非单向释药的口腔生物黏附制剂，矫味剂成为这些剂型处方筛选的重点之一。常用矫味剂包括芳香剂（香草醛、柠檬油酪酸、乳酸丁酯及其他芳香型脂类、醇类等）、甜味剂（天然糖、糖精钠、甜蜜素、阿司帕坦等）、酸味剂（枸橼酸、酒石酸、苹果酸、抗坏血酸等）、胶浆剂（黄原胶、瓜尔胶、西黄蓍胶、槐豆胶、阿拉伯胶等）。对于苦臭味一般的药物或药物在制剂中含量少时，可通过添加常规矫味剂来改善，如加入适量甜味剂和芳香剂。而当药物剂量大或药物的苦涩味较大时，仅仅加入甜味剂和芳香剂等矫味剂不足以改善口感，这时就需要采用微囊化、颗粒或粉末包衣、离子交换树脂等技术进行掩味。例如，氢溴酸右美沙芬主要用于镇咳，其味极苦，侯惠民等将右美沙芬用带相反电荷的离子交换树脂吸附固定在树脂粉末上，再在粉末外包一层半透膜，大大降低了药物的苦味，制成的缓释糖浆剂深受儿童患者欢迎[18]。

四、口腔黏膜给药系统的类型及代表性剂型介绍

（一）口腔黏膜给药系统的类型

经口腔黏膜给药的剂型根据其在口腔中释药的快慢可分为两类：速释制剂和缓释制剂。

口腔黏膜给药速释制剂是指口腔黏膜给药后能快速起效的药物制剂，主要包括片剂（口腔崩解片、口含片、舌下片等）、口腔喷雾剂和液体制剂等。

口腔黏膜给药缓释制剂主要是指口腔生物黏附制剂，能长时间黏附在口腔黏膜表面，延长药物在口腔黏膜或病灶处的滞留时间，以增加疗效。涉及的剂型包括口腔黏附片、口腔黏附膜剂、口腔黏附贴剂、口腔黏附凝胶剂等。

下面就一些代表性的剂型及其制备工艺、临床应用等进行详述。

（二）口腔喷雾剂

口腔喷雾剂为新型口腔液体制剂，是一种通过一定压力将含药液体喷射到口腔黏膜上的制剂，具有分布广、吸收快、药物降解少的特点。特别适于需迅速起效的药物，以及不便吞咽的患者和儿童用药。它将药物输送到口腔黏膜或口咽等部位发挥局部作用，药物亦可经该部位黏膜吸收而发挥全身作用。由于其喷出的雾滴粒径通常大于 $10\mu m$，不会到达肺部引起副作用[19]。

1. 口腔喷雾剂的组成 口腔喷雾剂以溶液为主，也有乳状液型和混悬型，根据药物性质不同进行相应剂型设计。药液主要由药物、溶剂和其他附加剂组成。溶剂主要为水，也可含有乙醇等非水溶剂。处方中一般需添加矫味剂和抑菌剂等附加剂，以掩盖药物的不良味道，同时防止多次使用时微生物的污染。为了延长喷出的雾滴在黏膜上的滞留，促进其吸收，处方中也可加入适宜的生物黏附材料，如卡波姆、PVA、HPMC 等。对于难溶性药物，还需采用适宜的方法或制剂技术以增溶。而黏膜渗透性差的药物，如多肽蛋白药物，处方中则常添加吸收促进剂。一般要求溶液型喷雾剂的药液要澄明；乳剂型喷雾剂分散相在分散介质中应分散均匀；混悬型喷雾剂中药物应微粉化。

喷雾装置是口腔喷雾剂的重要组成部分，包括喷雾泵和盛装药液的容器两部分。常用的喷雾泵为手动泵，主要采用手压触动器产生压力，使喷雾器内的药液以所需形式释出。该装置主要由泵杆、支持体、密封垫、固定杯、弹簧、活塞、泵体、弹簧帽、活动垫及浸入管等基本元件组成。手动泵产生喷雾所需压力大小取决于手揿压力或与之平衡的泵体内弹簧的压力，一般远小于抛射剂产生的压力。手动泵种类和规格非常多，可根据药液性质、体积大小以及喷雾部位等进行选择。盛装药液的容器主要有塑料瓶和玻璃瓶两种，前者质轻、便于携带，较常用。口腔喷雾装置使用时可正置或倒置喷雾。目前，世界各大医药

公司也在积极研制开发新型的喷雾器，如超声波雾化器，以进一步提高喷雾时雾化传递的效率。

2. **制备方法**　口腔喷雾剂的制备比较简单，包括药液的配制，分装于喷雾容器中，安装喷雾泵，加盖即得，详见本章第二节鼻腔喷雾剂的制备。

3. **临床应用**　目前，口腔喷雾剂已广泛用于治疗各种口腔和咽喉疾病，如口腔溃疡、咽喉炎、黏膜病、口干病等。如 Meda Pharmaceuticals 公司开发的盐酸苄达明口腔喷雾剂（商品名：Difflam spray）可缓解咽炎、扁桃体炎、口腔溃疡和口腔术后的疼痛。文献报道聚维酮碘口腔喷雾剂可用于治疗咽喉炎和扁桃体炎等口腔感染性疾病。口腔喷雾剂也用于全身疾病的治疗，如心血管疾病、镇痛、镇静催眠、糖尿病、黏膜免疫、止吐等（表8-5），可发挥其速效、给药方便及生物利用度高的特点。

表 8-5　部分上市的起全身作用的口腔喷雾剂

药物	治疗用途	商品名	批准时间
硝酸甘油	冠心病和心绞痛	NitroMist	2005
酒石酸唑吡坦	失眠症	ZolpiMist	2008
胰岛素	糖尿病	Oral-Lyn	2010 加拿大
芬太尼	镇痛	Subsys	2012
硝酸异山梨酯	冠心病和心绞痛	Isoket	2013

临床应用举例：

例 8-1　硝酸甘油舌下喷雾剂

硝酸甘油是最早用于口腔黏膜给药的药物之一，19 世纪中期已证明其可经舌下黏膜给药治疗心绞痛，常用剂型为舌下片。FDA 于 2005 年批准了 NovaDel 制药公司的硝酸甘油舌下喷雾剂（商品名：NitroMist）用于冠状动脉粥样硬化性心脏病和心绞痛的治疗。目前，在中国市场上销售的主要是德国保时佳大药厂生产的商品名为 Nitrolingual 的喷雾剂（别名：保欣宁，图 8-3）。临床实验证实相比于舌下片，舌下喷雾剂主要有 3 个优点：①起效快，硝酸甘油舌下喷雾剂的起效时间比舌下片短，60%的患者在喷雾后 1 分钟内心绞痛缓解，而用舌下片时仅为 35%。②效率高，舌下喷雾剂对肱动脉血管的舒张作用更显著，持续时间更长（图 8-3）。喷雾一次，可使 75% 的患者症状中止、好转，而舌下片的有效率为 64%。③有效期长，喷雾剂的有效期可达3 年，而舌下片仅为 3~6 个月[20]。可见，硝酸甘油舌下喷雾剂有望替代舌下片，具有很好的临床应用前景。

Nitrolingual 的处方除主药外，还含有芳香剂，乙醇和丙二醇在制剂中作为溶剂[2]。使用时先将罩壳帽取下，将喷雾剂瓶直立，食指放于瓶顶按钮的凹陷处，喷嘴对准舌头下方，用力揿压阀门，药液即呈雾状喷入口腔内。一般喷射 1~2 次，相当于硝酸甘油0.4~0.8mg。

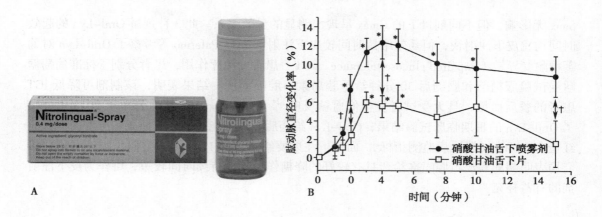

图 8-3 硝酸甘油舌下喷雾剂（Nitrolingual）外观（A）及
硝酸甘油喷雾剂和舌下片对肱动脉血管舒张效果（B）

例 8-2 胰岛素口腔喷雾剂

加拿大 Generex 生物技术公司开发的胰岛素口腔喷雾剂（Oral-Lyn）于 2007~2009 年分别在印度、厄瓜多尔及黎巴嫩等国上市，2010 年在加拿大上市，可用于治疗 I 型和 II 型糖尿病。该技术采用一种手持气雾剂施药器 RapidMist（图 8-4），将胰岛素以准确剂量的雾滴（7~10μm）给予到患者口腔黏膜（10U/喷），药物在口腔内的沉积比用传统喷雾技术明显增加，在吸收促进剂（卵磷脂、醇类）的作用下，胰岛素可通过颊部和口咽部黏膜迅速吸收，其绝对生物利用度达到 10%（皮下注射胰岛素的绝对生物利用度是 20%~40%），能有效控制糖尿病患者餐后的血糖水平[21]。

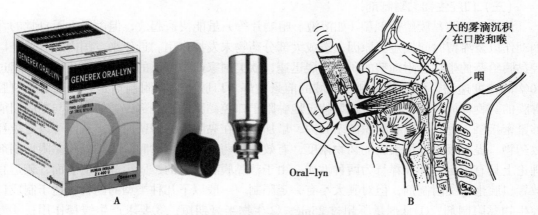

图 8-4 RapidMist 装置（A）及喷雾示意图（B）

Cernea 等采用自身交叉对照法，比较了 6 位健康志愿者分别给予 Oral-Lyn（150U/人）和常规皮下注射（0.1U/kg）后的药动学特性。与皮下注射相比，Oral-Lyn 给药后 Cmax 显著提高，tmax 显著缩短，但给药 45 分钟后血浆胰岛素浓度低于皮下注射（图 8-5）[22]。一项单中心、随机、单盲、交叉设计的临床研究表明，I 型糖尿病患者给予不同剂量的 Oral-Lyn（50U/人、100U/人、200U/人）后 tmax 均显著小于皮下注射（0.1U/kg），剂量对

tmax 无影响，但不同剂量下的 Cmax 呈现出明显的量效关系。此 3 种剂量 Oral-Lyn 的起效时间均比皮下注射快，但药效维持时间较皮下注射短[23]。Palermo 等考察了 Oral-Lyn 对葡萄糖耐受异常（impaired glucose tolerance，IGT）患者的治疗作用，患者分别于标准葡萄糖耐受试验服糖前和服糖后 30 分钟给予胰岛素口腔喷雾剂。结果表明，该制剂可降低 IGT 患者的餐后血糖，且无受试者发生低血糖反应[24]。Generex 生物技术公司于 2013 年公布了 Oral-Lyn 的Ⅲ期临床试验结果，Oral-Lyn 给药后 6 周就能显著降低糖尿病患者的糖化血红蛋白 HbA1c（糖尿病监测指标），而皮下注射要给药后第 12 周才有类似作用[2]。这些研究均表明胰岛素经口腔喷雾给药具有较好的降糖作用，但持续时间较短，可作为皮下注射剂的有益补充。

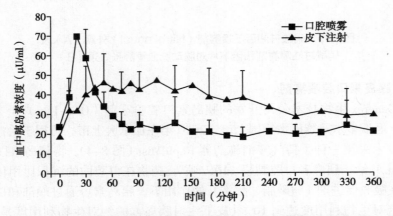

图 8-5 6 名健康志愿者口腔喷雾或皮下注射胰岛素后的血药浓度

（三）口腔生物黏附制剂

传统的口腔黏膜给药剂型（如溶液、咀嚼片等）虽能快速起效，但由于人不自觉的吞咽动作以及滞留时间较短等原因，造成大部分药物未发挥作用。近年来，国内外有关经口腔黏膜给药的生物黏附剂型的研究发展迅速，欧美国家此类产品的市场份额正以每年超过 10% 的速度递增，可见其在制药领域的前景良好。口腔生物黏附制剂是一种固定于口腔黏膜的药物释放系统，通过将剂型特定地黏附于口腔黏膜的某一部位，使制剂与黏膜间能够紧密接触，提高与黏膜组织的亲和力，增加制剂在黏膜上的滞留时间，从而可以定位释放药物，提高吸收部位表面的药物浓度，有效延长药物的作用时间。这类黏膜黏附性制剂理论上具有固定性和控释行为两种性质。由于颊黏膜有较大的、固定的平滑表面，较适宜放置口腔生物黏附制剂，但对其大小有一定限制。一般以下几种类型的药物较适于制成口腔生物黏附制剂：①日剂量不超过 25mg；②生物半衰期短；③要求产生缓释作用；④渗透性较差；⑤对酶降解敏感；⑥水溶性较小；⑦口服后由于肝代谢而致血药浓度波动大的药物。

口腔生物黏附制剂的设计一般有三种形式，见图 8-6。类型Ⅰ为单层给药装置，只有载药黏附层，当与口腔黏膜接触时，药物可向各个方向释放，大部分会随唾液流失，仅只有少量药物会被吸收或在局部起效。类型Ⅱ和Ⅲ都含有不渗透的背衬层，可使药物释放主要朝向黏膜面，尤其是类型Ⅲ可实现单向释药，大大提高了药物的利用率。

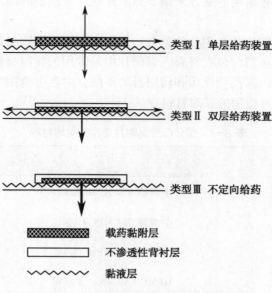

类型Ⅰ　单层给药装置

类型Ⅱ　双层给药装置

类型Ⅲ　不定向给药

▨▨▨ 载药黏附层

▭ 不渗透性背衬层

〰〰 黏液层

图 8-6　口腔黏膜黏附制剂类型示意图

　　常见的口腔黏膜生物黏附制剂包括口腔生物黏附片、口腔膜剂、口腔贴剂和口腔凝胶剂。其各自的优缺点见表 8-6。

表 8-6　常见的口腔黏膜生物黏附制剂

制剂	优点	缺点
口腔生物黏附片	经唾液润湿后可黏附在黏膜上，随后以合适的释药速度向黏膜或唾液中缓慢释药	与黏膜接触面积小；片剂无柔韧性；对于一些需要快速释放的药物不能达到较高的释药速率；长期应用黏附片可能导致黏膜刺激性
口腔膜剂	薄而软，与黏膜的接触面较大，起效快	载药量不高，且需掩味
口腔贴剂	柔韧性好，与黏膜的接触面较大	制备工艺较复杂
口腔凝胶剂	生物相容性好，制备简单	不能保持原型，易分散，不能使指定剂量药物在药用部位释放，多限于治疗窗较宽的药物

　　1. 口腔黏附片　口腔黏附片直径一般 5~8mm，呈扁椭圆形，包括单层型、部分包衣型和多层骨架片三种类型。单层型黏附片是将药物与黏附材料混合后压片而成，药物容量大，但部分释放的药物可随唾液进入胃肠道。部分包衣黏附片是将不与口腔黏膜接触的黏附片表面进行包衣，可使制剂单向释放药物，从而提高生物利用度。多层黏附片一般

有 2~3 层结构，是将药物和黏附材料组成黏附层，外覆不含药物的惰性层，保证药物只向黏膜释放。可通过改变黏附层的处方来调节黏附片在口腔黏膜的滞留时间以及药物的释放速度。

（1）处方组成：口腔生物黏附片的处方一般包含药物、黏附材料及其他赋形剂，对于部分包衣黏附片处方中还需含包衣材料。黏附片中最常用的黏附材料为卡波姆或纤维素衍生物如 HPC 或 HPMC，根据药物性质和使用目的不同，两者可单用或合并使用[25]。表 8-7 为部分已报道口腔黏附片使用的黏附材料。

表 8-7 部分口腔黏附片使用的黏附材料

药物	黏附剂
氯苯那敏和去氧肾上腺素	卡波姆 934/HPMC/CMC-Na[26]
卡维地洛	卡波姆 934/HPC/HPMC[27]
盐酸地尔硫䓬	卡波姆 934/HPMC K4M[28]
非洛地平和吡格列酮	HPMC/CMC-Na/ 卡波姆[29]
甲硝唑	卡波姆 940/HEC，HPC，HPMC，CMC-Na[30]
制霉菌素	卡波姆 /HPMC[31]
奥美拉唑	海藻酸钠 /HPMC[32]
吡罗昔康	卡波姆 940/HPMC[33]
琥珀酸舒马曲坦	HPMC/ 卡波姆[34]

（2）制备方法：单层型黏附片的制备大多采用直接压片法，亦可采用湿法制粒工艺，但因处方中含有黏附材料，制粒时一般不用水作润湿剂，而选用适宜浓度的乙醇。多层片一般是先压含药黏附层，然后将其放入一个稍大的冲模内，加入惰性层材料，进一步压制而成。部分包衣型黏附片在包衣时需固定片剂的位置。如侯惠民等采用片面涂膜机进行醋酸地塞米松口腔粘贴片的包衣（图 8-7）[35]。其首先将药物与生物黏附材料压制成片，置于涂膜机的传送带上，当传送到适宜位置时，在黏附片的其中一面喷涂包衣溶液（含不溶性聚合物），干燥后即得成品，包衣层厚约 0.1mm，其颜色与黏附层不同，以便于患者识别。

（3）临床应用：口腔黏附片因制备较简单，研究报道较多。目前上市的产品有芬太尼口腔黏膜贴片（Effentora）、睾酮口腔生物黏附片（Striant）、丙氯拉嗪颊贴片（Buccastem）、曲安奈德口腔贴片（Aftach）、硝酸咪康唑颊粘贴片（Oravig）、醋酸地塞米松粘贴片（意可贴）、甲硝唑口腔粘贴片、氨来呫诺口腔贴片等。口腔黏附片大多用于口腔局部疾病的治疗，也有一些经口腔黏膜吸收后产生全身治疗作用。

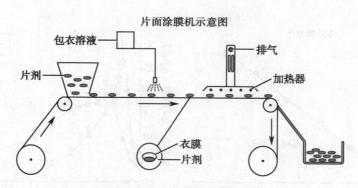

图 8-7　片面涂膜机示意图

例 8-3　尼索地平口腔黏附片[36]

【处方】　①含药黏附层

尼索地平	10mg	主药
卡波姆 974	22.5mg	
壳聚糖	22.5mg	黏附材料
乳糖	10mg	致孔剂
去氧胆酸钠	3.85mg	吸收促进剂

　　②惰性层

卡波姆 974	33.3mg
壳聚糖	16.7mg

【制法】采用直接压片法制备。先按照含药黏附层处方称取各组分，混合均匀后压制成直径为 6mm 的内层片；然后换成 8mm 模具，将压制好的内层片置于片模中心，周围填充混合好的惰性层粉末，压制成双层片。

【制剂注解】尼索地平是二氢吡啶类钙通道拮抗剂，该药口服后首过效应明显，生物利用度低（4%~8%），为提高药物的生物利用度，研制其口腔黏附片。为保证药物在口腔中不受唾液的干扰而单向释药，将尼索地平口腔黏附片设计成包括惰性层和含药黏附层的半包围结构（图 8-6，类型Ⅲ）。处方中选用卡波姆 974/壳聚糖作为黏附材料，两者分属于阴、阳离子聚合物，相互作用形成的复合物与黏膜表面黏液糖蛋白相互渗透、交联而形成三维网状结构，使给药系统具有很好的生物黏附性和可控的释药速率；乳糖可作为致孔剂调控整个体系的释药速度；去氧胆酸钠作为吸收促进剂促进尼索地平经口腔黏膜的渗透。由于处方中含有卡波姆等强吸水性辅料，遇水后会急剧膨胀黏稠，因此采用直接压片法制备尼索地平口腔黏附片。制得的口腔黏附片硬度为 49N，平均黏附力为 $79.5g/cm^2 \pm 1.1g/cm^2$，体外呈零级释药，颊黏膜给药后兔体内生物利用度是口服片剂的 1.85 倍（图 8-8），表明制成口腔黏附片的确提高了尼索地平的生物利用度。

2. 口腔膜剂　膜剂薄而软，适合口腔内粘贴，且溶解快，奏效快。另外，其制备工艺简单，成本较低。随着膜剂材料、包装工业及制剂技术的发展，近年来口腔膜剂日益受到重视。美国和加拿大在 2003~2007 年推出了 50 多种口腔膜剂产品，2004 年全球的口腔膜剂在 OTC 和保健品市场的销售额为 2500 万美元，2007 年升至 5 亿美元，2010 年达到 20 亿美元[37]。

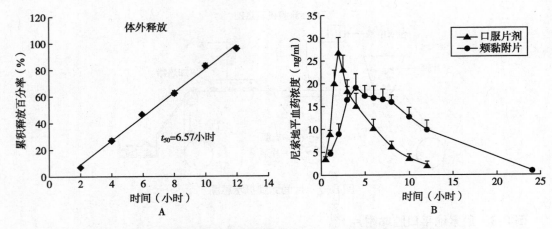

图 8-8　尼索地平口腔黏附片的体外释药（A）及兔体内药时曲线（B）

（1）口腔膜剂的分类：口腔膜剂一般制备成薄片状，放置在舌下、颊部或口腔其他部位。给药后经唾液润湿并黏附在给药部位，膜溶解或分散同时释放药物。根据膜剂在口腔中的溶解速度将其分为速溶膜、黏膜黏附溶蚀膜、黏膜黏附控释膜[38]。不同种类口腔膜剂的特性见表 8-8。

表 8-8　不同种类口腔膜剂的特性[39]

项目	速溶膜	黏膜黏附溶蚀膜	黏膜黏附控释膜
面积（cm²）	2~8	2~7	2~4
厚度（μm）	20~70	50~500	50~250
结构	单层膜	单层或双层膜	双层膜
成膜材料特性	水溶性或亲水聚合物	水溶性或亲水聚合物	低亲水性聚合物
原料药形态	溶液	溶液或混悬液	溶液或混悬液
给药部位	舌下或上腭	牙龈或口颊黏膜	牙龈或其他口腔部位
溶解速度	≤ 60 秒	数分钟形成凝胶	最长 8~10 小时
起效部位	局部或全身	局部或全身	局部或全身

（2）膜剂的处方组成：膜剂一般由药物、成膜材料、增塑剂、矫味剂、表面活性剂和色素等组成。对于黏膜黏附溶蚀膜和黏膜黏附控释膜，为了保证单向释药，常在膜剂上涂覆用乙基纤维素、醋酸纤维素和聚丙烯酸树脂等不溶性材料组成的背衬层。

口腔膜剂体积较小，决定了其载药量不大，一般药物活性成分占整个制剂的比例约为 5%~30%[40]。

膜剂常用的成膜材料有 PVA、HPMC、HPC、CMC-Na、聚氧乙烯（PEO）、海藻酸钠、果胶、支链淀粉、聚维酮 - 乙酸乙烯共聚物等。成膜材料的选用取决于药物的性质和制备方法，其通常在处方中的比例大于 45%。为了得到黏附和释药性能均较理想的成膜材料，常将几种不同的聚合物混合使用。

增塑剂的加入可使药膜柔软，尤其当主药含量超过 30% 时尤为必要，否则膜易断裂。但增塑剂用量过多，膜过于柔软，易延伸而剂量不准。一般增塑剂的用量 ≤ 20% 即可有效防止膜干燥后出现开裂、起皱等现象[41]。常用的增塑剂有甘油、丙二醇、PEG、邻苯二甲酸酯（如二甲酯、二乙酯、二丁酯）、枸橼酸酯（如三丁酯、三乙酯）、三乙酸甘油酯及蓖麻油等。类似于包衣处方中增塑剂的选择原则（见第四章第四节），口腔膜剂选用增塑剂时需考虑增塑剂的加入对药物释放和膜的玻璃化温度的影响。

对膜剂中的苦味成分须进行掩味或矫味。常用方法是加入芳香剂、甜味剂或苦味抑制剂等，矫味剂推荐的最大用量为 10%。

另外，为增加膜剂的美观及识别度，常添加着色剂，如二氧化钛和食用色素等。有时加入少量表面活性剂，可使不溶性主药、脱膜剂等易均匀分散，并增加药物的生物有效性。根据需要，还可添加稳定剂、增稠剂及乳化剂等辅料。

（3）膜剂的制备及包装

1）膜剂的制备：膜剂的制备方法通常有匀浆制膜法和热熔挤出法。

匀浆制膜法又称流涎法，是目前国内制备膜剂最常用的方法，特别适合以 PVA 为成膜材料的膜剂制备。其制备工艺过程为：将成膜材料首先溶于水或水与有机溶剂的混合溶媒，加入其他辅料溶解，再加入主药，充分搅拌使溶解。若主药不溶，可预先制成微晶或粉碎成细粉，用搅拌或研磨等方法均匀分散于浆液中。浆液以能流动为宜，不能太稀薄，以减少制膜时厚薄不均的现象，并减少干燥时间。制备的浆液通常含有大量气泡，可静置自然脱泡。加热保温可使浆液黏度下降，加快脱泡速度。然后采用涂膜机，将脱好泡后的药浆直接流涎于涂塑包装纸的塑料面上，涂膜厚度可通过调节涂覆刀片与背衬托板的距离来精确控制。涂覆好的药浆连同包装纸一起进入干燥隧道中干燥成膜，再采用精确校正的滚切刀具将药膜按剂量裁剪成适宜面积的小片，置包装用的塑料膜上，经热压机热合包装得到成品。图 8-9 为流涎法制备口腔膜剂的设备。

图 8-9 流涎法制备口腔膜剂的设备

热熔挤出法系将药物与热塑性成膜材料（一般选用低分子量、低黏度的 HPMC、HPC、PEO 等）及其他辅料（如增塑剂）置于热熔挤出机中（图 8-10），热熔挤出机的圆筒预设不同的温度区（温度由电加热棒控制，热电偶对其进行监测），物料在螺杆的推进下前移，在一定的区段熔融或软化，熔体在剪切元件、混合元件的作用下均匀混合，最后以一定的压力、速度和形状从机头模孔挤出，再冷却压制成膜，经切割、包装得成品[42]。此法操作简便，无需溶剂和水，难溶性药物分散好，但高温环境可能会造成某些活性成分的降解。热熔挤出法较适宜缓释膜剂的制备，制备速溶膜，此技术目前尚存在一定问题[43]。

关于热熔挤出技术在制剂中的应用详见本书第三章第三节。

图 8-10　热熔挤出法制备膜剂的设备[42]

2）膜剂的包装：制备好的膜剂通常比较柔软、强度不高，为了便于运输、贮存和使用，包装应有足够的强度和厚度，应具备水蒸气及氧气阻隔性能，以保证膜剂的完好及药物的稳定。目前市售的膜剂主要有两种包装形式：塑料盒包装和易撕型铝塑袋包装。前者通常为多枚膜剂包装，适合需要多次使用的产品，但开盒后产品易吸潮，质量及机械性能较难控制；后者多为单剂量包装，可保证每剂膜剂单独密封，是目前最常见的膜剂包装形式。德国 Romaco Siebler 公司的 Cath-Cover 免纸盒易携带单片药板包装由集成了铝塑膜供料系统、热压合设备和裁剪设备的全自动化生产线完成。包装用铝塑薄膜的正反面由热压合时产生的焊缝保持牢固的连接，并覆盖药膜，铝塑膜内侧可印制产品信息。为便于患者服用，包装的正面还设计了便于揭开铝塑膜的缺口。德国 Labtec GmbH 设计的信用卡式包装 RapidCard，将 3 片膜剂分别密封在信用卡片大小的包装中，每个剂量的膜剂可单独取出，携带方便。一些口腔膜剂的包装实例见图 8-11。

（4）膜剂的临床应用：膜剂产品最初聚焦于以维生素及中草药提取物为活性成分的口气清新类产品，之后转向 OTC 和保健品市场。2001 年 Pfizer 公司推出 Listerine 和 PocketPaks 用于预防口臭。Novartis 公司也推出了一系列有效成分为苯海拉明、去氧肾上腺素及右美沙芬的单方或复方口腔膜剂，用于感冒、咳嗽或鼻炎的预防及治疗。随后有更多的口腔膜剂产品出现。德国 Labtec GmbH 开发的 RapidFilm 在口腔中能快速溶解，所载药物能在 2~3 分钟内完全释出，迅速吸收。RapidFilm 最大可载药 30mg。MonosolRx 公司开发的膜剂形状和大小类似于邮票，稳定性和强度较好，溶解迅速，载药可达 80mg，能实现口腔黏膜和舌下吸收。以此平台开发的昂丹司琼膜剂与其口腔速崩片（Zofran ODT）生物等效，于 2010 年 7 月获得 FDA 批准。伏格列波糖（voglibose）膜剂由日本救急药品工业株式会社于 2006 年 8 月推出，用于改善糖尿病患者餐后高血糖，有 0.2mg 和 0.3mg 两种规格。以健康成年男子为研究对象的生物等效性试验结果显示，不论是否用水送服，两种规格伏格列波糖膜剂的降血糖效果均与相应的口腔速崩片相当。Onsolis 为芬太尼口腔速溶膜剂，2009 年获 FDA 批准上市，用于治疗对阿片类药物产生耐药的癌症患者的突发性剧痛。该膜剂由含药层和背衬层组成，含药层中所用黏附材料有 CMC-Na、HEC、HPC 和聚卡波非。目前口腔膜剂已用于治疗多种疾病，如咽喉不适、抗组胺、哮喘、胃肠道功能紊乱、止吐、镇痛、阿尔茨海默病、复合维生素给药以及辅助睡眠等。表 8-9 为部分上市的口腔膜剂产品。

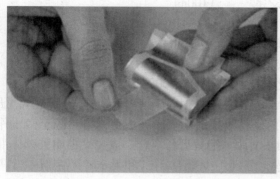

图 8-11　一些上市的口腔膜剂的包装形式

表 8-9　部分上市起全身治疗作用的口腔膜剂产品

API	商品名 / 规格	适应证	研发公司
昂丹司琼	Setofilm（3cm/4mg，6cm/8mg）	化疗或放疗引起的恶心、呕吐	tesa Labtec GmbH
美克洛嗪	ZentriP（柑橘型橙色薄膜条）	预防晕动症	日本佐藤制药株式会社
伏格列波糖	Voglibose OD film（0.2mg，0.3mg）	改善糖尿病患者餐后高血糖	日本救急药品工业株式会社
丁丙诺非 / 纳洛酮	SUboxone（2mg/0.5mg，8mg/2mg）	治疗阿片依赖症	Reckitt Benckiser
芬太尼	Onsolis（200μg，400μg，800μg）	镇痛	BioDelivery
多奈哌齐	Donepezil Rapidfilm（5mg，10mg）	治疗阿尔茨海默病	tesa Labtec GmbH

例 8-4　替硝唑/醋酸地塞米松双层膜[44]

【处方】　①背衬层：

乙基纤维素	2.5g	无水乙醇	100ml

②含药层：

替硝唑	0.2g	醋酸地塞米松	0.025g
壳聚糖	1g	明胶	2g
1%HCl	适量	纯化水	加至100ml

【制法】　①精密称取乙基纤维素 2.5g，加入无水乙醇 100ml 溶胀，直至全部溶解，研匀制成 2.5% 空白成膜液，静置消泡。将空白成膜液涂铺于干净玻板上，自然晾至微干作为背衬层备用。②另将壳聚糖、明胶分别加水溶胀、溶解后，混合制成壳聚糖明胶胶体混合液。精称处方量的替硝唑、醋酸地塞米松，分别用少量 1%HCl 和无水乙醇溶解，等量加液研磨法将两药物溶液研入壳聚糖明胶混合液中，用 1%HCl 调 pH 至 6.5，静置消泡，配成 100ml 含药层成膜液。③将含药层成膜液加温于 50℃，取出，将其涂铺于晾至半干的背衬层上，自然晾干，起膜，^{60}Co 照射灭菌，切割成 2cm×2cm 双层膜。其中替硝唑含量 0.5mg/cm^2，醋酸地塞米松含量 62.5μg/cm^2。

【制剂注解】　针对口腔溃疡的局部治疗，联合使用替硝唑和醋酸地塞米松疗效确切，总有效率高达 97%。本膜剂为双层膜，在含药层外覆盖背衬层，选用的高分子材料为乙基纤维素，其价廉易得。壳聚糖具无毒、无刺激、生物黏附性和生物相容性好、成膜性能优良等特点，近年来研究还表明，壳聚糖能抑制细菌、霉菌生长，具免疫增强作用和促进伤口愈合、组织修复的作用，因此，对治疗口腔溃疡而言，壳聚糖不仅可作为成膜材料，还兼具一定的治疗作用。制得的双层膜膜厚 0.18mm，其在口腔内的平均黏附时间为 29'52″，30 分钟时释药率达 100%。

3. 口腔贴剂　口腔贴剂可以是简单的小圆片或分层系统，大小可达 10~15cm^2，为了便于给药，一般制成 1~3cm^2 的椭圆形，使用时黏附在颊黏膜中央。其具有药物含量准确、稳定性好、柔韧、黏附性强等特点。口腔黏膜贴剂包括三种类型：①可溶性骨架贴剂，在治疗口腔念珠菌病和口腔黏膜炎方面比普通片剂能更持久释放药物；②被膜非溶解性贴剂，可持续释药 10~15 小时，且可防止唾液对药物的影响，但该类制剂作用面积小，需患者自行取出释药后的装置；③被膜可溶解性贴剂，与第 2 类型相反，释药后的装置无须取出，由于其被膜的可溶性导致其相应的释药时间也缩短了[45]。

口腔贴剂的组成一般包括四部分：背衬层、药物贮库、压敏胶层和防黏层。其制备方法同透皮贴剂，详见本书第七章经皮给药系统。

Vishnu 等制备了卡维地洛（carvedilol）口腔贴剂，并以猪为实验动物，考察其与普通口服溶液剂的差别。结果表明，卡维地洛贴剂口腔黏膜给药的生物利用度较口服溶液提高 2.29 倍[46]。Gibson 等将含有 5mg 毛果云香碱的贴剂用于口干综合征（Sjögren's syndrome）患者，黏附 3 小时后，该贴剂释药达 85%，明显增加了患者唾液的分泌[47]。研究发现，不含药物的贴剂也可作为伤口敷料，用于口疮溃疡的覆盖和治疗。例如，Karlsmark 等报道了一种闭塞型水凝胶贴剂，其对唇疱疹的治疗效果与阿昔洛韦相似[48]。tesa Labtec GmbH 和 Izun 公司共同开发了一种黏附于牙龈的水凝胶贴剂（商品名：PerioPatch），可促进软组织愈合。由于贴剂的组成和制备较复杂，目前上市产品少，应用不如膜剂广泛。

4. 口腔凝胶剂　凝胶剂因易分散，难以使指定剂量药物在用药部位释放，因此主要用于口腔局部疾病的治疗，如牙周炎。利用凝胶剂的半固体性质，可以采用注射方式将其注入牙周袋中，制剂的生物黏附性可使其在牙周袋中滞留较长时间以提高治疗效果。近年来，也有将生物黏附性水凝胶用于制备颊黏膜释药系统的研究报道。所用凝胶材料有卡波姆、CMC-Na、泊洛沙姆 407、透明质酸、黄原胶等[49]。涉及的药物有镇痛剂、抗高血压药物、治疗心血管疾病的药物、抗真菌剂等，但目前这些研究均处于临床前研究阶段，无产品上市。

五、口腔黏膜给药系统的质量评价

口腔黏膜给药系统不仅需满足各剂型下的质量要求，还须考虑口腔黏膜给药的特点，建立黏膜给药系统的质量评价体系。表 8-10 为不同口腔黏膜剂型所需满足的质量评价指标。针对此类剂型的特点，生物黏附性及渗透性是最重要的两个质量评价指标，本部分对这两个质量指标的测定方法进行详述。

表 8-10　口腔黏膜常用剂型及检查项[6]

检查项	片剂	膜剂 / 贴剂	凝胶剂 / 软膏 / 乳剂	喷雾剂
重量差异	√	√	—	—
含量均匀度	√	√	√	√
脆碎度	√	—	—	—
抗张强度	√	√	—	—
黏度	—	—	√	—
雾粒粒径	—	—	—	√
崩解时限	√	√	—	—
溶出度 / 释放度	√	√	√	—
黏附时间	√	√	√	—
黏附力	√	√	√	—
渗透性	√	√	√	√
药动学研究	√	√	√	√
药效学研究	√	√	√	√

1. 口腔黏膜给药的研究模型　质量评价所用的口腔黏膜常取自不同种属的动物。小型啮齿类动物如大鼠、仓鼠等口腔黏膜已角质化，与人类组织不同，一般多用于体外渗透性研究；兔口腔黏膜是啮齿类动物中唯一未完全角质化、且与人组织相似的，但不易区分角质化与未角质化区域，很难通过手术取得。狗、猴、猪等动物的口腔黏膜未角质化，与人口腔黏膜组织接近，适合制剂的体内外评价。前两种动物的使用成本较高，猪口腔黏膜

价廉易得，结构和组成与人类组织最接近，是最常使用的生物膜。Gore 等对比了犹加敦迷你猪与普通家猪的口腔黏膜渗透性，结果表明普通家猪可代替前者作为口腔黏膜给药系统的实验动物。

近年来，为了研究制剂在口腔黏膜吸收的机制以及转运途径，研究者构建了细胞模型，其中以 TR146 细胞构建的模型较为成熟。TR146 为食管鳞状癌细胞，以 TR146 细胞系建立的三维培养模型，细胞生长 23 天后，表现为 4~7 层的复层上皮结构，表层细胞扁平状（图 8-12 及文末彩图[50]），不同于底层细胞。微观结构也与人的正常口腔黏膜有相似的特点，如具有中间丝、微绒毛样的突起及膜包裹颗粒样物质，无紧密连接，没有全部角质化[51]。Nielsen 等采用 TR146 细胞模型比较甘露醇、睾酮、烟碱的渗透转运，认为 TR146 细胞模型与人或猪颊部黏膜具有相似的渗透屏障。

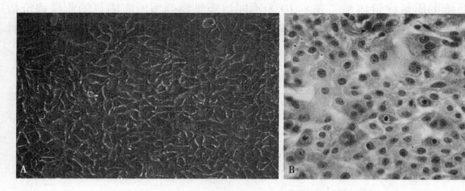

图 8-12　TR146 细胞的生长特性

A：细胞生长 20 天后相差显微镜照片（×200）；B：HE 染色（×400）

2. 生物黏附性评价　生物黏附性主要指生物黏附制剂在黏膜上的黏附力和滞留时间。如需制剂具有缓释作用，长时间维持治疗效果，这就要求增加制剂对黏膜的黏附力，延长制剂在黏膜表面的滞留时间。对某些以局部用药为目的的疾病如口腔溃疡，则不需要制剂在病灶处停留太久，这时制成黏附力适中、释药速度较快的膜剂即可。

（1）黏附力：黏附力是评价黏附制剂最重要的参数之一。通常用剥离力的大小来评价黏附力。方法：将猪黏膜牢固粘贴于上、下两块平台上，固定下平台，再将制剂用水润湿后置两块黏膜中间。压紧 2 分钟左右，沿 90° 或 180° 的方向拉其中一平台，直至制剂与黏膜完全分离，此时的剥离力即为黏附力。研究表明，制剂的黏附力为 $0.05\sim0.1\text{kg/cm}^2$ 可满足人口腔黏膜给药的需要。

（2）黏附时间：在临床前研究中应根据不同用药情况进行相应的黏附时间测定。

体外法：此法所用设备与美国药典（USP30-NF25）中测定崩解时限的装置相似（图 8-13），介质为 37℃、pH 6.7 的等渗磷酸盐缓冲液。将面积为 4cm^2 的猪口腔黏膜用氰基丙烯酸酯固定在玻璃调合板表面，与装置垂直放置。将生物黏附制剂黏附在黏膜上，2 分钟后以 150r/min 的转速转动调合板，模拟正常的口腔内环境，记录制剂的溶蚀、黏附情况[52]。

体内法：将生物黏附制剂置受试者口腔内的指定区域，轻轻挤压 30 秒，保证黏附牢固。之后持续询问受试者制剂是否保留在原位及是否有溶蚀倾向。记录制剂完全溶蚀的时间，并观察是否有辅料滞留在黏膜表面。并应记录任何有关受试者给药后的药理反应现象，如是否有不适、异味、口干、流涎和刺激等。

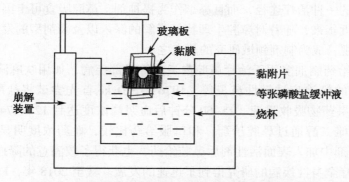

图 8-13 体外法测定制剂在口腔黏膜上黏附时间的装置

3. 渗透性评价 药物对黏膜渗透性的大小是影响药物吸收的直接因素，它不仅和药物自身的性质有关，还与黏膜性质、吸收促进剂等因素有关。常采用离体法考察。采用离体法时，分离后的黏膜应在 60℃左右的等渗生理盐水中浸泡 1 分钟后直接从边缘将上皮组织剥离，再浸泡在 Krebs-Ringer 试液中。如在 2 小时内使用，可保存于 4℃环境，否则须在 -20℃保存，一般最长不超过 3 周。Dowty 等指出，虽然 6 小时内离体兔口腔黏膜中的 ATP 浓度下降约 50%，但黏膜的渗透性基本不变。有时也可采用人造生物膜来评价药物的黏膜渗透性。在美国上市的口腔溃疡治疗药氨来呫诺（amlexanox）的临床前研究中，曾使用醋酸纤维素膜和聚氯乙烯膜等多种材料模拟生物膜，评价制剂的渗透性。

研究黏膜渗透性的体外扩散装置通常选用 Franz 扩散池或 Ussing-Chambers 扩散池。方法：将黏膜固定于供给池和接收池之间，采用生理盐水或 pH 7.4 的磷酸盐缓冲液作为接收介质，37℃ ±0.5℃恒温水浴、磁力搅拌，将受试制剂加于供给池中，定时从接收池取样，同时补充相同体积新鲜介质。测定药物浓度，计算一定时间的累积释放量、稳态流量和表观渗透系数。渗透系数的计算公式见式 8-1：

$$P_{app} = \frac{dc}{dt} \cdot \frac{V}{C_0 A} \qquad \text{式 8-1}$$

式中，dc/dt 是稳态条件下接收池中药物单位时间内浓度变化，V 是接收池容积，A 是有效渗透面积，C_0 是供给池中药物的初始浓度。

第二节 鼻腔黏膜给药系统

一、概 述

（一）概念及发展简史

鼻腔黏膜给药系统（nasal drug delivery systems）系指在鼻腔内使用，经鼻黏膜吸收而发挥局部或全身治疗作用的一类制剂。

鼻腔给药的方式由来已久，如汉代张仲景的《伤寒杂病论》就载有"薤捣汁，灌鼻中"，起到开窍回苏的急救作用；古代西藏有把檀香木和芦荟提取物吸入鼻腔止吐的记载；北美印第安人通过鼻腔吸食一种树叶的粉末来治疗头痛；在印度医药系统中鼻腔治疗也是早已被人们认识的一种治疗途径，而且鼻烟作为提神剂、鼻腔吸食可卡因和多种致幻剂早已为人们熟知。近年来，随着对鼻腔生理特征了解的深入以及新剂型的发展，鼻腔给药逐渐受到人们的重视，成为制剂领域研究的热点之一。

　　传统的鼻腔给药制剂多用于治疗鼻腔内炎症等局部疾病，如用呋麻滴鼻液治疗鼻炎、鼻塞；用氢化可的松治疗过敏性鼻炎等。1976 年，Dyke 首先尝试将盐酸可卡因溶液通过鼻腔给药，结果药物吸收迅速，15~60 分钟后血浆峰浓度达到 120~474μM/L。1977 年，Kigg 将微粉化的雌二醇通过鼻腔给药，和口服给药比较，血药浓度明显提高。1978 年，Hirai 在胰岛素制剂中加入表面活性剂后鼻腔给药，也获得了较满意的降血糖效果。此后，通过鼻腔给药治疗全身性疾病的研究得到了迅速的发展。截至 2018 年，FDA 共批准 34 个鼻腔给药产品，其中 19 个为局部作用药物，15 个为全身作用药物，产品有醋酸布舍瑞林鼻喷剂、布托啡诺鼻喷剂等（表 8-11）[53]。通过鼻腔给药治疗的疾病已涉及退热、骨质疏松、疼痛、维生素 B_{12} 缺乏、偏头痛、夜尿症、类风湿关节炎、性功能障碍、癌症、糖尿病、癫痫和阿尔茨海默病等。部分处于临床研究阶段的鼻腔给药药物见表 8-12。

表 8-11　国外已上市起全身性治疗作用的鼻腔制剂

品名	商品名	适应证	生产厂商
去氨加压素鼻喷剂	Stimate	尿崩症	Ferring
雌二醇鼻喷剂	Aerodiol	雌激素缺乏	Servier
鲑降钙素鼻喷剂	Miacalcic	骨质疏松	Novartis
醋酸布舍瑞林鼻喷剂	Suprecur/Suprefact	子宫内膜异位	Sanofi-Aventis
醋酸那法瑞林鼻喷剂	Synarel	子宫内膜异位、中枢性性早熟	Pfizer
布托啡诺鼻喷剂	Stadol	镇痛	BMS
甲磺酸双氢麦角毒碱鼻喷剂	Migranal	偏头痛	Novartis
舒马普坦鼻喷剂	Imigran/Imitrex	偏头痛	GSK
佐米曲普坦鼻喷剂	Zomg	偏头痛	AstraZeneca
甲氧氯普胺鼻喷剂	Emitasol/Pramidin	化疗引起的恶心呕吐	Questcor/Nastech
烟碱鼻喷剂	Nicorette/Nicotrol NS	戒烟	Pfizer
维生素 B_{12} 鼻喷剂	Nascobal	维生素 B_{12} 缺乏	Nastech
芬太尼鼻喷剂	Lazanda	癌症暴发痛	Archimedes
鼻用睾酮凝胶	Natesto	内源性睾酮缺乏	Trimel
酮咯酸氨丁三醇酯鼻喷剂	Sprix	治疗中至中重度疼痛	Roxro
纳洛酮鼻喷剂	Narcan	阿片类药物过量	Adap

表 8-12　部分处于临床研究阶段的鼻腔给药药物

类型	药物
治疗阿尔茨海默病	胰岛素
治疗失眠症	唑吡坦
治疗眩晕	盐酸倍他司汀
治疗焦虑症	右美托咪定、PH-94B
治疗糖尿病	胰岛素、艾塞那肽
治疗过敏性鼻炎	糠酸莫米松 / 盐酸奥洛他定
预防金黄色葡萄球菌感染	XF-73（exeporfinium chloride）
抗流感	OVX-836、BK-1304
退热	柴胡

（二）鼻腔给药的特点

鼻腔作为给药部位，其药物吸收与其他部位相比具有以下特点：①相对较大的吸收表面积，约 150cm^2；②鼻黏膜通透性高，黏膜下血管丰富，血流量大，药物吸收迅速，起效快，一些药物的鼻腔吸收速度接近静脉注射；③能避免肝首过效应和胃肠道酶解酸解，提高药物的生物利用度；④给药方便，宜自主用药，改善患者的顺应性；⑤鼻腔给药后，一部分药物能够通过嗅神经和三叉神经绕过血脑屏障直接入脑，有利于脑部疾病的治疗。鼻腔制剂一般以滴入或喷雾方式给药，患者可自行完成，对机体损伤轻或无。对于口服吸收差只能以注射途径给药的药物，以及需要快速发挥药效、缓解症状的情况，如偏头痛、癫痫发作等，鼻腔给药具有特别的优势。

然而，鼻腔给药也有其局限性：①鼻腔给予药物会在不同程度上影响鼻正常生理功能；②一些药物和辅料有鼻黏膜毒性及刺激性；③每个鼻孔的药液容量仅为 50~150μl，给药量受到限制。另外，鼻组织的自我保护机制，如黏液屏障、酶屏障以及纤毛清除作用等都会限制药物的透黏膜吸收。

（三）鼻腔给药的新用途

1. 为多肽蛋白类药物提供了一条非注射给药途径　多肽蛋白类药物由于分子极性高，分子量大，易被胃肠道酶降解，口服一般无效。采用鼻腔给药后生物利用度明显提高（表 8-13），有望代替注射方式，方便患者自主用药。目前鼻腔给药已成为加压素、去氨加压素、黄体生成素释放激素（LHRH）、催产素等多肽类药物的常规给药途径。

2. 为脑部疾病的治疗提供有效途径　由于血脑屏障的存在，近 98% 的小分子药物和几乎所有的大分子药物都难以进入中枢，限制了对脑部疾病的治疗。基于鼻腔与颅腔在解剖生理上的直接联系（见鼻腔的结构与生理），近年来研究者们发现了鼻腔给药的另一种潜在优势，许多药物可以经鼻黏膜下的嗅神经和三叉神经直接转运入脑，例如碱性成纤维生长因子（bFGF）、胰岛素样生长因子、血管活性肠肽等多肽蛋白药物以及甲氨蝶呤、吗啡、雌二醇等小分子药物都被实验证明可以经鼻腔直接转运到中枢神经系统[66]，这为药物治疗脑部疾病提供了一条新的给药途径。与脑内递药的其他方法如脑室内注射、鞘内注射等相比，这种非侵入性给药方法更方便、简单、低风险，易被患者接受。图8-14为bFGF鼻腔、静脉注射给药后，血和大脑中药物浓度－时间曲线，bFGF鼻腔给药后脑中AUC是静脉注射给药的2.38倍，而血中AUC仅为静脉注射的13.5%[67]，表明鼻腔给予bFGF有利于对中枢疾病如阿尔茨海默病、中风等的治疗，而外周药物浓度的降低可避免bFGF外周毒副作用的产生。目前文献报道的可以经鼻腔转运入脑的药物接近百个，已有八个上市产品。

表8-13　部分多肽类药物鼻腔给药后的生物利用度

药物	t_{max}（min）	生物利用度（%）	实验对象
去氨加压素	10~20	3~5	人[54]
醋酸亮丙瑞林	20~30	2~10	人[55]
胰高血糖素	15	24~30	人[56]
生长激素释放肽	20~40	4~6	人[57]
胰岛素	5~20	10~25	人[58]、鼠[59]、兔[60]
鲑降钙素	5~10	7~30	鼠[59]、犬[61]
人甲状旁腺激素	20~30	8~28	鼠[59]
艾塞那肽	30	3~20	鼠[62]
催产素	5~10	2~12	猴[63]、鼠[64]
β－片层阻断肽 H102	5~30	11~30	鼠[65]

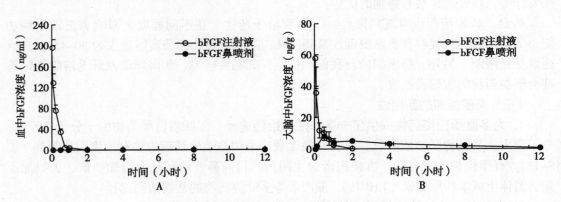

图8-14　bFGF鼻腔、静脉注射给药
A. 血药浓度－时间曲线；B. 大脑中药物浓度－时间曲线

3. 鼻腔黏膜免疫　现代医学研究表明，大多数病原体是通过黏膜表面如皮肤、呼吸道黏膜、胃肠道黏膜、生殖道黏膜等侵入机体。其中像流感、急性呼吸综合征（SARS）等呼吸道传染病主要是病原体进入或感染呼吸道黏膜引起，而鼻黏膜通常是最先接触吸入性抗原物质的部位，因此鼻腔成为疫苗接种的理想部位。研究发现，鼻腔内有较多免疫活性部位（如鼻相关淋巴组织），其中含有多种免疫活性细胞，如 T 细胞、B 细胞、M 细胞（微皱褶细胞）、树突细胞及巨噬细胞等，在鼻黏膜下还有丰富的淋巴管，易于诱导较强的黏膜免疫应答。目前已有 H1N1 FluMist（即鼻用甲型 H1N1 流感单价活疫苗）上市，此疫苗产品由 Medlmmune 公司研制，通过鼻黏膜给药来预防流行性感冒。此外，百日咳疫苗、白喉毒素疫苗以及铜绿假单胞菌疫苗等多种鼻腔用疫苗都处于临床研究阶段。相信随着对黏膜免疫学的深入研究以及疫苗递送系统、免疫佐剂的合理采用，鼻腔黏膜免疫将有着广阔的应用前景。

二、鼻腔的结构与生理

鼻腔是呼吸道直接与外界相通的器官，主要生理功能是呼吸和嗅觉，此外，还有发音、排泄泪液、免疫防御等作用。

人体的鼻腔为一顶窄底宽、不规则狭长的腔隙，从前鼻孔起向后延伸到鼻咽部，长度为 12~15cm，总表面积约为 150cm^2，容积约为 13ml。鼻中隔将鼻腔分为结构相同的左右两部分（图 8-15 及文末彩图），两侧鼻腔按功能均可分为三个区域：鼻前庭（nasal vestibule）、呼吸区（respiratory region）和嗅区（olfactory region）。

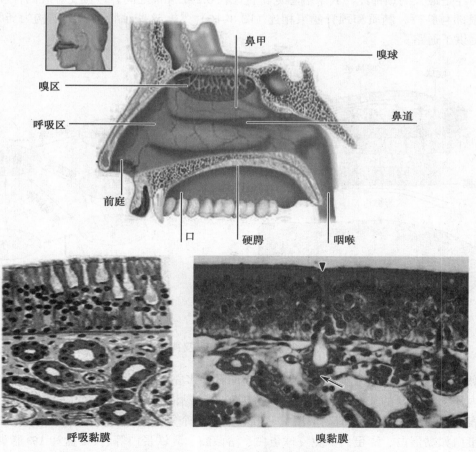

图 8-15　鼻腔结构示意图（上）及呼吸黏膜、嗅黏膜（HE 染色）（下）

鼻前庭属外鼻的内面，为介于前鼻孔与鼻腔之间的一个小空腔，表面覆盖复层鳞状上皮，其上生长的鼻毛可以阻挡来自气流中的大颗粒，但鼻前庭对于药物的鼻黏膜吸收意义不大，因此鼻腔给药时尽可能不要在鼻前庭给药。

呼吸区占鼻腔的大部分，包含着与外侧壁相连的上鼻甲、中鼻甲和下鼻甲。呼吸区黏膜表面为一层假复层纤毛柱状上皮，包括四种细胞：纤毛柱状细胞、无纤毛柱状细胞、杯状细胞和基底细胞（图 8-15）。柱状细胞表面覆有众多微绒毛，大大增加了鼻腔的有效吸收面积。同时呼吸黏膜上皮细胞下还分布有许多大而多孔的毛细血管和丰富的毛细淋巴管，能使体液迅速通过血管壁。这些特征使得呼吸黏膜成为药物吸收的主要部位。

嗅区位于鼻腔的顶部，与筛骨筛板的分布区域重叠。人类嗅区面积约为 $10cm^2$，表面为假复层无纤毛柱状上皮，由支持细胞、基细胞和嗅细胞组成（图 8-15）。嗅黏膜固有层内含分泌浆液的嗅腺，可溶解有气味物质微粒产生嗅觉。嗅细胞为双极神经细胞，其周围轴突向外通过上皮形成细长的嗅毛，而另一侧中央轴突在固有层交叉形成丛状向上穿行，称为嗅丝（每条嗅丝约含 20 个神经元），嗅丝之间由神经胶质细胞（施万细胞）包裹，嗅丝穿过筛骨筛板的筛孔到达嗅球。除嗅神经外，鼻黏膜下也有三叉神经、自主神经分布，三叉神经是最大的颈神经，其末端感觉支直径在 0.2~1.5μm 之间，可接受鼻腔的神经冲动，而其根部与脑桥、髓质和颈脊髓束相连（图 8-16）[68]。这些独特的解剖结构为药物经鼻入脑提供了通路。

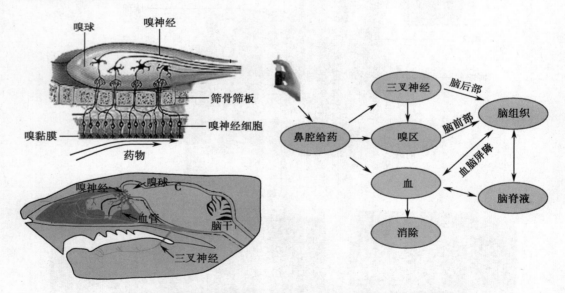

图 8-16　药物鼻腔给药后经嗅神经和三叉神经转运入脑的示意图

鼻黏膜表面覆盖着黏液层。呼吸黏膜表面有许多充满黏蛋白颗粒的杯状细胞，黏膜固有层内还含有丰富的浆液腺和黏液腺，每天可分泌黏液约 1.5~2ml，分泌的黏液覆盖在鼻黏膜表面，形成约 5μm 厚的黏液层。鼻腔黏液是一个复杂的混合物，由 95% 水、2%~3% 各类蛋白如黏蛋白、清蛋白、免疫球蛋白、溶菌酶、乳铁蛋白等、1% 盐和 1% 脂类构成，其 pH 约为 5.5~6.5。其中所含溶菌酶、干扰素、SIgA 等这些生物活性物质对于鼻腔的防御功能以及清洁功能起着重要作用。

鼻腔黏液和黏膜中也存在各种代谢酶，如细胞色素 P450 酶、氨肽酶、蛋白水解酶、磷酸酯酶、乳酸脱氢酶、羟化酶、单加氧酶等以及各种 II 相结合酶。与消化道相比，鼻腔中的代谢酶种类较少，但药物经鼻黏膜转运也面临鼻腔酶的代谢，产生一种"伪首过效应"。尤其是多肽蛋白药物，易受鼻腔中的氨肽酶和蛋白水解酶影响，使其吸收量降低。

呼吸黏膜的纤毛柱状细胞上含有纤毛，纤毛长约 5μm，直径约为 0.2μm，摆动频率大约每秒钟 20 次，纤毛协调一致的摆动，推动黏液向鼻腔后方运动，呼吸时吸入的颗粒状物质和微生物沉降在黏液上，会随纤毛运动到达鼻咽部，然后被吞咽或通过咳嗽排出体外，起到保护机体的作用。纤毛对鼻黏膜表面物质的清除速率为 3~25mm/min，平均约为 6mm/min，从鼻前庭到鼻咽管整个排出时间约 15~30 分钟，当患感冒、过敏性鼻炎、慢性鼻炎等疾病时会改变纤毛的清除速率。

三、药物的鼻腔吸收

（一）药物鼻黏膜吸收途径

同口腔黏膜吸收相似，药物透过鼻黏膜主要有两种途径：跨细胞途径和细胞旁路途径。上皮细胞膜以磷脂双分子层为基本骨架，其中镶嵌有多种药物转运蛋白。脂溶性药物以及一些经主动机制吸收的药物主要进行跨细胞途径转运，这是多数药物吸收的主要方式；而一些亲水性药物则主要经细胞间的水性通道穿过黏膜上皮，其吸收程度受限于药物的分子量。

（二）影响药物鼻腔吸收的因素

1. 生理因素

（1）鼻腔黏液：鼻腔黏液是药物经鼻吸收的第一道生理屏障。药物分子穿过黏液层到达黏膜上皮主要依赖于药物在黏液层中的扩散，影响药物扩散的因素有黏液层厚度、黏弹性、表面电荷、药物理化性质以及药物与黏液的相互作用等。鼻腔病变可以改变黏液的组成、黏液层厚度和黏弹性等，如囊性纤维化可使黏液含水量不足；细菌感染可使黏液层厚度增加。一般认为，未解离的小分子药物容易穿过黏液屏障。荷负电的极性药物与黏液中的唾液酸残基有排斥作用，降低经黏液的转运。

（2）鼻纤毛清除：鼻腔的纤毛清除机制是影响药物经鼻吸收的重要因素。药物在鼻黏膜的滞留时间一般为 15~30 分钟即被纤毛清除，从而影响药物吸收的完全性和生物利用度。研究发现，药物、机体激素水平变化、病理状态、环境条件和剂型因素都会改变纤毛清除率，从而影响药物的鼻腔吸收。如抗组胺类药物、麻醉药、一些防腐剂和吸收促进剂可以降低纤毛清除率或抑制纤毛活动；而胆碱能药物、β-受体激动剂等可以提高纤毛清除率。

（3）酶降解：鼻黏液和黏膜内含有多种酶类参与药物的代谢，如麻黄碱、尼古丁、可卡因、黄体酮和睾酮等药物均能被鼻腔细胞色素 P450 酶代谢。胰岛素鼻腔给药后，约有 5% 的剂量可被鼻黏液中的亮氨酸氨基肽酶水解，酶解作用是多肽蛋白类药物经鼻给药生物利用度低的重要原因之一。尽管这样，大部分药物由于在鼻腔中吸收迅速以及鼻腔内酶浓度较低，受酶降解影响小。

（4）病理状态：鼻发生病理变化时，如感染、鼻塞、过敏性鼻炎、慢性鼻窦炎和鼻息肉等，鼻腔的生化环境、纤毛运动、黏膜通透性、血液循环等都会发生改变，从而影响药物的吸收和清除。如鼻腔细菌感染能够刺激分泌细胞释放大量黏液，并使黏膜通透性增加，细菌产生的毒素可以削弱纤毛的清除作用。在鼻腔给予药物时，要充分考虑鼻腔病理状态可能导致的药物吸收的改变。

2. 药物的理化性质　药物必须穿过或克服各种生理屏障到达鼻黏膜下的毛细血管才能吸收发挥全身作用，药物的理化性质影响药物透过这些屏障的能力及速率。

（1）分子量：药物的分子量与其鼻腔吸收密切相关，通常分子量 <300 的药物吸收率较高且吸收迅速；分子量 >300 的药物，鼻黏膜吸收程度与分子量大小呈负相关；而分子量 >1000 的药物鼻黏膜吸收明显降低。Fisher 等比较了苯并 –1– 吡喃酮 –2– 羧酸、对氨基马尿酸、菊粉和右旋糖酐的鼻腔吸收，这 4 种化合物的分子量分别为 190、194、5200、70 000，结果显示，前 2 种药物吸收完全，后 2 种药物的吸收率分别为 15% 和 2.8%[69]。葡聚糖吸收百分率随着分子聚合度的增加呈对数下降，分子量增加了 36 倍（从 1260 到 45 500），吸收百分率由 52.7% 下降到 0.6%[70]。

（2）脂溶性：鼻黏膜上皮细胞为类脂膜，脂溶性大的药物容易透过脂质生物膜吸收，如普萘洛尔、阿普洛尔、芬太尼、唑吡坦等脂溶性药物经鼻吸收快而完全，其中一些药物给药几分钟内就可达到峰浓度，生物利用度与静脉注射相当或接近。而亲水性药物如美托洛尔、甲氨蝶呤等，鼻黏膜吸收差。药物的脂溶性可以用油 / 水分配系数来衡量，一般药物油 / 水分配系数增大，其鼻腔吸收增加（表 8-14），但高脂溶性药物因难以渗透过黏液层到达黏膜细胞，可能导致药物吸收速度下降。通过前药设计增加药物的亲脂性，促进药物透鼻黏膜转运，也是提高药物吸收的一种手段。如 Shao 等将阿昔洛韦 2' 位酯化制成前药，大鼠鼻腔吸收增加[71]。

表 8-14　巴比妥类药物的三氯甲烷 / 水分配系数与鼻黏膜吸收

药物	分子量	分配系数（三氯甲烷 / 水）	吸收率（%）
巴比妥	184.2	0.7	5.0 ± 3.0
苯巴比妥	232.2	4.8	10.6 ± 3.9
戊巴比妥	226.3	28.0	20.3 ± 4.7
司可巴比妥	241.3	50.7	23.9 ± 3.4

（3）解离度：对于有机弱酸或弱碱性药物，其解离型和非解离型的比例取决于药物的 pKa 和鼻腔局部环境的 pH，可用 Henderson-Hasseslbalch 方程来计算。通常非解离型比例越大，药物吸收越好。如盐酸地尔硫䓬，当制剂 pH 为 4 时，大部分药物处于解离状态，鼻腔吸收差（吸收速率常数仅为 $3 \times 10^{-4} min^{-1}$）；调节制剂的 pH 到 8，此时药物的非解离型增多，其鼻腔吸收速率常数显著增大，达 $3.12 \times 10^{-2} min^{-1}$。

（4）电荷：鼻黏膜带负电荷，能与带正电的药物或载药系统通过静电相互作用，增加药物的鼻黏膜透过能力。例如，Liu 等制备了荧光标记的卵白蛋白 OVA/ 三甲基壳聚糖纳米粒（OVA-NP），大鼠鼻腔给药 30 分钟后，荧光显微镜观察发现带正电的纳米粒已大部分渗透到黏膜下层，而游离 OVA 主要分布在黏膜表面（图 8-17 及文末彩图）[72]。

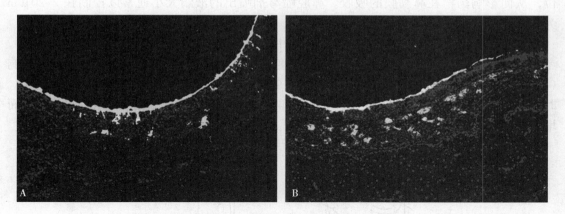

图 8-17　大鼠鼻腔给药 30 分钟，游离 OVA（A）和 OVA-NP（B）在鼻黏膜的分布

（5）其他：当药物以固体形式（如混悬剂、粉末）给药时，药物的溶解度和溶出速度可影响吸收。这是因为药物必须先溶解于鼻黏液中才能吸收。对于多晶型药物，一般亚稳定型的溶解度和溶出速度较大，鼻黏膜吸收较好。

3. 剂型因素

（1）制剂的 pH：成人鼻腔黏液的正常 pH 为 5.5~6.5，婴幼儿为 5.0~6.0。由于鼻腔黏液量较少，缓冲能力较差，因此鼻腔制剂的 pH 对药物的解离和吸收有较大影响。然而，对鼻腔 pH 环境的改变需要慎重，因为酸性 pH 会对鼻黏膜产生刺激性，碱性 pH 会使溶菌酶的活力下降，导致微生物感染。通常适宜的制剂 pH 范围为 4.5~7.5。

（2）制剂的黏附性：增加制剂的黏附性，能削弱鼻腔纤毛的清除作用，延长药物与鼻黏膜的接触时间，改善药物的吸收。例如，在唑吡坦溶液中加入 0.25%HPMC，大鼠鼻腔给药后血中 AUC 增大约 90%（由 29 320ng·min/ml ± 6139ng·min/ml → 55 618ng·min/ml ± 29 884ng·min/ml）[73]。将利多卡因制成亲水凝胶剂，鼻腔给药后生物利用度与静脉注射相当，而利多卡因溶液鼻腔给药的生物利用度仅为凝胶剂的一半[74]。一些新的药物递释系统，如微球、脂质体、纳米乳、纳米粒等均能够增加制剂与黏膜之间的黏附，使药物在鼻腔内滞留时间比液体制剂延长，提高药物经鼻黏膜的渗透和吸收。

（3）给药体积：给药体积大，可以覆盖较大的表面积，有利于鼻腔吸收；但给药体积过大，则容易从鼻孔中流失。限于鼻腔的结构与容积，每个鼻孔可接受的给药体积为 50~150μl，常采用的给药体积是 100μl。

（4）药物的沉积部位：制剂在鼻腔中的沉积部位是影响药物吸收的重要因素，受制剂的组成、物理形态（液体、黏稠液、半固体、固体）、使用的装置以及给药时头部的姿势等影响。从剂型方面，滴鼻剂中药物易随液体的流动而铺展，往往分布在鼻腔中后部区域。喷雾剂主要沉积在鼻腔前部，少量到达鼻甲处。粉雾剂在鼻腔中的沉积部位还与吸入粒子的大小有关，粒径在 5~10μm 的粒子易沉积在鼻腔呼吸区，大于 50μm 的粒子多数被鼻毛阻挡在鼻腔入口，小于 2μm 的粒子容易随呼吸气流被带入气管。

随着定量鼻喷雾装置的问世，喷雾给药已成为鼻腔给药最常见的一种方式。但喷雾的速度、角度以及喷雾孔的设计均会影响喷出液滴的大小以及在鼻腔中的沉积部位，从而影响药物在鼻黏膜的吸收。鼻腔喷雾剂喷出的液滴大小通常以控制在 2~20μm 为宜。

给药时头部的姿势也影响药物到达鼻腔中的部位。Van den Berg MP 等以大鼠为模型，考察了大鼠头部固定在立体定位仪上不同角度对鼻腔给予氢化可的松吸收入脑脊液的影响（图 8-18），结果发现大鼠头部与水平方向呈 90°和 70°时较大鼠头部与垂直方向呈 90°时药物吸收入脑脊液的量增加 1 倍。即大鼠仰卧时有利于药液与鼻黏膜嗅区的接触，从而增加药物从该部位吸收入脑的量[75]。

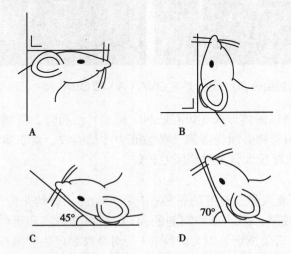

图 8-18 大鼠头部姿势对氢化可的松吸收入脑脊液的影响
A. 直立 90°；B. 仰卧 90°；C. 仰卧 45°；D. 仰卧 70°

目前，对于鼻腔制剂均需在药品说明书中明确规定该产品的使用和吸入方法。

例 8-5 曲安奈德鼻喷雾剂的使用和吸入方法

【使用方法】①用药前先擤鼻涕；②用药前将药罐充分晃动 5 次以上；③请注意拿药方法，用拇指顶住药罐底部，以中指和食指夹住喷嘴部，喷口朝上；④首次用药前先空喷几次，当看到有均匀的雾滴喷出时即可使用。

【吸入方法】①一手拿药，用另一只手的手指压住暂不吸药的鼻孔；②以喷嘴对准鼻孔，指向鼻孔后方，但喷嘴不可顶住鼻黏膜，也无须将喷嘴塞入鼻孔内；③取坐位，头稍前倾；④在轻轻以鼻吸气时，坚定而快速地按动阀门，每按一次称一喷；⑤每次喷药后做捏鼻的动作；⑥给药 15 分钟内应避免擤鼻。

（三）提高药物鼻腔吸收的策略

1. 延长药物的鼻腔滞留时间 鼻黏膜纤毛运动对外源性物质的快速清除是鼻腔制剂生物利用度低的重要原因。鼻腔前部的纤毛清除率明显低于中后部，如果给药于鼻腔前部，或采用喷雾方式，将有助于延缓药物的清除。如胰岛素鼻腔喷雾后，其生物利用度较滴鼻剂提高了约一倍。

另一种方法是在制剂处方中添加 MC、HPMC、壳聚糖、卡波姆等具有生物黏附性的高分子聚合物，这些聚合物通过与黏膜上皮黏液的黏着而相互作用，延长药物在吸收部位的滞留时间，降低纤毛清除率。

此外，一些剂型也可以增强药物的鼻黏膜滞留。如即型凝胶是一种高分子聚合物的溶液剂，在鼻腔内发生相变形成凝胶，可黏附于黏膜表面，延长在鼻腔的滞留时间，减少药物流失。Cao 等采用去乙酰结冷胶为材料制备离子敏感即型凝胶，γ 闪烁扫描法测得给药1 小时后即型凝胶在鼻腔中的残留率为 62.4%，而对照溶液仅有 20%[76]。微球制剂也可显著延长药物的鼻腔滞留时间。各种生物黏附性微球已用于多肽蛋白类药物的鼻腔递送，如交联葡聚糖微球、淀粉微球、氨基明胶微球等。其主要机制为这些微球所用材料具有一定的溶胀能力，可与黏膜接触后溶胀形成凝胶，增加黏膜黏附性。

2. 加入吸收促进剂 对于水溶性大分子药物如多肽蛋白类直接鼻腔给药吸收往往较差，常需加入吸收促进剂来改善药物的鼻黏膜渗透。鼻黏膜吸收促进剂与前述口腔黏膜吸收促进剂类似，主要有表面活性剂、胆酸盐及其衍生物、脂肪酸及其衍生物、阳离子聚合物、磷脂以及各种环糊精等。但鼻黏膜较口腔黏膜敏感，许多促进剂在有效促进药物鼻腔吸收的浓度下，会对鼻黏膜产生严重损伤，尤其是胆酸盐类和表面活性剂类，其吸收促进作用与对鼻黏膜造成的损害具有直接关系，因此限制了其在鼻腔制剂中的应用。目前，比较安全、有效的鼻腔吸收促进剂主要有以下几种：

（1）环糊精类：环糊精能够可逆地包合细胞膜中的胆固醇和磷脂，增加细胞膜的通透性，而其自身较少透过鼻黏膜吸收入血，显示出较高的安全性和耐受性，近年来被广泛用作鼻腔的吸收促进剂。常用的有 α- 环糊精、β- 环糊精、γ- 环糊精以及环糊精的衍生物如羟丙基 -β- 环糊精、二甲基 -β- 环糊精等，用量一般在 2%~5%。已报道环糊精可以增加雌二醇、黄体酮、双氢麦角胺、褪黑激素、阿昔洛韦[77] 等的鼻腔吸收，对多肽蛋白类药物如胰岛素、亮丙瑞林、布舍瑞林等也能显著提高其生物利用度。如二甲基 -β- 环糊精可以显著促进胰高血糖素在家兔鼻腔的吸收，生物利用度由原来 4% 提高到 83%。

（2）壳聚糖及其衍生物：壳聚糖因结构中存在游离氨基而荷正电，其易与细胞膜中的阴离子成分结合，使细胞骨架 F- 肌动蛋白和紧密连接的结构蛋白重新分布，暂时性打开细胞间的紧密连接，从而使一些多肽类和极性药物容易通过细胞旁路途径吸收，提高生物利用度。常用浓度为 0.2%~1%。如 Feng 等考察了几种吸收促进剂对碱性成纤维生长因子（bFGF）渗透过大鼠鼻黏膜的影响，结果发现 0.5% 壳聚糖促吸收作用最强，使bFGF 的鼻腔吸收提高近 1 倍（图 8-19）[78]。壳聚糖对胰岛素、降钙素、亮丙瑞林、加压素等其他多肽类大分子药物也有良好的促吸收作用，其促吸收作用强弱与壳聚糖的脱乙酰程度以及分子量有关。壳聚糖对鼻黏膜几乎没有毒性和刺激性，其打开紧密连接的作用是可逆的，对鼻黏膜上皮的形态学改变、鼻纤毛运动的影响均明显低于其他吸收促进剂。

Na 等研究发现，将壳聚糖与琥珀酸酐反应制得 N- 琥珀酰壳聚糖，其在取代度为 63%、分子量为 50kDa 时即显示出很好的吸收促进作用，0.1%N- 琥珀酰壳聚糖促进硝酸异山梨酯鼻腔吸收的作用甚至强于 0.5% 壳聚糖，而纤毛毒性更低，显示有良好的应用前景[79]。

（3）其他：文献报道，泊洛沙姆 188 可显著促进硝酸异山梨酯在大鼠鼻腔的吸收，绝对生物利用度由 43% 提高到 73%，同时泊洛沙姆 188 几乎不影响鼻纤毛的运动，显示出是一个安全有效的鼻腔吸收促进剂[80]。N- 乙酰 -L- 半胱氨酸是一个黏液溶解剂，将其加入鲑降钙素粉雾剂中，可显著促进多肽的鼻腔吸收，绝对生物利用度最高可达到 30.0% ± 8.6%。推测可能是由于 N- 乙酰 -L- 半胱氨酸降低了黏液层黏度，促进药物溶解于黏液，使其在鼻黏膜局部形成高药物浓度梯度，驱动药物渗透过黏膜上皮层[59]。家兔鼻腔连续给予此粉雾剂 8 天（含 0.25mg N- 乙酰 -L- 半胱氨酸），鼻黏膜未产生刺激性或组织损伤[61]，表明其具有良好的生物相容性。

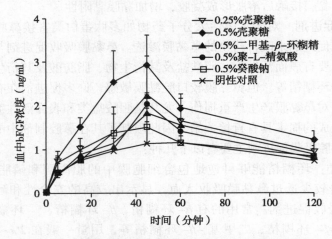

图 8-19　各种吸收促进剂对 bFGF 大鼠鼻腔吸收的影响

3. 制成前药　前药策略旨在对母体药物进行结构改造，使其物理化学与生物学性质更利于药物经鼻吸收。Kao 等合成了系列左旋多巴的水溶性前体药物，并经大鼠鼻腔给药，结果发现这些前药吸收迅速，生物利用度达到 90%，显著优于母体药物[81]。神经氨酸酶抑制剂拉尼米韦制成辛酸酯前药（laninamivir octanoate），鼻腔给药后其在呼吸道的滞留时间较原药显著延长，可持续发挥抗流感作用。此前药单次给药的效果优于目前广泛使用的抗病毒药扎那米韦（zanamivir）和奥司他韦（oseltamivir）一天两次的治疗效果[82]。由此可见，前药改造是提高药物经鼻吸收的有效方法之一。

四、鼻腔给药制剂

鼻腔制剂如按给药方式分类可分为滴鼻剂、喷雾剂和粉雾剂，如按制剂的物理形态分类，则可分为液体型（溶液剂、混悬剂、即型凝胶、胶体微粒）、半固体型（凝胶剂、软膏剂）和固体型（粉雾剂）。

每种剂型各有其优缺点，对于某一药物具体要制成何种剂型要遵循安全性（无鼻纤毛毒性和黏膜刺激性，无中枢毒性）、有效性（延长药物在鼻腔中的滞留时间，提高透膜能力）、稳定性（体外稳定，在鼻腔 pH 和酶环境中稳定）、可控性（质量可控）及顺应性（无不良气味，使用方便）原则。下面将两种分类方式结合，对各种剂型进行介绍。

（一）溶液剂

鼻腔溶液剂制备方法简单，成本低，是常用的鼻腔剂型之一。鼻腔溶液的 pH 一般控制在 5.5~7.5 之间，并调节成等渗或略高渗。处方中常加入适量增黏剂如 CMC-Na、HPMC 等以延长药物在鼻腔的滞留时间，减少纤毛清除率。对于多肽蛋白类亲水药物，为了增加药物透鼻黏膜的能力，处方中一般需加吸收促进剂。此外，鼻腔制剂常为多剂量包装，在使用和保存过程中有可能被微生物污染，影响治疗效果，因此，鼻腔制剂通常需加入适量抑菌剂，但要求抑菌剂不具有鼻纤毛毒性，具体用量需根据实验确定。目前国外已有不含抑菌剂的鼻喷剂产品上市，但必须是单剂量包装，成本较高。

溶液剂可以滴鼻形式或喷雾形式给药。滴鼻无须特殊的装置，采用配套的小瓶与滴管即能实现给药。其主要缺点是剂量难以准确控制，且滴鼻后，大部分药液可通过鼻腔底部流向鼻咽部被快速清除，在一定程度上影响药物的吸收和治疗效果。目前，滴鼻剂主要用于局部疾病的治疗，如复方泼尼松龙滴鼻剂、盐酸麻黄碱滴鼻剂等。喷雾给药药物以雾状喷出，比滴鼻剂均匀、不易流失并可以接触更大的黏膜表面，药物吸收往往更完全。使用带密封系统的定量泵和喷雾头，能精确释放 25~200μl 的剂量，并可调控喷出雾滴的大小和形态。目前，多种药物的鼻腔递送都采用喷雾方式，如去氨加压素、布舍瑞林、催产素、布托啡诺等。

鼻腔溶液剂的生产类似于注射剂，但对生产环境的要求比注射剂低，可在 C 级洁净区域进行。制备过程包括配液、滤过、灌装、放阀和封口等步骤。具体工艺过程是：将药物与附加剂先用适量溶剂溶解，并稀释至所需浓度。配好的药液需进行半成品检查，一般主要包括 pH、含量、黏度等项，合格后药液经垂熔玻璃滤器或微孔滤膜过滤至澄明，灌装时药液从贮液瓶由管道输送到灌封台，经灌注器针头定量地注入喷雾瓶中，然后放置喷雾阀，立即旋紧加盖即可。现在生产上已有全自动喷雾剂灌装生产线，大大简化了生产流程。

例 8-6　柴胡鼻腔喷雾剂[83]

【处方】
柴胡挥发油	20ml	10% 聚山梨酯 80	240ml
丙二醇	432ml	二乙二醇单乙醚	432ml
焦亚硫酸钠	3g	苯甲醇	4.5ml
菠萝油	30ml	10%NaOH	适量
纯化水	加至 3L		

【制法】精确量取柴胡挥发油 20ml，加入处方量聚山梨酯 80、丙二醇以及二乙二醇单乙醚，充分混合，直至挥发油全部溶解获得澄清溶液。然后加入焦亚硫酸钠、苯甲醇和菠萝油，搅匀，加水定容至 3L。用 10%NaOH 调节 pH 至 4.5，0.8μm 微孔滤膜过滤，分装于定量鼻喷雾瓶中即得。

【制剂注解】柴胡作为传统中药，临床上主要用于治疗感冒、流行性感冒等引起的发热，疗效确切。已上市的制剂有柴胡注射液、柴胡滴丸、小柴胡冲剂、小柴胡片等。柴胡注射液肌肉注射疼痛，且不能自主给药，患者用药的顺应性差，并且中药注射剂质量控制严格，对生产环境及设备条件要求高，也限制了很多药厂的生产；而口服给药起效相对较慢，无法满足临床快速退热的治疗要求。因此，研制柴胡鼻腔喷雾剂具有较高的临床意义。处方中柴胡挥发油是主药，其不溶于水，通过筛选增溶剂，确定聚山梨酯 80、丙二醇和二乙二醇单乙醚三者配比为 8%：14.4%：14.4% 时，能完全增溶柴胡挥发油，获得澄清溶液。处方中焦亚硫酸钠为抗氧剂,苯甲醇为抑菌剂,菠萝油为矫味剂。本品每次喷2喷产生的退热效果与肌注相当。

(二)混悬剂

混悬剂特别适于难溶性药物要发挥局部治疗作用的情况。其优点为具缓释长效作用,减少了药物鼻黏膜吸收,从而避免全身性副作用的产生。缺点:混悬剂是热力学和动力学不稳定体系,在处方设计和制备时应考虑如何避免微粒的沉降与聚集的问题。基于此,混悬剂处方中必须加入适宜助悬剂以增加混悬剂的物理稳定性。常用的助悬剂有 CMC-Na、HPMC、卡波姆、黄原胶等。对于疏水性药物,制备混悬剂时还必须加入适宜的润湿剂如聚山梨酯80、甘油等。混悬剂制备时药物要微粉化,控制药物颗粒在 0.5~10μm 之间,不应沉降和结块。但为了兼具合适的喷雾特性,避免混悬剂喷出的雾滴过大(>50μm)或不均匀,鼻腔混悬剂的黏度和稠度应适宜。

目前,糖皮质激素类药物治疗过敏性鼻炎几乎都是制成混悬剂形式经鼻腔喷雾给药(表8-15),具有使用方便、疗效确切,患者顺应性高等优点,已成为治疗过敏性鼻炎的一线用药。据统计,2014年全球七大医药市场糖皮质激素鼻腔喷雾剂的销售额为 20.48 亿美元,占据了过敏性鼻炎治疗总体市场的 38%。

表 8-15　常用糖皮质激素类鼻腔喷雾剂

名称	剂量	商品名 / 生产厂家
丙酸倍氯米松鼻喷雾剂	100 μg/d	伯克纳 /GSK
糠酸氟替卡松鼻用喷雾剂	110 μg/d	文适 /GSK
丙酸氟替卡松鼻喷雾剂	100 μg/d	辅舒良 /GSK
糠酸莫米松鼻喷雾剂	50 μg/d	内舒拿 / 默沙东
氟尼缩松鼻喷雾剂	100 μg/d	Nasalide/IVAX RES
布地奈德鼻喷雾剂	200~1600 μg/d	雷诺考特 / 阿斯利康
环索奈德鼻喷雾剂	200 μg/d	Omnaris/ 阿斯利康
曲安奈德鼻喷雾剂	220 μg/d	珍德 / 江西珍视明药业,毕诺 / 昆明源瑞制药

例 8-7　丙酸氟替卡松鼻喷雾剂[84]

【处方】
丙酸氟替卡松	2g	胶体微晶纤维素 RC-591	60g
聚山梨酯 80	0.2g	苯扎氯铵	0.8g
苯乙醇	10g	无水葡萄糖	200g
稀盐酸	适量	纯化水	加至 4kg

【制法】①采用气流微粉化技术(进料口与粉碎口的工作压力控制在 0.6~1.0MPa),将丙酸氟替卡松原料药粉碎,采样测定微粒粒度,粒度检测合格后(1μm<D_{50}<5μm),称取处方量的微粉化丙酸氟替卡松,分次加入聚山梨酯80使其均匀分散(注意避光操作),备用;②称取处方量的苯扎氯铵、苯乙醇和无水葡萄糖,加入 1kg 纯化水溶解备用;③取

50% 处方量的纯化水于配料罐中，加入胶体微晶纤维素 RC-591 高速剪切 30 分钟，使分散均匀；④制剂制备，将①、②转移入配料罐中，与胶体微晶纤维素 RC-591 胶浆混合，加稀盐酸调 pH 至 5~7，加水定容，高速剪切搅拌 30 分钟使分散均匀；⑤取样，进行中间产品检测（如含量、pH、沉降容积比、黏度等），合格后灌装于棕色玻璃瓶中，加盖鼻腔喷雾定量阀即得。

【制剂注解】过敏性鼻炎在各种过敏性疾病中发病率最高，约占 50%。典型症状为鼻痒、反复性打喷嚏、流鼻涕及鼻塞等。丙酸氟替卡松鼻喷雾剂对过敏性鼻炎治疗效果好，药物在鼻黏膜吸收量极微，全身性副作用很低。制剂的用量为 50μg/喷。处方中胶体微晶纤维素 RC-591（微晶纤维素和羧甲纤维素钠的混合物）为助悬剂，其是美国 FMC 公司生产的、具有特定粒度分布的预混辅料，胶体微晶纤维素 RC-591 凝胶具有极高的触变性，需经过充分的剪切才能发挥其助悬效果。聚山梨酯 80 为润湿剂，苯扎氯铵和苯乙醇为抑菌剂，葡萄糖为渗透压调节剂。

（三）即型凝胶

即型凝胶（in situ gel）也称原位凝胶，是一种高分子聚合物的溶液剂，因用药部位的温度、离子强度、pH 或光强度的改变而发生相转变，形成具有黏弹性的半固体凝胶体系（图 8-20）。即型凝胶用于鼻腔给药具有以下优点：①溶液形式易雾化，给药方便，剂量准确；②能及时在鼻腔内发生相变而形成凝胶，黏附于黏膜表面，延长在鼻腔的滞留时间，减少药物流失。由于兼具了液体与凝胶制剂的优点，即型凝胶在鼻腔给药领域有着广阔的应用前景。

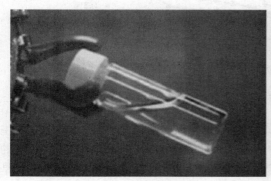 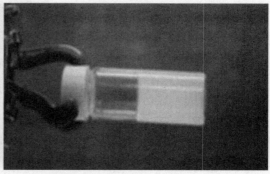

图 8-20　即型凝胶由溶液向凝胶的相转变

根据诱导相变的不同生理环境（温度、pH、离子），通常将鼻腔用即型凝胶分为温度敏感型、pH 敏感型和离子敏感型 3 种。

1. 温度敏感型即型凝胶　利用贮藏条件和用药部位的温度差异，可使某些高分子溶液发生相转变形成凝胶。其中，非离子型表面活性剂泊洛沙姆（poloxamer）是研究最深入的温度敏感型即型凝胶高分子材料，常用型号为泊洛沙姆 407。泊洛沙姆 407 是由约 70% 聚氧乙烯（PEO）和 30% 聚氧丙烯（PPO）组成的 PEO-PPO-PEO 型嵌段共聚物，具有低温时为溶液、体温下成为凝胶的反相胶凝性质。20% 的泊洛沙姆 407 在 25℃时可形成凝胶，继续增大其浓度，相变温度降低。为了使其在鼻腔内温度（32~34℃）发生胶凝，常

将泊洛沙姆 407 与少量泊洛沙姆 188、PEG4000、卡波姆 934、947 或 HPMC 等合用。例如，
Fatouh 等将 16% 泊洛沙姆 407 和 0.4%HPMC 混合，制成的溶液胶凝温度为 31℃，满足
鼻腔内温度敏感型即型凝胶的成凝条件[85]。Majithiya 等考察了不同浓度的卡波姆 934 对
18% 泊洛沙姆 407 胶凝温度的影响，发现随卡波姆 934 加入量增加，溶液胶凝温度降低
（图 8-21）[86]。

　　另外，在壳聚糖溶液中添加多元醇甘油磷酸钠（β-glycerophosphate，GP），也具有温
敏凝胶特性，溶液的稳定性以及凝胶形成时间均受壳聚糖脱乙酰程度的影响。该类温敏
材料制备工艺简单，成本较低，材料的生物相容性和生物安全性已被验证，适合于大分
子和难溶性药物的载药。缺点是壳聚糖的批间质量一致性较难保证，应用不如泊洛沙姆
广泛。

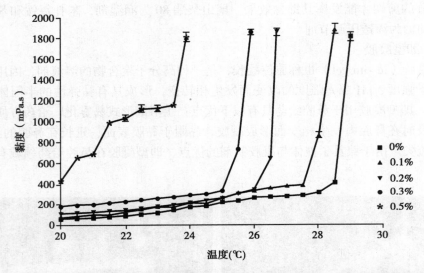

图 8-21　加入不同浓度的卡波姆 934 对 18% 泊洛沙姆 407 胶凝温度的影响

　　2. pH 敏感型即型凝胶　pH 敏感型即型凝胶是利用体内外 pH 的不同而使聚合物发生
相转化。鼻黏液 pH 约 5.5~6.5，具有弱的缓冲能力，因此，可通过改变聚合物周围环境的
pH 而诱发其胶凝。此类体系的聚合物分子骨架中均含有大量可解离基团，其胶凝行为是
电荷间的排斥作用导致分子链伸展与相互缠结的结果。

　　最常用的 pH 敏感聚合物是卡波姆一类，卡波姆由丙烯酸与丙烯基蔗糖或丙烯基季戊
四醇交联而成，后者兼做交联剂。它含有大量羧基（约为 56%~68%），当 pH 小于 4 时，
羧基几乎不解离，聚合物在水中分散并溶胀，表现出很低的黏性。当 pH 达到 5.5（卡波姆
的 pKa）时，羧基解离，负电荷间的排斥作用导致分子链膨胀、伸展，在浓度较大时，分
子链相互缠结而形成具有一定强度和弹性的透明状凝胶。由于形成稳定的凝胶所需酸性卡
波姆浓度较大，不易被中和且有刺激性，所以卡波姆不适于单独用作即型凝胶的基质。常
加入适量 HPMC、MC、PEG 等作为增黏剂，以减少卡波姆的用量，增强其胶凝能力。例
如，陈恩以 0.5% 卡波姆 940 为即型凝胶基质，加入 2%HPMC E50 调节凝胶强度，在 pH 4.0
时为乳白色溶液，随着 pH 升高，溶液澄清度提高，黏度增大，在 pH 6.5 时，形成黏度大

于 5000mPa·s 的凝胶。以此 pH 敏感基质制备载柴胡挥发油的即型凝胶，发热家兔鼻腔给药后，其体温降低幅度显著高于肌肉注射柴胡注射液（0.8℃ vs 0.4℃），且退热效果持续时间长（20~30 小时 vs 4~5 小时）[87]。

3. 离子敏感型即型凝胶 鼻黏液中富含 Na^+、K^+、Ca^{2+} 等阳离子，可与一些对离子敏感的材料如去乙酰结冷胶（deacetylated gellan gum，DGG）、低甲氧基果胶（low methoxy pectin）等发生胶凝。去乙酰结冷胶是美国 Kelco 公司（Division of Merck & Co., Inc）开发的新型药用辅料，是一种对阳离子敏感的线性多糖。低浓度 DGG 溶液的黏度与水相近，一旦接触生理浓度的阳离子（Na^+，K^+，Ca^{2+}），结构中的葡萄糖醛酸被中和，即发生阳离子介导的凝聚，产生溶液向凝胶的相变。大鼠鼻腔给予 0.5%DGG 溶液，5 分钟已在鼻黏膜表面形成凝胶层，表明 DGG 的成凝性良好（图 8-22 及文末彩图）[88]。显微镜观察显示，DGG 与人工鼻液反应后其微观结构由棒状小微管相互联结而形成小花状凝胶网络，并且随着浓度的增加这种凝胶结构更加致密。陶涛等以 DGG 为材料制备了石杉碱甲即型凝胶，大鼠鼻腔给药后，其大脑、海马的 $AUC_{0\rightarrow 6h}$ 分别为静脉注射的 1.5 和 1.3 倍，为灌胃给药的 2.7 和 2.2 倍。鼻腔给药剂量只需口服剂量的 1/4~1/2，即产生相同的改善记忆的功效[89]。由于 DGG 的成凝能力强，耐酸耐热性能好，有良好的顺应性和缓控释能力，一旦成为药用级辅料（国内尚无 DGG 药用辅料，限制了其品种开发），其在鼻腔给药领域的应用将会更加广泛。

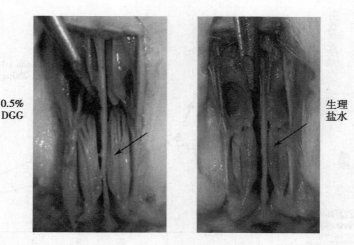

图 8-22 大鼠鼻腔给予 0.5% 去乙酰结冷胶溶液 5 分钟后成凝性观察

低甲氧基果胶是指酯化度低于 50% 或甲氧基含量小于 7% 的果胶，由于分子中富含负电荷，易与 Ca^{2+} 形成果胶钙，发生胶凝。其胶凝特性主要受钙离子量、pH 和温度的影响。制备低甲氧基果胶的方法不同（酶法、碱法、酸法），其胶凝所需钙离子量不同，一般在 4~60mg/g 果胶范围内变动。低甲氧基果胶在 pH 为 2.5~6.5 范围内都能胶凝，而以 pH 为 4.0~4.6 形成的凝胶强度大、均一透明、光滑有弹性。胶凝温度范围为 0~58℃，>30℃凝胶强度开始减弱[90, 91]。由于低甲氧基果胶良好的安全性和胶凝性，已被作为即型凝胶材料用于芬太尼鼻腔喷雾剂的制备（Lazanda，Archimedes Pharma 公司）。

例 8-8　芬太尼鼻喷雾剂[6]

【处方】

枸橼酸芬太尼	314mg	低甲氧基果胶	2g
甘露醇	8.3g	苯乙醇	1ml
羟苯丙酯	40mg	纯化水	加至 200ml

【制法】将 2g 低甲氧基果胶加入 180ml 纯化水中，搅拌使溶解。向溶液中加入 1ml 苯乙醇和 40mg 羟苯丙酯，再加入 314mg 枸橼酸芬太尼（相当于芬太尼 200mg）和 8.3g 甘露醇，搅拌溶解后补加纯化水至全量，混匀，药液过滤至澄明，分装到定量鼻喷雾装置中即得。

【制剂注解】癌症爆发性疼痛是一种非常特殊的不可预测的发作性疼痛，其特点是疼痛发作凶猛，通常几分钟剧烈程度即达顶峰，但持续时间较短（约 30~60 分钟）。将芬太尼制成鼻喷雾剂（Lazanda），其能快速吸收，15~20 分钟达峰值，药效持续约 1 小时，较口腔黏膜锭剂（Actiq）更适合癌症爆发痛的治疗，后者需 1.5 小时才能达到峰值浓度（图 8-23）[92]。本处方中低甲氧基果胶为即型凝胶材料，其浓度为 1%，溶液 pH 为 4.2，这些因素均有利于雾滴接触到鼻腔黏膜时形成凝胶。处方中羟苯丙酯和苯乙醇合用作为抑菌剂，其能更有效抑制致炎菌在鼻喷剂中的繁殖，甘露醇为等渗调节剂，调节渗透压达 333mOsmol/L。

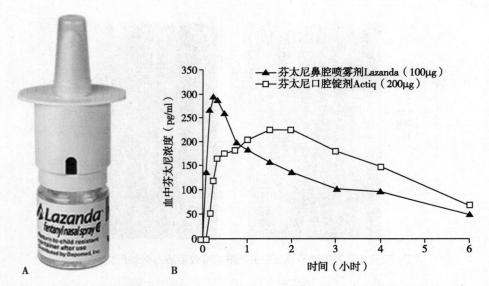

图 8-23　芬太尼鼻喷雾剂（Lazanda）（A）及志愿者服用 Lazanda（100μg）和 Actiq（200 μg）后的血药浓度－时间曲线（n=18）（B）

（四）凝胶剂和软膏剂

常用的凝胶形成材料均可用于制备鼻腔凝胶剂，包括卡波姆、PVA、纤维素衍生物、泊洛沙姆等。鼻腔凝胶剂在鼻腔遇黏液溶胀，通过与黏膜上皮的紧密黏着、交织渗透而相互作用，延长药物在鼻腔的滞留时间，有利于提高生物利用度，并能减小刺激，避免不良气味，适于局部和全身用药。如将 0.1% 和 1% 的卡波姆与胰岛素制成生物黏附水凝胶，以 1U/kg 剂量大鼠鼻腔给药，两者分别于 0.5 和 1 小时产生最大降血糖作用，但给予同剂量的胰岛素混悬液却没有降血糖现象，表明卡波姆凝胶基质具有一定促进胰岛素鼻黏膜吸收的作用。目前已有采用定量递送装置的维生素 B_{12} 凝胶剂上市，2014 年 FDA 批准首个鼻用睾酮凝胶——Natesto，由加拿大生物技术公司 Trimel Pharmaceuticals 开发，用于成年男性内源性睾酮缺失或相关疾病的替代治疗（图 8-24）[93]，可见凝胶剂在鼻腔给药方面也有良好的应用前景。

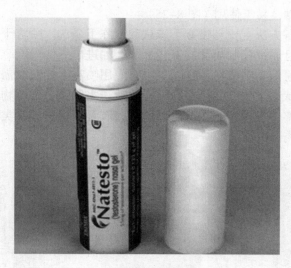

图 8-24　鼻用睾酮凝胶 Natesto

　　鼻用软膏剂包括油膏和乳膏。优良的鼻用软膏应均匀、细腻，黏稠度适当，易于涂布，有良好释放特性，保证药物疗效的发挥。软膏剂多用于鼻腔局部疾病的治疗，上市的品种有复方硼酸鼻用软膏、复方木芙蓉涂鼻软膏、复方盐酸麻黄碱软膏（鼻通药膏）等。

（五）粉雾剂

　　粉雾剂是将药物与辅料混合成均匀的、粒径符合要求的粉末后，经患者直接吸入或通过特定装置喷入鼻腔的一种剂型。其优点有：①多数药物在干粉状态易于分散；②一些药物，尤其是多肽蛋白类药物在干燥状态稳定性提高；③与液体制剂相比，粉雾剂在鼻黏膜滞留时间更长，有利于药物的鼻黏膜吸收。Marttin 等以家兔为模型动物，考察了双氢麦角碱不同处方的液体剂型与粉末剂型鼻腔吸收情况，结果显示，两种剂型的生物利用度无显著差异，但粉雾剂中药物稳定性比液体剂型高。阿扑吗啡口服生物利用度极低，在人体仅有 1.7%，在大鼠为 4%。将其与卡波姆 971P 或聚卡波非制成黏附性粉末，兔鼻腔给药后呈现明显缓释作用，生物利用度与皮下注射相当。

　　粉雾剂中常用载体包括卡波姆、聚卡波非、微晶纤维素、乳糖、甘露醇、木糖醇、$CaCO_3$ 等，有时为了改善粉末的粉体学特性、改善载体的表面性质以及抗静电性能，以便得到流动性更好、粒度分布更均匀的粉末，还常在处方中加入一定量的润滑剂、助流剂以及抗静电剂。有些粉雾剂处方中也添加适宜生物黏附材料如透明质酸、中黏度 HPC 等，以延长制剂在鼻黏膜的滞留时间。

　　鼻用粉雾剂的粒径大小是影响药物鼻腔吸收的重要因素，要使药物粒子沉积在鼻腔内，鼻用粉雾剂中药物及辅料的粒径大多控制在 30~150μm，但对于依赖其迅速溶解并吸收发挥全身作用的鼻用粉雾剂，其粒径可能更小，如 10μm 左右。

与肺部吸入粉雾剂相似，鼻用粉雾剂的发展很大程度取决于给药装置的开发，尤其是用于全身给药的粉雾剂，粉末雾化装置的合理设计对于准确剂量控制十分重要。20 世纪 90 年代，德国的 Pfeiffer 公司和法国的 Valios 公司均开发了鼻用单剂量、双剂量粉末吸入装置，装置简单、可靠，易于使用（图 8-25）。

鼻用粉雾剂的制备方法主要有喷雾干燥法和冷冻干燥法。喷雾干燥法简单、生产效率高，批间重现性好，且通过控制喷雾的工艺参数，如进出气体温度、压力、气流速度等因素，可获得适于鼻黏膜给药的微粉粒径。不过在应用喷雾干燥法时需注意不同的制备条件可能会导致物质结晶状态发生改变。冷冻干燥法适于多肽蛋白类药物或一些中药有效成分鼻用粉雾剂的制备，整个操作控制在低温环境下，有利于保持多肽类药物的稳定性。其他制备方法还有超临界流体沉淀技术等。

图 8-25　鼻用单剂量（A）和双剂量（B）粉末吸入装置[94]

目前，鼻用粉雾剂上市品种很少，国内主要有鲑降钙素鼻用粉雾剂，这可能与粉雾剂鼻腔给药后有一种砂砾感，会引起鼻黏膜的刺激性，并且制备较困难，需特殊装置有关。

例 8-9　鲑降钙素鼻用粉雾剂[95]

【处方】　①鲑降钙素黏附聚合物

鲑降钙素	250000IU	甘露醇	2.5g
羧甲纤维素钠	0.5g	泊洛沙姆 188	0.125g
纯化水	加至 50ml		

②载体

乳糖	200g	微晶纤维素	45g
羧甲纤维素钠	10g	50%乙醇	适量

【制法】①准确称取处方量的鲑降钙素（相当于效价250000IU）、甘露醇、羧甲纤维素钠和泊洛沙姆188，加水溶解，定容至50ml。将药液置于冷冻干燥机中，于－40℃预冻3小时，然后缓缓升温至－10℃，干燥12小时，再升温至20℃干燥3小时，将冻干粉过100目筛，备用；②另取过100目筛的乳糖、微晶纤维素和羧甲纤维素钠，混匀后用50%乙醇制软材，过20目筛制粒，60℃干燥30分钟，分别过60和80目筛整粒，再于60℃干燥2小时后，筛取100~400目颗粒，即得流动性良好、休止角小于40°的载体；③取上述制备的冻干粉与载体，以1:35的比例混匀，含量测定合格后，采用自制泡囊灌装机灌装，即得每粒泡囊内含主药50IU的鼻用泡囊型鲑降钙素粉雾剂。

【制剂注解】鲑降钙素（calcitonin salmon）是骨新陈代谢和钙磷等矿物质的主要调节激素，由32个氨基酸组成，主要用于骨质疏松症、骨痛及Paget's disease（变形性骨炎）的治疗。目前其鼻喷雾剂（商品名：密钙息，Novartis公司）已进入国内市场，使用方便。但该制剂为液体多剂量形式，药物稳定性较差，须低温保存，且喷雾装置内易残留药液，造成昂贵药物的浪费，因此将其制成粉雾剂有利于克服上述弊端。鲑降钙素对热不稳定，其黏附聚合物冻干粉流动性较差，难以进行机器自动填充，故根据制剂特性，选择具良好流动性和黏附性的粉末作为载体，以保证填充剂量的准确性和粉雾剂的排空率。本品为泡囊型粉雾剂，含药粉末由患者主动吸入至鼻腔，主要沉积在鼻甲骨区域。家兔体内实验显示，本品具有明显的降血钙作用，作用时间亦明显延长。

（六）鼻腔药物新剂型

近年来，一些新型微粒制剂如微球、纳米乳、脂质体、纳米粒等也被用于鼻腔给药，这些制剂主要用于药物的递送或作为免疫佐剂，目前大都还限于基础研究，上市产品少。

1. 微球　微球具强的生物黏附性，在鼻腔部位的滞留时间可达4小时。另外，微球因吸水溶胀而作用于鼻黏膜细胞，可以暂时地、可逆性地打开细胞间的紧密连接，提高药物鼻黏膜转运。鼻用微球材料多选用生物相容性物质，包括淀粉、葡聚糖、透明质酸、壳聚糖、明胶和白蛋白等天然高分子材料，其中可降解淀粉微球和葡聚糖微球已有商品上市。微球所载药物主要为多肽类，包括胰岛素、生长激素、奥曲肽、去氨加压素等，如Illum等以透明质酸酯为载体材料，制备载胰岛素的透明质酸微球，明显增加了胰岛素在羊鼻腔中的吸收，相对于皮下给药，生物利用度达11%。另外，也有小分子药物鼻用微球的研究报道，如依托泊苷壳聚糖微球、庆大霉素可降解淀粉微球等。微球主要以粉末形式鼻腔给药。

2. 纳米乳　纳米乳（nanoemulsion）是由油相、水相、表面活性剂和助表面活性剂组成的一种特殊乳剂，乳滴一般小于100nm。近年来，纳米乳广泛用于鼻腔给药的研究，涉及的药物包括：尼莫地平、利培酮、地西泮、氯硝西泮、劳拉西泮、奥氮平、佐米曲普坦、舒马普坦、他克林、阿普唑仑等。纳米乳的优点包括：① O/W型纳米乳可增溶难溶性药物，使之能制成液体制剂供鼻腔使用；②热力学稳定，可过滤灭菌；③易于制备和保存；④药物分散性好，利于鼻腔吸收，提高生物利用度。Tushar K.Vyas等将舒马普坦制成纳米乳后大鼠鼻腔给药，相比舒马普坦溶液，药物的入脑速度和入脑量均有显著增加，原因可能与纳米乳处方中加入的黏附材料和表面活性剂有关[96]。Vogani 等发现，将他克林制成生物黏附性纳米乳，鼻腔给药后脑内生物利用度为静脉注射的 2.87 倍，此纳米乳能更快恢复小鼠记忆损伤，因此用于阿尔茨海默病治疗时，有望降低给药剂量，避免或减少他克林的肝毒性（剂量依赖）[97]。但是，由于纳米乳中表面活性剂和助表面活性剂的用量较大（≈ 30%），长期应用可能会对鼻腔和中枢神经系统产生一定毒性。此外，纳米乳的黏度较大，会影响鼻腔喷雾剂量的准确性。

3. 脂质体　脂质体作为鼻用药物的载体具有以下特点：①脂质体的双分子层结构与生物膜相似，具有良好的细胞亲和性，可以通过与细胞的吸附、融合、内吞、脂质交换等作用，释放药物进入细胞；②减少药物对鼻黏膜的毒性和刺激性；③防止药物被酶降解；④可作为鼻黏膜免疫佐剂，刺激机体的黏膜免疫应答和全身免疫应答。目前，脂质体鼻腔给药研究报道较多，涉及的药物包括多肽蛋白类药物如胰岛素、去氨加压素、神经生长因子等；小分子药物如普萘洛尔、尼莫地平等；疫苗类如乙型肝炎疫苗、流感疫苗、白喉类毒素、破伤风类毒素等。研究报道，β 片层阻断肽 H102 具有治疗阿尔茨海默病的作用，但其在血中极不稳定，且难以透过血脑屏障入脑。将其载入脂质体中经鼻腔给药，脂质体显著促进药物吸收入血，其绝对生物利用度达 30.2%，为鼻腔给予 H102 溶液（含吸收促进剂）的 2.69 倍。同时，H102 脂质体在嗅球、大脑、小脑、海马四个脑组织的 AUC 值为溶液剂的 1.59~2.92 倍（图 8-26），表明制成脂质体显著提高了 H102 肽的体内稳定性，同时促进了药物入脑，有利于其治疗作用的发挥[65]。

4. 纳米粒　采用纳米粒包载药物，可避免鼻腔中酶的降解，增加药物的稳定性，同时纳米粒易进行表面功能化修饰，增加其透鼻黏膜的能力，特别适于作为多肽蛋白药物鼻腔给药的载体。目前常用的鼻用纳米粒材料有聚乳酸-羟基乙酸共聚物（PLGA）、聚乳酸（PLA）、壳聚糖、嵌段聚合物如 PEG-PLA、PEG-PLGA、PEG-PCL 等。将促甲状腺激素释放激素载于 PLA 纳米粒中，鼻腔给药后能减弱模型大鼠癫痫的发作及发作持续时间。采用 PEG-PLA 纳米粒包载血管活性肠肽 VIP，明显提高了 VIP 的稳定性，血浆中孵育 8 小时，约 70%VIP 存留，而游离 VIP 在 1 小时内基本全部降解。将此纳米粒表面修饰麦胚凝集素，鼻腔给药后入脑的药量约为游离药物的 3.5~4.7 倍[98]。由于生物体对纳米粒具有良好的耐受性，这一剂型对鼻腔给药具有重要价值。

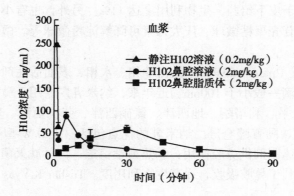

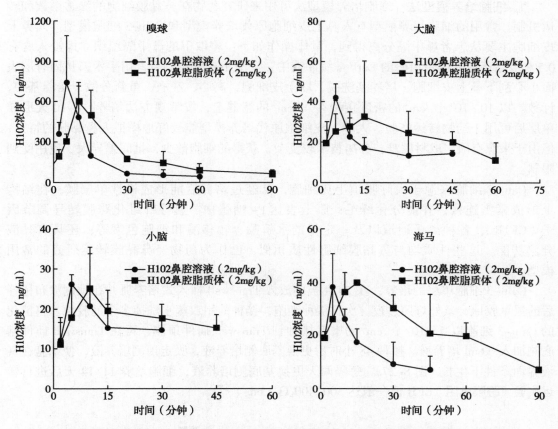

图 8-26　静脉注射 H102 溶液、鼻腔给予 H102 溶液（含 1% 壳聚糖作吸收促进剂）和脂质体后药物浓度－时间曲线（$n=4$）

五、鼻腔给药系统的质量评价

鼻腔制剂主要以喷雾方式给药，而鼻腔喷雾剂的组成包括两部分：药液（或凝胶／粉末）和喷雾装置（或粉雾装置），因此，鼻腔给药制剂的质量评价也包含两个方面：①制剂的药剂学、生物药剂学特性评价，包括外观性状、pH、渗透压、黏度、含量、有关物质、黏膜渗透性、黏膜刺激性、微生物限度等；②与喷雾（或粉雾）装置有关的质量评价，参考《中国药典》2015 年版制剂通则中鼻用制剂和喷雾剂／粉雾剂的有关要求，鼻腔喷雾剂一般需考察最低装量、每瓶总揿次、每揿量、每揿主药含量、递送剂量均一性等特性；粉雾剂需考察粒度分布、每揿量差异、雾化形态等。此外，鼻腔喷雾剂还应考察初始化与再次初始化、粒径分布、喷雾模式等喷雾特性，为其给药剂量的准确以及喷雾泵的筛选提供参考。下面就一些鼻腔制剂独特的特性评价进行阐述。

（一）鼻黏膜渗透性评价

对于需经鼻黏膜吸收产生全身作用的药物或鼻腔制剂，其在鼻黏膜的渗透性是其质量评价的重要内容。鼻黏膜渗透性的评价方法分为细胞培养模型法、离体鼻黏膜法、在体灌流模型法和体内法四种。

437

1. 细胞培养模型法　细胞培养模型法可用来研究药物在鼻黏膜细胞的渗透系数和转运机制。常用的细胞培养模型有人鼻上皮细胞原代培养模型和 Calu-3 细胞模型。人鼻上皮细胞主要从患者鼻中隔分离得到，具体操作如下：将取下的鼻中隔组织立即浸入含有0.5% 多黏芽孢杆菌蛋白酶的 Earl's 缓冲液中，浸泡 16~20 小时后，用手术刀从固有层表面小心刮下鼻上皮细胞，培养基洗脱，取上皮细胞，离心、洗涤，重新分散于培养基中，计数。以 10^5~10^6 个 /cm^2 的密度接种在 4.7cm^2 的滤器上，按常规方法培养，8~10 天形成单层后可用于药物转运实验。人鼻上皮细胞原代培养模型能较好地模拟人鼻黏膜的特征，但由于来源有限，取材困难，分离技术较复杂，获得的细胞数少，批间差异大，应用受到限制。

Calu-3 细胞来源于人呼吸道上皮细胞，其经过培养后能形成极性单层膜，在结构上形成紧密连接，并能分化纤毛；膜上表达 P- 糖蛋白、囊性纤维化跨膜转导调节因子（CFTR）、各种离子通道以及一定量的水解酶、转移酶和细胞色素等；还具有黏液分泌功能。这些性质均与鼻黏膜细胞性质相似，已作为药物经鼻黏膜转运研究的常用模型。

Calu-3 细胞单层的培养：在 24 孔板中放入 Transwell 插入式培养皿并在顶侧涂布稀释后的鼠尾胶原，紫外灯照过夜。次日接种细胞，接种前用双蒸水洗掉多余的胶原。将消化的 Calu-3 细胞以 5×10^5 个 /cm^2 的密度接种到 Transwell 插件顶侧，再在 Transwell 插件基底侧加入 0.6ml 培养液。接种 48 小时后更换基底侧培养液，吸走顶侧培养液，使细胞在气液界面条件下生长（图 8-27）。每隔两天更换基底侧培养液，细胞培养 11~14 天后进行转运实验（跨膜电阻 TEER 值一般达 300~400 Ω·cm^2）[99]。

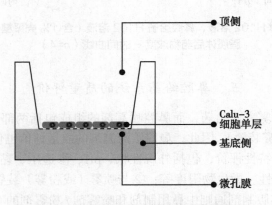

图 8-27　鼻腔给药的体外细胞培养模型

转运实验：Calu-3 细胞先用 HBSS/HEPES 溶液洗 2 遍，分别在 Transwell 插件顶侧加入 100~300μl 含有药物的 HBSS/HEPES 溶液，基底侧放 0.7~1ml HBSS/HEPES 溶液，定时从基底侧取样并补加新鲜的空白介质，测定基底侧中药物的含量，计算药物的表观渗透系数 P_{app} 和累积转运百分率。

2. 离体鼻黏膜法　常选用牛、羊、狗、兔的鼻黏膜，操作如下：将刚刚宰杀的动物，剔除鼻上部覆盖的皮毛，打开鼻腔，暴露出鼻中隔及两侧鼻甲骨，用鼻骨剥离器沿鼻中隔及后壁将鼻黏膜小心剥离，用生理盐水轻轻清洗，备用。狗、猪、牛等体型较大的动物，其鼻中隔部位的黏膜带有较厚的结缔组织，鼻外侧壁黏膜较薄（平均厚度一般为 100~200μm）并均匀，因此宜取鼻外侧壁黏膜用于实验。鼻黏膜的完整性可以采用显微镜观察。实验最好使用新鲜黏膜，如不立即使用，可将鼻黏膜平铺于铝箔上，包裹，−20℃贮存，1 周内用完。

渗透研究通常采用改良的 Franze 扩散池或 Ussing-chambers 扩散池进行，将离体的动物鼻黏膜夹于供给池和接收池之间，并使黏膜完全覆盖扩散池口，黏膜面向供给池，浆膜面向接收池。实验药液加于供给池，接收池内放生理盐水。定时从接收池取样并补加新鲜生理盐水，测定其中药物含量，计算药物的表观渗透系数 P_{app} 和累积转运百分率。离体鼻黏膜法较简单，适于处方筛选阶段。但要注意鼻腔不同部位的黏膜厚度、黏膜类型可能不同，实验时一定要选择相同部位的鼻黏膜进行实验。

3. 在体灌流模型法　通常选用大鼠、兔和狗做实验动物，其中大鼠最常用。操作如下：将大鼠麻醉，固定在鼠板上，在颈部中线位置作一切口，分离出气管、食管。作气管插管，以保证大鼠呼吸通畅。在食管上开一小切口，插入聚乙烯管至大鼠鼻腔后部，并用黏合剂封闭鼻腭通道，以防止药液流入口腔，结扎食管。将食管插管同循环装置相连（图 8-28），药液放入样品池中，37℃恒温，通过蠕动泵循环（流速为 2ml/min）使药液从鼻孔流出至漏斗，再返回到样品池中。在规定时间内取样测定样品池中剩余药量，从而推算出鼻腔吸收的药量。此法为间接方法，不适于一些易被容器吸附、且不稳定的药物。更准确的方法是定时从大鼠尾静脉取血，测定血药浓度。该法测定结果与体内法有较好相关性，特别适于吸收促进剂的筛选。

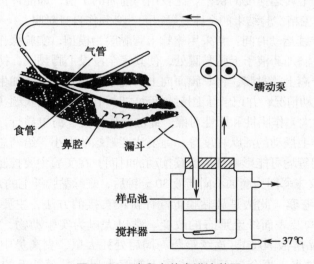

图 8-28　大鼠在体鼻灌流装置

4. 体内法　体内实验是评价药物制剂鼻腔吸收最可靠的方法，通常选用大鼠、家兔、狗、羊等做实验动物。将药液滴入或喷雾入动物鼻腔，保持仰位 1~2 分钟，隔一定时间采集血样，测定血药浓度，根据所得 AUC 数据求算药动学参数和生物利用度。给药时动物是否麻醉对药物的鼻腔吸收存在影响，要注意。体内法影响因素较多，不适于前期筛选，可用于处方确定后，对制剂的鼻腔吸收情况进行评价。

（二）鼻黏膜毒性评价

目前，药物或制剂鼻黏膜毒性的评价方法主要有以下四种：

1. **评价药物对纤毛清除作用的影响**　正常情况下纤毛协调一致的摆动，可清除外来异物，保持鼻腔清洁，对机体起着重要的保护作用。然而，鼻腔制剂的药物或辅料对鼻纤毛通常会有不同程度的影响，有的甚至可使纤毛运动不可逆的停止。因此，考察药物及辅料对鼻纤毛运动功能的影响是鼻黏膜毒性评价的主要工作，也是鼻腔制剂处方筛选及质量评价的重要部分。

（1）测定纤毛摆动频率：体外测定纤毛摆动频率（ciliary beat frequency，CBF）常采用显微高速成像技术，具有重现性好，灵敏度高的特点。常用的离体组织为人鼻黏膜组织、鸡胚胎器官黏膜组织，以及鼠、兔或豚鼠的黏膜组织等。分离黏膜上皮细胞，接种于盖玻片上，采用倒置相差显微镜观察纤毛运动时光学信号的变化，经过高速摄像机、电荷耦合器件和高速图像捕捉卡，以 240 帧 / 秒速度采集图像，并用特定软件对纤毛运动的灰度变化进行分析，绘制灰度值与连续图像的对应曲线，计算每秒 CBF[100]。

（2）测定黏膜纤毛转运能力：蛙上腭是常用的体外模型。采用立体显微镜测定石墨微粒在蛙上腭黏膜表面移动一定距离所需时间，计算转运速率。动物体内黏膜纤毛转运能力的研究是以荧光球、荧光乳胶微粒为清除标记物。鼻腔给药后一定时间给予标记物，定时从鼻咽部收集被清除的标记物，并绘制荧光强度 – 时间曲线，同未给药时进行比较。评价人体内黏膜纤毛转运能力可选用多种标记物，较常用的是糖精。糖精法简单易行，对人体无害，被广泛采用。鼻腔给予糖精，当其被清除至鼻咽部时志愿者即可感觉出甜味。这段时间（T）的长短可反映黏膜纤毛转运速度的快慢。比较用药前后的 T 值，即能评价药物对纤毛清除作用的影响情况。人体糖精实验结果的个体差异很大，必须作自身对照。

（3）测定纤毛持续运动时间：常采用蟾蜍上腭黏膜为模型，实验操作如下：将蟾蜍仰卧固定，使口腔张开，滴加药液于上腭黏膜处，使其完全浸没上腭黏膜，持续接触一定时间后用生理盐水洗净，分离上腭黏膜，将黏膜面向上平铺于载玻片上，滴加生理盐水，在光学显微镜下观察纤毛的摆动情况，并记录纤毛持续摆动的时间。同时分别以生理盐水和 1% 去氧胆酸钠溶液（纤毛毒性大）作阴性和阳性对照。此法操作方便、简单易行，可直观观察到纤毛数量、脱落情况、纤毛摆动的活跃程度等。但要注意蟾蜍的大小、给药总量、黏膜剪取的位置以及标本制作时间等均可能影响纤毛持续摆动的时间，在实验中要控制这些因素，尽量做到一致。图 8-29 及文末彩图为滴加不同药液 30 分钟后，蟾蜍黏膜纤毛的光学显微照片[101]。

2. **鼻黏膜形态考察**　此法是鼻黏膜毒性评价最直接的方法，主要通过扫描电镜观察给药后黏膜组织结构及表面纤毛形态的改变。常以大鼠为实验动物，操作方法如下：大鼠单侧鼻孔滴加样品溶液 50μl，连续给药一周后处死大鼠，剥离鼻中隔黏膜，生理盐水漂洗净后，固定、脱水、喷金，于扫描电镜下观察大鼠鼻黏膜纤毛的完整性及形态学变化。图 8-30（上）及文末彩图为不同制剂给药 1 周后，鼻腔黏膜纤毛的扫描电镜照片。可见，相比于生理盐水组，溶液剂组的纤毛形态和数量没有明显改变。另外，也可将鼻中隔黏膜用多聚甲醛固定，石蜡包埋切片、苏木素 – 伊红（HE）染色，通过光学显微镜观察中隔黏膜的完整性，上皮厚度和上皮细胞排列的有序程度，以及纤毛是否脱落等。图 8-30（下）及文末彩图为上述同样制剂鼻腔给药 1 周后，鼻黏膜 HE 染色照片，结果与扫描电镜观察一致[102]。人体的鼻黏膜形态学评价可用鼻内窥镜观察。

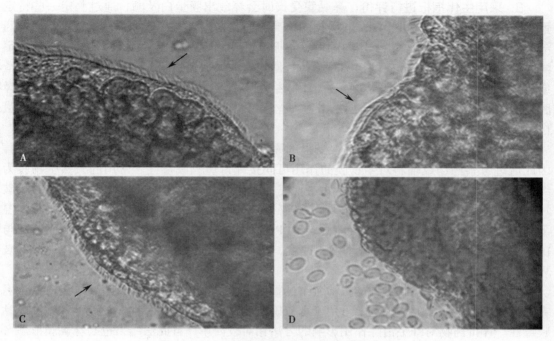

图 8-29　蟾蜍黏膜的光学显微照片
A. 生理盐水；B.0.25% 壳聚糖溶液；C.0.5% 壳聚糖溶液；D.1% 去氧胆酸钠

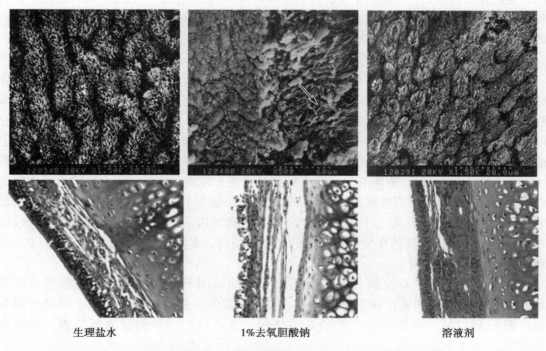

生理盐水　　　　　　　1%去氧胆酸钠　　　　　　溶液剂

图 8-30　大鼠鼻腔给药 1 周，鼻黏膜扫描电镜观察（上）和 HE 染色照片（下）

3. 采用生化指标进行评价 鼻黏膜受损时会释放出膜蛋白及酶，通过测定一些特定蛋白和酶的释放量，即可检测黏膜受损的情况。通常采用大鼠在体鼻腔灌流技术，将含药溶液通过鼻腔循环灌流，隔一定时间后收集循环液，测定其中蛋白质和酶的总量，或特定酶的量。有研究者认为此模型与实际给药条件相差太大，包括灌流时间过长，灌流时会造成对黏液层的破坏，灌流液体积远大于实际给药体积等。因此建议使用体内法，即大鼠鼻腔给药后 15 分钟，通过食管插管，用生理盐水冲洗鼻腔并收集冲洗液，测定其中酶和蛋白质的量。

4. 溶血实验考察 鼻黏膜组织受损的原因之一是药物或辅料对细胞膜有破坏作用，因此通过考察药物或辅料对生物膜的作用可间接评价鼻黏膜毒性。常用的天然生物膜为红细胞膜，通过溶血实验来评价，如达到完全溶血所需浓度越小，则药物或辅料的膜破坏作用就越大。也有将二棕榈酰磷脂酰胆碱（DPPC）分散至水中来模拟生物膜，其常温下呈凝胶状，用差示扫描量热仪能测定 DPPC 双层结构的晶格转化温度。吸收促进剂与 DPPC 作用后会使其晶格转化温度发生改变，由此可定量考察不同促进剂对 DPPC 膜的破坏作用。

以上四种评价鼻黏膜毒性的方法各有侧重点。鼻黏膜形态考察最直观，结果可靠，但方法较复杂，不适于大量筛选，可用于处方确定后，评价制剂的急性、亚急性及慢性鼻黏膜毒性。评价药物对纤毛清除作用影响的方法相对较简单，且此法结果也与鼻黏膜形态考察结果存在一定的相关性，特别适于处方筛选阶段。溶血实验简单易行，可筛选大量药物，在蟾蜍冬眠的季节可考虑作为替代方法，缺点是无法考察纤毛毒性是否可逆。生化指标测定法操作较繁琐，主要用于评价药物或辅料对鼻黏膜是否存在破坏作用。总之，这四种方法中，体外法较简单，但其实验条件与实际给药情况有一定差距，在预测药物和辅料的鼻黏膜毒性时，需结合体内法的实验结果。

（三）鼻喷剂喷雾特性考察

定量鼻喷雾装置主要包括药液容器和定量喷雾泵（喷嘴、压缩腔、压缩栓等）两部分（图 8-31），定量喷雾泵可采用硬质塑料或金属材料制作。工作时利用压缩栓下压挤出压缩腔内的药液，使其以较高的速度喷出小孔分散成雾状微滴，每次喷射的药液量等于压缩腔的容积。使用时将喷嘴朝上对准鼻孔，然后快速按下压缩盖，雾状药液即进入鼻腔并均匀地分布在鼻腔黏膜上。目前，已有专门针对液体制剂和凝胶剂的定量鼻喷雾泵，每揿体积一般为 100μl 和 140μl。装药液的容器主要有塑料瓶和玻璃瓶两种，前者一般由不透明的白色塑料制成，质轻但强度较高，便于携带；后者一般为不透明的棕色玻璃制成，适于封装一些不稳定的药物溶液。对于装药液的容器，药典规定应无毒并洁净，不应与药物或辅料发生理化作用，容器的瓶壁要有一定的厚度且均匀，多剂量容器的装量应不超过 10ml 或 5g。

鼻腔喷雾剂需注意泵阀门系统对药物可能的吸附等问题，多剂量喷雾剂使用到最后总有一定残留剂量，或因压力不足，喷雾剂量发生变化或造成浪费。可以采用泵与药液分别包装，临用前装上手动泵后使用。也可以选择单剂量喷雾装置，但成本较高。

目前，针对鼻腔喷雾剂的喷雾特性检查，美国 FDA 和欧洲药监局已颁布了一套体外测定的准则和规定[103]，但《中国药典》还没有收载相关研究要求，文献报道也较少。下面对其研究方法作简单介绍。

图 8-31 定量喷雾泵（左 1~3）及鼻喷雾装置（右 1~2）

1. 初始化与再次初始化 鼻腔喷雾剂喷射前药液需填充入喷射装置的腔体，若喷雾剂从未喷射过，药物溶液填充定量阀的过程即为初始化；若喷雾剂曾被喷射过，再次使用时，药液填充定量阀的过程则称为再次初始化。初始化与再次初始化是给药剂量准确的前提，其研究为产品标签说明提供依据。

初始化测定方法：取新制喷雾剂 3 瓶，以相同的力触发喷雾剂，触发前后将喷雾剂称重，记录触发次数直至触发前后重量差稳定。

再次初始化测定方法：将初始化的喷雾剂于室温放置，分别于放置后不同时间（如 1、2、4 周）以相同的力触发喷雾剂，触发前后将喷雾剂称重，记录触发次数直至触发前后重量差稳定。

邓春丽等制备了三七总皂苷鼻腔喷雾剂（筛选了 3 种喷雾泵），对其初始化和再次初始化进行了研究，结果见图 8-32，可见，3 种泵型喷雾剂在初次给药时，为保证剂量准确，需至少空撅 5 次方可给药。经停用一段时间后，各泵型喷雾剂都不能喷射出准确剂量，用前至少需喷废 2 次[104]。

2. 雾滴粒径分布 雾滴的粒径分布是鼻腔喷雾剂的重要参数之一，雾滴粒径过大易被吞咽，过小会随呼吸排出。影响粒径分布的因素包括泵的设计、触发力、触发距离、黏度以及药物处方等。目前，激光衍射法是测定喷雾剂粒径分布的唯一方法，其理论依据是 Fraunhofer 衍射理论和完全的米氏光散射理论。光照射颗粒时，衍射和散射的情况与光的波长以及颗粒大小有关。因此当用单色性很好且波长固定的激光作为光源时，就可以消除波长影响，从而得出衍射、散射情况跟颗粒粒径分布的对应关系[105]。FDA 要求粒径分布需在两个检测距离且喷雾完全形成阶段进行测定，常选用 3cm 和 6cm 作为检测距离。

具体方法：取供试品 5 瓶，每个样品前 5 撅空撅后，将其垂直置于自动喷射器上并固定喷嘴，使激光束穿过喷射范围的中心，设定测定条件：触发力 5kg，触发力启动时间 0.2 秒，维持时间 0.1 秒，喷雾延迟时间 1 秒，运行位移 6.5mm，按上述条件自动触发后，采用激光衍射粒度仪分别测定 3cm 和 6cm 两个距离（喷嘴顶端与激光束中心的垂直距离）下的粒径分布，每个样品测定 3 次，给出雾滴的体积径 D_{v10}、D_{v50}、D_{v90}（分别为累积体积分数为 10%、50%、90% 时所对应的雾滴粒度）。

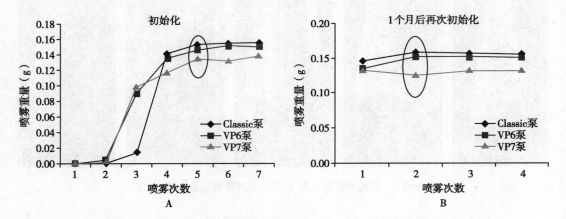

图 8-32　初次喷射次数（A）以及停用 1 个月后再次喷射次数（B）

表 8-16 为使用 VP6 泵时，三七总皂苷鼻腔喷雾剂的粒径分布[106]。

表 8-16　三七总皂苷鼻腔喷雾剂的粒径分布

距离	样品	雾滴粒径（μm）		
		D_{v10}	D_{v50}	D_{v90}
3cm	1	28.05 ± 0.17	77.94 ± 0.56	166.71 ± 2.42
	2	27.86 ± 0.55	76.10 ± 2.78	156.57 ± 17.56
	3	28.20 ± 0.41	80.00 ± 1.76	177.66 ± 7.19
	4	25.73 ± 1.26	71.46 ± 1.76	171.50 ± 20.38
	5	26.05 ± 0.25	67.47 ± 1.41	135.57 ± 9.12
6cm	1	30.71 ± 0.07	67.28 ± 0.35	144.87 ± 4.03
	2	29.79 ± 1.55	72.87 ± 3.26	162.08 ± 5.96
	3	30.50 ± 1.33	70.15 ± 2.29	159.81 ± 14.57
	4	30.58 ± 0.15	73.60 ± 1.44	157.96 ± 10.97
	5	30.38 ± 1.65	68.39 ± 8.33	163.21 ± 20.20

3. 喷雾模式　喷雾模式包含喷射模式和喷雾几何形状两个方面。喷射模式是指喷雾形成的倒锥体横截面，横截面越圆说明药液在鼻腔中分布越均匀。喷雾几何形状是指喷雾形成的倒锥体纵截面，纵截面底部角度越大说明药液接触的鼻腔面积

越大。

（1）喷射模式测定：采用 Spray VIEW 激光图像系统进行测定，每次实验前，将喷雾剂空撳 5 次后再触发。实验需在 3cm 和 6cm 两个距离下进行。将仪器的激光束调整为水平方向，垂直喷射，高速相机拍摄喷雾横截面照片，测定图像的长径 D_{max} 和短径 D_{min}，并计算椭圆率 $=D_{max}/D_{min}$。

图 8-33A 及文末彩图为使用 VP6 泵时，三七总皂苷鼻腔喷雾剂的喷射模式[104]，可见在两种检测距离下，该喷雾剂的喷射横截面近圆形（椭圆率为 1.15~1.24），表明喷出的药液在鼻腔中分布均匀。

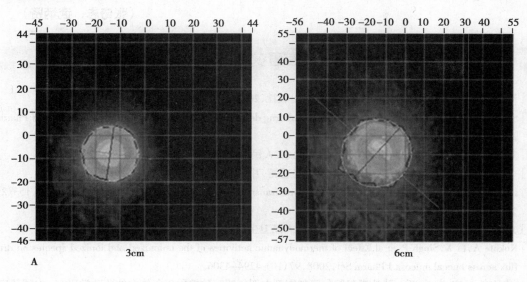

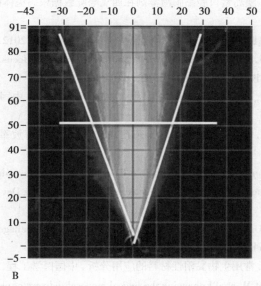

图 8-33　三七总皂苷鼻腔喷雾剂的喷射模式（A）和喷射几何形状（B）

（2）喷雾几何形状测定：同样使用 Spray VIEW 激光图像系统进行测定。每次实验前，将喷雾剂空揿 5 次后再触发（可先筛选最优触发速度和加速度）。将仪器的激光束调整为垂直方向，垂直喷射，高速相机拍摄喷雾纵截面照片，即喷雾的几何形状照片，测量喷雾角度和喷雾的最大宽度。

图 8-33B 及文末彩图为使用 VP6 喷雾泵时，三七总皂苷鼻腔喷雾剂的喷射几何形状，其扇面角度为 27.30° ±1.01°，气缕宽度为 29.17mm±1.17mm，均较使用 VP7 泵和 Classic 泵大，且喷雾垂直度好[104]，表明使用 VP6 泵，喷出的药液与鼻腔接触面大，有利于三七总皂苷的鼻腔吸收。

（张奇志、武炳贤）

参考文献

[1] 周建平.药剂学进展.南京:江苏科学技术出版社,2008:150-166.

[2] Sattar M,Sayed OM,Lane ME.Oral transmucosal drug delivery-current status and future prospects.Int J Pharm, 2014,471(1-2):498-506.

[3] 刘建平.生物药剂学与药物动力学.4版.北京:人民卫生出版社,2014:81-85.

[4] 李丁,王健,侯惠民.口腔黏膜给药系统研究进展.中国医药工业杂志,2009,40(4):303-307.

[5] Patel VF,Liu F,Brown MB,et al.Advances in oral transmucosal drug delivery.J Control Release,2011,153(2): 106-116.

[6] 方亮,龙晓英.药物剂型与递药系统.北京:人民卫生出版社,2014:325-332,346-351.

[7] Kokate A,Li X,Singh P,et al.Effect of thermodynamic activities of the unionized and ionized species on drug flux across buccal mucosa.J Pharm Sci,2008,97(10):4294-4306.

[8] 周密妹,杨虎,郭梅,等.胰岛素口腔黏膜喷雾剂在四氧嘧啶致糖尿病兔体内的药动学研究.中国药房, 2008,19(10):752-753.

[9] 李玉清,黄绳武.药物口腔黏膜吸收机理的研究进展.中国新药杂志,2012,21(5):512-517.

[10] Shinkar DM,Dhake AS,Setty CM.Drug delivery from the oral cavity:a focus on mucoadhesive buccal drug delivery systems.PDA J Pharm Sci Technol,2012,66(5):466-500.

[11] 刘仁亮,马晋隆,倪睿,等.口腔黏膜生物黏附性材料的研究进展.中国医药工业杂志,2018,49(2): 149-155.

[12] 张建春,陈鼎继,王原,等.口腔粘膜粘附给药系统的研究进展.解放军药学学报,2003,19(2):135- 137.

[13] Kapil R,Dhawan S,Beg S,et al.Buccoadhesive films for once-a-day administration of rivastigmine: systematic formulation development and pharmacokinetic evaluation.Drug Dev Ind Pharm,2013,39(3):466- 480.

[14] Nerkar PP,Gattani SG.Oromucosal delivery of venlafaxine by linseed mucilage based gel:in vitro and in vivo evaluation in rabbits.Arch Pharm Res.2013,36(7):846-853.

[15] 申婷,潘一峰,何剪太.常用生物黏附性材料的应用分析.中国医学工程,2012,24(10):25-27.

[16] Caon T,Jin L,Simões CM,et al.Enhancing the buccal mucosal delivery of peptide and protein therapeutics. Pharm Res,2015,32(1):1-21.

[17] Morales JO,McConville JT.Novel strategies for the buccal delivery of macromolecules.Drug Dev Ind Pharm,

2014,40(5):579–590.

[18] 贺芬,奚连,侯惠民.含药树脂微囊法制备口服缓释混悬液Ⅰ.右美沙芬口服缓释混悬液.中国医药工业杂志,2003,34(6):276–279.

[19] 王健,王伟.口腔喷雾剂的研究概况.中国医药工业杂志,2011,42(9):704–709.

[20] Padala SK,Lavelle MP,Sidhu MS,et al.Antianginal Therapy for Stable Ischemic Heart Disease:A Contemporary Review.J Cardiovasc Pharmacol Ther.2017,22(6):499–510.

[21] Bernstein G.Delivery of insulin to the buccal mucosa utilizing the RapidMist™ system.Expert Opin Drug Deliv,2008,5(9):1047–1055.

[22] Cernea S,Kidron M,Wohlgelernter J,et al.Comparison of pharmacokinetic and pharmacodynamic properties of single–dose oral insulin spray and subcutaneous insulin injection in healthy subjects using the euglycemic clamp technique.Clin Ther,2004,26(12):2084–2091.

[23] Cernea S,Kidron M,Wohlgelernter J,et al.Dose–response relationship of an oral insulin spray in six patients with type 1 diabetes:a single–center,randomized,single–blind,5–way crossover study.Clin Ther,2005,27 (10):1562–1570.

[24] Palermo A,Napoli N,Manfrini S,et al.Buccal spray insulin in subjects with impaired glucose tolerance:the prevoral study.Diabetes Obes Metab,2011,13(1):42–46.

[25] Chinna Reddy P,Chaitanya KS,Madhusudan Rao Y.A review on bioadhesive buccal drug delivery systems:current status of formulation and evaluation methods.Daru.2011,19(5):385–403.

[26] Dessai P,Sawant AS.Formulation development and in–vitro evaluation of bucoadhesive tablet of chlorpheniramine maleate and phenylephrine hydrochloride in combined dosage form.Int J Pharm Sci Res, 2017,8(4):1765–1775.

[27] Yamsani VV,Gannu R,Kolli C,et al.Development and in vitro evaluation of buccoadhesive carvedilol tablets. Acta Pharm,2007,57(2):185–197.

[28] Shayeda,Gannu R,Palem CR,et al.Development of novel bioadhesive buccal formulation of diltiazem:in vitro and in vivo characterization.PDA J Pharm Sci Tech,2009,63(5):401–408.

[29] Palem CR,Gannu R,Yamsani SK,et al.Development of bioadhesive buccal tablets for felodipine and pioglitazone in combined dosage form:in vitro,ex vivo,and in vivo characterization.Drug Del,2011,18(5): 344–352.

[30] Perioli L,Ambrogi V,Rubini D,et al.Novel mucoadhesive buccal formulation containing metronidazole for the treatment of periodontal disease.J Control Rel,2004,95(3):521–533.

[31] Labot JM,Manzo RH,Allemandi A.Double layered mucoadhesive tablets containing nystatin.AAPS Pharm Sci Tech,2002,3(3):47–52.

[32] Yong CS,Jung JH,Rhee JD,et al.Physicochemical characterization and evaluation of buccal adhesive tablets containing omeprazole.Drug Dev Ind Pharm,2001,27(5):447–455.

[33] Jug M,Becirević–Laćan M.Influence of hydroxypropyl–β–cyclodextrin complexation on piroxicam release from buccoadhesive tablets.Eur J Pharm Sci,2004,21(2–3):251–260.

[34] Shivanand K,Raju SA,Nizamuddin S,et al.In vivo bioavailability studies of sumatriptan succinate buccal tablets.Daru,2011,19(3):224–230.

[35] 侯惠民,贺芬.醋酸地塞米松粘贴片及其制备:CN,1389200.2003–01–08.

[36] 李华凌.尼索地平口腔黏附片的研制与家兔体内药动学的研究.山东:山东大学,2006.

[37] 陈芳,夏怡然,侯惠民.口腔膜剂的研发及应用.中国医药工业杂志,2012,43(6):484–489.

[38] Barnhart SD,Sloboda MS.The future of dissolvable films.Drug Del Technol,2007,7:34-37.

[39] 刘宪勇,刘世军,孙克明,等.口腔膜剂的研究与应用进展.中国药房,2015,26(10):1420-1423.

[40] Kulkarni N,Kumar LD,Sorg A.Fast dissolving orally consumable films containing an antitussive and a mucosa coating agent:US,20030206942.2003-11-06.

[41] Liew KB,Tan YT,Peh KK.Effect of polymer,plasticizer and filler on orally disintegrating film.Drug Dev Ind Pharm,2014,40(1):110-119.

[42] Crowley MM,Zhang F,Repka MA,et al.Pharmaceutical applications of hot-melt extrusion:part I.Drug Dev Ind Pharm,2007,33:909-926.

[43] Hoffmann EM,Breitenbach A,Breitkreutz J.Advances in orodispersible films for drug delivery.Expert Opin Drug Deliv,2011,8(3):299-316.

[44] 王斌,钟明康,施孝金.治疗口腔溃疡的双层膜复方制剂的研制.中国药学杂志,2009,44(4):274-277.

[45] Hearnden V,Sankar V,Hull K,et al.New developments and opportunities in oral mucosal drug delivery for local and systemic disease.Adv Drug Deliv Rev,2012,64(1):16-28.

[46] Vishnu YV,Chandrasekhar K,Ramesh G,et al.Development of mucoadhesive patches for buccal administration of carvedilol.Curr Drug Deliv.2007,4(1):27-39.

[47] Gibson J,Halliday JA,Ewert K,et al.A controlled release pilocarpine buccal insert in the treatment of Sjögren's syndrome.Br Dent J,2007,202(7):404-405.

[48] Karlsmark T,Goodman JJ,Drouault Y,et al.Randomized clinical study comparing Compeed cold sore patch to acyclovir cream 5%in the treatment of herpes simplex labialis.J Eur Acad Dermatol Venereol,2008,22(10):1184-1192.

[49] Laffleur F.Mucoadhesive polymers for buccal drug delivery.Drug Dev Ind Pharm,2014,40(5):591-598.

[50] Xue XY,Zhou Y,Chen YY,et al.Promoting effects of chemical permeation enhancers on insulin permeation across TR146 cell model of buccal epithelium in vitro.Drug Chem Toxicol,2012,35(2):199-207.

[51] Jacobsen J,van Deurs B,Pedersen M,et al.TR146 cells grown on filters as a model for human buccal epithelium:I.Morphology,growth,barrier properties,and permeability.Int J Pharm,1995,125(2):165-184.

[52] Sudhakar Y,Kuotsu K,Bandyopadhyay AK.Buccal bioadhesive drug delivery-a promising option for orally less efficient drugs.J Control Release,2006,114(1):15-40.

[53] 平其能,屠锡德,张钧寿,等.药剂学.4版.北京:人民卫生出版社,2013:835-853.

[54] Fransén N,Bredenberg S,Björk E.Clinical study shows improved absorption of desmopressin with novel formulation.Pharm Res,2009,26(7):1618-1625.

[55] Adjei A,Sundberg D,Miller J,et al.Bioavailability of leuprolide acetate following nasal and inhalation delivery to rats and healthy humans.Pharm Res,1992,9(2):244-249.

[56] Pontiroli AE,Calderara A,Perfetti MG,et al.Pharmacokinetics of intranasal,intramuscular and intravenous glucagon in healthy subjects and diabetic patients.Eur J Clin Pharmacol,1993,45(6):555-558.

[57] Ghigo E,Arvat E,Gianotti L,et al.Growth hormone-releasing activity of hexarelin,a new synthetic hexapeptide,after intravenous,subcutaneous,intranasal,and oral administration in man.J Clin Endocrinol Metab,1994,78(3):693-698.

[58] Leary AC,Stote RM,Cussen K,et al.Pharmacokinetics and pharmacodynamics of intranasal insulin administered to patients with type 1 diabetes:a preliminary study.Diabetes Technol Ther,2006,8(1):81-88.

[59] Matsuyama T,Morita T,Horikiri Y,et al.Influence of fillers in powder formulations containing N-acetyl-L-cysteine on nasal peptide absorption.J Control Release,2007,120(1-2):88-94.

[60] Sintov AC, Levy HV, Botner S.Systemic delivery of insulin via the nasal route using a new microemulsion system:in vitro and in vivo studies.J Control Release,2010,148(2):168-176.

[61] Matsuyama T, Morita T, Horikiri Y, et al.Improved nasal absorption of salmon calcitonin by powdery formulation with N-acetyl-L-cysteine as a mucolytic agent.J Control Release,2006,115(2):183-188.

[62] Miyata K, Ukawa M, Mohri K, et al.Biocompatible polymers modified with d-octaarginine as an absorption enhancer for nasal peptide delivery.Bioconjug Chem,2018,29(5):1748-1755.

[63] Milewski M, Goodey A, Lee D, et al.Rapid absorption of dry-powder intranasal oxytocin.Pharm Res,2016,33(8):1936-1944.

[64] Tanaka A, Furubayashi T, Arai M, et al.Delivery of oxytocin to the brain for the treatment of autism spectrum disorder by nasal application.Mol Pharm,2018,15(3):1105-1111.

[65] Zheng X, Shao X, Zhang C, et al.Intranasal H102 peptide-loaded liposomes for brain delivery to treat Alzheimer's disease.Pharm Res,2015,32(12):3837-3849.

[66] 蒋新国.脑靶向递药系统.北京:人民卫生出版社,2011:296-310.

[67] Feng C, Zhang C, Shao X, et al.Enhancement of nose-to-brain delivery of basic fibroblast growth factor for improving rat memory impairments induced by co-injection of β-amyloid and ibotenic acid into the bilateral hippocampus.Int J Pharm,2012,423(2):226-234.

[68] Dhuria SV, Hanson LR, Frey WH 2nd.Intranasal delivery to the central nervous system:mechanisms and experimental considerations.J Pharm Sci,2010,99(4):1654-1673.

[69] Fisher AN, Brown K, Davis SS, et al.The effect of molecular size on the nasal absorption of water-soluble compounds in the albino rat.J Pharm Pharmacol,1987,39(5):357-362.

[70] Fisher AN, Illum L, Davis SS, et al.Di-iodo-L-tyrosine-labelled dextrans as molecular size markers of nasal absorption in the rat.J Pharm Pharmacol,1992,44(7):550-554.

[71] Shao Z, Park GB, Krishnamurthy R, et al.The physicochemical properties, plasma enzymatic hydrolysis and nasal absorption of acyclovir and its 2'-ester prodrugs.Pharm Res,1994,11(2):237-242.

[72] Liu Q, Zheng X, Zhang C, et al.Antigen-conjugated N-trimethylaminoethylmethacrylate chitosan nanoparticles induce strong immune responses after nasal administration.Pharm Res,2015,32(1):22-36.

[73] Wang Y, Li M, Qian S, et al.Zolpidem mucoadhesive formulations for intranasal delivery:characterization, in vitro permeability, pharmacokinetics, and nasal ciliotoxicity in Rats.J Pharm Sci,2016,105(9):2840-2847.

[74] Hu KL, Mei N, Feng L, et al.Hydrophilic nasal gel of lidocaine hydrochloride.2nd communication:improved bioavailability and brain delivery in rats with low ciliotoxicity.Arzneimittelforschung,2009,59(12):635-640.

[75] van den Berg MP, Romeijn SG, Verhoef JC, et al.Serial cerebrospinal fluid sampling in a rat model to study drug uptake from the nasal cavity.J Neurosci Methods,2002,116(1):99-107.

[76] Cao SL, Zhang QZ, Jiang XG.Preparation of ion-activated in situ gel systems of scopolamine hydrobromide and evaluation of its antimotion sickness efficacy.Acta Pharmacol Sin,2007,28(4):584-590.

[77] Chavanpatil MD, Vavia PR.The influence of absorption enhancers on nasal absorption of acyclovir.Eur J Pharm Biopharm,2004,57(3):483-487.

[78] Feng C, Shao X, Zhang C, et al.Effect of absorption enhancers on nasal delivery of basic fibroblast growth factor.Afr J Pharm Pharmaco,2011,5(8):1070-1079.

[79] Na L, Wang J, Wang L, et al.A novel permeation enhancer:N-succinyl chitosan on the intranasal absorption of isosorbide dinitrate in rats.Eur J Pharm Sci,2013,48(1-2):301-306.

[80] Na L, Mao S, Wang J, et al.Comparison of different absorption enhancers on the intranasal absorption of

isosorbide dinitrate in rats.Int J Pharm,2010,397（1-2）:59-66.

［81］Kao HD,Traboulsi A,Itoh S,et al.Enhancement of the systemic and CNS specific delivery of L-dopa by the nasal administration of its water soluble prodrugs.Pharm Res,2000,17（8）:978-984.

［82］Koyama K,Nakai D,Takahashi M,et al.Pharmacokinetic mechanism involved in the prolonged high retention of laninamivir in mouse respiratory tissues after intranasal administration of its prodrug laninamivir octanoate. Drug Metab Dispos.2013,41（1）:180-187.

［83］Xie Y,Lu W,Cao S,et al.Preparation of bupleurum nasal spray and evaluation on its safety and efficacy.Chem Pharm Bull（Tokyo）.2006,54（1）:48-53.

［84］袁华.丙酸氟替卡松鼻喷剂处方工艺研究.浙江:浙江工业大学,2012.

［85］Fatouh AM,Elshafeey AH,Abdelbary A.Agomelatine-based in situ gels for brain targeting via the nasal route:statistical optimization,in vitro,and in vivo evaluation.Drug Deliv,2017,24（1）:1077-1085.

［86］Majithiya RJ,Ghosh PK,Umrethia ML,et al.Thermoreversible-mucoadhesive gel for nasal delivery of sumatriptan.AAPS PharmSciTech,2006,7（3）:E80-E86.

［87］陈恩.柴胡即型凝胶鼻腔喷雾剂的研制.上海:复旦大学,2008.

［88］Cao SL,Chen E,Zhang QZ,et al.A novel nasal delivery system of a Chinese traditional medicine,Radix Bupleuri,based on the concept of ion-activated in situ gel.Arch Pharm Res,2007,30（8）:1014-1019.

［89］陶涛,赵雁,岳鹏,等.石杉碱甲鼻用原位凝胶的制备及其经鼻脑靶向性评价.药学学报,2006,41（11）: 1104-1110.

［90］毛成达,雷激,赵丽杰,等.低甲氧基果胶凝胶影响因素研究.食品科技,2009,34（4）:100-104.

［91］王勇,王春晓,相光明,等.果胶的胶凝性质及应用.中国果菜,2017,37（8）:13-15.

［92］Watts P,Smith A,Perelman M.Nasal delivery of fentanyl.Drug Deliv Transl Res,2013,3（1）:75-83.

［93］FDA批准首个鼻用睾酮凝胶Natesto.药学与临床研究,2014,（3）:I0004-I0004.

［94］Aptar Pharma.药途径-鼻腔给药.https://pharma.aptar.com/zh-hans/delivery-routes/bi-qiang-gei-yao. html

［95］金方,孔徐生,刘海卫,等.鲑降钙素经鼻干粉吸入剂的制备及评价.中国医药工业杂志,2007,38（3）: 200-203.

［96］Vyas TK,Babbar AK,Sharma RK,et al.Preliminary brain-targeting studies on intranasal mucoadhesive microemulsions of sumatriptan.AAPS PharmSciTech,2006,7（1）:E49-E57.

［97］Jogani VV,Shah PJ,Mishra P,et al.Intranasal mucoadhesive microemulsion of tacrine to improve brain targeting.Alzheimer Dis Assoc Disord,2008,22（2）:116-124.

［98］Gao X,Wu B,Zhang Q,et al.Brain delivery of vasoactive intestinal peptide enhanced with the nanoparticles conjugated with wheat germ agglutinin following intranasal administration.J Control Release,2007,121（3）: 156-167.

［99］沈烨虹.麦胚凝集素修饰聚乙二醇-聚乳酸纳米粒经鼻入脑机理的研究.上海:复旦大学,2010.

［100］矫健,张罗.两性霉素B对人鼻腔上皮细胞纤毛摆动频率的影响.中华耳鼻咽喉头颈外科杂志, 2016,51（8）:573-576.

［101］冯程程.碱性成纤维生长因子鼻腔喷雾剂的研制及脑内递药特性研究.上海:复旦大学,2011.

［102］邵夏炎.抗老年痴呆药H102肽鼻腔喷雾剂的研制.上海:复旦大学,2013.

［103］Trows S,Wuchner K,Spycher R,et al.Analytical challenges and regulatory requirements for nasal drug products in Europe and the U.S.Pharmaceutics.2014,6（2）:195-219.

［104］邓春丽.三七总皂苷鼻腔喷雾剂的喷雾特性及药动学研究.上海:复旦大学,2015.

［105］Smyth H,Brace G,Barbour T,et al.Spray pattern analysis for metered dose inhalers:effect of actuator design.

Pharm Res, 2006, 23 (7): 1591-1596.

［106］邓春丽, 王晓飞, 沙先谊, 等 . 三七总皂苷鼻腔喷雾剂的喷雾特性考察 . 中国医药工业杂志, 2015, 46 (9): 970-974.

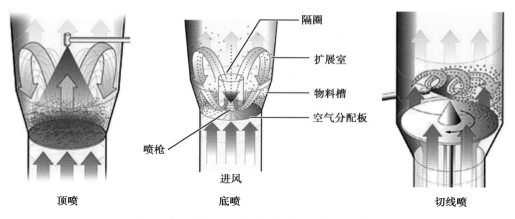

图 4-19 顶喷、底喷、切线喷型流化床示意图

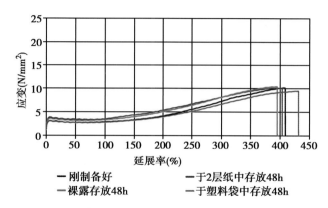

图 4-44 TEC 作为增塑剂时游离衣膜在不同条件下储存后的延展系数的变化

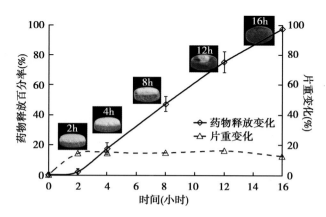

图 4-59 12% 包衣增重的格列吡嗪渗透泵片的释放曲线、片重变化曲线及释药图片

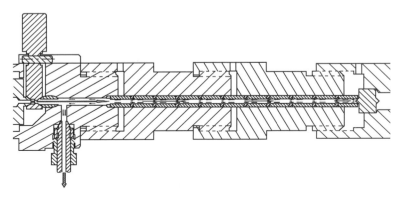

图 5-16　微射流作用原理图[56]

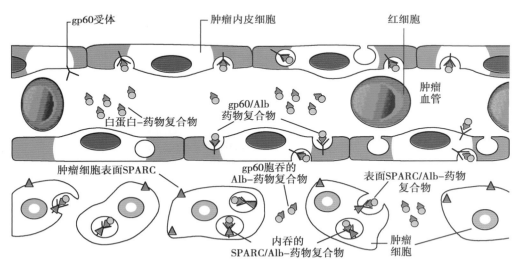

图 5-39　白蛋白－紫杉醇的细胞传递

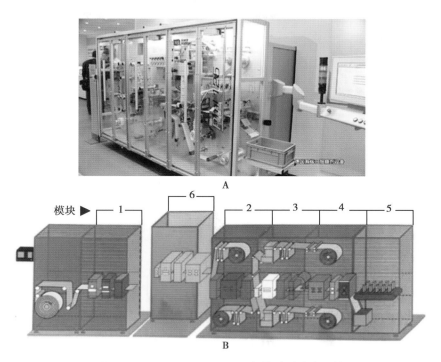

图 7-7　HarroHöfliger 公司的贴片生产系统

A. 贴片生产设备；B. 多功能模块示意图；

1、2、5. 贴剂生产模块单元；3. 在线包装模块单元；4. 在线包装模块单元；6. 扩展模块单元

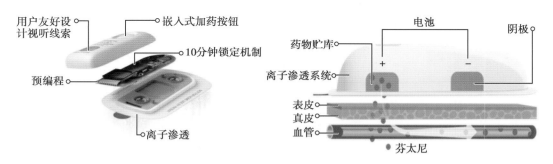

图 7-29　IONSYS（芬太尼离子渗透经皮给药系统）

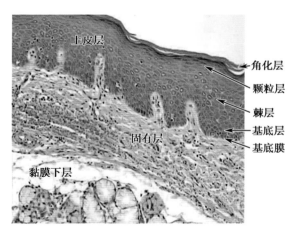

图 8-2 口腔黏膜结构

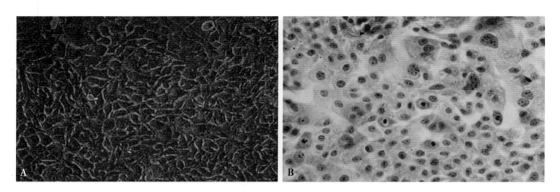

图 8-12 TR146 细胞的生长特性
A:细胞生长 20 天后相差显微镜照片(×200);B:HE 染色(×400)

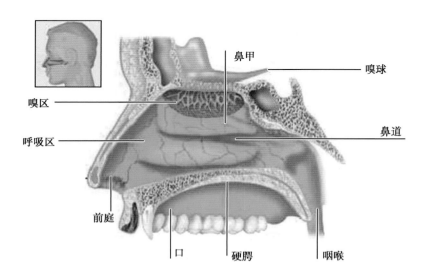

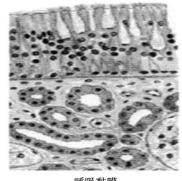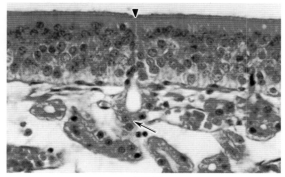

呼吸黏膜　　　　　　　　　　　嗅黏膜

图 8-15　鼻腔结构示意图（上）及呼吸黏膜、嗅黏膜（HE 染色）（下）

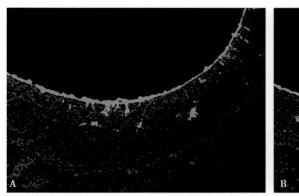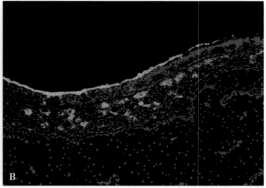

图 8-17　大鼠鼻腔给药 30 分钟，游离 OVA（A）和 OVA-NP（B）在鼻黏膜的分布

0.5%
DGG

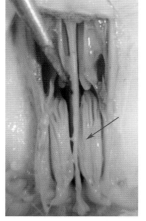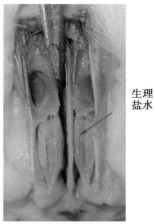

生理
盐水

图 8-22　大鼠鼻腔给予 0.5% 去乙酰结冷胶溶液 5 分钟后成凝性观察

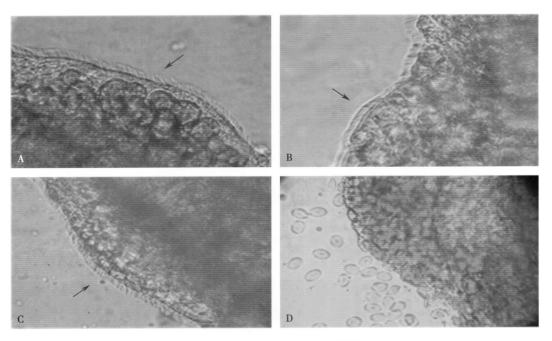

图 8-29　蟾蜍黏膜的光学显微照片
A. 生理盐水；B.0.25% 壳聚糖溶液；C.0.5% 壳聚糖溶液；D.1% 去氧胆酸钠

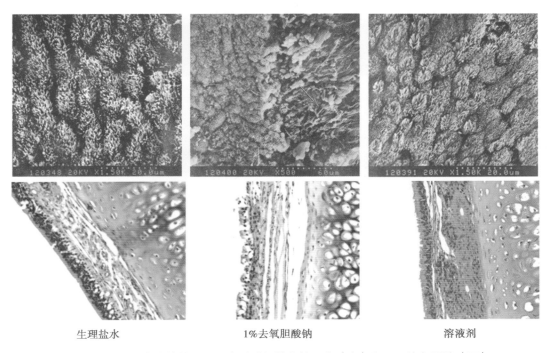

生理盐水　　　　　　　　　1%去氧胆酸钠　　　　　　　　　溶液剂

图 8-30　大鼠鼻腔给药 1 周，鼻黏膜扫描电镜观察（上）和 HE 染色照片（下）

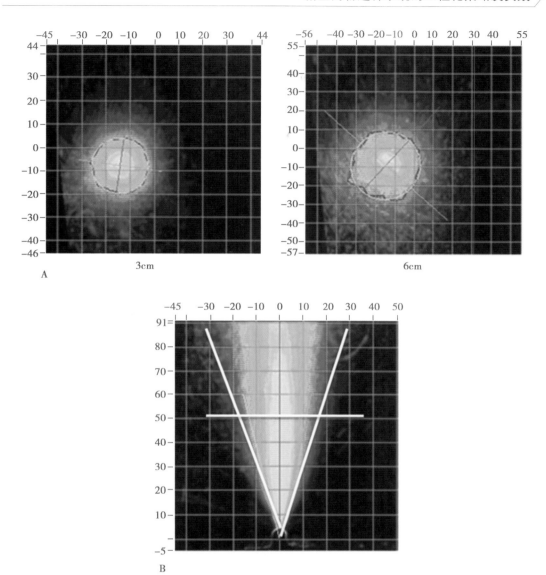

图 8-33 三七总皂苷鼻腔喷雾剂的喷射模式（A）和喷射几何形状（B）